科学文化经典译丛

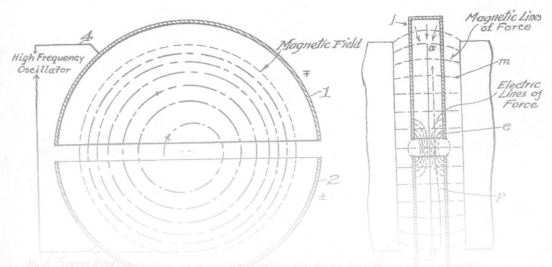

美国科学史

（学科卷）

THE HISTORY OF SCIENCE IN THE UNITED STATES
AN ENCYCLOPEDIA

［美］马克·罗滕伯格　主编

刘　晓　吴晓斌　康丽婷　译

中国科学技术出版社
·北　京·

图书在版编目（CIP）数据

美国科学史 . 学科卷 / （美）马克·罗滕伯格主编；
刘晓，吴晓斌，康丽婷译 . -- 北京：中国科学技术出版社，2023.3
（科学文化经典译丛）

书名原文：The History of Science in the United States：An Encyclopedia
ISBN 978-7-5046-9881-0

I. ①美… Ⅱ. ①马… ②刘… ③吴… ④康… Ⅲ.
①自然科学史—美国 Ⅳ. ① N097.12

中国国家版本馆 CIP 数据核字（2023）第 013445 号

前　言

　　本书题例为词条形式的百科全书，有些人物、机构和话题虽未单列，但都可以从索引或参考资料中找到。卷中有两篇较长的综述性文章，涵盖了殖民时代的科学和1789—1865年的科学，这些文章充分展示了美国内战之前有关科学史研究的历史文献的丰富。虽然主题极为广泛，但我们的重点放在机构、学科及其分支的历史。选取撰写传记词条的人物都是已故的科学家，他们要么为美国科学的体制化进程做出贡献，或者是各学科产生和发展的关键人物，又或者是在历史视角衡量下做出了重大科学发现的顶尖科学家。对科学赞助也是一个非常重要的主题，我们努力列入一些主题，来凸显美国科学的赞助系统。

　　词条的长度都经过斟酌，也确实反映了（大多但不是全部）编者如何衡量某个主题在美国科学史上的重要性。眼光敏锐的读者会很快注意到，同样的机构、组织或人物在不止一个词条中出现，但视角和语境会有所差异。例如，老本杰明·西利曼（Benjamin Silliman）作为重要人物，既是《美国科学杂志》（*American Journal of Science*）的主编，也是化学家和矿物学家，还是耶鲁大学的教员。在某些情况下，同一作者撰写多个词条，对其内容会加以协调，从而为某个人物或机构提供多面和互补的语境。在另一些案例中，不同的作者会提出不太一致的观点，反映出编史学上的差异。

　　在下列书中读者可能会发现其他一些有用的信息资料和参考书目：

Elliott, Clark A.《美国科学史：年表与研究指南》(*History of Science in the United States: A Chronology and Research Guide*). New York: Garland Publishing, 1996.

Kohlstedt, Sally Gregory and Margaret W. Rossiter.《研究美国科学的历史著作》(*Historical Writing on American Science*). Baltimore: Johns Hopkins University Press, 1986.

Marc. Rothenberg.《美国科技史：精选重要文献目录》(*The History of Science and Technology in the United States: A Critical and Selective Bibliography*). 2 volumes. New York: Garland, 1982, 1993.

本书源于克拉克·A.艾略特（Clark A. Elliott）的策划。他选择了主题，确定了大部分作者，并开始编辑词条，但后来情况变化，迫使他放弃了这个项目。在做好大部分的艰苦工作之后，他让我接手并完成了这个项目。在此向克拉克致以谢意。

克拉克的编辑顾问委员会协助他物色作者，这是本书从概念到成型的转变中最重要的一步。我要感谢普尼娜·G.阿比尔-安（Pnina G. Abir-Am）、罗伯特·弗里德尔（Robert Friedel）、帕齐·格斯特纳（Patsy A. Gerstner），以及已故的斯坦利·高柏（Stanley Goldberg）和玛格丽特·W.罗西特（Margaret W. Rossiter）等人所做的贡献。

这个项目进行了多年。感谢加兰出版社过去和现在的许多工作人员对我的支持和宽容，包括安德里亚·约翰逊（Andrea Johnson）和理查德·斯坦斯（Richard Steins）。我还要感谢斯特拉特福出版服务部的南希·克朗普顿（Nancy Crompton）和本·麦坎纳（Ben McCanna），他们负责文字编辑。为了这个项目，我占据了家中的许多空间，感谢我的家人容忍和理解我的无暇陪伴。

最后，我想对南森·莱因戈尔德（Nathan Reingold）表示衷心感谢。他致力美国科学史研究，对我的学术和职业发展多有提携。他因健康状况而无法为本书撰稿，这是我作为主编的最大遗憾。

马克·罗滕伯格

史密森学会

目　录

（学科卷）

第 8 章 美国农业、气象与环境保护 …………………………………… **568**

第 1 章

美国数学与天文学

1.1 研究范畴与主题

天文学和天体物理学
Astronomy and Astrophysics

欧洲天文学被第一批定居新英格兰的移民带到英属北美地区，并迅速扎根。到17世纪末，马萨诸塞州便定期出版历书，宾夕法尼亚和纽约等其他殖民地也有历书出现。这些历书往往依赖英国出版物上的信息，通过它们，读者可以了解欧洲天文学的发展，特别是哥白尼的"日心说"模型代替了"地心说"观点，以及开普勒对哥白尼理论的后续改进。出现在殖民地的第一架天文望远镜，是一个长度为10英尺的折射镜，由英国皇家学会会员兼康涅狄格州州长的小约翰·温斯洛普（John Winthrop Jr.）购买，他早在1660年就开始使用了。1672年，他向哈佛学院捐赠了一架3.5英尺的折射望远镜。温斯洛普和后来17世纪英属北美地区的观测者都没有进行定期观测，但他们得到了一些有天文学价值的观测结果并传到了英国。最著名的是1680年托马斯·布拉特尔（Thomas Bratel）发现的彗星。布拉特尔把他的观测结果寄给了皇家天文学家约翰·弗兰斯蒂德（John Flamsteed），后者又把它们送给了艾萨克·牛顿。这些观察结果在《原理》（*Principia*）中得到了认可。

殖民地天文学在18世纪发展缓慢，1769年对金星凌日的观测是其发展的顶峰。由于殖民地政府、机构和个人空前的资源投入，共获得了22组观测数据。这些观测结果发表在伦敦皇家学会的《哲学学报》（*Philosophical Transactions*）或《美国哲学学会学报》（*Transactions of the American Philosophical Society*）第一卷（1771）上，供欧洲天文学家使用。

1775年独立战争爆发后，观测活动无法维持这样的水平。一个陷入战争，接着又要开展国家建设的民族，无力为其天文学界提供足以媲美欧洲的资源。在接下来的两代人里，美国天文学家无论从什么角度看，都处于国际天文学界的边缘，美国的天文学活动基本上停留在国家宣布独立时的水平上。美国大学使用的天文学教科书通常是改编或重印的英国教科书，反映了1750年前后英国天文学的状况。有时，人们会企图建造一座天文台，但全都在设计阶段夭折了。从使用中的望远镜看不到德国人的折射望远镜或威廉·赫歇尔（William Herschel）的反射望远镜所带来的巨大变化。对天文学感兴趣的人可以通过担任测量员、出版历书或教书来谋生，而从事研究则难以糊口。因此，从1776年到1830年期间的天文活动是零星且微不足道的。

直到1875年，通过大量资金投入，以及可以称得上知识革命的事件，终于让这群测量员和历书出版商转身为国际上享有盛誉的独立天文团体。天文学成为19世纪美国得到慷慨支持的学科之一。这些钱来自各种各样的公共和私人来源。例如，哈佛大学天文台的大折射镜是由当地的绅士和商业团体为满足当地的自豪感而出资建造的。在自然神学的背景下，对天文学的研究是获取上帝品性知识的一种手段，这种观点也发挥了作用。这种对更广泛大众的吸引力（地区自豪感和宗教意义）为建立辛辛那提天文台筹集了资金。海军天文台的建立，意味着联邦政府承认天文学是一项功利性事业，应该由纳税人来支持。

与此同时发生的知识革命，承认了自独立战争爆发以来的两代人的时间里，欧洲天文学发生了巨大的变革。纳撒尼尔·鲍迪奇（Nathaniel Bowditch）在《北美评论》（*North American Review*）上发表了两篇文章（1820，1822），可能是首次呼吁重振美国的天文学，并指出了欧洲的进步。其他人很快响应。美国人从欧洲获得了想法、技术和仪器，以及天文台的组织模式和天文学家的培养计划。从 1820 年前后开始，首先引进的是法国的分析数学技术。19 世纪 40 年代和 50 年代，美国人采用了德国的天文学方法，其特点是数学严密性。与之相应，选择仪器制造商也从英国转变为德国，美国人从德国制造商手中购买望远镜和其他仪器。最后，在 19 世纪 60 年代，美国人认识到欧洲在光谱学方面进步的重要性，为美国参与天体物理学的发展奠定了基础。

美国人利用两种技术将欧洲天文学转移到西半球。第一种是通过印刷品：再版、翻译和改编一些教科书和文章。国际版权协议的阙如为这种转移提供了便利。两部最重要的出版物：一是拉普拉斯（Laplace）的《天体力学》（*Méchanique Celeste*，1829—1839），由鲍迪奇（Bowditch）翻译、注释和阐述，向美国人介绍了最新的天体力学分析方法；二是约翰·赫歇尔（John Herschel）的《天文学》（*Treatise on Astronomy*，美国第一版，1834），让美国人注意到欧洲天文学自 18 世纪 70 年代以来的发展。

获得欧洲天文学知识的第二种途径是通过个人交流。它有两种方式。由于资金的增加和交通的改善，19 世纪到欧洲旅行的美国天文学家数量激增。他们造访了天文台和仪器制造商。一些人参加大学的讲座，或者正式跟随欧洲天文学家学习。另一种情况是在美国进行互动。特别是 1848 年以后，欧洲的天文学家开始受聘于美国的天文台和大学。其中最著名的是密歇根大学的布吕诺（F. F. E. Brünnow）和汉密尔顿学院的彼得斯（C. H. F. Peters）。这些欧洲人帮助培育了美国的下一代天文学家。

到 1875 年，金钱和知识的结合造就了美国的天文学共同体，它能够提供教育、研究和就业的机会。美国天文学的发展是惊人的。1835 年时，美国只有一座天文台。15 年后，只有德意志诸邦的天文台在总数上超过美国。到 1875 年，美国就已经超过了德国。欧洲大陆首要的天文学研究杂志《天文学通报》（*Astronomische Nachrichten*）的发稿量，也是美国天文学共同体发展壮大的另一个标志。1840 年之前，美国作者在该杂志上发表的论文不足 1%。而到 1875 年，美国人每年贡献了

15% 的论文，且这个数字还在增长。到 19 世纪 80 年代，美国可能是西方世界拥有天文学家最多的国家。

19 世纪六七十年代，美国天文学家的主要研究领域是天体力学和天体测量学。天体力学家的主要工作是发展太阳系天体的轨道理论，根据观测结果检验这些模型，出版星历表。天体测量工作者编制了更为精确的恒星位置目录。这些目录为测量恒星的自行运动提供了数据，并有助于构建恒星宇宙模型。美国天体测量学还率先使用摄影技术来确定恒星的位置和视差。

与主要依靠纸笔和他人观察的天体力学家不同，天体测量学研究人员使用最先进的仪器来收集数据。这两个领域都对数学要求很高，而且涉及长期项目，通常会贯穿整个职业生涯。无论是在天体力学方面，还是在天体测量方面，个人都不可能做出太多的重大发现。

于 1877 年担任航海天文历编制局（Nautical Almanac Office）局长的西蒙·纽科姆（Simon Newcomb）及其合作者 G. W. 希尔（G. W. Hill），因天体力学方面的工作而获得国际认可。耶鲁学院的 E. W. 布朗（E. W. Brown）和芝加哥大学的 F. R. 莫尔顿（F. R. Moulton）则是下一代的佼佼者。然而，到了 20 世纪 20 年代，美国的天体力学似乎走到了一条死胡同。直到 1950 年之后的一些事件才使该领域恢复活力。

美国天体测量学是在达德利天文台的刘易斯·博斯（Lewis Boss）的指导下发展起来的。依靠华盛顿卡内基研究院资助的众多人员，达德利天文台成为世界上主要的天体测量中心之一。它的顶峰成就是《33342 颗恒星总表》（*General Catalogue of 33342 Stars*，1937）。第二代领导层里，长期担任耶鲁天文台主任的弗兰克·施莱辛格（Frank Schlesinger）是美国天体测量学界公认的领袖。然而，就像天体力学一样，人们对天体测量学的兴趣也在下降，直到太空时代到来才得以恢复。

起初，美国的天体物理学是业余爱好者的领域。卢瑟福（L. M. Rutherfurd）和亨利·德雷珀（Henry Draper）是 19 世纪六七十年代的先驱，他们将摄影技术应用于太阳和恒星的光谱学，并开发了新型仪器，这些仪器在 19 世纪末成了天体物理观测站的标准配置。专业人士在既有问题和仪器上投入了大量资源，以至于美国天文学的变化过程十分缓慢。

天体物理学经历了几个阶段。1877 年成为哈佛大学天文台主任的物理学家皮克林（E. C. Pickering），先后在光度学和光谱学方面开展了大规模的研究计划。起初，观测是通过视觉进行的，但没过多久，皮克林引入了摄影技术，数据便开始以惊人的速度积累起来。19 世纪 80 年代，皮克林按照知识工厂的思路组织哈佛天文台。天文学家制订计划、监督执行并解释结果。半技术性的工人（通常是男性）在漫漫长夜里使用望远镜拍照。由女性组成的非技术性劳动力则分析底片并归纳数据。

很快，天文台主任的角色变得类似于大型工业公司的首席执行官，研究型天文台变成了大规模生产科学知识的工厂，组织上类似于美国钢铁公司或其他工业巨头。

在 C. A. 杨（C. A. Young，先后在达特茅斯学院和普林斯顿大学）和下一代的 G. E. 海耳（G. E. Hale，叶凯士天文台和威尔逊山天文台创始人）的领导下，太阳物理学很快在美国站稳了脚跟。杨是太阳光谱学的先驱，而海耳认为太阳是离地球最近的恒星，天文学家可以通过深入研究它的物理和化学特性来了解很多东西。海耳在耶基斯开展了重要的太阳物理学研究。他为威尔逊山天文台配备了专门设计用于太阳研究的特殊仪器，以及一个大型的反射望远镜（有一面 60 英寸的镜子）来研究恒星光谱。天体物理学在整个 19 世纪 90 年代发展缓慢，但到了 1920 年，它已经主宰了美国的天文学界。

正是海耳界定了从 19 世纪 90 年代到 20 世纪 20 年代美国天体物理学的研究议程。受欧洲实验光谱学发展的影响，他试图将物理学的技术和方法应用到太阳和恒星上。海耳激励了两代太阳和恒星光谱学家，并在仪器仪表和观测天体物理学方面做出了几项重要贡献，包括发明太阳单色光谱照相仪和发现太阳磁性。

在威尔逊山天文台，海耳的大型望远镜很快被用于研究星云和星系。由哈洛·沙普利（Harlow Shapley）和埃德温·哈勃（Edwin Hubble）开创的这项研究，很快用产生的数据重新定义了宇宙的大小、银河系的性质以及宇宙的膨胀。这些研究将在宇宙学中引发激动人心的新概念。

从事恒星光谱学研究的天文学家通常认为，恒星可以按其温度的高低顺序排列。第一次世界大战之前，独立于欧洲的 E. 赫茨普龙（E. Hertzsprung）与普林斯顿大学的天文学家 H. N. 罗素（H. N. Russell）提出了一个将绝对星等对标光谱类型的模型，并假定巨星和矮星都存在。这些观点仍然构成了恒星演化理论的重要基础。

从 20 世纪 20 年代开始，一些美国天文学家开始关注太阳和恒星产生辐射的物理过程。在第二次世界大战之前，这些调查所依据的物理学都来自欧洲。20 世纪 30 年代末，康奈尔大学的汉斯·贝特（Hans Bethe）提出了一种机制，基于恒星内部的核反应来解释恒星能量的产生。与此同时，星云的物理过程也在研究之中，最著名的要数哈佛大学的唐纳德·门泽尔（Donald Menzel）及其团队。

理论和观测天体物理学在"二战"后迅速发展。从电子计算机到大型望远镜，以及高效的辅助光子探测器等仪器的革新，再加上物理学家和天文学家之间的密切合作，极大地增进了对恒星和星云的物理过程的理解。事实上，截至 20 世纪 60 年代，许多真正的天文学家在进入该领域之前就已经获得了物理学博士学位。

太空时代的到来，让天体力学在动力天文学的新标签下恢复了活力。太空任务的成功依赖于精细计算探测器以及后来载人飞行器的轨道。这反过来又激发了人们关于太阳系天体理论的新兴趣，特别是计算模型的新方法应用了爱因斯坦广义相对论，并使用高速电子计算机加以处理。由于太空望远镜执行其科学任务需要新的暗星星表，天文测量学经历了些许复苏。

天文学在冷战时期发挥了重要作用，得到大量联邦政府的资助。无论军方还是国家科学基金会（NSF）等专门机构，都为美国天文学的扩充提供了资金。尤为重要的是由 NSF 资助的国家光学天文台和射电天文台系统。太阳物理学经常得到军方的支持，在理解长期天气模式以及短期影响电子通信等方面，他们看到了该学科的潜力。

从 20 世纪 70 年代开始，观测不同电磁波谱频段（例如 X 射线、伽马射线或红外线）的太空望远镜和新型地面望远镜提供了激动人心的新信息，极大地增强了对恒星和星系的物理现象的认识。特别重要的是一些观测佐证了宇宙的大爆炸起源，揭示了宇宙的大尺度结构。物理学和天文学在大爆炸和宇宙初期的研究中发生了融合。

兰克福德和艾奇（Lankford & Edge）已论证天文学是美国最早的大科学。到第一次世界大战，天文研究机构的规模和组织，如威尔逊山天文台、里克天文台、达德利天文台和叶凯士天文台等台站天文学研究的花费，都超过了美国任何其他学科。能够与之相提并论的只有工业化学家的实验室，以及伯克利的回旋加速器项目。美国天文学以此为基础，在战后经历了一段显著的增长时期。然而，就像所有的物理学科一样，冷战的结束意味着美国天文学面临着一个崭新而不确定的未来。

参考文献

［1］DeVorkin, David H. "Stellar Evolution and the Origin of the Hertzsprung-Russell Diagram." In *Astrophysics and Twentieth-Century Astronomy to 1950*, edited by Owen Gingerich. Cambridge, U.K.: Cambridge University Press, 1984, 4A:90-108.

［2］Jones, B.Z., and L.G. Boyd. *The Harvard College Observatory*: *The First Four Directorships, 1839-1919*. Cambridge, MA: Harvard University Press, 1971.

［3］Lankford, John. "Amateurs and Astrophysics: A Neglected Aspect in the Development of a Scientific Specialty." *Social Studies of Science* 11 (1981): 275-303.

［4］Lankford, John, and David Edge. "Astronomy 1850-1950: A Social-Historical Overview." In *Astrophysics and Twentieth-Century Astronomy to 1950*, edited by Owen Gingerich. Cambridge, U.K.: Cambridge University Press, 4B: forthcoming.

［5］Lankford, John (with the assistance of R.L. Slavings). *Community, Careers and Power*: *The American Astronomical Community, 1859-1940*. Chicago: University of Chicago Press, 1997.

［6］Loomis, Elias. *The Recent Progress of Astronomy, Especially in the United States*. 1856. Reprint, New York: Arno, 1980.

［7］Rothenberg, Marc. "The Educational and Intellectual Background of American Astronomers, 1825-1875." Ph.D. diss., Bryn Mawr College, 1974.

［8］——. "History of Astronomy." *Osiris*, 2d ser., 1 (1985): 117-131.

［9］Struve, Otto, and V. Zebergs. *Astronomy of the Twentieth Century*. New York: Macmillian, 1962.

［10］Warner, Deborah Jean. "Astronomy in Antebellum America." In *The Sciences in the American Context*: *New Perspectives*, edited by Nathan Reingold. Washington, DC: mithsonian Institution Press, 1979, pp. 55-75.

［11］Wright, Helen. *Explorer of the Universe*: *A Biography of George Ellery Hale*. New York, E.P. Dutton, 1966.

［12］Yeomans, Donald K. "The Origin of North American Astronomy—Seventeenth Century." *Isis* 68 (1977): 414-425.

马克·罗滕伯格和约翰·兰克福德（Marc Rothenberg and John Lankford）　撰，

陈明坦　译

历书
Almanacs

历书（或星历）是一种年度出版物，包含日历，有关月相、日出日落时刻、日月食和行星位置的天文数据，教会节假日的提示，重大历史事件的编年表，占星和气象预测，潮汐表，以及其他关于科学、健康、农耕、航海、征兆、政治、文学、艺术和宗教的有用信息。这些简编出自饱学人士之手，面向广大民众，印制成本低廉，行销各地。历书的使用者经常在页边和空白页上标注出生和死亡、商业交易和耕种资料等信息。

在17世纪和18世纪，历书的出版数量超过了其他所有书籍的总和。主要作者和印刷商包括纳撒尼尔·埃姆斯（Nathaniel Ames）、本杰明·富兰克林（Benjamin Franklin）、本杰明·韦斯特（Benjamin West）和本杰明·班尼卡（Benjamin Banneker）。然而，到了19世纪，带有星占气象色彩的历书在有文化的人群中逐渐失去欢迎，而今天，《老农历书》（*Old Farmer's Almanac*）已经沦为旨在娱乐而非说教的出版物。

现有出版的关于美国历书或历书编纂者的全面研究尚不多见，只有萨根多夫（Sagendorph）和斯托威尔（Stowell）的研究不是泛泛而谈。斯托威尔的书学术性更强，但没有达到卡普（Capp）对英国历书的里程碑式研究水准，研美学者（Americanists）应重视卡普的著作。其他出版物可以分为清单、书目和关于特定系列或印刷厂的论文。这些出版物主要是由19世纪和20世纪初历史学会的图书馆员撰写的，分析性偏弱。直到最近，历史学家才开始超越有关第一本历书何时出版以及富兰克林编写《穷理查德历书》（*Poor Richard's Almanack*）的年份等争论，能够利用这些转瞬即逝的文本作为工具，分析科学信仰、教育学、政治学和意识形态。

尽管如此，对于那些希望研究流行科学信念、共同功利关切和地区差异的历史学家来说，历书仍然是一种尚未充分利用的资源。由于历书经常被用作日记或备忘录，所以通过它还可以洞见家庭生活、日常琐事和居家疗愈。

参考文献

[1] Capp, Bernard. *English Almanacs, 1500–1800: Astrology and the Popular Press*. Ithaca: Cornell University Press, 1979.

[2] Drake, Milton. *Almanacs of the United States*. 2 vols. New York: Scarecrow Press, 1962.

[3] Sagendorph, Robb. *America and Her Almanacs: Wit, Wisdom & Weather, 1639–1970*. Dublin, NH: Yankee, 1970; reprint, Boston: Little, Brown and Company, 1970.

[4] Schechner Genuth, Sara. "From Heaven's Alarm to Public Appeal: Comets and the Rise of Astronomy at Harvard." In *Science at Harvard University: Historical Perspectives*, edited by Clark A. Elliott and Margaret W. Rossiter. Bethlehem: Lehigh University Press, 1992; London and Toronto: Associated University Presses, 1992, pp. 28–54.

[5] Stowell, Marion Barber. *Early American Almanacs: The Colonial Weekday Bible*. New York: Burt Franklin, 1977.

萨拉·施奇纳·基努斯（Sara Schechner Genuth）　撰，陈明坦　译

另请参阅：天文学和天体物理学（Astronomy and Astrophysics）；科学普及（Popularization of Science）

星云假说
Nebular Hypothesis

　　星云假说指太阳系是由星际物质或星云演化而来这一观点。在 17 世纪的欧洲，宇宙由物质和运动组成的观点，通常被称为机械哲学，它取代了世界是一个有生命的存在这一信念，我们今天称之为文艺复兴自然主义。根据机械哲学的主要倡导者勒内·笛卡尔（René Descartes）的说法，一个巨大的以太漩涡为太阳系提供动力，将行星限制在它们的轨道上。艾萨克·牛顿随后发现的万有引力引入了太阳和行星之间的精确关系，并用单一的力取代了笛卡尔的漩涡。但是，如果说万有引力解释了为什么行星保持在它们的轨道上，那么就出现了它们是如何到达那里的问题。此外，牛顿和他同时代的人开始思考为什么太阳系的大部分物质都集中在一个发光体的中心，而其余的物质分散成为不透明的行星。他们觉得有必要得出这样的结论，即太阳系来自"一种自发动因的协调和产物"。在接下来的两个世纪里，太阳系的起

›9

源需要超自然的解释，这一观点与将太阳和行星仅仅视为物质和运动的机械观点存在矛盾，并成为对上帝在科学中的作用进行更广泛讨论的出发点。

1755 年，伊曼努尔·康德（Immanuel Kant）（在《宇宙博物学》中）提出了这样的观点，即"基本物质"的漫射云中，"吸引力和排斥力"将在极长的时间内产生一个稳定的太阳系。他的作品由于印刷问题和内容晦涩而遭到遗忘，直到 19 世纪 30 年代才被重新发现。1796 年，皮埃尔·西蒙·拉普拉斯（Pierre Simon Laplace）回应了乔治·布丰（Georges Buffon）的猜想，即太阳系是由一颗彗星与太阳相撞而诞生的，他为星云理论提出了最令人信服的论据。拉普拉斯指出，如果彗星撞击导致太阳系的形成，它将产生高度偏心的行星轨道，而不是我们观察到的近乎圆形的、以太阳为中心的轨道。此外，行星运动的共同方向不可能是偶然的结果。拉普拉斯假设，太阳最初延伸到太阳系的最外层，通过一个凝聚过程，被抛弃的太阳物质环之后凝聚成行星和卫星。拉普拉斯在连续几版的世界系统阐述中，解释了行星轨道是共面的和单向的原因，从而解释了假说的细节。

19 世纪 30 年代，拉普拉斯的思想开始进入主流知识分子的话语中。这个假说最初似乎可以取代神创论，但具有讽刺意味的是，它很快就被接受了，因为它与《摩西律法》关于创造的描述有相似之处。它与圣经的和解，就如《布里奇沃特论集》（*Bridgewater Treatises*）中所阐述的，使它在日益增长的城市、受教育人口中得到广泛的接受，否则这些人可能会抵制或贬低它。在英国，约翰·普林格尔·尼科尔（John Pringle Nicole）将其纳入一个更普遍的"进步"理论中，并利用它来为改革的政治议程辩护。在 19 世纪四五十年代，公众讲师，特别是美国的奥姆斯比·麦克奈特·米切尔（Ormsby MacKnight Mitchel），在他们广受欢迎的演讲中融入了这一概念，利用这一假设的灵感价值来激发人们对天文学的兴趣。在这种社会背景下，暗示着宇宙、太阳系、地球，以及后来的人类，都不是一成不变的形式，而是经历了几千年的变化。科学家以惊人的速度接受了达尔文进化论，对此进行研究的历史学家指出了星云假说在引入进化论概念中的作用。

在 19 世纪 40 年代，丹尼尔·柯克伍德（Daniel Kirkwood）利用星云假说发展了他的"类比"研究，该研究发现了假设的行星初始阶段"引力范围"与这颗行星目前绕太阳公转次数的普遍关系。15 年后，威廉·哈金斯（William Huggins）利用光谱分析提供了确凿的证据，证明星云与遥远星系等未分解的星团截然不同，进一步支持了星云假说。但这一假说从未回答过关于太阳系早期进化所提出的所有问题。在 19 世纪末，托马斯·C. 张伯伦（Thomas C. Chamberlin）和 F. R. 莫尔顿（F. R. Moulton）发现了几乎拥有太阳系所有质量的太阳和几乎保留了所有动量的行星，它们之间的动量存在明显差异，这似乎与星云假说背道而驰。

　　然而，随着天体物理学的引入，对太阳系起源的研究集中在行星体的化学成分上。尽管星云假说的大致要点仍然为行星演化所采用，但现在的问题集中于此：在太阳系的不同阶段，必须存在什么条件才能产生我们现在观察到的天体。

参考文献

[1] Jaki, Stanley L. *Planets and Planetarians*, *A History of Theories of the Origin of Planetary Systems*. New York: John Wiley and Sons, 1978.

[2] Kant, Immanuel. *Universal Natural History and Theory of the Heavens*. 1755. Reprinted in *Theories of the Universe*, edited by Milton K. Munitz. New York: Free Press, 1957, pp. 231-249.

[3] Numbers, Ronald L. *Creation by Natural Law*: *Laplace's Nebular Hypothesis in American Thought*. Seattle: University of Washington Press, 1977.

[4] Schaffer, Simon. "The Nebular Hypothesis and the Science of Progress." In *History*, *Humanity and Evolution*: *Essays for John C. Greene*, edited by James R. Moore. Cambridge, U.K.: Cambridge University Press, 1989, pp. 131-164.

[5] Whitney, Charles A. *The Discovery of Our Galaxy*. New York: Knopf, 1971.

菲利普·S. 苏梅克（Philip S. Shoemake）　撰，康丽婷　译

天文台

Observatory

　　天文台一般指用来放置天体观测仪器的建筑，有时也用来指进行天文研究和教学的机构，而无论是否在此进行观测。美国天文台的规模不一，有为放置业余天文

学家天文望远镜而建的小型建筑，也有的通常位于偏僻地点，在大片土地上安装着数台天文仪器。

在欧洲人发现美洲之前，美洲原住民建造的一些建筑显示出他们对天文现象有一定的了解，尽管关于这些建筑的目的和实际用途的记录很少。在殖民地时期，特别是 1769 年金星凌日时，西半球的一些居民进行了观测，其结果记录在欧洲的出版物中。然而，直到 19 世纪，美国都没有建立起固定的天文台。尽管此前 1825 年建于北卡罗来纳大学的天文台曾短暂存在过，但 1836 年建于韦尔斯利学院（Wellesley College）学院的天文台才是美国第一个延续了数年的天文台。部分受类似于 1843 年的彗星这样的天文事件的鼓励，美国人在 1850 年前已经建立了大约 15 个固定天文台。联邦政府在华盛顿特区建立了美国海军天文台，大大小小的学院建起了用来安置望远镜的学院天文台，热心的市民资助了城市天文台。这些新机构不仅非常适合教学，促进了更精确的导航和计时，还能作为繁荣和进步的有形标志。如哈佛大学天文台等一些天文台的设备可以与当时欧洲最大的设备相媲美。

19 世纪末和 20 世纪初，C. T. 耶基斯（C. T. Yerkes）、詹姆斯·里克（James Lick）、安德鲁·卡内基（Andrew Carnegie）和波士顿的洛厄尔家族（the Lowells of Boston）等慷慨捐赠者的帮助，使得在相对偏僻的中西部和西部地区建造大型望远镜成为可能。其他资金用于补充拉丁美洲国家的国家天文台和美国南部的天文台。例如，哈佛大学在秘鲁建造了博伊登天文工作站（Boyden Station）。摄影技术的应用成倍增加了单个望远镜可以记录的观测数据，一些天文台甚至雇用了专门的工作人员来删减无用的数据。一些天文台变成了有严格等级制度的小团体，为男性和女性分配了不同的角色。天体物理学的兴起促进了物理实验室与一些天文台的合并。天文台还充当了新的角色，编辑和出版工作人员的研究成果、支持面向业余和专业天文学家的出版读物、举办专业会议并为来自其他机构的访问者和研究生提供暑期研讨会和研究机会。

美国的天文台受 20 世纪 30 年代经济大萧条期间经济限制的剧烈影响，又在第二次世界大战遭受了更大的打击。前往军队的工作人员，要么是以出于道义拒服兵役者的身份工作，要么参加与战争有关的项目。那些留在天文台的人发现，研究项目经常让位于导航教学或光学设备的设计。战争不仅促成了新技术在天文学中的应用，而且在天文学家和联邦政府官员之间建立了新的联盟。

第二次世界大战之后，或者说在 1957 年苏联发射了人造地球卫星之后，美国政府成了美国天文台最重要的赞助者。现有机构的工作人员各自与美国国家科学基金会和美国国家航空航天局（NASA）等资助机构交涉，而不遵循天文台台长的研究计划。新的天文台开展了行星天文学的研究，以满足联邦赞助者的需求。政府还在西弗吉尼亚州的格林班克建立了一个新的国家天文台，专门用于射电天文学。

尽管绝大多数的天文台都位于地面，但从 20 世纪 60 年代开始，少数"天文台"被发射到太空，用于观测太阳、遥远的恒星、脉冲星和星系。1962 年，NASA 发射了第一颗"轨道太阳天文台"卫星，这颗卫星装载了研究 X 射线和太阳风的仪器。均配备了对紫外线敏感的望远镜的两个轨道观测站分别于 1968 年和 1972 年成功发射。其他空间观测站包括 1977—1981 年的高能观测站和 90 年代的伽马射线观测站。

目前还没有一本关于美国天文台历史的专著，虽然加拿大已经有了这样一本书。一些出版物描述了单个机构的员工、设备和研究情况，往往是从长期工作人员的角度出发的。关于 19 世纪中期的"天文台运动"的记载可以追溯到伊莱亚斯·卢米斯（Elias Loomis）那时候。历史学家将关于这些天文台控制权的争论作为科学家宣称自身能力的一部分进行了研究。还有些人讨论了天文学家如何利用他们在政治、航海和计时方面的技能来证明天文台的合理性并为其融资。关于拉丁美洲天文台的英文文献包括对几个国家天文台建立的讨论，以及把阿根廷拉普拉塔天文台作为精确科学中文化帝国主义的一个案例所进行的研究。

有几篇文章描述了 19 世纪末和 20 世纪初天文台中的性别角色。还有一些零星的讨论指出了由单个天文台主办的暑期学校课程、出版物和社会活动的作用。其他文章讨论了叶凯士天文台和哈佛大学天文台的战时活动。关于战时态度和交往关系如何影响战后天文台的详细研究才刚刚开始。关于太空计划在激发人们对行星天文学的新兴趣以及资助特定太空观测站的影响方面，都已发表了许多文章。

参考文献

[1] Howse, Derek. "The Greenwich List of Observatories: A World List of Astronomical Observatories, Instruments and Clocks, 1670–1850." *Journal for the History of Astronomy* 17（1986）: 1–89.

[2] Hufbauer, Karl. *Exploring the Sun: Solar Science since Galileo*. Baltimore: Johns Hopkins University Press, 1991.

[3] Jarrell, Richard A. *The Cold Light of Dawn: A History of Canadian Astronomy*. Toronto: University of Toronto Press, 1988.

[4] Keenan, Phillip C. "The Earliest National Observatories in Latin America." *Journal for the History of Astronomy* 22（1991）: 21–30.

[5] Lankford, John, and Rickey L. Slavings. "Gender in Science: Women in American Astronomy, 1859–1940." *Physics Today* 43, no. 3（March 1990）: 58–65.

[6] Loomis, Elias. *The Recent Progress of Astronomy*. New York: Harper & Brothers, 1851.

[7] Musto, David F. "A Survey of the American Observatory Movement, 1800–1850." *Vistas in Astronomy* 9（1967）: 87–92.

[8] Needell, Alan. "The Carnegie Institution of Washington and Radio Astronomy: Prelude to an American National Observatory." *Journal for the History of Astronomy* 22（1991）: 55–67.

[9] Pyenson, Lewis. *Cultural Imperialism and Exact Sciences: German Expansion Overseas, 1900–1930*. New York: Lang, 1985.

[10] Rossiter, Margaret W. *Women Scientists in America: Struggles and Strategies to 1940*. Baltimore: Johns Hopkins University Press, 1982.

[11] Rothenberg, Marc. "History of Astronomy." *Osiris*, 2d ser., 1（1985）: 117–131.

[12] Smith, Robert W. *The Space Telescope: A Study of NASA Science, Technology, and Politics*. Cambridge, U.K.: Cambridge University Press, 1989.

[13] Taterewicz, Joseph. *Space Technology and Planetary Astronomy*. Bloomington: Indiana University Press, 1990.

[14] Tucker, Wallace H. *The Star Splitters: The High Energy Astronomy Observatories*. Washington, D.C.: National Aeronautics and Space Administration, 1984.

[15] Warner, Deborah J. and Robert B. Ariail. *Alvan Clark & Sons: Artists in Optics*. Richmond, VA: Willmann–Bell; Washington, DC: National Museum of American

History, Smithsonian Institution, 1995.

佩吉·基德威尔（Peggy Kidwell）　撰，吴紫露　译

另请参阅：天文学和天体物理学（Astronomy and Astrophysics）

标准时
Standard Time

　　标准时是全球 24 个时区任意一时区内的民用时间，通常为该时区中央子午线的平太阳时。一个时区通常跨经度 15°，与相邻时区相差 1 小时。这个全球分区时间系统是基于时间和经度的对等（1 小时对应经度 15°，则 24 小时对应 360°）。世界上几乎所有国家都遵照这一体系，但有一些地方位于时区边界就未采用此惯例，以适应当地的计时偏好。计算经度的起始经线是穿过英国格林尼治（Greenwich）的本初子午线（零度经线）。

　　1884 年，美国华盛顿特区举行国际子午线会议（International Meridian Conference）将全球划分为 24 个时区，每个时区相隔 1 小时。此次会议有 25 个美洲和欧洲国家代表出席，他们提议世界各国以通过英国格林尼治天文台的经线作为本初子午线；从本初子午线算起，东经和西经各 180°；标准日期从格林尼治的子夜开始。尽管会议无权要求各国执行其建议，但它最终促成世界范围内以格林尼治为本初子午线的时区系统被逐渐采用。

　　1870 年，比利时安特卫普举行国际地理会议（International Geographical Congress），各国开始普遍意识到需要确定一条标准的本初子午线。科学家希望为他们的全球科学观测建立一个统一的时间系统，他们用十年时间讨论磋商设立全球标准时的必要性。克利夫兰·阿贝（Cleveland Abbe）是美国政府第一位正式天气预报员，他在争取美国联邦政府支持时间标准化的过程中发挥了重要作用。1876 年，加拿大太平洋铁路（Canadian Pacific Railway）首席工程师桑福德·弗莱明（Sandford Fleming）发表《统一的非地方时间（世界时）》[*Uniform Non-Local Time* (*Terrestrial Time*)] 一文，首次提出建立全球时区制度的系统方案。

1884 年召开国际子午线会议时，瑞典（1879）和英国（1880）已经各自采用国家标准时间，北美的铁路公司也已经开始试行分区时间系统。由于东西部经度差异大，19 世纪 80 年代的北美沿用单一时间已经变得不切实际。

1883 年 11 月 18 日，北美开始实施标准铁路时间。当天，加拿大和美国大部分铁路公司用 5 个时区取代了将近 50 个地方时——殖民地时区、东部时区、中部时区、山地时区和太平洋时区，每个时区内均采用统一时间。这些时区根据经线划定，各时区经度间隔 15°，遵循北美航运惯例以格林尼治子午线作为本初子午线。由于担心政府干预，铁路公司都主动引入这一新系统以更好应对不断增加的客运与货运量。威廉·艾伦（William F. Allen）是《旅行者官方指南》（*Travelers' Official Guide*）的出版人，也是铁路系统两个时间协调组织——通用时间会议（General Time Convention）和南方铁路时间会议（Southern Railway Time Convention）——的秘书长，他策划并促成了铁路系统由采用各地方时到运用分区时间的转变。

尽管有部分地方直到 20 世纪才接受铁路标准时间，但北美大多数大城市都立即采用了铁路系统划定的时区时间。1918 年美国《标准时间法案》（*Standard Time Act*）立法确定了时区系统的使用，同年加拿大也通过类似法律。在美国，州际商务委员会（Interstate Commerce Commission）负责划定和修改时区边界，时区边界此后也多有调整。1966 年《统一时间法案》（*Uniform Time Act*）将时间管理事宜移归美国运输部（Department of Transportation）管辖。

美国标准铁路时间与国际子午线会议 100 周年纪念日促使我们重新审视时间标准化的历史。最近的研究揭示出科学家，尤其是美国科学家，在这一全球运动中发挥的作用，也注意到长期被忽视的、反对时间标准化的声音。

现代对标准时间的异议主要针对夏令时（daylight saving time）的延长，而非夏令时所基于的时区系统。通过将显示标准时间的时钟调快一个或两个小时，夏令时可为晚上留出更多的日照时间。尽管本杰明·富兰克林（Benjamin Franklin）曾于 1784 年一篇文章中玩笑式地提出一项日光节约计划，但这项现代制度要归功于英国建筑师威廉·威雷特（William Willett），他在 1907 年的小册子《浪费日光》（*The Waste of Daylight*）中提出此计划。德国于 1915 年第一次世界大战期间为了节省燃料，率先拨快自己的时钟，成为第一个采用夏令时的国家。1916 年，英国紧随其后。

第一次世界大战期间，美国也通过了第一个确定标准时间和夏令时的法案。1918 年 3 月 19 日，为提高工业效率，美国国会批准将全国划分为五个时区——东部时区、中部时区、山地时区、太平洋时区，还有阿拉斯加时区——从格林尼治子午线开始测算，并规定在 3 月最后一个星期日开始到 10 月最后一个星期日结束的 7 个月中，每个时区的时间都要提前 1 小时。同年，加拿大也批准了夏令时制度。

但随着第一次世界大战结束，抗议声如潮水般涌来，其中许多抗议来自农民，因为他们的工作时间是基于太阳而非时钟，这导致美国国会于 1919 年废除了《标准时间法案》中的夏令时条款。威尔逊总统两次否决废除该法案，但最终被驳回。加拿大法律规定的夏令时制度仅在 1918 年夏天有效。

第二次世界大战爆发后，美国和加拿大再次采用夏令时并延长期限。在美国，这一"战时时间"始于 1942 年 2 月 9 日，全年执行，直到 1945 年 9 月 30 日为止。加拿大在同一天开始，提前两周结束。

虽然美国许多州和地区在两次世界大战期间和"二战"后都遵循了夏令时制度，但直到 1966 年《统一时间法案》颁布后，美国才再次有全国性的时间法案生效。该法案规定了 8 个时区，并要求所有州实行夏令时，并统一从 4 月份最后一个星期日到 10 月份最后一个星期日实行夏令时。"春天向前冲，秋天向后倒"（spring forward，fall back）这一助记口诀被广泛传唱，用来提醒人们调整时钟。

为应对 1973 年能源短缺，美国国会延长了夏令时。这项有争议的短期措施规定 1974 年 1 月 6 日至 10 月 27 日和 1975 年 2 月 23 日至 10 月 26 日执行夏令时。1986 年，美国国会再次延长夏令时，规定自 1987 年起夏令时开始时间由 4 月最后一个星期日改为 4 月第一个星期日。

世界各地对夏令时或夏时制的看法相当不同。许多国家夏季月份并不采用夏令时，而实行夏令时的国家也没有统一的起始日期。

参考文献

[1] Bartky, Ian. "The Adoption of Standard Time." *Technology and Culture* 30（1989）：

25-56.

[2] Howse, Derek. *Greenwich Time and the Discovery of the Longitude*. Oxford: Oxford University Press, 1980.

[3] O' Malley, Michael. *Keeping Watch: A History of American Time*. New York: Viking, 1990.

[4] Thomson, Malcolm. *The Beginning of the Long Dash: A History of Timekeeping in Canada*. Toronto: University of Toronto Press, 1978.

卡琳·E. 斯蒂芬斯（Carlene E. Stephens） 撰，彭繁 译

星象仪

Planetarium

由于在 20 世纪引进了一种引人注目的教学工具——投影星象仪，美国天文学教育随之发生了改变。星象仪指的是一种光学投影仪器，将恒星、行星、太阳、月亮投射在一个半球形穹顶的内表面，并且在多数情况下，可能还会有其他天文效应（Hagar，p.6）。它也可能是指放置了投影仪的房间或建筑。

发明投影星象仪的主要负责人是奥斯卡·冯·米勒（Oskar von Miller），他是慕尼黑德国博物馆的馆长。作为他展览设计整体方法的一部分，米勒希望得到能够证实现代科学理论的教学工具。具体来说，他试图证明天体的视运动（地心说）是可以根据哥白尼理论（日心说）来解释的。在米勒建议的机械解决方案被拒绝后，1919 年由德国耶拿的卡尔蔡司光学公司（Carl Zeiss optical firm）的沃瑟·鲍斯菲尔德（Walther Bauersfeld）和沃纳·斯特劳贝尔（Werner Straubel）共同构想的投影星象仪，在 1923 年 10 月面向公众展示。蔡司星象仪很快在十几个欧洲城市设立起来，同时也在努力进入美国展示给当地观众。

在美国，星象仪是由三种不同的赞助方式设立的，并在第一颗人造卫星发射之前就重新燃起了人们对天文学的兴趣。第一阶段一直持续到 1946 年，蔡司投影仪是由富有的私人捐助者或基金会资助的，先后设置在五大城市（1930 年芝加哥，1933 年费城，1935 年洛杉矶，1935 年纽约，1939 匹兹堡）。它们的引入与美国第一批工业博物馆的建设密切相关，这些工业博物馆模仿了米勒著名的德意志博物馆。因

为行星仪可以再现从地球表面任何位置、在遥远过去或遥远未来的任何时刻所看到的天体事件，它们很容易被想象为时间和空间的剧场。展示项目最初集中在投影仪本身的天文功能，但随后更多假想主题也被探索，特别是关于圣诞星的理论。20 世纪 30 年代，观众们亲眼看见了逼真、模拟的"月球之旅"，许多关于太空旅行的概念首次被科学地解释给普通观众。在教育和娱乐之间找到适当的平衡一直是星象仪教育者所重视的问题。

第二阶段开始于 1947 年，费城费尔斯天文馆的讲师阿尔芒·施皮茨（Armand Spitz）引入了大大简化的针孔投影技术。他发明的设备售价远远低于蔡司，并且将星象仪带给了更广泛的观众。大量的小型机构如公立中小学、本科院校和博物馆也有能力购买施皮茨星象仪，并将其安装在各地简陋的设施中。斯皮茨主张最广泛地利用星象仪，该观点使得这一不断发展的行业更加多样化和民主化。与此同时，由于在国际地球物理年（1957—1958）期间正式确定发射人造卫星的计划，公众对空间科学的兴趣迅速蔓延。

星象仪发展的第三个也是最后一个阶段是由苏联人造卫星发射引起的"信任危机"造成的。对联邦政府支持教育的长期抵制最终被国家安全受到明显威胁所打破。1958 年国防教育法的通过给数学、科学和外语教学带来了翻天覆地的变化。对该法案管理下的第三项基金的广泛利用，为星象仪的发展创造了一个非凡时代，而 20 世纪 60 年代的"登月竞赛"又将天文学和太空教育的流行推向登峰造极的水平。到 1970 年，美国星象仪的数量已经超过 500 个。专门的学术会议、学会和实习活动都组织了起来，以满足对新一代星象仪教师的需求。这些活动最终促成 1970 年国际星象仪教育工作者协会（International Society of Planetarium Educators）的形成。由于这些（和其他）因素，星象仪也许是苏联人造卫星事件后的冷战言论中最长期的受益者。

在几十年的时间里，星象仪从少数几个高端机构的设备转变为全国性的专业天文学教育中心网络。每年有数以百万计的游客参加星象仪项目，以了解最新的天文和空间相关信息。星象仪还应用于军事人员训练，为国家航空航天局的宇航员提供太空导航。教育研究已经对学生利用星象仪和在传统课堂环境中的学习能力进行了评估。人们甚至还研究了候鸟在人造天空下识别天空信号的能力。星象仪曾经被称为有史以来最伟大的教学辅助工具，但它已经远远超出了其最初的教学目的，吸引了令奥斯卡·冯·米勒意想不到的新受众。

参考文献

［1］Abbatantuono, Brent P. "Armand Neustadter Spitz and His Planetaria, with Historical Notes on the Model A at the University of Florida." Master's thesis, University of Florida, 1994.

［2］Chamberlain, Joseph Miles. "The Administration of a Planetarium as an Educational Institution." Ed.D. diss., Columbia University, 1962.

［3］Hagar, Charles F. *Planetarium: Window to the Universe*. Oberkochen, Ger.: Carl Zeiss, 1980.

［4］King, Henry C. *Geared to the Stars: The Evolution of Planetariums, Orreries, and Astronomical Clocks*. Toronto: University of Toronto Press, 1978.

［5］Lattin, Harriet Pratt. *Star Performance*. Philadelphia: Whitmore Publishing, 1969.

［6］Letsch, Heinz. *Captured Stars*. Jena, Ger.: Gustav Fischer, 1959.

［7］Marché, Jordan Dale, II. "Theaters of Time and Space: The American Planetarium Community, 1930–1970." Ph.D. diss., Indiana University, 1999.

［8］Norton, O. Richard. *The Planetarium and Atmospherium: An Indoor Universe*. Healdsburg, CA: Naturegraph Publishers, 1968.

［9］Werner, Helmut. *From the Aratus Globe to the Zeiss Planetarium*. Stuttgart, Ger.: Gustav Fischer, 1957.

乔丹·D. 马尔什第二（Jordan D. Marché II） 撰，郭晓雯 译

另请参阅：天文学和天体物理学（Astronomy and Astrophysics）；科学普及（Popularization of Science）

宇宙学
Cosmology

宇宙学是关于宇宙作为一个有秩序的系统及支配其规律的学科、理论或研究，特别是研究宇宙的结构和演化的一个天文学分支。（宇宙的起源不同于它的结构和演

化，是宇宙论的主题）

美国"黄金时代"的天文学创业精神带来了新的天文台、更大的望远镜和相应的天文仪器的建造。19世纪末，观测天文学的中心也随着这些发展而从欧洲转移到了美国。

1918年，威尔逊山天文台的哈洛·沙普利（Harlow Shapley）利用哈佛大学的亨丽爱塔·勒维特（Henrietta Leavitt）在1908年首先注意到的周光关系，依赖附近一些距离已知的恒星校正了造父变星的周光关系（较亮的变星周期较长）。沙普利接着测量了造父变星在球状星团中的周期，计算了它们的实际亮度，将其与观测到的亮度进行比较，进而推断出到星团的距离（观测的亮度随距离的增加而减小）。然后他假设我们所在的银河系是由球状星团构成的，沙普利也就推算出了我们所在星系的大致大小。他的估计要比以前的假设大十倍以上。

20世纪20年代，在威尔逊山，埃德温·哈勃（Edwin Hubble）在螺旋星云中发现了造父变星，计算了它们的距离，并证明了这些"星云"是超出我们银河系边界的独立的"岛屿宇宙"。他还宣布了迅速被认可的星云基本分类方案。

从1912年开始，洛厄尔天文台的维斯托·M.斯里弗（Vesto M. Slipher）就测量到了螺旋星云的高径向速度。1917年，一位欧洲天文学家提出了一个宇宙理论模型，该模型认为，距离越远的物体，其后退的视速度就越大。1929年，哈勃在其威尔逊山的同事米尔顿·赫马森（Milton Humason）的帮助下，建立了一种经验的速度—距离关系，并开创了一个新的思维时代，在这个时代里，人们普遍认为宇宙是在膨胀而非静止。

大致说来，直到20世纪30年代，欧洲的理论发展与美国的观测工作相结合，才形成了标准的大爆炸宇宙学。

1964年偶然发现的宇宙微波背景辐射是大爆炸宇宙学的观测基础之一。早在1948年和1949年，乔治·华盛顿大学的乔治·伽莫夫（George Gamow）和拉尔夫·阿尔弗（Ralph Alpher）以及约翰斯·霍普金斯大学的罗伯特·赫尔曼（Robert Herman）已经预测了宇宙背景辐射的存在，但当时很少有人关注他们的工作。在1963年和1964年，贝尔实验室的阿诺·彭齐亚斯（Arno Penzias）和罗伯特·威尔逊（Robert Wilson）研究了一种最初被认为是无线电天线噪音的东西，发现它是另一种额外的辐射，显然来自宇宙起源之时。由于这项工作，他们在1978年获得了诺贝尔物理学奖。普林斯顿大学的罗伯特·迪克（Robert Dicke）和 P. J. E. 皮伯斯（P. J. E. Peebles）分别预测了宇宙背景辐射，并解释了彭齐亚斯和威尔逊的发现在宇宙学上的重要性。

最近的宇宙学主要是由粒子理论和相当多的美国物理学家推动的。宇宙是历史事件的遗迹，这些历史事件发生的能量远远超过了粒子加速器所能达到的能量。20世纪80年代，现在任职于麻省理工学院的阿兰·古斯（Alan Guth）提出了宇宙暴胀模型。古斯的暴胀理论适用于宇宙演化的第一个极小部分。就在那一刹那，巨大的膨胀发生了。在那之后，暴胀宇宙理论与标准的大爆炸理论合并。物理学家现在用计算机模拟假想的宇宙，天文学家则试图使观测结果与理论相契合。

宇宙学在20世纪后期蓬勃发展，特别是在美国。

参考文献

［1］Hetherington, Norriss S., ed. *Encyclopedia of Cosmology：Historical, Philosophical, and Scientific Foundations of Modern Cosmology*. New York：Garland, 1992.

［2］——. *Cosmology：Historical, Literary, Philosophical, Religious, and Scientific Cosmology Perspectives*. New York：Garland, 1993.

诺里斯·S. 海瑟林顿（Norriss S. Hetherington）　撰，吴晓斌　译

控制论

Cybernetics

控制论是1947年由数学家诺伯特·维纳（Norbert Wiener）引入现代科学的一个术语，用来命名一门有望成为科学的新分支：关于在动物和机器中控制与通信的科学。控制论科学既包括机器也包括有机体，但特别关注可以从一个描述转移到另一个描述的模型和理论，从而将生物学、心理学和社会研究与工程和数学联系起来。

20 世纪 40 年代发展的一些概念构成了这门新科学的核心。第一个是目标导向行为（由有机体或机器做出）的概念，由连续或间歇的信息（"负反馈"）控制，这些信息表明一个人离实现目标有多近。这种通路被认为司空见惯，例如由人驾驶船只和自动驾驶仪驾驶船只同样遵循这一通路。1943 年，墨西哥生理学家阿图罗·罗森布鲁斯（Arturo Rosenblueth）、诺伯特·维纳和工程师朱利安·毕格罗（Julian Bigelow）共同提出了这个概念，并确定了其广泛的范围和用途。它催生了 1946 年到 1953 年的一系列主题为生物和社会系统中的循环因果和反馈机制的会议，这些会议后来被统称为控制论会议，会议中以跨学科的方式探索了负反馈概念。第二个概念是 1943 年由神经精神病学家沃伦·麦卡洛克（Warren McCulloch）和博学的沃尔特·皮特斯（Walter Pitts）提出的一个看法，人类的思想和大脑的电化学模式可以依靠由数学—逻辑模型描述的神经元网络进行通信。尽管皮特斯—麦卡洛克模型使用高度简化的单个神经细胞图像，但是足以证明任何事都可以被完整且明确地描述，任何可以完全和明确地用语言表达的东西，事实上，都可以通过一个合适的有限神经网络来实现。这个模型提供了一个关于心灵与大脑关系的清晰假设。此外，在 1945 年，数学家约翰·冯·诺伊曼（John von Neumann）发现，皮特斯—麦卡洛克神经系统模型适合用来描述高速数字计算机的逻辑设计，这是有机体和机器间的另一种相似之处。第一台这样的计算机在随后的几年里便被制造出来。第三个基本概念源于维纳提出的统计通信理论，克劳德·香农（Claude Shannon）独立发现了这一理论。它是"信息"的定义，在数学上类似于物理系统中负熵的定义，并且遵循各种严格的定理。

所有这三个强有力的思想都被证明是具有重大意义的，并且极大地影响了科学和技术后来的发展。尽管生物学家，尤其是雅克·L. 莫诺（Jacques L. Monod），已经特别呼吁要注意生物细胞中的"微观控制论"和反馈机制，但罗森布鲁斯—毕格罗的观点应用是如此广泛，以至于它常常被认为是理所当然的事。计算机和信息／通信技术成为几十年来发展最快的技术。"人工智能"领域，即设计能展示出某种"智能"行为的人工制品的领域，是由控制论模型发展而来的。信息论已广泛应用于遗传学，基因已被视为信息的载体。研究我们如何知道、学习、思考和感知的一个被称为"认知科学"的研究领域，也是从控制论发展而来的，它倾向于用类计算机的产品来模拟思维，或者把它们描述为信息处理设备。这些机械或电子模型往往不仅催生一种关于物质的机械论哲学，而且还催生关于人类行为甚至思想的机械论哲学。

在社会研究领域，格雷戈里·贝特森（Gregory Bateson）成了控制论思想最精明的支持者，但他坚持认为，任何描述人类甚至许多动物的模型都必须包含各种逻辑上的矛盾。这些矛盾是必要的，借此可以给予人类日常应有的交流、嬉闹和幽默。他也因此打破了机械论的魔咒。例如，他使用控制论来描述人类学家研究的文化稳定性，人们如何变成精神分裂症患者，以及如何把从他们酗酒中拯救出来。生态学家，特别是 G. 伊夫林·哈钦森（G. Evelyn Hutchinson）及其学生，已经广泛地使用控制论来描述复杂的生态系统。盖亚假说（Gaia hypothesis）把地球上的生命和整个生物圈视为一个控制论系统。

早在 1947 年，维纳就指出，控制论"有无限的善恶可能性"（Wiener, *Cybernetics*, p. 7）。事实上，正如他所担心的那样，控制论的思想已经被广泛应用于各种军事目的，如"智能炸弹"等；此外，也正如他所预期的，机器人、计算机和自动化已经导致了很多技术工人的失业和技术工作的降级。

参考文献

［1］Ashby, Ross. *An Introduction to Cybernetics*. London: Chapman, 1958.

［2］Bateson, Gregory. *Steps to an Ecology of Mind*. New York: Random House, 1972.

［3］De Latil, Pierre. *Thinking by Machine*: *A Study of Cybernetics*. Boston: Houghton Mifflin, 1957.

［4］Gardner, Howard. *The Mind's New Science*. New York: Basic Books, 1985.

［5］Haraway, Donna J. "The High Cost of Information in Post World War II Evolutionary Biology." *The Philosophical Forum* 13, nos. 2–3（1981–1982）: 244–278.

［6］Heims, Steve Joshua. *Constructing a Social Science for Postwar America*: *The Cybernetics Group 1946–1953*. Cambridge, MA: MIT Press, 1993.

［7］Wiener, Norbert. *Cybernetics or Control and Communication in the Animal and the Machine*. Cambridge, MA: MIT Press, 1948.

［8］——. *The Human Use of Human Beings*: *Cybernetics and Society*. London: Free Association Press, 1989.

史蒂夫·约书亚·海姆斯（Steve Joshua Heims）　撰，吴晓斌　译

考古天文学

Archaeoastronomy

　　考古天文学是在结合文字和非文字记录的基础上，对古代文化中的天文学实践进行的跨学科研究。非文字记录包括考古学和图像学的材料，传统上这些学科不属于科学史领域。文字记录还可以加上民族史记载和世人的证词（人类学）。通过引入社会科学，该交叉学科试图扩大天文学史这门传统学科的深度和广度，天文学史与其所属的科学史一样，侧重于西欧科学天文学的发展，并将古典时代、古代中东、文艺复兴及其后世界的文字遗产作为主要证据。

　　20 世纪 70 年代初，这个词首次正式出现在文献中，它似乎是源自"天文考古学"（astroarchaeology）一词颠倒而来，"天文考古学"指的是对古代建筑物可能呈现的天文排列的研究。这主要是由 20 世纪 60 年代受过科学训练的学者重建的一种田野调查技术，用来解释英国巨石阵和其他巨石遗迹的排列方式。类似的研究早在 19 世纪 90 年代就已经在巨石阵和埃及的尼罗河神庙中开展过。

　　到 20 世纪 70 年代初，对排列的研究已经不仅限于欧洲西北部的立石，还包括了中美洲（如阿兹特克人、玛雅和萨巴特克人），南美（最引人注目的是印加）、美国西南部（霍普－阿纳西－普埃布洛），以及后来的地中海盆地（早期大陆意大利文化、撒丁岛、梅诺卡岛和加那利群岛），中国和东欧等地文化的建筑。调查主体还扩大到宗教史和艺术史学家、民族史学家、语言学家和碑铭学家。这样的进展导致了对天文学相关问题的兴趣在科学、社会科学和人文学科等广泛领域中的分布更加均衡。

　　考古天文学的探究已经不只是对考古遗迹的排列进行简单的统计考量，而是纳入了各类研究，包括岩画、史前历法和计时方法的发展，神话和民间天文学等，特

别是当代非西方民族的天文学实践，这一领域已经拥有了专门的命名：民族天文学。

考古天文学有两个主要的期刊，在过去的四分之一世纪中，已经出版了二十多本带有该标题的编辑书籍［例如，A. F. 阿韦尼（A. F. Aveni）的《世界考古天文学》（*World Archaeoastronomy*）〕。现在，该学科大约有一半文章出现在本学科的期刊上，这意味着考古学天文学材料已经成功地被传统研究吸收了。

考古天文学的主要目标是探索文化和其自然界相关部分（包括天球在内）的互动，而不用考虑自然和人类状况之间的关系究竟是前科学的还是科学的。无论有人接触到的某种文化所应用的技术水平是高是低，都不能作为衡量考古天文学研究的标准。例如，对天上诸神的神治研究，经典口传史诗里的天空角色，或尚无文字的民族绘制的"古抄本"中分派的天文符号，都属于考古天文学的范畴，尽管这些主题都不一定直接有助于构成西方天文学史的知识体系。但是，通过尝试囊括人类智慧寻求理解宇宙的所有可能方式，呈现出科学的求知方式和其他理解宇宙的模式之间的比较，考古天文学对科学的天文学史做出了间接的贡献。

参考文献

［1］Aveni, Anthony F. "Archaeoastronomy." *Advances in Archaeological Method and Theory* 4（1981）: 1–77.

［2］——, ed. *World Archaeoastronomy*. Cambridge, U.K.: Cambridge University Press, 1989.

［3］Baity, Elizabeth C. "Archaeoastronomy and Ethnoastronomy So Far." *Current Anthropology* 14（1973）: 389–449.

［4］Hawkins, Gerald S. "Astro–archaeology." *Research in Space Science*. Special Report No. 226. Cambridge, MA: Smithsonian Astrophysical Observatory, 1966.

［5］Lockyer, J. Norman. *The Dawn of Astronomy*. London: Cassel, 1894.

［6］Ruggles, C.L.N. and N. Saunders, eds. *Astronomies and Cultures*. Niwot: University Press of Colorado.

A. 阿韦尼（A. Aveni） 撰， 陈明坦 译

1.2　组织与机构

美国数学学会
American Mathematical Society

　　美国数学学会是支持数学研究的最重要的专业学会。1888 年，哥伦比亚学院的研究生托马斯·斯科特·菲斯克（Thomas Scott Fiske）在纽约市成立了纽约数学学会（New York Mathematical Society，NYMS），大体上模仿了伦敦数学学会（London Mathematical Society，成立于 1865 年）。该学会最初只有 6 名哥伦比亚学院的学生和教师，到 1891 年，菲斯克发起订阅《纽约数学学会公报》（*Bulletin of the NYMS*）的运动，结果会员数量猛增到超过了 200 人。

　　学年期间，该学会每月在纽约市举行学术会议，主要在一批中西部数学家的努力下，该组织在 1894 年具有了更多的全国性。1893 年，芝加哥大学的摩尔（E. H. Moore）及其同事，与西北大学的亨利·怀特（Henry White）一道，在芝加哥举办了一场数学大会，该大会是世界哥伦布博览会的一部分。他们试图找出版商发表其论文集，并于 1894 年 6 月找到了纽约数学学会。他们获得了学会的经济资助，而且"加快了学会对名字中含有国家或大陆字样的需求"（Archibald，p.7）。一个月后，该学会变成了美国数学学会（AMS），尽管它只是慢慢扩大了其有限的几个会议地点。这推动了学会成立"分会"，它们可在其他地区举行正式批准的会议，从而为东北部地区以外的数学家们提供更多直接交流的机会。美国数学学会的芝加哥分会于 1897 年首次正式召开会议，随后旧金山分会和西南分会分别于 1902 年和 1906 年成立。这些分会大大促进了会员人数的增长，从 1920 年的 770 人增加到 1938 年的 2127 人。在成立一百周年之际，美国数学学会的会员超过了 22000 名。

　　芝加哥的会员还设法创立了美国数学学会的另外两件重要事项。作为 1893 年大会的补充，怀特安排了德国著名数学家菲利克斯·克莱因（Felix Klein）在埃文斯顿举办了一个为期两周的高级讨论会。最终他通过学会的理事会推行了定期赞助座谈会的想法；该系列至今仍在进行，首场开始于 1896 年，明确的目标是向广大听众介绍当前的研究课题。1905 年以来，美国数学学会已将该领域学术带头人的这些报告出版。比怀特还要积极的活动家是摩尔（Moore），他游说学会设立一个以研究为导向的期刊，补充其以新闻为主的《公报》。1900 年，他成为《美国数学学会学报》（*Transactions of the AMS*）的首任主编，并立即将其确立为出版一流研究成果的渠道，这些研究都是基于美国而非外国。在整个 20 世纪，通过出版图书和杂志，学会继续促进高质量的研究工作。图书种类繁多，还有丛书，期刊则包括 1950 年开始出版的《论文集》（*Memoirs*），以及 1988 年开始的《美国数学学会杂志》。它还赞助一些其他期刊，支持重要的翻译工作。

作为 1901—1902 年的学会会长，摩尔还试图将各个层次的数学教育纳入学会的职权范围。但他的努力没有成功，主要原因是学会明显以研究为中心，这一点至今仍几乎未变。

19 世纪的最后二十多年，美国高等教育的发展引起了大学层面对原创研究和培养未来研究人员的重视，尽管一代美国准数学家还在德国（直到 20 世纪 30 年代早期，德国都是该领域公认的领先者）寻求科研训练。正如美国数学学会的成型，反映出了到 1900 年，这些因素和其他因素已经在美国造就了一个自足的数学家研究共同体。学会成为该共同体的交汇点，为人际交往和出版交流提供了场所。它还制定并维护了一些标准，有助于确保战后时期美国数学家的主导地位。

对 20 世纪学会的历史进行细致的历史分析，包括学会主要领导人的研究，应该大大有助于阐明 20 世纪美国数学史的方方面面，其中包括某些研究领域美国学派的形成，诸如点集拓扑学、有限群理论等，以及由学会最初界定的共同体，其专业分化所涉及的动力机制。

参考文献

[1] Archibald, Raymond C. *A Semicentennial History of the American Mathematical Society*: *1888-1938*. New York: American Mathematical Society, 1938.

[2] Duren, Peter, et al., eds. *A Century of Mathematics in America*. 3 vols. Providence: American Mathematical Society, 1988-1989.

［3］Fenster, Della Dumbaugh, and Karen Hunger Parshall. "A Profile of the American Mathematical Research Community: 1891–1906." In *A History of Modern Mathematics*, edited by Eberhard Knobloch and David E. Rowe.Boston: Academic Press, 1994, pp. 179–227.

［4］———. "Women in the American Mathematical Community: 1891–1906." In *A History of Modern Mathematics*, edited by Eberhard Knobloch and David E. Rowe. Boston: Academic Press, 1994, pp. 229–261.

［5］Parshall, Karen Hunger, and David E. Rowe. *The Emergence of the American Mathematical Research Community*（*1876–1900*）: *J.J. Sylvester, Felix Klein, and E.H. Moore*. Providence: American Mathematical Society; London: London Mathematical Society, 1994.

［6］Pitcher, Everett. *A History of the Second Fifty Years*: *American Mathematical Society 1939–1988*. Providence: American Mathematical Society, 1988.

凯伦 · 亨格 · 帕歇尔（Karen Hunger Parshall）　撰，陈明坦　译

美国天文学会

American Astronomical Society（AAS）

美国天文学会成立于 1899 年，当时被称作美国天文和天体物理学会，与美国物理学会同年成立。美国其他几个科学学会也成立于 19 世纪的最后 10 年。乔治 · 埃勒里 · 海耳（George Ellery Hale）曾创办众多学会、代表大会和研究院，美国天文学会只是其中之一。

海耳是芝加哥大学叶凯士天文台（Yerkes Observatory）的创始台长。1897 年 10 月，为庆祝天文台的落成，他组织了为期一周的科学会议。57 名天文学家和物理学家齐聚威斯康星州威廉姆斯湾（Williams Bay）台址，宣读了 29 篇论文。参观者仔细察看了当时世界上最大的新型 40 英寸折射望远镜，看到乔治 · 威利斯 · 里奇（George Willis Ritchey）正在磨制一面 60 英寸的镜子，它将成为威尔逊山（Mount Wilson）上的反射镜。而后他们听取了詹姆斯 · E. 基勒（James E. Keeler）发表的特邀演讲——"天体物理学研究的意义，以及天体物理学和其他物理科学的关系"。最后一天，全体参会人员去了芝加哥，聆听西蒙 · 纽科姆（Simon Newcomb）的

另一场演讲——"美国天文学面面观"，并且应望远镜的捐赠者——查尔斯·耶基斯（Charles T. Yerkes）的邀请出席晚宴。

这次会议大获成功，以至于次年（1898 年 8 月）便在哈佛大学天文台举办了第二届天文学家和天体物理学家会议。会议地点在台长爱德华·C. 皮克林（Edward C. Pickering）住所的会客厅，有大约 100 位科学家出席。在海耳的推动下，借机成立了一个委员会，他本人担任秘书长，皮克林担任主席。该委员会建议成立一个永久性协会。仅用一天时间，委员会起草了章程草案，61 名参会人员签署，成为创始会员。1899 年 9 月，在重新回到叶凯士天文台召开的第三次会议上，美国天文和天体物理学会正式成立，这也是该学会的首次会议。纽科姆任学会的首届会长，乔治·康斯托克（George C. Comstock）任首届秘书长，但年轻的海耳是这个小团体最初几年保持活跃的主要动力之源。1905 年，纽科姆卸任会长，皮克林接任，他任职 14 年，直到 1919 年去世。在他之后，会长任期改为 3 年，1952 年之后又改为 2 年。

1914 年，学会更名为美国天文学会，改后的名称表明，物理学家和天体物理学家，以及古老的动力学、位置学、统计学和行星学等领域的天文学家，都可被接受为会员。学会还发行《会刊》（Publications），内容包括 1910—1946 年在会议上发表的论文摘要、天文台报告，以及学会管理人员和会员的名单。1969 年以来，《美国天文学会公报》（Bulletin of the American Astronomical Society）已经满足了同样的功能。1941 年，该学会从达德利天文台接管了《天文学杂志》（Astronomical Journal）的出版工作，将其专用于位置和动力天文学研究。1944 年到 1969 年间，学会的资料发表在《天文学杂志》上。1971 年，美国天文学会从芝加哥大学出版社接受了《天体物理学杂志》（Astrophysical Journal），由此控制了美国天文学和天体物理学的两大主要期刊。

学会一直不断发展壮大：1922 年拥有 370 名会员；1947 年有 625 名；到 1992 年年底，成员已超过 5000 名。学会有一名全职执行干事，1993 年 1 月，其华盛顿特区的办公室有大约 10 名全职专业人员。除 1908 年没有召开会议外，从 1899 年起，它每年召开一次、两次或三次科学会议。所有这些会议基本上都遵循了在叶凯士天文台首次开会的形式，当然除了那一次，此后会员们都是自己付费参加晚宴。1993年1月，大约1700名会员和来宾出席了在亚利桑那州菲尼克斯举行的第181次会议，提交了约1000篇特邀和投稿的论文，其中大多数在海报上展示。

参考文献

[1] DeVorkin, David H. "The Pickering Years." In *The American Astronomical Society's First Century*, edited by David H. DeVorkin. Washington, DC: American Astronomical Society, 1999, pp. 20−36.

[2] Osterbrock, Donald E. "The Minus First Meeting of the American Astronomical Society." *Wisconsin Magazine of History* 68 (1984): 108−118.

[3] ——. "AAS Meetings Before There Was an AAS: The PreHistory of the Society." In *The American Astronomical Society's First Century*, edited by David H. DeVorkin. Washington, DC: American Astronomical Society, 1999, pp. 3−19.

[4] Stebbins, Joel. "The American Astronomical Society 1897−1947." *Popular Astronomy* 55 (1947): 404−413.

唐纳德・E. 奥斯特布罗克（Donald E. Osterbrock） 撰，陈明坦　译

另请参阅：天文学和天体物理学（Astronomy and Astrophysics）

美国海军天文台

Naval Observatory, United States

美国第一个国立天文台，可与英国格林尼治天文台相媲美。该天文台始建于1830年，最初是一个海图和仪表库，负责评定美国海军的精密计时器，并对航海海图和仪器进行集中管理。因为评定精密计时器（确定其运转的快慢）需要天文观测，海军开始涉足天文学，在詹姆斯・梅尔维尔・吉利斯（James Melville Gilliss）中尉的领导下，海军开始扩大观测范围，超出了海军的直接需要。1842年，吉利斯从国会获得了一笔建造新仓库的拨款，在第一任负责人马修・方丹・莫里（Matthew Fontaine Maury）中尉的领导下，这个仓库很快被改建为一个国家天文台。莫里更追求水文功能，而不是天文学，但当他在内战中投奔南方后，吉利斯恢复了天文学

和水文学之间更适当的平衡。1866 年，水文局从海军天文台中拆分出来，1893 年航海年鉴局并入海军天文台。除了在 1950 年失去了对精密计时器的评级功能之外，天文台的计时、方位天文学以及制作与导航相关年鉴的任务基本上保持不变。

19 世纪下半叶，那个时代著名的一些天文学家都在海军天文台度过了他们的职业生涯，包括西蒙·纽康（Simon Newcomb）、乔治·W. 希尔（George W. Hill）、阿萨夫·霍尔（Asaph Hall）和威廉·哈克尼斯（William Harkness）。他们带领天文台声名鹊起，当时方位天文学仍在这一领域占据主导地位。20 世纪初，美国私人捐赠建立的天文台使海军天文台黯然失色，并且它在采用恒星摄影和光谱学的新技术方面也较为缓慢。在过去的一个世纪中，海军天文台逐渐现代化。虽然 20 世纪 50 年代其他美国国家天文台陆续建立，但海军天文台至今仍是独一无二的海军和国家级天文台。

美国海军天文台是美国政府古老的科学机构之一，它为研究科学、政府和军队之间在 150 多年时间里的相互作用提供了机会，这是美国所有 19 世纪天文学史的基石。作为受人尊敬的科学机构之一，对其项目和问题还可以相对于其他国家天文台开展比较研究。关于海军天文台的历史记载很少，但详细的历史研究正在进行中。

参考文献

[1] Dick, Steven J. "John Quincy Adams, the Smithsonian Bequest, and the Origins of the U. S. Naval Observatory." *Journal for the History of Astronomy* 22（1991）: 31–44.

[2] ——. "Centralizing Navigational Technology in America: The U.S. Navy's Depot of Charts and Instruments, 1830–42." *Technology and Culture* 33（1992）: 467–509.

[3] Dick, Steven J., and Leroy Doggett. *Sky with Ocean Joined: Proceedings of the Sesquicentennial Symposia of the U.S. Naval Observatory*. Washington, DC: U.S. Naval Observatory, 1983.

史蒂文·J. 迪克（Steven J. Dick） 撰，康丽婷 译

达德利天文台
Dudley Observatory

位于纽约州奥尔巴尼的达德利天文台筹建于 1852 年，以一位已故的美国参议员命名，因为其遗孀提供了启动资金，1856 年正式落成。初期屡有动荡。首任台长本杰明·A. 古尔德（Benjamin A. Gould）因数次与受托人发生冲突，于 1859 年被撤职。他的继任者 O. M. 米切尔（O. M. Mitchel）继任不久于 1862 年去世，只当了一年的常驻台长。

1865 年，米切尔的助理乔治·W. 霍夫（George W. Hough）被任命为台长，开启了近一个世纪的稳定期。霍夫一直担任台长到 1874 年。两年后，刘易斯·博斯（Lewis Boss）被任命为台长，1912 年去世后，他的儿子本杰明·博斯（Benjamin Boss）继任了这个职位。达德利天文台于 1968 年停止天文观测，但仍作为一个行政实体而继续存在。

古尔德曾设想达德利成为一个方位天文学的知名中心。刘易斯·博斯让古尔德的梦想变成了现实。首先，博斯参加了德国天文学会的国际星表计划，绘制北天球九等以上的所有恒星。接着，他制定了一个研究计划，由他的儿子完成，观测所有恒星的已知或疑似的自行运动。为了观测南天球的恒星，博斯将古尔德 1856 年获得的奥尔科特子午圈运到阿根廷圣路易斯的一个观测点。这些恒星自行运动的观测被载入《1950 历元的 33342 颗恒星总表》（五卷，1937）。

论及 19 世纪中期的美国科学，达德利天文台的早期历史占有显要的一席之地，因为古尔德的下台被看作科学"丐帮"试图掌控美国科学界的一次重挫。奥尔森（Olson，p. 265）认为，这场争议是"公众……以及一小部分专业科学家对科学的本质持不同态度的结果"。最近的学术研究将受托人与古尔德及其盟友之间的冲突，归结为各具责任感的两派精英之间的冲突。

参考文献

[1] Boss, Benjamin. *History of the Dudley Observatory, 1851–1968*. Albany: Dudley

Observatory, 1968.

[2] James, Mary Ann. *Elites in Conflict: The Antebellum Clash over the Dudley Observatory*. New Brunswick: Rutgers University Press, 1987.

[3] Lankford, John. "Charting the Southern Sky." *Sky & Telescope 74*(1987): 243-246.

[4] Olson, Richard G. "The Gould Controversy at Dudley Observatory: Public and Professional Values in Conflict." *Annals of Science* 27(1971): 265-276.

马克·罗滕伯格（Marc Rothenberg） 撰，陈明坦 译

沃纳和斯瓦西公司
Warner & Swasey Company

沃纳和斯瓦西公司是一家天文学仪器和机床制造公司，1880 年至 1980 年存在于俄亥俄州的克利夫兰。该公司为一些世界上最大的天文望远镜设计并制造了机械部件，包括海军天文台、里克天文台以及叶凯士天文台的折射望远镜，加拿大多米尼安天体物理天文台以及得克萨斯州的麦克唐纳望远镜。该公司的主要业务是机床，特别是六角车床的制造。依照其创始人伍斯特·里德·沃纳（Worcester Reed Warner，1846—1929）和安布罗斯·斯瓦西（Ambrose Swasey，1846—1937）的个人兴趣，该公司积极寻求望远镜建造合同，并在短时间内推出了一整套天文仪器。

这两位创始人是新英格兰的机械师，他们利用 19 世纪 70 年代从与普拉特惠特尼公司（Pratt & Whitney）的合同中获取的利润，在 1880 年创办了自己的公司。沃纳一生对天文学都感兴趣，斯瓦西也是如此。1886 年，在建造了一系列小型望远镜和天文台穹顶之后，他们拿到了为世界上最大的天文台——加利福尼亚的新里克天文台建造望远镜支架的合同。这项工作的成功完成使他们的仪器制造和机床制造获得了国际认可。他们在精密科学仪器方面的工作包括著名的迈克尔逊—莫雷实验的仪器。他们作为科学仪器制造者的职业生涯，可以用 19 世纪机械工程的专业化和科学与工程之间日益密切的联系来解释。他们两人都担任过美国机械工程师协会（American Association of Mechanical Engineers）的主席，而斯瓦西还是美国科学促进会的永久会员。

这家公司在机床业务上很成功，并且直至 60 年代初仍在有限的基础上继续制造着天文仪器。20 世纪 70 年代，美国机床工业的衰落影响了该公司的命运。后来本迪克斯公司（Bendix Corporation）买下了该公司，并在 1980 年关闭了华纳和斯瓦西分部，且不再使用这个名字。

关于创始人的手稿和公司记录可以在凯斯西储大学和俄亥俄州克利夫兰的西储历史学会找到。

参考文献

［1］Hubbard, Guy. "Worcester Reed Warner." *Mechanical Engineering* 8（1929）: 633–635.

［2］Miller, Dayton C. "Ambrose Swasey." *Biographical Memoirs of the National Academy of Sciences*（1943）.

［3］Pershey, Edward. "The Early Telescope Work of Warner & Swasey." Ph.D. diss., Case Western Reserve University, 1982.

爱德华·杰·佩尔希（Edward Jay Pershey）　撰，吴晓斌　译

另请参阅：利克天文台（Lick Observatory）

利克天文台
Lick Observatory

利克天文台是美国第一个永久性山顶天文台。1888 年 6 月 1 日，利克天文台投入使用，它拥有世界上最大的折射望远镜，阿尔文克拉克父子公司（Alvan Clark and Sons）设计的 36 英寸物镜，由华纳（Warner）和斯威西（Swasey）安装。该天文台由旧金山房地产大亨詹姆斯·利克（James Lick）提供资金建造，竣工后移交给了加州大学。

爱德华·霍尔登（Edward S. Holden）是利克的第一任台长，但在 1897 年的一次员工抗议运动中，他被迫辞职。这次运动得到了他的宿敌加州大学董事会以及西海岸教育界其他重要人物的支持。

他的职务被先前的一名职员詹姆斯·E. 基勒（James E. Keeler）接任，基勒曾

离开过利克天文台前往阿勒格尼天文台。基勒率先用利克的 36 英寸克罗斯利反射器拍摄星云，并首次识别出天空中大量的螺旋星云，但他于 1900 年去世。

威廉·华莱士·坎贝尔（William Wallace Campbell）接替了台长职务，他于 1890 年第一次来利克担任基勒的暑期志愿助理，并于 1891 年就任台长。坎贝尔将利克的研究集中在两个领域：径向速度的测量和日食。他的首批举措包括筹集资金在智利的圣地亚哥建立一个南半球的站点，进行径向速度的观测。从 1898 年到 1922 年，他还领导了 8 次日食考察。唐纳德·H. 门泽尔（Donald H. Menzel）利用这些数据提出了现代的色球理论。坎贝尔还关注测试阿尔伯特·爱因斯坦的相对论。1922 年，在澳大利亚的瓦拉尔（Wallal），坎贝尔和罗伯特·J. 特朗普勒（Robert Julius Trumpler）证实了广义相对论的预测是非常精确的。

在坎贝尔之后，接下来的三位继任者是他的前助手罗伯特·G. 艾特肯（Robert G. Aitken，1930—1935）、威廉·H. 赖特（William H. Wright，1935—1942）和约瑟夫·H. 摩尔（Joseph H. Moore，1942—1945），在他们之后是他以前的学生 C. 唐纳德·沙恩（C. Donald Shane，1945—1958）。

利克的天文学家一直想要一个直径大于 36 英寸的望远镜，但是直到第二次世界大战后才获得资金。120 英寸反射器是在沙恩主管的时候开始研发的，并由他的继任者艾伯特·E. 惠特福德（Albert E. Whitford）完成，他是霍顿之后第一个非利克员工的台长。

利克天文台的玛丽·丽亚·沙恩档案（Mary Lea Shane）藏于加州大学圣克鲁斯分校的大学图书馆，厚度长达 375 英尺。

参考文献

[1] Crelinsten, Jeffrey. "William Wallace Campbell and the Einstein Problem: An Observational Astronomer Confronts the Theory of Relativity." *Historical Studies in the Physical Sciences* 14 (1984): 1-91.

[2] Lick, Rosemary. *The Generous Miser: The Story of James Lick of California.* Menlo Park, CA: Ward Ritchie Press, 1967.

[3] Osterbrock, Donald E. "Lick Observatory Solar Eclipse Expeditions." *Astronomy*

Quarterly 3（1980）：67-79.

[4] ——. *James E. Keeler, Pioneer American Astrophysicist：And the Early Development of American Astrophysics.* Cambridge: Cambridge University Press，1984.

[5] ——. "The Rise and Fall of Edward S. Holden." *Journal for the History of Astronomy* 15（1984）：81-127，151-176.

[6] Osterbrock, Donald E., John R. Gustafson, and W.J. Shiloh Unruh. *Eye on the Sky：Lick Observatory's First Century.* Berkeley：University of California Press，1988.

[7] Wright，Helen. *James Lick's Monument：The Saga of Captain Richard Floyd and the Building of Lick Observatory.* Cambridge: Cambridge University Press，1987.

[8] Wright，William H. "William Wallace Campbell." *Biographical Memoirs of the National Academy of Sciences* 25（1949）：35-74.

马克·罗滕伯格（Marc Rothenberg）　撰，彭华　译

洛厄尔天文台

Lowell Observatory

洛厄尔天文台于 1894 年在亚利桑那州的弗拉格斯塔夫建成，旨在探索太阳系。主要由帕西瓦尔·洛厄尔（Percival Lowell）出资，W. H. 皮克林（W. H. Pickering）设计。在早年以及火星冲日期间，工作人员收集了火星上存在生命的证据，同时调查金星、土星和其他行星。V. M. 斯莱弗（V. M. Slipher）在 1914 年发现了螺旋星云的径向速度，有助于理解宇宙的大小。1916 年洛厄尔去世后，斯莱弗成为天文台主任。从那时起，洛厄尔的天文学家们取得显著成就包括：克莱德·汤博在 1930 年发现了第九颗行星，洛厄尔一直在寻找这颗行星，但没有成功；20 世纪 30 年代，亚瑟·阿德尔（Arthur Adel）对地球和其他行星大气元素的识别；1977 年，罗伯特·米里斯（Robert Millis）和康奈尔大学的詹姆斯·艾略特（James Elliot）共同发现了天王星的环系统。

关于洛厄尔天文台工作意义的讨论，在很大程度上仅限于关于火星运河的争论和对第九行星的搜索。历史学家认为，前者把注意力集中在太阳系，但也可能分散了天文学家在恒星研究项目上的注意力，忽视了其他重要问题。对于洛厄尔的助手

们在 1916 年之前的工作，对于天文台的规模和特征，人们关注太少。对于某些研究来说，天文台可能比大单位提供了一个更有利的环境，除发现冥王星外，1916 年以来天文台一直在做很多其他重要工作。

对观测站最初几年历史的关注，部分是由于火星研究的轰动性，也侧面反映了早期通信（1894—1916）微缩胶片的可用性，包括 A. E. 道格拉斯（A. E. Douglass）、斯莱弗和 C. O. 兰普兰（C. O. Lampland）的论文。这些人以及克莱德·汤博（Clyde Tombaugh）和亚瑟·阿德尔（Arthur Adel）的工作，可在洛厄尔天文台档案馆的文件中找到记录。

参考文献

[1] Hoyt, William Graves. *Lowell and Mars*. Tucson: University of Arizona Press, 1976.

[2] ——. *Planet X and Pluto*. Tucson: University of Arizona Press, 1980.

[3] Lowell, A. Lawrence. *A Biography of Percival Lowell*. New York: Macmillan, 1935.

[4] Lowell, Percival. *Mars and Its Canals*. New York: Macmillan, 1906.

[5] ——. *The Evolution of Worlds*. New York: Macmillan, 1909.

[6] ——. "Memoir on a Trans-Neptunian Planet." *Memoirs of the Lowell Observatory* 1 (1914): 3-105.

大卫·斯特劳斯（David Strauss） 撰，彭华 译

基特峰国家天文台
Kitt Peak National Observatory（KPNO）

基特峰国家天文台位于亚利桑那州图森附近，是第一个由联邦政府资助的天文台，面向所有具备资格的研究人员开放。基特峰国家天文台是由美国大学天文研究协会根据与美国国家科学基金会签订的 1958—1960 年合同而建造，作为美国光学天文台的组成部分，它拥有一套望远镜和支持设施。

它的成立反映了"二战"后联邦政府的资助成为天文学领域的一股新势力。虽然私人基金会和个人组织建造了更大的天文台，美国海军天文台也致力于特定的研

究项目，但许多小机构的天文学家无法使用大型望远镜或昂贵的仪器。在一些人多次提出共建天文设施的建议后，国家科学基金会开始致力于建造一座新的国家天文台，却没有运营该天文台的法律授权。1955—1956 年，美国国家科学基金会与美国天文学界的许多重要人物合作，创建了一个新的组织，以接受国家科学基金会的资助，并建造和管理天文台。1957 年，七所大学的代表与国家科学基金会和国家科学委员会合作创建了美国大学天文研究协会，并于 1958 年 3 月选择在图森附近的基特峰作为新国家天文台台址。

在基特峰，最初的 0.9 米口径望远镜于 1960 年投入使用，接着是 2.1 米（1964）和 4 米（1973）口径。此外，山上或图森市还配备了其他的各种光学望远镜，一座大型的太阳塔式望远镜，相关的聚焦仪器，工场和支持设施，以及其他资源。基特峰和其他的国家天文台让天文学家获得了远远超出他们个人渠道的仪器和设施，无疑极大地激励和促进了美国天文学的研究。

参考文献

［1］Edmonson, Frank K. "Observatory at Kitt Peak." *Journal for the History of Astronomy* 15（1984）: 139–141.

［2］——. "AURA and KPNO: The Evolution of an Idea, 1952–1958." *Journal for the History of Astronomy* 22（1991）: 69–86.

［3］——. *AURA and Its U.S. National Observatories*. New York: Cambridge University Press, 1997.

［4］Goldberg, Leo. "The Founding of Kitt Peak." *Sky and Telescope* 65（March 1983）: 228–230.

［5］Kloeppel, James E. *Realm of the Long Eyes: A Brief History of Kitt Peak National Observatory*. San Diego: Univelt, 1983.

［6］Needell, Allan A. "The Carnegie Institution of Washington and Radio Astronomy: Prelude to an American National Observatory." *Journal for the History of Astronomy* 22（February 1991）: 55–67.

　　　　　　约瑟夫·N. 塔塔列维奇（Joseph N. Tatarewicz）　撰，彭华　译

另请参阅：天文台（Observatory）

1.3　代表人物

天文学家：威廉·克兰奇·邦德

William Cranch Bond（1789—1859）

邦德生于缅因州法尔茅斯（现在的波特兰），是康沃尔移民威廉·邦德（William Bond）和他的妻子汉娜·克兰奇·邦德（Hannah Cranch Bond）之子。老邦德是一名银匠和钟表匠，他于1793年开始在波士顿经营手表和珠宝生意。威廉邦德父子公司（William Bond & Son）在波士顿的不同地点一直经营到了1977年。

威廉·克兰奇·邦德很大程度上是作为一名天文学家而被人们铭记的，但他很小就开始为父亲工作了，他在成年后的大部分时间里都在家族企业做一名钟表匠。尽管他在青少年时期曾接受过哈佛大学数学教授约翰·法勒（John Farrar）和新英格兰最著名的、自学成才的天文学家纳撒尼尔·鲍迪奇（Nathaniel Bowditch）的一些指导，但他的天文学大部分是自学的。

1819年，邦德娶了表妹塞琳娜·克兰奇（Selina Cranch），他们育有四个儿子和两个女儿。塞琳娜于1831年去世，邦德续娶了她的妹妹玛丽·鲁珀·克兰奇（Mary Roope Cranch）为妻。

大约在那个时候，威廉·邦德父子公司从手表和珠宝贸易扩展到航海计时器。从1834年开始，邦德与美国海军签订了一系列合同，使得他有机会为波士顿和朴次茅斯港口维护船舶的航海计时器。从1838年到1842年，他作为天文学家获得了第一份专业工作，与海军签订的另一份合同——为查尔斯·威尔克斯（Charles Wilkes）领导的美国探险队提供气象和天文观测。

1839年年底，哈佛大学校长约西亚·昆西（Josiah Quincy）说服了邦德担任该校的无薪天文学家。当邦德的仪器被证明不足以揭示1843年那颗耀眼彗星的细节时，波士顿富有的市民集中他们的资源为学院建造了一个巨大的新天文台，并配备了一架与位于沙俄普尔科娃天文台（Pulkova Observatory）的世界上最大的望远镜口径相当的望远镜。邦德获得了天文学教授的职位，他以及与他密切合作的儿子乔治得到了微薄的薪水。他们共同发现了关于行星、彗星和星云物理特征的新信息。邦德家族因其发现赢得了国际赞誉，其中包括土星的一颗卫星和土星的"薄饼"环。

仅仅强调以上发现，就忽略了邦德在担任哈佛天文台台长 20 年间的另一项更重要的工作。那时候还没有一个稳固的国家天文台，哈佛天文台帮助解决了联邦政府对于基本天文位置的需求。除了早期与海军的合作外，邦德还与美国地形工程师协会（United States Topographical Engineers）合作进行国际边界勘测和五大湖勘测（the Great Lakes Survey）。他为美国海岸勘测局开展了多次跨经度活动，包括跨大西洋航海计时探险以及哈利法克斯与波士顿之间的首次国际电报测定。

同样被忽略的还有邦德在天文学中运用新技术方面取得的巨大成功。他和儿子乔治、波士顿银板摄影师约翰·惠普尔（John A. Whipple）、威廉·琼斯（William B. Jones）合作开创了天体照相学。该团队在 1850 年拍摄了第一张恒星照片。根据与海岸勘测局签订的合同，并在勘测局的西尔斯·库克·沃克（Sears Cook Walker）的监督下，邦德和儿子理查德、乔治改进了使用美式新电报机确定经度的装置——包括一个用在钟表的擒纵机构上的断路装置和一个用于在一定时间范围内记录天文事件时刻的鼓式计时器。这项技术大大简化了日常经度考察，也第一次为天文学家提供了一种用电记录观测数据的方法。邦德家族在国内外推广了他们为海岸勘测局制造的仪器，并在 1851 年的伦敦水晶宫博览会上获得了该博览会的最高奖项——委员会奖。1851 年 12 月，邦德以哈佛天文台的时钟节拍为基础开启了世界上首次公共授时。这项服务在新英格兰地区建立了标准时间，其主要客户是新英格兰的铁路公司。

威廉·克兰奇·邦德在哈佛天文台工作的资料保存在哈佛大学档案馆。与威廉·邦德父子公司相关的家族纪念物和文件被收藏在哈佛大学的科学仪器历史收藏馆中。科学仪器历史收藏馆和史密森学会的美国国家历史博物馆保存着邦德的两批大型藏品。

参考文献

［1］Bailey, Solon I. *The History and Work of Harvard Observatory, 1839-1927*. New York: McGraw-Hill, 1931.

［2］Bond, William Cranch. "History and Description of the Astronomical Observatory of Harvard College." *Annals of the Astronomical Observatory of Harvard College* 1, part 1 (1856).

［3］——. "Observations of the Planet Saturn." *Annals of the Astronomical Observatory of Harvard College* 2, part 1(1857).

［4］Hoffleit, Dorrit. *Some Firsts in Astronomical Photography*. Cambridge, MA: Harvard College Observatory, 1950.

［5］Holden, Edward S. *Memorials of William Cranch Bond and His Son George Phillips Bond*. New York, 1897.

［6］Jones, Bessie Zaban, and Lyle Gifford Boyd. *The Harvard Observatory: The First Four Directorships, 1839-1919*. Cambridge, MA: Harvard University Press, 1971.

［7］Stephens, Carlene E. "'The Most Reliable Time': William Bond, The New England Railroads, and Time Awareness in 19th-Century America." *Technology and Culture 30* (1989): 1-24.

Carlene E. Stephens（卡琳·E.斯蒂芬斯） 撰，吴紫露 译

数学家：西奥多·斯特朗

Theodore Strong（1790—1869）

　　斯特朗出生于美国马萨诸塞州的南哈德利（South Hadley, Massachusetts），是19世纪中期美国最杰出的数学家。他因高水平的数学工作，且发挥积极作用将欧洲大陆方法引入美国，成为举足轻重的人物，同时也是一位数学教育工作者。在耶鲁大学，斯特朗师从两位当时美国一流的科学家——本杰明·西利曼（Benjamin Silliman）和耶利米·戴（Jeremiah Day）。斯特朗在耶鲁学院学习时数学成绩出类拔萃，毕业后他于1812年成为纽约州克林顿市（Clinton, New York）刚成立不久的汉密尔顿学院（Hamilton College）的数学教师。1816年，斯特朗成为汉密尔顿

学院数学与自然哲学教授。1827 年，他到罗格斯学院（Rutgers College）任数学与自然哲学教授，在此任职了 35 年。

耶利米·戴是斯特朗的数学教授，也是将欧洲大陆数学思想引入美国数学教科书的领导者，但戴是否在斯特朗读本科时就将欧洲大陆数学介绍给他，这一点还不得而知。斯特朗在 1825 年之前发表的数学成果中没有任何一种反映出此种影响的迹象。但此后，斯特朗的研究中明显表现出欧洲大陆的影响，他的论文为欧洲大陆数学思想在美国的传播提供了助益。

斯特朗的数学工作虽然不及欧洲顶尖水平，但优于当时大多数美国人的成果。斯特朗一生所发表的成果几乎涉及当时美国数学研究的所有分支领域，包括方程理论、几何学、力学、分析学和数论。

与许多同时代数学家不同，斯特朗未编写出优秀的数学教材。他出版的两本书：一本关于代数学，一本关于微积分学，都将初等数学与高等数学令人费解地混为一体；两本书发行量都很有限。斯特朗不是一位受普通学生欢迎的老师，但却受到那些颇有才华学生的高度赞扬，他最著名的学生——数学天文学家乔治·威廉·希尔（George William Hill）对斯特朗心怀感激。

1835 年，罗格斯学院授予斯特朗荣誉法学博士学位。他于 1832 年当选为美国艺术与科学院院士，1844 年当选为美国哲学学会会员。1863 年，他又成为美国国家科学院最早一批的成员之一。

斯特朗的一些通信保存在耶鲁大学各个图书馆、美国哲学学会图书馆、哈佛大学霍顿图书馆的本杰明·皮尔士档案（Benjamin Peirce Papers, Houghton Library, Harvard University）；以及康奈尔大学约翰·奥林图书馆的查尔斯·吉尔档案（Charles Gill Papers, John M. Olin Library, Cornell University）中。

参考文献

［1］Bradley, Joseph P. "Theodore Strong." *Biographical Memoirs of the National Academy of Sciences* 2（1886）: 1–28.

［2］Colton, A. S. "Theodore Strong." In *Memorial of Theodore Strong, LL. D.* New York: S.W.

Green, 1869, pp. 26-28.

[3] Dwight, B.W. *The History of the Descendants of Elder John Strong*. Vol. 1. Albany, NY: n.p., 1871.

[4] Hogan, Edward R. "Theodore Strong and Ante-Bellum American Mathematics." *Historia Mathematica* 8(1981): 439-455.

爱德华·R. 霍根（Edward R. Hogan） 撰，彭繁 译

天文学家：西尔斯·库克·沃克
Sears Cook Walker（1805—1853）

沃克是天文学家，1825 年从哈佛大学毕业后在波士顿任教至 1827 年，接着在费城任教至 1836 年，这一年他成为宾夕法尼亚人寿保险和年金发放公司（the Pennsylvania Company for Insurance of Lives and Granting Annuities）的精算师。精算师的职位为他提供了充足的空闲时间，来学习在哈佛时就爱上的天文学。1839—1845 年，他是费城高中天文台的非官方台长。1846 年 2 月，他成了海军天文台的工作人员，但仅一年之后就离开了。沃克后来被一位来自费城的老朋友——美国海岸勘测局的负责人亚历山大·达拉斯·贝奇雇佣去进行经度观测。沃克死前一直在海岸勘测局工作。1852 年年初，他的精神受到重创，这一年的大部分时间他都住在精神病院。

沃克主要是一个天体机械师。他在费城最重要的出版物是和他的同父异母的兄弟——费城高中的数学和天文学教授 E. 奥蒂斯·肯德尔（E. Otis Kendall）一起写的，这本书是为了证明 1843 年的大彗星与 1618 年和 1669 年观测到的是同一颗彗星。在海军天文台和海岸勘测局工作的岁月里，沃克专注于计算海王星轨道的参数。海王星的存在是由法国的奥本·J. J. 勒维烈（Urbain J. J. Leverrier）和英国的约翰·克劳奇·亚当斯（John Crouch Adams）两人独立预测的，并于 1846 年 9 月 23 日由约翰·戈特弗里德·加勒（Johann Gottfried Galle）首次观察到。沃克开始寻找海王星在早期已被观测到但被误认为是恒星的记录。利用这些观测数据，沃克计算出了海王星的轨道，这个轨道与勒维烈和亚当斯的轨道相差甚远，以致哈佛

大学的本杰明·皮尔斯（Benjamin Peirce）得出结论，加勒的发现只是"一个意外之喜"（Hubbell and Smith, p. 270），但是欧洲的天文学家并不接受这个有争议的结论。

沃克的另一个主要贡献是将电报应用于经度观测。作为主管助理，他监督海岸勘测局在后来众所周知的"美国观测方法"上所做的实验，这是美国科学界对天文实践的首批重要贡献之一。

尽管沃克可能是 19 世纪 40 年代美国最重要的天文学家，但他很少引起人们对他生平的关注。古尔德（Gould）曾在沃克死后不久就写了他的传记回忆录，这本回忆录到目前为止仍然是对沃克一生最可靠的描述。在哈佛大学和宾夕法尼亚大学里藏有最重要的沃克手稿的材料。

参考文献

[1] Gould, B.A. "An Address in Commemoration of Sears Cook Walker." *Proceedings of the American Association for the Advancement of Science* 8 (1854)：18–45.

[2] Hubbell, John G., and Robert W. Smith, "Neptune in America：Negotiating a Discovery." *Journal for the History of Astronomy* 23 (1992)：261–291.

[3] Walker, Sears Cook. *A Report by the Superintendent of the Coast Survey, on an Application of the Galvanic Circuit to an Astronomical Clock and Telegraph Register in Determining Local Differences of Longitude, and in Astronomical Observations Generally.* House Executive Documents, No. 21 (1849).

[4]——. "Researches Relative to the Planet Neptune." *Smithsonian Contributions to Knowledge* 2 (1851).

马克·罗滕伯格（Marc Rothenberg）　撰，刘晋国　译

天文学家兼教育家：玛丽亚·米切尔

Maria Mitchell（1818—1889）

米切尔出生在马萨诸塞州楠塔基特，曾就读于当地的女子学校（该校由她的父亲，业余天文学家威廉主持），还在塞勒斯·皮尔斯（Cyrus Peirce）的学校学习了

一年。1835 年，她开办了一所女子学校。1836—1856 年，她在楠塔基特图书馆担任图书管理员，在那里她自学了数学、天文学和科学。1847 年，她发现了第一颗用望远镜发现的彗星，并因此获得丹麦国王授予的金牌。1849 年，她成为《美国星历》（*American Ephemeris*）和《航海年鉴》（*Nautical Almanac*）的计算员，1865 年在新成立的瓦萨学院（Vassar College）担任天文学教授，在那里她一直工作到 1888 年退休。她的荣誉包括：当选为美国艺术与科学学院会员（首位女性会员，1848）、美国科学促进会会员（1850）、妇女促进协会创始人（1873）兼主席（1875—1876 年任职），当选为美国哲学学会会员（首位女性会员，1869），以及美国社会科学协会副会长（1873）。

米切尔凭借自学获得的数学训练绘制了自己发现的彗星轨道，这为她带来了国际关注和赞誉。通过与哈佛大学的路易·阿加西（Louis Agassiz）以及哈佛学院天文台的乔治和威廉·邦德（George And William Bond）的密切合作，她进入了美国和国际天文学界。她的朋友包括她同时代的欧洲女科学家，如玛丽·萨默维尔（Mary Somerville），以及一些顶尖的男性科学家。她自己的工作主要集中在对土星、太阳黑子和光斑活动的观测以及摄影上。虽然她真正的研究兴趣在于一些单调乏味的工作——为特定的小行星确定一条轨道，但为了响应了大学教学的要求，并且受瓦萨大学缺少研究资金或援助的限制，她跟进了一项研究计划，其项目规模更小但数量更多，不过她还是认为轨道方面的工作会在科学界产生更持久的影响。

米切尔的研究项目是为她的学生设计的，包括观测双星、彗星、太阳黑子和光斑、行星（尤其是土星）、日食，以及变星等。她对颜色尤为感兴趣，在那里的工作重点是对火星、土星和木星的行星标记进行观察和光谱分析。米切尔在 1870 年对木星的考察和说明中没有提到大红斑，对于一个如此关注颜色的科学家来说，没有提到这一点可以被解释为，任何颜色在当时都是不可见的。米切尔对天文学最有价值的贡献在于，她建立起了对太阳黑子和光斑进行每日摄影的惯例，主张后者并不是太阳表面的云，而是垂直的空洞。

作为美国第一位职业女天文学家和女子学院首批天文学教授之一，米切尔的职业生涯反映出了作为一名开拓者的困难。她在楠塔基特的一个捕鲸社区长大，那里的男人经常外出航海，一走便是一年，这让她具备了 19 世纪大多数中产阶级妇女所没有的一种个人主义意识。虽然米切尔也曾像当时大多数家庭妇女一样生活，但她的愿望是参与到知识界和科学界。她在图书馆工作了 20 年，接触到了包括拉尔夫·瓦尔多·爱默生在内的著名学者和思想家，也包括一些普通水手，她在天体知识和航海方面的专长和经验对他们的成功至关重要。她反对将女性一生限制在家务上，并指出，天文计算的本质是艰苦的，经过精细刺绣和其他家务技能培训的女性，可以比男性更容易做到这一点。在一个科学仍然是业余爱好领域的时代，米切尔为希望追求科学兴趣的女性提供了一个榜样。

19 世纪下半叶，随着科学的日益职业化，米切尔对天文学领域最有价值、最持久、最重要的贡献就是她与学生开展的合作。米切尔教授天文学时首先以数学为基础，拒绝了那些希望学习描述性天文学的学生，而选择了能经受住数学严谨性考验的学生。在她任职于瓦萨学院期间，那里成为培养出最多天文学博士的学院。米切尔的 25 名学生后来在各自的领域都非常杰出，被记录在《美国名人录》（*Who's Who in America*）中，其中包括化学家艾伦·斯沃洛·理查兹（Ellen Swallow Richards）、数学家克里斯蒂娜·拉德 – 富兰克林（Christine Ladd-Franklin）和接替米切尔在瓦萨学院工作的天文学家玛丽·惠特尼（Mary Whitney）。这些女性继续在美国大学中延续女性从事科学工作并成为传统，这是玛丽亚·米切尔最持久的遗产。

参考文献

［1］Arnold, Lois Barber. *Four Lives in Science：Women's Education in the Nineteenth Century*. New York: Schocken Books, 1984.

［2］Belserene, Emilia Pisani. "Maria Mitchell: Nineteenth Century Astonomer." *Astronomy Quarterly* 5（1986）: 133–150.

［3］Gormley, Beatrice. *Maria Mitchell：The Soul of an Astronomer*. Grand Rapids, MI: Wm. B. Eerdmans, 1995.

［4］Kendall, Phebe Mitchell, comp. *Maria Mitchell：Life, Letters, and Journals*. Boston: Lee & Shepard, 1896.

[5] Kohlstedt, Sally Gregory. "Maria Mitchell and the Advancement of Women in Science." In *Uneasy Careers and Intimate Lives*: *Women in Science, 1789–1979*, edited by Pnina G. Abir-Am and Dorinda Outram. New Brunswick: Rutgers University Press, 1987, pp. 129–146.

[6] Lankford, John, and Rickey L. Slavings. "Gender and Science: Women in American Astronomy, 1859–1940." *Physics Today* (March 1990): 58–65.

[7] Rossiter, Margaret. *Women Scientists in America*: *Struggles and Strategies to 1940*. Baltimore: Johns Hopkins University Press, 1982.

[8] Wright, Helen. *Sweeper in the Sky*: *The Life of Maria Mitchell, First Woman Astronomer in America*. New York: MacMillan, 1949.

珍妮特·L. 科耶尔（Janet L. Coryell） 撰，康丽婷 译

天文学家兼气象学家：克利夫兰·阿贝
Cleveland Abbe（1838—1916）

阿贝生于纽约，就读于纽约免费学院（即今纽约城市学院），1857年毕业。1859—1860年，他在密歇根大学跟随 F. F. E. 布吕诺（F. F. E. Brünnow）学习天文学。此后他在美国海岸调查局一直工作到1864年。从1865年1月到1866年11月，他到俄罗斯的普尔科沃天文台担任奥托·斯特鲁维（Otto Struve）的研究助理。1868年2月，他成为辛辛那提天文台的台长。1870年，他加入了美国陆军通信部队的风暴预警局，即气象局的前身，一直工作到去世。

阿贝最初在辛辛那提天文台收集气象数据，是为了调研当地大气条件对天文观测的影响。由于辛辛那提的观测条件恶劣，以及他认识到天文学家对大气折射的理解远远不足，所以这项调研很有必要。正是这种对气象数据的收集，让阿贝越来越深入气象学本身。1869年9月1日，他开始发布辛辛那提的每日天气简报。

尽管他在气象学领域发表过两百多种成果，但他并没有成为一名举足轻重的研究型科学家。相反，他鼓舞着其他研究者，传播了大量气象数据。他极力宣扬基础研究对天气预报的重要性。由于全美实施标准化的气象观测，美国需要制定标准时间，他也是其中的重要人物之一。

　　尽管名声不够显赫，但阿贝颇受历史学家的关注，甚至超过一些更重要的科学家。按历史学家的观点，他的职业生涯既可以看作成功，也可以看作失败。例如，莱因戈尔德曾把阿贝描述为"代表着一种独特的已经消失的传统"。他认为阿贝实践的那种应用天文学，当时正在走向式微，但在美国和欧洲仍然得到广泛的运用。在他看来，阿贝的职业生涯是前后连贯的。与此相反，海瑟林顿认为阿贝的早期职业生涯恰恰证明，与欧洲的各种机会相比，1856—1871 年在美国走上专业的科学道路还存在着严重的障碍。当阿贝加入风暴预警局时身份发生了转变，意味着他结束了作为天文学家的职业生涯。

　　阿贝的文献保存于国会图书馆。

参考文献

[1] Abbe, Truman. *Professor Abbe... and the Isobars*: *The Story of Cleveland Abbe*, *America's First Weatherman.* New York: Vantage Press, 1955.

[2] Bartky, Ian R. "The Adoption of Standard Time." *Technology and Culture* 30 (1989): 25–56.

[3] Hetherington, Norriss S. "Cleveland Abbe and a View of Science in Mid–Nineteenth–Century America." *Annals of Science* 33 (1976): 31–49.

[4] Humphreys, W.J. "Cleveland Abbe." *Biographical Memoirs of the National Academy of Sciences* 8 (1919): 469–508.

[5] Reingold, Nathan. "Cleveland Abbe at Pulkowa: Theory and Practice in the Nineteenth Century Physical Sciences." *Archives internationales d'histoire des sciences* 17 (1964): 133–147.

[6] ——. "A Good Place to Study Astronomy." *Library of Congress Quarterly Journal of Current Acquisitions* 20 (1962–1963): 211–217.

马克·罗滕伯格（Marc Rothenberg）　撰，刘晓　译

另请参阅：气象与大气科学（Meteorology and Atmospheric Science）

天文望远镜制造者：亨利·德雷珀

Henry Draper（1837—1882）

德雷珀是天文学家。他出生于弗吉尼亚州的爱德华王子县，从两岁起一直生活在纽约，直到去世。1858 年毕业于纽约市立大学医学系。在贝尔维尤医院工作了 18 个月后，他被母校聘为自然科学教授。在接下来的 22 年里，他在那里担任了多个学术和行政职务。

德雷珀对天文学的兴趣是从 1857 年参观爱尔兰著名的罗斯伯爵 6 英尺口径望远镜开始的。在那里，他预见了将摄影术和天文学相结合的可能性。

第二年，在父亲的哈德逊河畔黑斯廷斯的庄园，他开始建造一架望远镜和一座天文台。一天晚上，由于潮气冷凝膨胀的力量，他的反射镜裂成两半。因此在约翰·赫歇尔爵士（Sir John Herschel）的建议下，他开始试验镀银玻璃镜。到 1862 年，他成功地制作并安装了一面 15.5 英寸的玻璃镜。这一壮举引起了史密森学会秘书约瑟夫·亨利（Joseph Henry）的兴趣，他说服德雷珀就此撰写一篇专论，这篇专论很快成为制作望远镜的参考标准。

1872 年，德雷珀建造完成了一架 28 英寸玻璃镜面的望远镜。1872 年 8 月 1 日，他成功地用它拍摄了第一张恒星（织女星）的照片，显示出明显的夫琅禾费线，领先他的劲敌威廉·哈金斯（William Huggins）4 年。他继续这项开创性的工作，对织女星、牛郎星、太阳、金星和木星的光谱做进一步的摄影研究。在很短的时间内，他成功地使摄影术，尤其是光谱摄影术，成为研究天空的最佳手段。

然而这项研究被元素光谱的实验室研究打断了。作为测定它们波长的参考指标，他在 1873 年拍摄了一张太阳光谱的衍射光栅照片，几年之内都远超同类其他照片。

1877 年，德雷珀宣布在太阳光谱中发现了明亮的氧谱线，这一消息震惊了科学界。然而，即使他以略高的色散重复了他的实验，光谱学家仍然持怀疑态度。不幸的是，对德雷珀来说，由于他的分光镜低色散，加之他似乎并没有理解基尔霍夫的辐射定律，导致他犯了一个严重的科学失误。

德雷珀在拍摄猎户座星云方面也取得了巨大的成功。1882 年，他用 11 英寸的阿尔万·克拉克（Alvan Clark）照相折光镜和新的干版照相底片（哈金斯建议他使用），对该星云曝光 137 分钟，这是在当时，天体摄影所取得的最耀眼的成就。

德雷珀在纽约去世后，他的遗孀在哈佛大学天文台设立了亨利·德雷珀基金，让天文台能够开展恒星光谱的摄影和分类等基础研究。

尽管德雷珀在当时得到同行的高度评价，但"现在他经常屈尊地被称作业余爱好者"（Reingold，253）。这个称号并无大错，是鉴于他既没有接受过这门学科的正式培训，也没有讲授过这门学科，用自己的资金开展研究，而且他的工作几乎是完全孤立的。此外，他缺乏开展任何有意义的天体物理学理论研究所必需的数学背景。尽管如此，他的创新研究使他成为那个时代天文学的前沿。

纽约公共图书馆里的亨利和安·帕尔默·德雷珀（Henry and Ann Palmer Draper）档案包括 5 箱信件。到目前为止，还没有出版过一本关于他的完整传记。

参考文献

[1] Barker, George F. "On the Use of Carbon Bisulphide in Prisms; Being an Account of Experiments Made by the Late Dr. Henry Draper of New York." *American Journal of Science*, 3d ser. 29 (1885): 269–277.

[2] ——. "Henry Draper." *Biographical Memoirs of the National Academy of Sciences* 3 (1895): 81–139.

[3] Draper, Henry. *On the Construction of a Silvered-Glass Telescope Fifteen and a Half Inches in Aperture and Its Use in Celestial Photography.* In *Smithsonian Contributions to Knowledge* 14 (1864).

[4] Gingerich, Owen. "Henry Draper' s Scientific Legacy." *Symposium on the Orion Nebula to Honor Henry Draper.* In *Annals of the New York Academy of Sciences* 395 (1982): 308–320.

[5] Hoffleit, Dorrit. *Some Firsts in Astronomical Photography.* Cambridge, MA: Harvard College Observatory, 1950.

[6] ——. "The Evolution of the Henry Draper Memorial." *Vistas in Astronomy* 34 (1991): 107–162.

[7] Plotkin, Howard. "Henry Draper: A Scientific Biography." Ph.D. diss., Johns Hopkins University, 1972.

[8] ——. "Henry Draper, the Discovery of Oxygen in the Sun, and the Dilemma of

Interpreting the Solar Spectrum." *Journal for the History of Astronomy* 8（1977）: 44-51.

[9] ——. "Henry Draper, Edward C. Pickering, and the Birth of American Astrophysics." *Symposium on the Orion Nebula to Honor Henry Draper.* In *Annals of the New York Academy of Sciences* 395（1982）: 321-330.

[10] Reingold, Nathan. *Science in Nineteenth Century America: A Documentary History.* New York: Hill & Wang, 1964.

[11] Whitney, Charles A. "Draper, Henry." *Dictionary of Scientific Biography.* Edited by Charles C. Gillispie. New York: Scribners, 1971, 4:178-181.

霍华德·普洛特金（Howard Plotkin） 撰，陈明坦 译

为阿根廷建天文台的天文学家：本杰明·阿普索普·小古尔德
Benjamin Apthorp Gould Jr.（1824—1896）

小古尔德出生于波士顿，1844 年毕业于哈佛大学，并在那里对数学和物理科学产生了兴趣。1845 年到 1848 年，他在欧洲学习天文学研究中最先进的技术。他在德国待了大约两年，并于 1848 年获得哥廷根大学的博士学位，是美国历史上第一位获得天文学博士学位的人。

起初，小古尔德找不到天文学家的职位，于是开始在马萨诸塞州的坎布里奇教授现代语言和数学。1852 年至 1867 年，他在美国海岸测量局工作（大多数情况下是兼职）。1855 年至 1859 年 1 月，小古尔德还担任了纽约州奥尔巴尼达德利天文台台长。1859 年至 1864 年，他经营着家族生意。南北战争期间，他承担了美国海军天文台的观测任务以减小经济压力。他还当选了美国国家科学院首届院士。

1869 年，阿根廷总统多明戈·福斯蒂诺·萨米恩托·阿尔巴拉辛（Domingo Faustino Sarmiento）邀请小古尔德为阿根廷建立一个国家天文台。此后直到 1885 年，小古尔德一直担任科尔多瓦天文台台长。

小古尔德是美国天体测量学（测定恒星和行星的位置）的主要实践者之一，但是他对天文学研究的主要贡献是在南美洲做出的。小古尔德的助手确定了南部天空中所有肉眼可见的恒星的等级和位置。这些观测结果证实了由明亮恒星组成的"古

尔德带"的存在，它呈 20°角与银河系平面相交。观测结果以"阿根廷测天图"为名发表在《阿根廷科尔多瓦国家天文台成果》（1879）的第一卷里。小古尔德去世前又出版了另外 14 卷。

南北战争期间，小古尔德还在美国卫生委员会担任精算师，对联邦军队成员的身体特征进行了大量且细致的观察。他的研究成果以《美国士兵的军事和人类学统计调查》（1869）为题发表，提供了独特的机会来验证将身体特征与民族或种族相联系的理论。

对小古尔德来说，他的研究只是他以德国天文学为范本建立美国天文学这一宏伟计划中的一部分。小古尔德在这方面的一个重大成就是在 1849 年以《天文学通报》为模板创办了《天文期刊》。尽管 1861 年由于内战，《天文期刊》暂停出版，但 1886 年小古尔德从阿根廷返回美国后，《天文期刊》又恢复出版了。

然而，小古尔德一生中最重要的事件是他在 1859 年被达德利天文台的受托人解雇。小古尔德试图将达德利天文台打造成研究型天文台的典范。在此过程中，他坚称自己作为台长而非受托人拥有对天文台的最终控制权。这场权力斗争以小册子和报刊文章的形式展开，最后小古尔德被受托人赶出了天文台。

小古尔德和受托人之间的冲突引起了一些历史学家的关注。有人将它看作是南北战争前美国对科学精英主义价值观的拒斥（Olson），詹姆斯则把它看作是世俗精英和科学精英之间的冲突：双方都要求对方尊重自己。然而，第三种解释（Rothenberg）指出达德利事件是如何使美国天文学界两极分化的，还提出天文学界内部的主导地位问题。詹姆斯还提出，小古尔德一生中都伴随着明显的情绪波动、极端偏执和对批评的敌视，根源可能在于其精神疾病。

小古尔德的手稿没有集中收藏，也没有其最新的传记。

参考文献

[1] Herrmann, D.B. "B. A. Gould and His *Astronomical Journal.*" *Journal for the History of Astronomy* 2 (1971): 98–108.

[2] Hodge, John E. "Benjamin Apthorp Gould and the Founding of the Argentine

Observatory." *Americas* 28（1972）：152-175.

[3] James, Mary Ann. *Elites in Conflict：The Antebellum Clash over the Dudley Observatory.* New Brunswick：Rutgers University Press, 1987.

[4] Montserrat, Marcelo. "La introdución de la ciencia moderna en Argentina: el caso Gould." *Criterio* 44, no. 1632（25 November 1971）：726-729.

[5]——. "Sarmiento y los fundamentos de su politica cientifica." *Sur：Revista semestral Sarmiento* 341（July December 1977）：98-109.

[6] Olson, Richard G. "The Gould Controversy at Dudley Observatory: Public and Professional Values in Conflict." *Annals of Science* 27（1971）：265-276.

[7] Rothenberg, Marc. "Organization and Control: Professionals and Amateurs in American Astronomy, 1899-1918." *Social Studies of Science* 11（1981）：305-325.

马克·罗滕伯格（Marc Rothenberg） 撰，曾雪琪 译

天文学家兼科学政治家：乔治·埃勒里·海耳
George Ellery Hale（1868—1938）

海耳是天文学家、科学管理者，以及科学政治家。在 19 世纪 90 年代到 20 世纪 30 年代美国天文学和天体物理学发展中，海耳的核心地位毋庸置疑。作为一名研究型科学家、仪器设计者、天文台的创办人兼主管、科学政治家，海耳为两代天文学家的研究活动奠定了基础，包括发明设计丰富多样的新仪器；创建并运营三家重要的研究型天文台，并在美国天文学界、美国科学界，乃至国际科学界创建起了一批研究机构和组织。

理解海耳的关键在于他复杂的品格和个性。出于对自然界的好奇心和对科学事业的雄心壮志，海耳有着坚韧不拔的品质，充满干劲和智慧，并且十分擅长与人交际。然而不幸的是，他身体孱弱，常常迫使自己做一些超出身体和心灵承受极限的事。

海耳在小时候就表现出了对科学的兴趣。14 岁时，他的父亲——一位富有的芝加哥商人——为他提供了科学研究的各种条件，包括一架 4 英寸的折射望远镜、一处作坊和一间实验室。1886 年，海耳进入麻省理工学院（MIT）学习，于 1890 年

获得物理学学士学位。相比麻省理工学院的课程学习，他在波士顿公共图书馆阅读物理和天文学书籍的时光更为重要。海耳担任过哈佛大学天文台的志愿助理，从而得到观测天文学方面的训练。

海耳科学生涯中所有标志性的重要贡献，都出自他 21 岁生日之后的 10 年间。海耳对实验光谱学中的物理研究很感兴趣，渴望找到将光谱学应用于太阳研究的新方法。结果他（在麻省理工学院第三四个学年间的那个夏天）发明了太阳单色光照相仪，这种仪器可以进行单色光观测，并让观测者以不同的波长拍摄太阳。这一特性反过来又能让天文学家研究太阳大气中不同层次的活动。借助哈佛天文台的设施，海耳用一台原型的太阳单色光照相仪进行实验，实验结果成为他毕业论文的基础。

在德国完成了一个学期的研究生学习后，海耳回到芝加哥，专心在肯伍德天文台做研究，主攻太阳光谱学，并得到父亲的资助。重要成果很快接踵而至：在不同层次的太阳大气中发现了明亮的钙云，几年后又辨认出暗色的氢气云团。天文学家据此绘制出了太阳大气的成分及循环图。

从一开始，海耳就身兼科学研究者和机构创始人两种角色。他是《天文学与天体物理学》（*Astronomy and Astro-Physics*，1891）的联合创始人，该杂志在 1895 发展为《天体物理学杂志》（*Astrophysical Journal*）。1892 年，海耳成为新成立的芝加哥大学的一员，并很快参与到叶凯士天文台的筹资与建设工作中，1897 年该天文台投入使用。叶凯士天文台拥有 40 英寸的折射望远镜，是世界上同类望远镜中口径最大的。在这几年时间里，海耳还四处云游。到 19 世纪 90 年代中期，欧洲和美国主要的天体物理研究者都算得上是他的熟人了。

30 岁时，海耳已经表现出作为一名研究型科学家的非凡才干以及创办新机构的能力，并构建了能够给予他支持的专业性关系网。1899 年，海耳成为美国天文学会的联合创始人之一。而且，他还盛誉日隆，法国科学院给他颁发了詹森奖章（1894），匹兹堡大学授予他荣誉博士学位（1897）。

近来有些作者（Osterbrock）认为海耳不配被列为一流的科学家。这种观点是错误的。他所参与的各种行政管理和筹款活动不应掩盖海耳是一位成功科学家的事实。他的同时代人肯定也如此认为，因为他们把天文学中最负盛名的一些奖项授予了海耳。海耳不仅利用太阳单色光照相仪对理解太阳大气的复杂性质做出了贡献，还研究了光谱与太阳黑子相似的低温红星。另外，他开展的实验室研究也同样重要。1905—1923 年，海耳使用专门设计的仪器对太阳黑子进行集中研究，推断出有关太阳黑子温度和磁场特性的重要信息。海耳使太阳物理学研究重新活跃起来。但他所做的工作不止于此。海耳认为，太阳是一颗典型的恒星，对其物理特性的认识将有助于天文学家了解其他恒星，这为恒星光谱学研究注入了新的活力。

1904 年，海耳成功获得华盛顿卡内基研究所的支持，在加利福尼亚建立了威尔逊山天文台。除了新一代强大的太阳望远镜为光谱分析提供了大且稳定的太阳图像外，海耳还先后在 1908 年和 1917 年建造了两架口径分别为 60 英寸和 100 英寸的反射望远镜。多年来，这些设备无可匹敌。威尔逊山望远镜提供的信息，包括关于恒星的物理性质和演化、星系结构和距离，并为宇宙膨胀理论提供了观测基础。

基于他的著作和演讲，特别是在叶凯士天文台和威尔逊山天文台积累的研究经验，海耳制定了一项研究议程，为两代美国天体物理学家指明了研究方向。海耳深受 19 世纪 80—90 年代实验光谱学发展的影响。毫无疑问，物理学是海耳研究项目的核心，通过使用物理方法和理论，海耳认为天文学可以超越传统研究领域（天体力学和天体测量学），获得关于宇宙的物理和化学成分的认识。根据这一推理思路，海耳提出天体物理学实际上是一门跨专业的学科，物理学和传统天文学对它同样重要，缺一不可。

海耳认为，天体物理天文台应该配备强大的望远镜和最先进的光谱实验室，从而为解释太阳和恒星光谱提供实验数据。如前所述，他推断太阳是一颗典型的恒星，详尽研究这颗离地球最近的恒星将为恒星光谱学领域的学生提供有用信息。海耳的研究计划并非以理论为基础，而是以大规模的数据收集为显著特征。只要天体物理学家有新的发现，这一计划就依然十分重要。一旦发现的速度下降，海耳的计划就退后一步，靠自己来收集数据。

相比玻尔、萨哈（M. N. Saha）、爱丁顿（A. S. Eddington）等人领导的理论物理学新进展，海耳的研究计划显得有些过时，但它还是产生了一些重要研究成果，包括使用光谱数据来估算恒星间的距离，以及对恒星大气成分的更深刻理解。此外，光谱学还帮助完善了恒星演化模型。太阳和恒星光谱学的研究也为 20 世纪 30 年代末物理学家发现恒星能量源奠定了基础。

海耳遭受着生理和心理疾病的双重折磨，这显然是由于在工作中劳累过度引起的。科学研究工作日益让他的脑力和体力不堪重负。因此，他把重点转移到了机构建设上，专注于以政治家角色在美国和国际科学团体的相关活动中发挥作用。海耳参与的机构建设工作有多种形式。1902 年，他当选美国国家科学院院士，为科学院的现代化投入了大量时间和精力。海耳试图扩大科学院的成员规模，并让它在美国科学和政治生活中占据更核心的地位。第一次世界大战后，海耳领导运动呼吁在华盛顿为科学院建设永久办公场所。1904 年，他推动成立了国际太阳研究合作联盟（International Union for Cooperation In Solar Research），该组织在"一战"后成了国际天文联合会（International Astronomical Union）的核心。1916 年，正当欧洲全面战争的威胁即将席卷美国之时，海耳领导了另一场运动，通过成立国家研究委员会（National Research Council，NRC）向联邦政府提供专业科学咨询。战后，该委员会成为美国科学院的运行机构。1918 年停战后，海耳又致力于组建国际研究理事会（International Research Council），该理事会于 1931 年演变为国际科学联合会理事会（International Council of Scientific Unions）。20 世纪 20 年代，海耳开创了国家研究基金（National Research Fund），这是一项利用工商界捐款而设立科研基金的计划。除此之外，海耳还在加州理工学院、亨廷顿图书馆和美术馆的创立中发挥了核心作用。

所有这些活动都因长期健康状况不佳而断断续续，病重期间，海耳不是在欧洲旅行就是在各类疗养院接受治疗。1923 年，他从威尔逊山天文台台长的职位上退休，但并没有就此放弃天文学。海耳热情地向外界宣传建造超大反射望远镜的可能性，并在 20 世纪末获得了洛克菲勒基金会的资金，用于建造一架口径 200 英寸的反射望远镜。但他没能活着看到他最后一个伟大计划的实现，直到第二次世界大战后，200 英寸的海耳望远镜才完工。

海耳的大部分文献都藏于加州理工学院，有缩微胶片版本供查阅。位于威斯康星州威廉姆斯湾的叶凯士天文台档案馆收藏了大量海耳在 1900 年前后的手稿。在阿勒格尼天文台的文件中有关于海耳的重要资料，这些文件存放在匹兹堡大学图书馆的"美国工业档案"中，其中包括创办《天体物理学杂志》的相关内容。亨廷顿图书馆馆藏的 W. S. 亚当斯（W. S. Adams）的文献为理解海耳在威尔逊山的职业生涯提供了宝贵资料。莱特撰写的海耳传记是得到认可的，但主要只是按时间顺序进行了梳理叙述。虽然人们对海耳职业生涯的各个方面已经进行过深入的学术研究（如凯夫利斯所做的工作），但是关于他的一生仍有许多内容值得探讨。其中包括如何理解海耳总是用演化来比喻科学研究的组织，而他充当科学大使，游走于政府和工业界。

参考文献

[1] Adams, W.S. "George Ellery Hale." *Biographical Memoirs of the National Academy of Sciences* 21（1940）: 181-241.

[2] Babcock, H.D. "George Ellery Hale." *Publications of the Astronomical Society of the Pacific* 50（1938）: 156-165.

[3] DeVorkin, D.H. "Astrophysics," in *The History of Astronomy: An Encyclopedia*, edited by John Lankford. New York: Garland Publishing, 1996, pp. 72-80.

[4] Hale, G.E. *The Study of Stellar Evolution*. Chicago: University of Chicago Press, 1908.

[5] Hufbauer, K. *Exploring the Sun: Solar Science Since Galileo*. Baltimore: Johns Hopkins University Press, 1991.

[6] Kevles, D.J. "George Ellery Hale, the First World War, and the Advancement of Science in America." *Isis* 59（1968）: 427-437.

[7] ——. "'Into Hostile Political Camps': The Reorganization of International Science in World War I." *Isis* 62（1970）: 47-60.

[8] ——. *The Physicists: The History of a Scientific Community in Modern America*. New York: Knopf, 1978; reprint, Cambridge, MA: Harvard University Press, 1995.

[9] Lankford, J. *American Astronomy, 1859-1940: Community, Careers and Power*. Chicago: University of Chicago Press, 1997.

[10] Osterbrock, D.E. *Pauper and Prince: Ritchey, Hale and Big American Telescopes*. Tucson: University of Arizona Press, 1993.

[11] Wright. H. *Explorer of the Universe: A Biography of George Ellery Hale*. New York: E.P. Dutton, 1966.

[12] Wright, H., J.N. Warnow, and C. Weiner, eds. *The Legacy of George Ellery Hale*: *Evolution of Astronomy and Scientific Institutions in Pictures and Documents*. Cambridge: Massachusetts Institute of Technology Press, 1971.

约翰·兰克福德（John Lankford）　撰，王晓雪　译

火星的两颗卫星发现者：阿萨夫·霍尔
Asaph Hall（1829 — 1907）

霍尔是美国海军天文台天文学家，火星的两颗卫星发现者。霍尔出生在康涅狄格州的戈申市，他是一名出色的木匠。1854 年考入了纽约麦克劳斯维尔的中心学院（Central College in McGrawsville），尽管学院的课程令人失望，但霍尔跟随一位名叫克洛伊·安杰琳·斯蒂克尼（Chloe Angeline Stickney）的年轻教师学习数学，1856 年 3 月两人步入婚姻殿堂。他们很快搬到了密歇根州的安娜堡，霍尔在那里跟随天文学家弗朗茨·布伦诺（Franz Brünnow）学习了 3 个月。此后，霍尔又在俄亥俄州的沙勒斯维尔研究所任教一年，期间，他的妻子教他德语，并不断鼓励他从事天文学事业。1857 年，霍尔接受了哈佛大学天文台一份薪水微薄的工作。

5 年后，霍尔成为海军天文台的一员，他的事业有了显著发展。1863 年，在霍尔不知情的情况下，他的妻子向天文台负责人推荐由霍尔担任刚刚设立的数学教授一职。他很快晋升该职，主持小行星和彗星观测，并带领天文台远赴西伯利亚（1869）、西西里岛（1870）、符拉迪沃斯托克（1874）、科罗拉多（1878）和得克萨斯（1882）进行观测。1875 年，霍尔负责管理当时世界上最大的望远镜——克拉克 26 英寸折射望远镜。1877 年火星冲日期间，他利用这台仪器发现了火星的两颗卫星。根据理论上的计算，火星卫星的轨道应该贴近火星，8 月中旬霍尔确定了这两颗卫星的位置，随后将它们命名为火卫一（Phobos）和火卫二（Deimos）。

在霍尔此后的职业生涯中，他为多种多样的事业都做出了贡献，最终发表的文章和论文近 500 篇。他分析了土星、天王星和海王星的卫星轨道，同时继续对火星的卫星进行测量。霍尔在恒星研究方面也很活跃，他观察了许多双星，计算了各种视差，并确定了昴宿星团中暗星的位置。在 19 世纪 80 年代，他还协助策划了将天

文台迁往现址。尽管他在 1891 年就到了法定退休年龄，但还是志愿为这架 26 英寸的折射望远镜工作到 1894 年。1896—1901 年，他在哈佛大学教授数学，退休后回到康涅狄格州的乡下家中。霍尔前往马里兰州安纳波利斯探望儿子，期间去世。

霍尔在天文学上的诸多贡献为他赢得了许多荣誉。1875 年他当选美国科学院院士，还荣获皇家天文学会金奖（1879）、法国科学院的拉朗德奖（1877）和阿拉戈奖章（1893），1896 年被授予法兰西荣誉军团骑士勋位。霍尔在 1902 年担任美国科学促进会的主席，1897—1907 年担任《天文学杂志》（*Astronomical Journal*）的副主编。

参考文献

[1] Gingerich, Owen. "The Satellites of Mars: Prediction and Discovery." *Journal for the History of Astronomy* 1（1970）: 109–115.

[2] ——. "Hall, Asaph." *Dictionary of Scientific Biography.* Edited by Charles C. Gillispie. New York: Scribner's, 1972, 6:48–50.

[3] Hill, George William. "Asaph Hall." *Biographical Memoirs of the National Academy of Sciences* 6（1909）: 240–275.

[4] Horigan, William D. "Published Writings of Asaph Hall." *Biographical Memoirs of the National Academy of Sciences* 6（1909）: 276–309.

[5] Webb, George Ernest. "The Planet Mars and Science in Victorian America." *Journal of American Culture* 3（1980）: 573–580.

乔治·E. 韦伯（George E. Webb） 撰，王晓雪 译

天文学家兼宇宙学家：埃德温·鲍威尔·哈勃
Edwin Powell Hubble（1889—1953）

哈勃曾就读于芝加哥大学，之后获得了牛津大学罗德奖学金，并于 1917 年在芝加哥和叶凯士天文台获得天文学博士学位。在"一战"服役结束后（获步兵少校军衔），哈勃进入威尔逊山天文台工作。此后，除在"二战"期间前往马里兰州阿伯丁的陆军试验场，担任弹道学主管和超音速风洞实验室主管（并凭此获得了荣誉勋章）

外，他一直效力于天文台。作为 20 世纪重要的天文学家之一，哈勃用多种重要方法改变了我们对宇宙的认识。

20 世纪 20 年代，哈勃宣布了一项星云分类法，这种分类法很快成了星云分类的基本体系（与此同时，他还证明了"星云"是银河系范围之外独立的"宇宙岛"）。他绘制的星云类型序列图在 20 世纪 30 年代就已名声大噪。1961 年，哈勃的学生艾伦·桑德奇（Alan Sandage）整理出版了《哈勃星系图》(*The Hubble Atlas of Galaxies*)。

20 世纪 20 年代，哈勃在威尔逊山天文台利用直径 100 英寸的新望远镜发现了螺旋星云中的造父变星。利用造父变星的周期 – 光度关系（该公式由哈洛·沙普利提出，他曾在威尔逊山天文台工作，之后调入哈佛大学），哈勃根据这些变星的观测周期（即恒星亮度从最高到最低再回到最高所用的时间）计算了它们的光度。然后，他将估算的本身光度与观测光度（造父变星所在星云距地球越远，光度越小）进行比较，由此计算出了螺旋星云与地球的距离，证明了它远远超出了银河系的范围。哈勃回答了几个世纪以来有关类似银河系的宇宙岛存在可能性的猜测。

早在 1912 年，洛厄尔天文台的维斯托·M. 斯莱弗（Vesto M. Slipher）就测量了螺旋星云的高径向速度（high—radialvelocities），1917 年，荷兰天文学家威廉·德西特（Willem de Sitter）提出了一个静态宇宙模型，在该模型中距离越远的星系显示退行速度就越大（静态宇宙模型在 1929 年已基本退出人们的视野，但在此之前德西特的理论对探索速度 – 距离的关系产生了很大启发）。20 世纪 20 年代末，斯莱弗的同事弥尔顿·胡马森（Milton Humason）在威尔逊山天文台收集了大量测量数据，哈勃利用他们的数据估算出了距离地球越来越远的星系距离，并在 1929 年总结出实证性的速度 – 距离关系。（实际上，观测到的其实是星等和光谱位移之间的关系。观察到的亮度差很容易归因于距离上的差异。螺旋星云光谱中的红移通常被解释为多普勒频移，这表明，膨胀宇宙中的运动是真实存在的）。虽然关于速度 – 距离关系的解释还存在一些争议，但哈勃已经在实证层面建立了这种关系。他的工作开创了人类认识的新篇章——人们普遍开始认为宇宙是动态的而非静态的。

随着哈勃坚定地确立了速度－距离之间的关系，他开始为这种实证关系寻求理论解释。除了一个相对的、膨胀的、同质的宇宙，其他宇宙模型同样存在可能。加州理工学院的理论物理学家理查德·托尔曼（Richard Tolman）也加入了哈勃的行列，他为相对论宇宙学奠定了数学基础。他们制定了解释这些观测证据的公式方法，但考虑到在观测方面还存在诸多问题，任何结论都带有不确定性。尽管如此，哈勃还是把观测者和理论学家聚集在一起，从而使宇宙学发展成了一门观测科学。而在此前的几个世纪，宇宙学都是建立在最低程度的观测证据和最高限度的哲学偏好基础上的推测。

尽管出现了矛盾的观测结果（而且是在很长一段时间后才得到解决），他也经常声称自己在科学上忠于那些可能获得普遍承认的观测结果，而不是人类价值观，但哈勃还是支持相对论的、膨胀的和同质的宇宙模型。表面上看，哈勃开始在观测基础上鉴别各种可能的宇宙模型。但在参考观测数据之前，可以应用基本原则对那些逻辑一致的、将与观测进行比较的系统做出筛选。对于哈勃来说有两条基本原理：广义相对论和宇宙学原理。前者表明存在一个不稳定的宇宙，它不是在膨胀就是在收缩；宇宙空间在物质附近是弯曲的。至于后者，哈勃认为是"纯粹假设"，它指的是在一个大尺度上，宇宙从任何位置上看都是一样的，是均质且各向同性的，既无中心也无边界。上述观点使得哈勃拒绝接受相对的、不断膨胀的、同质的宇宙文说存在明显谬误，而是不懈地追求自己的科学愿景，不愿将他本人还有他的科学与伟大的价值世界区隔开来。

哈勃为后世的天文学家提出了一些重大问题，并为这些问题提供了大致的解决步骤。1948 年，直径达 200 英寸的望远镜在帕洛马山建成，其观测结果使得围绕哈勃所选宇宙模型的许多问题迎刃而解。不过，他推翻了诸多假设，还为天文学开辟了研究远景，作为人类智慧的伟大成就之一，哈勃的工作值得受到更多赞赏。

参考文献

［1］Christianson, G.E. *Edwin Hubble*: *Mariner of the Nebulae*. New York: Farrar, Straus and Giroux, 1995.

[2] Hetherington, N.S. "Edwin Hubble' s Cosmology." *American Scientist* 78（1990）: 142–
　　　151.

[3] ——. *The Edwin Hubble Papers*: *Previously Unpublished Manuscripts on the Extragalactic*
　　　Nature of Spiral Nebulae, *Edited*, *Annotated*, *and with an Historical Introduction*. Tucson:
　　　Pachart, 1990.

[4] ——. *Hubble's Cosmology*: *A Guided Study of Selected Texts*. Tucson: Pachart, 1996.

[5] Hubble, E.P. *The Realm of the Nebulae*. New Haven: Yale University Press, 1936.

[6] Mayall, N.U. "Edwin Powell Hubble." *Biographical Memoirs of the National Academy of*
　　　Sciences 41（1970）: 175–214.

[7] Osterbrock, D.E., R.S. Brashear, and J.A. Gwinn. "SelfMade Cosmologist: The
　　　Education of Edwin Hubble." In *Evolution of the Universe of Galaxies*, *Edwin Hubble*
　　　Centennial Symposium, edited by R.G. Kron. San Francisco: Astronomical Society of the
　　　Pacific, 1991, pp. 1–18.

[8] Robertson, H.P. "Edwin Powell Hubble, 1889–1953." *Publications of the Astronomical*
　　　Society of the Pacific 66（1954）: 120–125.

诺里斯·S. 海瑟林顿（Norriss S. Hetherington）　撰，刘晓　译

洛厄尔天文台的创始人: 帕西瓦尔·洛厄尔
Percival Lowell（1855—1916）

　　洛厄尔是亚利桑那州弗拉格斯塔夫洛厄尔天文台的创始人，出身于一个波士顿的显赫家族。1876 年从哈佛大学毕业后，他管理着家族基金，随后前往东亚旅行，并撰写了有关东亚的文章。1894 年，他建立了天文台。从那时起直到去世，他的全部注意力都集中在天文学上，以寻找火星上存在生命的证据而闻名。他也徒劳地试图找到第九颗行星。他的行星研究是解释太阳系起源和发展的更大课题的一部分。事实上，洛厄尔的 5 本天文学著作中有 3 本是关于宇宙学的。

　　洛厄尔关于火星研究的工作在 1894 年的观测之后引起广泛关注。天文学界的主要人物对是否存在火星运河和洛厄尔关于火星大气可以支持生命的论点提出了质疑。到 1909 年，几乎所有的专业天文学家都相信火星运河并不存在。尽管如此，在转移专业天文学家对其他重要工作注意力的同时，这场争论也引起了对太阳系研究的关

注，而这一研究在某种程度上一直被忽视。此外，洛厄尔还帮助开创了在偏远地区探索良好视野的先河。在哈佛大学天文台的 W. H. 皮克林（W. H. Pickering）的领导下，他是第一批在筹建中的天文台系统地测试大气条件的人之一。因此，弗拉格斯塔夫（Flagstaff，又译旗杆市，位于美国亚利桑那州北部）的条件是选址和维护天文台的一个重要因素。

　　洛厄尔的工作记录在洛厄尔天文台档案馆的收藏中，其中包括他及他的合作者维斯托·梅尔文·斯莱弗（Vesto Melvin Slipher）、安德鲁·E. 道格拉斯（Andrew E. Douglass）和卡尔·O. 兰普兰（Carl O. Lampland）的论文。通过参考哈佛大学和利克天文台档案馆的资料，可以更全面地了解他在 20 世纪初的天文学中所扮演的角色。虽然他在火星和第九行星方面的工作近年来一直是一些书籍和文章的焦点，但仍需进一步关注洛厄尔对其他行星的研究，在宇宙学方面的研究，早期生活与他的天文事业之间的关系，以及他在促进弗拉格斯塔夫各种助手工作中的作用，尤其是 V. M. 斯莱弗（V. M. Slipher）。

参考文献

［1］Hoyt, William Graves. *Lowell and Mars*. Tucson: University of Arizona Press, 1976.

［2］——. *Planet X and Pluto*. Tucson: University of Arizona Press, 1980.

［3］Lowell, A. Lawrence. *A Biography of Percival Lowell*. New York: Macmillan, 1935.

［4］Lowell, Percival. *Mars and Its Canals*. New York: Macmillan, 1906.

［5］——. *The Evolution of Worlds*. New York: Macmillan, 1909.

［6］——. "Memoir on a Trans-Neptunian Planet." *Memoirs of the Lowell Observatory* 1（1914）: 3–105.

大卫·斯特劳斯（David Strauss）　撰，彭华　译

女天体物理学家：塞西莉亚·佩恩－加波施金

Cecilia Payne-Gaposchkin（1900—1979）

　　佩恩出生在英国温多弗的一个学者家庭，就读于剑桥大学纽纳姆学院，在那里学习了物理、化学和植物学，为日后到一所英国女子学校任教做准备。大一那年，阿瑟·S. 爱丁顿（Arthur S. Eddington）关于相对论的演讲令她下定决心成为一名天文学家。她继续和欧内斯特·卢瑟福（Ernst Rutherford）以及其他剑桥物理学家在一起学习，但同时她尽可能多地抽出时间来学习天文学课程。

　　由于在英国无法找到研究职位，佩恩来到马萨诸塞州坎布里奇市的哈佛大学天文台，在哈洛·沙普利（Harlow Shapley）门下攻读天文学研究生。1925 年，她在拉德克利夫学院获得博士学位，是哈佛天文台授予的第一个研究生。她在论文中，利用新近的原子理论和哈佛大学收藏的恒星光谱照片，推导出了恒星大气的温标。她还提供了一些证据来证明，这些恒星区域的化学成分主要由氢和氦组成，与地球是完全不同的。普林斯顿天体物理学家亨利·诺里斯·拉塞尔（Henry Norris Russell）的工作为她的观点提供了进一步的数据支持，使她的观点成为 20 世纪天体物理学的基本前提之一。不过当佩恩第一次向拉塞尔提出这个想法时，他曾认为她的想法甚是荒谬。

　　佩恩的论文广受好评，但她仍未能在英国找到工作。于是她留在哈佛，起初是国家研究委员会（National Research Council）会员，后来加入了天文台。她在自己的第二本书《高亮度恒星》（*The Stars of High Luminosity*，1930）中，使用哈佛大学的数据描述了不同光谱类型的超巨星。之后的几年里，她更多致力于光度测定和变星研究。凭借对恒星知识的广泛涉猎，她试图在大量数据中寻找到规律和模式。这一时期，她的著作包括《银河新星》（*The Galactic Novae*，1957）和一本关于恒星演化的畅销书《正在形成的恒星》（*Stars in the Making*，1953）。

　　1934 年，佩恩与俄罗斯天文学家谢尔盖·加波施金（Sergei Gaposchkin）结婚。加波施金夫妇一起在哈佛大学天文台工作，并共同养育了 3 个孩子。

　　1956 年，当哈佛大学向女性开放教职时，佩恩被任命为天文学教授、天文系主任，并当选成为美国艺术与科学院院士和美国哲学学会会员。

参考文献

[1] Haramundanis, Katherine, ed. *Cecilia Payne-Gaposchkin*: *An Autobiography and Other*

Recollections. Cambridge, U.K.: Cambridge University Press, 1984.

[2] Kidwell, Peggy A. "Women Astronomers in Britain 1780–1930." *Isis* 75（1984）: 534–546.

[3] ——. "Cecilia Payne-Gaposchkin: Astronomy in the Family." In *Uneasy Careers and Intimate Lives*: *Women in Science*, *1789-1979*, edited by P.G. Abir-Am and D. Outram. New Brunswick: Rutgers University Press, 1987, pp. 216–238.

[4] ——. "Harvard Astronomers and World War II—Disruption and Opportunity." In *Science at Harvard University*: *Historical Perspectives*, edited by Clark A. Elliott and Margaret Rossiter. Bethlehem, PA: Lehigh University Press, 1992, pp. 285–302.

佩吉·奥尔德里奇·基德威尔（Peggy Aldrich Kidwell） 撰，郭晓雯 译

哈佛大学天文台台长：爱德华·查尔斯·皮克林
Edward Charles Pickering（1846—1919）

皮克林是天文学家、哈佛大学天文台台长。他出生于波士顿，1865 年毕业于劳伦斯科学学院。之后在母校以及麻省理工学院任教，又于 1877 年被任命为哈佛大学天文台（Harvard College Observatory，HCO）台长，担任此职务直至在剑桥大学去世。从 1903 年到亡故，他还一直担任美国天文学会主席一职。

皮克林致力于从物理学家的角度研究天文学。在麻省理工学院，他建立了美国首个专门为学生教学而设计的物理实验室，后来又出版了第一本美国物理实验室手册。在哈佛大学天文台，他曾当机立断将天体物理学这一新兴领域设为主要研究项目。

在皮克林从事的所有天文学研究中，他并非一位思考者或理论家，而是事实的收集者。通过这种培根式的方法他发起了大量研究项目，这些项目通常都很常规，以期在未来能够解决基本恒星问题。

在担任主管的最初几年他还发起了几项基本研究。这些研究包括恒星视觉光度和光谱的研究、摄影法测定恒星光和颜色，以及绘制整个天空的摄影方案。

1886 年及 1887 年他获得了两笔重要资助，依靠这些资金他大刀阔斧地修改了哈佛大学天文台研究项目的性质和范围。亨利·德雷珀基金（Henry Draper Fund）

为拍摄、测量和分类恒星光谱提供了持续的经费。而凭借 U. A. 博伊登（U. A. Boyden）的遗赠，他在秘鲁的阿雷基帕创建了一个天文台。因此，他在南北两个半球都能进行光谱和光度研究。

大约在 1902—1903 年，皮克林在庆祝担任哈佛大学天文台台长 25 周年以及担任美国天文学会主席之时，皮克林开始发现自己还有一个更重大的新角色——国家以及国际天文学会大使。但他的想法并不总是成功。比如，他这次希望他的计划能赢得支持从而获得数百万美元资金，他可以将这笔钱分配给国内外的天文学家，并为在南半球建立一个由国际管理的 84 英寸望远镜提供资金，但是失败了。

在担任台长的后期，他把大部分时间和精力用于确保哈佛大学的摄影星等和光谱分类系统得到普遍认可。皮克林在这方面取得了辉煌成功，这两个哈佛系统都在 1913 年被国际太阳能研究合作联盟（International Union for Cooperation in Solar Research）采用。

皮克林像工厂经理一样管理着哈佛大学天文台，深切关注效率和生产力问题。这种企业型管理方式带来了不菲的成绩，但也引起了一些棘手的问题。例如，发现了一颗具有特殊光谱的恒星，功劳应属于谁？是拍下照片并第一个注意到它的阿雷基帕的助手，还是在坎布里奇对它进行测量还有分类的那个人？皮克林在这个问题上持中立态度，试图建议两个人应该对自己的工作感到同样的自豪。

更困难的问题是谁的名字应该出现在出版物上，是执行研究工作的下属的名字，还是作为天文台负责人和研究组织者的皮克林的名字？在这个问题上，他做过一些改变。虽然他的名字作为作者出现在早期德雷珀星表上，并注明自己的研究工作得到了一个或多个助手的帮助，但在后来的星表中，他和主要研究人员被列为共同作者。

最后一个困难集中在性别问题上。作为一名足智多谋的管理者，皮克林敏锐地意识到雇佣女性计算者所支付的工资可以比男性低得多。虽然她们中的大多数只从事日常工作，但有些人承担了更大的责任。当威廉娜·佩顿·弗莱明（Williamina Paton Fleming）夫人在机构担任天文照片策展人的时候，她觉得不得不向皮克林抱怨，她应该得到比男助理更高的薪水。然而，除了他雇佣女性的经济原因外，我们还应该记住，他确实为女性在哈佛所做的工作感到骄傲，并帮助一些人在其他地方谋得职位。

在担任哈佛大学天文台主管的 42 年里，皮克林与世界各地的天文学家和天文台建立了广泛的个人联系和庞大的通信网络。就许多方面而言，他担任天文台台长的历史就是天文台本身的历史，要把他的成就与哈佛大学天文台的成就区分开来几乎是不可能的。归根到底，他的贡献更多在于天文学的制度发展方面，而非他自己的科学成就。

皮克林的个人和官方文件都存放在哈佛大学档案馆中，共有 68 英尺厚。但目前为止，还没有关于他的完整传记。

参考文献

[1] Bailey, Solon I. *The History and Work of Harvard Observatory, 1839 to 1927*. New York: McGraw-Hill, 1931.

[2] ——. "Edward Charles Pickering." *Biographical Memoirs of the National Academy of Sciences* 15 (1934): 169–178.

[3] DeVorkin, David H. "A Sense of Community in Astrophysics: Adopting a System of Spectral Classification." *Isis* 72 (1981): 29–49.

[4] Hoffleit, Dorrit. "The Evolution of the Henry Draper Memorial." *Vistas in Astronomy* 34 (1991): 107–162.

[5] Jones, Bessie Zaban, and Lyle Gifford Boyd. *The Harvard College Observatory. The First Four Directorships, 1839–1919*. Cambridge, MA: Harvard University Press, 1971.

[6] Mack, Pamela E. "Strategies and Compromises: Women in Astronomy at Harvard College Observatory, 1870– 1920." *Journal for the History of Astronomy* 21 (1990): 65–75.

[7] Pickering, Edward Charles. *Elements of Physical Manipulation*. 2 vols. New York: Hurd & Houghton, 1873–1876.

[8] Plotkin, Howard. "Edward C. Pickering and the Endowment of Scientific Research in America, 1877–1918." *Isis* 69 (1978): 44–57.

[9] ——. "Edward C. Pickering, the Henry Draper Memorial, and the Beginnings of Astrophysics in America." *Annals of Science* 35 (1978): 365–377.

[10] ——. "Edward C. Pickering." *Journal for the History of Astronomy* 21 (1990): 47–58.

[11] ——. "Harvard College Observatory's Boyden Station in Peru: Origin and Formative Years, 1879–1898." In *Mundialización de la ciencia y cultura nacional. Actas del Congreso Internacional "Ciencia, descubrimiento y mundo colonial,"* edited by A. Lafuente, A. Elena, and M.L. Ortega. Madrid: Doce Calles, 1993, pp. 689–705.

霍华德·普洛特金（Howard Plotkin）　撰，郭晓雯　译

另请参阅：美国天文学会（American Astronomical Society）；哈佛大学（Harvard University）

美国本土培养的首批数学家之一：乔治·大卫·伯克霍夫
George David Birkhoff（1884—1944）

伯克霍夫或许是 20 世纪初美国最重要的数学家。他是第一批全程在美国受教的数学家之一，帮助开创了一个美国数学成熟的新时代。在他的时代之前，最优秀的数学学生都远赴欧洲接受正规教育。

伯克霍夫出生于密歇根州的欧弗里塞，在刘易斯学院、芝加哥大学和哈佛大学接受教育，1907 年回到芝加哥获得博士学位。芝加哥大学的摩尔（E. H. Moore）将他引入抽象分析领域，接着师从哈佛大学马克西姆·博彻（Maxime Bôcher）学习他所钟爱的经典分析方法。然而，伯克霍夫更服膺于亨利·庞加莱（Henri Poincaré）的知识，他从庞加莱的工作中学习了动力学，这成了他专业数学生涯的主要焦点。

伯克霍夫曾在威斯康星大学和普林斯顿大学短期任教，后来在哈佛大学待了三十多年。他在哈佛培养出下一代许多重要的数学家。以此身份，他本身作为一名美国数学家的重要性得以提高。

在其职业生涯的早期，伯克霍夫通过证明庞加莱最后的定理而确立了国际声誉。这一拓扑定理为更精确地求解动力学三体问题提供了基础。1932 年，他提出并证明了他的遍历定理，该定理在现代分析、气体动力学理论和统计力学中得到了重要的应用。

仅这些成就便足以确立他在数学史上的地位，但伯克霍夫还完成了其他思想领域的工作。他对美学感兴趣，并将他的数学专长应用于艺术和音乐。然而，他也在

量子理论和相对论方面为现代物理学做出了基础性的贡献。

1936 年，他与冯·诺伊曼（J. von Neumann）合作证明了量子力学的数学命题与被称为希尔伯特空间的线性子空间的演算是不可区分的。这项工作为量子力学的数学结构提供了更深的理解，并帮助启动了量子理论的公理重建。当这项工作完成时，伯克霍夫已经因为他在相对论方面的工作而为物理学家所知。

1922 年，他出版了《相对论与现代物理学》（*Relativity and Modern Physics*），这是第一批试图用较简单的术语向受过教育的外行和学科学的学生解释相对论的书籍之一。伯克霍夫是早期对相对论新理论产生兴趣的众多纯数学家之一。他余生继续致力于相对论研究。他试图按照不需要弯曲空间的闵可夫斯基时空框架重新表述相对论。他认为他的新公式比爱因斯坦的一般理论更贴合电动力学理论，这项任务是通过假设"完美流体"来完成的。他的理论复制了爱因斯坦关于水星近日点的推进和光线弯曲的理论计算，但在其他方面给出了与爱因斯坦的预测不同的可验证结果。一般来说，物理学家尊重伯克霍夫的努力，但从来没有认真考虑过采用他的理论来支持爱因斯坦的理论。伯克霍夫直到去世之前仍在研究他的理论。

虽然他在科学史上的地位是由其数学研究的基本性质所奠定的，而且他在物理学上的理论工作在现有的出版物中有完备的记录，但是仍没有出现关于伯克霍夫的重要出版物。历史学家对他相对不感兴趣，因为他的重要性在于对他人的影响，而非对科学的直接贡献。

参考文献

［1］Bell, E.T. *The Development of Mathematics*. New York: McGraw-Hill, 1945.

［2］Berenda, Carlton W. "On Birkhoff's and Einstein's Relativity Theory." *Philosophy of Science* 12（1945）: 116-119.

［3］Birkhoff, George David. "Newtonian and Other Forms of Gravitational Theory." *Scientific Monthly* 58（1944）: 49-57, 135-140.

［4］Graef Fernandez, Carlos. "My Tilt with Albert Einstein." *American Scientist* 54（1956）: 204-211.

［5］Jammer, Max. *The Conceptual Development of Quantum Mechanics*. New York: McGraw-

Hill, 1966.

[6] Jauch, Josef M. "The Mathematical Structure of Elementary Quantum Mechanics." In *The Physicists Conception of Nature*, edited by Jagdish Mehra. Dordrecht: D. Reidel, 1973, pp. 300–319.

[7] Kaplan, James, and Aaron Strauss. "Dynamical Systems: Birkhoff and Smale." *Mathematics Teacher* 69 (1976) : 495–501.

[8] Langer, R.E. "George David Birkhoff." *Transactions of the American Mathematical Society* 60 (1946) : 1–2.

[9] Morse, Marston. "George David Birkhoff and His Mathematical Work." *Bulletin of the American Mathematical Society* 52 (1946) : 357–391.

[10] Veblen, Oswald. "George David Birkhoff." *Yearbook of the American Philosophical Society*, 1946, pp. 279–285.

[11] Wilson, Edwin B. "George David Birkhoff." *Science* 102 (1945) : 578–580.

詹姆斯·E. 贝希勒（James E. Beichler） 撰，吴紫露 译

控制论的奠基人：诺伯特·维纳
Norbert Wiener（1894—1964）

维纳是数学家和知识分子，他的母亲出生在美国，父亲是一位俄罗斯移民犹太人，他父亲来到美国后加入一个乌托邦式的素食团体，但后来却成了哈佛大学的斯拉夫语教授。父亲是他的榜样、导师，并对维纳进行了严格的纪律约束。父亲对维纳的智力培养要求很高，并对维纳产生了巨大的影响。维纳先是上了塔夫茨学院，然后 14 岁进入哈佛大学，在约西亚·罗伊斯（Josiah Royce）的指导下完成了博士学位论文，于 1913 年获得了哲学博士学位。后来，他去英国求学于伯特兰·罗素（Bertrand Russell）、G. E. 摩尔（G. E. Moore）和 G. H. 哈代（G. H. Hardy），之后还去德国学习。从 1919 年起，他在麻省理工学院（MIT）的数学学院任教。作为一名数学家，他的才华和国际声望提高了麻省理工学院作为科学中心的地位。当他到退休年龄时，他被任命为"学院教授"（Institute Professor），以表彰他长期以来跨学科的（研究）兴趣。1933 年，他获得了美国数学学会颁发的博彻奖，同年当选为美国国家科学院院士，但 7 年后他从该机构辞职。在他生命的最后一年，他被美

国总统林登·B. 约翰逊（Lyndon B. Johnson.）授予国家科学奖章。他曾周游世界，1935—1936 年在中国北平做客座教授，"二战"后到墨西哥城定期与生物学家阿图罗·罗森布鲁思（Arturo Rosenblueth）一起工作，其他时候在印度、日本、挪威、意大利和法国讲学。1948 年他关于控制论的书发布之后，他也成了一位很受欢迎的演说家，并作为科学、技术和社会方面的独创思想家而在美国广为人知。

维纳的专业工作主要是纯数学方向。他做出重要贡献的数学领域是函数空间的积分，包括傅里叶积分理论、位势理论、陶伯利定理和概率论。他的工作，特别是复杂的布朗运动理论，将概率概念的适用范围由点扩展到泛函的集合。除此之外，他还与电气工程师合作研究电气设备的理论。20 世纪 30 年代，维纳开始对生理学非常感兴趣，并定期参加哈佛医学院的研讨会。在第二次世界大战期间，他促进了预测、过滤和通信的一般统计理论。1943 年，他与哈佛大学生理学家阿图罗·罗森布鲁思和工程师朱利安·毕格罗（Julian Bigelow）一起写了一篇哲学文章，为后来被称为控制论的理论奠定了基础。"二战"后，维纳对假肢的研究做出了贡献，研究有触觉的人工手臂或为聋人替代听力的装置。

维纳晚年写的书在受过普通教育的公众中引起了广泛的兴趣。《控制论》（*Cybernetics*，1948）就是一本畅销书，它结合了对计算机、信息技术和神经生物学新思想的技术描述，以及维纳对现代技术潜在误用的担忧。他还对原子弹的危害和科学家责任进行了思考，这促使他在一年前发表了与大多数科学家不同的声明，他计划不再从事任何可能对军事有用的课题。他的一些同事对他的道德立场感到愤怒，并试图将其视为维纳的怪癖而不予理会。维纳是一个特立独行的人，他认为工程不仅仅是应用的科学，而且是应用的社会和道德哲学。在面向普罗大众的第二本书《人类的用途》（*The Human Use of Human Beings*，1950）中，他重申了第一本书的思想，但没有涉及技术数学。在维纳的书问世之前，只有刘易斯·芒福德（Lewis Mumford）提出了一种广泛的技术哲学，并吸引了美国的阅读大众。维纳联系了劳工领袖沃尔特·鲁瑟（Walter Reuther），向他介绍了 20 世纪 40 年代末即将出现的新发明，以便劳工们能够预见到大规模裁员和工人技能丧失的危险。

20 世纪 50 年代，维纳出版了两卷本的自传。他把父亲培养他的经历比作雕刻家用大理石雕刻人像，这是他自传中的经典之处。这与约翰·斯图亚特·穆勒（John Stuart Mill）的教育经历有相似之处。反过来，维纳用"雕刻家"来比喻创造艺术品的现代科学家或工程师。在他的最后一本书《上帝与魔像公司》（*God and Golem, Inc.*, 1964）中，他又回到了工程师－创造者的道德哲学问题上。

参考文献

[1] Heims, Steve Joshua. *John von Neumann and Norbert Wiener.* Cambridge, MA: MIT Press, 1980.

[2] Lee, Y.W., et al., eds. *Selected Papers of Nobert Wiener.* Cambridge, MA: MIT Press, 1964.

[3] Masani, Pesi R. *Norbert Wiener 1894－1964.* Basel: Birkhäuser, 1990.

[4] ——, ed. *Norbert Wiener: Collected Works.* 4 vols. Cambridge, MA: MIT Press, 1976-1985.

[5] Wiener, Norbert. *Cybernetics.* Cambridge, MA: MIT Press, 1948.

[6] ——. *The Human Use of Human Beings.* Boston: Houghton Mifflin, 1950.

[7] ——. *Ex-Prodigy.* New York: Simon and Schuster, 1953.

[8] ——. *I Am a Mathematician.* Cambridge, MA: MIT Press, 1956.

[9] ——. *God and Golem, Inc.* Cambridge, MA: MIT Press, 1964.

史蒂夫·约书亚·海姆斯（Steve Joshua Heims）　撰，刘晋国　译

另请参阅：控制论（Cybernetics）

数学家兼作家：沃伦·韦弗

Warren Weave（1894—1978）

韦弗是国际知名的基金会高级职员、数学家兼作家，出生于威斯康星州的里德斯堡。韦弗在威斯康星大学接受了正规教育（1916 年获得学士学位，1917 年获硕士学位，1921 年获博士学位）。1917—1920 年，韦弗在萨洛普学院（现在的加州理工学院）教数学，之后于 1928—1932 年进入威斯康星大学数学系就任系主任。他的主要研究方向是概率论和通信理论。

韦弗是政府和大学研究通信理论的主要力量，他在 20 世纪 30 年代促进了科学

仪器的发展和传播，例如，范德格拉夫起电机、蒂塞利乌斯仪、超速离心机以及微分分析器。在整个 20 世纪 30 年代和 40 年代，韦弗支持在生物学研究中使用物理科学技术，这为现代遗传学奠定了基础。20 世纪 40 年代和 50 年代，他还参与开创了"绿色革命"。

韦弗曾在洛克菲勒基金会担任自然科学部主任（1932—1952）、自然科学和农业部主任（1952—1955）以及自然和医学科学部副主席（1955—1959）。韦弗在阿尔弗雷德·P·斯隆基金会（the Alfred P. Sloan Foundation）担任理事（1956—1967）和副主席（1959—1964），从 1965 年直至去世，他一直是斯隆基金会主席的特别顾问。

韦弗曾在第一次世界大战期间担任空军少尉。由于"二战"期间他在投弹瞄准器和防空火控设备方面的工作，他获得了美国功勋勋章、英国自由事业国王勋章和法国荣誉军团勋章。

作为美国两大科学支撑机构的官员，以及作为许多委员会、董事会和组织的成员，韦弗积极并且深度地参与了各种重大科学活动。他的工作单位还包括国家科学委员会、美国国家科学院关于辐射生物效应报告的遗传学小组、科研与发展办公室应用数学小组、纪念斯隆－凯特琳癌症中心董事会、纪念斯隆－凯特琳癌症中心科学政策委员会以及纽约市公共卫生研究所。1928 年，韦弗当选为美国科学促进会会员；1950 年为执行委员会成员并于 1954 年担任主席。除此之外，他还担任过索尔克生物研究所的主席。

韦弗是一位多产的作家，他的著作包括《通讯的数学原理》[*The Mathematical Theory of Communication*，1949，与克劳德·E. 香农（Claude E. Shannon）合著]、《初等数学分析》[*Elementary Mathematical Analysis*，1925，与查尔斯·S. 斯利切特（Charles S. Slichter）合著]、《电磁场》[*The Electromagnetic Field*，1929，与马克斯·梅森（Max Mason）合著]、《科学家演讲》（ *The Scientists Speak*，1947 年编 ）、《幸运女神——概率理论》（ *Lady Luck—The Theory of Probability*，1963 ）以及《美国慈善基金会的历史、结构、管理和记录》（ *U.S. Philanthropic Foundations, Their History, Structure, Management and Record*，1967 ）。韦弗是刘易斯·卡罗

尔（Lewis Carroll）的迷粉，写了很多关于《爱丽丝梦游仙境》（*Alice's Adventures in Wonderland*）的文章，还写了一本书——《多种语言的爱丽丝》（*Alice in Many Tongues*），并且致力于将《爱丽丝梦游仙境》翻译成近 40 种语言。

参考文献

［1］Fosdick, Raymond B. *The Story of the Rockefeller Foundation*. New Brunswick, NJ: Transaction Publishers, 1989.

［2］Weaver, Warren. *Scene of Change*. New York: Scribner, 1970.

埃尔文·利沃德（Erwin Levold） 撰，刘晋国　译

第 2 章

美国物理学

2.1　研究范畴与主题

物理学

Physics

　　物理学实践在美国大致经历了四个发展阶段。政治独立的最初几十年里，存在过一段殖民科学时期。接下来是 19 世纪中期到晚期，专业性增强和制度化发展的阶段。20 世纪上半叶人们目睹了一种集中的、大科学趋势，而后半叶则见证了美国物理学家群体中多元主义的复苏。

　　1769 年在费城成立的美国哲学会和 1780 年在波士顿成立的美国艺术与科学学院，都是重要的地区性业余社团，反映了当时的启蒙运动和爱国精神。当两个协会成员发起的一些自然哲学（物理学当时被称为自然哲学）研究获得了国际认可时，他们在体制和概念上也严重依赖欧洲同行的支持。此外，虽然这些团体很活跃，但美国自然哲学界还尚未形成团结的共同体，而更多地依赖于一些研究者的个人力量。然而，天文学家大卫·里滕豪斯（David Rittenhouse）和纳撒尼尔·鲍迪奇（Nathaniel Bowditch）广泛涉猎了自然哲学的各个领域，他们杰出的前辈本杰明·富兰克林（Benjamin Franklin）则在这一领域开展了依靠合作进行的研究计划。他因 18 世纪中叶的电学实验和理论而赢得了欧洲同行的赞誉。

1800 年，政府所在地从费城搬到华盛顿，美国哲学会企图让全国都关注科学的愿望落空。大约在这年前后，托马斯·杰斐逊总统萌生了推动美国科学走向卓越的心愿，约翰·昆西·亚当斯（John Quincy Adams）在 1825 年前后也做了同样的努力。然而，国会议员对此并不情愿，常常引用宪法中的相关限制扼杀联邦科学项目。尽管在 19 世纪上半叶，大量涌现的大学纷纷开设自然哲学课，但教授和学生们都将其视为提供通识训练的课程，而不是致力于科学研究。自然哲学的早期研究仍然依赖于个人主动性——特别是要将这种科学努力置于欧洲的科学语境之下。1830 年前后，约瑟夫·亨利（Joseph Henry）在电磁学方面的贡献也反映了这位心怀抱负的研究者所面临的困境。尽管他拥有多项重要发现（尤其是在电磁感应方面），但是沉重的教学负担、研究材料的缺乏，以及与主要的国际同行、学会和期刊接触受限，都对他产生了影响。

大约在 19 世纪中叶，传统的"自然哲学"被日益流行的"物理学"所取代。业余组织也开始让位于更专业的学术组织，包括 1848 年成立的美国科学促进会和 1863 年成立的美国国家科学院（National Academy of Sciences，NAS）。虽然美国科学促进会和 NAS 都没能为物理学家提供充分的机构支持，但美国科学促进会为物理学家专门设立了一个部门。然而，直到 19 世纪 90 年代美国物理学会（American Physical Society）成立，物理学家的科研工作才拥有了明确统一的中心。同样地，像《西利曼杂志》（*Silliman's Journal*）这样的跨学科期刊，曾在 19 世纪 20 年代到 19 世纪 60 年代为亨利等研究者服务，在内战后则让位于各种高度专业化期刊。其中就包括物理学家爱德华·尼科尔斯（Edward Nichols）和欧内斯特·梅里特（Ernest Merritt）于 1893 年创办的《物理评论》（*Physical Review*），这份杂志于 1912 年由美国物理学会接管。

伴随 19 世纪物理学的发展，政府下设科学机构大幅增加，对物理学、特别是热门的地球物理学给予了一定支持。1843 年，亚历山大·达拉斯·贝奇接管海岸测量处，很快使之成为南北战争前地球物理研究的主要组织。与此同时，经过 10 年辩论，政府终于在 1846 年批准成立史密森学会（Smithsonian Institution），其董事会任命亨利为主席。亨利使史密森学会成为科学各个分支研究方向的交流中心，在一定程度上实现了将全国各地的物理学工作者凝聚起来的目标。

南北战争前，大学将自然哲学作为人文课程的一部分，而成立于 19 世纪 40 年代的哈佛大学劳伦斯理学院（Lawrence Science School）和成立于 19 世纪 50 年代的耶鲁学院谢菲尔德学院（Yale's Sheffield School），为特定技术领域转向专业学科指明了道路，其中就包括物理学。不过，那些更为野心勃勃的物理学生仍然觉得留学——去欧洲的物理中心学习很有必要。然而，到 19 世纪 80 年代，美国多所大学（尤其是约翰斯·霍普金斯大学）通过授予自然科学领域的博士学位，使得这些学科的专业化程度进一步加强，甚至高中和专业院校也反映出并推动了这一趋势。19 世纪 80—90 年代，在教育家的努力下，自然哲学实现了从书本研究到物理实验室研究的转变。到世纪之交，随着物理学家越来越多地在工业界、私人基金会和政府部门谋得工作岗位时，这种专业化的趋势得到了进一步加强。这些新工作单位中最引人注目的包括 1901 年成立的国家标准局（National Bureau of Standards）和卡内基学院（the Carnegie Institute），以及美国电话电报公司（American Telephone and Telegraph）和通用电气公司（General Electric）的实验室。

在 19 世纪的最后几十年，美国物理学家逐渐走出了大学和研究生院人数不足、专业学会效率低下、科学期刊无关紧要的时代。美国事实上已经成为那一小批活跃在国际上、富有成效的研究型物理学家的理想家园。这其中最著名的是亨利·罗兰（Henry Rowland），他是约翰斯·霍普金斯大学的教授，凭借衍射光栅实验闻名遐迩；约西亚·威拉德·吉布斯（Josiah Willard Gibbs），耶鲁大学数学物理学家，以热力学和统计力学为所长；还有阿尔伯特·A. 迈克尔逊（Albert A. Michelson），一位杰出的实验者，凭借对光波的干涉仪研究，他荣获了最早授予美国科学家的诺贝尔奖。

大约从 1900 年开始，美国的学术型物理学家第一次在经费水平、出版物数量和从业人数上追赶上了法国、德国和英国的同行。物理学家不仅在学术领域大放异彩，在政府、工业界和私人基金会领域也初露锋芒。由天体物理学家乔治·埃勒里·海耳（George Ellery Hale）在"一战"期间组建的国家研究委员会（National Research Council），后来由物理学家罗伯特·A.密立根（Robert A. Millikan）领导，该委员会因其对基本电荷的测量而得到外界认可。对于让美国科学家了解到集中、大规模的合作型研究的优势，该委员会成为颇具说服力的案例。这一正面的战时经验，使得科学领袖支持将这种协同研究模式作为和平时期科学的新目标。尽管这个新目标既不符合现实，也不符合科研活动的真实需要（物理学在美国主要还是一项小规模的、个体的事业），但它确实为 20 世纪 30—40 年代大科学的出现铺平了道路。欧内斯特·O.劳伦斯（Ernest O. Lawrence）和 M.斯坦利·利文斯顿（M. Stanley Livingston）先后开发了更大的回旋加速器以制造放射性同位素（通常用于医学应用），并最终制造出了超铀元素。

与此同时，尽管"大萧条"带来了负面影响，物理学家还是凭借新的专业性组织、学术项目以及与工业界的联系巩固了既往的那些成就。1931 年，不论是学术型物理学家、工业界物理学家，还是他们日益壮大的专业性学会，都庇荫在美国物理学会的管理之下。在共享机构资源的同时，各附属学会也坚持保留了各自的独特性，包括美国物理学会、美国光学学会、美国声学学会、流变学学会和美国物理教师协会。此外，区域性专科学院和大学的稳定性和多样性确保了美国健全、多元的教育体系，对于物理学家的培养并为其提供工作岗位都是非常有利的。

大约从 1919 年到 1935 年，量子力学和相对论传入美国，促进了以实验研究著称的美国社会的理论研究。在量子实验和理论的早期研究中表现突出的美国人包括阿瑟·康普顿（Arthur Compton）、克林顿·达维森（Clinton Davisson）和莱斯特·格默（Lester Germer）的研究团队以及爱德华·康顿（Edward Condon）。20 世纪 30 年代中期，逃离政治和种族迫害的欧洲物理学家大量涌入，进一步增强了美国科研实力。1933 年，阿尔伯特·爱因斯坦（Albert Einstein）移居美国，这标志着美国在物理学领域占据了世界领先地位。

1939—1945 年，随着第二次世界大战和"曼哈顿计划"的启动，许多本土和移民的顶尖物理学家都投入到核弹研发的工作中。这些研究人员依靠大量联邦资金，在大型的集中管理实验室中工作，设计出了利用铀或钚原子在核裂变过程中释放巨大能量的炸弹。制造这些武器的紧急计划将美国物理学、政府和社会三者融合到了一起。通过像科学研究与发展局这样的机构，以及像劳伦斯、恩里科·费米（Enrico Fermi）和 J. 罗伯特·奥本海默（J. Robert Oppenheimer）这些物理学家的举措，美国的政治及科学领袖开始接受由联邦政府资助大科学这一想法。随着 1945 年 8 月在日本广岛和长崎投下了两颗核弹，民众们意识到，社会利益已与物理学不可分割地联系在了一起。

"二战"后，在 1946 年成立原子能委员会以及 1950 年成立国家科学基金会之前，国家领导人认真审视了科学、政府和社会之间的关系。此后，许多参加过洛斯阿拉莫斯和其他涉及物理学的战时项目的科学家效力于政治舞台。那些对政府核政策持批评态度的物理学家参与了战后的政治行动组织，如原子科学家联盟，而那些对政府持支持态度的物理学家则担任了总统和政府的重要顾问。其中一些物理学家发现自己陷入了冷战、麦卡锡主义和热核弹时代考验忠诚度、威胁安全感的泥潭，最著名的有 1954 年的奥本海默。根据核聚变原理而研制的"氢弹"是物理学家爱德华·特勒（Edward Teller）等人在 1952 年研发出的"超级"武器，它取代了最初根据核裂变原理而研制的"原子弹"。

尽管在战后的几十年里，大型科学项目得到了最多的关注和支持，但物理学界从未失去其多元性。也就是说，各种制度、经济和政治原则继续指导着物理学家在不同的制度环境下工作——由大学、基金会、工业界、政府和军队塑造出的制度环境。可以确切地说，大科学集中发展的趋势仍然存在，尤其是在核和高能物理领域。围绕核反应堆、磁性核聚变反应堆和粒子加速器主体设施建立起的实验室，物理学家迎来繁盛期。这些实验室包括阿贡国家实验室（Argonne National Laboratory）、布鲁克海文国家实验室（Brookhaven National Laboratory）、费米国家加速器实验室（Fermi National Accelerator Laboratory）、凯洛格辐射实验室（W. K. Kellogg Radiation Laboratory）、劳伦斯伯克利实验室（Lawrence Berkeley Laboratory）、洛斯阿拉莫斯国家实验室（Los Alamos National Laboratory）、橡树岭国家实验室（Oak Ridge National Laboratory）、普林斯顿等离子体物理实验室（Princeton Plasma Physics Laboratory）和斯坦福线性加速器中心（Stanford

Linear Accelerator Center）。然而，一些规模较小的研究项目仍然活跃，尤其是在学术界和产业领域。例如，在受行业资助的贝尔实验室中，光学和凝聚态物理学取得了突破。"大科学"为特定问题的协同调查创造条件，而"小团队"则包容了不同个人研究风格之间的分歧。战后几十年间，这些不同的科学组织形态推动了晶体管和激光的发展，还带来了量子电动力学和超导方面的理论突破。另外还有跨学科的进展：天体物理学家协助探测大爆炸遗留的宇宙效应；地球物理学家参与了板块构造研究；生物物理学家对分子生物学的发展做出了贡献。

20 世纪 60 年代，曾参与"曼哈顿计划"的科学家仍对各个科学领域的国家政策享有过高的控制权。然而，随着对越南战争的批评引发了对政府行为的重新评估，日渐衰老的领导层开始式微。在 20 世纪 80 年代末冷战和军备竞赛的结束之后，随着经济资源的削减，物理学家的政治权力进一步削弱。在不太有利的政治和经济环境下，美国物理学家目睹了两项主要联邦政府项目的消亡。战略防御计划是一项与劳伦斯利弗莫尔实验室（Lawrence Livermore Laboratory）和其他国家物理装置密切相关的空间武器计划，在 1990 年之前的几年里失去了大部分资金。在德州建造的用于研究夸克和轻子的超导超级对撞机项目，耗资数十亿美元，20 世纪 90 年代初被撤资。由于获得物理学博士学位的学生以及修习大学相关学科的学生越来越少，物理学界内部出现了学术型物理学家老龄化这一现象。尽管多次尝试改革，物理学界也仅在女性和少数族裔人数不足这一长期存在的问题上取得了些许改善。

然而，随着 20 世纪接近尾声，人们心中仍认可这一共识：美国物理学家在多数研究领域仍处于世界领先地位。1986 年分离出在异常高温下表现出超导性的材料是近几十年的成就之一。美国物理学家对量子色动力学、电弱理论和重整化群理论的突破也做出了进一步的贡献。事实上，从探索暴涨宇宙的宇宙学概念，到发展医学上至关重要的磁共振成像技术（MRI），他们的成就不一而足。美国物理学界持久不衰的活力或许反映了它未曾中断的多元性特征。这些物理学家在大大小小的团体中工作，代表着广泛的学术组织，从不同角度探索了形形色色的主题。他们的兴趣从光学、声学等经典领域扩展到基本粒子物理等前沿研究领域，核物理学，原子、分子和光学物理学，凝聚态物理学，等离子体和液体，以及万有引力、宇宙学和宇宙射线物理学。他们的社会关系也延伸至大学、私人基金会，还有政府、军事部门和工业界。

参考文献

[1] Adair, Robert K., Ernest M. Henley, et al. "Special Issue: *Physical Review* Centenary—from Basic Research to High Technology." *Physics Today* 46 (1993): 22–73.

[2] Goodwin, Irwin, et al. "Special Issue: Physics Through the 1990s." *Physics Today* 39 (1986): 22–47.

[3] Kevles, Daniel J. *The Physicists: The History of a Scientific Community in Modern America*. 2d ed. Cambridge, MA: Harvard University Press, 1987.

[4] Moyer, Albert E. "History of Physics." *Osiris*, 2d ser., 1 (1985): 163–182.

[5] Ramsey, Norman F., Spencer R. Weart, A.P. French, et al. "50 Years of Physics in America." [Special issue commemorating the anniversary of the AIP.] *Physics Today* 34 (1981): 13–261.

[6] Rhodes, Richard. *The Making of the Atomic Bomb*. New York: Simon & Schuster, 1986.

阿尔伯特·E. 莫耶（Albert E. Moyer） 撰，郭晓雯 译

声学

Acoustics

19 世纪中叶约瑟夫·亨利（Joseph Henry）研究建筑声学和大气声学之前，美国很少开展关于声音的原创性科学研究。20 世纪来临之际，华莱士·萨宾（Wallace Sabine）进一步发展了建筑声学这门学科。但直到第一次世界大战后，美国科学家才开始齐心协力、持之以恒地解决与声音现象有关的许多理论和实际问题。和现在一样，当时这类研究交叉跨越多门学科，涉及各种不同主题，如人类语言的产生、声波在液体中的传播以及音乐厅的设计等。

第一次世界大战期间，声波测距和潜艇探测技术的发展促进了人们对声学的广泛兴趣。20 世纪 20 年代，蓬勃发展的建筑经济推动了萨宾在建筑声学方面的持续研究。也许最重要的是，长途电话和商业广播的发展促进了对声音性质及其电声转

换的基础研究。事实上，20 世纪早期声学科学的崛起有赖于 19 世纪电话技术的应用和改进。这种常见电声技术的进步，特别是真空管放大器、电容式话筒和电动扬声器的发展，使科学家能够高度精确地测量声音的强度并分析其谐波含量，正是由于缺乏这种精确，以前的研究才受到阻碍。

1922 年，美国国家研究委员会的一份报告《声学中的若干问题》强调了科学测量工具的发展。美国声学学会（成立于 1929 年）的早期会议议程里进一步证实了这一先见之明。当科学家开始利用电子模拟解释机械声学系统、用电路图代表物理系统时，这些新工具的发展也影响了声学理论。

在这个出发点基础上，任何关于美国声学史的总结都必须对各类声学分支学科的不同发展轨迹进行综合考察。水下声学的发展提供了一个科学与军事的案例研究，而人类对噪音的生理反应的历史演变则构成了一种大异其趣的描述，与工业心理学和公共卫生运动兴起等现象相交织。这些不同分支学科的历史大都尚无人问津。因此，美国科学史编史学对声学科学缺乏系统的论述。一些业内人士已经写出了几篇有关他们分支领域的历史文章，它们通常出现在《美国声学学会杂志》的周年纪念号，可为历史学家提供一个研究起点，选择钻研这些丰富但被忽视的主题。

参考文献

[1] Beyer, Robert T. *Sounds of Our Times: Two Hundred Years of Acoustics*. New York: Springer-Verlag, 1999.

[2] "Certain Problems in Acoustics." *Bulletin of the National Research Council* 4 (November 1922).

[3] Hunt, Frederick V. *Electroacoustics: The Analysis of Transduction, and Its Historical Background.* Cambridge, MA: Harvard University Press, 1954.

[4] *Journal of the Acoustical Society of America.* Volumes 26 (1954), 61 (1977) and 68 (1980) contain numerous articles describing the development of numerous topics such as acoustical instrumentation, architectural acoustics, physiological acoustics, etc.

[5] Lindsay, R. Bruce. "Acoustics and the Acoustical Society of America in Historical Perspective." *Journal of the Acoustical Society of America* 68 (July 1980): 2-9.

[6] Miller, Dayton C. *Anecdotal History of the Science of Sound to the Beginning of the Twentieth*

Century. New York: Macmillan, 1935.

[7] Thompson, Emily. "'Mysteries of the Acoustic': Architectural Acoustics in America, 1800–1932." Ph.D. diss., Princeton University, 1992.

艾米丽·汤普森（Emily Thompson） 撰，陈明坦 译

热力学

Thermodynamics

热力学同进化论一样，交织于 19 世纪的科学和文化之中。

热力学的两个定律在 19 世纪的后半叶成了物理科学的主要组织原理。威廉·约翰·麦格里·兰金（William John Macquorn Rankine）在 1854 年率先提出了"热力学"一词，但却是用来定义热的机械效应研究，而没有使用任何关于构成热的运动的假设。兰金的宇宙是受能量守恒控制的。第二定律——热量不能从低温物体传到高温物体——在 1850 年由鲁道夫·尤利乌斯·埃马努埃尔·克劳修斯（Rudolph Julius Emmanuel Clausius）作为一项物理定理提出，但仅仅是数学意义上的。1852年，威廉·汤姆森（William Thomson，即开尔文勋爵）第一次从物理和宇宙的角度探究了这一定律。实际上，在热机的每个循环中，有些热量并没有转化为功，而是散失到空气中，因而无法被利用。汤姆森随即得出结论：随着时间的推移，可用作有用功的能量一定会减少，宇宙因而必然走向热寂。汤姆森曾竭尽全力将自己的宗教信仰和科学结合在一起来解决环保问题。第二定律重申了他的神学观点。虽然汤姆森的神学观点模糊不清，但他的同代人贝尔福·斯图尔特（Balfour Stewart）和彼得·格思里·泰特（Peter Guthrie Tait）却很明确：热力学定律使人们相信灵魂是不朽的。这点（1873）驳斥了约翰·丁达尔（John Tyndall）的自足大自然。

克劳修斯对热的关注沿着一种截然不同的路径导向了相同的宇宙学结论。在热机中，热量转化为功，并在较低的温度下再转化为热（1854）。通过在微观层面上深入研究物体的热变化，克劳修斯辨识出一个量——熵，指代物体在可逆热循环中守恒的属性，然而对于不可逆热机，熵总是正值（1865）。

汤姆森和克劳修斯对热力学第二定律的表述被约西亚·威拉德·吉布斯所取代。

他把熵视作热系统的一种性质，并以此为分析中心推广了兰金关于平衡系统热行为图示。吉布斯先后研究了均相物质与非均相物质的热性质。他的工作包含了重要的化学成果，如反应速率和相律（1873—1879）。但是直到 19 世纪 80 年代威廉·奥斯特瓦尔德（Wilhelm Ostwald）的研究以及后继者的努力使得"普通"化学出现之后，吉布斯的工作才被广泛领会。奥斯特瓦尔德与斯万特·奥古斯特·阿伦尼乌斯（Svente August Arrenhius）和雅各布斯·亨利克斯·范托夫（Jacobus Henricus vant'Hoff）一起建立了物理化学这门学科。这一研究领域及其研究方法在 19 世纪 90 年代随着年轻的美国化学家从欧洲的实验室回国而传入。吉布斯因此名声大振——而不再仅是耶鲁大学（吉布斯的职业生涯就在耶鲁大学度过的）的一小部分教员知道他。

虽然热力学没有涉及物质的微观结构，但物理学家认为物质是由行为类似机械物体的粒子组成的。基于动力学理论的实验表明分子运动是可逆的。然而，第二定律的不可逆性也建立在观察之上。科学家们努力使物质的分子模型符合热力学第二定律。一些人依靠构造特殊的分子模型，另一些人则宣称对其忽略不计，还有三分之一的人仅仅研究气体的热行为而未在统计力学上说明其组成部分如何相互作用。研究统计力学有两种方法，一种是路德维希·玻尔兹曼（Ludwig Boltzmann）提出的追踪热系统达到平衡的方法。另一种由麦克斯韦（Maxwell）开创，由吉布斯进行了更深入的研究：系统已经达到平衡，系统的行为可以从一个平衡态追踪到下一个平衡态。在统计力学中，第二定律变成了概率而非确定性。为了证明这一点，麦克斯韦发明了他的"妖"，他认为那只是一个阀门，可以打开或关闭一扇门，让快速分子通过，从而将它们与慢分子分开。"妖"因而可以消除熵。

第二定律的概率性质也为宗教信仰、自由意志和怀疑主义提供了论据。汤姆森认为麦克斯韦的"妖"理论只是为了否认他在物理世界中的作用。麦克斯韦认为机械系统在其路径中某些特定的点上是无法确定的，因此，自由意志是可能的。然而，玻尔兹曼却可以利用第二定律来论证宗教怀疑主义。

科学家们关于宗教话题的讨论是众所周知的，但是赫伯特·斯宾塞（Herbert Spencer）和亨利·布鲁克斯·亚当斯（Henry Brooks Adams）都阅读了原始论文并得出了他们自己的结论。二者都假设物理定律适用于社会和历史，并用热力学支持得自其他来源的社会理论。他们对热力学的应用使他们得出了截然不同的结论。由于斯宾塞和亚当斯试图将物理定律与他们自己的想法结合起来，因而使其工作陷于矛盾之中。

对斯宾塞来说，第二定律为他的进化机制提供了支持，即发展从同质和简单走向异质及多样化。在其他地方，他则主张宇宙的热寂。

第二定律似乎支持了亚当斯的论点——西方历史自中世纪鼎盛时期以来的衰落和道德堕落。将复杂性与混乱相提并论，将相位的技术用法与历史时代混为一谈，亚当斯可以对抗奥古斯特·孔德（Auguste Comte）和斯宾塞的进化进步主义。他不时地引用汤姆森、麦克斯韦、克劳修斯、吉布斯和奥斯特瓦尔德，尽管对于后者引用的是他对生活和社会的研究，而非其科学。同时，亚当斯认为麦克斯韦的"妖"重新开启了自由意志和灵性的可能性。亚当斯借用相律的语言，相变发生在临界点上，用来解释历史的不连续性，以及现代历史的开端"机械相位"。

热力学在科学和文化上的应用在20世纪扩展至信息理论、科幻小说和经济预测等方面。

尽管丰富的史料资源存在于部分专著和文章中，但尚无可以描绘19世纪50年代以后热力学技术发展情况的全面的历史专著。近年来，历史学家试图追溯19世纪英国热力学基本思想的文化起源（Porter，Schweber），但并非易事。如何把克劳修斯和玻尔兹曼放在一起。麦克斯韦和吉布斯都把他们的专业工作严格地置于任何可能影响工作的文化价值观之外。这样的背景叙述侧重于基本理念，而非理论。作为一种理论，热力学依赖于函数的数学性质。源头变得遥不可及。

亚当斯和斯宾塞是明确使用热理论指导从大尺度上理解历史仅有的两位思想家。尽管它们所附加的意义可能很难弄清，但它们的来源还容易追溯。至少在热力学方面，历史学家已经尝试给予物理学应有的文化地位，而不仅仅把它视作一系列技术进步——它们的定义取决于争论状况的逻辑需要，而这些争论自然而然地导向了20世纪的理论。

参考文献

［1］Adams, Henry. *The Degradation of Democratic Dogma.* Edited by Brooks Adams. 1919. Reprint, New York: Capricorn Books, 1958.

［2］——. *The Education of Henry Adams.* Edited by Ernest Samuels. Boston: Houghton Mifflin, 1973.

［3］Brush, Stephen G. *The Temperature of History; Phases of Science and Culture in the Nineteenth Century.* New York: Burt Franklin, 1978.

［4］Daub, E.E. "Probability and Thermodynamics." *Isis* 60 (1969): 318–330.

［5］——. "Maxwell's Demon." *Studies in the History and Philosophy of Science* 1 (1970): 213– 227.

［6］Gibbs, Josiah Willard. "Graphical Methods in the Thermodynamics of Fluids." *Transactions of the Connecticut Academy of Sciences* 2 (1873): 309–342.

［7］——. "A Method of Geometrical Representation of the Thermodynamic Properties of Substances by Means of Surfaces." *Transactions of the Connecticut Academy of Sciences* 2 (1873): 362–404.

［8］——. "On the Equilibrium of Heterogeneous Substances." *Transactions of the Connecticut Academy of Sciences* 3 (1878): 108–248, 343–524.

［9］——. *Scientific Papers.* Edited by Henry Andrews Bumstead and Ralph Van Name. 2 vols. New York: Dover, 1961.

［10］Havles, N. Katherine. *Chaos Bound: Orderly Disorder in Contemporary Literature and Science.* Ithaca: Cornell University Press, 1990.

［11］Hiebert, Erwin. "The Uses and Abuses of Thermodynamics in Religion." *Daedalus* 95 (1966): 1046–1080.

［12］Jordy, William. *Henry Adams, Scientific Historian.* New Haven: Yale University Press, 1952.

［13］Klein, Martin J. "Maxwell, His Demon and the Second Law of Thermodynamics." *American Scientist* 58 (1970): 84–97.

［14］——. "The Early Papers of J. Willard Gibbs: A Transformation of Thermodynamics." *Proceeding of the Fifteenth Congress of the History of Science.* Edinburgh: Edinburgh University Press, 1978, pp. 330–341.

［15］Myers, Gregg. "Nineteenth-Century Popularizations of Thermodynamics and the Rhetoric of Social Prophecy." *Victorian Studies* 29 (1985): 35–66.

[16] Partenheimer, David. "Henry Adams' Scientific History and German Scientists." *English Language Notes* 27（3）1990: 44−52.

[17] Porter, Theodor. "A Statistical Survey of Gases: Maxwell's Social Physics." *Historical Studies in the Physical Sciences* 12（1981）: 77−116.

[18] Schweber, Silvan S. "Demons, Angels and Probability: Some Aspects of British Science in the Nineteenth Century." In *Physics as Natural Philosophy*, edited by Abner Shimony and Herman Feshbach. Cambridge, MA: MIT Press, 1982, pp. 319−363.

[19] Servos, John W. *Physical Chemistry from Ostwald to Pauling: The Making of a Science in America.* Princeton: Princeton University Press, 1990.

[20] Smith, Crosbie, and M. Norton Wise. *Energy and Empire: A Biographical Study of Lord Kelvin.* Cambridge, UK: Cambridge University Press, 1989.

伊丽莎白·A.加伯（Elizabeth A. Garber）　撰，吴晓斌　译

另请参阅：乔赛亚·威拉德·吉布斯（Josiah Willard Gibbs）

迈克尔逊 − 莫雷实验
Michelson−Morley Experiment

迈克尔逊 − 莫雷实验指物理光学中，通过直角干涉测量法测量地球与光以太相对运动的一种尝试，人们认为这一尝试的失败导致了相对论物理学的出现。通常被称为"判决性实验"。

阿尔伯特·A.迈克尔逊最新改进了在地球上测量光速的方法，1880 年，他首次设想了一种测量地球在所有空间运动的可能方法，假设空间中充满了一种叫作发光以太的介质。詹姆斯·克拉克·麦克斯韦（James Clerk Maxwell）在 1879 年去世前曾提出一项挑战，迈克尔逊最初受到此项挑战的激励想要设计一种装置，用于对两条呈直角路径上的光速进行二阶（两个速度的平方比）测量。从美国海军休假前往欧洲的学术旅途中，年轻的迈克尔逊向一些世界领先的光学家学习并寻求设计建议，其中包括巴黎的 A. 科努（A. Cornu）和 E. 马斯卡特（E. Mascart）；海德堡的 G. H. 昆克（G. H. Quincke）；柏林的赫尔曼·赫尔姆霍尔茨（Hermann Helmholtz）。他备受鼓舞继续推进自己的工作，于是在亚历山大·格雷厄姆·贝尔（Alexander Graham Bell）的伏打基金（Volta Fund）的资助下，他设计并委托建

造了世界上第一台光学干涉仪。这台仪器由德国施密特汉熙仪器公司于 1891 年冬天建造，3—4 月先后在柏林和波斯丹天文台测试。

旋转栅门上的十字形仪器主要由一个半镀银的分束镜构成，分束镜位于两个黄铜臂的中心，每个铜臂长约一米，两端有可调节的平行平面镜。它在提供干涉条纹方面设计精巧，其宽度的十分之一易于测量。但以太漂移实验本身只给出了零的结果，因此非常令人失望。此外，巴黎的 M. A. 波蒂埃（M. A. Potier）和荷兰物理学家亨德里克·A. 洛伦兹（Hendrik A. Lorentz）的理论批评，让迈克尔逊对他的实验设计感到担忧。因此，在与专家多次磋商之后，迈克尔逊急切地想用更大更好的以太漂移干涉仪再试一次。这种仪器可以是一个虚拟的速度计，或者最好是一个电流计，用于地球在太空中高速旋转这种情况。但这次迈克尔逊将满足于测量地球绕太阳公转的速度，而不再追求"实满空间"或艾萨克·牛顿的绝对空间。

由此，他开始了断断续续长达半个世纪的光学实验，尝试各种关于光、空间和时间本质的假设、理论和猜想，这些实验都是直接基于迈克尔逊干涉仪以及它极其精确的二阶测量能力。

俄亥俄州克利夫兰的化学家爱德华·W. 莫雷于 1884 年与迈克尔逊结缘，当时两人发现自己就在彼此邻近的大学里，于是合作改进和扩展迈克尔逊的仪器，该仪器最初被称为"干涉折射仪"。5 年来，迈克尔逊和莫雷密切合作，在 1887 年进行了他们经典的以太漂移测试。同年，其初步的"零结果"[1] 发表在一篇题为"地球和光以太的相对运动"的论文里［*American Journal of Science* 34（1887）：333–345；*Philosophical Magazine* 24（1887）：449–463］，该问题也逐渐成为一个臭名昭著的理论问题。

在 19 世纪 90 年代和 20 世纪初，迈克尔逊和莫雷分开后，迈克尔逊 - 莫雷实验获得了超过其历史特征的声誉。因此，莫雷和迈克尔逊在克利夫兰凯斯大学的继任者戴顿·C. 米勒（Dayton C. Miller）一起，开发了大大改进后的以太漂移干涉仪。他们的结果为"零"同样令人失望。与此同时，阿尔伯特·爱因斯坦简单地认

---

① 零结果是一种特殊的实验结果，意味着实验得到的结论与预期不符，也没有得到其他的有用结论。——译者注

为，从这些实验和其他类似实验中没有获得任何消息就是好消息。

1905 年，爱因斯坦宣布整个电磁或光以太的概念都是没必要的。他同时接受了光的波（或波动）理论和粒子（或发射）理论，认为这二者在不同的实验条件下同样有效，关于运动物体的电动力学测量，他提出了光速恒定性和相对性原理的假设。因此，他间接地依靠迈克尔逊毕生的工作，完善了他对真空中光速的基本物理常数（现在用"c"表示）的测定，并依靠迈克尔逊和莫雷在 1886 年的初步实验，改进并验证了斐索的以太拖拽或称流水实验。

相对论在 20 世纪前 20 年的兴起，加速了以太理论的衰落，出于教学原因，许多科学家宣告迈克尔逊－莫雷实验是以太被相对论取代的直接原因。事情并非如此简单。20 世纪 20 年代，世界各地针对迈克尔逊－莫雷范式开展了更精细的光学实验、应用了更昂贵的实验仪器。除了戴顿·米勒的重新测试之外，所有实验似乎都证实了爱因斯坦的新观点，而不是迈克尔逊、莫雷和米勒的旧观点。因此，1930 年的迈克尔逊－莫雷－米勒（Michelson-Morley-Miller）实验（对旧模型进行了最后一次可见光波长测试）已经成为经典牛顿物理学失败的象征，也成为现代爱因斯坦世界观成功的护身符。

参考文献

[1] Goldberg, Stanley, and Roger H. Stuewer, eds. *The Michelson Era in American Science, 1870-1930*. A.I.P. Conference Proceedings 179. New York: American Institute of Physics, 1988.

[2] Haubold, Hans J., and R.W. John. "100 Jahre Michelsonsche Aether-drift Experiment." *Astronomische Nachrichten* 303, Part 1 (1982).

[3] Holton, Gerald. "Einstein, Michelson, and the Crucial Experiment." *Isis* 60 (1969): 133-197.

[4] Livingston, Dorothy Michelson. *The Master of Light: A Biography of Albert A. Michelson*. New York: Scribners, 1973.

[5] Miller, Arthur I. *Albert Einstein's Special Theory of Relativity*. Reading, MA: Addison-Wesley, 1981.

[6] Swenson, Loyd S., Jr. *The Ethereal Aether: A History of the Michelson-Morley-Miller Aether-

Drift Experiments, *1880–1930*. Austin: University of Texas Press, 1972.

[7]——. *Genesis of Relativity*：*Einstein in Context*. New York：Burt Franklin, 1979.

[8]——. "Michelson and Measurement." *Physics Today* 40（1987）：24–30.

劳埃德·S. 小斯文森（Loyd S. Swenson, Jr.）　撰，康丽婷　译

量子理论

Quantum Theory

量子即微小能量束，1899 年由马克斯·普朗克（Max Planck）提出，以解释观测到的黑体辐射特性。阿尔伯特·爱因斯坦在 1905 年将量子理论用以解释光电效应。尽管量子理论明显与艾萨克·牛顿和詹姆斯·克拉克·麦克斯韦（James Clerk Maxwell）的先前经典物理有冲突，但是在 1911 年第一次索尔维大会上，欧洲物理学家们经过深思熟虑后还是承认了量子理论的必然性。

尼尔斯·玻尔（Niels Bohr）1913 年在氢原子模型中使用了量子。阿诺德·索末菲（Arnold Sommerfeld）和其他人扩展了玻尔模型，取得了相当大的成功，但这个模型也并不完美。到 20 世纪 20 年代中期时，很明显需要一种新的量子力学来取代"旧"量子理论。沃纳·海森伯（Werner Heisenberg）和埃尔温·薛定谔（Erwin Schrodinger）在矩阵和波形方面做出了必要的创新。随着进一步的发展，著名的量子力学哥本哈根解释也发展起来。截至 1930 年，物理学已经发生了翻天覆地的变化。20 世纪 30 年代，这门新力学已经成功地应用到很多方面，但在将其应用于电动力学时仍有着根本的困难，而这一困难直到第二次世界大战之后才被成功克服。

量子理论的引入对 20 世纪头几十年美国物理学的发展产生了深远影响。1899年，美国物理学界组成了美国物理学会（APS），其成员几乎都是实验物理学家，不仅彼此间相对隔绝，与欧洲物理学界也几乎没有往来。直到 1912 年，量子理论才在美国物理学会的会议上被公开讨论。美国人莫顿·马西厄斯（Morton Masius）1914 年把普朗克第二版的《热辐射》（*Wärmestrahlung*）翻译成英文，促使量子理论进入了

美国大学的课程。

很快，整整一代年轻的美国物理学家在美国和欧洲成功地学习并开始研究量子理论。1918 年，哈佛大学的埃德温·C. 肯布尔（Edwin C. Kemble）写出了美国第一篇使用量子理论的博士论文。后来，作为那里的一名教员，他向年轻而有抱负的理论家，如约翰·H. 范·弗莱克（John H. van Vleck）和约翰·C. 斯莱特（John C. Slater），介绍欧洲的最新进展。20 世纪 20 年代中期，美国许多年轻人在哥本哈根、哥廷根以及慕尼黑等欧洲中心学习理论物理。其中最著名的是爱德华·U. 康顿（Edward U. Condon）、J. 罗伯特·奥本海默（J. Robert Oppenheimer）、莱纳斯·鲍林、I. I. 拉比和斯莱特。一回到美国，大学就要求他们讲授新素材。此外，许多欧洲物理学家被美国物理学新兴的活动吸引来美国讲学，有些还接受了美国大学的教职。访问讲学的人包括马克斯·玻恩（Max Born）、索末菲、玻尔、薛定谔、海森伯和 P. A. M. 狄拉克（P. A. M. Dirac）。永久移民的则包括 S. A. 古德斯密特（S. A. Goudsmit）、乔治·乌伦贝克（George Uehlenberg）、乔治·伽莫夫（George Gamow）和尤金·维格纳（Eugene Wigner）。国际理论物理学家小组每年夏天都在密歇根大学聚会。

美国的实验物理学家为量子理论的发展和认可做出了贡献。例如，罗伯特·A. 密立根（Robert A. Millikan）精确地测定了普朗克常数 h 的值，阿瑟·H. 康普顿发现了康普顿效应，克林顿·戴维森（Clinton Davisson）和雷斯特·革末（Lester Germer）论证电子的波动特性。

随着量子力学的出现，几个美国理论家在探索量子理论的使用方面发挥了重要作用。范·弗莱克（Van Vleck）从事磁性和晶体场理论的研究。康顿是核屏障穿透的共同发现者。斯莱特、鲍林和罗伯特·S. 马利肯（Robert S. Mulliken）专注于价键理论，将量子理论引入了化学。

美国物理学在第二次世界大战前几十年得以发展"成熟"，不论是在理论还是在实验方面，都全面参与了主流的物理学中。战后，年轻的美国理论家理查德·费曼（Richard Feynman）和朱利安·施温格（Julian Schwinger）成功地解决了量子电动力学问题，两人（与朝永振一郎）因这一成就分享了 1963 年的诺贝尔物理学奖。

参考文献

［1］Assmus, Alexi. "The Americanization of Molecular Physics." *Historical Studies in Physical and Biological Sciences* 23（1992）: 1-34.

［2］Holton, Gerald "On the Hesitant Rise of Quantum Physics Research in the United States." Chap. 5 in *Thematic Origins of Scientific Thought*: *Kepler to Einstein*. Rev. ed. Cambridge, MA: Harvard University Press, 1988.

［3］Schweber, S.S. "The Young John Clarke Slater and the Development of Quantum Chemistry." *Historical Studies in Physical and Biological Sciences* 20（1990）: 339-406.

［4］Slater, John C. "Quantum Physics in America Between the Wars." *Physics Today* 21（1968）: 433-453.

［5］——. *Solid-State and Molecular Theory*: *A Scientific Biography*. New York: Wiley, 1975.

［6］Sopka. Katherine R. *Quantum Physics in America*: *The Years through 1935*. New York: American Institute of Physics, 1988.

［7］Stuewer, Roger H. *The Compton Effect*: *Turning Point in Physics*. New York: Science History Publications, 1975.

［8］Van Vleck, John H. "American Physics Comes of Age." *Physics Today* 17（1964）: 21-26.

凯瑟琳·R. 索普卡（Katherine R. Sopka） 撰，吴晓斌 译

激光器

Laser

激光器是能产生具有高度相干性光或无线电波的系列装置，有广泛的技术应用范围。

1954 年，查尔斯·哈德·汤斯（Charles H. Townes）的哥伦比亚大学团队运行了世界首台微波激射器（maser），即激光的前身。1941—1945 年，汤斯曾在贝尔电话实验室从事过雷达研究。战后，他率先利用战争富余的雷达设备，开展微波分子光谱学研究。他还留意分子的量子跃迁在电子学中的应用。

1948 年，汤斯进入哥伦比亚大学物理系。在这里，他与哥伦比亚辐射实验室（Columbia Radiation Laboratory）建立了联系，该实验室由军方资助，主要

致力于将雷达部件推向更高频率。他还成为国家标准局（the National Bureau of Standards）"原子钟"项目的顾问和海军研究局"毫米波"咨询委员会的主席。正是出于这一系列相互渗透的科学和技术兴趣，1951 年春，汤斯提出了一个想法：利用环境辐射刺激分子发射，作为一种产生（以及后来实现放大）微波的新途径。因此，受激辐射的微波放大（Microwave Amplification by Stimulated Emission of Radiation）缩写为 MASER。后来苏联科学家 N. G. 巴索夫（N. G. Basov）和 A. M. 普罗霍罗夫（A. M. Prokhorov）也独立提出了激光理论。

1957 年秋天到 1958 年，汤斯和贝尔电话实验室的亚瑟·肖洛（Arthur L. Schawlow），以及哥伦比亚大学的研究生戈登·R. 古尔德（R. Gordon Gould）一起开展理论研究，将微波激射器的原理扩展到红外和可见光的频率。肖洛和汤斯由此声名大噪。至 1959 年，美国工业和大学实验室的十多个团队已经开始实验。1960 年春，西奥多·H. 梅曼（Theodore H. Maiman）利用合成红宝石制成的脉冲激光器首次取得了成功。同年 12 月，贝尔实验室的阿里·贾范（Ali Javan）与合作者使用惰性气体制造了第一个连续激光器。

这些激光器的首次运行引发了一场研究热潮。几十种新的激光器被发明出来，通过新的材料和新的能量转换方法，产生各种频率和功率的输出。易坏的实验室设备改进成为实用和耐久的组件。从眼科手术到焊接，从测量到同位素分离，激光在各领域均得到应用。

在美国 20 世纪 60—70 年代，军费的资助占据该项研发的半数以上。自然而然地，军事部门得以首批系统地大量部署激光设备，如 20 世纪 70 年代初作战坦克的激光测距仪。

最让人们津津乐道的应用——大容量光通信，随着低损耗光纤的发展以及 1962 年发明的半导体激光器的重大改进，到 20 世纪 70 年代终于成为可能。实验性的美国光通信线路在 70 年代中期首次建成，到 80 年代末，全美的长途线路都已转换为光导纤维。到那时，相干光也已成为工程师们的标配武器，而激光器已被纳入一项新的技术学科，即"光子学"（photonics），每年全球销售额约为 150—200 亿美元。

在最近的学术界，美国对激光器和微波激射器的研究，已经成为"二战"后几十年物理学和军事相互渗透的典范。

参考文献

［1］Bromberg, Joan Lisa. *The Laser in America*, *1950–1970*. Cambridge, MA: MIT Press, 1991.

［2］Forman, Paul. "Behind Quantum Electronics: National Security as Basis for Physical Research in the United States, 1940–1960." *Historical Studies in the Physical and Biological Sciences* 18, pt. 1（1987）: 149–229.

［3］——. "Inventing the Maser in Postwar America." *Osiris*, 2d ser., 7（1992）: 238–267.

［4］——. "Into Quantum Electronics: The Maser as Artifact of American Cold War Culture." In *National Military Establishments and the Advancement of Science and Technology*: *Studies in Twentieth Century History*, edited by Paul Forman and J.M. Sánchez-Ron. Dordrecht: Kluwer, 1996, pp. 261–326.

［5］Seidel, Robert W. "From Glow to Flow: A History of Military Laser Research and Development." *Historical Studies in the Physical and Biological Sciences* 18, pt. 1（1987）: 111–147.

［6］Sternberg, Ernest. *Photonic Technology and Industrial Policy*: *U.S. Responses to Technological Change*. Albany: State University of New York Press, 1992.

琼·丽莎·布朗伯格（Joan Lisa Bromberg）撰，彭华　译

2.2　组织与机构

美国物理学会

American Physical Society（APS）

1899 年 5 月 20 日，在哥伦比亚大学举行的一次会议上，美国物理学会成立。此次会议的召开，源自一份由 6 名美国杰出物理学家共同签署的倡议书，克拉克大学的亚瑟·戈登·韦伯斯特（Arthur Gordon Webster）将其广为散发。他们提议成立一个学会，每年召开 4 次或以上的会议，以宣读和讨论论文。亨利·奥

古斯特·罗兰（Henry Augustus Rowland）和阿尔伯特·亚伯拉罕·迈克尔逊（Albert Abraham Michelson）同意担任主席和副主席；会议选出了其他官员和由代表组成的理事会，并通过了会章草案。为宣告和报道会员的会议而设立了《通报》（*Bulletin*），该刊所承担的功能于 1903 年被《物理评论》（*Physical Review*）所取代。《物理评论》由康奈尔大学的爱德华·莱明顿·尼科尔斯（Edward Leamington Nichols）于 1893 年创立，主要用于发表研究论文。1913 年，美国物理学会接管了《物理评论》，1925 年又恢复出版《通报》，以发布会议议程和学会的其他新闻。

美国物理学会真正关注的只有鼓励纯粹的物理学，这种观点并不完全符合所有物理学家的需要。最终，其他学会予以弥补，首先是 1916 年成立的美国光学学会，1929 年和 1930 年又成立了其他学会。与此同时，对美国物理学会会员来说与会议同样重要的刊物，已成为财政严重困难的源头，到 1930 年尤其严重。美国物理学会和其他 4 个物理类学会在 1931 年合并为美国物理联合会，从而缓解了财政压力。联合会不仅接手出版工作，而且还开展活动，联络工业界和公众，后来在第二次世界大战中参与物理学方面的事务，从而让美国物理学会置身事外。

随着物理学界的规模越来越大，分支越来越多，为促进不同研究领域内部的交流，美国物理学会自 1943 年设置了第一个分会（截至 1999 年，共有 14 个分会和 8 个较小的专题小组）。为了满足日益增长的发表需求，《物理评论》从 1964 年开始出版 4 个分册：A. 普通物理，B. 固态物理，C. 核物理，D. 粒子和场。1958 年 7 月 1 日开始出版周刊《物理评论快报》（*Physical Review Letters*）。季刊《现代物理评论》（*Reviews of Modern Physics*）于 1929 年开始出版。

美国物理学会的会员身份最初只面向从事研究的物理学家，但 1904 年增加了没有投票权的准会员。1920 年，正式会员改称会士；其他成员仍是单纯的会员，这些人在 1946 年被赋予投票权。正式会员如果通过理事会选举可成为会士。截至 1998 年，会员人数已超过 43000 人，其中包括约 7000 名外国会员。总共有 4000 多名会士。

20 世纪 60 年代对会员资格进行了广泛的讨论，导致 1972 年有重大的政策变化：一个特设的委员会，讨论学会的未来问题："直面实现更广泛目标的决策"（会议记录）；成立第一批扩展委员会，关注解决妇女在物理学中的地位问题，以及少数族裔问题等。成立了一个关于科学与社会的论坛（一个论坛不同于一个分会，因为它不仅关注物理问题）。1974 年，设立了一个公共事务小组，以帮助协调学会的扩展活动；它负责向学会的会长、执行委员会和理事会提出建议。目前有 5 个扩展委员会及 5 个论坛，包括一个物理学史论坛。扩展活动的会议可在物理学会的会议内举行；每年举行两次全体会议，外加下属单位的会议。包括 6 个区域分会的会议：福科纳斯（西南）、新英格兰、纽约州、俄亥俄州西北部和东南部以及得克萨斯。1991 年，学会举办或赞助了 38 次科学会议。

　　值得注意的是，学会不仅扩大了规模和声望，而且显著拓宽了其宣称的宗旨——促进和传播物理学知识，而包括了对科学和社会之间相互作用的认同。

　　美国物理学会理事会的会议记录保存在马里兰州的学院公园市（College Park）的该学会办公室里。

参考文献

[1] American Physical Society. *Bulletin*, 1899–1902, 1925–.

[2] American Physical Society. *1998–1999 Centennial Membership Directory*. College Park: American Physical Society, 1998.

[3] Phillips, Melba. "The American Physical Society: A Survey of Its First 50 Years." *American Journal of Physics* 58（1990）: 219–230.

梅尔巴·菲利普斯（Melba Phillips）　撰，陈明坦　译

美国声学学会

Acoustical Society of America

　　该组织由一群科学家和工程师于 1929 年成立，他们对声音的科学、技术和商业应用抱有共同的专业兴趣。20 世纪 20 年代，越来越多的研究者致力于解决声学问题。声学技术的应用（如"一战"中的声波测距和潜艇探测），建筑声学应用的增长，以及新的电声学技术的发展（如贝尔电话实验室和美国广播公司的扩音系统、无线电

广播、有声电影），都为这个兴起领域的工作人员提供了广阔机会。

然而，应用声学在 20 世纪早期的物理学体系中地位并不高。正如美国物理学会会员弗恩·克努森（Vern Knudsen）所描述的那样，学会中研究声学的会员感到自己沦为了"二等公民"（Knudsen and Mink, p. 313）。1928 年，这种看法促使一小群建筑声学家组织了一个专业学会，为他们的研究提供独立的学术讲坛。该学会定期开会讨论当前的话题，同时，《美国声学学会杂志》将分散在各类物理期刊、建筑期刊和其他媒体上的声学文章集中起来发表。为了壮大声学学会的规模和力量，所有致力于声音研究的科学家和工程师——不仅仅是那些研究建筑声学问题的人——都被邀请加入学会。

从约 450 名原始会员开始，到 1990 年，会员已增至约 6500 名。尽管这些年来会员们的主要研究领域不断发生转变，但研究方向仍极其多样化。学会成立早期，主导学会的是那些对建筑声学和改良测量仪器感兴趣的会员；今天，最受欢迎的研究领域是有关水下、心理和生理的声学研究。早期占主导地位的工业科学家和工程师已经让位于越来越多的学术界人士，标志着声学领域的"学术复兴"（Lindsay, p. 7）。

科学史家很少关注声学领域，从而也很少关注美国声学学会。因此，该领域仍有待深入研究。《美国声学学会杂志》偶尔会发表若干历史回顾的论文，但往往出现在周年纪念号，通常更多是庆祝而不是分析。该学会近期成立了档案与历史委员会，将促进未来的研究。

参考文献

[1] Fletcher, Harvey. "The Acoustical Society of America. Its Aims and Trends." *Journal of the Acoustical Society of America* 11（July 1939）: 13–14.

[2] Knudsen, Vern Oliver, and James Mink. *Teacher, Researcher and Administrator: Vern O. Knudsen*. Los Angeles: UCLA Oral History Transcript, 1974.

[3] Lindsay, R. Bruce. "Acoustics and the Acoustical Society of America in Historical Perspective." *Journal of the Acoustical Society of America* 68（July 1980）: 2–9.

[4] Thompson, Emily. "'Mysteries of the Acoustic': Architectural Acoustics in America,

1800–1932." Ph.D. diss., Princeton University, 1992.

[5] Waterfall, Wallace. "History of the Acoustical Society of America." *Journal of the Acoustical Society of America* 1 (October 1929): 5-9.

[6] Watson, Floyd R. "The Journal of the Acoustical Society of America." *Journal of the Acoustical Society of America* 11 (July 1939): 15-20.

艾米丽·汤普森（Emily Thompson） 撰，陈明坦 译

美国物理联合会
American Institute of Physics（AIP）

美国物理联合会是会员制的联合团体，成立于 1931 年，主要为美国物理及相关领域的重要学会提供服务。

成立美国物理联合会是为了应对大萧条带来的资金问题。在提供启动资金的化学基金会（Chemical Foundation）的敦促下，美国物理学界的领军人物组成了一个联盟，以在出版期刊和维持会员数量方面实现节约。主张合作，也是基于更深远的担忧：学术界和工业界的物理学渐行渐远；公众对科学研究的价值越来越怀疑。因此，尽管出版期刊和会员服务一直是联合会工作的主要内容，但从一开始，该机构也致力于促进物理学界不同部门之间的合作，提升公众对科学的理解。

1932 年，联合会由 5 个学会组成：美国物理学会（American Physical Society）、美国光学学会（Optical Society of America）、美国声学学会（Acoustical Society of America）、流变学学会（Society of Rheology）和美国物理教师协会（American Association of Physics Teachers），以上会员总计约 4000 人。20 世纪 60 年代中期开始又增加了一批新学会成员：美国晶体学协会（American Crystallographic Association，1966）、美国天文学会（American Astronomical Society，1966）、美国医学物理学家协会（American Association of Physicists in Medicine，1973）、美国真空学会（American Vacuum Society，1976）和美国地球物理联盟（American Geophysical Union，1986）。截至 1999 年，10 个成员学会不重复计的会员总数已超过 10 万人。同时，联合会的员工也增加到 500 多人。

联合会从一开始就以成员学会的名义出版期刊，如为美国物理学会出版的《物理学评论》（*Physical Review*）。在那些单一学会难有授权的领域，尤其是应用物理学和学术物理学交汇的领域，它还购得或开拓自己的科学期刊。几乎在成立之初，联合会就出版有《科学仪器评论》（*Review of Scientific Instruments*）、《应用物理学杂志》（*Journal of Applied Physics*）和《化学物理学杂志》（*The Journal of Chemical Physics*）。20 世纪 50 年代末开始，又增加了一些其他期刊。阅读最广的出版物，符合大众口味的《今日物理学》（*Physics Today*），创刊于 1948 年。1955 年，联合会开始出版苏联的物理学杂志的英译本。20 世纪 60 年代开始，它逐渐增加其他业务，从图书出版到期刊文章的电子版摘要。

随着联合会自身出版物的增加，所获收入使得该机构能够雇佣员工，为成员学会、物理学家个人，以及公众提供更广泛的服务：1947 年以来的就业安置服务；20世纪 50 年代中期的公共关系项目、教育和就业统计信息汇编，以及支持物理教育；20 世纪 60 年代早期的尼尔斯·玻尔图书馆（Niels Bohr Library）和物理学史中心（Center for History of Physics）。与此同时，联合会继续促进物理学家之间的交流和协作，比如举办合作学会的会议等。1993 年，它将总部迁至马里兰州的科利奇帕克，以便更好地与联邦政府及成员学会保持联系。

由成员学会遴选的理事会行使总体控制权，名额根据各自会员人数进行分配。成员学会代表另组一个更小型的执行委员会，监督联合会的运行，并与联合会相应职权的管理者会面。这种联盟结构在科学组织中是独特的。联合会让物理学家拥有了不同寻常的能力，协调他们的事务，并在这样一个规模不大却千差万别的团体中，发挥远超预料的影响力。

联合会的记录保存在它的档案中，包括手写的历史和口述历史访谈。

参考文献

［1］Barton, Henry J. "The Story of AIP." *Physics Today* 9, no. 1（January 1956）: 56-66.

［2］Weart, Spencer R. "The Physics Business in America: A Statistical Reconnaissance."
In *The Sciences in the American Context: New Perspectives*, edited by Nathan Reingold.

Washington, DC: Smithsonian Institution Press, 1979, pp. 295-358.

斯宾塞·R. 沃特（Spencer R. Weart） 撰，陈明坦　译

2.3　代表人物

将物理数学化的人：乔赛亚·威拉德·吉布斯
Josiah Willard Gibbs（1839—1903）

　　吉布斯是数学物理学家，涉及热力学、统计力学和向量分析。吉布斯是耶鲁大学语言学家兼神学家 J. W. 吉布斯唯一的儿子。吉布斯的健康状况很不稳定，所以他与两个姐姐和姐夫在纽黑文过着平静有序的生活。1854 年，他进入耶鲁学院学习，4 年后获得学位。在当时很不寻常的是，他继续深造并于 1863 年获得了工程学博士学位。吉布斯在耶鲁学院当了 3 年的无薪助教，然后前往欧洲开始了学术之旅。3 年来，他听了欧洲主要数学家、数学及实验物理学家的讲座。同时他大量阅读数学物理学相关著作，完成了当时在这一领域所能获得的最佳教育。

　　1869 年夏天，他回到纽黑文，重新到耶鲁学院任职。1871 年，吉布斯成为数学物理学教授。然而直到 1880 年约翰斯·霍普金斯大学带薪聘请吉布斯时，耶鲁大学才发给他薪水。吉布斯很少参加专业会议，还在 1899 年美国物理学会成立时拒绝加入该学会。但是，他把自己发表的文章寄给了欧洲和美国所有重要的物理学家。

　　吉布斯的研究兴趣从工程到力学，再到热力学、矢量分析、光的电磁理论，最后拓展到统计力学。他发表的文章虽数量不多，但都很重要。它们涉及多个领域，却有着共同特点：应用了最普遍的物理原理（即哈密顿力学表述和两条热力学定律）而且表述清晰。在力学、热力学和统计力学中，他不对分子的内部结构或分子相互作用的性质做任何假设。因此，吉布斯为后来的物理学家定义了统计力学，以及重新定义了热力学。他最关注的是将基本物理原理数学化，同时关注其假设的物理意义而非数学结果。只要有可能，数学就都是几何的，即使是代数也很容易被可视化。

同时，通过一步步明确的定义，吉布斯引导读者由浅及深地进入物理世界。他的文章或运算中没有任何多余内容。吉布斯的著作必须仔细研读。

1873 年至 1876 年期间，吉布斯将热力学从一个概念混乱的学科转变为一个基本定律被清楚表述且通俗易懂的学科，因为它们的几何表达式使得这些定律的含义非常明确。首先，吉布斯引导读者推导出均质物质的已知热力学特性，同时用几何形式表示这些特性，并将熵作为一种状态函数明确引入热力学。在他的下一篇论文中，热力学系统是一种处于混合物理状态的物质。吉布斯用图形表示这些状态，还讨论了平衡态和三相共存临界点的意义。在他的最后一篇论文里，吉布斯讨论了一种质量可能发生变化的异质物质混合物。吉布斯把热力学第一定律描述为能量变化是熵的变化、所做的功以及质量总和乘以该质量的"热力学势"的函数。热力学势可以指任何物理性质的变化，而吉布斯关注的是质量及化学变化。吉布斯通过他的相律证明了热力学在揭示化学平衡和化学反应方向方面的重要性。

他的化学思想促进了欧洲和美国化学工业的蓬勃发展。然而，吉布斯的研究非常抽象。詹姆斯·克拉克·麦克斯韦提醒化学家关注吉布斯研究成果的意义。对威廉·奥斯特瓦尔德和 J. H. 范托夫（J. H. van't Hoff）来说，吉布斯的工作为他们在物理化学这一新领域的职业生涯奠定了基础。他们还培养了第一代从欧洲回国的研究生，这些研究生在美国建立起了物理化学这一学科。

然后，吉布斯的研究重点转向了向量分析，在这一领域他可以再次发挥自己的优势，即用数学方式解决各类物理问题。1879 年，他讲授了该学科的首批课程，并于 1881 年出版了自编的讲义。他的矢量分析方法来自威廉·卢云·哈密尔顿（William Rowan Hamilton）的四元数和威廉·金顿·克利福德（William Kingdom Clifford）的力学成果，但其工作更接近赫尔曼·H. 格拉斯曼（Hermann G. Grassmann）的工作。19 世纪 80 年代，吉布斯与彼得·格思里·泰特（Peter Guthrie Tait）发生冲突，后者为汉哈密顿四元数的纯洁性辩护，反对热度渐盛的矢量潮。吉布斯通过阐述向量在天文学和地磁学中的作用进行了反驳。

在他最后发表的文章中，吉布斯融合了之前的两个兴趣领域：热力学和力学。他没有假设机械系统的内部细节，而只是假设它们服从汉密尔顿方程。吉布斯讨论了这些系统的集合及其中能量和其他特征的分布，并将这种系综方法命名为统计力学。在最简单的情况下（即吉布斯的"微正则系综"），这些系统共享的总能量相同而速度和位置不同。在此基础上，吉布斯定义了"正则系综"，即包含的粒子数量相同但总能量不同的系统。吉布斯表明这种系综表现出与热力学系统相同的属性。在最后的概括论述（即"巨系综"）中，吉布斯考察了具有不同数量粒子和能量的系统的属性。要想做到这一点，他需要确定各方面相同而所处系统不同的粒子是否可以区分。如果不可区分，那么流体混合物的熵就等于这些流体各自熵的转移。如果可区分，那么熵就会随着流体的混合而改变。吉布斯还面临着其他问题，如均分原理和各态历经假说，前者认为机械系统的所有自由度都具有相同的平均能量，后者则假设系综的每个机械系统最终都会经历与其总能量一致的所有可能组态。随着量子理论的发展，这三个问题都受到了严格批评。

　　吉布斯的成就在欧洲广为人知。他当选了欧洲主要的物理和数学协会会员，还获得了许多荣誉。虽然他是美国主要科学协会的成员，但吉布斯没有给强调精确实验的科学界留下多少印象，对物理学理论重要性的认识也不如欧洲科学家。

参考文献

［1］Donnan, F.G., and A. Haas, eds. *A Commentary on the Scientific Writings of J. Willard Gibbs*. 2 vols. New Haven: Yale University Press, 1936.

［2］Gibbs, Josiah Willard. *Elementary Principles in Statistical Mechanics Developed with Special Reference to the Rational Foundations of Thermodynamics*. 1902. Reprint, New York: Dover, 1960.

［3］——. *The Scientific Papers of J. Willard Gibbs*. Edited by Henry Andrews Bumstead and Ralph Gibbs Van Name. 2 vols. 1906. Reprint, New York: Dover, 1961.

［4］Klein, Martin J. "Some Historical Remarks on the Statistical Physics of J.W. Gibbs." In *From Ancient Omens to Statistical Mechanics*, edited by J.L. Berggren and B.R. Goldstein. Copenhagen: Copenhagen University Library, 1987, pp. 281–289.

［5］——. "The Physics of J. W. Gibbs." *Physics Today* 43 (1990): 40–48.

［6］Knudsen, Ole. "The Influence of Gibbs's European Studies on His Later Work." In *From Ancient Omens to Statistical Mechanics*, edited by J.L. Berggren and B.R. Goldstein. Copenhagen: Copenhagen University Library, 1987, pp. 271–280.

[7] Wheeler, Lynde Phelps. *Josiah Willard Gibbs: The History of a Great Mind.* New Haven: Yale University Press, 1952.

伊丽莎白·A. 加伯（Elizabeth A. Garber）　撰，曾雪琪　译

物理学家和教育家：亨利·罗兰
Henry Rowland（1848—1901）

物理学家和教育家。罗兰出生在宾夕法尼亚州，成长于宾夕法尼亚州和新泽西州。他希望像先前的三代长辈一样成为一名牧师，他在马萨诸塞州安多佛的菲利普斯学院（Phillips Academy）学习了一年，但由于对拉丁语表现出极大的厌恶，他被允许转到纽约特洛伊的伦斯勒理工学院（Rensselaer Polytechnic Institute）。他对设备和物理学的兴趣在那里如鱼得水。虽然罗兰曾在耶鲁学院谢菲尔德理学院短暂学习过，但他1870年毕业于伦斯勒，成为一名土木工程师。

罗兰曾短暂地在俄亥俄州做过测量师和科学教师，1872年回到伦斯勒担任物理教师。1875年，巴尔的摩的丹尼尔·科伊特·吉尔曼（Daniel Coit Gilman）开始基于德国模式组建美国第一所充满活力的研究型大学——约翰斯·霍普金斯大学。在1876年约翰斯·霍普金斯大学成立之前，吉尔曼校长聘请罗兰为第一位物理学教授，并支持他参观欧洲的物理实验室且在那儿获得物理仪器。

除了教授之外，罗兰还担任了约翰斯·霍普金斯大学物理实验室的主任，并在其职业生涯晚期担任了美国物理学会的第一任主席。他是欧洲许多科学协会的会员，并参加了快速发展的电气行业所需的制定电气标准的国际会议。罗兰在约翰斯·霍普金斯大学度过了25年，他所在的系培养了45位物理学博士，其中许多人成了美国物理学新领域的领军人物。而在此之前，高级进修只有欧洲，或者更具体地说，只有德国能提供。

罗兰自己的研究主要涉及物理学的3个领域：电磁、热和光。在每一个领域，他都通过设计能够进行新测量或使测量更精确的仪器而留下了自己的印记。他最著名的一次实验是1876年在赫尔曼·冯·亥姆霍兹（Hermann von Helmholtz）的柏林实验室进行的，测量了一个带电旋转圆盘的磁效应。实验结果倾向于支持詹姆斯·克拉克·麦克斯韦的观点，即运动中的电荷会产生磁场。

在约翰斯·霍普金斯大学，罗兰指导的首批研究生之一的埃德温·霍尔（Edwin Hall）进行了一系列实验，研究横向磁场对电流的影响。这些实验导致了"霍尔效应"的发现。罗兰用美国国会的专门拨款，帮助建立了欧姆（电阻的单位）的国际标准值。他出版的著作还描述了测量不同电磁量的各种方法。

他关于热的出版物数量不多，但其中包括了他最长的报告——论热的机械当量的重新测定——改进和扩展了 30 年前英国啤酒商詹姆斯·焦耳的工作。在这个过程中，他发明了更精确的测温技术，并评估了水的比热随温度变化而变化的值。

罗兰发明了一种将光扩散成光谱的新仪器，从而进入了他的第三个主要兴趣领域。他的凹面衍射光栅使更大、更亮的光谱能够被非常精确地测量。他的部门制造了专门的发动机，需要连续加工 5 天 5 夜才能生产出一个光栅，但他们以成本价向欧洲、美国和世界其他地区的许多实验室提供产品，而且几十年来其质量一直都是无与伦比的。这些光栅极大地推动了光谱学的发展，而光谱学当时是物理学的一个主要分支。罗兰亲自使用该仪器测量了太阳光谱中 2 万条吸收线的波长，他和学生在许多实验室研究来自化学元素的光时都使用了它。在欧洲，一些用罗兰光栅辅助测量的波长成为原子量子理论需要解释的重要参数。

在历史记载中，罗兰最常被描述为不受商业利益影响的"纯科学"倡导者。然而，他其实也从商业投资中获得了收入。罗兰在历史上相对默默无闻的状态直到近几年才有所改观，或许是因为过去的史学强调的是理论。事实上，他非常符合 19 世纪美国科学家的特征，即主要对实验和测量而非理论感兴趣（例如，他坚信物理学家对原子的本质几乎一无所知）。最近有一种解释意在探讨罗兰作为一名教育工作者，如何将物理实验室的实验视为向学生灌输个人纪律和清晰思维的一种手段。此外，越来越清晰的是，虽然罗兰认为自己只是一个物理学家，但他的实验室和仪器产生了许多对天文学，特别是对当时严重依赖光谱学的新天体物理学十分重要的成果。

关于罗兰的研究只有一部详尽的著作（Miller）。约翰斯·霍普金斯大学里罗兰的文献有 50 个文件盒。

参考文献

[1] Beer, Peter, and Richard C. Henry, eds. "Henry Rowland and Astronomical Spectroscopy." *Vistas in Astronomy* 29 (1986): 119-236.

[2] Hentschel, Klaus. "The Discovery of the Redshift of Solar Fraunhofer Lines by Rowland and Jewell in Baltimore around 1890." *Historical Studies in the Physical and Biological Sciences* 23, pt. 2 (1993): 219-277.

[3] Kevles, Daniel. "Rowland, Henry Augustus." *Dictionary of Scientific Biography*. Edited by Charles C. Gillispie. New York: Scribner, 1975, 11:577-579.

[4] Miller, John David. "Henry Augustus Rowland and His Electromagnetic Researches." Ph.D. diss., Oregon State University, 1970.

[5] Rowland, Henry A. *The Physical Papers of Henry Augustus Rowland*. Baltimore: Johns Hopkins University Press, 1902.

[6] Sweetnam, George. "Precision Implemented: Henry Rowland, the Concave Diffraction Grating, and the Analysis of Light." In *The Values of Precision*, edited by M. Norton Wise. Princeton: Princeton University Press, 1995, pp. 283-310.

[7] ——. "The Command of Light: Rowland's School of Physics and the Spectrum." Ph.D. diss., Princeton University, 1996.

乔治·斯威特南（George Sweetnam） 撰，刘晓 译

首位获诺贝尔奖的美国人：阿尔伯特·亚伯拉罕·迈克尔逊
Albert Abrahan Michelson（1852—1931）

迈克尔逊是物理学家、光学家兼发明家，第一位获得诺贝尔科学奖的美国公民（1907）。迈克尔逊在成为著名物理学家之前曾是一名海军军官。这段经历令他毕生都对相对运动保持着兴趣。他的科学生涯始于美国海军学院，在那里他先是作为一名学员，后来成了教官。受这段经历影响，他毕生一直努力完善对光速的测量。迈克尔逊对细节一丝不苟，在与同行和下属打交道时喜欢指手画脚，并对实验光学十分苛求，因为它是关于无穷大和无穷小的科学研究的基石。

阿尔伯特出生于波兰，小时候被带到美国，1856 年先来到纽约，然后去了加利

福尼亚州。1869—1874 年在安纳波利斯学院就读，1875—1879 年海军少尉迈克尔逊担任了学院的自然与实验哲学系的讲师。通过拜访英国科学家，迈克尔逊参加了华盛顿和巴尔的摩及周边地区的研讨会，他受到启发，深入研究了波动理论、光学动力学和理性力学。

得益于西蒙·纽康（Simon Newcomb）的鼓励，以及他在改进光速测量方面需要帮助，迈克尔逊找到了几种改进莱昂·福柯（Lèon Foucault）方法的途径。经过两年的测试，迈克尔逊在 1879 年夏天完成了他的测定。不久，测量结果作为迈克尔逊的第一篇科学论文发表在《美国科学杂志》（*American Journal of Science*）上，光速的价值和提高测量精度的需要成为迈克尔逊半个世纪的光学物理生涯中最初的激励因素和终身目标。

同样是在 1879 年，詹姆斯·克拉克·麦克斯韦提出了一个问题，即是否有可能对光速进行某种二阶（即往返）测量，以了解光速是否会因地球在太空中的各种运动而在不同方向上发生变化。麦克斯韦对这种微小的二阶差异（约为一亿分之一）表示严重怀疑，认为地球上的方法无法探测到这种差异，但或许天体测量可以做到这一点。迈克尔逊对这一挑战很感兴趣，认为自己可能会设计出一种仪器，来比较来自单一光源的光束以直角进行等距离传播时的速度。

迈克尔逊请假前往欧洲咨询光学和光谱专家。他们带给迈克尔逊一定的鼓励。在此之前已有各种各样的"干涉式折射计"，而迈克尔逊的想法创新之处在于使用半银镜作为分束器。他希望两束呈直角的光可以相互干扰，从而产生可测量的明暗带。实际上，迈克尔逊希望制造一种光学流速计，通过测量各个方向的光速，来测量地球和太阳系在固定恒星背景下的速度和方向。1880—1881 年冬春期间，在柏林和波茨坦天文台，他的新光学干涉仪经过各项测试，被发现其灵敏度惊人，但数据归约的结果为零。

迈克尔逊于 1882 年从海军辞职，当时他接受了一项任命——在俄亥俄州克利夫兰市新成立的凯斯应用科学学院教授物理。在那里，他遇到了西部保留地学院的高级化学家爱德华·W.莫雷（Edward W. Morley）。他们决定合作开展光学实验，试图解决光速相对运动的问题。

迈克尔逊和莫雷在 1887 年发表了他们经典的以太漂移结果，并迅速开始开发其以太漂移干涉仪的其他用途。迈克尔逊专注于研究用它测量光波长度的可能性，特别是巴黎标准米杆的相对任意长度。1889 年，迈克尔逊搬到了新克拉克大学，在那里他学会了将他的干涉仪改装到天文望远镜上，以便测量木星卫星的直径。1893 年，他在巴黎附近的国际度量局工作了一年，用镉蒸气来标定长度单位"米"。

次年，迈克尔逊离开克拉克，前往新成立的芝加哥大学，担任该校物理系主任，并帮助设计用于实验物理研究的瑞尔森大厅。在这里，他为刻画衍射光栅创造了一个极其精确的刻线机，还发明了梯形分光镜，并与 E. W. 斯特拉顿（E. W. Stratton）一起制作了一台复杂的机械谐波分析仪。关于这些发明有大量出版物问世，帮助迈克尔逊获得了更多声誉。

1907 年 12 月，迈克尔逊被授予诺贝尔物理学奖，是历史上第七位获此奖项的人，也是美国公民首次获得科学成就奖项。迈克尔逊获奖的演讲题目是"光谱学的最新进展"，他的获奖展品是理论分辨率达 22 万的衍射光栅。

在"一战"期间，迈克尔逊被重新任命为海军预备役中校，并在华盛顿军械局工作了一年，在那里他重新设计了自己发明的测距仪（1890）以供潜艇使用。潜望镜、光学瞄准镜和双筒望远镜都得到了改进，这是他努力将瑕疵降到最低的结果。

1923 年，迈克尔逊当选为美国科学院院长，他发起了一场为纯粹科研筹集更多政府资金的运动。在权力和声望达到巅峰，即将从学术界退休之时，他承接了几家大型实验企业。在改进了测量各种恒星直径的恒星干涉仪后，他来到芝加哥郊区的一块场地，在矩形沟渠中铺设了一组水平管道，这实际上是一个 5200 英尺长的真空管系统，用于测量地球自转对光速的影响。这是对爱因斯坦引力和惯性等效理论的一次昂贵而详尽的测试，但结果是模棱两可的。与此同时，迈克尔逊重新投入到既往的一些重要工作中，继续改进他的以太漂移干涉仪，以证实或证伪代顿·C. 米勒（Dayton C. Miller）最近发起的挑战：挑战了早期地球轨道速度与光速测试的零结果。20 世纪 20 年代中期威尔逊山天文台的这些工作同样没有得出定论，这让迈克尔逊非常懊恼。但这些事被一项重要成就所掩盖，那就是在洛杉矶以北和以东的威尔逊山及圣安东尼奥山（或称"秃山"）之间，有一条 22 英里长、经过仔细勘测的基线用于测量光速。凭借一盏碳弧灯、一面作为转镜的八面棱镜，加之美国海岸和大地测量局（U.S. Coast and Geodetic Survey）以前所未有的精度确定了他的基线，迈克尔逊在 1926 年发表了真空中光速为 299796 ± 4 千米每秒这一结果。他对这一系列测定真空中光速值的计算在此后几十年一直是最好的。尽管迈克尔逊试图将他的露天基线延长到其他山峰之间，达到 50 英里，甚至 82 英里，但大气条件太差，以至于迈克尔逊转移了注意力，建造了长达 1 英里的真空容器。卡内基和洛克菲勒基金会为此提供了近 7 万美元。1929—1931 年，迈克尔逊与一组同事合作，试图完善对实际真空中光速的测定。但是在雄心勃勃的尝试之下，他们遇到了许多技术和工艺问题，部分真空条件完全无法达到迈克尔逊的标准。

作为一名"老派"的实验物理学家，迈克尔逊在实验室或天文台是一位优雅的艺术家，他回避谈论自己工作的理论意义。他充分了解他的各种光学仪器的分辨率，不断尝试把它们的精度提高到下一个小数位。他只见过阿尔伯特·爱因斯坦本人一次，就在爱因斯坦去世前的几个月内。但他深深地意识到，光速的恒定具有比他们两者都更有长久的价值。

迈克尔逊的论文和有关他的纪念品散布甚广，但其中最好的藏品最初是由加利福尼亚州中国湖海军武器中心的迈克尔逊实验室收集的，现保存在美国海军学院。另可参阅马里兰大学帕克分校物理学史中心美国物理学会玻尔图书馆的馆藏。

参考文献

［1］*Albert Abraham Michelson：The Man Who Taught a World to Measure.* China Lake: Michelson Museum, 1970.

［2］Holten, Gerald. "Einstein, Michelson, and the Crucial Experiment." *Isis* 60（1969）: 133-197.

［3］Lemon, Harvey B. "Albert Abraham Michelson: The Man and the Man of Science." *American Physics Teacher* 4（February 1936）: 1-11.

［4］Livingston, Dorothy Michelson. *The Master of Light：A Biography of Albert A. Michelson.* New York: Scribners, 1973.

［5］Millikan, Robert A. "Albert A. Michelson." *Biographical Memoirs of the National Academy of Sciences* 19（1938）: 120-147.

［6］"Proceedings of the Michelson Meeting of the Optical Society of America." *Journal of the Optical Society of America* 18, no. 3（March 1929）：143-286.

［7］Shankland, Robert S. "Albert A. Michelson at Case." *American Journal of Physics* 17（1949）：487-490.

［8］Swenson, Loyd S., Jr. "The Michelson-Morley-Miller Experiments Before and After 1905." *Journal for the History of Astronomy* 1（1970）：56-78.

［9］——. *Genesis of Relativity*：*Einstein in Context*. New York：Burt Franklin, 1979.

［10］——. "Measuring the Immeasurable." *American Heritage of Invention and Technology* 3, no. 2（Fall 1987）：42-49.

［11］——. "Michelson and Measurement." *Physics Today* 40（1987）：24-30.

［12］——. "Michelson-Morley, Einstein, and Interferometry." In *The Michelson Era in American Science*, *1870-1930*, edited by Stanley Goldberg and Roger H. Stuewer. AIP Conference Proceedings 179. New York：American Institute of Physics, 1988, pp. 235-245.

劳埃德·S. 小斯文森（Loyd S. Swenson, Jr.） 撰，康丽婷 译

霍尔效应的发现者：埃德温·赫伯特·霍尔
Edwin Herbert Hall（1855—1938）

霍尔出生在缅因州大瀑布城（即北戈勒姆）的一个农民家庭，在进入鲍登学院之前，他一直就读于当地的学校。1875 年获得学士学位，此后两年，他先在一所私立学校工作，后到一所高中担任校长。1877 年，他离开缅因州，来到新近成立的约翰斯·霍普金斯大学，成为物理学研究生。通过与亨利·罗兰教授的密切合作，他于 1880 年获得博士学位。欧洲旅行期间，他在赫尔曼·冯·亥姆霍兹的实验室工作过一段时间，返美后在哈佛大学终身任教。他从 1881 年开始担任讲师，1914 年起任拉姆福德教授[①]，直到 1921 年荣升名誉教授。早在 1904 年，他还担任了美国科学促进会物理学分会的副会长。1911 年，他当选美国科学院院士。1924 年，受邀参加在布鲁塞尔举行的索尔维会议，1937 年，荣获美国物理教师协会颁发的奥斯特

[①] 1816 年根据拉姆福德·本杰明·汤普森的意愿在哈佛大学设立的教授职位。——译者注

奖章。

1879 年，正是在约翰斯·霍普金斯大学攻读博士学位期间，他做出了自己最知名的发现：用实验探测到导体的一种电学性质，很快被称作"霍尔效应"。这是金属的一种微妙特性，当磁场垂直作用于电流时，该效应表现为载流导体上产生横向电位差。詹姆斯·克拉克·麦克斯韦此前从理论上否认过该效应，却激发了霍尔对此开展实验研究，罗兰也给予鼓励和指导。尽管职业生涯中霍尔曾反复验证这种横向效应的实验和理论细节，但在 1900 年前后的 20 年里，他的注意力一直集中在另一项研究计划上。他研究了各种热现象，特别是热电效应。在晚年，他始终在寻求一种统一的金属电学理论，能够同时解释热电效应和霍尔横向效应。然而，他的理论一向缺乏数学论证，甚至古怪到用简陋的机械类比，因此很少有同事认同他的理论见解。不过在完善麦克斯韦电动力学和后来凝聚态物理学的发展中，霍尔效应本身还是发挥了核心作用。

在研究型物理学家中，霍尔最知名的是电学研究，而在教育工作者看来，他最被公认的成就是将物理实验教学法引入美国中学。霍尔加入过一场由进步教育者发起，由哈佛大学校长查尔斯·艾略特推动实施的运动，在 19 世纪 80 年代后期，霍尔设计并推广了一套面向中学生的实验课程。这门课程围绕"哈佛大学基础物理实验说明表"进行设计，得到了美国国家教育协会的批准，1900 年前后，该实验课成为中学课程的主流，其修习情况也被纳入大学录取标准之中。虽然霍尔的主要目的是在教学中引入实验方法，但这一举措也连带提升了物理教师的职业地位。

哈佛大学霍顿图书馆藏有霍尔的一些私人文件和书信。

参考文献

[１] Bridgman, Percy W. "Edwin Herbert Hall." *Biographical Memoirs of the National Academy of Sciences* 21（1941）: 73-94.

[２] Buchwald, Jed Z. "The Hall Effect and Maxwellian Electrodynamics in the 1880s." *Centaurus* 23（1979-1980）: 51-99, 118-162.

[３] Moyer, Albert E. "Edwin Hall and the Emergence of the Laboratory in Teaching Physics." *The Physics Teacher* 14（1976）: 96-103.

[4] ——. *American Physics in Transition: A History of Conceptual Change in the Late Nineteenth Century.* Los Angeles: Tomash Publishers, 1983.

[5] Rosen, Sidney. "A History of the Physics Laboratory in the American Public High School（to 1910）." *American Journal of Physics* 22（1954）: 194-204.

[6] Sopka, Katherine R. "The Discovery of the Hall Effect: Edwin Hall's Hitherto Unpublished Account." In *The Hall Effect and Its Applications*, edited by C.L. Chien and C.R. Westgate. New York: Plenum, 1980, pp. 523-545.（In this volume, see also brief historical articles by O. Hannaway and B.R. Judd.）

阿尔伯特·E. 莫耶（Albert E. Moyer） 撰，刘晓 译

数学和实验物理学家：亚瑟·戈登·韦伯斯特
Arthur Gordon Webster（1863—1923）

韦伯斯特生于马萨诸塞州的布鲁克莱恩，1885 年毕业于哈佛大学，以优异的物理学成绩及在数学上获得最高荣誉而毕业，是班上告别致辞的优秀毕业生代表。在哈佛当了一年的数学教师后，他于 1886 年出国，到巴黎、斯德哥尔摩和柏林的大学学习。在柏林大学，他跟随赫尔曼·冯·亥姆霍兹学习数学物理学，跟随奥古斯特·昆特（August Kundt）学习实验物理学，并于 1890 年在昆特的指导下获得了博士学位。

1890 年，韦伯斯特被任命为阿尔伯特·A. 迈克尔逊（Albert A. Michelson）在新近成立的克拉克大学的数学物理学研究生课程的讲师。1892 年迈克尔逊辞职后，韦伯斯特被任命为物理实验室的助理教授和主任。1900 年，他被提升为物理学教授，并在克拉克大学一直待到去世。他是美国物理学会（1899）的主要创始人之一，并担任了该学会第三任主席（1903—1905）。他在 39 岁时当选为美国国家科学院院士，而且还是国内外多个科学组织的成员。第一次世界大战期间，他担任了海军咨询委员会物理委员会的主席。

韦伯斯特的研究领域广泛，其中包括经典物理学。他早期的实验工作以电和磁为中心。1895 年，他因对电振荡的研究而被授予埃利休·汤姆森奖（Elihu

Thomson prize）。在这一时期，韦伯斯特设计了一种新的下落计时仪，并对静电计和电流计进行了改进。韦伯斯特还组织了一个著名的以两年为周期的数学物理讲座，综合了广泛的欧洲文献。在这些演讲中，形成了他的《电磁学理论》（*Theory of Electricity and Magnetism*，1897），以及使用更广泛地的《粒子动力学、刚性、弹性和流体力学》（*The Dynamics of Particles and of Rigid，Elastic，and Fluid Bodies*，1904）。

韦伯斯特还对声学做出了重要贡献。韦伯斯特设计了一种极其灵敏的便携式测音仪，用于对声音强度进行绝对测量。他在 1914 年首先提出声阻抗概念，随后在数学和实验上对其进行了验证。韦伯斯特经常教授一门高级微分方程的课程，在他死后出版的其最后一本书《数学物理的偏微分方程》（*Partial Differential Equations of Mathematical Physics*，1927）中，他试图用数学方法统一经典物理学的各个分支。作为一名杰出的演讲者和实验室主任，韦伯斯特培养了 29 名物理学博士，其中就包括火箭先驱罗伯特·H. 戈达德（Robert H. Goddard）。他还为克拉克大学培养数学家做出了重要贡献。

1918 年，韦伯斯特事实上以夏洛滕堡导弹学研究所为模板，把克拉克大学物理系变成了一个弹道学研究机构。由此产生了一系列关于射击理论和实践的论文。

尽管韦伯斯特以近代欧洲在现代物理学方面的发展做过演讲，包括量子理论、电子理论和相对论，但他从未从事或指导过这些新领域的研究。部分由于这个原因，部分由于克拉克的实验室设施和研究工作的规模已经被许多其他研究中心所超越，自 1917 年以后再没有新的物理学博士生在克拉克入学。在克拉克大学 1920 年后的重组中，韦伯斯特迫于压力，要么退休，要么接受短期且未来无保障的研究工作。韦伯斯特对自己的财务状况和前景感到沮丧，对自己的研究以及他的弹道研究所未能吸引到外界的关注和资金的支持也感到沮丧，所以他了结了自己的生命。

近年来，韦伯斯特吸引了一些学术研究兴趣，与其说是因为他的研究，不如说是因为他具有影响力的教学和教科书，以及他在创建美国物理学会中的作用。与他的生活和职业有关的手稿和印刷材料都保存在克拉克大学的档案馆中，其中也有韦伯斯特设计或使用过的仪器。伊利诺伊大学档案馆也有他的一些专业方面的通信。

参考文献

［1］Ames, Joseph S. "Arthur Gordon Webster." *Biographical Memoirs of the National Academy of Sciences* 18（1938）: 337–347.

［2］Duff, A. Wilmer. "Arthur Gordon Webster: Physicist, Mathematician, Linguist, and Orator." *American Physics Teacher* 6（1938）: 181–194.

［3］Koelsch, William A. *Clark University, 1887–1987: A Narrative History.* Worcester, MA: Clark University Press, 1987.

［4］——. "The Michelson Era at Clark, 1889–1892." In *The Michelson Era in American Science, 1870–1930*, edited by Stanley Goldberg and Roger H. Stuever. AIP Conference Proceedings, no. 179. New York: American Institute of Physics, 1988, pp. 133–151.

［5］Moyer, Albert E. "Webster, Arthur Gordon." *Dictionary of Scientific Biography.* Edited by Frederick L. Holmes. New York: Scribner, 1990, 18:983–984.

［6］Phillips, Melba. "Arthur Gordon Webster, Founder of the APS." *Physics Today* 40, no. 6（June 1987）: 48–52.

威廉·A. 科尔施（William A. Koelsch） 撰，刘晋国 译

建筑声学专家：华莱士·克莱门特·韦尔·萨宾
Wallace Clement Ware Sabine（1868—1919）

　　萨宾是实验物理学家、教育家兼军事顾问。萨宾生于俄亥俄州的里奇伍德，就读于俄亥俄州立大学，之后在哈佛大学攻读物理学研究生。在拿到文学硕士学位后，萨宾留任哈佛大学教授物理，起初是讲师，后来担任助理教授（1895），1905年成为教授。自1906年哈佛大学应用科学研究生院建成到1915年，萨宾都担任院长。1915年，研究生院因哈佛大学和麻省理工学院的短暂合并而解散。第一次世界大战期间，萨宾就职于洛克菲勒战争救济委员会；他领导了飞机生产局技术信息部，同时他也是国家航空学咨询委员会的成员。萨宾繁忙的战时日程使他本就脆弱的身体变得更加虚弱，最终死于肾脏感染手术后的并发症。

　　华莱士·萨宾以建筑声学领域的科学工作而闻名。1895年，哈佛大学校长查尔斯·艾略特（Charles Eliot）曾请他来校改善一座报告厅的音响故障。萨宾专注

研究材料的吸声特性及其对混响的影响，即余声的衰减率。萨宾的方法不同于早期解决这个问题的尝试。19 世纪的典型方法本质上是几何性质的，且专注于控制声射线的传播，但是萨宾把房间里的声音描述成一种扩散的能量体。这种方法让他建立了一个数学公式，这个公式将房间的混响时间与其建筑体积以及构成室内表面的材料联系起来。这个公式使他能够在建造前预测房间的声学质量，这是建筑学家一直以来追求的目标。萨宾首先将这个公式应用于建筑师查尔斯·麦克金姆（Charles McKim）在波士顿交响乐厅的设计中，之后他咨询了当时很多其他建筑学家。此外，他还帮助开发了特殊的吸声型建筑材料。在萨宾去世的时候，他正计划把他的研究转移到芝加哥郊外的一个实验室中，该实验室是由慈善家乔治·法比扬（George Fabyan）上校为他建造的。

在萨宾去世后的几年里，建筑声学成了一个专业领域，越来越多的科学家和工程师参与其中。这些人把萨宾看作是他们职业的创始人，而且已经出版了少量关于这位物理学家及其工作的作品。还有一本明显是由萨宾的遗孀委托别人写成的传记。近年来出现的对他生活和工作的描述少了些英雄主义，而更加真实可信。

参考文献

[1] Beranek, Leo L. "The Notebooks of Wallace C. Sabine." *Journal of the Acoustical Society of America* 61 (1977): 629–639.

[2] ——. "Wallace Clement Sabine and Acoustics." *Physics Today* (1985): 44–51.

[3] Beranek, Leo L., and John Kopec. "Wallace C. Sabine, Acoustical Consultant." *Journal of the Acoustical Society of America* 69 (1981): 1–16.

[4] Orcutt, William Dana. *Wallace Clement Sabine: A Study in Achievement*. Norwood, MA: Plimpton Press, 1933.

[5] Sabine, Wallace C. *Collected Papers on Acoustics*. Cambridge, MA: Harvard University Press, 1922.

[6] Thompson, Emily. "'Mysteries of the Acoustic': Architectural Acoustics in America, 1800–1932." Ph.D. diss., Princeton University, 1992.

[7] ——. "Dead Rooms and Live Wires: Harvard, Hollywood and the Deconstruction of Architectural Acoustics, 1900–1920." *Isis* 88 (1997): 597–626.

[8]——. "Listening to/for Modernity: Architectural Acoustics and the Development of Modern Spaces in America." In *The Architecture of Science*, edited by Peter Galison and Emily Thompson. Cambridge, MA: MIT Press, 1999, pp. 253-280.

艾米丽·汤普森（Emily Thompson） 撰，林书羽 译

另请参阅：声学（Acoustics）

物理化学家：吉尔伯特·牛顿·刘易斯
Gilbert Newton Lewis（1875—1946）

刘易斯是物理化学家。刘易斯出生于马萨诸塞州的西牛顿（West Newton），曾就读内布拉斯加大学和哈佛大学，并于 1896 年获得学士学位，1899 年获得博士学位，在物理化学家西奥多·威廉·理查兹（Theodore William Richards）的指导下撰写了关于电化学电位的论文。在 1905 年前他一直待在哈佛大学，其间在哥廷根的沃尔特·恩斯特（Walter Nernst）和莱比锡的威廉·奥斯特瓦尔德研究实验室（Wilhelm Ostwald）待了一年，又在马尼拉的计量局（Bureau of Weights and Measures）工作了一年。他离开哈佛来到麻省理工学院后，加入了亚瑟·阿莫斯·诺伊斯（Arthur Amos Noyes）及其物理化学家团队。1912 年，他成为加州大学伯克利分校化学学院的院长，并负责创建了美国著名的化学系之一，物理化学在那里蓬勃发展。他一直留在伯克利，直到在实验室去世。刘易斯获得了许多奖项，并多次获诺贝尔奖提名。

刘易斯的科学兴趣很广泛。除了对热力学和价态理论的主要贡献，他还尝试设计一种新的氘化合物化学，很快便理解了量子理论和相对论的重要性，是第一个假定光压存在的人。他把光微粒命名为光子，并成为美国早期为数不多的爱因斯坦相对论的提倡者之一。他还深入研究了美国史前史、地质学和经济学领域。

刘易斯在热力学方面的工作至关重要，使化学家相信热力学有利于化学系统的研究。20 世纪头十年，吉布斯热力学势（Gibbs thermodynamic potentials）主要为物理学家所知。刘易斯意识到一个精确的化学热力学应该建立在自由能和熵的概念之上，遂立即开始广泛收集关于无机和有机化合物生成自由能的数据。尔后，他致力于向化学家们展示如何将热力学扩展到处理复杂的真实化学系统。为此，他引入了一些新概念，例如，逸度（fugacity），一种具有压力维度的函数，用来测量物质从一个化学势到另一个化学势的变化趋势；活度（activity），一种具有浓度维度的函数，用来测量物质在化学系统中诱导变化的趋势。

虽然这些概念从未发挥过刘易斯设想的核心统一作用，但它们被证明是研究行为偏差偏离系统的基础。他与刘易斯与梅尔·兰德尔（Merle Randall）合著的教科书《热力学和化学物质的自由能》（*the Free Energy of Chemical Substances*，1923），旨在塑造下一代化学家。

刘易斯设想了一个静态原子模型，试图为化学键提供解释。在这个被称为立方模型的模型中，电子分布在同心立方体的四角上。分子的形成目的在于完成外立方层的填充。正如已经被接受的那样，在无机化学的极性化合物中，分子是由电子从一个原子转移到另一个原子而产生的。在有机化学的非极性化合物中，刘易斯认为分子可能是由原子之间共享电子对造成的。这两种可能性程度不同，且性质不同。因此，电子对的共享导致了以前两种化学结合理论的统一。虽然这种配对的物理起源尚不清楚，但刘易斯相信量子理论最终会解释它。作为路易斯化学键思想的成果，一种新的酸碱理论被提出，其中碱被定义为电子对供体，酸被定义为可以接受电子对的分子。

1919 年，欧文·朗缪尔（Irving Langmuir）接受并阐述了刘易斯的共享对键理论。他在普及该理论方面做得非常好，以至于后来为人熟知的刘易斯 - 朗缪尔理论（the Lewis–Langmuir theory）被广泛接受。1923 年，刘易斯关于价态的观点被收录在《价态与原子和分子的结构》（*Valence and the Structure of Atoms and Molecules*）一书中，在书中展示了他的静态原子模型如何与尼尔斯·玻尔（Niels Bohr）提出的物理学家的动态模型相协调。

对于刘易斯在 20 世纪化学史上的重要性，尤其是提升美国化学地位方面所起的作用，并无分歧。科勒的一系列论文对刘易斯的化学键思想进行了全面的分析。加夫罗格卢（Gavroglu）和施文雪（Simões）最近发表了一篇论文，讨论了刘易斯对美国量子化学创始人莱纳斯·鲍林（Linus Pauling）和罗伯特·桑德森·马利肯

（Robert Sanderson Mulliken）工作的影响。刘易斯对热力学的贡献，在塞尔沃斯（Servos）对美国物理化学起源的分析中得到了评价。仍然值得我们深思的是，现在还没有关于刘易斯的科学传记。目前刘易斯的档案藏于加州大学伯克利分校的班克罗夫特图书馆。

参考文献

[1] Gavroglu, K., and A. Simões. "The Americans, the Germans and the Beginnings of Quantum Chemistry: The Confluence of Diverging Traditions." *Historical Studies in the Physical and Biological Sciences* 25 (1994): 47-110.

[2] "Gilbert Newton Lewis, 1875-1946." *Journal of Chemical Education* 61 (1984): 3-21, 93-116, 185-215.

[3] Hildebrand, J.H. "Gilbert Newton Lewis." *Biographical Memoirs of the National Academy of Science* 31 (1958): 209-235.

[4] Kohler, R.E. "The Origin of G. N. Lewis' s Theory of the Shared Pair Bond." *Historical Studies in the Physical and Biological Sciences* 3 (1971): 343-376.

[5] ——. "Lewis, Gilbert Newton." *Dictionary of Scientific Biography*. Edited by Charles C. Gillispie. New York: Scribner, 1973, 8:289-294.

[6] ——. "G.N. Lewis' s Views on Bond Theory 1900-1916." *British Journal for the History of Science* 8 (1975): 233-239.

[7] ——. "The Lewis-Langmuir Theory of Valence and the Chemical Community, 1920-1928." *Historical Studies in the Physical and Biological Sciences* 6 (1975): 431-468.

[8] Lewis, G.N. *Valence and the Structure of Atoms and Molecules*. New York: The Chemical Catalog Company, 1923; reprint, New York: Dover, 1966.

[9] Lewis, G.N., and M. Randall. *Thermodynamics and the Free Energy of Chemical Substances*. New York: McGraw-Hill, 1923.

[10] Servos, J.W. *Physical Chemistry from Ostwald to Pauling: The Making of a Science in America*. Princeton: Princeton University Press, 1990.

[11] Stranges, A.N. *Electrons and Valence, Development of the Theory*. College Station: Texas A & M University Press, 1982.

安娜·西蒙（Ana Simões） 撰，彭华 译

相对论的提出者：阿尔伯特·爱因斯坦

Albert Einstein（1879—1955）

　　爱因斯坦是欧美理论物理学家。他出生于德国乌尔姆，曾在慕尼黑和瑞士阿劳上过小学和中学，1900 年毕业于苏黎世联邦理工学院。1906 年，苏黎世大学授予其博士学位。1902 年至 1909 年，爱因斯坦在位于伯尔尼的瑞士联邦专利局担任专利员。1908 年至 1914 年，他在伯尔尼大学、布拉格大学和苏黎世大学任教。从 1914 年到希特勒在德国掌权，爱因斯坦一直在普鲁士科学院和威廉皇帝学会担任双重职务，并有权在柏林大学任教。1933 年 10 月，他在普林斯顿永久定居并担任普林斯顿高等研究院的教授。7 年后，他成了美国公民。

　　爱因斯坦的研究奠定了物理学的基础。其中最著名的是狭义相对论和广义相对论，以及对量子理论和统计力学的研究。他还以对社会问题的直言不讳而闻名，1921 年为犹太复国主义事业筹款时，他将广义相对论带到了美国。爱因斯坦带着他最著名的研究定居美国，直到生命的最后一刻，他都在寻找一种将引力和电磁学相结合的场论。他相信这一问题的解决将揭示出物理世界更深层次的统一性，并解决量子力学中固有的悖论。虽然量子力学逻辑自洽且被广泛认可，但他依然认为那是不完整的。

　　作为美国最著名的流亡科学家，爱因斯坦为其他难民铺平了道路，并确保了新成立的普林斯顿高等研究院的顺利发展。希特勒上台后，爱因斯坦放弃了此前秉持的和平主义，呼吁美国放弃孤立政策，支持在巴勒斯坦建立犹太人和阿拉伯人的双民族国家。1939 年和 1940 年，他向美国总统富兰克林·罗斯福递交签名信，由此发起美国的核裂变研究。但除了为美国海军做一些无关紧要的工作外，他没有从事与战争有关的研究。"二战"和原子弹投放后，爱因斯坦承担了他最重要的公众角色。他与其他顶尖科学家一起呼吁建立一个世界政府，以缓和冲突、实施核裁军。朝鲜战争期间，他再次倡导和平主义，并建议公民以非武力的形式反对麦卡锡听证会。

　　爱因斯坦在科学界内外引起了人们的敬仰、争论和困惑，以至于去世后人们还在谈论他。随着时间推移，以及通过历史视角看他生活和工作的许多方面，人们逐渐对作为公民、作为科学家的爱因斯坦形成了更全面的认识，但仍有许多东西有待了解。迄今为止，大多数正统历史学家只关注爱因斯坦早期的和最成功的研究成果。虽然他们一致认为爱因斯坦确实是最伟大的物理学家，但也有人将爱因斯坦纳入欧洲 20 世纪前三分之一时期、界定在现代理论物理学领域体制化的一代科学家中进行研究。

美国的情况则完全不同。在这里，爱因斯坦感觉自己被当作一个陌生人来对待，而事实也确实如此（Sayen，p. 125）。1933 年，相对论、量子力学和理论物理学早已传到了美国。爱因斯坦基本上都是独立工作，没有学生，少有助手，也不和同事们合作。同事们也未曾研究过他提出的统一场理论。根据目前的判断，"这项工作没有产生任何有物理学意义的结果"（Pais，p. 327）。他对量子力学的反对常常被认为是怪异的。相反，爱因斯坦在美国的最大影响似乎发生在战后的社会舞台上，他帮助塑造了理论物理学家的公众形象和社会角色。

现在人们认为，爱因斯坦对原子弹研究的影响微不足道。他因在给罗斯福的信上署名而常被认为是"原子弹之父"，但最近的研究表明，"曼哈顿计划"另有起源。此后，爱因斯坦对美国的发展更加陌生了。美国联邦调查局的档案显示，他因政治嫌疑而被拒绝通过安全审查。作为"二战"后科学家控制核武器运动和以色列建国运动的主要倡导者，爱因斯坦是科学家和犹太知识分子的社会责任等事项中的关键性人物，同时也成为公众激烈讨论和联邦调查局审查的对象。虽然有几位作者将爱因斯坦对社会问题的参与和复杂的道德信念相联系，从而挑战了"爱因斯坦是一个天真的理想主义者"的流行观点，但关于爱因斯坦社会观点的起源、背景和影响，还有很多需要了解。

波士顿大学的阿尔伯特·爱因斯坦项目正在收集和出版他的全部论文。该项目已经确定了 3 万多份爱因斯坦本人的或与他有关的手稿。其中，约有一半的手稿存放在耶路撒冷希伯来大学的阿尔伯特·爱因斯坦档案馆。

参考文献

[1] Balazs, Nandor. "Einstein: Theory of Relativity." *Dictionary of Scientific Biography.*

Edited by Charles C. Gillispie. New York: Scribners, 1972, 4:319–333.

[2] Fölsing, Albrecht. *Albert Einstein*: *A Biography.* Translated by Ewald Osers. New York: Viking Press, 1997.

[3] Frank, Philipp. *Einstein*: *Sein Leben und seine Zeit.* Braunschweig: Vieweg, 1979.

[4] Holton, Gerald, and Yehuda Elkana, eds. *Albert Einstein*: *Historical and Cultural Perspectives*, *The Centennial Symposium in Jerusalem.* Princeton: Princeton University Press, 1982.

[5] Jungnickel, Christa, and Russell McCormmach. *The Intellectual Mastery of Nature*: *Theoretical Physics from Ohm to Einstein.* 2 vols. Chicago: University of Chicago Press, 1986.

[6] Klein, Martin J. "Einstein, Albert." *Dictionary of Scientific Biography.* Edited by Charles C. Gillispie. New York: Scribner, 1972, 4:312–319.

[7] Moyer, Albert E. "History of Physics." *Osiris*, 2d ser. (1985) 1: 163–182.

[8] Nathan, Otto, and Heinz Norden, eds. and trans. *Einstein on Peace.* New York: Schocken, 1960.

[9] Pais, Abraham. *"Subtle is the Lord . . ."*: *The Science and the Life of Albert Einstein.* Oxford: Oxford University Press, 1982.

[10] Sayen, Jamie. *Einstein in America*: *The Scientist's Conscience in the Age of Hitler and Hiroshima.* New York: Crown, 1985.

[11] Stachel, John, et al., eds. *The Collected Papers of Albert Einstein.* Princeton: Princeton University Press, 1987–.

大卫 · C. 卡西迪（David C. Cassidy） 撰，曾雪琪 译

实验物理学家和科学管理者：弗洛伊德 · 卡克 · 里奇迈尔
Floyd Karker Richtmyer (1881 —1939)

里奇迈尔是实验物理学家和科学管理者。他在纽约科布莱斯基尔出生长大，1904 年在康奈尔大学获得学士学位。在德雷克塞尔研究所（Drexel Institute）担任了两年的讲师，他回到康奈尔大学攻读博士学位（1910），此后他在康奈尔大学度过一生，先是担任教授，后来担任研究生院院长（1931 年起）。里奇迈尔是一个称职的实验物理学家，但让他声名远扬的是其撰写的教科书以及科学管理工作。

里奇迈尔的实验工作始于光电管的研究，尤其是光度测定的研究。他一直保持了对精确度的科学热情，他在 1932 年的一场讲座的题目就是"下一位小数的传奇"（The Romance of the Next Decimal Place）。在第一次世界大战服过兵役后，他转向了对 X 射线的研究。在进行了一些 X 射线吸收的初步研究之后，他转而研究 X 射线的所谓"卫星峰"（satellites）。1929 年，他因解释卫星峰的理论而获得富兰克林研究所的利维奖，但他最终放弃了这个理论。

里奇迈尔最重要的出版物是一本教科书——《现代物理学导论》（*Introduction to Modern Physics*）——首次出版于 1928 年。作为全面论述量子力学的第一部著作，这本书直到他去世 30 年仍然再版（1969 年第六版），足以证明其受欢迎程度。

但除了他自己的作品，里奇迈尔还努力推动其他人的工作。从 1922 年开始，他在美国光学学会（Optical Society of America）担任编辑。自 1932 年到他去世，他一直是《美国光学学会杂志》（*Journal of the Optical Society of America*）和《科学仪器评论》（*Review of Scientific Instruments*）的主编。他担任麦格劳－希尔系列教材的编辑，以及其他几家期刊的副主编。他还将自己的管理才能用到了科学协会上：他曾任美国光学学会（1920）、西格玛赛科学研究学会（1924—1926）、美国物理学会（1936）和美国物理教师协会（American Association of Physics Teachers，1937—1938）的主席。他还是美国哲学学会会员和美国国家科学院院士。

在美国科学史学中，里奇迈尔并不是一个突出的人物。但他代表了 20 世纪科学的一种重要科学家类型：承担着维持科学机构活力所需的管理、学会和出版职责的服务型（yeoman）研究者。像里奇迈尔这样的科学家为日益复杂的科学机构网络提供了资深的管理服务。

要了解像里奇迈尔这样的科学管理者的作用，还有很多工作要做，比如撰写个人或集体传记。

参考文献

[1] Hirsh, Frederick R. "Richtmyer, Floyd Karker." In *Dictionary of American Biography*. New York: Scribners, 1958, suppl. 2, pp. 556-667.

[2] Ives, Herbert E. "Floyd Karker Richtmyer." *Biographical Memoirs of the National Academy of Sciences* 22 (1941): 71-81.

[3] Lindsay, R.B. "Richtmyer, Floyd Karker." *Dictionary of Scientific Biography*. Edited by Charles C. Gillispie. New York: Scribners, 1975, 11:441-442.

[4] Richtmyer, Floyd. *Introduction to Modern Physics*. New York, 1928.

布鲁斯·V. 勒文斯坦（Bruce V. Lewenstein） 撰，吴晓斌 译

高压物理学领域的创始人：珀西·威廉姆斯·布里奇曼
Percy Williams Bridgman（1882—1961）

布里奇曼是物理学家兼科学哲学家。他是高压物理学领域的创始人，并因此在 1946 年获得了诺贝尔奖，同时也被称为操作主义的科学概念方法论解释的鼻祖。

布里奇曼毕业于哈佛大学，获得文学学士（1904）、文学硕士（1905）和博士（1908）学位，他在哈佛度过了整个职业生涯，直到 1954 年退休。布里奇曼的物理学实践体现了美国科学特有的实验风格。他的研究项目旨在测量物质在高压下的物理特性。布里奇曼项目的成功得益于他在设计高压制造和控制设备以及高压测量技术的聪明才智，还受益于工业材料技术的进步。

布里奇曼的物理学家生涯跨越了一个物理学理论内容和纯研究在美国的社会政治重要性发生巨大变化的时期。他不仅见证了爱因斯坦相对论的出现和量子力学的诞生（这两种理论都破坏了公认的牛顿物理现实图景），也经历了基础物理学从小规模、相对独立的个人活动向大规模、由政府赞助的团队研究（大科学）的转变。

布里奇曼不欢迎这些变化。事实上，他关于物理实体的操作主义解释（并非没有矛盾）既是对相对论革命性影响的一种调整，也是一种防御。这一策略旨在挽救物理学的经验主义和归纳主义基础，同时也顺应了他从爱因斯坦在 1905 年论述狭义相对论的论文中关于测量的讨论里得到的"反形而上学"教训。布里奇曼认为他的操作方法是爱因斯坦科学认识论的延伸，如果严格应用，将可以剔除科学中的形而上学。这样就可以保护科学免受进一步革命的影响，也可以保证科学知识的不断进步。

然而，布里奇曼始终无法接受爱因斯坦的广义相对论，他认为这是对狭义相对

论中所体现的经验原理的背叛。他也从未掌握量子力学，因为量子力学突然取代了他自己企图提出的金属传导理论。布里奇曼觉得自己被物理学界快速的理论变革所抛弃，他把专业舞台让给了下一代美国物理学家，其中包括他自己的学生 J. R. 奥本海默（J. R. Oppenheimer）、J. C. 斯莱特（J. C. Slater）和 J. H. 范弗莱克（J. H. Van Vleck）。尽管很失望，但他仍将这一转变合理化，认为这是科学进步的证据——科学天才的增加。

布里奇曼对大科学的态度就没那么宽厚了。他认为这不是进步的结果，而是民主退化的标志。他相信应为了科学本身的目的而从事科学，即为了追求真理。把科学置于经济和政治目标之下，是在损害科学家的智力完整性，是在牺牲科学进步所依赖的自由。因此，在"二战"（1939 年）开始时，他以极权主义国家的公民没有自由为由，对他们关闭了自己实验室的大门。同样地，在 1943 年，他反对采用正式的国家科学政策，认为这将使科学成为国家的仆人——因为这将导致政府控制科学。

在两次世界大战证明了纯物理学的国家战略效用之前，布里奇曼关于纯科学的绝对道德价值的信念——他相信探索科学真理本身就是为人类服务——是科学家们经常表达的观点。如果这个观点现在被普遍认为是不切实际的，甚至是天真的，那么这个反差正说明了在整个 20 世纪里社会对科学的态度发生了多大的变化。

参考文献

[1] Reingold, Nathan, and Ida H. Reingold. *Science in America*: *A Documentary History*, *1900–1939*. Chicago: The University of Chicago Press, 1981.

[2] Walter, Maila L. *Science and Cultural Crisis*: *An Intellectual Biography of Percy Williams Bridgman*(*1882–1961*). Stanford: Stanford University Press, 1990.

梅拉·L. 沃尔特（Maila L. Walter） 撰，吴紫露 译

实验物理学家：卡尔·泰勒·康普顿
Karl Taylor Compton（1887—1954）

卡尔·康普顿在俄亥俄州的伍斯特学院接受教育，父亲伊莱亚斯·康普顿

（Elias Compton）是这个学院的教授和校长。和弟弟阿瑟·霍利·康普顿一样，他也为 X 射线的研究所吸引而从事了物理学，并于 1910 年在《物理评论》上发表了他关于这个主题的第一篇科学论文。1910—1912 年，他在普林斯顿大学欧文·W.理查森（Owen W. Richardson）的指导下研究了光电发射，并为阿尔伯特·爱因斯坦的光电效应量子理论提供了实验证据。1912 年至 1915 年，他在俄勒冈州里德学院任教，之后回到普林斯顿大学担任物理学助理教授，在那里他研究电离气体中的电子碰撞。在第一次世界大战期间，他帮助陆军开发了火炮测距装置。战争结束后，他回到普林斯顿大学，最终成了物理系的系主任。1930 年，他被任命为麻省理工学院的校长，把该校变成了一个领先的物理科学深造中心。

作为麻省理工学院的校长，卡尔·康普顿引进了现代核物理研究，特别是他在普林斯顿大学的学生罗伯特·J.范·德·格拉夫（Robert J. Van de Graaff）对静电加速器的使用。麻省理工学院还与纽约研究公司（该公司将学术科学的专利授权收益转换为对大学和学院研究的支持）合作，率先制定了将技术从实验室转移到市场的协议。

两次世界大战期间，卡尔·康普顿通过努力帮助物理学界克服大萧条造成的经济问题成了科学界的领袖。他促成了美国物理联合会（American Institute of Physics）理事会的建立，并任理事长一职，该联合会整顿了物理领域期刊的出版，在科技官僚的指责以及其他对于科学知识快速发展的声讨中维护了科学。

1933 年，卡尔·康普顿成为科学顾问委员会主席，这是富兰克林·D. 罗斯福总统任命的第一个总统科学顾问委员会。在这个职位上，他成了社会规划和《国家工业复兴法》下科学复兴计划的倡导者。他提议建立一个与国家复兴管理局（National Recovery Administration）类似的国家研究管理局（National Research Administration），要求为奖学金、合同和拨款支出 1 亿美元。这个"科学基金"的提案没有得到罗斯福政府的批准，但"二战"后，在范内瓦·布什（Vannevar Bush）关于建立国家科学基金会的提案中得到了重生。

卡尔·康普顿建议罗斯福设立一个永久性的科学顾问委员会，并将资金分配给国家科学院和国家研究委员会，但同样未能赢得政府官员的支持，因为他们不愿让科学家分配自己的资金。尽管有这些挫折和 1935 年科学顾问委员会的解散，康普顿的建议还是对他在麻省理工学院的副手，即副校长范内瓦·布什产生了相当大的影响。

卡尔·康普顿在 1940 年帮助布什组织了国防研究委员会（NDRC），动员美国科学家支持战备工作。战争期间，国防研究委员会中他领导的部门在同样由他和布什组织的科学研究发展局（OSRD）的资助下，帮助麻省理工学院辐射实验室研发雷达。战后，他接替布什担任国防研究与发展委员会主席，该委员会在战后接替了国防研究委员会和科学研究发展局。在那里，他集结了 200 多名工作人员和 2500 个咨询委员，试图为新的国防部提供一个综合的研发项目。委员会在 1949 年末向参谋长联席会议提供了一个军事研发的系统性计划。

历史学家们才刚刚开始评估康普顿在"二战"之前、期间和之后对国家科学机构的崛起所做的贡献。除了他对科学顾问委员会和战时动员的贡献外，"二战"后麻省理工学院与国防有关的研究进展及其发展也开始引起人们的注意。

卡尔·康普顿的职业生涯见证了 20 世纪他所在领域的巨大扩张。与弟弟阿瑟不同，他还没有受到传记作家的青睐，尽管麻省理工学院的档案中有关他职业生涯的资料非常丰富。

参考文献

［1］Bartlett, Eleanor R. "The Writings of Karl Taylor Compton." *Technology Review* 52 （December 1954）, 89–92.

［2］Compton, Karl. *A Scientist Speaks*. Cambridge, MA: MIT Press, 1955.

［3］Hewlett, Richard. "Compton, Karl Taylor." *Dictionary of Scientific Biography*. Edited by Charles C. Gillispie. New York: Scribners, 1971, 4:370–372.

［4］Kargon, Robert, and Elizabeth Hodes. "Karl Compton, Isaiah Bowman, and the Politics of Science in the Great Depression." *Isis* 76（1985）: 301–318.

［5］Kevles, Daniel. "Cold War and Hot Physics: Science, Security, and the American State, 1945–1956." *Historical Studies in the Physical and Biological Sciences* 20（1990）: 239–264.

［6］Leslie, Stuart. "Profit and Loss: The Military and MIT in the Postwar Era." *Historical*

Studies in the Physical and Biological Sciences 21（1990）: 59-86.

罗伯特·W. 塞德尔（Robert W. Seidel） 撰，吴晓斌 译

实验物理学家和科学管理者: 阿瑟·霍利·康普顿
Arthur Holly Compton（1892—1962）

阿瑟·康普顿是俄亥俄州伍斯特市一个大学教授的儿子，他很早就对天文和航空产生了兴趣，并自己制造了望远镜和模型飞机，包括一架可以载着他飞几百英尺的滑翔机。他在伍斯特大学接受教育，那儿的第一份工作用到了 X 射线，X 射线是由威廉·伦琴（Wilhelm Roentgen）在 1895 年发现的。他的哥哥卡尔·T. 康普顿（Karl T. Compton）对物理很感兴趣，并先于他去了普林斯顿大学，两人都在那里攻读物理研究生。不久，他集中精力研究物质和辐射，并与 O. W. 理查森（O. W. Richardson）一起研究了热离子和光电发射的性质。他和哥哥合作设计了一种被广泛销售的灵敏静电计。在 1917 年接受西屋灯具公司的工业研究工程师职位前，阿瑟·康普顿在明尼苏达大学开始了他的职业生涯。第一次世界大战期间和之后，这种职位上聘用物理学家的数量显著增加，这使人们对科学研究在战争工具设计中的重要性有了新的认识。

第一次世界大战后，阿瑟·康普顿成为国家研究委员会（National Research Council）早期的两名成员之一，并前往剑桥大学的卡文迪许实验室访问，在那里他与 J. J. 汤姆逊（J. J. Thomson）、欧内斯特·卢瑟福（Ernest Rutherford）和威廉·布拉格（William Bragg）爵士一起研究 X 射线散射。回到美国后，他接受了华盛顿大学圣路易斯分校的职位，在那里发现了以他的名字命名的 X 射线光子被电子散射的现象，这也是对光的波粒二象性较清晰的说明之一。康普顿效应是导致 20 世纪 20 年代量子力学形成的实验发现之一，康普顿因此在 1927 年获得了诺贝尔物理学奖。

阿瑟·康普顿用他设计并且遍布全球的灵敏静电计，于 20 世纪 20 年代开始研究宇宙射线。这些仪器被大约 100 名物理学家用于世界各地进行的多次科学考察

中绘制宇宙辐射强度图。结果显示，宇宙射线在磁赤道附近强度较低，这表明它们受到地球磁场的偏转，因此宇宙射线是带电粒子，而非康普顿的主要竞争对手罗伯特·安德鲁斯·密立根（Robert Andrews Millikan）所坚信的伽马射线光子。具有讽刺意味的是，康普顿在1923年接替了密立根在芝加哥大学的教授职位，当时这位年长的物理学家离职去了加州理工学院并主持其发展。收集编印的《康普顿的科学论文》（*Compton's Scientific Papers*）反映了他这一时期的生活。

第二次世界大战爆发时，一些流亡的物理学家开始担心，德国的奥托·哈恩（Otto Hahn）和弗里茨·斯特拉斯曼（Fritz Strassman）发现的裂变可能会导致一种使用核爆释放能量的战争武器出现。尽管爱因斯坦曾写信给富兰克林·D. 罗斯福总统警告他这种可能性，而且美国国家标准局（National Bureau of Standards）主持开展了一个小项目以探索这种现象，但这一领域仍是进展缓慢，直到1941年美国国家科学院成立了一个由康普顿带领的考察裂变研究的委员会。这个委员会建议加速研制原子弹，而且康普顿还把他在芝加哥大学实验室的资源用于研制原子弹。在芝加哥大学的冶金实验室，新发现的可裂变元素钚的性质得到了充分探索，恩里科·费米于1942年完成了第一次受控链式反应。冶金实验室的工作促进了华盛顿汉福德生产反应堆的出现，这一反应堆为1945年在新墨西哥州阿拉莫戈多附近三一基地爆炸的第一次原子装置生产了钚。他在《原子探索》（*Atomic Quest*）中记录了对当时的回忆。

战争结束后，阿瑟·康普顿接受了圣路易斯华盛顿大学校长的职位，他从1945年到1961年一直担任这所大学的校长。1961年，他成为华盛顿大学和加州大学伯克利分校的自由教授，并于1962年去世。他所扮演的科学政治家角色，在他抽空写的作品集《阿瑟·霍利·康普顿的宇宙》（*The Cosmos of Arthur Holly Compton*）中有所反映。

参考文献

[1] Compton, Arthur Holly. *Atomic Quest*. New York: Oxford, 1956.

[2] Johnston, Marjorie, ed. *The Cosmos of Arthur Holly Compton*. New York: Knopf, 1967.

[3] Shankland, Robert S., ed. *Scientific Papers of Arthur Holly Compton*: *X-Ray and Other Studies*. Chicago: University of Chicago Press, 1973.

[4] Stuewer, Roger. *The Compton Effect*: *Turning Point in Physics*. New York: Science History Publications, 1975.

罗伯特·W. 塞德尔（Robert W. Seidel）　撰，吴晓斌　译

实验物理学家和科研主管：梅尔·安东尼·图夫

Merle Antony Tuve（1901—1982）

图夫出生于南达科他州的坎顿市，他在明尼苏达大学获得了学士学位（1922）和硕士学位（1923）。在普林斯顿大学学习一年后进入约翰斯·霍普金斯大学攻读博士研究生，并于 1926 年获得博士学位。随后，他接受了地磁部（DTM）的一个工作岗位，该部门隶属于位于华盛顿特区的华盛顿卡内基研究所。

1925 年，图夫与格雷戈里·布雷特（Gregory Breit）一起在地磁部工作，离首次直接证明地球电离层存在的工作仅一步之遥，这一成就最终由英格兰的爱德华·V. 阿普顿（Edward V. Appleton）和 M. A. F. 巴奈特（M. A. F. Barnett）完成。然而，利用无线电波脉冲的布雷特 - 图夫技术（Breit-Tuve technique）却迅速成为电离层研究的标准实验方法（这项技术也有助于提出使用雷达的可能性）。

在 20 世纪 20 年代末和整个 30 年代，图夫集中精力研发用于新兴领域——核物理的粒子加速器。最初，他和地磁部的同事们使用特斯拉线圈，但到了 20 世纪 30 年代初，他们转而使用罗伯特·J. 范·德格拉夫（Robert J. Van de Graaff）最新发明的静电发电机。在 30 年代的后半段时间，他们使用其新设备来研究质子对质子的散射。在这个过程中，他们通过实验确定了原子核中质子间的静电排斥力是如何被一种强的、电荷无关的吸引力所取代的。

随着第二次世界大战的爆发，图夫将其注意力转向了与战争有关的项目。在他的领导下，美国成功研制了近炸引信，一种装有小型无线电发射器和接收器的装置，能在炮弹接近目标时引爆炸弹。后来，他领导的战时组织（国防研究委员会 T 部分）发展成为约翰斯·霍普金斯大学的应用物理实验室。

1946 年，图夫接替约翰·亚当·弗莱明（John Adam Fleming）担任地磁部主任直至 1966 年退休。在其领导下，地磁部的重点领域为地球物理学、生物物理学和天体物理学。战后，他个人的研究领域包括利用常规炸药产生的地震波研究地壳、利用射电望远镜研究太空中的氢气，以及为光学天文学家开发显像管。

图夫于 1943 年当选美国哲学学会会员，1946 年当选美国国家科学院院士。他还曾担任美国国家科学院地球物理研究委员会主席（1960—1969）和内政大臣（1965—1971）。

图夫早年生活中一个值得关注的点是他与欧内斯特·O. 劳伦斯（Ernest O. Lawrence）的童年友谊，劳伦斯后来发明了回旋加速器，并担任加州大学伯克利分校辐射实验室的首任主任。

图夫的职业生涯为了解 20 世纪中期的美国科学提供了一个重要的窗口，因为他的职业成熟期正好是联邦政府大力扩大对科学研究的支持时期，而且他的研究也涉及多个领域。

科学史家特别感兴趣的是图夫在战后科学政策事务中的作用。凯瓦莱斯（Kevles）的研究描述了图夫如何提议在一个战时科学研究和发展局（Office of Scientific Research and Development）的继任机构中给予民间研究人员相当大的自主权。尼德尔（Needell）的研究对比了图夫和劳埃德·V. 伯克纳（Lloyd V. Berkner）在 20 世纪 50 年代中期为联邦资助的射电望远镜提出的相反的计划。关于约翰·W. 格雷厄姆（John W. Graham）在地磁部中的古地磁研究，勒·格兰德（Le Grand）的研究表明，格雷厄姆自己的评估让图夫别无选择，只能在 20 世纪 50 年代末终止该项目。第四项研究（Forman, pp. 218-219）批评了图夫经常表达的观点——不应该偏袒应用科学而损害基础科学。

有关图夫出版作品的列表，请参阅阿贝尔森（Abelson）。图夫的资料保存在国会图书馆。

参考文献

[1] Abelson, Philip H. "Merle Antony Tuve." *Biographical Memoirs of the National Academy of*

Sciences 70（1966）：407-422.

[2] Cornell, Thomas D. "Merle Antony Tuve: Pioneer Nuclear Physicist." *Physics Today* 41
（January 1988）：57-64.

[3]——. "Tuve, Merle Antony." *Dictionary of Scientific Biography*. Edited by Frederic L.
Holmes. New York: Scribner, 1990, 18: 936-941.

[4]——. "Merle A. Tuve's Post-War Geophysics: Early Explosion Seismology." In *The
Earth, the Heavens and the Carnegie Institution of Washington*, edited by Gregory A. Good.
Washington, DC: American Geophysical Union, 1994, pp. 185-214.

[5] Forman, Paul. "Behind Quantum Electronics: National Security as Basis for Physical
Research in the United States, 1940-1960." *Historical Studies in the Physical and
Biological Sciences* 18（1987）：149-229.

[6] Kevles, Daniel J. "Scientists, the Military, and the Control of Postwar Defense
Research: The Case of the Research Board for National Security, 1944-1946."
Technology and Culture 16（1975）：20-47.

[7] Le Grand, Homer. "Conflicting Orientations: John Graham, Merle Tuve and
Paleomagnetic Research at the DTM 1938-1958." *Earth Sciences History* 8（1989）：55-
65.

[8] Needell, Allan A. "Lloyd Berkner, Merle Tuve, and the Federal Role in Radio
Astronomy." *Osiris*, 2d ser., 3（1987）：261-288.

托马斯·D. 康奈尔（Thomas D. Cornell）　撰，刘晋国　译

理论物理学家和研究主管：爱德华·乌勒·康顿
Edward Uhler Condon（1902—1974）

康顿出生于新墨西哥州的阿拉莫戈多，父亲是一位流动的铁路建筑工。1921 年，他进入加州大学伯克利分校攻读化学专业。次年，他转向物理学，1924 年获得学士学位，1926 年获得博士学位。在 1926—1927 学年，他作为国家研究委员会的成员前往德国，并在一些量子力学新理论的领军人物手下学习，其中包括马克斯·玻恩（Max Born）和阿诺德·索末菲（Arnold Sommerfeld）。1928 年春，他成了哥伦比亚大学的物理学讲师，之后在多所大学任职，包括普林斯顿大学、明尼苏达大学和斯坦福大学，1930 年回到普林斯顿，并一直待到 1937 年。1937 年，他接受了西

屋电气公司研究副主管的任命，负责扩大公司的基础物理学，特别是原子与核物理方面的研究。1940 年秋，康顿的实验室开始与麻省理工学院的辐射实验室合作开发雷达技术。康顿还曾短暂地与罗伯特·奥本海默（Robert Oppenheimer）合作，组建了最终将造出原子弹的洛斯阿拉莫斯实验室。

在第二次世界大战结束时，康顿是一位国家级的科学人物。1944 年，他当选为美国国家科学院院士，1945 年和 1946 年分别成为美国物理学会的副主席和主席。1945 年 11 月，参议院任命他为国家标准局（NBS）局长。当 20 世纪 40 年代末他引起了众议院非美活动调查委员会（House UnAmerican Activities Committee）的注意时，他建立国家实验室的雄心壮志只实现了一部分，而且从 1951 年开始，他多次被带到委员会面前作证。尽管最终被洗脱了不忠的罪名，他的科学同事也投票支持他担任美国科学促进会主席（1953），但他的安全许可还是在 1954 年被海军部长草率地中止了。从 1951 年他决定离开国家标准局以保护该机构的形象和运作开始，受调查的影响，康顿的职业生涯遭到极大的破坏。此后，他成为康宁玻璃厂的顾问，并一直保有该兼职直至去世。1955 年，由于政治压力，他几次大学教授职位的申请都没有得到董事的最终批准。

在阿瑟·康普顿的干预下，康顿于 1956 年重返学术界，成为华盛顿大学（圣路易斯）物理系主任。1963 年，康顿离职去了位于博尔德的科罗拉多大学，并加入了那里的天体物理联合实验室（JILA），这是国家标准局里一个合作运行的部门。1966 年至 1968 年，康顿领导了"蓝皮书计划"，这是美国空军科学研究办公室对不明飞行物报告进行调查的非官方名称。康顿认为整个事件是伪科学，并对大部分公众缺乏批判性科学思维感到震惊，他曾一度讽刺地写道，也许"我们需要一个国家魔法机构对所有这些问题进行大规模且昂贵的研究，包括对不明飞行物的进一步研究"（Barut，et al.，Popular Writings，p. 308）。

康顿在博士论文中详细阐述了后来闻名的弗兰克 - 康顿原理，这是他对量子力学和光谱理论的第一个实质性贡献。1928 年至 1938 年，在主要科学期刊上发表的一系列重要文章以及出版的两本主要著作：《量子力学》[与 P. M. 莫尔斯（P. M. Morse）合著，1929] 和《原子光谱理论》[与 G. H. 肖特利（G. H. Shortley）合著，1935]，确立了他在这些领域中的领袖地位。在两次世界大战期间，他在帮助美国发展量子物理方面发挥了核心作用，也不遗余力地传播他的专业知识。然而，作为一名有影响力的领导人以及其他科学家和政治家的顾问，他对"二战"后几十年大科学的发展同样具有重要意义。他为"曼哈顿计划"工作的时间不长，但为这个计划撰写了一本内部技术手册，名为《洛斯阿拉莫斯入门手册》(*The Los Alamos Primer*)。早在 1945 年，他就被要求为参众两院原子能联合委员会主席布里恩·麦克马洪 (Brien McMahon) 的办公室提供有关美国原子能研究未来发展和监督的建议。康顿的努力对成立民用原子能委员会的麦克马洪法案的通过起了很大作用。

正是通过这项工作，康顿与商务部长亨利·华莱士 (Henry Wallace) 频繁接触，他才成为首位从国家标准局常务研究团队之外任命的局长。该局在 1901 年成立后不久就成为世界上最大、最活跃的物理和工程科学综合调查实验室，但到了 20 世纪 20 年代就停滞不前了。康顿希望恢复这个令人尊敬的实验室的卓越地位，于是便立即着手设计并赞助新的项目和部门。国家标准局最引人注目是增设了应用数学部，这一部门设计并运行了标准东方自动计算机 (Standards Eastern Automatic Computer)，于 1950 年 5 月开始运行。这在当时是世界上最先进的科学计算机，再加上其硬件和结构的创新，使得它与其著名的前身 ENIAC 计算机大相径庭。

因此，康顿像是试金石，研究他对于了解战时和战后美国物理学发展中发生的一切，包括围绕它的政治和社会斗争，都具有重要意义。正如他的一位同事 I. I. 拉比后来所写的那样："哪里有密集的行动，哪里就有康顿"(Barut, Popular Writings, p. 8)。他的个人文件，共计 7.5 万件，存放在美国哲学学会。到目前为止，他发表的论文和各种传记性文章被编辑成两卷，但还没有一本描述他生平的长篇著作出版。

参考文献

[1] Barut, Asim O., Halis Odabasi, and Alwyn van der Merwe, eds. *Selected Popular Writings of E. U. Condon*. New York: Springer-Verlag, 1991.

[2] ——. *Selected Scientific Papers of E. U. Condon*. New York: Springer-Verlag, 1991.

[3] Condon, Edward U., and Philip M. Morse. *Quantum Mechanics*. New York: McGraw-

Hill, 1929; reprinted, 1964.

[4] Condon, Edward U., and G.H. Shortley. *The Theory of Atomic Spectra*. New York: Cambridge University Press, 1935.

[5] Morse, Philip M. "Edward Uhler Condon." *Biographical Memoirs of the National Academy of Sciences* 48(1976): 125–151.

纳尔逊·R. 凯洛格（Nelson R. Kellogg） 撰，吴晓斌 译

小行星灭绝恐龙假说提出者：路易斯·沃尔特·阿尔瓦雷茨
Luis Walter Alvarez（1911—1988）

阿尔瓦雷茨是物理学家。他出生于旧金山，在明尼苏达州的罗彻斯特长大，后来进入芝加哥大学，1936 年获得物理学博士学位。还是本科生的时候，阿尔瓦雷茨的第一篇论文就显示出他成长为实验家的潜力，该论文用一张唱片和一盏客厅灯测量了光的波长。在第二篇论文中，使用他的盖革计数器，他和 A. H. 康普顿（A. H. Compton）发现了低能宇宙射线的正电荷，以及东西效应[①]（east-west effect）。阿尔瓦雷茨的光学论文为他以后在雷达方面的发明奠定了基础。

毕业后，阿尔瓦雷茨到加州大学伯克利分校与 E. O. 劳伦斯（E. O. Lawrence）一起工作。在那里，他开始成长为核物理学家，决心做出重要的发现，而不仅满足于平庸的测量。指导其选择重要问题的是被称作贝特圣经的《现代物理评论》汇编。在短短 4 年的时间里，阿尔瓦雷茨的发现包括：某些原子核吸收它们的原子电子（K 层电子捕获）；氚的放射性与氦 -3 的稳定性；中子的磁矩；核力自旋的相关性；长度的新标准；中子的极化；以及首次对重离子的物理测量。

阿尔瓦雷茨在核物理方面的事业因第二次世界大战而中断。他的军旅生涯始于麻省理工学院辐射实验室，在那里他的发明有：线性相控阵，被用于第一个雷达轰炸系统"鹰"（EAGLE）；用来挫败德国潜艇的"雌狐"（VIXEN）系统；用于恶劣天气下降落飞机的地面控制进场系统（1946 年科利尔航空奖杯得主）；以及奠定战

---

① 宇宙射线在星际磁场的随机作用下，各向同性地到达地球附近。其中低能宇宙射线会被地球磁场偏转，所以来自西方的射线和来自东方的射线轨迹不同。这就是东西效应。——译者注

后美国防空系统基础的微波预警技术。

1943 年，阿尔瓦雷茨和费米在芝加哥共度 6 个月，足以发现核裂变产生的长射程 α 粒子。然后他继续前往洛斯阿拉莫斯，在那里发明了爆丝技术，可以将裂变炸弹部件同时内爆达到临界质量。阿尔瓦雷茨还研发了测爆炸能量的压力表，他亲自用于"三位一体"试验和广岛任务。

战后，阿尔瓦雷茨回到伯克利，成为一名粒子加速器的发明者。他先前提出过一些思想，逐步形成电子回旋加速器。现在他发明了质子直线加速器，即所谓的串联范德格拉夫加速器以及材质检测加速器。

1953 年，阿尔瓦雷茨重回物理学，他不得不学习新的粒子物理领域。听说唐·格拉泽（Don Glasser）通过照射宇宙射线让装满乙醚的试管沸腾，于是阿尔瓦雷茨开始了一个计划，建造了巨大的液氢气泡室来追踪质子加速器射出的粒子。这项技术带来的物理发现，让阿尔瓦雷茨赢得了 1968 年的诺贝尔物理学奖。

阿尔瓦雷茨的兴趣很快就偏离了他所帮助创建的大科学，而回到了宇宙射线物理学，在那里他率先在气球运载研究中使用超导磁体，并寻找磁单极子。他还利用宇宙射线在切夫伦金字塔中寻找未被发现的房间。

阿尔瓦雷茨生命中最后的科学活动，受启发于儿子沃尔特收集的一块黏土层，该黏土层中铱的浓度很高，更像是小行星而非地壳的特征。这种黏土的时代正好与白垩纪 – 第三纪灭绝事件相吻合，在这个时期，包括恐龙在内的许多生命形态都消失了。根据这些数据，阿尔瓦雷茨提出了小行星灭绝假说，并逐渐被接受。

在他去世前不久，阿尔瓦雷茨说，人们应该记住他是一名发明家而不是科学家。尤其令他感到自豪的是他创立的两家公司：汉弗莱仪器公司和施韦姆技术公司，都开发了他的光学发明。

参考文献

[1] Alvarez, Luis W. *Alvarez: Adventure of a Physicist*. New York: Basic Books, 1987.

[2] Trower, W. Peter. "Luis Walter Alvarez (1911–1988)." In *Restructuring of Physical Sciences in Europe and the United States, 1945–1960*, edited by Michelangelo DeMaria,

Mario Grilli, and Fabio Sebastiani. Singapore: World Scientific Press, 1989, pp. 105–115.

[3] ——, ed. *Discovering Alvarez: Selected Works of Luis W. Alvarez with Commentary by His Students and Colleagues.* Chicago: University of Chicago Press, 1987.

W. 彼得·特罗尔（W. Peter Trower） 撰，陈明坦 译

第3章
美国核能与航空航天

3.1　研究范畴与主题

核能

Nuclear Power

　　核能又称原子能，是由原子核裂变产生的能量。核能发电的发展是"二战"中最伟大，或至少是最引人注目的科学成就——通过核裂变释放巨大能量来制造原子弹的副产品。"二战"结束后不久，关于和平利用核能前景的夸大说辞以及那些往往是异想天开的流行说法屡见不鲜。例如，《新闻周刊》（*Newsweek*）在1945年8月报道说，原子能可以用来为飞机、火箭和汽车提供燃料，通过个人家庭中的小装置提供电力，也可以用来在大型中央发电站发电。科学家们意识到，关于和平利用核能，即使是最实际的期望也无法在不久的将来实现。事实上，冷战的开始让杜鲁门政府将注意力集中在军事上，而不是民用核能上。尽管如此，原子能委员会（Atomic Energy Commission，AEC）还是赞助了一些非军事应用的实验，该机构成立于1946年，旨在开发军事、非军事两种用途的新技术。1951年12月，爱达荷州一个试验场的实验增殖反应堆首次实现通过核裂变发电，尽管发电量只够反应堆所在建筑的照明。

在 1954 年的《原子能法案》成为法律之前，核能的发展一直停滞不前。该法案结束了政府对原子能技术的垄断，首次使原子能广泛用于商业目的成为可能。它指派原子能委员会负责推广和规范核电安全。为了实现新法的目标，原子能委员会提出了鼓励私人投资核能的激励措施，但反应不温不火。尽管一些主要的公用事业公司对核能发电的前景很感兴趣，但由于常规燃料的丰富性以及经济上的不确定性和核技术尚未解决的安全问题，许多电力公司都退缩了。

20 世纪 50 年代中后期，由原子能委员会和私营公司共同赞助的研究为有关核能安全的一些关键科学问题提供了答案。最重要的工作大概表明，"内在机制"可以防止轻水反应堆在不稳定条件下失控。但还必须解决其他问题。到了 20 世纪 60 年代中期，反应堆安全专家的主要担忧和研究焦点集中于冷却剂泄漏事故，如果冷却反应堆堆芯的水循环中断，这种事故就可能发生。在最糟糕的情况下，这可能会导致反应堆燃料熔化，并导致大量放射性物质释放到环境中。围绕核能，另一个不易解决的重大科学问题涉及辐射对健康的危害。尽管科学家们一致认为暴露于高水平辐射存在危险，但他们对核电站常规运行和其他来源的低水平辐射的风险则不太确定。

从 20 世纪 60 年代中期开始，反应堆订单激增加上单个核电站规模迅速增长，使这些问题的关注度大大提高。出现这一繁荣的原因是，有迹象表明大型核电站可以在经济上与煤炭竞争，电网互联的兴起鼓励了大型核电站的建设，人们对化石燃料环境成本的担忧也日益增长。与核繁荣几乎同时发生的是，环境保护主义发展成为一种强有力的政治力量。在很短时间内，核能就成了环保主义的主要针对目标。

到了 20 世纪 70 年代初，围绕核能展开了一场声势浩大、愈演愈烈的辩论。批评人士声称，这项技术既不安全也不必要；支持者辩称，这不仅是安全的，而且对国家的能源未来至关重要。辩论的中心是冷却剂丧失事故的可能性和后果，以及低水平辐射的影响等悬而未决的问题。在这两个问题上，核批评人士都因指责原子能委员会未能充分保护公共安全而受到大众媒体和科学期刊的高度关注。原子能委员会和核支持者对此表示强烈反对，但由于他们对悬而未决的问题缺乏确凿的科学证据，因而无法向越来越持怀疑态度的公众证明自己的观点。到 1974 年，原子能委员会在安全问题上的信誉已经恶化，以至于国会废除了该机构，并将其监管职责交给了新成立的核管理委员会（Nuclear Regulatory Commission，NRC）。

　　有关核能的争议有增无减。到了 20 世纪 70 年代末，新核电站的订单大幅放缓，公众对核风险的不安情绪明显增加。美国核电史上最重大的事件——1979 年 3 月宾夕法尼亚州三英里岛（Three Mile Island）核电站的冷却剂泄漏事故，加剧了这些趋势。这起事故是由一系列机械故障和人为错误造成的，虽然释放的辐射量很小，但事故造成的政治后果很严重。具有讽刺意味的是，三英里岛事件提供了令人放心的证据证明其安全系统发挥了预期作用，该系统用于防范因冷却剂泄漏导致事故而在场外大规模释放放射性物质。然而，这起事故还是损害了核管理委员会和核工业的可信度，同时增强了反核批评者的公信力。尽管核电站在事故发生后仍能获得运营许可证，但是自 1978 年以来，核供应商没有再收到新的核电站订单。围绕反应堆安全、辐射风险、放射性废物处理和核电经济性等长期存在的问题的争议，使这项技术总是出现在新闻头条中。此外，三英里岛事故引发的新问题越来越受到核电支持者和批评者的关注。有些属于科学问题，如反应堆安全中的"人为因素"，概率风险评估，以及事故释放辐射量的估算；其他主要是政治、法律或行政问题。1992 年，美国共有 110 座核电站在运行，发电量约占全国的 20%。

　　核能并非拥有大量史学研究的主题。尽管一些报道反映了公众对这项技术争论的党派之争，但最近几部作品采取的是更具学术性和平衡性的方法态度。

参考文献

[1] Balogh, Brian. *Chain Reaction: Expert Debate and Public Participation in American Commercial Nuclear Power, 1945–1975*. New York: Cambridge University Press, 1991.

[2] Hewlett, Richard G., and Jack M. Holl. *Atoms for Peace and War, 1953–1961: Eisenhower and the Atomic Energy Commission*. Berkeley and Los Angeles: University of California Press, 1989.

[3] Mazuzan, George T., and J. Samuel Walker. *Controlling the Atom: The Beginnings of*

Nuclear Regulation, 1946-1962. Berkeley and Los Angeles: University of California Press, 1984.

[4] Morone, Joseph G., and Edward J. Woodhouse. *The Demise of Nuclear Energy? Lessons for Democratic Control of Technology*. New Haven: Yale University Press, 1989.

[5] Seaborg, Glenn T., with Benjamin S. Loeb. *The Atomic Energy Commission under Nixon: Adjusting to Troubled Times*. New York: St. Martin's, 1993.

[6] Walker, J. Samuel. *Containing the Atom: Nuclear Regulation in a Changing Environment, 1963-1971*. Berkeley and Los Angeles: University of California Press, 1992.

[7] Weart, Spencer R. *Nuclear Fear: A History of Images*. Cambridge, MA: Harvard University Press, 1988.

[8] Wellock, Thomas Raymond. *Critical Masses: Opposition to Nuclear Power in California, 1958-1978*. Madison: University of Wisconsin Press, 1998.

[9] Winkler, Allan M. *Life under a Cloud: American Anxiety about the Atom*. New York: Oxford University Press, 1993.

J·塞缪尔·沃克（J. Samuel Walke） 撰，刘晓 译

核武器

Nuclear Weapons

"二战"期间，美国根据德国发现的核裂变做出反应，首次开发并使用了核武器，同时对他国也会发展这种武器表示担忧。洛斯阿拉莫斯研发的这两种武器结合了两种不同形式可裂变材料的组装，以产生爆炸连锁反应，释放出千吨 TNT 当量的能量。第一种是枪式设计，将一小部分处于临界质量的铀 -235 发射到包含另一部分的目标上。第二种是内爆技术，将烈性炸药按同心球布置在亚临界质量的钚周围，以将其压缩到临界质量。

"二战"后，核武器的发展速度放慢了，尽管恩里科·费米（Enrico Fermi）和爱德华·泰勒（Edward Teller）早在 1942 年就提出了制造超级炸弹（氢弹）的可能。他们建议用裂变炸弹爆炸产生的热量使氢的轻同位素发生聚变，这与恒星产生能量的方式相类似。

尽管在战争期间和战争刚结束时，泰勒就在洛斯阿拉莫斯领导了一个研究这一

过程的小组，但他于 1946 回到了芝加哥大学。氢弹的研究速度随之放缓。在洛斯阿拉莫斯的许多科学家看来，这是由于人力短缺且缺乏足够的计算资源。然而，在泰勒、欧内斯特·劳伦斯（Ernest Lawrence）以及其他批评者看来，进展缓慢的原因在于原子能委员会（AEC）缺乏有效领导和重视，原子能委员会曾取代曼哈顿地区陆军工程兵团（Army Corps of Engineers）成为原子能研究和开发的管理者。

苏联在 1949 年夏天引爆了第一枚原子弹，引起原子能委员会及其总顾问委员会（General Consulting Committee，GAC）对氢弹可行性的激烈辩论，总顾问委员会的领导者是洛斯阿拉莫斯的战时领导人 J. 罗伯特·奥本海默（J. Robert Oppenheimer）。总顾问委员会以技术和道德为由反对其发展，这一立场得到委员会的支持，但刘易斯·施特劳斯（Lewis Strauss）对此强烈反对。包括国务卿和国防部长在内的国家安全委员会（National Security Council）专家咨询组，以及哈里·杜鲁门（Harry Truman）总统都决定继续研发氢弹，并在克劳斯·富克斯（Klaus Fuchs）的背叛被揭发后，加快了研发速度。

由于超级武器设计上的关键突破和 1951 年温室行动中的乔治试验，一个可行设计通过 1952 年万圣节"常春藤行动"中的迈克核试验得到了测试。两年后，城堡行动中的"致命一击"（Bravo shot）展示了一种威力更大、投放能力更强的氢弹，而与此同时，放射性尘埃扩散到大片区域，污染了试验场周围禁区以外的船只和岛屿。

1953 年，部分出于对核武器更大破坏性的担忧，德怀特·戴维·艾森豪威尔（Dwight David Eisenhower）总统启动了"原子能和平利用计划"（Atoms for Peace Program）。在日内瓦举行的一系列原子能和平利用会议上，美国、苏联、英国等国家展示并提供了他们在原子物理学相关领域的工作成果。

在整个 20 世纪 50 年代和 60 年代早期，核武器的发展一直在继续，尽管 1958—1961 年核试验被叫停，而苏联的试验打破了这一禁令，1963 年《禁止核试验条约》谈判后，将核试验限制为地下试验。随后的条约进一步限制了核武器的产量。克林顿政府已经停止了所有核武器试验，并签署了《全面禁止核试验条约》，禁止所有核武器试爆。

为了生产军事储备所需的核武器，20 世纪 50 年代初建立了一个庞大的生产基地，作为橡树岭和汉福德这种战时工厂的补充，这两家工厂曾生产了第一颗原子弹所需的铀和钚。这个大型综合基地由国有实验室和工厂中的工业界、学术界承包商运营，它使核武器成了一项主要产业。其中包括位于利弗莫尔的第三个核武器实验室，它补充了洛斯阿拉莫斯的武器设计实验室及其附属实验室的工作，还有位于阿尔伯克基的桑迪亚基地的武器工程实验室，以及由贝尔实验室的一家子公司运营的桑迪亚实验室。

围绕核武器的发展、使用和政策，政治史学家和试图探索核科学发展中政策相关问题的科学史学家之间一直存在争议。由于许多政策辩论的记录无法获得，这些争议很可能会持续下去，直到这些记录解密。在太平洋和内华达试验场进行的核武器试验，其放射性尘埃所造成的影响是最具争议的。内华达试验场是在朝鲜战争期间建立的，目的是提供一个更安全的大陆试验场。

核武器是基于科学技术产生的颇具破坏性的产品之一，但相较于维持与之相当的常规侵略威慑力，它的价格更低，因而一直受到军事决策者的青睐，被视为国家战略防御的支柱。随着军备竞赛主要对手和竞争者的解体，核武器能否继续在战略规划中发挥重要作用，还有待观察。

参考文献

[1] Ackland, Len, and Steven McGuire, eds. *Assessing the Nuclear Age*. Chicago: Educational Foundation for Nuclear Science, 1986.

[2] Anders, Roger M., ed. *Forging the Atomic Shield: Excerpts from the Office Diary of Gordon E. Dean*. Chapel Hill: University of North Carolina Press, 1987.

[3] Glasstone, Samuel, ed. *The Effects of Nuclear Weapons*. Washington, DC: Atomic Energy Commission, 1962.

[4] ——. *Sourcebook on Atomic Energy*. 3d ed. New York: Van Nostrand Reinhold, 1967.

[5] Herken, Gregg. *The Winning Weapon: The Atomic Bomb in the Cold War 1945-1950*. New York: Knopf, 1980.

[6] Kissinger, Henry A. *Nuclear Weapons and Foreign Policy*. New York: Norton, 1969.

[7] Lawren, William. *The General and the Bomb: A Biography of General Leslie R. Groves, Director of the Manhattan Project*. New York: Dodd Mead, 1988.

［8］McKay, Alwyn. *The Making of the Atomic Age.* New York: Oxford University Press, 1984.

［9］Rhodes, Richard. *The Making of the Atomic Bomb.* New York: Simon and Schuster, 1986.

罗伯特·W. 塞德尔（Robert W. Seidel）　撰，刘晓　译

核聚变研究

Fusion Research

核聚变研究是对核聚变过程中释放的能量进行利用的物理学和工程学研究。

"二战"结束后，将核聚变用于发电的想法非常普遍。20 世纪 30 年代，利用考克饶夫 - 瓦尔顿产生器加速的原子核证实了核聚变反应的可行性。这些反应中释放的巨大能量使得用核聚变理论来解释恒星的能量成为可能。在假定的恒星内部温度下，原子将被分解成电子和原子核，而这种"等离子体"中最轻的原子核将具有足够高的热速度来产生大量的（热）核聚变。

随后发生的战争让数百名科学家开始尝试把新发现的核裂变反应和较早发现的核聚变反应用于产生不可控能量，也就是制造炸弹。战后，一些人自然而然就启动了可控核聚变的工作。

美国坚持实施该计划的直接原因是：1951 年 3 月 24 日阿根廷总统胡安·庞隆（Juan D. Peron）宣布本国科学家已经在实验室中成功演示出热核聚变反应（后来证明消息有误）。这一消息激发了普林斯顿大学天体物理学教授小莱曼·斯皮策（Lyman Spitzer Jr.）的灵感，他设计了一种利用磁场来限制高温等离子体的新方案。1951 年，斯皮策从美国原子能委员会（AEC）获得了研究经费。1952 年，位于新墨西哥州洛斯阿拉莫斯的原子能委员会实验室开始了第二次秘密计划。同年，赫伯特·约克正在加利福尼亚州利弗莫尔组织一个新的原子能委员会武器实验室工作，他将一个小型核聚变项目纳入研究计划。到 1953 年中期，已有 30 名科学家参与这个秘密计划，原子能委员会已为此花费了 100 万美元。

1953 年 7 月，刘易斯·L. 斯特劳斯（Lewis L. Strauss）成为美国原子能委员会主席。斯特劳斯热切地希望在其任期内让核聚变能造福人类。从 1954 财政年度到

1958 财政年度，核聚变研究年度预算从 180 万美元增加到 2920 万美元。斯特劳斯曾下令在 1958 年 8 月举行的第二届和平利用原子能国际会议上展示热核中子，同时解密该计划。但是，这个计划未能实现原定目标，反而证明实验室等离子体能够抵抗任意磁场结构的约束。20 世纪 60 年代，随着斯特劳斯离职以及国会质疑声日趋增多，核聚变科学家们开始致力于探索等离子体行为的科学规律。

20 世纪 70 年代初，随着美国将注意力转向环境恶化和能源短缺这两大问题，机会来了。核聚变似乎比核裂变更为安全清洁，因为核电厂的核燃料不可能熔毁。而且即使在最坏的情况下，其放射性产物的寿命也会更短。

尼克松总统提议增加 60% 的联邦能源研发经费。为了获得其中一笔资金，项目负责人着手证明核聚变已经从研究阶段进入了开发阶段。苏联的托卡马克核聚变成为秘密计划的首选方案，而利弗莫尔"镜子"则作为备选。对替代概念的研究减少了。联邦政府批准在普林斯顿建造一台大型托卡马克核聚变试验反应堆，同时在利弗莫尔启动了同样昂贵的镜子核聚变试验设施。科学家选择氘-氚混合燃料作为第一种燃料，因为它有望在最短的时间内实现能源生产。磁聚变的预算从 1971 财政年度的 2840 万美元飙升到 1977 财政年度的 3.163 亿美元。自 20 世纪 60 年代初以来，利弗莫尔的镜像核聚变试验设施一直试图研究激光核聚变，将其作为模拟氢弹效果的一种方式；但现在，一些新项目已经将其用于能源生产。

然而，越来越多的工程反应堆研究显示，氘氚燃料的放射性会使反应堆的维护成本过高，从而导致托卡马克和镜像工厂的资金支出太大。卡特政府的能源领导人呼吁广泛考虑托卡马克的替代方案。但是，这条道路被从 1978 年开始持续到 20 世纪 80 年代的资金缩减（以实际美元计算）所阻断。甚至镜像核聚变试验设施于 1986 年完工，耗资 3.72 亿美元，但也由于缺乏资金而没有投入使用。于是能源部开始推动一项政策，即将有限的国内项目与欧洲、日本和苏联合作，建立一个规模更大、价值数十亿美元的托卡马克装置，即国际热核实验反应堆。

1989 年 3 月，犹他大学的两位化学家声称室温下电化学电池的钯电极中捕获的氘原子之间的核聚变反应能够产生大量能量，这重新激发了公众的兴趣。犹他州希望在商业上大赚一笔。于是 15 天内立法机构就为这项研究拨款 500 万美元；半年内犹他州就成立了国家冷核聚变研究所。然而，随着世界各地的实验室相继展开这一领域的研究，人们很快就发现迄今为止没有发生任何已知的聚变反应。截至 1993 年，犹他州做法的意义及其对能源的影响仍然存在争议。

历史学家曾以"热"核聚变为例，研究政府科学管理者如何保护和拓展他们的项目，而此过程中这些项目的内容往往会受到很大影响。由于数据上的争议、物理学家和化学家之间的竞争、媒体发挥的巨大作用以及犹他州及其大学将该发现商业化的倾向，"冷"核聚变得到了更多关注。在康奈尔大学图书馆珍本和手稿收藏处的支持下，康奈尔冷核聚变档案已整理完毕，其中包括手稿、出版物、媒体报道、采访记录和冷核聚变文物。

参考文献

[1] Bromberg, Joan Lisa. *Fusion: Science, Politics, and the Invention of a New Energy Source.* Cambridge, MA: MIT Press, 1982.

[2] Hendry, John. "The Scientific Origins of Controlled Fusion Technology." *Annals of Science* 44 (1987): 143–168.

[3] Lewenstein, Bruce V. "Cold Fusion and Hot History." *Osiris*, 2d ser., 7 (1992): 135–163.

[4] McAllister, James W. "Competition Among Scientific Disciplines in Cold Nuclear Fusion Research." *Science in Context* 5, 1 (1992): 17–49.

琼·丽莎·布朗伯格（Joan Lisa Bromberg）　撰，刘晓　译

《原子科学家公报》

The Bulletin of the Atomic Scientists

《原子科学家公报》（简称《公报》）最初是"曼哈顿计划"中各地科学家用来分享关于战时使用和战后控制原子弹的信息和关切的一份内部通讯。在首任主编尤金·拉宾诺维奇（Eugene Rabinowitch）的领导下，它成了一本教育公众了解核问题、公共政策和国际事务的杂志。在 20 世纪 70 年代扩大了范围，把环境问题包括在内。律师、社会科学家、神学家和政府官员都是它的撰稿人，但与其起源相符，

科学家仍是它的主要撰稿人。

自 1946 年以来，《公报》已成为具有国家或国际政治影响的科学问题的重要参考资料。这些问题包括核扩散、辐射与健康、核能、非常规武器、冷战与军备竞赛、美国国防开支、向政府提供科学建议以及科学家的社会责任。《公报》的一个特色是"末日钟"，自 1947 年以来，它出现在每一期的封面上。钟面上离午夜距离的分钟数表示编辑们对国际紧张局势和核战争危险程度的评估。《公报》及其时钟是衡量国际事件和技术发展的指标。

参考文献

[1] Moore, Mike. "Midnight Never Came." *Bulletin of the Atomic Scientists* 51 (November/ December 1995): 16–27.

[2] "The *Bulletin* and the Scientists' Movement." *Bulletin of the Atomic Scientists* 41 (December 1985): 19–31.

伊丽莎白·霍兹（Elizabeth Hodes） 撰，吴紫露 译

另请参阅：美国科学家联盟（Federation of American Scientists）

气球飞行与科学
Ballooning and Science

虽然浮力的概念可以追溯到亚里士多德（公元前 384—前 322），但气球的发明直接源于 17 世纪和 18 世纪的气动物理和化学研究。神父劳伦索·德·加斯莫（Laurenço de Gusmão）可能早在 1709 年就在里斯本放飞过一个非常小的热气球。然而，约瑟夫·蒙戈菲尔（Joseph Montgolfier，1740—1810）和艾蒂安·蒙戈菲尔（Etienne Montgolfier，1745—1799）独立地发展出这个想法，并于 1783 年 6 月 4 日在法国安诺奈进行了热气球的首次公开飞行。雅克·亚历山大·塞萨尔·查尔斯（Jacques Alexandre Cesare Charles，1746—1823）引进了生产大量氢气的工艺，并于 1783 年 8 月 27 日在巴黎放飞了世界上第一个气球。皮拉特·德·罗齐尔（Pilatre de Rozier）和阿兰德侯爵（Marquis d'Arlandes）是第一批得以自由

飞行的人类，他们于 11 月 21 日从巴黎乘坐蒙戈菲尔的热气球升空。不到两周后的 12 月 1 日，J. A. C. 查尔斯（J. A. C. Charles）和 M. N. 罗伯特（M. N. Robert）首次乘坐热气球飞行。

19 世纪，壮观的升空、长途飞行和军事航空实验引起了广泛的关注和评论，人们也很早就认识到气球作为科学工具的潜力。艾蒂安·罗伯逊（Etienne Robertson）被认为于 1803 年 7 月 18 日在汉堡进行了第一次明确的科学升空。1804 年 9 月 16 日，盖－吕萨克（Gay-Lusssac）在一次为了大气取样、记录温度和压力以及进行电磁实验的飞行过程中，升到了创纪录的约 23000 英尺的高度。

自 1862 年 9 月 5 日起，科学气球进入了一个更加危险的新时代。当天，英国气球驾驶员亨利·考克斯维尔（Henry Coxwell）和地球物理学家、气象学家詹姆斯·格莱舍（James Glaisher）首次攀升至 30000 英尺以上，由于严寒和缺氧，两人都失去了知觉。考克斯维尔短暂恢复了知觉，但双手已经冻伤无法恢复，他用牙齿拉动气体释放阀，以降落到安全地带。西奥多·西维尔（Theodore Sivel）和约瑟夫·克罗斯－斯皮内利（Joseph Croce-Spinelli）就没那么幸运了，他们于 1875 年 4 月 15 日在乘坐气球"天顶"（Zenith）上升高空的过程中丧生。气球驾驶员加斯顿·蒂斯桑迪尔（Gaston Tissandier）也在飞行中失去了知觉，但幸存了下来。19 世纪末，仪器化的气球探空仪的引入降低了对人类生命的威胁，但是极端高度的诱惑仍不时地吸引着飞行员，包括美国的 H. C. 格雷上尉（Captain H. C. Gray），1927 年 5 月 4 日，他在伊利诺伊州的斯科特菲尔德上升至 42470 英尺时死亡。

奥古斯·皮卡德（August Piccard）发明的加压式热气球，于 1931 年 5 月 27 日在德国奥格斯堡上空攀升到 51775 英尺的高度，开启了平流层气球飞行的时代。在接下来的 4 年里，瑞士、苏联和美国的飞行员利用这项新技术反复努力，将世界飞行高度记录不断推向更高。1935 年 11 月 11 日，当美国陆军航空队／国家地理学会的热气球"探索者"2 号乘务组人员达到了 72377 英尺的高度时，这场国际竞赛事实上就尘埃落定了。

"二战"之后，轻量化的塑料膜和其他新材料和新技术的使用，带来了一个气球能够将沉重的负载带到大气层顶部的时代。随着美国海军和空军的气球驾驶员们升至超过 11.3 万英尺的高度，以进行研究并测试生命保障设备和其他空间飞行所需的设备，旧的记录被打破。新技术高空气球被用于国防和情报项目中，并满足了从环境研究到粒子物理学和 X 射线天文学等领域研究人员的需要。自由气球是第一个能够携带科学仪器和好奇的人类升空的飞行器，至今仍然是研究大气层、地球和宇宙的重要工具。

参考文献

[1] Crouch，Tom D. *The Eagle Aloft：Two Centuries of the Balloon in America*. Washington, DC：Smithsonian Institution Press，1983.

[2] DeVorkin，David H. *Race to the Stratosphere：Manned Scientific Ballooning in America*. New York: Springer-Verlag，1989.

汤姆·克劳奇（Tom Crouch） 撰，吴紫露 译

航空

Aeronautics

20 世纪以来，人们对包括航空在内的科学技术日新月异的进展兴趣浓厚。重要的航空研究起源于 18 世纪的气球飞行，它让人们获得了关于高空大气的温度变化、氧气含量和风速的重要知识。作为 19 世纪的一项重要传统，飞行器研究兴起于欧洲，如英国皇家航空学会，拥有一群训练有素的科学家和工程师，他们研制出风洞之类的关键研究设施；德国的奥托·利林塔尔（Otto Lilienthal）在 19 世纪 90 年代实现了滑翔机飞行，积累了大量数据。所有这些集体工作帮助了俄亥俄州代顿市的奥威尔·莱特（Orville Wright）和威尔伯·莱特（Wilbur Wright）这对富有创造力并且技术娴熟的兄弟，他们曾设计并制造了自行车，开创了一门成功的生意。凭借逻辑和技巧，他们改良了测试设备，运用令人折服的直观分析，从试验结果中外推出实用的设计。1903 年 12 月 17 日，他们在北卡罗来纳州基蒂霍克的多风沙丘上成功飞起。

从 1908 年到 1910 年，面向美国陆军和欧洲政府的一系列飞行表演，标志着公

众已经接受了飞行。"一战"加快了欧洲在军事行动中所需的机身和发动机的发展。而 1917 年美国投入战斗后，不得不有意识地采取行动迎头赶上。甚至参战前，美国评估欧洲航空发展状况的官方委员会就建议联邦政府采取行动。因此，美国于 1915 年成立了国家航空咨询委员会（NACA）。20 世纪二三十年代，凭借着发动机整流罩和除冰研究的进展，以及一系列系统化的翼型成为国际设计的标准，航咨委的风洞和航空研究获得了全世界的认可。"二战"前的迅速扩张，成立了俄亥俄州的发动机研究中心和加利福尼亚州的高等飞行研究新中心。

其他机构在战前数十年里也做出了重大贡献。私人慈善组织古根海姆航空促进基金（Guggenheim Fund for the Promotion of Aeronautics）资助了试验研究，最终仅靠仪器就能成功实现"盲飞"。该基金在其 1925—1930 年的活动中，还支持了若干个大学的航空工程和研究中心。如气象学方面，为人才济济的航空基础设施的发展提供了关键支持。航空商务局（成立于 1925 年）的研究改进了无线电；军事服务为航空航天医学奠定了基础，也促进了冶金和燃料等不同领域的研究。对于商业航空来说，在诸如此类潮流的指引下，马丁和波音的四台发动机水上飞机开辟了越洋航线，引领潮流的"波音"247 和"道格拉斯"DC-3 双发动机客机也登场。

"二战"伊始，大多数使用活塞发动机的前线战斗机飞行速度达到每小时 300 英里，而轰炸机达到每小时 200 英里。到 1945 年，它们的飞行速度分别超过 400 英里/小时和 300 英里/小时。这一提速的实现，主要是通过使用高辛烷燃料、一系列空气动力学的改进，以及增压发动机而提升高空的速度。像"波音"B-29 这样的先进轰炸机还配备了增压驾驶舱和乘员舱；B-29 的电子远程控制炮塔标志着复杂武器系统达到高度精密的水平。英国率先研制出雷达，让防空系统更加高效；机载雷达提升了轰炸准度，演变为夜间战斗机使用的紧凑部件。雷达和类似的电子辅助设备大大提高了远程航行的可靠性，不仅用于执行轰炸任务，也用于日常的越洋运输飞机。上述趋势突显了"地球不断缩小"的现实，有力支持了战时热议的新"航空时代的世界"，这个世界彻底改变了时间－距离的关系。人们希望出现全球和谐的新时代，却因核武器和冷战对立而化为泡影。

战时的研发实现了火箭技术和喷气推进方面的重大进展。在英国，皇家空军军官弗兰克·惠特尔（Frank Whittle）于 1937 年成功测试了离心式燃气涡轮飞机发动机。而德国人使用汉斯·冯·奥安（Hans von Ohain）独立设计的轴流式发动机，1939 年就率先成功试飞了一架喷气式飞机。"二战"期间，德国在喷气发动机的改进和相关的高速空气动力学方面更胜一筹。通过一次特别的战时合作协议，英国把喷气发动机技术分享给了美国。战后，美国利用这项馈赠，再加上从德国掠取的专业技术，以及从冷战预算中划拨的充足资金，故而在喷气推动和空气动力学等许多领域达到世界领先地位。德国战时研发的 V-2 弹道导弹是另一项战争遗产，因为沃纳·冯·布劳恩（Wernher von Braun）等许多火箭专家在美国战后的太空计划中发挥了关键作用。

战后的军事研究不断打破高速飞行的极限。1947 年安装火箭发动机的"贝尔"X-1 型飞机突破了声障，而 20 世纪 60 年代生产的喷气式战斗机速度普遍高于声障（即 1 马赫，以奥地利物理学家恩斯特·马赫的名字命名）。之后，轰炸机也开始装配喷气发动机和后掠翼，并且飞行速度达到 1 马赫。战后数年间，时速 350-400 英里的客机既有活塞式发动机，也有涡桨发动机。1954 年，英国"彗星"号（Comet）喷气推进式飞机投入使用，只有后来道格拉斯和波音公司生产的更大、更快的新系列喷气飞机才能媲美。新型客机不仅体积庞大，时速达 600 英里，而且机翼设计、助航设备、控制系统和其他方面都有重大改进。

无论是民用还是军用，飞机设计都代表着一个系统工程的复合矩阵。这种方法极为重视电子系统和计算机操作的研发，并在日益繁忙的空域中全球化运行。20 世纪 70 年代，合成复合材料在飞机结构中的使用更加广泛。这些技术造就了军事设计中的"隐形"飞机，如洛克希德公司的 F-117 和诺斯罗普公司的 B-2，产生的雷达信号极其微弱。民用和军用的设计都越来越依靠电脑化的显示系统，从而取代了驾驶舱中一排排令人生畏的刻度盘和仪表。

控制系统也实现了电脑化，使用"电传飞行控制系统"将飞行员的指令转换到飞机的控制界面。许多这样的系统还使用计算机程序，根据有效载荷、高度、燃料消耗和其他因素来确定最高效的飞行速度和整机状态。对于大型、高速运输机和先进战斗机的设计来说，使用这些应对实时环境的电脑飞行系统是避免灾难的唯一手段。

参考文献

[1] Bilstein, Roger E. *Flight in America*: *From the Wrights to the Astronauts*. Baltimore: Johns Hopkins University Press, 1991.

[2] Ceruzzi, Paul. *Beyond the Limits*: *Flight Enters the Computer Age*. Cambridge, MA : MIT Press, 1989.

[3] Hansen, James R. *Engineer in Charge*: *A History of the Langley Aeronautical Laboratory*, *1917-1958*. Washington, DC: Government Printing Office, 1987.

[4] Jakab, Peter L. *Visions of a Flying Machine*: *The Wright Brothers and the Process of Invention*. Washington, DC: Smithsonian Institution Press, 1990.

[5] Miller, Ronald, and David Sawers. *The Technical Development of Modern Aviation*. New York: Praeger, 1970.

罗杰·E. 比尔斯坦（Roger E. Bilstein） 撰，陈明坦 译

空间科学与探索
Space Science and Exploration

空间科学与探索是一个综合性术语，指在地球表面以外进行的科学活动，以及使用火箭、卫星或航天器对太阳系进行的探索。"空间科学"一词直到 1957 年 10 月第一颗人造卫星"斯普特尼克"1 号（Sputnik I）发射后不久才开始使用。为应对这一明显挑战，美国紧随苏联之后（其他一些国家也在一定程度上参与），启动旨在探索当时所谓的"外层空间"（outer space）的超级项目。尽管在过去 10 年中的最后几年，小型科学探空火箭、小型探测卫星和航天探测器仅限于探索至地球高层大气层和磁层，并对较亮天体的辐射进行粗略测量，但更大型的航天器正在设计或研发中。一些科学家和企业家认为，利用火箭和卫星进行科学研究的严苛条件与以往科学实践大不相同，以至于催生出新的科学领域。对这些人而言，空间科学中仪器与科学实践的联系比传统科学中的联系紧密得多。其他人强烈反对此种观点，认为不应该根据探测技术或观测者的空间位置就组织一门新科学。对他们而言，空间技

术只是另一种探测手段，并不影响科学的学科组织。

从第二次世界大战结束到"斯普特尼克"1号发射，这一时期不同学科的科学家都尝试过用气球和火箭将仪器抬升起来的实验。高空大气学、气象学、极光研究、太阳物理学、宇宙线研究、天文学、粒子与场及其他相关领域的研究都曾受益于早期火箭和气球仪器。甚至连生物和医学研究人员都表现出兴趣，他们常在军方资助下希望研究生物在太空环境中的反应。众多关于卫星和航天探测器的可行性研究开始开展，一些用于地球侦察、通信和气象学的秘密卫星也在研发。国际地球物理年（International Geophysical Year，IGY）是从多学科角度研究地球及周围环境的一项国际联合观测活动（1957—1958），许多箭载测量项目也包含其中。此外，苏联和美国都在这一时期计划将第一颗人造卫星送入地球轨道。1957年下半年，苏联的"斯普特尼克"1号被送入太空，美国"探险者"号和"先驱者"号系列卫星紧随其后共同开启了美国的太空计划。

美国对苏联"斯普特尼克"号挑战的回应包括成立一个新改组的总统科学顾问委员会（President's Science Advisory Committee），以及建立一个新机构来监管所有民用太空研究，即美国国家航空航天局（National Aeronautics and Space Administration，NASA，简称美国宇航局）。科学研究成为说服艾森豪威尔总统及其科学顾问以及其他人接受太空发展计划的主要共同理由。促进太空科学研究成为在创建美国宇航局时立法的重要目标。某种程度上，美国宇航局可视为与美国国家科学基金会平行的机构，后者为地面上进行的科学研究提供资金和设备。

在美国宇航局成立之前，美国国家科学院就将若干涉及火箭技术及地球卫星项目的国际地球物理年技术委员会合并为新的空间科学委员会（Space Science Board）。1958年6月，空间科学委员会的第一次正式活动就是征求和评估在空间进行科学实验的相关建议，其原因显而易见：宇宙飞行的时机即将成熟。同年稍晚，随着美国宇航局开始运作，原"先驱者"号的科学设计主任霍默·纽维尔（Homer Newell）开始负责空间科学工作，空间科学委员会随即成为一个咨询机构延续至今。但是，这种角色转变并非十分顺畅，纽维尔后来讲述了空间科学委员会与美国宇航局之间"爱恨交加"的关系（Newell，第205页）。空间科学委员会组织出版了一本有关空间科学的介绍性书籍，旨在使科学家了解这一领域并希望吸引他们参与进来（Berkner 和 Odishaw，1961 年）。空间科学委员会仍然是最有影响力的地方，每年都会举办几次会议，会上活跃于各领域的杰出研究人员会评估空间科学现状，并就国家航空航天局或其他项目提出建议。空间科学委员会及其不断增加的会员们留下的众多报告，为空间科学相关学科的发展、成就以及优先研究重点，提供了编年史史料。作为美国在国际科学联合会理事会（International Council of Scientific Unions，ICSU）空间研究委员会（Committee on Space Research，COSPAR）中的正式代表，空间科学委员会的报告和档案也为理解国际空间科学的发展提供了路径。

粗糙原始的人造卫星产生了引人注目的科学成果，这使人相信空间技术将为科学带来革命性进步，空间科学也将成为一门新的学科。第一批人造卫星携带的简易盖革计数器证实了捕获辐射的范艾伦辐射带（van Allen belts）和地球磁层（magnetosphere）的存在。科学家对卫星轨道摄动的分析揭示出一个"梨形"地球，这成为大地测量学的重大进展。这些及其他首次在先前无法到达的动态区域进行的原位测量（in situ measurements），对有关地球环境及其与太阳相互作用的现行理论和解释都产生了深远影响。

美国宇航局设有一个重要的空间科学部门，根据项目、飞行器或学科类别进行不同的组织活动。从一开始，官员们就意识到他们必须有能代表公认的科学学科专家和机构负责与大学建立联系。因此，尽管美国宇航局的组织结构错综复杂，但总有一些"科学负责人"（discipline chiefs），他们是正式的科学家，负责监督各种科学项目和活动。我们可以通过美国宇航局组织结构图和通讯录中的管理者和科学家的头衔及隶属关系，窥见空间科学的学科发展与构成现状。

尽管美国宇航局总部和各研究中心拥有众多来自各学科领域的科学家在此任职，但它仍采取措施鼓励和支持高校研究者加入太空研究。空间科学委员会和美国宇航局共同推动资助计划，鼓励高校科学家研发可用于火箭和卫星中的仪器。他们还赞助学术会议，在一流期刊上撰文以及出版介绍性书籍。20 世纪 60 年代美国宇航局迅速发展，局长詹姆斯·韦布（James Webb）试图说服大学设立跨学科的空间科学研究计划和部门。他还拨款建设新大楼，希望通过缩短空间研究相关学术部门的物理距离——将这些部门"放在同一屋檐下"——来促进学科间的交流互动。然而，事实证明，传统的学科边界很有弹性，"空间科学"在大学中仍是一个综合性名称，通常用于泛指某些项目或一些组织松散的院系集群。有时，它仅仅成为申请资助时的装饰语，用更吸引人的方式包装原有或稍加改动的大学院系以便获取美国宇航局提供的拨款。

"空间科学"的确切含义一直是学术部门和学术组织争论的话题，争论的焦点在于是否有必要将空间相关研究集中到独立部门。若干以"空间科学"为主题的专门期刊已经创刊，包括《行星与空间科学》（*Planetary and Space Science*，1959）、《空间科学评论》（*Space Science Reviews*，D. Reidel，1962）和《空间科学仪器》（*Space Science Instrumentation*，D. Reidel，1975）。然而，绝大多数报告性和分析性的空间研究论文依旧发表于相关学科或专题期刊上（Newell，1980，见，"空间科学的含义"）。

对科学组织而言，空间科学的含义也不甚明确。1959—1962 年，美国地球物理联合会（American Geophysical Union）内部进行了激烈辩论，"空间科学"的支持者，包括美国宇航局的霍默·纽维尔和罗伯特·贾斯特罗（Robert Jastrow）呼吁建立一个新的"行星物理学"（planetary physics）部门，作为空间研究组织。几个委员会考虑了各种名称和部门，最终决定将新的部门命名为"行星科学"（planetary sciences）。这个部门在 20 世纪 60 年代一直在发展，后来被分为行星学和太阳－行星关系两个独立部门。美国天文学会（American Astronomical Society）、美国地质学会（Geological Society of America）、美国物理学会（American Physical Society）和其他专业协会也进行过类似的讨论，这些组织于 20 世纪 60 年代末和 70 年代也相继为空间研究设立独立的组织部门（Tatarewicz，第 6 章）。

空间技术与空间研究机构对众多科学领域和学科都产生了深远影响。但是，空间科学是否具有超越"仅仅是在空间中开展研究的科学"之含义，还存在相当大争议。

相关教科书和介绍性书籍有伯克纳（Lloyd V. Berkner）、勒·加利（Donald P. Le Galley）、格拉斯通（Samuel Glasstone）和海姆斯（Robert C. Haymes）等人的著作。纽维尔（Homer Newell）、诺格尔（John E. Naugle）、梅西（Harrie, Sir. Massey）等人还撰有优秀、可靠的回忆录作品。美国国会技术评估办公室（United States Congress Office of Technology Assessment，OTA）关于空间科学的一份报告中可以看到经过深思熟虑做出的政策分析，该报告讨论空间研究对传统科学领域的影响，还包括以往财政和从业人员统计数据。相关历史研究包括德沃金（David H. DeVorkin）对早期火箭和气球的研究，海瑟林顿（Norriss S. Hetherington）对创建空间科学委员会的研究，塔塔雷维奇（Joseph N. Tatarewicz）对行星科学的研究。美国宇航局和美国国家科学院空间科学委员会的档案，美国国家档案馆（National Archives）所藏霍默·纽维尔的论文以及美国国会图书馆（Library of Congress）所藏劳埃德·伯克纳的论文，都是保存完好且数量众多的宝贵史料，对于我们理解空间科学及其探索的进程至关重要。

参考文献

［1］Berkner, Lloyd V., and Hugh Odishaw, eds. *Science in Space*. 1961. Reprint, New York: McGraw-Hill, 1967.

［2］DeVorkin, David H. *Science with a Vengeance: How the Military Created US Space Sciences After World War II*. New York: Springer-Verlag, 1992.

［3］Glasstone, Samuel. *Sourcebook on the Space Sciences*. Princeton, NJ: D. Van Nostrand, 1965.

［4］Hanle, Paul A., and Von Del Chamberlain, eds. *Space Science Comes of Age: Perspectives in the History of the Space Sciences*. Washington, DC: Smithsonian Institution Press, 1981.

［5］Haymes, Robert C. *Introduction to Space Science*. Space Science Text Series. New York: Wiley, 1971.

［6］Hetherington, Norriss S. "Winning the Initiative: NASA and the U.S. Space Program." *Prologue* 7（1975）: 99-107.

［7］Le Galley, Donald P., ed. *Space Science*. New York: Wiley, 1963.

［8］Massey, Harrie, Sir. *History of British Space Science*. New York: Cambridge University

Press, 1986.

[9] Naugle, John E. *First Among Equals*：*The Selection of NASA Space Science Experiments*. Washington, DC: Government Printing Office, 1991.

[10] Newell, Homer E. *Beyond the Atmosphere*：*Early Years of Space Science*. Washington, DC: National Aeronautics and Space Administration, 1980.

[11] Russo, Arturo, ed. *Science Beyond the Atmosphere*：*The History of Space Science in Europe*. Proceedings of a Symposium Held in Palermo, Italy, 5–7 November 1992. ESA HSR– Special, 1993.

[12] Tatarewicz, Joseph N. *Space Technology and Planetary Astronomy*. Bloomington: Indiana University Press, 1990.

[13] United States Congress Office of Technology Assessment. *Space Science Research in the United States*：*A Technical Memorandum*. Washington, DC: Government Printing Office, 1982.

约瑟夫·N. 塔塔列维奇（Joseph N. Tatarewicz）撰，刘晓 译

另请参阅：美国国家航空航天局（National Aeronautics and Space Administration）

"阿波罗计划"
Apollo Program

20 世纪 60 年代的 10 年间，在美国国家航空航天局（NASA）的指挥下，将人送往月球，在那里着陆并安全返回，美国的这项国家事业，定名为"阿波罗计划"。

"阿波罗计划"紧随国家航空航天局的"水星计划"（1959—1963），该计划使用弹道火箭将试飞员送入地球轨道，然后是"双子座计划"（1962—1966），这一计划通过轨道机动、交会和对接，进一步发展载人航天。"阿波罗计划"有时被称作"20 世纪 60 年代的事业"，它是一项雄心勃勃、令人敬畏、最终令人惊叹的载人航天技术的冒险。它有助于将苏联和美国之间可怕的军备竞赛转变为良性的太空竞赛。它是冷战时期地缘政治追求自豪感和权力的表现。它还展示并激发了超级大国间对抗时代的无数技术、科学、军事、工业以及微观－宏观研究能力。美国总统约翰·肯尼迪在 1961 年就职后不久，即授权开始实施真正的载人登月计划。到 1969

年年底，通过两次登月，已有 4 名美国宇航员在月球上行走并安全返回地球。截至 1973 年年底，共有 12 名宇航员（最后一位是真正的地质学家，哈里森·施密特博士）亲身探索了月球可见一侧表面的多个地点，另外 17 名宇航员曾绕月飞行。"阿波罗 – 土星"的测试飞行和实际任务原本计划为 20 次，但 1970 年后资金削减，计划被压缩到 17 次。

"水星计划"是由国家航空航天局一系列的试验性导弹计划演变而来，特别是罗伯特·吉尔鲁斯（Robert R. Gilruth）和马克斯·法格特（Max Faget）在弗吉尼亚州兰利的国家航空航天局无人机研究部门的开创性工作，以及国家航空航天局在 20 世纪 40 年代末和 50 年代开发的从 X–1 到 X–15 超音速飞机。同样基础的还有弹道导弹运载火箭计划，特别是由沃纳·冯·布劳恩（Wernher von Braun）领导的德国人和美国人团队推动的计划，从"二战"的 V–2 计划到 20 世纪 60 年代的土星系列助推器。"水星"号飞行器是一种小型、单座的头锥型飞行器，带有用于再入保护的钝头烧蚀隔热罩，它几乎没有机动性，但它英勇地执行了 7 次载人任务，展示了两次亚轨道飞行的能力，以及 5 次持续时间越来越长的载人卫星航行（到 1963 年共绕地球轨道 17 次）。冯·布劳恩团队为美国陆军研发的"红石"火箭完成了最初的试飞，但接着"阿特拉斯"洲际弹道导弹（Atlas ICBM）作为助推器，使得随后"水星 – 阿特拉斯"计划的五次飞行成为可能。20 世纪 60 年代上半叶，苏联在航天方面的成就一直领先于美国，但随着美国势头的增强，一次又一次安全和成功地完成任务，二者逐渐平分秋色。起初，几乎没有谋求任何的基础科学或纯科学，因为所有的科学都被导向任务的应用。但是渐渐地，工程科学促进了其他科学提出各种各样的见解和探究。

国家航空航天局的过渡性载人航天研发项目——"双子座（Gemini）计划"是在国会批准肯尼迪总统的决定后，专门设计用来填补美国研发人员所面临的工程知识和航天经验方面的许多空白。"双子座"号宇宙飞船的尺寸几乎是"水星"号的两倍，而重量超过"水星"号的 5 倍，能够搭载两名宇航员在轨道上运行两周，设计的目的是演示太空交会、对接和"舱外活动"（将穿着宇航服的宇航员在舱外系绳漂浮和工作）。"双子座"飞船的设计方式与"水星"号相同，但由一个庞大的工程师团队开发，现在被重新安置在国家航空航天局新成立的位于得克萨斯州休斯敦附近的载人宇航中心（Manned Spacecraft Center）。该飞船配备了弹射座椅，以便必要时发射逃生。除此之外，第一代和第二代飞船虽然外观相似，但内部却非常不同。所有的"双子座"飞船的任务都是《在泰坦的肩膀上》①［*On the Shoulders of Titans*，这是哈克（B. Hacker）所著历史纪念册的标题］发射到轨道上的，"泰坦"Ⅱ号（Titan Ⅱ）洲际弹道导弹证明了自己是最可靠的运载火箭。因为"阿波罗－土星"阿波罗－土星团队决定通过一种被称为绕月轨道会合（Lunar Orbital Rendezvous，LOR）的模块化方法往返月球，所以"双子座计划"是测试"阿波罗计划"的可行性和主要操作特性的组成部分（尽管是分开管理的）。

在世界首次绕月飞行（1968年圣诞节"阿波罗"8号载人）之前，"阿波罗计划"中相对于技术而言，最"科学"的部分也许是3个自动探测器系列计划［分别称为"徘徊者"号（Ranger）、"勘测者"号（Surveyor）和月球轨道环行器（Lunar Orbiter）］，它们探测了月球表面和地形地貌。这三组侦查探险开始时经历了许多磨难，但最终取得了巨大的胜利。"徘徊者"号探测器被设计成以越来越小的分辨率向地球传回电视图像，直到发生撞击和毁坏。"勘测者"号探测器被设计成在月球上选定的地点软着陆，测量岩石或巨石的承重强度、大小和形状，月球尘埃成分、光照条件等。月球轨道环行器被设计为使用雷达和摄影技术来绘制整个月球球体的地形图，以便选择着陆点。月球轨道环行器的前3次（共计5次）任务执行得非常好，以至于最后两次任务几乎完全专注于绘制更多的地图。

截至1968年年底，这3个计划所提供的关于月球表面的确证知识相得益彰，极大地增强了人们的信心，认为"阿波罗计划"的设计决策是足够明智的（特别是登月舱和宇航员的宇航服）。然而，除了满足"阿波罗计划"的需要之外，这3个计划还提供了扎实的月面学，具有恒久的价值。

通过应用无数的科学知识，来设计、测试、开发和完善所有的硬件和软件，从而实现10年内让人类安全登月并返回的任务。除此之外，当然还有一些关于自然和

---

① 泰坦是希腊神话中的神族，其中阿特拉斯是希腊神话中的擎天神。——译者注

人性的发现，有朝一日登月任务会被承认为更偏重纯科学而不是任务导向的。为资助空间科学领域的学术研究人员、建筑和实验室，国家航空航天局提供了赞助和补贴，并奖助成千上万的理论和实验科学家，这一切以及其他更多——20 世纪 60 年代主要以"阿波罗计划"为名，20 世纪 70 年代以后续的"天空实验室"（Skylab）和"阿波罗 - 联盟"计划（Apollo-Soyuz）为名——必须被算作对科学的贡献。可以认为，在以"阿波罗计划"为特征的 10 年中，就已经开始了两个相当深刻的转变：一是天体物理 - 宇宙学 - 生态纪开始对外太空生化结构模块的普遍性有所认识；二是空间医学（源自军事医学）基于健康而非疾病，具有生物医学和神经心理学的意义。尽管第二项与"阿波罗计划"有更紧密的直接联系，但第一项与它的反主流文化间接相关，与天文学、生物化学、行星科学、仪器仪表、微型化、计算机技术等方面的进步有关。把建造"阿波罗"飞船和太空所需的物品看作人造世界，无疑会激发把地球本身看成一艘宇宙飞船的想法。

1967 年年初，美国和苏联的载人航天计划都遭遇了沉重的灾难，导致了载人登月竞赛的倒退。在肯尼迪角的发射台上，204 号宇宙飞船发生了严重火灾，宇航员维吉尔·I. 格里斯姆（Virgil I. Grissom）、爱德华·H. 怀特（Edward H. White）和罗杰·查菲（Roger B. Chaffee）丧生，后来这次失败的试验被追认为"阿波罗"1 号，以示对遇难者的敬意。这场悲剧促使人们为安全性和可靠性做出了许多改变，首先是减少了机舱大气中的氧气成分。4 月，宇航员弗拉基米尔·科莫罗夫（Vladimir Komorov）在一次返回地球的坠落中丧生，因为返回舱翻滚导致他的降落伞带子缠绕无法打开，破坏了"联盟"1 号（Soyuz One）的所有制动操作。两国的工程师和技术人员忍痛重新评估了所有的系统，无疑极大地提高了设备的可靠性和安全性。

大约在这一时期，仅在美国的计划就有超过 50 万名工人，不论是政府、工业还是学术界，都直接与"阿波罗计划"相关。仅"阿波罗计划"，最终国会的拨款就超过了 250 亿美元。

最终的"阿波罗"行动包括两次地球轨道飞行任务（"阿波罗"7 号和 9 号），两次绕月飞行任务（"阿波罗"8 号和 10 号），一个夭折任务（"阿波罗"13 号）——

该任务勉强在月球的周围绕过弧线后返回，以及 6 次越来越复杂的登月任务（"阿波罗" 11 号、12 号、14 号、15 号、16 号和 17 号）。因此，共有 11 次载人飞行；27 名美国人绕月飞行；12 人在月球表面行走；6 人驾驶着月球探测器在着陆点周围短距离考察。

在面向地球的 6 个截然不同的区域，12 名登月宇航员总共花了 296 小时进行探索，带回 382 千克的月球岩石和土壤样本。所有 6 次登月任务都建造了用于不同目的的科学仪器，但最后 5 次登月任务为科考站建造了更精密的设备，以便远程控制操作。在月球表面部署或开展了大约 25 种不同类型的传感器或实验。拍摄超过 16000 张具有科学价值的照片，供地球上相关领域的专家用于研究，包括地质学、地球物理学、地球化学、岩石学、岩相学和其他类似学科。

1969 年 7 月 20 日，当尼尔·阿姆斯特朗（Neil Armstrong）在月壤之上迈出了他的一小步，却也是人类的一大步时，阿姆斯特朗拿着相机，为他的队友埃德温·"巴兹"·奥尔德林（Edwin "Buzz" Aldrin）拍下人类在月球上的第一张照片。1972 年 12 月 19 日，当罗纳德·E. 埃文斯（Ronald E. Evans）、尤金·塞尔南（Eugene Cernan）和杰克·施密特（Jack Schmitt）安全降落在帕果帕果（Pago Pago）附近的太平洋水面时，"阿波罗计划"雄心勃勃的可怕冒险就此结束了。但是阿波罗应用公司（Apollo Applications）于 1973 年和 1974 年间使用不同配置的"阿波罗"飞船和"土星"运载火箭，接手了 3 次"天空实验室"任务。最后，1975 年 7 月，"阿波罗 – 联盟"号试验项目将来自苏联和美国的宇航员送入太空，象征性地实现了这两个超级大国的交会，对接后的苏美两国的宇航员可以在轨道上握手，互相敬酒，在失重状态下分享美食和礼物。从"天空实验室"任务中获得的科学回报当然很大，但"阿波罗 – 联盟"号试验项目的地缘政治和社会心理上的回报可能更大，因为合作已经被公认为与竞争同等重要。

在航天爱好者看来，"阿波罗" 8 号的决策和任务，即在 1968 年圣诞节期间的首次绕月飞行 [搭载弗兰克·博尔曼（Frank Borman）、小詹姆斯·A. 洛弗尔（James A. Lovell Jr.）和威廉·A. 安德斯（William A. Anders）]，作为太空竞赛的一个转折点而格外引人注目。在民间，"阿波罗" 13 号 [1970 年搭载洛弗尔、小约翰·L. 斯

威格特（John L. Swigert Jr.）和小弗雷德·W. 海斯（Fred W. Haise Jr.）]的高度
戏剧化和近乎悲剧的故事俘获了文学界和电影界的观众。1971 年，"阿波罗" 15 号
搭载着大卫·R. 斯科特（David R. Scott）和詹姆斯·B. 艾尔文（James B. Irwin）
在哈德利·里尔（Hadley Rille）附近登陆月球，首次使用了 "月球车" 进行机动运
输。就像所有的 "阿波罗" 任务一样，"阿波罗" 15 号通过电视向地球实时转播，还
让体育运动看上去比科学更重要。二者显然都是 "阿波罗计划" 的核心成就。

参考文献

［1］Bilstein, Roger E. *Stages to Saturn：A Technological History of Apollo/Saturn Launch Vehicles.* Washington, DC: National Aeronautics and Space Administration, 1980.

［2］Brooks, Courtney O. *Chariots for Apollo：A History of Manned Lunar Spacecraft.* Washington, DC: National Aeronautics and Space Administration, 1979.

［3］Compton, William D. *Where No Man Has Gone Before：A History of Apollo Lunar Exploration Missions.* Washington, DC: National Aeronautics and Space Administration, 1989.

［4］Ezell, Linda N. *NASA Historical Data Book.* Vols. 2, 3. Washington, DC: National Aeronautics and Space Administration, 1988.

［5］Hacker, Barton C., et al. *On the Shoulders of Titans：A History of Project Gemini.* Washington, DC: National Aeronautics and Space Administration, 1977.

［6］Hallion, Richard P., and Tom D. Crouch, eds. *Apollo：Ten Years Since Tranquility Base.* Washington, DC: National Air and Space Museum, 1979.

［7］Levine, Arnold S. *Managing NASA in the Apollo Era.* Washington, DC: National Aeronautics and Space Administration, 1982.

［8］MacDougall, Walter A. *The Heavens and the Earth：A Political History of the Space Age.* New York: Basic Books, 1985.

［9］Murray, Charles, et al. *Apollo：The Race to the Moon.* New York: Simon & Schuster, 1989.

［10］Newell, Homer E. *Beyond the Atmosphere：Early Years of Space Science.* Washington, DC: National Aeronautics and Space Administration, 1980.

［11］Pitt, John A. *The Human Factor：Biomedicine in the Manned Space Program.* Washington, DC: National Aeronautics and Space Administration, 1985.

［12］Swenson, Loyd S. Jr., et al. *This New Ocean：A History of Project Mercury.* Washington,

DC: National Aeronautics and Space Administration, 1966.

劳埃德·S. 小斯文森（Loyd S. Swenson, Jr.） 撰，刘晓 译

不明飞行物

Unidentified Flying Objects（UFO）

不明飞行物在报道中常被表述为高速穿过地球大气层的光、飞碟或其他形式，并且其运动方式似乎违反已知的物理规律。尽管历史上也曾有过关于这种现象的零星报道，但主要出现于 20 世纪。虽然在世界范围内都能看到不明飞行物，但其性质和真实性一直是激烈争论的主题，特别是在美国。媒体和公众对不明飞行物最广泛的解释是"外星假说"，即它们是由外星智慧生物体控制的宇宙飞船，于是把不明飞行物与外星生命的辩论联系在一起。然而大多数科学家拒绝外星假说，他们将地外智慧生命确实存在与这种生命已经到达地球的想法分开对待。大多数情况下，不明飞行物被解释为天文物体、大气现象、幻觉和骗局，但这些都不能涵盖所有情形。

就广泛的目击事件的数量而言，不明飞行物是"波浪式"出现的，其中最引人注目的是 1896—1897 年、1947 年、1952 年、1957 年、1965—1967 年和 1973 年。现代的不明飞行物时代始于 1947 年，当时一位名叫肯尼思·阿诺德（Kenneth Arnold）的商人报告说有 9 个盘状物体在华盛顿州的拉尼尔山（Ranier）附近高速飞行。媒体根据他对这些物体的描述创造了"飞碟"一词。美国空军后来将其命名为"不明飞行物"（Unidentified Flying Objects）。

在阿诺德目击事件发生后的近 20 年里，大多数科学家都忽略了不明飞行物。出于对国家安全的考虑，美国空军首先开始研究这个问题，先后进行了"标志"（1948 年 1 月）、"怨恨"（1948 年 12 月）和"蓝皮书"项目，后者从 1952 年 3 月开始持续了 17 年。尽管以 H. P. 罗伯逊（H. P. Robertson）为首的科学家小组在 1953 年对不明飞行物现象进行了简短的审议，但媒体在很大程度上只详细报道其赞成的外星假说。唯一的例外是天文学家 J. 艾伦·海内克（J. Allen Hynek 空军官方顾问）和唐纳德·H. 门泽尔（Donald H. Menzel），他们和美国空军一样，倾向于对不明飞

行物作普通的解释。门泽尔一生都持怀疑态度，而海内克在 20 世纪 60 年代末转变想法，倾向于非普通的解释，包括各种形式的外星假说。

对不明飞行物的研究在 20 世纪 60 年代后半期达到了顶峰，同时科学态度也发生了短暂的变化。在另一波目击事件发生后，美国举行了国会听证会，在国会的压力下，空军与物理学家爱德华·U. 康顿（Edward U. Condon）签订了合同，由他领导一项基于大学的独立研究。这赋予了该主题一定的科学合法性，并第一次出现了被广泛接受的科学观点。尽管有一些无法用科学解释的案例，康顿得出结论的是没有必要进一步研究。尽管许多科学家以方法论为由批评这一结论，但 1969 年康顿发表的报告有效地阻止了关于不明飞行物进一步的严肃科学讨论。美国空军立即放弃了"蓝皮书"项目。从那时起，外星假说开始走下坡路，尤其是随着"外星人绑架"说法的出现，大多数科学家开始回避不明飞行物的话题。

由于其难以捉摸和充满争议的性质，不明飞行物一直是一个有趣的研究案例，用以说明科学试图在大众的监督下发挥其极限。这场辩论揭示了科学界对低概率假设的不同反应，并展示了众多科学文化的存在。每一种文化都有自己的问题选择、科学方法、证据的性质和推理规则。虽然有一部关于不明飞行物辩论的学术史已经写好（Jacobs），但这个主题几乎从未在科学的历史、哲学和社会学的角度出发进行探讨。美国哲学学会图书馆的康顿和门泽尔的档案，以及国家档案馆的空军"蓝皮书"项目档案是进一步研究的丰富材料来源。

参考文献

[1] Condon, Edward U. (project director) and Daniel S. Gillmore (editor). *Final Report of the Scientific Study of Unidentified Flying Objects*. New York: Bantam Books, 1969.

[2] Hynek, J. Allen. *The UFO Experience: A Scientific Inquiry*. Chicago: Henry Regnery, 1972.

[3] Jacobs, David M. *The UFO Controversy in America*. Bloomington: Indiana University Press, 1975.

[4] Menzel, Donald H., and Ernest H. Taves. *The UFO Enigma. The Definitive Explanation of the UFO Phenomenon*. New York: Doubleday, 1977.

史蒂文·J. 迪克（Steven J. Dick）　撰，孙小涪　译

地外生命

Extraterrestrial Life

地球以外的生命，要么位于太阳系，要么可能处于环绕其他恒星的行星系统中。这种生命是否存在尚不可知，但它自古希腊以来就一直是人们热切猜测和研究的对象。19 世纪末，人们对地外生命的猜测达到了新的高度，当时帕西瓦尔·罗威尔（Percival Lowell）声称自己绘制出了火星上的运河图，还说这些运河是外星人为灌溉而建的。这场争论吸引了许多杰出科学家参与，基本结束于 1909 年，当时法国天文学家尤金·M. 安东尼亚迪（Eugene M. Antoniadi）称已把许多运河分解成了黑点。后来航天器表明这些运河很大程度上是虚构的。运河之争停息后，人们普遍认为，根据温度条件和地表标识的季节性变化，以及甚至 1957 年才有的光谱证据，火星上存在着原始植被。然而，1976 年"海盗"号探测器证实了火星上完全没有有机分子，从而排除了火星上存在生命的可能性。20 年后，美国国家航空航天局的科学家宣称有块火星陨石里可能存在生命化石，但这一说法至今仍有争议。同年（1996），"伽利略"号木星探测器传回的有力证据表明木卫二卫星冰面下可能存在海洋，进一步加剧了人们对地外生命的猜测。因此到 20 世纪末，我们所处的行星系统里仍可能有地外生命的存在，尽管其状态可能会更加原始。

随着 20 世纪 40 年代中期星云假说的复兴，人们开始认为行星系统普遍存在。但在 60 年代早期，当彼得·范德坎普（Peter van de Kamp）宣布他在巴纳德星周围探测到一个行星系统时，争论进入了一个新阶段。然而，直到 1995 年人们才证实有一颗行星围绕着一颗类似太阳的恒星运行，而且目前已知的 20 多颗系外行星都是气态巨行星。同时，1960 年法兰克·德雷克（Frank Drake）开始了第一次地外文明探索（SETI），他利用射电望远镜技术探测来自地外文明的智能信号。在随后的几年里，这样的探索超过了 5 次。如今最大的地外文明探索项目都以美国为中心，分别是"凤凰"项目（Phoenix）、地外生命无线电信号搜寻计划（SERENDIP）和放射性碳定年测试（BETA）。这些项目提出了许多假说，比如行星系统的频率、生命的起源及演变、智力及技术的演化，以及文明的寿命。有地外生命这一话题在大众文化中被广泛接受，它既是科幻文学和电影的重要主题，也是对不明飞行物（UFO）现象的一个热门解释。

历史学家最近才开始研究地外生命争论中涉及的大量问题。核心问题有：哲学思想相对于纯科学组分的作用；名为地外生物学、生物天文学或天体生物学等新学科的兴起；当观测至科学极限时运用的推理及证明法则，以及论辩在人类寻找宇宙定位过程中的作用。虽然哲学和宗教问题的作用显而易见，但这场论辩也被证明与科学和经验主义传统密切相关；任何论断都必须考虑到科学不断发展的本质。这场辩论也可以被看作是宇宙论从纯物理学向生物学方向的演变。

参考文献

[1] Crowe, Michael J. *The Extraterrestrial Life Debate 1750-1900: The Idea of a Plurality of Worlds from Kant to Lowell*. Cambridge U.K.: Cambridge University Press, 1986.

[2] Dick, Steven J. *Plurality of Worlds: The Origins of the Extraterrestrial Life Debate from Democritus to Kant*. Cambridge, U.K.: Cambridge University Press, 1982.

[3] ——. *The Biological Universe: The Twentieth Century Extraterrestrial Life Debate and the Limits of Science*. Cambridge, U.K.: Cambridge University Press, 1996.

[4] ——. *Life on Other Worlds: The Twentieth Century Extraterrestrial Life Debate*. Cambridge, U.K.: Cambridge University Press, 1998.

[5] Guthke, Karl S. *The Last Frontier: Imagining Other Worlds, from the Copernican Revolution to Modern Science Fiction*. Ithaca, NY: Cornell University Press, 1990.

史蒂文·J. 迪克（Steven J. Dick） 撰，曾雪琪 译

另请参阅：不明飞行物（Unidentified Flying Objects）

3.2 组织与机构

洛斯阿拉莫斯国家实验室
Los Alamos National Laboratory

洛斯阿拉莫斯国家实验室有时被称为"原子时代的诞生地"，是美国能源部 10 个多功能实验室之一。自 1943 年由曼哈顿工程区作为核武器设计实验室建立以来，该实验室一直由加州大学运营。洛斯阿拉莫斯同时发展核裂变和热核武器，这两种武器构成了美国核储备的基础。该库存中大约三分之二的武器是在洛斯阿拉莫斯设计的。如今，该公司雇佣了 7000 多名科学家、工程师、技术人员和支持人员，从事与国防、能源、基础研究和技术开发相关的各种研发项目。

由大量关于洛斯阿拉莫斯国家实验室工作的通俗历史文献，这些文献已开始得到更严肃的历史研究的补充。关于在第二次世界大战中使用核武器和 20 世纪 50 年代出现的核军备竞赛的持续争议，倾向于渲染关于洛斯阿拉莫斯的历史写作，并掩盖其他问题，比如那里的大科学的兴起。然而，在洛斯阿拉莫斯和其他应用研究机构开发的超级计算机的帮助下，核武器计划的多学科、面向任务的研究和发展特点已经扩展到许多其他科学活动领域。例如，人类基因组计划既利用了世界上最大的科学计算中心，也利用了在洛斯阿拉莫斯共同工作的理论物理学家、生命科学家和数学家的技能。

该实验室取得了许多成就，其中包括弗雷德里克·莱因斯（Frederick Reines）和克莱德·考恩（Clyde Cowan）在 1956 年首次探测到中微子，开发了第一个均质铀反应堆、第一个钚反应堆、核火箭发动机和干地热能源技术。洛斯阿拉莫斯还提供卫星上用于探测地球、大气或空间上的原子爆炸的传感器。

参考文献

[1] Hoddeson, Lillian, et al. *Critical Assembly.* New York: Cambridge University Press,

1993.

[2] Kunetka, James W. *City of Fire*. Albuquerque: University of New Mexico Press, 1979.

[3] Rhodes, Richard. *The Making of the Atomic Bomb*. New York: Simon and Schuster, 1986.

[4] Seidel, Robert W. "Books on the Bomb." *Isis* 81 (1990): 519–537.

罗伯特·W. 塞德尔（Robert W. Seidel） 撰，彭华 译

橡树岭国家实验室
Oak Ridge National Laboratory

橡树岭国家实验室是美国能源部的十个多用途实验室之一，1943 年由曼哈顿工程区（Manhattan Engineer District）以克林顿实验室（Clinton Laboratories）之名创立，是芝加哥大学冶金实验室（Metallurgical Laboratory）的一个分部，在战争期间主要作为铀同位素分离和钚试验厂。从那时起，它就由芝加哥大学和各种工业承包商运营。橡树岭实验室不仅开发了电磁、气体扩散和热同位素分离的方法，在"二战"中为美国核武器提供了铀元素，还以克级规模生产并用化学法分离钚，来测试汉福德生产反应堆的可行性。

"二战"后，在莱斯利·R. 格罗夫斯（Leslie R. Groves）将军的授意下，Y–12 生产厂和橡树岭气体扩散厂于 1946 年被从国家实验室分离出来。

作为钚生产试验厂的 X 反应堆在战后被用来生产同位素，当时其运作权被转给了孟山都化学公司。这一时期，橡树岭实验室还扩展到了生物医学研究领域。并且在普林斯顿大学尤金·维格纳（Eugene Wigner）的领导下，扩展到了冶金领域。维格纳还将实验室转向反应堆开发，并建造了材料测试反应堆和丹尼尔斯堆。

1947 年，原子能委员会决定将反应堆开发工作合并到阿贡国家实验室（Argonne National Laboratory），联合碳化物公司于 1948 年接管了该实验室的运作，橡树岭实验室于是开始涉足核动力飞机项目（Aircraft Nuclear Propulsion）、同质反应堆项目以及与核武器相关的生产技术工程。

随着 1954 年《原子能法案》将民用反应堆发展的负担转移给私营部门，阿贡实验室的研究活动开始多样化，进入诸如加速器开发和受控热核反应研究等领域。此

外，它还涉足生态系统分析和辐射生物学等新领域，橡树岭技术信息中心（Oak Ridge Technical Information Center）则引领了信息科学的兴起。该法案经过修改，允许橡树岭公司与原子能委员会以外的其他联邦机构合作，从而进一步实现了多样化。

今天，橡树岭国家实验室在广泛的学科领域内开展工作。它在辐射生物学方面的早期工作，已经成为国际辐射防护委员会［International Commission on Radiological Protection（Eckerman and Hawthorne）］所建议的辐射防护措施的来源。它已经成为美国能源部高性能计算开发的两个中心之一。它继续在反应堆开发方面发挥传统作用，拥有一个85兆瓦的高通量同位素反应堆，生产用于研究和治疗所需的同位素；还拥有一个塔式屏蔽反应堆，用于开发液态金属反应堆所需的屏蔽装置。它还在许多较新的领域开展了研究，包括重组DNA研究、超导、重离子研究、材料研究、节能和可再生能源、机器人技术和智能系统。

1955—1988年生物学部门的材料保存在田纳西大学的特藏中心，档案号MS-1709。

参考文献

［1］Eckerman, Keith F., and Alan R. Hawthorne. "ORNL's Impact on Radiation Protection Guidance." *Oak Ridge Review* 23:1（1990）: 64-72.

［2］Johnson, Charles W., and Charles O. Jackson. *City behind a Fence*; *Oak Ridge, Tennessee, 1942-1946*. Knoxville: University of Tennessee Press, 1981.

［3］Seidel, Robert W. "A Home for Big Science: The AEC and Its Laboratory System." *Historical Studies in the Physical and Biological Sciences* 16（1986）: 135-175.

［4］Trivelpiece, Alvin W. "ORNL's Future Missions." *Oak Ridge Review* 23:3（1990）: 36-53.

罗伯特·W. 塞德尔（Robert W. Seidel） 撰，吴紫露 译

原子弹伤亡委员会
Atomic Bomb Casualty Commission（ABCC）

原子弹伤亡委员会是成立于1946年的一个美国专业机构，对1945年8月广岛

和长崎原子弹爆炸后约 30 万幸存者开展流行病学研究。原子弹伤亡委员会的目标是评估原子弹核辐射造成的长期生物医学影响。哈里·杜鲁门（Harry Truman）总统批准了该项研究；原子能委员会（Atomic Energy Commission）支付费用；美国国家科学院（National Research Council on Atomic disasters）通过国家研究理事会的原子灾难委员会（National Research Council Committee on Atomic disasters）进行管理，委员会包括许多著名生物学家、医生和遗传学家。截至 1948 年，原子弹伤亡委员会分别在广岛、长崎，以及广岛附近作为对照的吴市（Kure）建立了研究中心。

医务人员主要由日本的医生和护士组成，他们受美国人的管理和指导，每年为核爆幸存者体检。参与这项研究的幸存者都是志愿的，但 1952 年之前受美国军事占领日本的影响，占领结束后则受到反美情绪浪潮的影响。原子弹伤亡委员会的研究人员要搜寻的是一些被认为与辐射暴露有关的生物现象，如白内障、遗传影响和癌症，以及更广泛的任何可能在核爆幸存者中发病率高于对照组人群的症状。

原子弹伤亡委员会早期最具雄心且备受瞩目的项目是遗传学研究。辐射对遗传造成影响，1926 年已由 H. J. 穆勒（H. J. Muller）对果蝇的研究证明（该研究获诺贝尔奖），引起了广泛担忧。获得者在密歇根大学遗传学家詹姆斯·V. 尼尔（James V. Neel）的指导下，委员会的工作人员在 5 年内检查了日本的 7.6 万多名新生儿。1953 年发表的一份报告显示，性别比例方面有所影响，但畸形、死胎或其他指标方面没有影响。到 1956 年发表的最终分析的报告称，性别比例的影响也消失了。委员会报告说，无法证明有遗传影响。

与此同时，20 世纪 50 年代早期，幸存者中白血病的发病率有所上升。后来，委员会报告说，幸存者面临着包括辐射白内障、被辐射儿童的生长和发育迟缓，辐照胎儿患小头畸形（头小和迟钝），患结肠癌、乳腺癌、肺癌和多发性骨髓瘤等疾病的风险增加了。最近，委员会的继承机构报道了对心血管疾病的影响。

原子弹伤亡委员会的研究是关于辐照对人群长期影响的最重要的信息来源，也是世界各地工人受辐照立法的基础。然而，它是一个复杂的组织，受到严格的公众监督。日本的一些批评人士主张，幸存者成了美国科学家的"豚鼠"，并抗议委员会的"不治疗"政策，该政策禁止员工向参与研究的志愿者提供治疗。

尽管该组织及其项目发生了重大变化，但美国人研究这些美国武器的受害者，始终存在社会和政治方面的问题。1975 年，原子弹伤亡委员会更名为辐射效应研究基金会（Radiation Effects Research Foundation，RERF），资金和管控由美国和日本政府平均承担。以 1950 年原子弹伤亡委员会在广岛比治山设立的实验室为基础，辐射效应研究基金会继续研究原子弹爆炸对这些幸存者，以及他们的后代的影响。

参考文献

［1］Atomic Bomb Casualty Commission. *Bibliography of Published Papers of the Atomic Bomb Casualty Commission, 1947-1974*. Hiroshima and Nagasaki: Atomic Bomb Casualty Commission, 1974.

［2］Beatty, John. "Genetics in the Atomic Age." In *The Expansion of American Biology*, edited by Keith Benson, Jane Maienschein, and Ronald Rainger. New Brunswick: Rutgers University Press, 1991, pp. 284-324.

［3］——. "Scientific Collaboration, Internationalism, and Diplomacy: The Case of the Atomic Bomb Casualty Commission." *Journal of the History of Biology* 26（1993）: 205-231.

［4］Beebe, Gilbert W. "Reflections on the Work of the Atomic Bomb Casualty Commission in Japan." *Epidemiological Reviews* 1（1979）: 184-210.

［5］Folley, J.H., W. Borge, and T. Yamawaki. "Incidence of Leukemia in Survivors of the Atomic Bomb in Hiroshima and Nagasaki." *American Journal of Medicine* 13（1952）: 311-321.

［6］Lindee, M. Susan. "What Is a Mutation? The Problem of the Mutant Locus in the Genetics Project of the Atomic Bomb Casualty Commission." *Journal of the History of Biology* 25（1992）: 231-255.

［7］——. Suffering Made Real: *American Science and the Survivors at Hiroshima*. Chicago: University of Chicago Press, 1994.

［8］——. "The Repatriation of Atomic Bomb Victim Body Parts to Japan: Natural Objects and Diplomacy." *Osiris* 13（1999）: forthcoming.

［9］National Academy of Sciences, Committee on the Biological Effects of Atomic

Radiation. *A Report to the Public on the Biological Effects of Atomic Radiation*. Washington, DC: National Academy of Sciences, 1960.

[10] Neel, James V. *Physician to the Gene Pool*: *Genetic Lessons and Other Stories*. New York: J. Wiley, 1994.

[11] Neel, James V., and William J. Schull. *The Effect of Exposure to the Atomic Bombs on Pregnancy Termination in Hiroshima and Nagasaki*. National Academy of Sciences, National Research Council, publication no. 461. Washington, DC: National Academy of Sciences, 1956.

[12] ——, eds. *The Children of Atomic Bomb Survivors*. Washington, DC: National Academy of Sciences, 1991.

[13] Schull, William J. *Song among the Ruins*. Cambridge, MA: Harvard University Press, 1990.

M. 苏珊·林迪（M. Susan Lindee）　撰，陈明坦　译

另请参阅：第二次世界大战和美国科学（World War II and Science）

健全核政策委员会

the Committee for a Sane Nuclear Policy（SANE）

健全核政策委员会是致力于核武器裁减与和平的民间组织。该委员会成立于1957 年 11 月，由和平主义者和非和平主义团体的联盟成立，当时公众对核试验产生的放射性沉降物日益担忧。其创始人包括世界联邦主义联合会前主席诺曼·考辛斯（Norman Cousins）、美国公益服务委员会的克拉伦斯·皮克特（Clarence Pickett）和社会党前主席诺曼·托马斯（Norman Thomas）。委员会最初是一个专注于裁减核武器单一问题的组织。到 1958 年时，委员会在美国有 130 个地方分会，25000 名成员。从 20 世纪 50 年代末到 60 年代初，委员会致力于宣传放射性沉降物所造成的危险和禁止核试验的必要性。到 60 年代中期，它转而抗议美国介入越南战争，认为这是实现和平与裁减核武器最紧迫的障碍。反对越南战争拓展了委员会的议程，它不再像早期只关注核问题，这也反映了其日益扩大的担忧。20 世纪70 年代期间，委员会的议程包括裁减核武器；实现经济转型，将军事资源转向民用；中东地区的和平；以及做出更广泛的努力，以确保在全球问题上加强国际合作。20

世纪 70 年代初，委员会始终面临着成员人数下降的问题，但是在 80 年代早期，核冻结运动使它得以恢复规模。到 1983 年，委员会已拥有 75000 名成员。

委员会在其历史上参与过各种各样的活动，包括发表公开声明、发表有影响力的政治广告、传播请愿书、组织会议、动员集会和游说公职人员。20 世纪 80 年代初，它开始直接参与政治选举，成立政治行动委员会（SANEPAC）以及试图选举致力于和平与裁减核武器的候选人担任公职。

健全核政策委员会的相关文件位于宾夕法尼亚州斯沃斯莫尔的斯沃斯莫尔学院和平运动典藏处。

参考文献

［1］ Katz, Milton S. "Peace Liberals and Vietnam: SANE and the Politics of 'Responsible' Protest." *Peace and Change* 9（Summer 1983）: 21–39.

［2］——. *Ban the Bomb: A History of SANE, the Committee for a Sane Nuclear Policy, 1957–1985.* Westport, CT: Greenwood Press, 1986.

［3］ Katz, Milton S., and Neil H. Katz. "Pragmatists and Visionaries in the Post-World War II American Peace Movement: SANE and CNVA." In *Doves and Diplomats: Foreign Officers and Peace Movements in Europe and America in the Twentieth Century*, edited by Solomon Wank. Westport, CT: Greenwood Press, 1978, pp. 265–288.

［4］ McCrea, Frances B., and Gerald Markle. *Minutes to Midnight: Nuclear Weapons Protest in America.* Newbury Park, CA: Sage Publications, 1989.

［5］ Wittner, Lawrence S. *Rebels Against War: The American Peace Movement, 1933–1983.* Philadelphia: Temple University Press, 1984.

王景安（Jessica Wang） 撰，刘晓 译

兰利研究中心

Langley Research Center

兰利研究中心是美国最早的民用航空实验室，1917 年春在弗吉尼亚州的汉普顿（Hampton）成立。建立之初，该设施被称为"兰利纪念航空实验室"（the

Langley Memorial Aeronautical Laboratory），以纪念航空先驱和史密森学会
（the Smithsonian Institution）的主席塞缪尔·皮尔庞特·兰利（Samuel Pierpont
Langley）而命名。1917—1958 年，该实验室隶属美国航空咨询委员会（NACA）。
1958 年，它被移交给美国航空航天局（NASA），并更名为"美国航空航天局兰利
研究中心"（NASA Langley Research Center）。

　　飞行机器从一种几无用处的小玩意，发展成为现代世界重要而普遍的技术之一，
兰利研究中心在这个过程中发挥了举足轻重的作用。尽管 1919 年就开始做过一些飞
行测试，但直到 1920 年第一个风洞开通后，兰利实验室才开始常态运行。至 20 世
纪 20 年代末，设计巧妙的可变密度风洞（Variable-Density Tunnel）、螺旋桨研
究风洞（Propeller Research Tunnel）和全尺寸风洞（Full-Scale Tunnel），性能
超过世界上其他任何单一设施，凭借这些设施，兰利实验室被公认为世界上首屈一
指的航空研究机构。通过合理利用兰利独一无二的实验设备系统而产生的可靠数据，
帮助美国飞机开始主宰世界航线。第二次世界大战期间，兰利几乎测试过所有类型
的盟军战机。

　　战后，航空咨询委员会的研究人员将注意力转向高速前沿领域，并解决了许多
阻碍飞机超越神秘"音障"进行超音速飞行的关键问题。在几架试验性高速研究飞
机的开发中，包括贝尔公司的 X-1（Bell's X-1）——第一架飞行超过音速的飞机，
以及北美公司的 X-15（North American's X-15）——第一架飞入太空的有翼飞机，
兰利均起到了关键作用。

　　20 世纪 60 年代初，兰利促成了太空时代的到来。美国首个载人航天项目"水
星计划"（Project Mercury）最初便是由兰利公司构思和管理的。带头开展这项工
作的是该中心的太空任务小组（Space Task Group），这是一支由美国航空航天局
雇员组成的特殊团队，后来扩展为休斯敦的载人航天中心（the Manned Spacecraft
Center），即现在的约翰逊太空中心（Johnson Space Center）。兰利此后继续为
"水星"号、"双子座"号、"阿波罗"号和"天空实验室"（Skylab）等载人计划做出
重大贡献，包括证明了月球轨道交会的可行性，这一观念对载人登月至关重要。

　　早期的一些无人空间计划也包含着兰利研究人员的重要创新贡献，包括"回声"

号（Echo）、"探索者"号（Explorer）和被动式大地测量卫星（PAGEOS），它们都为科学研究和全球通信提供了出色的设备服务。该中心研发的固体燃料火箭"侦察兵"（Scout）于 1960 年 7 月首次发射，为航空航天局提供了成本最低的多用途助推器。

紧随"阿波罗"号而来的是"维京"号（Viking），20 世纪 70 年代中期兰利协助向火星发送了两个轨道飞行器和两个登陆飞行器。尽管这些探测器没有对火星上是否存在（或曾经存在）生命的问题做出任何明确的回答，但"维京"号还是提供了大量宝贵的科学信息。

20 世纪 60 年代末，人们日益关注全球环境的保护。为此，兰利的研究人员开始开发有效的技术手段，从太空探测地球上存在的危险污染物。环境问题的太空科学研究迅速成为该中心的一项重点研究。20 世纪 80 年代，这项任务成为被航空航天局前宇航员萨莉·莱德（Sally Ride）称为"行星地球任务"（Mission to Planet Earth）的一部分。

自 20 世纪 50 年代初以来，兰利的研究人员就一直在构思"太空飞行器"。他们是助推滑翔机概念的先驱，并为 X-15 的开发提供了基本设计概念。自然而然，他们也深入参与航空航天局航天飞机的开发和测试。甚至在 1977 年试飞之前（其首次轨道飞行发生在 1981 年），航天飞机所必须开展的数千小时风洞测试和其他严格实验，大多也都是在兰利完成的。兰利还负责优化了航天飞机的热保护系统的设计。

空间站环绕地球运行的愿景也激发了许多兰利研究人员的想象力。早在 20 世纪 90 年代国际空间站计划开始之前，航空航天局的科学家和工程师就已经在该中心了解到在太空中建立载人实验室的优势，即用于科学实验、通信系统、天文观测、机械制造，以及作为月球和行星任务的中继基地。在 20 世纪 60 年代，他们开始探索设计这种设施并在地球轨道上运行。

由于太空飞行的奇迹与辉煌太过耀眼，兰利在航空学上的成就时而被忽视，但它不仅保持了航空研究领域的历史领先地位，而且还在此基础上切实地改进和提升。兰利参与过的重要航空项目数不胜数，支持了太多的民用和军事发展项目，无法详细描述。以下精选的几个项目可说明该中心广泛的航空研究：高超音速，升力体，超音速巡航飞机研究，静音发动机研究，垂直 / 短距起飞和降落（V/STOL）研究，飞机能源效率，先进涡轮螺旋桨，复合材料，碰撞动力学，前掠翼，自动飞行员咨询系统，失速旋转研究，先进控制，旋翼入流研究等。

参考文献

［1］Bilstein, Roger E. *Orders of Magnitude*: *A History of NACA and NASA*, *1915–1990*. Washington, DC: Government Printing Office, 1989.

［2］Hansen, James R. *Engineer in Charge*: *A History of the Langley Aeronautical Laboratory*, *1917–1958*. Washington, DC: Government Printing Office, 1987.

［3］——. *Spaceflight Revolution*: *NASA Langley from Sputnik to Apollo*. Washington, DC: Government Printing Office, 1995.

詹姆斯·R. 汉森（James R. Hansen）　撰，彭华　译

另请参阅：美国国家航空咨询委员会（National Advisory Committee for Aeronautics）；美国国家航空航天局（National Aeronautics and Space Administration）

艾姆斯研究中心
Ames Research Center

艾姆斯研究中心成立于 1939 年，作为艾姆斯航空实验室，它成为国家航空咨询委员会（National Advisory Committee for Aeronautics, NACA）指导下的第二个研究实验室。由于兰利航空实验室位于东海岸，航咨委希望位于旧金山湾东南端的艾姆斯将成为重要枢纽，联络主要位于西海岸蓬勃发展的飞机工业。在政府协调航空研究与工业需求的过程中，艾姆斯确实成为一个重要的纽带。然而，作为一个主要的研究机构，在其 55 年的历史中，它不仅在航空学，而且在航天学、生命科学和信息科学方面也认定并追寻着一些独特的研究领域。

1940 年到 1941 年之间不断加剧的紧张局势，以及美国最终卷入第二次世界大战，决定了艾姆斯研究中心从成立以来的早期研究方向。各式各样复杂风洞的快速建成，意味着艾姆斯的工程师可以向军方和工业界提供所需的大量测试数据。战争期间，所有的研究都是为了解决与战争有关的航空问题。也许最值得注意的是艾姆

斯为支持战备而开展的机翼除冰研究，尽管军用飞机原型机的风洞测试也在战时研究中发挥了重要作用。

随着战争的结束，艾姆斯的研究路径分成了两个不同的领域：低速航空研究和高速研究，后者最终将实验室引向了航天领域。随着飞机实现了高速飞行，以及空间探索和研究成为现实，高超声速研究变得越来越关键。到 20 世纪 50 年代中期，通过弹道学进行的高速研究为跨音速和超音速飞机和航天器的设计奠定了基础，用革命性的设计解决了再入大气层的过热问题。

美国国家航空航天局（NASA）于 1958 年成立，将艾姆斯和其他美国国家航空咨询委员会的老实验室带入了太空时代，它们的研究方向发生了明显的转变。由于国家航空航天局明确了太空探索的目标，研究变得更加以目标为导向。在 20 世纪 60 年代早期，研究中心经历了与空间计划相关的两次大转变——增加了一个生命科学部门，并且实施了项目管理责任制，涉及大量的合同研究而非内部开展的研究计划。艾姆斯的重要贡献包括向金星和木星发射探测飞船的先导计划，以及支持"海盗"号火星任务的生命科学实验。

20 世纪 60 年代末和 70 年代的研究，加强了国家航空航天局和军方之间的新式联盟——开展包括陆军与艾姆斯合作的转翼研究、20 世纪 70 年代的垂直 / 短距起飞和着陆（V/STOL）研究，以及航天飞机初步研究，艾姆斯都与国防部密切合作。

在 20 世纪 80 年代早期，艾姆斯和德莱顿飞行研究中心（Dryden Flight Research Center）有行政上的联系。通过协调它们的研究要素，以最大限度地发挥各个机构的不同优势。1992 年，两个中心在行政上分离；到 1994 年，艾姆斯和德莱顿完全分离，反映了两个中心活动领域的差异。

参考文献

[1] Hartman, Edwin P. *Adventures in Research：A History of Ames Research Center，1940-1965*. Washington，DC：Government Printing Office，1970.

[2] Levine, Arnold S. *Managing NASA in the Apollo Era*. Washington，DC：Government Printing Office，1982.

[3] Muenger, Elizabeth A. *Searching the Horizon：A History of Ames Research Center，1940-*

1976. Washington, DC: Government Printing Office, 1985.

伊丽莎白·A.明格尔（Elizabeth A. Muenger） 撰，陈明坦 译

另请参阅：美国国家航空咨询委员会（National Advisory Committee for Aeronautics）；美国国家航空航天局（National Aeronautics and Space Administration）

喷气推进实验室
Jet Propulsion Laboratory（JPL）

加州帕萨迪纳市的喷气推进实验室，是一个联邦政府资助的研发中心，加州理工学院负责运营并得到来自美国国家航空航天局的独家合同（每5年续签一次）。喷气推进实验室最初是一个校外设施，在20世纪30年代后期，几个加州理工学院的研究生用它进行早期火箭推进实验。作为20世纪40年代和50年代的美国陆军军械设施，它在第二次世界大战期间研发了飞机的喷气辅助起飞（JATO）引擎，冷战初期研发了"下士"和"中士"地地导弹。在阿拉巴马州亨茨维尔的红石兵工厂，喷气推进实验室的工程师们与沃纳·冯·布劳恩（Wernher von Braun）的火箭团队合作，为第一颗美国卫星（"探索者"1号，1958年1月31日发射）和美国第一个太空探测器（"先锋"4号，1959年3月3日发射）开发了上面级和载荷部，冲破了地球引力。

1958年年底，美国国防部同意将喷气推进实验室移交给美国国家航空航天局，该实验室成为航天局设计、建造和运行无人太阳系探测飞船的主要设施。喷气推进实验室建造的航天器："徘徊者"号（Ranger）、"勘测者"号（Surveyor）、"水手"号（Mariner）、"维京"号（Viking）、"旅行者"号（Voyager）、"麦哲伦"号（Magellan）和"伽利略"号（Galileo），已经掠过或绕行过太阳系中除冥王星外的每一颗行星，以及许多行星卫星、光环系统和小行星。

喷气推进实验室管理的深空网络（DSN）由抛物面天线组成，这些天线阵列分布在加州莫哈韦沙漠的戈德斯通干湖；澳大利亚堪培拉附近的铁宾比拉；以及西班牙马德里附近的罗夫莱多－德查韦拉。天线阵列（目前直径34米和70米）的主要任务是支撑空间探测器，以及本实验室和其他机构（如NASA的其他中心，欧洲、

日本和俄罗斯空间机构）的高空卫星。此类支撑包括发送命令，接收工程和科学数据，以及确定探测器离地球的远近和方向。

然而，在不受干扰的基础上，不同的科研人员利用深空网络天线开展了射电天文学和行星雷达研究。射电天文学工作包括与世界各地其他机构合作进行的极长基线干涉测量（VLBI）实验。因美国航空航天局太空探测计划的导航需求，深空网络团队首次参与了行星雷达。行星雷达天文学家现在一致同意，深空网络团队（早于1962 年计划的两次"水手"号金星任务）于 1961 年 3 月 10 日对金星进行了第一次明确的雷达探测。喷气推进实验室的科研人员随后对类地行星（水星、金星和火星）、木星和土星的主要卫星、土星环系统，以及许多彗星和小行星进行了大量的雷达探测。自 1980 年代以来，行星雷达研究只在戈德斯通和波多黎各阿雷西博的国家无线电和电离层中心进行过。

20 世纪 60 年代早期，"徘徊者"号航天器的问题导致一些人质疑喷气推进实验室在航空航天局究竟是自己人还是局外人（其工作人员是加州理工学院的雇员）。然而，20 世纪 90 年代的另一些人则认为该机构是航空航天局一些行政中心重组的典范。

参考文献

[1] Burrows, William E. *Exploring Space：Voyages in the Solar System and Beyond*. New York: Random House, 1990.

[2] Ezell, Edward Clinton, and Linda Neuman Ezell. *On Mars：Exploration of the Red Planet 1958–1978*. Washington, DC: Government Printing Office, 1984.

[3] Ferster, Warren. "JPL Seeks Better Harmony with Industry." *Space News* 6, no. 37（25 September–1 October 1995）: 16.

[4] Hall, R. Cargill. *Lunar Impact：A History of Project Ranger*. Washington, DC: Government Printing Office, 1977.

[5] Koppes, Clayton R. *JPL and the American Space Program：A History of the Jet Propulsion Laboratory*. New Haven and London: Yale University Press, 1982.

[6] Morrison, David. *Voyages to Saturn*. Washington, DC: Government Printing Office, 1982.

［7］Morrison, David, and Jane Samz. *Voyage to Jupiter.* Washington, DC: Government Printing Office, 1980.

［8］Murray, Bruce. *Journey into Space：The First Thirty Years of Space Exploration.* New York and London: Norton, 1989.

［9］Waff, Craig B. "The Road to the Deep Space Network." *IEEE Spectrum* 30, no. 4（April 1993）: 50–57.

［10］——. "A History of Project Galileo. Part 1: The Evolution of NASA's Early Outer-planet Exploration Strategy, 1959–1972." *Quest：The Magazine of Spaceflight* 5, no. 1（1996）: 4–19.

克雷格·B. 瓦夫（Craig B. Waff）撰，彭华　译

3.3　代表人物

航空研究与战后航天计划的管理者：休·拉蒂默·德莱顿
Hugh Latimer Dryden（1898—1965）

德莱顿是萨缪尔·艾萨克·德莱顿（Samuel Isaac Dryden）和前妻泽诺维亚·希尔·卡尔弗（Zenovia Hill Culver）的三子中的长子，成长于马里兰州的伍斯特县和巴尔的摩市。德莱顿 14 岁高中毕业，进入约翰斯·霍普金斯大学，在那里他先后获得物理荣誉学位（1916）、硕士学位（1918）和博士学位（1919）。

在约翰斯·霍普金斯大学，德莱顿得到了约瑟夫·艾姆斯教授的注意，艾姆斯教授是物理系的主任，也是国家航空咨询委员会的负责人之一。1918 年 6 月，艾姆斯帮助德莱顿在国家标准局（NBS）获得了一份工作。1919 年，德莱顿被任命为国家标准局航空部门的负责人，1934 年被任命为力学和声学科科长。1920—1940 年，德莱顿因对紊流和层流、边界层，以及螺旋桨叶尖周围的超音速气流［与莱曼·布里格斯（Lyman Briggs）合作］等研究，而赢得了国际声誉。

德莱顿负责了一项由国防研究委员会（1940 年成为科学研究与发展局）资助的导弹计划。以国家标准局为基地，德莱顿的小组负责研发"蝙蝠"。这是一种配备

雷达的自动制导炸弹，曾击沉数艘日本船只。1945 年春，他加入西奥多·冯·卡门（Theodore von Kármán）组织的陆军航空队科学小组前往欧洲。回到美国后，德莱顿作为骨干，参与起草了提交陆军航空队的两份报告——《我们的立场》和《迈向新视野》，重点论述技术研究将在未来国防中发挥极为关键的作用。杜鲁门总统授予德莱顿国家自由勋章，以表彰他的战时贡献。

经过第二次世界大战，德莱顿成长为一名经验丰富的研发计划的管理者。1946 年，他被任命为国家标准局助理局长，6 个月后升任副局长。1947 年，他被调往国家航空咨询委员会，接替乔治·刘易斯（George Lewis）博士担任航空研究部主任。两年后，他被任命为航空咨询委员会主任。在该机构的最后几年里，德莱顿指导该机构，监督各种计划，从节省成本的单一设计风洞，到北美 X-15 研究型飞行器的开发，以及美国进入太空的国家航空咨询委员会早期计划。1958 年，国家航空航天局取代了国家航空咨询委员会，德莱顿担任这个新机构的助理局长，直到去世。

德莱顿获得过 16 个荣誉学位和数十个专业奖项，尤感自豪的是获选 1962 年度的卫理公会的平信徒 ①。1976 年 3 月 26 日，国家航空航天局官员以休·拉蒂默·德莱顿的名字，命名他们主要的飞行试验设施。

参考文献

[1] Gorn, Michael H. *Hugh L. Dryden's Career in Air and Space.* Washington, DC: National Aeronautics and Space Administration History Office, 1996.

[2] Smith, Richard K. *The Hugh L. Dryden Papers, 1898-1965.* Baltimore: Milton S. Eisenhower Library, Johns Hopkins University, 1974.

汤姆·D. 克劳奇（Tom D. Crouch） 撰，陈明坦 译

航空航天大师：西奥多·冯·卡门

Theodore von Kármán（1881—1963）

20 世纪科学上最伟大的成就之一就是发现了能够影响持续可控飞行的原理。匈

---

① 卫理公会是基督教新教卫斯理宗的美以美会、坚理会和美普会合并而成的基督教教会。——译者注

牙利裔美国通才西奥多·冯·卡门就是这场革命的引领性人物，理应在现代科学家中占有尊崇地位。作为一名才华横溢的应用物理学家和数学家，他帮助创立了空气动力学和航空工程学科，建立了几家著名的航空航天机构，促成了国际科学合作，成为一名实业家，指导和培养了数百名学生，为世界各地的军事领导人出谋献策。他还因热衷承办派对而出名，事实上，他那极具热情和充满活力的个性对他的许多成功助力甚大。

卡门出生于匈牙利布达佩斯的一个中产阶级犹太家庭，父亲是布达佩斯大学杰出的教育学教授莫里斯·冯·卡门（Maurice von Kármán）。经过几年的家庭辅导并通过高级中学的入学考试，卡门进入布达佩斯皇家理工学院学习，1902 年获得了机械工程学的荣誉学位。

随后，这位年轻的毕业生到德国哥廷根大学从事空气动力学研究，导师是该学科的奠基人之一路德维希·普朗特（Ludwig Prandtl），并于 1908 年在那里获得了哲学博士学位。他在哥廷根大学的研究促成了流体力学的一个基本原理，即所谓的"卡门涡街"，即气流或水流穿过钝物而形成的平行湍流轨迹。这一见解永久地改变了飞机、轮船和桥梁设计的工程方法。凭借着仅次于导师的声望，卡门接受了亚琛大学空气动力学研究所所长的职位，并在那里任教到 1929 年（1914—1918 年，他担任了奥地利航空公司的首席飞机设计师）。他迅速使亚琛大学声名鹊起，到 20 世纪 20 年代末，亚琛大学的名气能够与普朗特的哥廷根大学不相上下。

卡门的名声传到了美国，那里的基础航空研究远远落后于欧洲。为了改善这种状况，古根海姆航空促进基金提供了一大笔赠款，在加州理工学院建立了古根海姆航空实验室（GALCIT）。加州理工学院的校长罗伯特·安德鲁·密立根（Robert A. Millikan）渴望说服卡门成为加州理工大学研究生航空实验室的第一任主任，1926 年成功邀请他到帕萨迪纳讲学。1929 年 10 月，卡门接受了加州理工学院的邀请，原因有两个：纳粹党人在亚琛大学的气焰日益嚣张，以及作为古根海姆航空实验室的主任，可以得到丰厚的薪水和全面的自主权。在 20 世纪 30 年代，卡门深刻影响了美国的航空研究和发展。南加州成为美国飞机工业的中心，就与他的种种努力有密切关系，受益于他在帕萨迪纳组建的教工、学生和实验室。

20 世纪 30 年代末期，当战争威胁到欧洲时，陆军航空兵司令亨利·哈里·阿诺德（Henry H. Arnold）要求卡门及其团队研制小型火箭发动机以增强飞机性能。事实证明，这种发动机非常成功，以至于在 1942 年，卡门团队成立了喷气发动机公司（Aerojet Company）来制造火箭筒。两年后，加州理工学院从陆军军械部获得了一份开发战术弹道导弹的合同。为此，卡门抽调航空实验室的骨干力量，组建了喷气推进实验室，开始研究火箭技术的基本问题。

晚年生活中，卡门担任军事领导人的顾问和国际航空界的资深政治家的角色。1944 年，阿诺德将军请他创立陆军航空队科学咨询小组，即后来的空军科学咨询委员会（Air Force Scientific Advisory Board）。他担任了 10 年的主席。在这个职位上，他和几个同事为阿诺德写了一篇关于战后航空学的前瞻性预言，题为《迈向新视野》（1945）。与此同时，在搬家到巴黎后，卡门为创建北约航空研究与发展咨询小组（AGARD，成立于 1952 年 2 月）奠定了基础，并让这个他最后创建的机构运转起来。与空军科学顾问委员会类似，该咨询小组也由各学科领域的专家组成。两个机构至今仍然存在，寿命远远长于它们在亚琛去世的创始人。

西奥多·冯·卡门的影响很难予以精确统计。他的成功不仅依赖于技术上的天赋，还在于个人魅力及敏锐的政治直觉。然而，他对航空和航天的多项杰出贡献，使他成为 20 世纪飞行科学领域或许最具影响力的实践者。

参考文献

[1] Gorn, Michael H. *Harnessing the Genie: Science and Technology Forecasting for the Air Force, 1944-1986*. Washington, DC: Government Printing Office, 1988.

[2] ——. *The Universal Man: Theodore von Kármán's Life in Aeronautics*. Washington, DC and London: Smithsonian Institution Press, 1992.

[3] ——, ed. *Prophecy Fulfilled: Toward New Horizons and Its Legacy*. Washington, DC: Government Printing Office, 1994.

[4] Hall, R. Cargill. "Shaping the Course of Aeronautics, Rocketry, and Astronautics: Theodore von Karman, 1881-1963." *Journal of the Astronautical Sciences* (October December 1978).

[5] Hanle, Paul A. *Bringing Aerodynamics to America*. Cambridge, MA: MIT Press, 1982.

[6] Von Kármán, Theodore, and Lee Edson. *The Wind and Beyond: Theodore von Kármán, Pioneer in Aviation and Pathfinder in Space*. Boston: Little, Brown, 1967.

迈克尔·H. 戈恩（Michael H. Gorn） 撰，刘晓 译

另请参阅：美国空军与科学（Air Force, United States, and Science）

"曼哈顿计划"的领导者：J. 罗伯特·奥本海默
J. Robert Oppenheimer（1904—1967）

奥本海默是理论物理学家兼科学管理人员。奥本海默出生于纽约市一个富裕家庭，在私立的文理学校（Ethical Culture School）接受早期教育。1925 年，奥本海默仅用了三年时间就以最优等的成绩从哈佛大学毕业。然后他在欧洲学习物理学，并于 1927 年在哥廷根大学获得博士学位。在美国和国外进行了两年博士后研究后，他同时入职加州大学伯克利分校和位于帕萨迪纳的加州理工学院。1942 年至 1945 年，他是洛斯阿拉莫斯实验室（Los Alamos Laboratory）的主任，原子弹就是在那里研制出来的。从 1947 年到去世前不久，他一直担任新泽西州普林斯顿高等研究院院长。

在奥本海默还是个孩子的时候，他就展示出了自己迅速掌握新知识的能力，并开始追求自己的知识兴趣。在进入哈佛大学之前，他阅读了大量的物理学资料，因此他被允许选修高于普通新生水平的课程。他在欧洲学习时正值物理学经历量子力学革命之际。他在众多来自美国和其他国家的学生中脱颖而出，给马克斯·玻恩（Max Born）留下了深刻印象，故而玻恩同意他成为博士候选人。奥本海默的学位论文使用了新的量子力学理论，他随后在该领域发表了多篇论文。

在美国几所大学的教职邀请中，奥本海默选择去了加利福尼亚州，每学年把一部分时间花在伯克利，一部分花在帕萨迪纳。一个全新的美国理论物理学派在加州围绕着奥本海默壮大起来。除了教学任务外，他还广泛地与他的学生和其他包括实验物理在内的各个领域的教师交流。20 世纪 30 年代，奥本海默第一次意识到国内外的社会和政治问题。他成为许多左翼团体的积极支持者，并与美国共产党成员有

了联系。

1942 年，当美国决定积极开展制造原子弹的计划时，"曼哈顿计划"的军事指挥官莱斯利·格罗夫斯（Leslie Groves）选择奥本海默来领导该计划的中央实验室。奥本海默知道，在位于新墨西哥州的洛斯阿拉莫斯实验室可以获得必要的隔离和保密。许多人都描述过这个结束了第二次世界大战、极富戏剧性的成功计划。大家都认为，洛斯阿拉莫斯共同体是一个复杂的群体，处理着许多物理学和社会问题，而奥本海默作为主任做了非常出色的工作，他也因此在 1946 年被授予美国功勋奖章。

1945 年 10 月，奥本海默辞去了主任职务，回到学校教书一段时间后，他来到普林斯顿担任高等研究院院长。然而，在战后的几年里，华盛顿十分需要他担任许多与进一步开发原子能有关的国内和国际问题的委员会的成员或顾问。为此，他获得了最高安全许可。这些委员会中就包括原子能委员会（Atomic Energy Commission，AEC）。

20 世纪 50 年代，美国面临着与苏联的军事力量以及适合美国的防御措施有关的紧迫问题和担忧。安全和忠诚成为首要的考虑因素。奥本海默反对建造威力更大的氢弹以及他很久之前与著名的共产主义者有联系的事，使他受到了严格的审查。早在 1948 年，奥本海默的原子能委员会安全许可就受到了审查，直到 1953 年 12 月才被中止。1954 年春天，奥本海默出席了原子能委员会人事安全委员会的听证会，以 4∶1 的投票结果不予恢复他的安全许可。

那次听证会的完整记录和分析已经公开了，展示了程序奇怪的、准法律性的听证结果以及这一磨难对奥本海默个人的毁灭性影响。物理学界绝大部分都团结起来为他辩护。爱德华·泰勒（Edward Teller）则是一个例外，他是热核能源的坚定支持者，奥本海默在氢弹问题上一直与他意见相左。更具破坏性的证据表明，奥本海默在哈康·谢瓦利埃（Haakon Chevalier）于 20 世纪 40 年代初对他进行的共产主义调查中并没有完全说实话。1954 年后，奥本海默被美国政府孤立，直到 1964 年美国总统林登·约翰逊（Lyndon Johnson）授予他费米奖章（Fermi Medal）以示和解。

经由理事会的信任投票后，奥本海默在高等研究院继续担任院长一职。他把这个研究院变成了诸多领域知名学者和年轻有为者云集的知识中心。奥本海默在晚年被誉为科学领域的元老和代言人，他就科学在人类文化中的作用进行了广泛的演讲。

关于奥本海默其人以及他在历史上所扮演的角色，已经有了许多文章和影视作品。到目前为止，还未出版过完整的学术性传记。研究员乔治·凯南（George Kennan）曾这样描述他："他是少有的能够将丰富的科学知识、对人文学科的深刻理解，以及对所处时代的国际政治事务积极且明智的兴趣，融合于学术和艺术气质中的人。"（Kennan, p. 18）

参考文献

［1］Chevalier, Haakon. *Oppenheimer*: *The Story of a Friendship*. New York: George Braziller, 1965.

［2］Goodchild, Peter. *J. Robert Oppenheimer*: *Shatterer of Worlds*. New York: Fromm International, 1985.

［3］Holton, Gerald. "The Trials of J. Robert Oppenheimer." Chap. 10 in *Einstein*, *History and Other Passions*. New York: American Institute of Physics, 1995, pp. 205–220.

［4］Kennan, George F. *Memoirs 1950–1963*. Vol. 2. Boston: Atlantic Monthly, 1972.

［5］Kunetka, James W. *Oppenheimer*: *The Years of Risk*. Englewood Cliffs, NJ: Prentice Hall, 1982.

［6］Oppenheimer, J. Robert. *Science and the Common Understanding*. New York: Simon and Schuster, 1953.

［7］——. *Atom and Void*: *Essays on Science and Community*. Princeton: Princeton University Press, 1989.

［8］Pierls, Rudolf. "Oppenheimer, J. Robert." *Dictionary of Scientific Biography*. Edited by Charles C. Gillispie. New York: Scribner, 1974, 10:213–218.

［9］Rabi, I.I., Robert Serber, Victor F. Weisskopf, Abraham Pais, and Glen T. Seaborg. *Oppenheimer.* New York: Scribner, 1969.

［10］Smith, Alice K., and Charles Weiner, eds. *Robert Oppenheimer*, *Letters and Recollections*. Cambridge, MA: Harvard University Press, 1980.

［11］Stern, Philip M., with collaboration of Harold P. Green. *The Oppenheimer Case*: *Security on Trial*. New York: Harper and Row, 1969.

［12］York, Herbert. *The Advisors*: *Oppenheimer*, *Teller and the Superbomb*. San Francisco:

Freeman, 1976.

凯瑟琳·R. 索普卡（Katherine R. Sopka）　撰，吴紫露　译

另请参阅：原子能委员会（Atomic Energy Commission）；普林斯顿高等研究院（Institute for Advanced Study）

核物理学家：乔治·伽莫夫
George Gamow（1904—1968）

伽莫夫在敖德萨出生并接受教育，1928 年获得列宁格勒大学博士学位。博士毕业后他利用奖学金前往哥廷根、哥本哈根和英国剑桥学习，为量子力学在核理论中的应用做出了贡献。俄罗斯当局曾一度禁止伽莫夫外出旅行。1934 年，伽莫夫移居美国。他主要在乔治·华盛顿大学（1934—1956）和科罗拉多大学（1956—1968）任教。从 20 世纪 30 年代末开始他就做了很多科学普及方面的工作，为新闻报刊和科学杂志撰写了许多文章，还出版了近 30 种书。

伽莫夫在理论核物理学和天体物理学领域都有所作为。他发展了量子力学里的"隧道"概念，为恒星的热核反应速率理论做出了贡献，计算了质子加速器所需的能量，还和爱德华·泰勒（Edward Teller）合作计算了后来的伽莫夫 - 泰勒 β 衰变选择规律。20 世纪 40 年代，伽莫夫提出了宇宙"大爆炸"模型，并在该领域深耕多年。1954 年，DNA 结构被发现后不久，他就发现了 DNA 可以编译成蛋白质，表明他学识渊博。"二战"期间他担任美国海军的弹药顾问，并在战后从事氢弹研究。

来到美国后不久，伽莫夫就开始撰写有关科学的通俗文章。他是美国科普界的中流砥柱之一，特别是在《科学月刊》和《科学美国人》等杂志上发表多篇文章。与他的科学研究一样，伽莫夫的科普文章主要集中在核物理学和宇宙学，但也经常涉猎其他科学领域。

伽莫夫为人幽默。他的私人文件中充满了诙谐的涂鸦，他还为自己的几本畅销书绘制了插图。他还想出过历史上最著名的一个科学笑话：1948 年一篇由"阿尔菲、贝特和伽莫夫"发表的详述大爆炸理论的论文（名字正好对应希腊字母 α，β，γ，但汉斯·贝特并没有参与这项工作）。

尽管伽莫夫在 20 世纪中期对核物理学的重大贡献已得到公认，但他在历史上并没有得到多少关注。他既不是量子理论的创始人，也不是参与原子弹制造的核心成员，而这是历史研究的两个主要领域。然而，随着人们对战后"国家安全状态"以及"大爆炸"理论历史的日益关注，伽莫夫可能会得到更多的讨论。

参考文献

[1] Stuewer, Roger H. "Gamow, George." *Dictionary of Scientific Biography*. Edited by Charles C. Gillispie. New York: Scribners, 1972, 5:271-272.

[2] ——. "Gamow's Theory of Alpha-Decay." In *The Kaleidoscope of Science: The Israel Colloquium*, edited by Edna Ullmann-Margalit. Dordrecht: Reidel, 1986, 1:147-186.

[3] ——. "Gamow, George." *Dictionary of American Biography*. New York: Scribners, 1988, supplement 8, pp. 198-199.

布鲁斯·V. 勒文斯坦（Bruce V. Lewenstein） 撰，曾雪琪 译

第4章

美国化学与化工

4.1 研究范畴与主题

化学

Chemistry

美国化学的历史，可能要从马萨诸塞湾殖民地首任总督的儿子小约翰·温斯洛普算起。1631 年，温斯洛普到达波士顿，不到一年，他就从英国带来了化学品、仪器和书籍，并在现在的美国境内建立了第一个化学实验室和科学图书馆。1662 年，他在伦敦向皇家学会提交了《新英格兰焦油和沥青的制作方法》一文，使他成为第一个向科学组织提交学术论文的美洲殖民地的居民。然而，大多数殖民地居民很少关注化学这一学科。那些药剂师或医学院所做的有趣研究大都采用经验和描述性的方法。1765 年，费城宾夕法尼亚大学医学院的约翰·摩尔根（John Morgan）首先提出了完整的化学讲座课程。1767 年，纽约哥伦比亚大学医学院（国王学院）的詹姆斯·史密斯（James Smith）成为第一位在其头衔中使用"化学"一词的教授。费城学院的本杰明·拉什（Benjamin Rush，1745—1813）是当时重要的医生之一，也是《独立宣言》的签署代表之一，他是殖民地化学界的头号人物。他的课程基于他出版的《化学教学大纲》（1770），包括 7 个单元：盐、土、易燃物、金属、水，以及分别构成植物和动物的物质。

美国政治革命的开端恰好与化学革命处于同一时期，化学革命强调对成分的研究，从而明确了元素、化合物和燃烧的含义。化学革命的首席代言人——法国人安托万·拉瓦锡（Antoine Lavoisier）定义了化学元素和化合物，阐述了质量守恒定律，提出了构成今天化学命名法基础的系统命名法，并且在了解到约瑟夫·普里斯特利（Joseph Priestley）1774 年发现了氧气后，拉瓦锡正确解释了普里斯特利燃烧实验的结果。在拉瓦锡的带领下，化学从一门推测性的定性科学转变为定量分析科学。美国的化学家，如哥伦比亚大学的塞缪尔·L. 米契尔（Samuel L. Mitchill）和宾夕法尼亚大学的詹姆斯·伍德豪斯（James Woodhouse）一边倒地接受了拉瓦锡的新化学理论。在普里斯特利于 1794 年为躲避英国的政治迫害而来到宾夕法尼亚后，伍德豪斯与普里斯特利在米契尔的杂志《医学资料库》（*Medical Repository*）上就燃烧问题进行了长达 10 年的辩论。伍德豪斯于 1792 年创立了费城化学学会，这是美国该领域的第一个学会。

对化学物质的特性和组成的定量研究贯穿了整个 19 世纪。因为美国拥有大量未开发的矿产资源，19 世纪也就成了描述化学和分析化学长期发展的开端。第一篇发表的研究化学特性和成分的论文是约翰·德·诺曼迪（John de Normandie）博士的《宾夕法尼亚布里斯托尔的含铁质水的分析》（*An Analysis of The Chalybeate Waters of Bristol in Pennsylvania*），这篇论文早在 1769 年就出现在《美国哲学学会学报》（*The Transactions of The American Philosophical Society*）的第一卷中。但设备、人力和公共利益的缺乏阻碍了工作的进一步开展，直到总统托马斯·杰斐逊呼吁化学家们投身于有用的技艺与科学，并且鼓励美国民众支持他们的研究，因为有用的技艺和科学对于提升国家的威望、权力和利益至关重要。宾夕法尼亚大学医学院的罗伯特·黑尔（Robert Hare）和耶鲁大学的老本杰明·西利曼就是这种美式观点的最好例证。1801 年，黑尔发明了氢氧吹管，这是第一个能够熔化矿物样品的实验室设备。后来他又发明了两种类型的电池：1816 年的热力电池和 1820 年的爆燃电池。来访的科学家认为黑尔在医学院里私人资助的实验室举世无双。他的《化学纲要》（1827）是一本关于动植物化学、无机化学和物理学的教科书，内含 200 多张设备插图。仪器在美国过于短缺，以至于当西利曼于 19 世纪初去欧洲学习时购买了价值 9000 美元的仪器和书籍。直到 19 世纪 40 年代，美国的化学家们仍继续从欧洲订购或进口大部分仪器，直到 19 世纪末，国内的实验室仪器和化学品的需求才得到满足。

19 世纪初，美国只有 6 所大学（宾夕法尼亚大学、威廉玛丽大学、哈佛医学院、达特茅斯大学、哥伦比亚大学和普林斯顿大学）开设了单独的化学教学课程。在这一时期，化学从通常由牧师教授的大学自然哲学课程的一部分，转变为在三四年级开设的一个全面的学术课程。西利曼在这一转变中发挥了重要作用。他认为从欧洲进口以化学为基础的产品是对美国独立的一种侮辱，并且坚持认为美国只有在培养出自己的化学家并实现化学品自给自足之后，才能成为世界强国。1802 年到 1853 年，西利曼在耶鲁学院担任化学和博物学教授，他通过在其广受欢迎的演讲中加入对化学效用出色的论证和声明、承认神的全能以及科学和宗教是可兼容的等一些因素，使得化学在本科课程中有了一席之地。为避免使用欧洲的教科书，他出版了《化学元素》（*Elements of Chemistry*，1830），这是南北战争前使用最广泛的美国教科书。他的学生以及海耳的学生在新英格兰地区、肯塔基州和田纳西州的大学里建立了化学系。

尽管南北战争前的化学研究集中于数据收集方面，但这一时期仍然产生了一位杰出的理论家——约西亚·库克（Josiah Cooke）。1850 年，库克被任命为哈佛大学的化学教授，他自己出资建立了学院的化学实验室，并使用实验室的设备来测定精确的原子质量。他的文章《原子质量的数值关系和元素分类的一些想法》（*Numerical Relations Between the Atomic Weights and Some Thoughts on the Classification of the Elements*，1854）介绍了一种以实验测定的原子量为基础的周期表。库克相信他可以预测出任何未发现元素的性质，以及给定元素系列的化合物，这为德米特里·门捷列夫（Dmitri Mendeleev）的工作做了铺垫。

然而，不仅是大学生在学习化学，受欢迎的演说家也在努力向公众宣传。伦斯勒研究所的阿莫斯·伊顿（Amos Eaton）花了三十多年时间为新英格兰和纽约的农民、机械师和家庭主妇做讲座和简单实验。1819 年，拉塞尔（Russell）博士给新奥尔良市民做讲座和实验；第二年，医学博士约翰·卡伦（John Cullen）在弗吉尼亚州里士满向参加一系列讲座和演示的观众收取每人 10 美元的费用。

耶鲁大学的约翰・皮特金・诺顿（John Pitkin Norton）是最早将化学原理应用于改善美国农业的新农业化学家之一。在南北战争后的几年里，美国科学界继续其应用研究的方法。1862 年根据《莫里尔法案》建立的赠地学院强调化学的实用方面，并且培养农业和分析化学家。康涅狄格州在 1875 年开设全国第一个农业实验站时就采用了诺顿的观点。其他著名的农业化学家包括约翰・劳伦斯・史密斯（John Lawrence Smith），他先后在弗吉尼亚大学（1852—1854）和路易斯维尔大学（1854—1866）任教，以及约翰・威廉・马利特（John William Mallett），他在阿拉巴马大学、路易斯安那大学（现在的杜兰大学）和弗吉尼亚大学担任化学教授并于 1883 年建立了得克萨斯大学化学系。史密斯对土壤和矿物进行了广泛的分析，马利特对棉花，包括棉花生长所必需的营养物质进行了详尽的化学研究。

为了获得研究生学位，美国人不得不出国，尤其是去德国。在哈佛大学和耶鲁大学的带领下，美国的科研机构开始模仿德国大学，提供实验室指导和科学研究生学位。1863 年，耶鲁学院向约西亚・威拉德・吉布斯（Josiah Willard Gibbs）授予了第一个理学博士学位；1877 年，哈佛大学授予弗兰克・古奇（Frank Gooch）第一个化学博士学位。大学直到很久以后仍将妇女和少数族裔排除在研究生学习之外。艾伦・丝瓦罗・理查兹（Ellen Swallow Richards）成为美国大学招收的第一个全日制理学女学生，1873 年她在麻省理工学院取得化学学士学位，尽管她后来成为 19 世纪最著名的美国女化学家，但是没有一个美国大学允许她去攻读研究生学位。21 年后的 1894 年，宾夕法尼亚大学的范妮・莱桑・穆尔福德・希区柯克（Fanny Rysan Mulford Hitchcock）和耶鲁大学的夏洛特・菲奇・罗伯茨（Charlotte Fitch Roberts）成为 19 世纪首批获得美国大学化学博士学位的 13 位女性中的两位。非裔美国人等待的时间甚至更久。伊利诺伊大学在 1916 年授予圣埃尔默・布雷迪（Saint Elmo Brady）化学博士学位；30 年后的 1947 年，哥伦比亚大学授予了玛丽・M.达利（Marie M. Daly）化学博士学位。

19 世纪 80 年代，美国的化学开始与欧洲的平起平坐。这一成就归功于：① 1876 年在纽约成立美国化学会，使化学界专业化；②期刊的激增，如《美国化学家》

（1870）、《美国化学杂志》（1879）和《美国化学会杂志》（1879）；③以前被忽视的领域，特别是有机化学和生理化学的研究有了很大的扩展；④科学教育的普及，包括麻省理工学院（1861）和约翰斯·霍普金斯大学（1876）的创立。吉布斯最能体现美国化学所取得的成就。他的长文《论非均相物质的平衡》（*On the Equilibrium of Heterogeneous Substances*）在 1875 年和 1878 年分两部分发表于《康涅狄格州文理学院学报》（*Transactions of the Connecticut Academy of Arts and Sciences*），这篇文章将相律和自由能引入复杂系统内化学平衡的研究中，从而开创了美国对物理化学的研究。

　　然而，19 世纪占主导地位的是分析化学、有机化学和无机化学——它们大多是描述性和经验性的，而 20 世纪上半叶则主要是有机化学和物理化学。随着亚原子粒子，特别是 1897 年电子和 1911 年质子的发现，化学家对原子键（价）和分子结构的理论表现出了新的兴趣。1902 年，当时在麻省理工学院的 G. N. 刘易斯（G. N. Lewis）提出，一个原子把它的电子分别排列在立方体的各个角落，立方原子共用一个或多个电子对，这就是使原子结合成分子的化学键。1916 年刘易斯到加利福尼亚大学伯克利分校后发表了他的理论，尽管立方原子在 1923 年被抛弃了，但他的电子对（化学式中用一对点表示）却成了现代成键理论的基础。刘易斯在 1923 年的专著《原子价与原子、分子结构》（*Valence and the Structure of Atoms and Molecules*）中总结了他对原子价的看法，并介绍了他著名的酸碱电子理论。刘易斯的长期竞争对手，通用电气公司的研究化学家欧文·朗缪尔（Irving Langmuir）将刘易斯的理论应用到氖之后的元素上，并在 1919 年将共享电子对或非极性键更名为共价键。

　　刘易斯还帮助化学家们理解了吉布斯的热力学。吉布斯的著作都是高度数学化的，缺乏具体的例子来说明他的热力学原理，而且，他也没有培养一批研究生继续他的研究项目。为了支持热力学的函数，如熵和自由能，刘易斯和同事们花了二十多年的时间提供实验证据，同时还引入了重要的新关系，如刘易斯的逸度。这项工作出现在 1923 年出版的另一部经典著作《热力学和化学物质的自由能》（*Thermodynamics and the Free Energy of Chemical Substances*）中。

　　随着 20 世纪初化学在美国的成熟，国际的认可也纷至沓来。1914 年，哈佛大学的西奥多·W. 理查兹（Theodore W. Richards）因精确测定了 25 种元素的原子量而成为首位获得诺贝尔奖的美国化学家。1932 年，朗缪尔因其在单分子薄膜和表面化学方面的研究而获得诺贝尔奖，他也是第一位获诺奖的美国工业界科学家。在哥伦比亚大学，哈罗德·尤里（Harold Urey）通过蒸发液态氢并经过光谱分析发现了氘（重氢），这为他赢得了 1934 年的诺贝尔奖。

加州理工学院的莱纳斯·鲍林（Linus Pauling）是这一时期最具影响力的美国化学家。在始于 1929 年的一系列出版物中，鲍林将刘易斯直观和定性的电子对键转化为数学定量的价理论，这与 20 世纪 20 年代中期出现的新的物质量子理论完全兼容。鲍林在其影响深远的著作《化学键的性质和分子与晶体的结构》（*The Nature of the Chemical Bond and the Structure of Molecules and Crystals*，1939）中进一步发展了价键法或化学键理论，这本书至今仍是化学家的必读材料。在 20 世纪 40 年代和 50 年代，鲍林结合了碳原子的杂化轨道理论和晶体学技术，使他能够确定晶体和复杂分子（如蛋白质）的结构。由于这项工作，他获得了 1954 年的诺贝尔奖。虽然价键法直到 20 世纪 60 年代早期一直占据着主导地位，但 1926—1932 年，另一种化学成键理论出现了。由纽约大学和芝加哥大学的罗伯特·马利肯（Robert Mulliken）提出的分子轨道理论［德国的弗里德里希·亨德（Friedrich Hund）也独立提出］图形描述较少，但对分子极性、氧的顺磁性和分子光谱提供了更令人满意的解释。马利肯因而获得了 1966 年的诺贝尔奖。

在有机化学（包括生物化学）中，研究的重点是发现反应途径以及致力于测定天然大分子结构以实现它们的合成。伯克利劳伦斯辐射实验室的梅尔文·卡尔文（Melvin Calvin）利用放射性碳（C-14）揭示了光合作用中发生的反应，并因此获得 1961 年的诺贝尔奖。在芝加哥的格利登公司，第一位获得大型公司首席研究化学家职位的非裔美国人佩西·朱利安（Percy Julian），获得了 130 多项有关合成激素、类固醇和药物的专利。哈佛大学的罗伯特·伍德沃德（Robert Woodward）是 1965 年的诺贝尔奖得主，他成功地合成了许多重要的生物化合物，包括奎宁（1944）、胆固醇（1951）、可的松（1951）、叶绿素 a 和维生素 B_{12}（1976）和大量的抗生素，如四环素（1954）。

20 世纪 40 年代，核化学领域兴起。恩里科·费米（Enrico Fermi）在 20 世纪 30 年代中期曾试图通过中子轰击铀来产生原子序数（质子数）大于 92（铀）的新元素。虽然他的结果并不是确定的，但在 1940 年，加利福尼亚大学伯克利分校的埃德温·麦克米伦（Edwin McMillan）和菲利普·埃布尔森（Philip Abelson）在他们的铀中子轰击实验中成功地制造出了镎，一种有 93 个质子的元素。格伦·西博格（Glenn Seaborg）及其伯克利的同事们则继续寻找其他的超铀元素。1940 年 12 月，他们确定并命名了原子序数为 94 的元素——钚。战时对钚的秘密研究表明，它的同位素钚 -239（就像铀 -235 一样）是可裂变的，但钚的发现是在 5 年后长崎投放第二颗原子弹时宣布的。战后，西博格鉴别并命名了镅、锔、锫、锎、锿、镄、钔和锘（元素 95—102）。他和麦克米伦共同获得了 1952 年的诺贝尔奖。对战时裂变研究至关重要的是耶鲁大学化学家拉斯·昂萨格（Lars Onsager）的理论工作，这为以气体扩散方法分离铀同位素奠定了理论基础。他于 1968 年获得了诺贝尔奖。

第二次世界大战以来，美国的化学和化学专业发生了巨大的变化。化学和其他学科之间的分界线已经模糊了。化学家们哀叹由于物理学、地质学、遗传学、药理学、环境科学和化学工程等侵占了原属于化学的各个领域使他们丧失了工作机会。生物化学作为一个独立的实体从化学中分离出来，而化学物理学则与物理化学相竞争。尽管有明显的扰乱，美国化学家从 1955 年到 1990 年独享或共享了 18 个诺贝尔化学奖，其研究范围包括大分子的结构、合成和物理化学、碳 -14 测年、无机和有机化学的反应机制。

20 世纪时，美国大学的化学系一直名列世界前茅。以伊利诺伊大学的威廉·A. 诺伊斯（William A. Noyes）和罗杰·亚当斯（Roger Adams）、威斯康星大学的法林顿·丹尼尔斯（Farrington Daniels）、曼荷莲女子学院的艾玛·佩里·卡尔（Emma Perry Carr）、加利福尼亚大学伯克利分校的乔尔·希尔德布兰德（Joel Hildebrand）、哈佛大学的威廉·利普斯科姆（William Lipscomb）、康奈尔大学及斯坦福大学的保罗·弗洛里（Paul Flory）、麻省理工学院的亨利·塔尔博特（Henry Talbot）、斯坦福大学的亨利·陶布（Henry Taube）、康奈尔大学的罗德·霍夫曼（Roald Hoffman）、得克萨斯农工大学的弗朗西斯·科顿（Francis Cotton）等著名化学家为首的美国化学家们仍然处于化学研究的前沿。自 20 世纪

80 年代初以来，加利福尼亚大学伯克利分校一直是授予化学博士学位最多的大学，而爱荷华州立大学、康奈尔大学、伊利诺伊大学、得克萨斯大学、密歇根大学、北卡罗来纳大学和华盛顿大学在本科生和研究生教育方面都表现优异。没有哪个国家能与美国相提并论。

科学史家对美国化学家和化学没有给予足够的重视。尽管美国化学会化学史分部的成员日益增多，来自化学传统基金会贝克曼化学史研究中心的资金支持也逐步提高，但美国的化学史研究和写作仍处于起步阶段。虽然参考文献中包含了一些针对专门时期和美国化学一些分支的条目，但是没有综合性的化学史著作，也鲜有适合理科和文科生阅读的有关化学和化学家的著作出版。

科学史家通常分为两类，一类有科学背景，另一类则来自人文或社会科学。第一类人倾向于强调科学思想的历史发展，而第二类人不强调科学思想，更倾向于社会学的解释。为了提供一个更完整、更丰富的历史，这两种方法都是必要的。今天的科学史家写作时融合了科学思想发展过程中内外两种影响以及这些思想对社会的影响。化学史也遵循这种模式。美国第一位化学史家埃德加·F. 史密斯（Edgar F. Smith）和美国第一个化学史系的主任亚伦·伊德（Aaron Ihde）都以化学家的身份开始他们的职业生涯。他们的书反映出这一背景，尽管伊德的《现代化学的发展》比史密斯的《化学在美国》晚了 50 年，但是他巧妙地将化学思想的发展和这些思想对社会的影响交织在一起。更近一些的历史要么是局部的，要么是淡化了化学的专业性而更偏向于轶事和传记信息。目前的趋势是撰写化学家的传记和集体传记，包括诺贝尔奖得主、女性和少数族裔的汇编；局部和一段时期的历史；化学工业和机构的历史。几乎没有全面的化学史著作。

美国化学史的写作有些类似于化学在科学中的地位。关于殖民地和早期共和国科学的书籍包含了自然科学和医学中的化学。史密斯在书中把化学视为一门成熟的、独立的学科。随着化学分裂为几个分支，有关的历史学术研究也随之分裂。化学史从简单的、按时间顺序组织的调查转变为更专业的解释性研究。化学与大多数科学学科的相互联系阻碍了当前科学史家对化学成就的精确定位，并使得综合史的书写成为一项日益艰巨的任务。

参考文献

[1] Brock, William H. *The Norton History of Chemistry*. New York: W.W. Norton, 1992.

[2] Browne, Charles Albert, and Mary Elvira Weeks. *A History of the American Chemical Society*. Washington, DC: American Chemical Society, 1952.

[3] Bruce, Robert V. *The Launching of Modern American Science, 1846–1876*. Ithaca: Cornell University Press, 1987.

[4] Greene, John C. *American Science in the Age of Jefferson*. Ames: Iowa State University Press, 1984.

[5] Ihde, Aaron J. *The Development of Modern Chemistry*. New York: Harper and Row, 1964.

[6] James, Laylin K., ed. *Nobel Laureates in Chemistry, 1901–1992*. Washington, DC: American Chemical Society, 1993.

[7] Miles, WyndhamD., ed. *American Chemists and Chemical Engineers*. Washington, DC: American Chemical Society, 1976.

[8] Rossiter, Margaret W. *Women Scientists in America: Struggles and Strategies to 1940*. Baltimore: Johns Hopkins University Press, 1982.

[9] Servos, John W. *Physical Chemistry from Ostwald to Pauling: The Making of a Science in America*. Princeton: Princeton University Press, 1990.

[10] Skolnik, Herman, and Kenneth M. Reese. *A Century of Chemistry: The Role of Chemists and the American Chemical Society*. Washington, DC: American Chemical Society, 1976.

[11] Smith, Edgar F. *Chemistry in America: Chapters from the History of the Science in the United States*. New York: D. Appleton, 1914.

[12] Stranges, Anthony N. *Electrons and Valence: Development of the Theory, 1900–1925*. College Station: Texas A&M University Press, 1982.

[13] Tarbell, D. Stanley, and Ann T. Tarbell. *Essays on the History of Organic Chemistry in the United States*. Nashville: Folio Press, 1986.

[14] Thackray, Arnold, Jeffrey L. Sturchio, P. Thomas Carroll, and Robert Bud. *Chemistry in America, 1876–1976: Historical Indicators*. Boston: Reidel, 1985.

安东尼·N. 斯特兰奇斯（Anthony N. Stranges）、

玛琳·K. 布拉德福德（Marlene K. Bradford） 撰，刘晓 译

另请参阅：化学工程（Chemical Engineering）

晶体学

Crystallography

晶体学作为一门学科的正式建立，主要归功于 18 世纪法国两个矿物学家的工作，第一个系统地测量晶体界面角度的罗梅·德利勒（Romé de l' Isle），以及提出晶体内部结构理论以解释晶体规则外部形态的勒内·朱斯特·赫羽依（René Just Haüy）。直到 19 世纪晚期，尤其是在美国，晶体学仍主要是矿物学的一个方面。这是因为晶体学标准可以用于矿物的鉴定和分类。

晶体学引入美国，是通过 1780—1820 年熟悉赫羽依工作或曾跟随他学习过的人移居美国，以及美国人去巴黎跟随他学习。美国第一本包含详细晶体学研究内容的教科书是帕克·克利夫兰（Parker Cleaveland）的《矿物学和地质学基本描述》（1816）。晶体学在美国发展的一个主要因素，也是长期以来进入这一领域的主要途径，即詹姆斯·D. 达纳（James D. Dana）先后出版过六版的《矿物学系统》，有些部分由耶鲁大学的爱德华·S. 达纳（Edward S. Dana）撰写，连同 E. S. 达纳（E. S. Dana）1877 年出版的《矿物学教科书》和 J. D. 达纳（J. D. Dana）1850 年出版的《矿物学手册》。《矿物学系统》第一版出版于 1837 年，其中晶体学的内容总共有145 页，约占全书的 40%。美国第一本完全致力于晶体学的书是 G. H. 威廉斯（G. H. Williams）的《化学、物理和矿物学学生的晶体学导论》（1890）。

晶体光学是晶体物理学中第一个在美国得到广泛发展的领域。其发展动力很大程度上来自于从 19 世纪 70 年代开始使用偏振光显微镜研究光线透过的薄岩石，以及通过其光学特性识别浸在已知折射率液体中的碎颗粒中看到的透明矿物。

到 19 世纪末，美国已经发展出了纯晶体学的几个分支。其中之一是最初主要由海德堡的维克多·戈尔德施密特（Victor Goldschmidt）发展起来的形态结晶学，随后由哈佛大学的查尔斯·帕拉奇（Charles Palache）引进美国，他曾于 1895 年跟随戈尔德施密特学习过一段时间。

随着 X 射线及晶体衍射在德国的发现，以及记录和解释 X 射线衍射效应技术的发展，晶体学从一门本质上是矿物学附属的学科发展成为研究所有固态物质的独立学科。上述提到的事件由埃瓦尔德（Ewald）描述，麦克拉克兰（McLachlan）和格拉斯克（Glusker）特别提到了美国。

在美国，晶体学的大部分作品都发表在《美国科学杂志》或《美国矿物学家》上。有关 X 射线晶体学的文献则选择了另一条路径，几乎所有早期的研究结果都出自美国或欧洲的化学、物理或冶金学期刊，或者德国期刊《晶体学杂志》（*Zeitschrift für Kristallographie*）上。

1939 年成立的美国结晶学学会（Crystallographic Society of America）是第一个成功包括晶体学各个领域的学会。第二个是成立于 1941 年，强调 X 射线晶体结构分析的美国 X 射线和电子衍射学会（American Society for X-ray and Electron Diffraction）。这两个学会在 1948 年合并，成为拥有近 500 名会员的美国晶体学协会（American Crystallographic Association）。

参考文献

[1] Ewald, Paul P. *Fifty Years of X-ray Diffraction*. Utrecht: International Union of Crystallography, 1962.

[2] McLachlan, Dan, Jr., and Jenny P. Glusker, eds. *Crystallography in North America*. New York: American Crystallographic Association, 1983.

克利福德·弗龙德尔（Clifford Frondel） 撰，吴晓斌 译

另请参阅：矿物学（Mineralogy）

化学工程
Chemical Engineering

隶属于化学处理工业的工程分支，一般被认为是四大工程分支之一。

在 19 世纪的大部分时间里，化学工程是不存在的。从实验室的试管、烧杯，到商业工厂的泵、管道和反应塔，这些规模不断扩大的化学过程是由化学家、机械工程师，或两者合作完成的。

1880 年前后，英国化学家乔治·戴维斯（George Davis）将"化学工程"一词

推广开来，用来描述那些将化学和工程技能相结合，并参与设计或管理工业规模化学过程的个体所做的工作。但这个概念并没有立即流行起来。在德国，化学工业的重点是批量生产各种低剂量、高附加值的化学品，化学家与机械工程师的组合很成功。德国人和许多受其成功影响的人认为，没有必要建立新的"混合"领域，也不需要"化学工程师"。

化学工程师更多关注的是加工过程而不是产品，而美国为这类人才的出现提供了肥沃的土壤。美国的工业传统长期以来一直强调低成本的批量生产。与德国不同，美国的化学工业只生产一些相对简单但产量很大的化学品。因此，1888 年麻省理工学院和 1892 年宾夕法尼亚大学分别制定了世界上首批化学工程的学术培养计划。

然而，早期的化学工程面临着严重的知识合法性问题。它的学术课程只是简单地将传统的工程学和化学课程结合起来，其从业人员很难让真正的工程师相信他们是工程师，也很难让化学家相信他们不仅仅是化学家。

让化学工程与其他学科有明显知识界限的关键概念是单元操作。传统的工业化学以制造特定的化学品为中心，对大量不同化学过程的共性认识不足。单元操作则侧重于这些共性，即数量相对较少的物理过程，如加热、研磨、蒸发、溶解和蒸馏等。它们构成了所有化学制造过程的基础。经过适当的安排或重新排列，这些单元操作可以用来生产任何化学品。乔治·戴维斯只是隐晦地在自己的书中将单元操作当作化学工程的重点，但阿瑟·D. 利特尔（Arthur D. Little）于 1915—1925 年在美国化学工程师协会和麻省理工学院的工作中，明确使用单元操作来定义化学工程，并将其与相关领域区分开来。

由于单元操作为化学工程提供了一个强有力的研究重心，而且化学工程可直接应用于工业，因此 1925 年至 1950 年间，工业和学术性的化学工程之间形成了非常紧密的联系。例如，20 世纪二三十年代，为了满足汽车日益增多所引发的需求，学术界的化学工程师经常和工业界的同行们一起工作，在扩大美国石油工业的规模方面发挥了核心作用。此外，将工厂设计和产品相联的单元操作方式是其他任何工程领域都无法比拟的。这种联系促使 20 世纪 30 年代的化学工程师们进一步研究加工效率，发展化学热力学，并设计出集成、连续、自动化的加工方法。最初为石油工业而开发的大规模、连续、自动化的生产系统，后来在 20 世纪 30 年代被化学工程师们成功地应用于新兴的石油化学工业。

在"二战"期间和"二战"后，化学工程在美国化学工业暴增式发展中发挥了核心作用，也对自身领域产生了重大影响，从业人员的数量迅速增加。1940 年，美国化学工程师学会（American Institute of Chemical Engineers）只有大约 2000 名会员。1960 年，会员接近 2 万名；1980 年，会员接近 5 万名。同时，全世界甚至连德国都接受了美国的化学工程概念。

战后，美国化学工业迅速扩张的另一个影响是专业工程公司（SEF）的重要性日益增加，它们为国内外企业开发和安装"现成的"化工厂。虽然这类公司起源较早，但还是在 1945 年后成为化学工程师的主要雇主。20 世纪 60 年代末，近四分之三的大型新工厂都出自专业工程公司，如环球油品公司（Universal Oil Products）、M. W. 凯洛格（M. W. Kellogg）公司和鲁玛斯（Lummus）公司等。

"二战"后，化学工程开始脱离单元操作，学术化学工程和工业化学工程自此分道扬镳。1945 年以后，化学工程的学术研究重点转向越来越复杂的数学理论和模型，经常和工业问题没什么明显的相关性。美国国家自然科学基金会成为大学研究的主要资金来源，其对理论科学研究的偏好鼓励了这种转变。20 世纪 60 年代，传输现象取代单元操作，成为该学科在学术界的统一方案。传输现象集中于更广义的理论概念，如能量、质量和动量的传输等，其中每个概念都包含了一些单元操作，但似乎与实际的工业操作相去甚远。相比学术研究，工业研究虽然更具经验性而缺乏理论性，但也开始脱离单元操作，更多集中于反应堆设计和高温过程的经济性等领域。

几乎从诞生伊始，化学工程就与其化学母体相背离。例如，单元操作主要是物理现象而非化学现象。20 世纪 30 年代，亨利·施里夫（Henry Shreve）提出了单元过程（即单元操作在化学上的近似语，如氧化、硝化、磺化、水解等）的概念，试图将该领域引回化学领域，但未能得到广泛支持。"二战"后，化学工程研究更加强调理论和数学，加强了其远离化学的趋势。这导致一些化学工程师警告称，化学工程正在远离其原有的知识基础。20 世纪 80 年代，化学工业向特殊化学品的转变在一定程度上纠正了这一趋势，但人们的担忧依然存在。

关于化学工程史的文献很少。其中大多数文献都侧重于特定公司或学术机构的化学工程，由从业人员而非专业史学家撰写。

参考文献

[1] Aris, Rutherford. "Academic Chemical Engineering in an Historical Perspective." *Industrial and Engineering Chemistry—Fundamentals* 16, no. 1（1977）: 1-5.

[2] "Chemical Engineering at DuPont: A Profession Comes of Age." *Chemical Engineering Progress* 85（September 1989）: 62-69.

[3] Donnelly, J. F. "Chemical Engineering in England, 1880-1922." *Annals of Science* 45（1988）: 555-590.

[4] Furter, W. F., ed. *History of Chemical Engineering*. ACS Advances in Chemistry Series, no. 190. Washington, DC: American Chemical Society, 1980.

[5] ——. *A Century of Chemical Engineering*. New York and London: Plenum, 1982.

[6] Guédon, Jean-Claude. "Il progett dell'ingegneria chimica: l'affermazione delle operazioni di base negli Stati Uniti." *Testi e contesti* 5（1981）: 5-27.

[7] ——. "From Unit Operations to Unit Processes: Ambiguities of Success and Failure in Chemical Engineering." In *Chemistry and Modern Society: Historical Essays in Honor of Aaron J. Ihde*, edited by John Parascandola and James C. Whorton. ACS/Symposium Series 228. Washington, DC: American Chemical Society, 1983, pp. 43-60.

[8] Hougen, Olaf A. "Seven Decades of Chemical Engineering." *Chemical Engineering Progress* 73（January 1977）: 89-104.

[9] Landau, Ralph. "Chemical Engineering: Key to the Growth of the Chemical Process Industries." In *Competitiveness of the U.S. Chemical Industry in International Markets*, edited by Jaromir J. Ulbrecht. AIChE Symposium Series, 274. New York: AIChE, 1990, pp. 9-39.

[10] Peppas, Nikolaos A., ed. *One Hundred Years of Chemical Engineering*. Dordrecht: Kluwer Academic Publishers, 1989.

[11] Pigford, Robert L. "Chemical Technology: The Past 100 Years." *Chemical and Engineering News* 54（6 April 1976）: 190-203.

[12] Reynolds, Terry S. "Defining Professional Boundaries: Chemical Engineering in the Early Twentieth Century." *Technology and Culture* 27（1986）: 694-716.

[13] Servos, John. "The Industrial Relations of Science: Chemical Engineering at MIT,

1900–1939." *Isis* 71（1980）: 531–549.

[14] Trescott, Martha M. *Rise of the American Electrochemical Industry, 1880–1910*. Westport, CT: Greenwood Press, 1981.

特里·S. 雷诺兹（Terry S. Reynolds） 撰，刘晓 译

另请参阅：化学（Chemistry）

合成橡胶
Synthetic Rubber

1929 年 7 月，德国化学康采恩——法本公司（IG Farben）申请了合成橡胶专利，以此为基础，"二战"期间美国政府使用丁苯合成橡胶（Government Rubber-Styrene, GR–S）。1940 年 6 月，由于德国 U 型潜艇的攻击和日本对东亚橡胶产地的威胁，人们对美国橡胶供应的安全产生了担忧。国防委员会顾问委员会（Advisory Committee of the Council for National Defense）成立了一个由克拉伦斯·弗朗西斯（Clarence Francis）领导的委员会来建立合成橡胶工业。美国总统罗斯福曾经创建了橡胶储备公司来储备天然橡胶，1940 年 10 月，橡胶储备公司接管了弗朗西斯委员会的职能。

橡胶储备公司由其主席——商务部长杰西·琼斯（Jesse Jones）主导。琼斯在储备天然橡胶方面较为成功。然而，很多人对合成橡胶项目的进展相当不满。1942 年夏天，罗斯福成立了一个以伯纳德·巴鲁克（Bernard Baruch）为首的委员会来调查合成橡胶问题，这个委员会建议增加用谷物酒精为原料制造合成橡胶的数量以替代石油原料，并任命了一位橡胶主管来监督这个项目。

第一位橡胶主管是联合太平洋铁路公司总裁威廉·杰弗斯（William Jeffers）。1943 年 9 月，陆军上校布拉德利·杜威（Bradley Dewey）接任这个职位，他原本是橡胶副主管和化学工程师，但是他在第二年便辞职了，橡胶主管的职位也被废除。该委员会的大部分职能由橡胶储备公司接管，并继续管理日常生产事宜。1945 年 6 月，重建金融公司（RFC）下属的橡胶储备办公室（Office of Rubber Reserve）——即后来的合成橡胶办公室（Office of Synthetic Rubber）——取代了

橡胶储备公司。

这些合成橡胶厂投产后相对轻松地便达到或超过了计划产能,仅有一个厂例外。原计划中的 4 个工厂在 1942 年开始运行,到 1943 年 11 月底,所有 15 个工厂都运行投产。以酒精为原料的丁二烯工厂于 1943 年 1 月首次投产。它们很快就以两倍于额定容量的速度运行。相反,以石油为原料的丁二烯工厂则面临着建造工厂所需的关键材料短缺、航空燃料计划的竞争以及一些技术问题。虽然酒精厂也没能达到 1943 年的目标,但他们在 1944 年继续扛起了重担。虽然丁二烯的短缺导致了 1943 年和 1944 年初合成橡胶的不足,但彼时也不确定橡胶加工厂是否能轻松处理计划总额。幸运的是,对于橡胶项目和盟军的作战需求来说,军事上对橡胶需求的峰值直到 1944 年夏天才出现。丁苯橡胶的产量从 1942 年微不足道的 3721 长吨(英制单位,1 长吨 =1016. 05 千克)上升到 1943 年的 182259 长吨,然后在 1944 年飙升到 670268 长吨。到 1945 年年初,当以石油为原料的工厂问题得到解决,昂贵的酒精工厂的产量被削减,丁苯橡胶的产量已经超过了需求。1945 年,丁苯橡胶的总产量为 719404 长吨。

战时的研究,特别是橡胶工业的研究,侧重的是改进现有工艺。虽然没有发生根本性的变革,但这项研究到战争结束时极大地提高了丁苯橡胶的产量和质量。

战后,由于苏联的威胁,合成橡胶的产量维持在每年 30 万到 40 万长吨。许多工厂被封存而不是废弃或出售,条件是它们能在接到通知后立即恢复生产合成橡胶。政府保留了对工厂和橡胶库存的控制,但 1948 年的《橡胶法》要求在 1950 年之前处理这些工厂。尽管产量有所下降,但每年仍有 350 万美元的研究基金注入,研究团队现在可以自由地追求长期目标。当时的直接目标是开发一种在质量和价格上都能与天然橡胶匹敌的合成橡胶。1948 年 10 月,重建金融公司宣布引进一种更高级的丁苯橡胶,称为"冷"橡胶。最初的理念早在战争结束时来自德国法本公司,但1948 年重建金融公司采纳的生产标准"冷"橡胶的工艺主要是以明尼苏达大学的伊扎克·(皮耶特)·科尔托夫(Izaak [Piet] Kolthoff),以及菲利普斯石油公司的威廉·B. 雷诺兹(William B. Reynolds)和查尔斯·弗莱林(Charles Fryling)的研究为基础的。"冷"橡胶到 1950 年时已经占到所有丁苯橡胶产品的 38%。它可以替代汽车轮胎用的天然橡胶，但是它很难加工，而且并不比标准的丁苯橡胶便宜。

早在 1950 年 6 月朝鲜战争之前，由于苏联大量购买，天然橡胶的价格就已经急剧上涨，达到了 73 美分 / 磅的峰值。相比之下，丁苯橡胶的价格则维持在 18.5 美分 / 磅。到 9 月份，合成橡胶工业已经完全复苏。1951 年的丁苯橡胶产量为 69.7 万长吨，几乎是前一年产量的两倍。为了弥补备用工厂中以酒精为原料的丁二烯的额外成本，政府将丁苯橡胶的价格提高到每磅 24.5 美分。1952 年和 1953 年，丁苯橡胶产量仍然很高。为提高合成橡胶的产量，通用轮胎公司和固特异公司独立推出了充油橡胶（"冷"橡胶与精选矿物油 4∶1 的混合物）。矿物油的加入也使"冷"橡胶更易加工且更便宜。

"冷"橡胶的优越性能和充油橡胶的廉价，使合成橡胶与天然橡胶相比更具竞争力。这增加了将合成橡胶工业私有化的压力。由于朝鲜战争，1948 年颁布的《橡胶法》将 1950 年的最后期限延长到了 1954 年。1953 年通过的《橡胶生产设施处置法》建立了一个独立的委员会来负责处置过程。1955 年 7 月 15 日，美国政府退出了合成橡胶业务。1953 年的处置法案规定，在出售生产设备后，研究项目将继续进行一年，届时将做出最终决定。经过国家科学基金会一年的监督，这个研究项目在 1956 年年底被允许终止，位于阿克伦的政府实验室被卖给了费尔斯通。

参考文献

[1] Herbert, Vernon, and Attilio Bisio. *Synthetic Rubber: A Project That Had to Succeed.* Westport, CT: Greenwood Press, 1985.

[2] Morris, Peter J. T. *The American Synthetic Rubber Research Program.* Philadelphia: University of Pennsylvania Press, 1989.

[3] ——. "Transatlantic Transfer of Buna S Synthetic Rubber Technology, 1932-1945." In *The Transfer of International Technology. Europe, Japan and the USA in the Twentieth Century*, edited by David J. Jeremy. Aldershot, U.K.: Edward Elgar, 1992.

[4] Ross, Davies R. B. "Patents and Bureaucrats: US Synthetic Rubber Developments before Pearl Harbor." In *Business and Government*, edited by Joseph R. Frese, S.J., and Jacob Judd. Tarrytown, NY: Sleepy Hollow Press, 1985, pp. 119-155.

[5] Tuttle, William M., Jr. "The Birth of an Industry: The Synthetic Rubber 'Mess' in

World War II." *Technology and Culture* 22（1981）: 35–67.

彼得·J. T. 莫里斯（Peter J. T. Morris）　撰，吴晓斌　译

聚合物

Polymers

　　聚合物指长链分子，通常有一个碳原子主链，是生物的基本组成材料。聚合物以木材、植物纤维和蛋白质的形式，体现了一些最古老、最基本的技术。现代高分子科学创造了庞大的合成高分子工业，包括塑料、纤维、薄膜、橡胶和涂料。聚合物这个概念在科学上最重要的应用是双螺旋型 DNA 聚合物对遗传信息的储存和传递，1953 年詹姆斯·沃森（James Watson）和弗朗西斯·克里克（Francis Crick）首次解开了这个谜题。

　　对聚合物科学理解的发展主要集中在 20 世纪。19 世纪 60 年代，基于碳原子与其他原子形成 4 个共价化学键这一概念，现代结构有机化学建立起来，但化学家还没有攻克解释大分子复杂性所需要的概念。早期的化学家研究天然聚合物，如纤维素、丝绸和橡胶，一定程度上是希望发现这些材料的合成替代品。19 世纪 30 年代，永斯·J. 贝采利乌斯（Jons J. Berzelius）创造了"聚合物"一词，指代成分比例相同但原子总数不同的化合物。举例来说，1861 年格雷维尔·威廉姆斯（Greville Williams）在英国发现橡胶可以分解成单一的化合物异戊二烯，这表明天然橡胶是由多个异戊二烯分子以某种方式联结而成的。1900 年前后，德国化学家埃米尔·H. 费歇尔（Emile H. Fischer）开始利用有机结构化学的新概念来研究糖、淀粉和蛋白质。他认为这些材料是高达 5000 分子量的长链。然而，大约在同一时间，以伟大的化学家威廉·奥斯特瓦尔德（Wilhelm Ostwald）之子沃尔夫冈·奥斯特瓦尔德（Wolfgang Ostwald）为首的德国物理化学家开始提出，聚合物是较小分子通过相对较弱的胶状键结合在一起组成的聚合体。这个观点在 1920 年受到另一位德国化学家赫尔曼·斯托丁格（Hermann Staudinger）的挑战，他认为聚合物是由普通的碳原子共价键联结在一起的长链分子。在接下来的 15 年里，越来越多的证据证实了斯托丁格的假设，并在

1935 年英国剑桥法拉第学会的一次研讨会上得到认证。研讨会上的主要论文演讲者之一是华莱士·H. 卡罗瑟斯（Wallace H. Carothers），他是特拉华州威尔明顿市杜邦公司的一名雇员。1928 年，卡罗瑟斯已经开发出利用标准有机化学反应制造分子量超过10000 的长链聚合物的方法。他利用酸和醇反应生成酯的原理合成了聚酯，用两端都有反应基团的酸和醇构造了长链分子。因此，链条以类似火车车厢联结在一起的方式生长。在研究聚合物如何形成的过程中，卡罗瑟斯的同事们制作了类似于橡胶和丝绸的聚合物，它们最终分别成为商业产品——氯丁橡胶和尼龙。

法拉第学会会议标志着聚合物科学开始成为一门学科，尽管它最初的发展非常缓慢。由于聚合物的工业重要性日益凸显，许多早期的研究工作集中在工业部门而不是学术界。后来在 1974 年，荣获诺贝尔奖的保罗·弗洛里（Paul Flory）在与杜邦的卡罗瑟斯合作时，开始了他对聚合以及聚合物在物理化学方面的研究。伊利诺伊大学被称为"速度"马维尔（"Speed" Marvel）的卡尔·S. 马维尔（Carl S. Marvel）和布鲁克林理工学院的赫尔曼·F. 马克（Herman F. Mark）激发了学术界对聚合物的兴趣。20 世纪 30 年代，随着聚氯乙烯、聚苯乙烯、聚乙烯、聚四氟乙烯、尼龙、氯丁橡胶、合成橡胶和丙烯酸聚合物的发现或商业化，工业聚合物技术得到了极大发展。新的生产技术如乳液聚合极大地加强了对聚合反应和聚合物特性的控制。

第二次世界大战期间，作为发展合成橡胶工业的应急计划的一部分，美国形成了高分子科学共同体。凭借坚实的科技基础设施，聚合物成为战后时代的魅力产业之一。重要的新型聚合物包括聚酯、聚氨酯、聚丙烯、聚碳酸酯和许多外来的高科技材料。高分子科学在理解高分子材料和新聚合方法方面都取得了进步。聚合物质不是单一的化合物，而是不同长度链的混合物，这些链可以以多种方式折叠。许多聚合物链以规则的模式折叠，形成结晶区。聚合物链也可以是支链而不是直链。战后时期的聚合物物理化学家，尤其是保罗·弗洛里，研究了这些聚合物的特性和材料性质之间的关系。在聚合领域，有两个重大突破。第一个是溶液聚合法，这是由杜邦公司的保罗·摩尔根（Paul Morgan）和他的同事在 20 世纪 50 年代发明的。这种方法可以使许多化合物聚合，而其他方法则不能。在商业应用上，莱卡氨纶和凯夫拉芳纶纤维就是由此而来的。德国的卡尔·齐格勒（Karl Ziegler）取得了另一突破，他发现了一种新的催化体系，可以有序生长额外的聚合物链。这些催化剂使化学家得以培育出具有独特特性且非常规则的聚合物链。此外，齐格勒的催化剂还使新聚合物的生产成为可能，包括聚丙烯。齐格勒和意大利化学家居里奥·纳塔（Gulio Natta）凭借这些发现共同获得了 1963 年诺贝尔化学奖。

聚合物从最初应用于多门学科的科学概念发展到后来的以了解大分子的形成和性质为目的的科学。

参考文献

[1] Furukawa, Yasu. "Hermann Staudinger and the Emergence of the Macromolecular Concept." *Historia Scientiarum* 22（1982）：1–18.

[2] Hounshell, David A., and John Kenly Smith Jr. *Science and Corporate Strategy*, *Du Pont R&D*, *1902–1980*. New York：Cambridge University Press, 1988.

[3] Morris, Peter J. T. *Polymer Pioneers*. Philadelphia：Center for History of Chemistry, 1986.

约翰·K. 史密斯（John K. Smith） 撰，郭晓雯　译

毒品

Drugs

毒品指一些能改变情绪、生理或表现的成瘾性物质，服用这些物质可能是人类文化与生俱来的部分。大多数社会用途已经区分为医学用途和娱乐用途，前者是用于治疗生理或心理的疾病或痛苦，后者是用于享乐、逃避、放松或据说增加兴奋感。所使用的物质、使用者的情况和社会反应，随时间和地点的不同而有很大差异。但总的来说，建立在完备的工业和商业体系基础上的现代西方社会，已经不赞成或禁止出于非医疗用途使用这些物质。这反映了人们对因吸毒成瘾或吸毒产生的感觉而失去自我的恐惧。担心毒品的使用会降低生产力，损害使用者和社会；而且害怕使用和上瘾会对第三方（如家庭、社区或更大的经济体）造成影响。因此，毒品的使用，就会带来对个人及其所属更大社会的安全、福祉、进步和环境的担忧。这种相互联系，广泛激起

了法律约束，也让社会对非医用的娱乐性或习惯性使用毒品极为反感。

　　对个人造成上述影响的物质，以及社会作出的反应，都是老生常谈。任何时候，包括现代工业社会在内，世界各地的人们都将植物生物碱及其提取物，既用于医学，也用于娱乐。其中一些物质的使用，如大麻或大麻制剂，曾经常流行于东方和中东国家。但这引起了西方的警惕，他们认为如此服用，成了一种诱发消极行为的手段，让使用者不顾现实的需求，而且变本加厉接触更危险的物质。其他植物产品，特别是鸦片，有着复杂的历史。相对柔和的鸦片制剂，如鸦片酊，即溶解在各种酒类或其他酒精介质中的鸦片，鸦片粉或鸦片糖果，在西方被用来减轻疼痛。但是社会不赞成出于娱乐原因服用上述鸦片制剂或吸食鸦片烟，因为鸦片会让使用者上瘾，让他们丧失责任。吗啡是鸦片的主要生物碱成分，在 19 世纪早期被分离出来，成为一种广泛使用的止痛药。由于它有放松身体，改变大脑感知过程的功效，因此在一些社会群体中成为一种流行的消遣药物，无论是吸食的粉末还是通过皮下注射器使用的溶液，它都能使人高度上瘾。19 世纪末出现了一种更强效的名为海洛因的同类产品，被吹捧为不会让人上瘾的止痛药。然而，研究很快揭示了它的成瘾性，而它的药用价值微乎其微。在随后的一个世纪里，开发和使用的非医疗用途的化学制剂和物质似乎无穷无尽，与此同时在任何法制区域都制定有针对它们的法律法规。它们包括各种可卡因制剂、大麻、LSD① 等迷幻剂、安定等镇静剂、巴比妥酸盐，以及这些物质和其他物质的结合物。无论这些新物质有多少优点或医学上的价值，社会普遍界定着药物的娱用和医用之间的固有区别。现代化学似乎打开了无穷无尽的物质之链的大门，社会将不得不面对、防范、管控和挑战这些物质的使用。因此，科学被置于一个微妙的境地，它生产出一系列用于医疗的产品，而这些产品被滥用后，又要求它研究出救治的方法。

参考文献

[1] Courtwright, David T. *Dark Paradise: Opiate Addiction in America Before 1940*. Cambridge, MA: Harvard University Press, 1982.

––––––––––––––

① 麦角酸二乙酰胺，一种药性很强的合成迷幻剂。

［2］McWilliams, John C. *The Protectors: Harry J. Anslinger and the Federal Bureau of Narcotics, 1930–1962*. Newark: University of Delaware Press, 1990.

［3］Morgan, H. Wayne. *Drugs in America: A Social History 1800–1980*. Syracuse: Syracuse University Press, 1981.

［4］——, ed. *Yesterday's Addicts: American Society and Drug Abuse 1865–1920*. Norman: University of Oklahoma Press, 1974.

［5］Musto, David F. *The American Disease: Origins of Narcotic Control*. New Haven: Yale University Press, 1973.

［6］Taylor, Arnold H. *American Diplomacy and the Narcotics Traffic, 1900–1939*. Durham, NC: Duke University Press, 1969.

H. 韦恩·摩尔根（H. Wayne Morgan） 撰，陈明坦　译

另请参阅：药理学（Pharmacology）

4.2　组织与机构

美国矿冶及石油工程师协会
American Institute of Mining, Metallurgical and Petroleum Engineers

美国历史第二悠久的重要工程学科协会。1871 年，一些美国采矿工程师不满于美国土木工程师协会的过高专业标准，希望有一个更专业的论坛，于是成立了美国采矿工程师协会（American Institute of Mining Engineers, AIME）。随着此次分裂，美国工程师行业开始分裂成许多专业学会，不再有广受认可的统一团体。

究竟定位于高度科学化和专业化的学会还是松散的工业行会，美国采矿工程师协会一直倾向于后者。19 世纪后期，它的正式会员的标准非常宽松，包括"普通矿工、劳工、矿井工头和不会拼写的人"，以及很少或根本没有专业资质的"行业领袖"（Layton, p. 94）。因此，该协会传统上遵循一个非常保守的、以行业为导向的议程，拒绝在诸如防护、道德规范和就业条件等更广泛的专业问题上发挥积

极作用。

由于矿物开采行业的多样性，美国采矿工程师协会比大多数工程学会都更早地进行了根本性的组织调整，以避免分裂为一堆更小的技术学会。1919 年，美国采矿工程师协会在其原名上增加了"冶金"，1957 年增加了"石油"。第二次世界大战后，为了防止迅速扩张的石油工程领域成员脱离，协会开始去中心化，在学会内部创建了 3 个广泛的、半自治的"分支"。这些分支在 20 世纪 50 年代后期演变成"子学会"，到 80 年代中期成为独立具有法人地位的学会。今天，该协会是一个由 4 个附属学会组成的伞形组织：采矿、冶金和勘探学会（Society of Mining, Metallurgy and Exploration），矿物、金属和材料学会（Minerals, Metals and Materials Society），钢铁学会（Iron and steel Society）以及石油工程师学会（Society of Petroleum Engineers）。附属学会有自己的总部、出版物和行政人员。他们仍隶属于矿冶及石油工程师协会，在很大程度上是因为它作为美国古老的工程学会之一的声誉，以及共同的职能：诸如联系公众以及联系其他学会等。

参考文献

[1] *Centennial Volume: American Institute of Mining, Metallurgical, and Petroleum Engineers, 1871-1970*. New York: AIME, 1971.

[2] Layton, Edwin T. Jr. *The Revolt of the Engineers: Social Responsibility and the American Engineering Profession*. Cleveland: Case Western Reserve University Press, 1971; 2d ed. Baltimore: Johns Hopkins University Press, 1986.

[3] "Members to Decide AIME, SPE Incorporation." *Journal of Petroleum Technology* 36（August 1984）: 1294-1295.

[4] Parsons, A. B. "History of the Institute." In *Seventy-Five Years of Progress in the Mineral Industry*. New York: AIME, 1948, pp. 403-529.

[5] Rubinstein, Ellis. "IEEE and the Founder Societies," *IEEE Spectrum* 13, no. 5（May 1976）: 76-84.

[6] "SPE Incorporation Has Deep Roots." *Journal of Petroleum Technology* 37（January 1985）: 62-63.

[7] Weiss, Alfred, Andrew E. Nevin, and Thomas J. O'Neil. "AIME in Transition:

Separate Society Incorporation." *Mining Engineering* 35（October 1983）: 1389–1390.

特里·S. 雷诺兹（Terry S. Reynolds）　撰，陈明坦　译

美国化学工程师学会

American Institute of Chemical Engineers（AIChE）

美国 5 个重要的工程学科学会之一（统称为"创始"学会）。美国化学工程师学会成立于 1908 年，由从事工业领域咨询、设计和管理的化学家领导，他们希望利用这个组织，与地位较低的分析化学家拉开距离，并阻止在化工厂设计中使用机械工程师。直到 20 世纪 30 年代，化学工程师学会一直是一个精英主义组织，拥有少量的会员和俱乐部的气氛。

这个新组织所面临的主要问题是确保它被视为工程学的分支，而不仅仅是化学的一个分支。由于认识到职业认同是在教育过程中建立起来的，学会将其微薄的资源集中在教育上。20 世纪 10 年代末，在阿瑟·D. 利特尔（Arthur D. Little）的推动下，学会开始对化学工程教育的状况进行系统研究。这项研究的结果让该学会采用单元操作（比如加热、粉碎、蒸馏、蒸发之类操作，在所有工业化学流程中以不同的形式和顺序使用）作为定义化学工程并将其与化学问题区分开来的基础。1922 年，该学会授权其教育委员会对那些围绕单元操作设置课程体系的学校进行认证，这使它成为第一个对学术课程进行认证的工程学会。

在第二次世界大战之前，美国化学工程师学会仍是一个相对较小的学会，但 1941 年后，它和化学工业一起快速成长。由于这种成长，加上深入的谈判，以及一份捐助建成新的联合工程学会大楼的协议，使得学会于 1958 年首次被正式接纳为"创始"学会团体的成员。

总的来说，学会仍然是一个以技术为导向的学会，极为专注于出版和会议。20 世纪 60 年代和 70 年代，学会顶住压力，没有深度卷入华盛顿的游说活动，也没有将化工企业奉为雇主。然而，为了保持它在教育方面的传统优势，学会提出了一项继续教育计划，计划的规模相对于学会自身体量，要远远超过任何其他主要的工程

学会的此类计划。

参考文献

[1] Basta, Nicholas. "Now Over 75, AIChE See No Major Shifts Ahead." *Chemical Engineering* 91 (9 January 1984): 27-31.

[2] Guédon, Jean-Claude. "Il progett dell'ingegneria chimica: l'affermazione delle operazioni di base negli Stati Uniti." *Testi e contesti* 5 (1981): 5-27.

[3] Olsen, John C. "Origin and Early Growth of the American Institute of Chemical Engineers." *AIChE Transactions* 28 (1932): 298-314.

[4] Reynolds, Terry S. *75 Years of Progress: A History of the American Institute of Chemical Engineers*. New York: AIChE, 1983.

[5] ——. "Defining Professional Boundaries: Chemical Engineering in the Early 20th Century." *Technology and Culture* 27 (1986): 694-716.

[6] Rubinstein, Ellis. "IEEE and the 'Founders' —II." *IEEE Spectrum* 13, no. 6 (June 1976): 67-72.

[7] Van Antwerpen, F.J., and Sylvia Fourdrinier. *High Lights: The First Fifty Years of the American Institute of Chemical Engineers*. New York: AIChE, 1958.

特里·S. 雷诺兹（Terry S. Reynolds） 撰，陈明坦 译

另请参阅：化学工程（Chemical Engineering）

4.3 代表人物

由英入美的化学家：托马斯·库珀

Thomas Cooper（1759—1839）

库珀就读于牛津大学，成为曼彻斯特的工业化学家和医学业余爱好者，并充任兰开夏郡的辩护律师。他加入了伦敦律师学院，部分原因是他碰巧成了查皮特咖啡馆协会（Chapter Coffee House Society）的会员，并参与其活动，其中有当时英国首屈一指的化学家。

在 1792 年参观了巴黎的雅各宾俱乐部后，他被埃德蒙·伯克（Edmund Burke）称为激进分子。1793 年，他认为自己不得不移民到美国。他试图在那里为政治和宗教异见者准备一个"避难所"。

和他的合作者约瑟夫·普里斯特利一样，库珀 1794 年也带着家人来到美国，发现"避难所"的选址并不合适。这些移居国外的人随后定居在宾夕法尼亚州的诺森伯兰。作为一名美国公民，他在 18 世纪 90 年代末成为托马斯·杰斐逊公开的支持者。反对约翰·亚当斯总统政策的传单导致他在 1800 年根据《反煽动法》被捕。他被罚款并判处 6 个月监禁。妻子在他监禁期间去世，家人主要由普里斯特利一家照顾。随着他的出狱以及杰斐逊当选为总统，库珀在宾夕法尼亚州政府获得了一些职位。

1804 年，他被任命为宾夕法尼亚州的一名法官。与此同时，约瑟夫·普里斯特利也去世了，嘱托库珀总结他在化学和其他学科上的大量活动。这重新唤起了库珀对化学的兴趣，他在不做巡回法官的间隙，就去普里斯特利的实验室和图书馆。1811 年宾夕法尼亚州的政治变革中，他丢掉了法官的职位，并接受宾夕法尼亚州卡莱尔的狄金森学院的化学教授职位。库珀从普里斯特利的实验室带去了设备。他发表的就职演讲确立了他作为化学家和化学史家的地位。他改进了化学课程和新生的实验，并出版了带注释的英文课本。

库珀相信化学和技术在一个发展中国家的效用，于是成了《艺术与科学摘编》（*Emporium of Arts and Sciences*）的主编，该杂志致力于出版从国外出版物中摘取的关于科学的实践论文。库珀自己写过很多关于制造工艺的文章。由于他的出版人员要服义务兵役，他不得不在 1814 年停止出版。

1815—1818 年，库珀成为费城宾夕法尼亚大学的一名化学教授。他讲授化学和矿物学；库珀还为几本化学教材和百科全书做过注释。其中包括向美国读者介绍道尔顿定律的托马斯·汤姆森（Thomas Thomson）的《化学系统》（伦敦第五版）；简·马塞特（Jane Marcet）的《化学对话》（伦敦第五版），以及 A. F. M. 威利希（A. F. M. Willich）的《国内百科全书》。他还出版了一系列《法医学小册子》并在《美国哲学学会学报》上发表了几篇科学论文。他于 1802 年被选为该协会会员。

1818 年，库珀成为宾夕法尼亚大学医学院化学系系主任的候选人之一，但这一职位给予了已经同意让学生们从化学考试中解脱出来的罗伯特·海耳（Robert Hare）。库珀向宾夕法尼亚大学的董事发表了一篇"关于化学和医学之间联系"的演讲。他颇具先见之明地指出了这两门学科之间的发展关系，在这两门学科中，化学可以被描述为"婴幼期的赫拉克勒斯"（Cooper, "Introductory Lecture"）。

从 1819 年起，他在哥伦比亚的南卡罗来纳学院担任化学和矿物学教授。1821 年，他被选为该学院的院长，但仍继续任教。他对化学助手的看法，有助于这些人安置在北方从事科学事业。作为南卡罗来纳学院的院长，他为了创办一所医学院而在该州改宗，这所医学院后来在查尔斯顿成立。他帮助在哥伦比亚建立了一个精神病院，捐献了矿物学收藏品，这些藏品成了该州地质调查局的重要原始组成部分。随着他在化学方面的工作变得不那么活跃，他对精神失常的本质越来越感兴趣，致使他翻译了 F. J. V. 布鲁赛（F. J. V. Broussais）的《论愤怒与精神错乱》（1831）。他密切关注着地质学的进展，并教导说：《旧约》提供的并非是一个令人满意的关于地球年龄的指南。在 19 世纪 30 年代早期，这一学说遭到了原教旨主义神职人员的攻击，他们试图以"不忠"为由迫使库珀被解职。1832 年，库珀与这些指控者进行了斗争，并在为自己言论自由进行的斗争中获得胜利。尽管如此，他还是在 1833 年辞去了学院院长的职务并开始寻求新的工作。1835 年年初，州长任命库珀负责编纂该州的法令，这部重要的著作共出版了五卷，另外五卷由他的继任者完成。

库珀是一位重要的化学教师，他的注释文本对这门学科在美国的发展非常有用。库珀还迅速成功重复了 H. 戴维（H. Davy）分离钾的方法。他还是宾夕法尼亚大学狄金森学院和南卡罗来纳学院矿物学和地质学的主要教师。

他的主要实验室发现没有得到恰当的重视。在曼彻斯特，库珀与一家纺织品漂白公司合作，率先创造了一种生产用于工业漂白的氯和次氯酸盐的商业实用方法。在开发过程中，氯和次氯酸盐是在装有待漂白布的密闭桶中生产的。快速漂白的发生可能是由于使用的反应压力大于现有的开放式桶。事实上，库珀为此还与詹姆斯·瓦特合作探索过高压锅的使用。在第二个例子中，库珀在卡莱尔担任教授时得到了 1813 年马里兰州哈德格雷斯发射的火箭碎片。库珀正确地分析和描述了这种武器的性质，使得该武器随后得以重建。

传记作家杜马斯·马龙（Dumas Malone）称库珀"超越了他所处的时代"，他拥护的"思想自由"对于科学进步至关重要。

参考文献

［1］Bell, Whitfield. "Thomas Cooper as Professor of Chemistry at Dickinson College 1811–1815." *Journal of the History of Medicine* 8（1953）: 70–87.

［2］Cooper, Thomas. *Some Information Respecting America*. Dublin and London, 1794.

［3］——. "Appendix No. I. An Account of Dr. Priestley's Discoveries in Chemistry, and of His Writings on That, and Other Scientific Subjects." In *Memoirs of Dr. Joseph Priestley*. Northumberland: John Binns, 1806.

［4］——. *A Practical Treatise on Dyeing and Callicoe Printing*. Philadelphia: Thomas Dobson, 1815.

［5］——. *Lectures on the Elements of Political Economy*. 2d ed., 1830. Reprint New York: Augustus M. Kelley, 1971.

［6］——. *"The Introductory Lecture"（1811）and "A Discourse on the Connexion between Chemistry and Medicine"（1818）*. New York: Arno Press, 1980.

［7］Davenport, Derek A. "Reason and Relevance: The 1811–1813 Lectures of Professor Thomas Cooper." *Journal of Chemical Education* 53（1976）: 419–422.

［8］Edelstein, Sidney M. "The Contributions of Thomas Cooper." *American Dyestuff Reporter* 43（1954）: 181–182.

［9］Greene, John C. "The Development of Mineralogy in Philadelphia, 1780–1820." *Proceedings of the American Philosophical Society* 113（1969）: 283–295.

［10］Jaffe, Bernard. "Thomas Cooper（1759–1839）: Science Advances Slowly in the Newborn Republic." In *Men of Science in America*. New York: Simon and Schuster, 1944.

［11］Klickstein, Herbert S. "An Early American Discourse on the Connexion between Chemistry and Medicine." *The Library Chronicle（University of Pennsylvania）* 16（1950）: 64–80.

[12] ——. "A Short History of the Professorship of Chemistry of the University of Pennsylvania School of Medicine 1765–1847." *Bulletin of the History of Medicine* 27 (1953): 43–68.

[13] Malone, Dumas. *The Public Life of Thomas Cooper 1783–1839*. New Haven: Yale University Press, 1926.

[14] ——. "Thomas Cooper: Foe of Governmental Centralization." In *The Unforgettable Americans*, edited by John A. Garraty. Great Neck, NY: Channel Press, 1960.

[15] Musson, A.E., and E. Robinson. *Science and Technology in the Industrial Revolution*. Manchester: Manchester University Press, 1969.

[16] Smith, Edgar F. *Chemistry in America*. New York: D. Appleton, 1914.

西摩·S. 科恩（Seymour S. Cohen） 撰，吴晓斌 译

化学家：小本杰明·西利曼
Benjamin Silliman Jr.（1816—1885）

小本杰明·西利曼出生于美国纽黑文市，早年的科学启蒙受惠于时任耶鲁学院（Yale College）化学与博物学教授的父亲。1837 年小西利曼从耶鲁毕业，之后在其父亲的实验室继续深造，于 1840 年获硕士学位。其父在 1838 年让小西利曼担任《美国科学与艺术杂志》（*the American Journal of Science and Arts*）副主编，此后小西利曼一直以这样或那样的身份担任主编直至去世。1838 年，小西利曼开始作为其父助手在耶鲁执教。1842 年，他开始为父亲的高年级学生提供实验室指导。1846 年，他被正式任命为"化学及同类实用科学的教授"，这是耶鲁学院创设的两个实用化学教授席位之一。另一个教授席位由约翰·诺顿（John P. Norton）担任，他与小西利曼于 1847 年在耶鲁学院创建应用化学学院。但小西利曼和诺顿并未从耶鲁学院获得薪水，他们不得不依靠学费和商业委托项目维持学院办学。因缺乏薪水，小西利曼在 1849 年接受了肯塔基州路易斯维尔大学医学院（Medical School of the University of Louisville）的化学教授职位。他定期往返于路易斯维尔和纽黑文（夏天在应用化学院授课）之间，直到 1853 年接替其父担任耶鲁学院和耶鲁医学院（Yale Medical School）的化学教授。

　　小西利曼科学兴趣广泛，包括化学、矿物学和地质学，尤其热衷于应用科学，并利用《美国科学与艺术杂志》主编一职，刊出许多有应用价值的科学发现。他这种多样化的研究旨趣可能不利于制定强大的研究计划，但确实对学生特别有吸引力。小西利曼是一位杰出的教师，他培养出许多著名的化学家，包括约翰·诺顿、乔治·布拉什（George Brush）和 T. 斯特里·亨特（T. Sterry Hunt）。他编写的两本教材《化学第一原理》（*First Principles of Chemistry*，1847）和《物理或自然哲学第一原理》（*First Principles of Physics or Natural Philosophy*，1859）非常受欢迎，并多次再版。

　　小西利曼清晰解释科学方法和理论的能力，以及准确把握科学商业应用潜力的才能使他成为同辈中最受欢迎的顾问型科学家。矿业公司经常向他寻求意见，他偶尔也会在法庭案件中担任专家证人，这一角色在科学与工业的关系中发挥了重要作用，而这两者的关系直到最近才进入历史学家的研究视野。他积极加强科学与工业界的联系，其中最著名的一个委托项目成果《关于韦南戈县岩油或石油的报告》（*Report on the Rock Oil or Petroleum of Venango County*，1855）点燃了美国石油工业的"火花"。在这份报告中，小西利曼描述了石油分馏以及一种可作为照明使用的馏分（后来被称为煤油）。但石油工业也为小西利曼学术生涯遭遇"滑铁卢"埋下祸根。1864 年，他同意在加利福尼亚州进行几次私人采矿调查，包括为南加州地区三家石油公司撰写报告。小西利曼对加州石油的乐观预测与加州地质调查局（California Geological Survey）局长约西亚·德怀特·惠特尼和惠特尼的助手、日后在耶鲁理学院（Yale Scientific School）任农业教授的威廉·布鲁尔（William Brewer）的判断大相径庭。惠特尼和布鲁尔对小西利曼在科学上的可信度发起恶意攻击，并试图把他逐出美国国家科学院，而小西利曼则是国家科学院的创始成员之一。惠特尼和布鲁尔虽未能将小西利曼从国家科学院除名，但他们使其无法在耶鲁继续任教。1870 年，小西利曼从耶鲁理学院和耶鲁学院辞职，但继续留在医学院教书。19 世纪 70 年代末，南加州地区发现了石油，这似乎让小西利曼重新振作起来，再次开始提供咨询服务并积极参与国家科学院的工作。后来，小西利曼在为西部一家矿业公司提供咨询服务时心脏病发作逝世。

参考文献

［1］Bruce, Robert V. *The Launching of Modern American Science*, *1846–1876*. New York: Knopf, 1987.

［2］[Dana, James D.]. "Benjamin Silliman." *American Journal of Science*. 3d ser., 22（1885）: 85–92.

［3］Kuslan, Louis I. "Benjamin Silliman, Jr.: The Second Silliman." In *Benjamin Silliman and His Circle*, edited by Leonard G. Wilson. New York: Science History Publications, pp. 159–205.

［4］Lucier, Paul. "Commercial Interests and Scientific Disinterestedness: Consulting Geologists in Antebellum America." *Isis* 86（1995）: 245–267.

［5］White, Gerald T. *Scientists in Conflict: The Beginnings of the Oil Industry in California*. San Marino, CA: Huntington Library, 1968.

［6］Wright, Arthur W. "Benjamin Silliman." *Biographical Memoirs of the National Academy of Sciences* 7（1913）: 115–141.

保罗·L. M. 卢西尔（Paul L. M. Lucier） 撰，彭繁 译

美国化学家兼植物学家：瑞秋·利特尔·博德利
Rachel Littler Bodley（1831—1888）

　　博德利出生于俄亥俄州的辛辛那提，在丽贝卡·塔尔博特（Rebecca Talbott）和木匠安东尼·博德利（Anthony Bodley）的五个孩子中排行老三，先后就读于辛辛那提一所私立学校、辛辛那提卫斯理安女子学院（1849 年获古典文凭）和费城理工学院（1860）。1862 年，博德利回到辛辛那提，在辛辛那提女子神学院任教。1865 年，她被任命为费城女子医学院（Female Medical College，后更名为 Woman's Medical College）的首位化学系主任。1874 年，她成为学院院长。除了在学院的工作，她还被选为费城第 29 学区的学校校长（1882—1885，1887—1888），并且是州公共慈善委员会委派视察当地慈善机构的女性视察者之一（1883）。

尽管博德利在教授化学和植物学以及一些行政工作上花费了大部分时间，但她在辛辛那提教学时分类并收集了大量的植物。她在女子医学院继续收集和分类植物材料，但没能在理论上取得科学进展。尽管如此，她在女性科学史上还是很重要的，一方面是因为她的教学工作，另一方面是因为她在1881年进行了一项关于女子医学院毕业生职业生涯的统计研究。这项研究以小册子的形式发表，名为《学院的故事》（*The College Story*），也是早期关于女性和职业的资料汇编之一。她的两篇演讲稿也已出版。

博德利同时代的人认可她的能力，因而授予她许多荣誉。她是费城自然科学院院士（1871）、纽约科学院通讯院士（1876）、美国化学学会特许会员（1876）、富兰克林研究所成员（1880）。1879年她被女子医学院授予荣誉医学博士学位。

然而，博德利的荣誉并非来自出版物或理论突破，而是由于她在化学和植物学教学上的能力。但凡是只涉及思想史的科学史，博德利就不被包括在内。莫扎斯（H. J. Mozans）在其《科学中的女性》（*Women in Science*，1913）一书中收录了许多女性科学家，但没有博德利。然而，随着科学史开始考虑社会史和女权主义史，博德利的重要性得到了承认。玛格丽特·罗西特（Margaret Rossiter）认可她的重要性，认为她是美国化学学会成立的幕后推手（p.78），她被收录在《美国知名女性传》（*Notable American Women*）和其他有关美国女性科学家的著作中。

博德利对女性科学史的特殊重要性在于，通过写作、教学、参加科学社团和演讲，她树立了女性在科学领域的形象。

参考文献

［1］Alsop，Gulielma Fell. *History of the Woman's Medical College，Philadelphia，1850–1950*. Philadelphia: Lippincott，1950.

［2］——. "Bodley，Rachel Littler." *Notable American Women*，edited by Edward T. James. Cambridge，MA: Harvard University Press，1974，1:186–187.

［3］Bodley，Rachel Littler. *Catalogue of Plants Contained in Herbarium of Joseph Clark，Arranged According to the Natural System*. Cincinnati: R.P. Thompson，1865.

［4］——. *Introductory Lecture to the Class of the Woman's Medical College of Pennsylvania*.

Delivered at the Opening of the Nineteenth Annual Session, Oct. 15, 1868. Philadelphia:

[5] Merrihew and Son, 1868.

[6] ——. *Valedictory Address to the 22nd Graduating Class of the Woman's Medical College of Pennsylvania, March 13, 1874.* Philadelphia: n.p., 1874.

[7] Rossiter, Margaret. *Women Scientists in America: Struggles and Strategies to 1940.* Baltimore: Johns Hopkins University Press, 1982.

玛丽莲·贝利·奥格尔维（Marilyn Bailey Ogilvie） 撰，吴紫露 译

光学干涉仪的发明者：爱德华·威廉姆斯·莫雷

Edward Williams Morley（1838—1923）

莫雷是化学家兼教育家，最著名的工作是与阿尔伯特·A.迈克尔逊和后来的代顿·C.米勒合作发明了用于发光以太漂移实验的光学干涉仪。他出生在一个传统的新英格兰公理会家庭，在威廉姆斯学院和安多弗神学院接受教育，内战期间担任战争救济人员，在被召到俄亥俄州从事他人生中首份牧师工作之前，曾在几所学院教授博物学和化学。莫雷发现比起布道，自己更喜欢教学，而且在研究天文和气象问题方面很有天赋。因此，莫雷于 1869 年成为俄亥俄州哈德逊市西部保留地大学的牧师兼化学家。他建立了一个图书馆，并启动了一个项目，对来自不同海拔和纬度、不同天气条件下的数百个大气样本进行气体分析。凭借精确测定如此多原子量的技术，莫雷获得了可以与艾拉·雷姆森（Ira Remsen）相媲美的声誉，雷姆森在新成立的约翰斯·霍普金斯大学工作。1882 年，西部保留地大学迁至克利夫兰，成为新西储大学的核心，莫雷这时已经成为广为人知的分析化学家，同时也是一名很受欢迎的顾问。

在整个职业生涯中，莫雷一直对基本的物理常数非常感兴趣。因此，当才华横溢的年轻物理学家——阿尔伯特·A.迈克尔逊搬到全新的凯斯应用科学学院附近时，莫雷对其完善地球光速测量所做的努力自然而然产生了兴趣。于是这位 45 岁的化学家开始和 31 岁的物理学家展开合作。

莫雷和迈克尔逊首先重复了斐佐（Fizeau）著名的"水拖拽"实验，发现光速

在蒸馏水顺流或逆流动时确实略有增加或降低。然后，他们设计并建造了一台"以太漂移"干涉仪，比迈克尔逊 1881 年发明的最初的仪器要精确约 10 倍。在 1886 年和 1887 年，这些影响给他们个人和事业都带来了许多麻烦，但莫雷还是在 1887 年 6 月坚定开展了"经典"测试，因此他们在当年晚些时候公布了"零"的结果。

他们的仪器在原理上是非同寻常的，能够比此前开发的任何仪器都更精确地测量长度、角度和尺寸。但以太漂移实验似乎是一个惨败案例。

莫雷在与迈克尔逊合作之后进行了他最重要的化学研究。这要归功于他设计、制造了几台新仪器，特别是精密测气管和差动压力计。史密森学会借给他一台极为精确的鲁普雷希特天平，这样莫雷就能够比以前更准确地测量水中氢、氧的结合和比例。他将注意力集中在这两种气体形成纯水的反应上，收集了十多年的数据，以准确确定它们的相对原子量是多少。通过两个独立的计算，一个基于气体及其产物的直接称量，另一个基于体积和密度分析，莫雷在 1895 年能够断言氧的相对原子量（在万分之一范围内）是 15.879。这一结果使莫雷确信，他终于证明了普劳特的假设（把氢原子作为基本的单位和 1 倍数）是不正确的。凭借这些成就，莫雷当选为美国科学促进会（1895）和美国化学学会（1899）主席，并成为美国国家科学院（1897）院士。

20 世纪初，得益于开尔文勋爵（Lord Kelvin）、瑞利（Rayleigh）、亨利·庞加莱（Henri Poincaré）、亨德里克·A. 洛伦兹（Hendrik A. Lorentz）和其他物理学家，迈克尔逊 – 莫雷（Michelson-Morley）以太漂移测试闻名于世，之后莫雷开始与迈克尔逊在凯斯的继任者代顿·C. 米勒合作，试图改进仪器，消除实验中一些令人尴尬的错误。鼓励米勒之余，莫雷一直很抑郁，这种抑郁在 1902—1905 年非常强烈，1906 年退休后变成间歇性的。1905 年，阿尔伯特·爱因斯坦在形成狭义相对论的过程中宣布"以太"是一个多余的概念，此后，人们逐渐认为莫雷 – 米勒（Morley-Miller）实验具有决定性。但参与这些实验的三位主要科学家中，没有一位对此表示认可。

莫雷没有写过书，但总共发表了 64 篇论文（其中有 48 篇是与人合著）。今天，他的名气主要来自上述合作关系，但对于美国物理化学的早期发展来说，他仍然是位重要人物。

莫雷的论文保存在国会图书馆、凯斯西储大学和威廉姆斯学院。

参考文献

[1] Clarke, Frank W. "Edward Williams Morley." *Biographical Memoirs of the National Academy of Sciences* 21（1927）: 1-8.

[2] Sokol, Michael. "Morley, Edward Williams." *American National Biography*. Edited by John A. Garraty and Mark C. Carnes. New York: Oxford University Press, 1999, 15: 874-875.

[3] Spitter, Ernest G. "Morley, Edward Williams." *Dictionary of Scientific Biography*. Edited by Charles C. Gillispie. New York: Scribners, 1974, 9:530-531.

[4] Swenson, Loyd S., Jr. *The Ethereal Aether: A History of the Michelson-Morley-Miller Aether-Drift Experiments, 1880-1930*. Austin: University of Texas Press, 1972.

[5] Tower, Olin F. "Edward William Morley." *Science* 57（13 April 1923）: 431-434.

[6] ——. "Edward William Morley, 1838-1923." *Journal of the American Chemical Society* 45（1923）: 93-98.

[7] Williams, Howard R. *Edward Williams Morley: His Influence on Science in America*. Easton, PA: Chemical Education Publishing, 1957.

劳埃德·S. 小斯文森（Loyd S. Swenson, Jr.）撰，康丽婷 译

另请参阅：迈克尔逊 - 莫雷实验（Michelson-Morley Experiment）

物理化学家：亚瑟·阿莫斯·诺伊斯

Arthur Amos Noyes（1866—1936）

诺伊斯是物理化学家、化学教育家兼机构建设者。他出生于马萨诸塞州纽伯里波特，曾就读于麻省理工学院，1886 年毕业。获得有机化学研究硕士学位后，他前往欧洲，最终成功来到威廉·奥斯特瓦尔德（Wilhelm Ostwald）的研究实验室工作，威廉是物理化学新领域的领军人物之一。1890 年，他在莱比锡获得博士学位，学位论文研究的是范特霍夫定律解的偏差。

回到麻省理工学院后，他成立了物理化学研究实验室并担任主任。在 1903—

1916 年期间他一直担任此职，并为其预算出资。1907 — 1909 年，他担任麻省理工学院代理校长。"一战"期间，诺伊斯担任国家研究委员会（National Research Council）主席，这是一个由他本人，以及他在麻省理工学院的学生、天文学家乔治·埃勒里·海耳（George Ellery Hale），还有物理学家罗伯特·安德鲁斯·密立根（Robert Andrews Millikan）创建的组织，目的是帮助国家科学院在科学问题上向政府提供建议。1919 年，他来到帕萨迪纳市的萨洛普学院（Throop College）。他与海耳和密立根一起，成功将这个学院建设成为美国重要的科学、工程教育和研究中心之一，后更名为加州理工学院（California Institute of Technology, Cal Tech）。

诺伊斯是美国化学学会和美国科学促进会的主席。1895 年，他创办了《美国化学研究评论》（*Review of American Chemical Research*），1907 年更名为《化学文摘》（*Chemical Abstracts*）。

诺伊斯有三重贡献：作为科学家、机构建设者和教师的贡献。诺伊斯的研究包括溶液的性质，特别是在高温下的性质，测定化学反应中的自由能变化，研究稀有元素的化学性质，以及包括这些元素的化学分析系统的发展。此外，诺伊斯还在美国引进和发展物理化学研究方面发挥了重要作用。许多顶尖的美国物理化学家都曾在麻省理工学院的物理化学研究实验室或加州理工学院的盖茨化学实验室接受培训或工作过，这两个实验室都是由诺伊斯创立的。

作为一名机构建设者，在提升这两个他所在机构的知名度方面，诺伊斯发挥了重要作用。他致力于将麻省理工学院转变为教育（本科生和研究生都包括）和研究相结合的机构，而加州理工学院实施的许多政策，灵感通常都来源于他，但这些政策是由密立根宣布的，例如强调纯科学而不是应用科学，强调人文学科是全体学生获得通才教育的基础。

但是根据诺贝尔奖获得者莱纳斯·鲍林（Linus Pauling）的说法（鲍林算是诺伊斯最著名的学生），诺伊斯首先是一位伟大的化学老师，他有很强的直觉来识别潜在的伟大化学家，然后为他们的发展提供所有必要的条件。

美国在 20 世纪科学领导地位的崛起，最近成为科学史家选出的一个话题。人们特别关注大学、研究中心和其他机构的发展、特点和重要性，在此背景下，历史学家评估了诺伊斯对建立麻省理工学院和加州理工学院，或创建国家研究委员会的贡献。与此同时，约翰·塞沃斯（John Servos）的一本高质量著作中也论述了诺伊斯在美国物理化学学科形成过程中的重要性，关于诺伊斯作为一个机构建设者和科学领导者的职责，这本书一直是相关信息和思考的主要来源。

诺伊斯的论文保存在华盛顿卡内基研究所。

参考文献

［1］Geiger, R.L. *To Advance Knowledge: The Growth of American Research Universities.* New York: Oxford University Press, 1986.

［2］Goodtein, J.R. *Millikan's School: A History of the California Institute of Technology.* New York: Norton, 1991.

［3］Pauling, L. "Arthur Amos Noyes." *Biographical Memoirs of the National Academy of Sciences* 31（1958）: 322–346.

［4］——. "Fifty Years of Physical Chemistry in the California Institute of Technology." *Annals of the Review of Physical Chemistry* 16（1965）: 1–14.

［5］——. "Noyes, Arthur Amos." *Dictionary of Scientific Biography.* Edited by Charles C. Gillispie. New York: Scribner, 1974, 10:156–157.

［6］Servos, J. *Physical Chemistry from Ostwald to Pauling: The Making of a Science in America.* Princeton: Princeton University Press, 1990.

安娜·西蒙（Ana Simões） 撰，康丽婷 译

有机化学家：罗杰·亚当斯
Roger Adams（1889—1971）

亚当斯研究天然产物的结构和有机化合物的立体化学；作为关键人物，他推动了化学的研究生培养和工业化学研究；就化学乃至科学整体而言，他致力于许多公共服务活动。

亚当斯在哈佛受过正规教育（1909 年获学士学位；1912 年获博士学位），又在德国做了一年的博士后研究（1912—1913）。他在哈佛任教 3 年后，于 1916 年调

到伊利诺伊大学乌尔班纳分校，加入了 W. A. 诺伊斯的化学系。亚当斯在伊利诺伊大学一直工作到 1957 年退休，1926—1954 年担任了该校化学系主任。

有许多理由可以认为，亚当斯的职业生涯对美国科学的发展具有重大意义。与能干的同事［马维尔（C. S. Marvel）、富森（R. C. Fuson）、罗德布什（W. H. Rodebush）、罗斯（W. C. Rose）等］一起，他使伊利诺伊大学的化学系在化学及相关领域的研究生培养方面成为美国规模最大、质量最好的系之一。作为研究人员中极具天赋的教员，亚当斯培养了 184 名博士和约 50 名博士后。这些人随后在国内外的学术界和工业研究领域担任重要职位。其中有 E. H. 沃尔韦勒（E. H. Volviler，雅培公司）、W. H. 卡罗瑟斯（W. H. Carothers，尼龙的发明者）、T. L. 凯恩斯（T. L. Cairns）和 R. M. 乔伊斯（R. M. Joyce，杜邦公司）、W. M. 斯坦利（W. M. Stanley，伯克利大学）、R. C. 莫利斯（R. C. Morris，壳牌公司）、艾伦·吉恩斯（Allene Jeanes，美国农业部）、N. 科恩布卢姆（N. Kornblum，普渡大学）、J. R. 约翰逊（J. R. Johnson，康奈尔大学）、C. R. 诺勒（C. R. Noller，斯坦福大学）、W. H. 莱肯（W. H. Lycan，强生公司）、C. C. 普赖斯（C. C. Price，宾夕法尼亚大学）、S. M. 麦克莱恩（S. M. McElain，威斯康星大学）等。

亚当斯曾担任杜邦和雅培等多个实验室的顾问，他通过提供咨询以及安置学生，对工业化学研究的发展产生了广泛的影响。

他作为发起人，出版了"有机合成"和"有机反应"系列丛书，这些丛书至今仍在出版，对有机化学的学生和研究人员来说极为宝贵。亚当斯在两次世界大战中都为国家服务：1917—1918 年服役于化学战研究中心，1941—1945 年服役于国防研究委员会。"二战"后，他前往柏林担任卢修斯·B. 克莱将军（Lucius B. Clay）的科学顾问。后来他两次前往日本执行任务，为道格拉斯·麦克阿瑟将军（Douglas MacArthur）的办公室调查日本科学的情况。

亚当斯先后担任美国化学会的会长和董事会主席，并积极推动设立石油研究基金。普遍认为，该基金资助了种类繁多的与石油相关的研究计划。对于美国科学界，他最重要的事迹可能是设计了斯隆基金计划。该计划为物理研究领域有前途的青年研究人员提供了自由支配的研究经费。

他是国际公认的研究型化学家和管理者。他自己及其学生的研究，是推动美国化学于 1950 年上升至世界领先地位的重要因素。

亚当斯自己的研究领域为结构化学和合成化学。他对较新的仪器方法和反应机理领域的进展一直不太熟悉。

伊利诺伊大学档案室保存着亚当斯的论文。美国国家科学院和国家档案馆保存的资料有助于了解他的生平。

参考文献

[1] Tarbell, D. Stanley, and Ann T. Tarbell. *Roger Adams, Scientist and Statesman*. Washington, DC: American Chemical Society, 1981.

[2] ——. "Roger Adams." *Biographical Memoirs of the National Academy of Sciences* 53(1982): 3-48.

[3] ——. *The History of Organic Chemistry in the United States, 1875-1955*. Nashville: Folio Press, 1986.

D. 斯坦利·塔贝尔（D. Stanley Tarbell） 撰，陈明坦 译

另请参阅：化学（Chemistry）

尼龙的发现者：华莱士·休姆·卡罗瑟斯
Wallace Hume Carothers（1896—1937）

聚合物化学家先驱，尼龙的发现者。他生于爱荷华州的伯灵顿，1920 年毕业于密苏里州的塔基奥学院。1921 年和 1924 年，他分别获得了伊利诺伊大学硕士和博士学位。在伊利诺伊大学，他师从著名的有机化学家罗杰·亚当斯。1921—1922 学年，他任教南达科他大学。从 1924 年到 1928 年，他在伊利诺伊大学和哈佛大学各担任了两年的有机化学讲师。1928 年，卡罗瑟斯离开哈佛大学，到特拉华州威尔明顿的杜邦公司中央研究实验室新成立的基础研究室担任有机化学小组组长。在杜邦公司，他在聚合物化学方面做了开创性的研究，并且在氯丁合成橡胶和尼龙的发现上做出了主要贡献。他的职业生涯随着 1937 年的自杀悲剧性地结束了。而前一年他刚刚当选为美国国家科学院院士。

在试图说服卡罗瑟斯加入杜邦公司的过程中，中央研究主任查尔斯·M. A. 斯坦（Charles M. A. Stine）将聚合物或长链分子纳入其新的基础研究项目的一个重要领域。尽管卡罗瑟斯之前并未涉足这一领域，但他很快就制定出了研究这些复杂分子的策略。当时，聚合物研究的中心在德国，几年前，赫尔曼·斯托丁格（Hermam Staudinger）在德国断言，聚合物是以共价键联结的长链有机分子，与普通有机分子仅在尺寸上有所不同。这个假设与沃尔夫冈·奥斯特瓦尔德（伟大的威廉·奥斯特瓦尔德之子）及其他物理化学家所持的正统观点相矛盾，这种观点认为聚合物是胶体，是小分子通过不同于普通共价键的弱键聚集在一起的聚合物。为了解决这个争议，卡罗瑟斯试图使用醇和酸形成酯这一简单的、标准的有机反应来构造长链分子。通过使用两端有反应基团的醇类和酸类，他将分子偶联成分子量超过 10000 的聚酯链。卡罗瑟斯在许多重要的论文中提供了压倒性的证据，证明聚合物不过是非常大的共价键有机分子。他还发现，聚合物可以通过两种不同的机制形成，他称之为缩合和加合。前者是由类似于醇和酸反应的缩合反应形成的，后者是通过双键加成的。重要的是，卡罗瑟斯的概念和技术使化学家能够合成大量的新聚合物，其中许多都具有商业价值。

对杜邦公司来说，卡罗瑟斯最重要的研究成果是尼龙的发现，尼龙是 20 世纪较成功的新产品之一。1930 年 4 月，卡罗瑟斯的一位博士助理朱利安·W.希尔（Julian W. Hill）在试图制造高分子量的聚合物时，意外地制造出了一种非常结实的纤维。这个实验证明了合成纤维是可行的，但直到 4 年后聚酰胺聚合物——杜邦公司将其命名为尼龙——的发现才使得制造的商业纤维具备了所需的性能。希尔做出发现的两周前，在一个不相关的实验中，卡罗瑟斯的另一位助手阿诺德·柯林斯（Arnold Collins）分离出一种新的液体化合物，这种化合物静置后会聚合成类似橡胶的固体。这种名为氯丁二烯的新化合物是天然橡胶的基本组成部分异戊二烯的类似物。这种新型聚合物是第一种与天然橡胶在化学上相关的聚合物，并被开发成一种在商业上极其成功的特种橡胶——氯丁橡胶。卡罗瑟斯对聚合物科学的另一个主要贡献是鼓励杜邦公司一位年轻的化学家保罗·弗洛里（Paul Flory）研究有关聚合物和聚合的物理化学。弗洛里开始了为他赢得 1974 年诺贝尔奖的经典工作。

在"二战"后的时代，尼龙似乎是纯科学作为技术创新主要动力的一个引人瞩目的例子。这有助于广泛地提高科学的声望，并使得杜邦和其他公司在基础研究上投入巨资。然而，最近的研究表明，卡罗瑟斯几乎没有任何技术上或商业上的兴趣，尼龙的成功是许多因素的结果，其中包括精明的研究管理和杜邦公司广泛的技术和市场基础。人们还很容易把卡罗瑟斯的自杀看作是纯科学和工业之间冲突的产物。然而，卡罗瑟斯的大量信件表明，他的自杀与他和上级的关系没有直接联系。多年来，他一直患有抑郁症，在发明尼龙后，他的心理健康每况愈下。他越来越担心自己再也无法复制过去 6 年所取得的巨大成就。这是许多其他科学家面对并逐渐接受的严酷现实。如果卡罗瑟斯在杜邦真的不愉快的话，作为美国著名的有机化学家之一，他本可以离开杜邦去找一个极好的学术职位。他自杀的原因尚不清楚，但包括他妹妹突然死亡等私人因素可能非常关键。

除了科学成就，卡罗瑟斯是联结在 20 世纪 20 年代已然出现巨大鸿沟的美国工业化学和学术化学之间的一个重要人物。他的工作向工业界证明了基础研究可以带来巨大的收益，也向学术界证明了工业研究人员也可以做出诺贝尔奖级别的科学研究。

参考文献

［1］Adams, Roger. "Wallace Hume Carothers." *Biographical Memoirs of the National Academy of Sciences* 20（1939）: 293-309.

［2］Hounshell, David A., and John Kenly Smith Jr. *Science and Corporate Strategy, DuPont R & D, 1902-1980*. New York: Cambridge University Press, 1988.

［3］Mark, H., and G.S. Whitby, eds. *Collected Papers of Wallace Hume Carothers on High Polymeric Substances*. New York: Interscience, 1940.

约翰·K. 史密斯（John K. Smith） 撰，吴晓斌 译

化学物理学家：罗伯特·桑德森·马利肯
Robert Sanderson Mulliken（1896—1986）

马利肯出生于马萨诸塞州纽伯里波特，是麻省理工学院有机化学家塞缪尔·帕森斯·马利肯（Samuel Parsons Mulliken）的儿子。1917 年，马利肯在麻省理工学院获得化学学士学位，然后进入芝加哥大学，与物理化学家威廉·德雷珀·哈金斯（William Draper Harkins）共事。1921 年，他以一篇关于汞同位素部分分离的论文获得了化学博士学位。在哈佛大学和纽约大学任职后，他来到芝加哥大学，从 1928 年一直待到去世。1964—1971 年，他在佛罗里达州立大学获得了双岗聘任。马利肯于 1936 年当选为美国国家科学院院士，"二战"期间作为信息司司长参与了"曼哈顿计划"，并于 1955 年担任美国驻伦敦大使馆的科学随员。1966 年，他荣膺诺贝尔化学奖。在定义用于分子结构和光谱研究的基本概念和方法、发展相关符号和塑造相关术语方面，马利肯发挥了重要作用。

1923 年，当马利肯转向美国物理学前沿课题光谱学时，他试图在分子光谱中寻找同位素效应。在这个过程中，马利肯发现了一种新的化合物，并预测了后来被称为零点能量的存在，该现象将在量子力学的背景下得到正确的理解。这一系列研究很快就让位于双原子分子的电子态分类。

与此同时，德国物理学家弗里德里希·洪德（Friedrich Hund）成为马利肯的朋友，他在光谱学中引入了量子力学，并展示了如何在两种极限情况之间插入分子的电子态：一种是两个原子分离的情况，另一种是认为两个原子核合二为一的相反情况。这项工作为马利肯后来称作"电子促进"的迹象提供了理论支持，并应用于马利肯的"相关图"，相关图将分子状态与分离的原子和联合原子的描述联系起来，帮助马利肯随后为双原子和多原子分子中的电子确定单个量子数，也为他考虑分子形成的有利或抑制条件铺平了道路。分子的形成被认为是每个电子在原子核和其他电子场中、在马利肯所说的"分子轨道"上运动的结果。

基于德国物理学家沃尔特·海特勒（Walter Heitler）和弗里茨·伦敦（Fritz London）对氢分子的形成所作的量子力学解释，诺贝尔奖得主莱纳斯·鲍林提出了一种价键方法，分子轨道理论与之不相一致。尽管鲍林的方法很容易被化学界所接受，但马利肯的分子轨道后来被证明在高度对称的分子研究中更有用，也更易于应用在计算机计算上，马利肯和他的研究小组利用这些计算方法从半经验计算转向了完全理论（从头开始）计算。

　　20世纪的化学史，尤其是量子化学的历史，在很大程度上还有待完成。最近，塞尔沃斯（Seros）谈到了物理化学在美国的兴起，奈伊（Nye）谈到了理论化学的发展，但两者都把量子化学作为结论章。更新的是加夫罗格鲁（Gavroglu）和西莫斯（Simóes）的论文，其中提到了马利肯对量子化学的贡献，而他在两次世界大战之间作为科学代言人的角色在巴特勒（Butler）的论文中有所论述。尽管如此，有关马利肯的研究仍有很大空间。他的文献收藏在芝加哥大学。

参考文献

[1] Butler, L. "Robert S. Mulliken and the Politics of Science and Scientists, 1939–1946." *Historical Studies in the Physical and Biological Sciences* 25（1994）: 25–45.

[2] Gavroglu, K., and A. Simões. "The Americans, the Germans and the Beginnings of Quantum Chemistry: The Confluence of Diverging Traditions." *Historical Studies in the Physical and Biological Sciences* 25（1994）: 47–110.

[3] Lowdin, P.–O., and B. Pullman, eds. *Molecular Orbitals in Chemistry, Physics and Biology: A Tribute to Robert S. Mulliken*. New York: Academic Press, 1964.

[4] Mulliken, R.S. "Molecular Scientists and Molecular Science: Some Reminiscences." *Journal of Chemical Physics* 43（1965）: S2–S11.

[5] ——. "Spectroscopy, Quantum Chemistry and Molecular Physics." *Physics Today* 21（1968）: 52–57.

[6] ——. "The Path to Molecular Orbital Theory." *Pure and Applied Chemistry* 24（1970）: 203–215.

[7] ——. "Spectroscopy, Molecular Orbitals, and Chemical Bonding." *Nobel Lectures in Chemistry 1963-1970*. Amsterdam: Elsevier, 1972, pp. 131–160.

[8] ——. *Robert S. Mulliken: Life of a Scientist, An Autobiographical Account of the Development of Molecular Orbital Theory with an Introductory Memoir by Friedrich Hund*. Edited by Bernard J. Ransil. Berlin: Springer Verlag, 1989.

[9] Ramsay, D.A., and J. Hinze eds. *Selected Papers of Robert S Mulliken*. Chicago: Chicago University Press, 1975.

安娜·西蒙（Ana Simões）　撰，康丽婷　译

冠状大环醚发现者：查尔斯·约翰·皮德森

Charles John Pedersen（1904—1989）

　　皮德森因发现冠状大环醚荣获了 1987 年诺贝尔化学奖。皮德森出生在韩国釜山，后来到美国俄亥俄州代顿大学学习化学工程。毕业后在麻省理工学院学习有机化学，并于 1927 年获得硕士学位。之后，他加入杜邦公司，在有机化学部门担任研究化学家长达 42 年。他在杜邦公司的早期工作涉及石油产品中微量金属（如铜）所引起的问题。金属离子作为催化剂，加速氧和石油产品之间的不良化学反应。皮德森发明了有机"钝化剂"，可以与金属离子形成钝化的配合物，从而终止其催化活性。1940—1960 年，他对各种各样的问题进行了研究，在他漫长的职业生涯中，他共发表了 25 篇论文，获得 65 项专利。1960 年，在其导师的建议下，皮德森开始进行钒配位化学的基础研究，目的是了解钒在氧化和聚合反应中的催化活性，这项工作与他在 20 世纪 30 年代对金属钝化剂所做的工作相似。在试图合成一种与钒离子形成非活性复合物的有机化合物时，皮德森少量生成了一种非同寻常的化合物。在对这个意想不到的结果进行探索的过程中，他确定自己发现了一种直接的反应机制，这种机制下可以产生一种复杂的新有机分子，他称之为冠醚。这些分子由大环组成，每隔几个碳原子就有一个醚（氧）键。这些环中的氧原子为金属离子制造了电子陷阱，使金属离子成为"冠"的头部。皮德森最初的冠状醚呈甜甜圈状，但其他研究人员已经将他的工作扩展到复杂的三维形状分子，如足球和花瓶状。共同获得诺贝尔奖的让－马利·莱恩（Jean-Marie Lehn）和铎纳尔·克芮姆（Donald Cram）在最近的研究成果创造了一种合成酶，这种酶可以模拟细胞中强大而高效的有机催化剂的作用。

参考文献

[1] Hounshell, David A., and John Kenly Smith Jr. *Science and Corporate Strategy*, *Du Pont R&D*, *1902-1980*. New York: Cambridge University Press, 1988.

[2] Pedersen, Charles J. "The Discovery of Crown Ethers." *Science* 241（29 July 1988）: 536-540.

[3] Schmeck, Harold, M., Jr. "Chemistry and Physics Nobels Hail Discoveries on Life." *New York Times*, 15 October 1987.

约翰·K. 史密斯（John K. Smith） 撰，郭晓雯 译

提出碳 -14 测年法的化学家：威拉德·弗兰克·利比

Willard Frank Libby（1908—1980）

利比出生在科罗拉多州的格兰德谷（Grand Valley），父亲奥拉·爱德华·利比（Ora Edward Libby）、母亲伊娃·梅·利比（Eva May Libby，本姓 Rivers）均是农民。威拉德·利比就读于加州大学伯克利分校，1931 年获得学士学位，1933 年获得博士学位。他先后在伯克利担任讲师（1933—1938）、助理教授（1938—1945）和副教授（1945）。利比的古根海姆奖学金因"二战"而中断，他被派往哥伦比亚大学参加"曼哈顿计划"，在哈罗德·克莱顿·尤里（Harold Clayton Urey，1893—1981）的领导下，开发了用气体扩散法分离铀同位素以生产原子弹的方法，这使他对核科学产生了兴趣。战争结束后，利比成了芝加哥大学核研究所和化学系的化学教授，他获得 1960 年诺贝尔化学奖正是出于在此处开展的工作：因"在考古学、地质学、地球物理学，以及其他分支学科中，使用碳 -14 测年法"（Nobel, p. 587）。利比被美国总统艾森豪威尔任命为美国原子能委员会委员（1954—1959）。他也曾是加州大学洛杉矶分校的化学教授（1959—1980）以及地球和行星物理学研究所所长（1962—1980）。在意识形态上他推崇冷战，和爱德华·泰勒（Edward Teller）反对莱纳斯·鲍林（Linus Pauling）提出的禁止核试验，鲍林为 1954 年诺贝尔化学奖和 1962 年诺贝尔和平奖得主。为了证明核战争是可以生存的，利比大张旗鼓地

在自己家里建造了一个辐射避难所。在一场大火烧毁避难所后，核物理学家和核试验批评家利奥·齐拉（Leo Szilard）说："这不仅证明了上帝存在，而且证明了他有幽默感。"（Seymour and Fisher, p. 288）

1939 年，纽约大学的物理学家塞尔日·亚历山大·科尔夫（Serge Alexander Korff）发现，宇宙射线撞击大气中的原子时会产生中子簇射。利比的理论是，由于占大气 80% 左右的氮很容易吸收中子，然后衰变为放射性同位素碳 -14，大气中的二氧化碳中应该始终存在微量的碳 -14，而且由于二氧化碳不断地被吸收入植物组织，植物也应该含有微量的碳 -14。因为动物的生命依赖于植物的生命，所以动物也应该含有微量的碳 -14。有机体死亡后，碳 -14 不再被吸收到其组织中，已经存在的碳 -14 将开始以恒定的速度衰变。碳 -14 的共同发现者马丁·D. 卡门（Martin D. Kamen）发现，碳 -14 的半衰期为 5730 年——与地球的年龄相比，这个时间很短，但对于建立碳 -14 的产生和衰变之间的平衡已经足够长了。阿恩·韦斯特格伦（Arne Westgren）在给利比的诺贝尔奖颁奖词中说，"如果这是发生在大约 500 年到 3 万年前，那么通过测量剩余的放射性，就有可能确定死后经过的时间。"（Nobel, p. 590）

为了检验这种放射性碳测年技术的准确性，利比将其应用于红木和杉木的样本，这些树木的确切年龄是通过计算年轮来确定的，并应用于已知年龄的历史文物，比如埃及法老塞索里斯的随葬船上的一块木材。他通过测定世界范围内从北极到南极获得的动植物材料的放射性，确定了虽然宇宙射线随纬度变化，碳 -14 生成量几乎没有变化的事实。到 1947 年，他已经完善了他的技术。在他精确确定年代的考古物品中，有来自死海古卷的亚麻布包裹物、来自庞贝古城公元 79 年维苏威火山爆发时被火山灰掩埋的房屋的面包、来自巨石阵露营地的木炭，以及来自新墨西哥洞穴的玉米穗轴。他还指出，北美的最后一个冰河时代结束于 1 万年前，而不是之前地质学家估计的 2.5 万年。放射化学测年法很快被认为是确定过去 7 万年尺度内年代的基本技术。它最近最广为人知的用途是测定都灵圣骸布的年代。用利比的一位诺贝尔奖提名者的话来说，"很少有一项化学发现对人类众多领域的思考产生如此大的影响，很少有一项发现引起如此广泛的公众兴趣"（Nobel, pp. 591–592）。

1946 年，利比证明了上层大气中的宇宙射线会产生微量的氚（H-3），氚可用作大气中水的示踪剂。他发明了一种测量氚浓度的技术，用于测定井水和葡萄酒的年代，确定水循环模式和洋流的混合。

参考文献

［1］Asimov, Isaac. *Asimov's Biographical Encyclopedia of Science & Technology.* Rev. ed. Garden City, NY: Doubleday, 1978, pp. 725-726.

［2］Farber, Eduard. *Nobel Prize Winners in Chemistry 1901-1961.* Rev. ed. New York: Abelard-Schuman, 1963, pp. 296-300.

［3］Libby, Willard F. *Radiocarbon Dating.* Chicago: University of Chicago Press, 1952; 2d ed., 1955.

［4］Libby, Willard F. *Tritium and Radiocarbon.* Edited by R. Berger and L.M. Libby. Santa Monica, CA: Geo Science Analytical, 1981.

［5］Millar, David, et al. *Chambers Concise Dictionary of Science.* Edinburgh: W & R Chambers, 1989, p. 246.

［6］Nobel Foundation. *Nobel Lectures Including Presentation Speeches and Laureates' Biographies.* Amsterdam, London, and New York: Elsevier Publishing, 1964, pp. 587-612.

［7］Seymour, Raymond B., and Charles H. Fisher. *Profiles of Eminent American Chemists.* Sydney, Australia: Litarvan Enterprises, 1988, pp. 287-289.

［8］Wasson, T., ed. *Nobel Prize Winners.* New York: W.H. Wilson, 1987, pp. 632-634.

乔治·B. 考夫曼（George B. Kauffman） 撰，彭华　译

第 5 章

美国生物学

5.1　研究范畴与主题

哺乳动物学

Mammalogy

从 15 世纪后期开始，博物学家、旅行家、殖民者和其他来到西半球的访问者都对北美动植物有着浓厚兴趣。那时的动物要么被人类吃掉，要么被人类剥下皮毛用来制作衣服、装饰品或其他用途。一般来说，只有那些极其常见或结构习性不同寻常的物种才会引起他们的关注。

关于北美哺乳动物的最早介绍可以追溯到 16 世纪西班牙、法国和英国的探险家所做的描述。在接下来的 200 年里，关于哺乳动物的出版物大多是由探险家、旅行者和那些号召在殖民地定居的人撰写的。1748—1751 年，林奈的一名瑞典门徒佩尔·（彼得）·卡尔姆［Pehr（Peter）Kalm］来到北美殖民地旅行。他的笔记和著作《北美之行》（*En Resa til Norra America*，1753—1761）帮助林奈在后续版本的《自然系统》（*Systema Naturae*）中补充了对北美野生动物的认识。

马克·凯茨比（Mark Catesby）首次对哺乳动物进行了详尽的、非林奈式的描述，并配有插图。他的《卡罗莱纳、佛罗里达和巴哈马群岛的博物志》(*Natural History of Carolina*, *Florida*, *and the Bahama Islands*, 1729—1747) 一书可能是对殖民地最好的记述。

费城是美国革命后第一个重要的哺乳动物学研究中心，从 18 世纪 90 年代到 19 世纪 30 年代末一直保持着这种主导地位。在 1846 年史密森学会成立之前，皮尔博物馆（Peale's Museum，1784）、费城自然科学院（1812）和几所医学院的标本收藏规模居全国首位。

美国版的托马斯·比威克所著《四足动物通史》(*General History of Quadrupeds*, 1804)，可能是美国最早关于哺乳动物的出版物，其中一些独有的美国物种是由塞缪尔·莱瑟姆·米切尔（Samuel Latham Mitchill）或乔治·奥德（George Ord）匿名贡献的信息。在 1815 年威廉·格思里（William Guthrie）那本《新地理、历史与商业的语法》(*Geographical ... Grammar*) 的美国第二版中，奥德负责撰写了"已知美国哺乳动物"这一章节，不过他的名字没有出现在书中。

艺术和医学是 19 世纪上半叶研究哺乳动物的两条主要途径。查尔斯·威尔森·皮尔（Charles Willson Peale）是一位自学成才的艺术家，他最初在自己的家中设立了个人博物馆，后迁至美国独立纪念馆的二层。在 1799—1800 年，他部分基于自己的标本收藏，举办了关于世界哺乳动物和鸟类的系列讲座，可谓是美国在这一话题方面的首个流行讲座。皮尔博物馆运营了 60 年，首次为装裱好的标本绘制背景来反映标本栖息地，这成为博物馆的特色。《美国博物学》(*American Natural History*, 1826—1828) 是皮尔的女婿、内科医师约翰·戈德曼（John Godman）的三卷本著作。这部著作同样在一定程度上基于皮尔博物馆的标本，是第一部描述所有已知美洲物种的原创专著。直到 19 世纪中叶，有志成为动物学家的研究生，其培养课程仅有解剖学和其他医学课程。

美国西部早期的哺乳动物收藏品是由陆军探险家梅里韦瑟·刘易斯（Meriwether Lewis）和上尉威廉·克拉克（William Clark，1804—1806）、中尉泽布伦·派克（Zebulon Pike，1805—1807）和少校斯蒂芬·隆（Stephen Long）收集的（1817、1820、1823）。艺术家、外科医生和博物学家一同参与了上述和后来的一系列探险，他们中的大多数人处于职业生涯的起步阶段。加拿大物种在约翰·理查森爵士的《北美洲动物志》（*Fauna Boreali Americana*，1829）第一卷中首次作为专题引起关注，这本书在之后的几十年里一直代表着业内标准。

艺术家约翰·詹姆斯·奥杜邦（John James Audubon）和路德教会牧师约翰·巴克曼（John Bachman）合作完成了三卷本著作《北美胎生四足动物》（*Viviparous Quadrupeds of North America*，1845—1854）而闻名遐迩。该书图文并茂地介绍了当时已知的 155 个美洲物种。斯宾塞·富勒顿·贝尔德（Spencer F. Baird）是美国动物学的开创性人物，他的《北美哺乳动物》（*Mammals of North America*，1859）一书中对 273 种动物进行了科学描述，是当时描述准确性的典范。贝尔德长期担任史密森学会的助理秘书（1850—1878）和秘书（1878—1887），他将 19 世纪 50 年代中期的太平洋铁路勘测数据和后来的美国国土地质和地理勘测数据完美综合了起来，这些数据是由一些年轻的民间博物学家收集的。在加拿大，为哈德逊湾公司（Hudson's Bay Company）工作的当地人和加拿大收藏家也完成了大致相同的工作。

19 世纪二三十年代，理查德·哈伦（Richard Harlan）和约翰·戈德曼在美国率先开展了关于哺乳动物的古生物学研究，他们都在宾夕法尼亚大学接受过医生课程培训。这一领域后来出现了包括宾夕法尼亚大学的约瑟夫·莱迪（Joseph Leidy）和爱德华·德林克·柯普（Edward Drinker Cope），以及耶鲁学院的奥斯尼尔·查尔斯·马什（Othniel Charles Marsh）在内的几位巨匠。

19 世纪 40 年代，各州的地质和博物学调查为相关著作提供了大量新信息，如埃比尼泽·埃蒙斯（Ebenzer Emmons）的《马萨诸塞州四足动物报告》（*Report on the Quadrupeds of Massachusetts*，1840）和詹姆斯·德凯（James E. De Kay）《纽约州动物学》（*Zoology of New York*）的第一卷《哺乳动物》（*Mammalia*，1842）。

在纽约美国自然历史博物馆（American Museum Of Natural History）的乔尔·艾伦（Joel A. Allen）和华盛顿生物调查局（Biological Survey）的克林顿·哈特·梅里亚姆（Clinton Hart Merriam）的努力下，哺乳动物学在 19 世纪七八十年代成为一门独特的新兴领域。从 1889 年开始，生物调查"北美动物群"（North

American Fauna）丛书中偶有一些专著和报告，其中包括了对美洲哺乳动物和北美大陆不同地区哺乳动物群最早的现代研究。这些出版物在美国内政部的赞助下至今仍在出版。

1900 年，由于梅里亚姆和几位同事在标本收集和改善实地观察方法的设计中发挥了主要作用，哺乳动物的已知种类达到了 1450 种。到 20 世纪 20 年代，他的地理分布理论一直主导着美国哺乳动物学。从 20 年代末开始，这一领域的工作变得越来越复杂。斯宾塞·贝尔德（Spencer Baird）的一些门徒，如艾略特·库斯（Elliot Coues）、弗雷德里克·特鲁（Frederick True）等人，是为数不多为联邦政府工作的首批杰出哺乳动物学家。

哺乳动物学的研究生课程直到 1900 年后才发展起来，1914 年加州大学伯克利分校授予了首个哺乳动物学博士学位。而在 20 世纪的前 25 年里，那些自学成才或者只是在工作中受过培训的个人哺乳动物学家，以及为政府工作的哺乳动物学家遇到了挑战——经过大学系统培训、更年轻的专业学者对前者的结论进行越来越多的补充和修正，在某些情况下还会推翻这些结论。

南北战争后，"细分派"主导了物种形成方面的工作，他们根据非常精细的解剖学差异来区分物种。从 19 世纪 90 年代开始，亚种间的差异得到越来越多的重视。到了 20 世纪 20 年代，"细分派"愈发受到"粗分派"的挑战，"粗分派"研究考察了大量标本，从中认定的物种数量比"细分派"少，但亚种数量比"细分派"多。到 20 世纪 70 年代，公认的美国物种总数已经上升到大约 3200 种。

美国哺乳动物学家协会成立于 1919 年，这很大程度上得益于哺乳动物学作为一门独特的生物学学科终于得到承认。80 年来，协会成员对国内外哺乳动物学做出了重要的专业贡献。美国哺乳动物学家对过去一百年的研究和出版记录进行了汇编，令人瞩目。他们还越来越多地参与到各种国内和国际的管理与保护倡议中。到 20 世纪中叶，华盛顿国家博物馆、纽约美国自然历史博物馆和芝加哥菲尔德博物馆等都已经建立起世界级的标本馆藏。

到 20 世纪 40 年代，美国哺乳动物学一直以分类学、区域分布和博物学研究为主。而在过去的半个世纪里，生理学、种群动力学、行为学和生态学越来越受到重视，复杂的新方法论使这门学科发生了革命性的变化。哺乳动物古生物学方面也取得了长足的进步。

　　跨学科研究项目，例如哺乳动物学家、心理学家和人类学家在灵长类动物学等领域的研究大获成效。另一项重要进展是美国研究人员和世界其他地区研究人员之间开展的国际合作。按照传统，大多数哺乳动物学家都受雇于联邦和州野生动物机构、博物馆以及学院和大学的动物学系。

参考文献

［1］Gunderson, Harvey L. "The Evolution of Mammalogy: A History of the Science." In *Mammalogy.* New York: McGraw Hill, 1976, pp. 3-39.

［2］Hamilton, William J. Jr. "Mammalogy in North America." In *A Century of Progress in the Natural Sciences* [edited by Edward L. Kessel]. San Francisco: California Academy of Natural Sciences, 1955, pp. 661-668.

［3］Hoffmeister, Donald, and Keir B. Sterling, "Origin." In *Seventy-Five Years of Mammalogy, 1919-1994*, edited by Elmer C. Birney and Jerry R. Choate. Special Publication of the American Society of Mammalogists, no. 11. Lawrence, KS: Allen Press, 1994, pp. 1-21.

［4］Sterling, Keir B., "Builders of the Biological Survey, 1885-1930." *Journal of Forest History* 30（1989）: 180-187.

凯尔·B. 斯特林（Keir B. Sterling）　撰，康丽婷　译

鸟类学

Ornithology

　　直到 20 世纪初，精准确定哪些鸟类栖息在美国本土一直是美国鸟类学的主要目标。这项工作通常采取收集皮毛和出版插图及描述的形式，有时甚至只有北美物种的名字。探险家、传教士和殖民者经常在旅行记、地方志和特定地区的资源清单里提到鸟类，特别是可供捕猎的种类。渐渐地，这种杂乱无章的方法让位于更系统的研究。

　　与其他文化追求一样，美国的博物学最初依赖于欧洲的博物学家、赞助和传统。

这种殖民时期的活动随着英国博物学家马克·凯茨比（Mark Catesby）的工作达到了顶峰，他被公认为"美国鸟类学的奠基人"。他的两卷本《卡罗来纳、佛罗里达和巴哈马群岛博物志》包含了 109 种北美鸟类的手绘版画和描述。

18 世纪末，围绕着费城博物学家威廉·巴特拉姆（William Bartram），一种更为本土化的美国鸟类学派开始生根发芽。他颇具影响力的《游记》（*Travels*，1791）中有一份包括 215 种北美鸟类清单，巴特拉姆的家成为居住或途经该地区的博物学家的圣地。其中一位常客是来自苏格兰的移民亚历山大·威尔逊（Alexander Wilson），他在巴特拉姆的力促下进行了一项雄心勃勃的计划，要将美国鸟类逐一图解并作描述。尽管威尔逊没有接受过艺术家或博物学家的正规培训，但他还是走遍了美国东部沿海地区，寻找完成他的《美国鸟类学》（*American Ornithology*，1808—1814）九卷书所需的材料和订阅者。他在早逝之前已经研究了 264 个美国物种，其中包括 48 种当时科学界公认的新物种。

威尔逊很快就被美国最著名的艺术家、博物学家约翰·詹姆斯·奥杜邦（John James Audubon）盖过了风头。他的对开本《美国鸟类》（*Birds of America*，1827—1838）中有 435 幅精美的、实物大小的彩色鸟类肖像。奥杜邦虽然才华横溢，但他更像是一位艺术家，而不是一位科学家：他需要有人协助完成他的《鸟类传记》（*Ornithological Biography*，1831—1839）中的技术部分，以及与对开图本相附的文本，他的绘画常常为了审美效果而牺牲准确性。

在此期间，在美国开始了第一批重要的鸟类收集活动。威尔逊依靠查尔斯·威尔逊·皮尔（Charles Willson Peale）1794 年建立的费城博物馆的标本，完成了他的《美国鸟类学》。1812 年至 1850 年，费城自然科学院、波士顿博物学会、哈佛比较动物学博物馆和华盛顿史密森学会的人员开始收集更持久的鸟类标本。到 20 世纪初时，这些机构及后来的博物馆都成了美国鸟类研究活动的中心，为鸟类学家提供了些许带薪职位。

19 世纪下半叶，人们收集了多达 6 万件私人收藏标本，并建立了新的城市博物馆，如纽约的美国自然历史博物馆、芝加哥的菲尔德博物馆和匹兹堡的卡内基博物馆。无论是私人的还是附属于机构的收藏家都倾向于注重北美的物种，并且都依赖通过庞大的交流网络出售、捐赠和交换标本。这两项发展在史密森学会的斯宾塞·F. 贝尔德（Spencer F. Baird）那里得到了充分的体现，他建立了一个庞大的收集网络，其中包括数百名博物学家、士兵、运动员和在整个北美大陆探险的个人。

专门的鸟类学学会的建立是其制度化的另一重要形式。第一个建立的是1873 年在马萨诸塞州的剑桥成立的纳托尔鸟类俱乐部（Nuttall Ornithological Club）。10 年后，纳托尔俱乐部的 3 个成员创建了美国鸟类学家联盟（American Ornithologists' Union，AOU）。这个新组织由更偏重技术的鸟类学家主导，他们试图改革科学命名法，采用美国版的亚种概念，为科学的鸟类学实践开辟专业空间。截至 1900 年，美国已经有了几十个鸟类学学会，包括威尔逊鸟类俱乐部（Wilson Ornithological Club）和库珀鸟类俱乐部（Cooper Ornithological Club）。与此同时，一种新的组织形式——鸟类俱乐部也应运而生。鸟类俱乐部与奥杜邦（鸟类保护）学会关系密切，这些俱乐部更注重观察而非收集。

随着 20 世纪初鸟类学研究生课程的出现，自学和学徒制很快让位于更广泛、更正规、更系统的教育。这一转变中的先驱是亚瑟·A. 艾伦（Arthur A. Allen），他在 20 世纪 20 年代建立了康奈尔大学早期也是较有成效的研究生课程之一。10 年间，伯克利、密歇根和西储（大学）都有了活跃的项目，这个数字自那以后还在继续上升。相较于之前主导鸟类学的更为传统的描述性分类学研究，受过大学教育的鸟类学家们更倾向于从事生态、行为和生理研究。毕业后，他们通常被聘为博物馆馆长、教师和野生动物管理员。

显然，美国鸟类学活动与殖民时期的有限起步相比，其活动范围和规模已经大为扩张了。然而，就像更普遍的博物学一样，美国鸟类学没有得到它应得的严肃的历史关注。由受过专业训练的历史学家撰写的研究相对较少，科学史家撰写的研究就更少了。我们有时能在科学传记、博物馆志、探险记录和更一般的美国科学研究中看到关于鸟类学发展的讨论，但少有关于其 20 世纪发展趋势的文章。

参考文献

[1] Allen, Elsa G. "The History of Ornithology before Audubon." *Transactions of the*

American Philosophical Society, n.s., 41（1951）: 387-591.

［2］Audubon, John James. *The Birds of America*. 4 vols. Edinburgh, 1827-1838.

［3］Barrow, Mark V., Jr., *A Passion for Birds: American Ornithology after Audubon*. Princeton: Princeton University Press, 1998.

［4］Bartram, William. *Travels through North and South Carolina, Georgia, East and West Florida*. Philadelphia: James and Johnson, 1791.

［5］Catesby, Mark. *The Natural History of Carolina, Florida, and the Bahama Islands*. 2 vols. London, 1731-1743.

［6］Chapman, Frank M., and Theodore S. Palmer, eds. *Fifty Years' Progress in American Ornithology, 1883-1933*. Lancaster, PA: American Ornithologists' Union, 1933.

［7］Cutright, Paul, and Micheal Boardman. *Elliott Coues: Naturalist and Frontier Historian*. Urbana: University of Illinois Press, 1981.

［8］Davis, William E., Jr., and Jerome A. Jackson, eds. *Contributions to the History of North American Ornithology*. Cambridge, MA: Nuttall Ornithological Club, 1995.

［9］Kastner, Joseph. *A World of Watchers: An Informal History of the American Passion for Birds*. New York: Alfred A. Knopf, 1986.

［10］Mayr, Ernst. "Materials for a History of American Ornithology." In *Ornithology from Aristotle to the Present*, edited by Erwin Stresemann; translated. by Hans J. and Cathleen Epstein. Cambridge, MA: Harvard University Press, 1975, pp. 365-396.

［11］Welker, Robert H. *Birds and Men: American Birds in Science, Art, Literature, and Conservation, 1800-1900*. Cambridge, MA: Harvard University Press, 1955.

［12］Wilson, Alexander. *American Ornithology; or, The Natural History of the Birds of the United States*. 9 vols. Philadelphia: Bradford and Inskeep, 1808-1814.

小马克·V. 巴罗（Mark V. Barrow, Jr.） 撰，吴晓斌 译

植物学

Botany

随着欧洲人发现了北美大陆，人们对收集和编目北美植物群（及其博物学的其他方面）产生了极大兴趣。发现香料、药品、食品、木材资源和其他有经济效益的植物产品的期望加上对科学的好奇心，推动了这场运动。结果之一是欧洲植物学家

所知的植物种数急剧增加，这使植物系统分类学陷入了危机。这次危机的直接结果是，林奈［从他的专属植物采集者彼得·卡尔姆（Peter Kalm）和殖民者那里收到了标本和观察资料］发明了他的双名命名法和人工分类的方法，它们可以称得上是18 世纪最伟大的植物学成就。

殖民者定居下来后发现，欧洲人对接收他们的植物学观察资料和植物标本很感兴趣（无论是活的还是制成标本的）。18 世纪东海岸出现了一个博物学家组成的小圈子，其中许多人互相联系，也与欧洲人有联系。1728 年，约翰·巴特拉姆（John Bartram）在费城建立了美洲大陆上的第一个植物园，里面装满了他和儿子威廉在当地以及远至佛罗里达州的考察中采集的标本。约翰·巴特拉姆、威廉·巴特拉姆、约翰·克莱顿（John Clayton）、卡德瓦莱德·科登（Cadwallader Colden）等人为新大陆的植物群编目，共同为 19 世纪伟大的综合性工作奠定了基础。

美国内战前出现了一类新的植物学家，他们被戏称为"隐蔽的植物学家"，像他们的欧洲前辈一样，他们在美国博物学家收集到的标本基础上工作，而非（或者，实际上通常是工作之余）自己进行野外工作。尤其是约翰·托里（John Torrey）和阿萨·格雷（Asa Gray），他们根据遍布全美的庞大网络贡献的标本和观察资料，在建立北美综合植物区系方面取得了巨大的进展。此外，他们还利用了私营企业（特别是铁路和运河公司）以及州政府和联邦政府对西部和许多州所进行的勘探和调查结果。虽然他们的成果很大程度上是基于他人的工作，但他们的成果在数据库的广泛性方面大大弥补了这一缺陷，这种广泛性是不可能由任何个人积累的。在他们工作的过程中，他们与林奈面临着相似的危机——目前正在使用的分类体系不足以胜任这项工作，于是他们将德·朱西厄（de Jussieu）的自然分类体系引入了美国。通过"大图景"，格雷得出了物种按地理分布的结论，这项工作值得被视为美国人对植物学做出的第一个重大贡献。

部分由于格雷希望扩大收集者和观察者的基础，他比其他任何美国人都更努力地将植物学普及为小学和中学的课程和一项娱乐活动。不仅他的学术著作为他在植物学史上赢得了一席之地，他的教科书和他与全国各地业余爱好者的大量通信，为他们的植物学研究提供建议和鼓励，同时为他赢得了广泛的声誉。到 19 世纪中期，植物学已成为中学教育的标准课程，成千上万的美国人，无论男女，都以植物学为乐。

随着内战和达尔文《物种起源》的出版，植物学像其他科学学科一样开始专业化。曾经乐意同时接纳业余和专业人士的植物学会首当其冲，被像美国植物学会（Botanical Society of America）这样的组织所取代，其成员仅限于那些从事高质量研究的人。同样，期刊中业余爱好者和专业人员的投稿和新闻也被那些为维持"标准"的必要性而插入社论的学术性工作所取代。与此同时，植物学本身也在经历着从博物学的一个分支到生物学的一个分支的转变。拥有学院和大学学位的植物学家们逐渐开始在高等教育机构、政府以及偶尔在商业领域中工作。

随着 20 世纪的到来，人们对植物学尤其生理学和遗传学的认识，开始彻底改变农业。在赠地大学里，像查尔斯·贝西（Charles Bessey）这样的植物学家正在发现并推广育种和种植作物的新技术，使务农成为一门科学。

生态学是最早专业化的植物学领域之一，在生态学里，野外变成了一个实验室。突然间，观察的标准发生了变化，依赖一个未经训练的业余人员可能被操纵的观察结果的观念是不可接受的。在植物学的这个领域，从博物学到生物学的转变迅速且彻底。植物学在"二战"后被计算机和其他技术大大改变了。以分类学为例，曾经只需要手持放大镜或简易显微镜，而现在植物学家们依赖于复杂的系统、生物地理和生态数据库，这些数据库以包括分子遗传学在内的学科为基础。这些数据库有望产生和"隐蔽的植物学家"同样规模的革命。

分子遗传学是一个因技术进步而成为可能的领域，它显示了近年来的另一个主要趋势；生物学家不再倾向于把自己分成植物学家和动物学家，而是分成细胞生物学家和有机生物学家。比起植物生态学家，分子植物学家与其他细胞生物学家的共同点更多。近年来，分子植物学对花的开放过程，以及进化是以缓慢而均匀的方式还是以周期性的跳跃方式进行的问题等提出了新的见解。

美国的植物学教育始于零散的机会，人们可以在医学院的课程中随处发现，偶尔也能在文科课程、导师传授和实践学校中找到踪迹。19 世纪，植物学成为一门受欢迎的学校科目，并因此进入大学课程。内战过后，植物学在赠地学院找到了一席之地，植物学研究和植物学教育被吹捧为农业的附属物。今天，植物学在生物学、生态学、分子生物学、农学、遗传学和一众其他领域找到了它的学术归宿，但很少作为一个独立的事业。

多年来，植物学家们建立了专门研究植物学及其子领域的专业协会和期刊作为主要的交流媒介。像美国植物学协会这样的综合性协会与学术或地理关注点狭窄的社团合作。它们的报刊——例如美国植物学会的《美国植物学杂志》——以及一些不隶属于社团的报刊已经且确实在为植物学界、更广泛的科学界和致力于此的外行服务。当然，关于植物的科学研究一直在常规科学期刊，如《科学》中占有一席之地，而且随着植物学和动物学的界限越来越模糊，这种趋势还会增加。在过去的十年中，电子通信增加了许多新的交流方式——电子邮件、电子期刊、公告栏和讨论组——这些极大地提高了通信的速度。

参考文献

［1］Bunch, Bryan. *Handbook of Current Science & Technology*. New York: Henry Holt, 1992.

［2］Davis, Elisabeth B. *Guide to Information Sources in the Botanical Sciences*. Littleton, CO: Libraries Unlimited, 1987.

［3］Dupree, A. Hunter. *Asa Gray: American Botanist*, *Friend of Darwin*. Cambridge, MA: Harvard University Press, 1959; reprint, Baltimore: Johns Hopkins University Press, 1989.

［4］Keeney, Elizabeth B. *The Botanizers: Amateur Scientists in Nineteenth-Century America*. Chapel Hill: University of North Carolina Press, 1992.

伊丽莎白·基尼（Elizabeth Keeney） 撰，吴紫露 译

生物学

Biology

"生物学"这一术语发明于 19 世纪初，用来指称有关生物共性和特性的研究。然而，在 20 世纪的大部分时间里，它很大程度上是一个纲领性的概念，相较于科学工作者，奥古斯特·孔德（August Comte）和赫伯特·斯宾塞（Herbert Spencer）等实证主义哲学家对其更感兴趣。1857 年，美国第一个明确的生物学研究机构——

费城生物学会（Philadelphia Biological Society）成立，但由于缺乏将构成学会的博物学家和医生团结起来的共同利益，学会在几年内解散。

在 19 世纪中叶前后的几十年里，主流的生命科学范畴包括了广义的"博物学"（其中包含了地质和地理方面的问题）和更专业的植物学和动物学学科。各种与健康相关的研究，如解剖学、生理学和卫生学，都与植物学和动物学有松散的联系，这主要是因为许多植物学家和动物学家是医生。中学教学分为植物学、动物学和生理学（包括解剖学和卫生学），每门学科都独立发展和教授。1871 年，在哈佛大学这个领先的学术机构里，生命科学包括植物学（阿萨·格雷）、动物学（路易·阿加西）、比较解剖学 [杰弗里斯·怀曼（Jeffries Wyman）] 和生理学 [亨利·P. 鲍迪奇（Henry P. Bowditch）]。各门学科基本上是独立的。

生物学在 19 世纪 70 年代至 20 世纪 10 年代首次成为美国一个实质性学科单元。美国人借鉴了英国人的修辞和概念资源，其中最引人注目的来源是斯宾塞和赫胥黎（T. H. Huxley），他们把对原生质、细胞和进化的兴趣与建立统一的生命科学的主张结合起来。然而，美国人提出了两个完全不同的方案，并很快超越了英国人的工作。

美国早期最广泛的生物学概念是联邦科学家在 1880 年前后发展起来的。美国国家博物馆、农业部以及一些调查和委员会资助了庞大的群体，他们的研究主要包括北美生物的分类学、地理学和行为学。这些人包括斯宾塞·F. 贝尔德（Spencer F. Baird）、约翰·卫斯理·鲍威尔（John Wesley Powell）、莱斯特·沃德（Lester Ward）和查尔斯·莱利（Charles V. Riley）。华盛顿生物学会（Biological Society of Washington）创建于 1880 年，这些官员专家都是其中的成员。对他们来说，生物学就是寻找支撑这些不同生物体活动的基本原则；它处理的是"自然的一生"：生物体是如何进化和生长的。

与此同时，一种不同的生物学概念也在精英城市大学中出现。1876 年，新成立的约翰斯·霍普金斯大学的校长丹尼尔·C. 吉尔曼（Daniel C. Gilman）接受了赫胥黎的观点，即生物学（由生理学和比较解剖学组成，其结果隐含着进化论）可以作为一门大学学科发挥作用。这样的计划不仅符合吉尔曼提高医学教育地位的要求，还符合他支持生命科学高等教育的愿望，而且不需要增加任用人数或资金投入。在接下来的 15 年里，生理学家 H. 纽厄尔·马丁（H. Newell Martin）和动物学家威廉·布鲁克斯（William K. Brooks）的工作成功将生物学定义为一门包括本科教育、研究生培训和学术研究的学科。他们的观点在不同程度上影响了麻省理工学院、布林莫尔学院、克拉克大学、哥伦比亚大学和芝加哥大学。

1890 年前后，伍兹霍尔海洋生物实验室首任主任，克拉克大学和芝加哥大学两校生物学项目的负责人查尔斯·O. 惠特曼（Charles O. Whitman），十分全面地阐述了学术生物学的目标和结构。对惠特曼来说，生物学是一门自主且统一的学科，但它的范围如此之广，以至于它必须是一个更专业化运作的共同体；其学科结构主要但不完全根据功能划分为生理学、胚胎学、古生物学、生态学和其他类似的学科。19 世纪 90 年代中期，这种开放式的生物学学术概念受到一些群体的批评，由于生物学主张学术和职业上的优越性，他们的地位正遭遇负面影响；这些人包括植物学家、医学科学家以及和联邦政府有关联的博物学家和农业学家。除了强调自己活动的重要性之外，这些专业的代表们质疑这一假设，即研究海洋无脊椎动物部分功能的教授们可以宣称自己处于生命科学的中心。

学术生物学家们退缩了，最明显的表现是霍普金斯大学、哥伦比亚大学和芝加哥大学的生物学课程重新回到动物学系。虽然如此，但学术生物学家们仍然相信生物学的重要性，认为它是一门统一的科学，由形式上平等的功能单元联合而成。这个科学共同体以伍兹霍尔海洋生物实验室为中心。美国博物学家协会（The American Society of Naturalists）像一个伞形组织一样把各种更专业的团体联合起来。"一战"后，国家研究理事会（National Research Council）的生物和农业部（农业处于残存状态）协调了更正式的活动。

从 19 世纪 80 年代到 20 世纪 10 年代，第一代学术生物学家——其中最著名的包括威尔逊（E. B. Wilson）、摩尔根（T. H. Morgan）、雅克·洛布（Jacques Loeb）、达文波特（C. B. Davenport）、詹宁斯（H. S. Jennings），康克林（E. G. Conklin）、哈里森（R. G. Harrison）和雷蒙德·佩尔（Raymond Pearl）——逐渐将他们的兴趣扩展到无脊椎动物发育研究之外。他们建立并充实了惠特曼所预见的各种分支学科，包括一般生理学、胚胎学、细胞学、遗传学、生态学和动物行为学。

1915 年之后，遗传学是其中最突出的学科，通过与农业和优生学的联合，它有时相对于其他领域占据了压倒性优势。与生物化学一道加入美国实验生物学学会联合会（Federation of American Societies for Experimental Biology）的生理学和细菌学被归入医学科学领域。然而，从某种意义上讲，所有这些都是联合的事业，所有这些都属于一个真实但尚未充分表达的学科。

在 20 世纪的头几十年里，生物学成为美国高中的一个重要单元。20 世纪 10 年代，与学术生物学有关的城市教育工作者开设了一门课程，旨在向中产阶级青少年介绍生命的本质，并在此基础上建立关于卫生和环境的制度。生物学迅速取代了植物学和动物学等更专门化的入门课程，成为美国中学里最广为教授的学科。

始于 20 世纪 20 年代，并在随后的几十年里提速，物理学家和基金会高管们［其中最著名的是沃伦·韦弗（Warren Weaver），他在 1931 年至 1955 年担任洛克菲勒基金会自然科学部的负责人］推动生物学成为一门更加集中、知识结构更加清晰的学科。在他们看来，按功能划分的生物学太过分散、低效、规模小和平均主义。他们想当然地认为，一门结构合理的生物学科应该构成一门地位与物理学或化学相等的基础学科；他们主要从结构复杂性的层面来解释生物学领域，这一框架将生物学与化学和物理学联系起来的同时也展示了生物学的独特性。韦弗推进"生命过程"工作的计划包括从物理学和化学引进工具和概念来分析最简单、最容易处理的生物系统。这一计划假设基础知识对医学有着重要但尚不为人所知的益处。

1927 年在加州理工学院建立的生物学课程就是这个计划最纯粹的体现。罗伯特·密立根（Robert Millikan）和阿尔弗雷德·诺伊斯（Alfred Noyes）在洛克菲勒慈善家们协助下，授权托马斯·亨特·摩尔根建立了基础生物学；然而，摩尔根致力于按功能划分进行小规模研究，无法达到他们的期望。物理化学家莱纳斯·鲍林（Linus Pauling）与乔治·比德尔（George Beadle）及其他人一道，最终实现了韦弗的愿望——主要以应用的，尤其是蛋白质结构学和化学遗传学手段对基本问题进行多维研究。

在对同时期哈佛大学的考察中，我们可以看到生物重组的更广泛的影响和结构限制。在 20 世纪的头 30 年里，这里的生命科学得到了极大的发展，但它们仍然以分类学上的命名单位组织，如动物学和隐花植物学。大约在 1930 年，由洛克菲勒资助的国际教育委员会在比较生理学家帕克（G. H. Parker）和天文学家哈洛·沙普利（Harlow Shapley）的指导下，在哈佛建立了生物学实验室，以便将生命科学结合起来并使之现代化。在基金会和行政部门进一步的压力下于 1934—1935 年成立了一个合并的生物系。然而，长期以来建立的分类实体，如比较动物学博物馆和各种标本馆，继续与合并课程一起存在，它们的领导人投入了大量精力以维持其单位的自主权。

在"二战"后的 20 年里，随着分子遗传学的蓬勃发展和美国国立卫生研究院对细胞及以下水平研究的广泛的定向支持，生物学等级结构的主导地位有所提高。对功能和分类界限的辩护被削弱。成立于 1947 年的美国生物科学研究所（American Institute for Biological Sciences）旨在将按功能确定的单位统一起来，但在很大程度上是失败的。60 年代早期，其生物科学课程研究会（Biological Sciences Curriculum Study）分别以分子、细胞和生态原理为基础建立了 3 个表面上同等的生物学入门课程；但学生和研究所董事会很快意识到这些实际上形成了一种还原论和精英领导的等级结构。

然而，这种等级结构是否稳定似乎值得怀疑。当它最终在 60 年代被哈佛大学接受时被视为将生物系分为两个项目的基础：一个是分子和细胞生物学，另一个是有机体和进化生物学。在过去的 20 年里，细胞学和胚胎学变得越来越分子化，并且所有这些领域都与工业和标准化产品的生产挂钩。相反，有机生物学家却越来越强调自然多样性的重要性。这些发展似乎预示着生物学之外两种不同学科的出现，但历史表明这种变化不太可能。一个多世纪以来，"生物学"一直是美国重要的知识护身符；因此，它不容易被分割。相反，这个词连接不同学科的能力具有高度的战略性。这一优点仍在发挥作用。

参考文献

［1］Appel，Toby A. *Shaping Biology: The National Science Foundation and Federal Support of Biology in the Cold War Era.* Baltimore: Johns Hopkins University Press, 2000.

［2］Benson，Keith R., Ronald Rainger, and Jane Maienschein, eds. *The Expansion of*

American Biology. New Brunswick: Rutgers University Press, 1991.

[3] Kay, Lily E. *The Molecular Vision of Life*. New York: Oxford University Press, 1993.

[4] Kohler, Robert E. *Lords of the Fly: Drosophila Genetics and the Experimental Life*. Chicago: University of Chicago Press, 1994.

[5] Maienschein, Jane. *Transforming Traditions in American Biology*. Baltimore: Johns Hopkins University Press, 1991.

[6] Pauly, Philip J. *Biologists and the Promise of American Life*. Princeton: Princeton University Press, 2000.

[7] Rainger, Ron, Keith R. Benson, and Jane Maienschein, eds. *The American Development of Biology*. Philadelphia: University of Pennsylvania Press, 1988.

[8] Smocovitis, Vassiliki Betty. *Unifying Biology: the Evolutionary Synthesis and Evolutionary Biology. Journal of the History of Biology*. Princeton: Princeton University Press, 1996.

菲利普·J. 保利（Philip J. Pauly） 撰，吴紫露 译

另请参阅：植物学（Botany）

古生物学

Paleontology

　　200 多年来，化石研究一直是美国科学的一个重要领域。对古生物学研究的兴趣最初集中在费城，托马斯·杰斐逊在那里藏有一些重要的脊椎动物化石，这些化石主要是在肯塔基州发现的乳齿象遗骸。杰斐逊还和美国哲学学会的成员积极讨论由化石遗骸引出的进化、灭绝和地理分布等问题。1800 年，查尔斯·威尔逊·皮尔（Charles Willson Peale）在新泽西发掘出乳齿象遗骸，之后将这些遗骸放在他的博物馆展出。费城自然科学院也为古生物学的发展贡献了力量，理查德·哈兰（Richard Harlan）因其对灭绝的哺乳动物和爬行动物的研究而获得了国际认可。19 世纪 30 年代，塞缪尔·乔治·莫顿（Samuel George Morton）坚决主张，要确定地质层年代必须依靠化石而非岩石，他收藏的无脊椎动物化石使费城自然科学院在 19 世纪上半叶成了主要科学中心。

　　在南北战争之前，古生物学从地质勘测的成果中获益良多。俄亥俄州、印第安纳州和威斯康星州地质学家进行的勘察工作发现的新标本，纽约州地质学家詹

姆斯·霍尔（James Hall）发现的数百块化石，都推动了其他州的勘探工作，并培养起了一批 19 世纪的地质学家和古生物学家。由陆军和土地总署（the General Land Office）资助的联邦调查大大锻炼了约翰·斯特朗·纽贝里（John Strong Newberry）、费迪南德·V. 海登（Ferdinand V. Hayden）和菲尔丁·布拉德福德·米克（Fielding Bradford Meek），在这些探险中收集的标本被送到史密森学会的约瑟夫·亨利和斯宾塞·富勒顿·贝尔德（Spencer Fullerton Baird）那里，他们再将标本交到专家手中，从而建立起科学网络，进一步促进了古生物学的发展。

南北战争之后，全国性调查的启动对美国古生物学产生了深远影响。米克不时参加克拉伦斯·金（Clarence King）的第 40 次平行测量工作，而海登开展的区域地质调查则为无脊椎动物和脊椎动物古生物学家提供了新机遇。约瑟夫·雷迪（Joseph Leidy）和爱德华·德林克·柯普（Edward Drinker Cope）从 19 世纪 60 年代起就一直在研究脊椎动物化石，而海登的探险使他们得以接触到西部的化石沉积物，柯普对此加以充分利用，到 19 世纪 70 年代初，他一直在利用这些材料来介绍源源不断的新发现。耶鲁大学的奥斯尼尔·查尔斯·马什（Othniel Charles Marsh）也开展了探险活动，发现了同样重要的遗骸。柯普和马什之间的竞争导致了一场严重的长期积怨，但他们发现了数百个新标本，收藏的化石令人叹为观止，意义深远。1879 年，美国地质调查局（the United States Geological Survey）的成立为古生物学家提供了终身全职的工作机会。主管约翰·卫斯理·鲍威尔（John Wesley Powell）雇佣了十几位古生物学家，但他从未有效管理过调查局的工作，也没有实际确立起古生物学的学科重要性。而他的继任者查尔斯·杜利特尔·沃尔科特（Charles Doolittle Walcott）稳固并扩大了地质学会，使地层古生物学的工作成为该机构活动的重要组成部分。

在 20 世纪，脊椎动物和无脊椎动物分别属于两套不同的概念框架和研究体例。古脊椎动物学耗资高昂而没有实际用途，后来这项研究只集中在个别几个机构进行，主要是位于纽约的美国自然历史博物馆（the American Museum of Natural History）、匹兹堡的卡内基博物馆（the Carnegie Museum）和芝加哥的菲尔德博物馆（the Field Museum）。在那里，一些著名慈善家为乳齿象和恐龙化石的收集与展览提供资助，以此来促进个人和公民自豪感以及公共教育，这几家博物馆在发展创新型展览方面处于领先地位。在美国自然历史博物馆，亨利·费尔菲尔德·奥斯本（Henry Fairfield Osborn）利用脊椎动物化石来研究其关联性、进化和地理分布。奥斯本和他的大多数同事仍然坚持非达尔文的进化论解释，这与当代实验生物学家的意见相左。

无脊椎古生物学的发展则遵循了另外一条路径。许多无脊椎古生物学家，尤其是阿尔菲斯·凯亚特（Alpheus Hyatt）及其众多门徒，仍然对生物学问题感兴趣，是重演学说的公开拥护者，其他学者则针对进化和生态问题开展了研究。但无脊椎古生物学之所以在 20 世纪初声名大噪，得益于其与工业的密切关联。与石油有关的勘探和研究全方位影响了 20 世纪早期的地质学，尤其是改变了无脊椎古生物学。约瑟夫·奥古斯丁·库什曼（Joseph Augustine Cushman）和约翰·J.加洛韦（John J. Galloway）的研究表明，有孔虫（*foramini fera*）是指示石油所在位置的绝佳标识，这大大提升了无脊椎古生物学对石油公司的价值。到了 20 世纪 30 年代，绝大多数受过地质学训练的无脊椎古生物学家都受雇于石油工业，迅速发展的经济古生物学家和矿物学家协会成为该领域核心期刊《古生物学杂志》（*Journal of Paleontology*）的主要赞助商。

而 20 世纪 40 年代以来，这两个领域都发生了重大变化。20 世纪 40 年代，乔治·盖洛德·辛普森（George Gaylord Simpson）将种群遗传学的发现应用到化石记录中，使古生物学符合了当代对进化和遗传的理解。从 20 世纪 50 年代开始，哥伦比亚大学和芝加哥大学的研究计划就强调与无脊椎动物化石有关的生物学问题的研究，而这一领域是目前解释进化论、生态学和化石埋藏学的核心。由无脊椎古生物学家提出的间断平衡理论和分支生物学的应用，体现出学界对进化和分类的理解已经发生了改变。

古脊椎动物学一直是博物馆和公众关注的焦点。20 世纪 70 年代以来，对恐龙解剖和生理学的新解释引发了公众浓厚的兴趣。将外星人作为恐龙灭绝的一个解释，导致地质学家和古生物学家以外的物理学家、天体物理学家和化学家都对恐龙灭绝展开了详细考察。

传统的古生物学史集中于对著名人物及其发现的研究，史学家们对杰斐逊、皮尔、莫顿和莱迪的贡献进行了有益考察。然而，大多数关于柯普和马什的传记都聚焦于他们的个性和两人的化石之争。詹姆斯·霍尔（James Hall）是一本传统传记的主角，最近又有一本关于他的新书出版，值得史学家对其进行全面的学术分析。关于各州及全国地质调查，目前已有一些优质的研究。早期研究主要是从科学和政治视角来考察这些工作，而新近的研究则更多关注了这些机构是如何为古生物学家和其他科学家提供职业及创业机会的。沃尔科特、奥斯本和辛普森是新近研究的研究对象，但还没有关于其他主要人物或 20 世纪脊椎动物、无脊椎动物古生物学发展的优质研究。鉴于近年来科学知识的普及和社会化生产，古生物学和化石展览所发挥的作用还有待进一步评估。古生物学野外工作是一个内容丰富的话题，但尚未被深入探索。而关于石油地质学的历史已有许多著述，但对石油工业与无脊椎古生物学之间的关系还缺少进一步的分析。

参考文献

[1] Eldredge, Niles, and Stephen Jay Gould. "Punctuated Equilibria: An Alternative to Phyletic Gradualism." In *Models in Paleobiology*, edited by T.J.M. Schopf. San Francisco: Freeman, Cooper, 1972, pp. 82–115.

[2] Fakundiny, Robert H., and Ellis L. Yochelson, eds. "Special James Hall Issue." *Earth Sciences History* 6（1987）: 1–133.

[3] Gerstner, Patsy A. "The 'Philadelphia School' of Paleontology, 1820–1845." Ph.D. diss., Case Western Reserve University, 1967.

[4] Glen, William, ed. *Mass Extinction Debates: How Science Works in a Crisis*. Stanford, CA: Stanford University Press, 1994.

[5] Goetzmann, William H. *Exploration and Empire: The Explorer and the Scientist in the Winning of the American West*. New York: Knopf, 1966.

[6] Nelson, Clifford M., and Fritiof M. Fryxell. "The Antebellum Collaboration of Meek and Hayden in Stratigraphy." In *Two Hundred Years of Geology in America*, edited by Cecil J. Schneer. Hanover, NH: University Press of New England, 1979, pp. 187–200.

[7] Rainger, Ronald. *An Agenda for Antiquity: Henry Fairfield Osborn and Vertebrate Paleontology*

at the American Museum of Natural History, 1890−1935. Tuscaloosa: University of Alabama Press, 1991.

[8] ——. "The Rise and Decline of a Science: Vertebrate Paleontology at Philadelphia's Academy of Natural Sciences, 1820−1900." *Proceedings of the American Philosophical Society* 136（1992）: 1−33.

[9] ——. "Biology, Geology or Neither or Both: Vertebrate Paleontology at the University of Chicago, 1892−1950." *Perspectives on Science* 1（1993）: 478−519.

[10] Swetlitz, Marc. "Julian Huxley, George Gaylord Simpson, and the Idea of Progress in Twentieth−Century Evolutionary Biology." Ph.D. diss., University of Chicago, 1991.

[11] Simpson, George Gaylord. *Tempo and Mode in Evolution*. New York: Columbia University Press, 1944.

[12] ——. *The Major Features of Evolution*. New York: Columbia University Press, 1953.

[13] Warren, Leonard. *Joseph Leidy: The Last Man Who Knew Everything*. New Haven: Yale University Press, 1998.

[14] Yochelson, Ellis L. *Charles Doolittle Walcott: Paleontologist*. Kent, OH: Kent State University Press, 1998.

罗纳德·雷格（Ronald Rainger） 撰，郭晓雯 译

神经生物学

Neurobiology

直到 19 世纪，研究大脑和神经系统其他部分的学术重心都在欧洲国家，美国扮演着相对次要、派生的角色。这种情况在 20 世纪初开始改变，因为美国的大学普遍开始成熟；在"二战"后美国树立起科学自信的几年里，这种情况发生了决定性的逆转。

"二战"之前，美国对神经生物学的贡献在很大程度上依赖于实验室动物研究，且专注在行为机制方面。从主题上看，人们在早年明显地专注于情感过程的神经组织，包括本能、情感和身体调节过程。这种侧重显示出它与欧洲实验室传统的有趣分歧，欧洲实验室更多关注反射行为的生理学（输入神经系统的信息如何导致了可预测的输出信息），以及感觉和运动功能的差异化"映射"。20 世纪 20 年代，哈佛

大学生理学家沃尔特·布拉德福德·坎农（Walter Bradford Cannon）为美国几十年的神经生物学研究，奠定了一个更加"情感性的"新要点。他的工作确立了交感肾上腺系统在唤起情绪（特别是恐惧和愤怒）相关过程中的总体重要性，这最终使他认为神经系统参与维持了机体整体的生理平衡或者说"内稳态"。

20 世纪 30 年代，康奈尔大学解剖学家詹姆斯·帕佩兹（James Papez）还研究了一种"情绪机制"，它由某些相互关联的皮质下大脑结构（特别是海马体）组成。这项解剖学研究为耶鲁大学生理学家兼内科医生保罗·麦克莱恩（Paul MacLean）的行为学基础研究奠定了基础，该研究将"边缘系统"确立为大脑调节加强生存行为的"情感"中心，包括交配和照顾幼崽的驱动力。通过研究老鼠大脑中涉及奖惩系统相关机制（詹姆斯·奥尔兹），以及戏剧性地展示手术切除颞叶皮质下区域后灵长类动物的情绪和行为变化（海因里希·克莱弗和保罗·布西），"感觉和动机"这一主题到 20 世纪 50 年代一直保持着活力。从 20 世纪 40 年代开始，整个神经生物学方向中一个重要且极具争议的直接后果是，针对焦虑症或强迫症精神病患者进行额叶切除术的发展。这包括切断大脑额叶和"下部"系统之间的连接。神经学家沃尔特·弗里曼（Walter Freeman）解释说，这项手术有效干预了患者遭受的病理性沟通，这种沟通存在于被他描述为大脑的"思维"（皮质）和"感觉"（边缘）部分之间；到 20 世纪 50 年代末，这种手术得到了广泛应用。

20 世纪 20 年代的美国对一种更古老的（主要是欧洲人的）观点也提出了挑战，这种观点认为大脑皮层是一种天生的结构，在这种结构中，高度确定的神经连接和大脑区域发挥着特定的功能。20 世纪 20 年代，心理生理学家卡尔·拉什利（Karl Lashley）在老鼠大脑皮层中，未能找到可以定位习得行为记忆 ["记忆印迹"（engram）] 的任何特定位置，这有助于引入一种由功能"等位性"和"质量作用"原则主导的大脑皮层"新观点"。20 世纪 30 年代，保罗·韦斯（Paul weiss）对两栖动物的研究进一步表明，当四肢的神经中枢被切断并重新排列时，肢体仍然可以恢复有条理的协调性。美国神经生物学家在这段时期认为，大脑在功能结构上具有惊人的可塑性。直到 20 世纪 50 年代后期，加州心理生理学家罗杰·斯佩里（Roger Sperry）和哈佛大学神经学家诺曼·格施温德（Norman Geschwind）的研究才开始改变这种观点，他们以不同的方式重申了特定皮层区域功能的可定位性，以及大脑在受损后相对不具备重建的能力。

在 20 世纪 70 年代，随着人们对所谓的裂脑研究和大脑半球功能偏侧化的兴趣激增，回归到局部化、连接化的大脑模型达到了某种复杂的高潮。这项研究主要是由斯佩里和他的同事首创的，他们研究了由于治疗原因导致大脑半球之间连接被切断的癫痫患者。似乎每个被切断的大脑半球都拥有一个或多或少独立的意识域——左脑通常确实不知道右脑在做什么。此外，大脑的两个半球对环境的反应和计算信息的方式也不同：左半球专门负责语言和（一些人开始认为）分析及零碎的思考。右半球专门用于视觉空间信息处理和（过去认为）的"整体"（创造性、艺术性）思维。这些研究不仅激发了美国对高级脑功能的研究；他们还就所谓"左脑"和"右脑"思维的相对优势进行了一次独特的美国文化对话。

此外，在战后时代，技术创新将很快与理论关注一样推动神经生物学研究。例如，随着 20 世纪 40 年代微电极的发展，许多基础神经生物学研究进入了细胞水平。20 世纪 60 年代，哈佛大学研究人员大卫·胡贝尔（David Hubel）和托尔斯滕·维塞尔（Torsten Wisel）使用微电极记录了大脑皮层初级视觉区域［其解剖结构由约翰斯·霍普金斯大学的神经解剖学家弗农·蒙特卡斯特（Vernon Mountcastle）研究得出］细胞柱上单个神经细胞的活动。他们的结论震惊了学术界：不同的单个细胞"看到"的东西不同，或者更准确地说，细胞对视觉刺激有不同的内在反应能力；这就是他们所说的"模式特异性"。换句话说，大脑认识世界的具体指令似乎一直写到了个体细胞层面。

近年来，可喜的新神经成像技术有望深入了解特定神经结构对更全面的大脑功能的贡献，这在一定程度上掩盖了基础神经生物学研究中占主导地位的分子焦点。20 世纪 40 年代，西摩·凯蒂（Seymour Kety）使用一氧化二氮来跟踪大脑血流量的变化，这表明观察"活体大脑"活动可能是有办法的；这项工作是一系列技术发展中的一步，这些技术发展最终带来了计算机断层扫描（CT）产生的解剖视图、正电子发射技术（PET）产生的引人注目的彩色大脑图像，以及最近的功能磁共振成像（fMRI）。在 20 世纪 90 年代，神经生物学家正努力识别人类大脑中的"热点"，这些热点可能帮助他们了解大脑不同区域如何协同工作，以及不同区域如何在各种心理功能、精神疾病，以及行为甚至人格风格的个体差异中发挥特殊作用。

在 20 世纪 90 年代末，尽管美国的神经生物学研究得到了相当乐观的支持，但它仍然是一个多重分裂的、略微不稳定的存在。例如，固有定位的概念与神经系统模型并存，作为动态"神经网络"[与杰拉尔德·埃德尔曼（Gerald Edelman）等名字相关的工作]的自我更新系统。对神经系统的神经化学的研究——包括 20 世纪 70 年代发现的内啡肽，即大脑的"天然鸦片"（Solomon Snyder, Candace Pert）——一些人最近开始提出质疑，神经系统在多大程度上可以说是一个独立的实体，以及现在是否需要在一个复杂得多、相互关联的生化过程系统中重新审视它，包括那些调节免疫功能（神经免疫学）的过程。在过去的 50 年里，美国许多神经生物学研究的知识风险都很高，由此得出的结论在实践、社会政治和存在性方面的风险也不亚于此。不幸的是，虽然有相当多关于重要基本概念的信息，但大多数可获得的历史都是古老和怀旧的。在美国科学界，尤其是"二战"后，对神经生物学的复杂史学分析还处于起步阶段。

参考文献

[1] Cannon, Walter Bradford. *The Wisdom of the Body*. New York: W.W. Norton, 1932.

[2] Corsi, Pietro, ed. *The Enchanted Loom: Chapters in the History of Neuroscience*. New York: Oxford University Press, 1991.

[3] Edelman, Gerald M. *Neural Darwinism: The Theory of Neuronal Group Selection*. New York: Basic Books, 1987.

[4] Freeman, Walter E. *Psychosurgery*. Springfield, IL: Charles C. Thomas, 1942.

[5] Harrington, Anne. *Medicine, Mind and the Double Brain*. Princeton: Princeton University Press, 1987.

[6] Haymaker, Webb, and Francis Schiller, eds. *The Founders of Neurology: One Hundred and Forty-Six Biographical Sketches by Eighty-Eight Authors*. 2d ed. Springfield, IL: Charles C. Thomas, 1971.

[7] Hubel, David H. *Eye, Brain, and Vision*. New York: Scientific American Library, 1988.

[8] Kelley, Roger E., ed. *Functional Neuroimaging*. Armonk, NY: Futura Publishing, c1994.

[9] Lashley, Karl S. *Brain Mechanisms and Intelligence: A Quantitative Study of Injuries to the Brain.* Chicago: University of Chicago Press, 1929.

[10] MacLean, Paul D. *A Triune Concept of the Brain and Behaviour.* Toronto and Buffalo: University of Toronto Press, 1973.

[11] Snyder, Solomon H. *Brainstorming: The Science and Politics of Opiate Research.* Cambridge, MA: Harvard University Press, 1989.

[12] Worden, Frederic G., Judith P. Swazey, and George Adelman. *The Neurosciences: Paths of Discovery.* Boston: Birkhauser, 1975.

安妮·哈林顿（Anne Harrington） 撰，康丽婷 译

遗传学

Genetics

自从 1902 年孟德尔的工作引起美国进化和遗传研究者的关注以来，遗传学在美国就既是学术科学，也是应用科学。许多历史因素促成了这门新科学在 1920 年之前的迅速发展，也促成了其复杂的制度化发展和多样化的应用。政府资助的州立大学、农业学院和实验站以及较新的私立研究型大学与传统的精英院校并列，成了遗传学研究的中心。此外，美国工业巨头的新兴慈善事业不仅为新的学术机构，也为一些私人研究企业提供支持，如卡内基研究所的实验性进化站。遗传学会在这些机构里找到了归宿。

各类研究机构都贡献了自己的理论和实践遗产。在古老的精英院校和较新的私立大学里，调查人员重新关注博物学问题以创造一种更集中的、智力上更统一的生物学事业，同时将生理学研究的更多实验性实践与博物学家对形态学、发育和进化的关注相结合。C. O. 惠特曼（C. O. Whitman）、F. R. 利利（F. R. Lillie）、罗斯·哈里森（Ross Harrison）、E. G·康克林（E. G. Conklin）、威廉·卡斯尔（William Castle）和赫伯特·斯潘塞·詹宁斯（Herbert Spencer Jennings）等研究人员，以及 E. B. 威尔逊（E. B. Wilson）、T. H. 摩尔根（T. H. Morgan）、雷蒙德·佩尔（Raymond Pearl）和 C. B. 达文波特（C. B. Davenport）等年轻人都熟悉当时针对

达尔文自然选择论的批评，以及欧洲在发育、遗传和细胞学等领域的最新研究。在一个完全不同的背景下，农业育种家特别是那些从事植物研究的育种家研究植物病理学和生理学方面的问题，还引入杂交技术来支持他们的自然选择论育种方案。此外，对人工选择和变异以及杂交和不育有着浓厚兴趣的大多数美国农业育种家都熟悉达尔文对这些问题的讨论。

1905 年，孟德尔的研究和德弗里斯的突变理论传入美国的两个研究小组，每个小组对此有着不同的反应。有关植物杂交的国际会议，一次于 1899 年在伦敦举行，另一次于 1902 年在纽约举行（后来更名为第一届和第二届国际遗传学大会）。来自美国农业机构的代表们在会上了解了德弗里斯、威廉·贝特森（William Bateson）和 C. C. 赫斯特（C. C. Hurst）的工作。1902 年，贝特森和赫斯特的论文敦促人们对孟德尔的工作成果进行研究和阐述。出于应用新发现的实际考量，许多熟悉孟德尔技术的农业育种家同意这样做。1903 年，联邦和州级的农业学家成立了美国育种者协会，从而推动了对包括孟德尔遗传学在内的遗传实践研究和理论研究。康奈尔大学的植物育种系（创建于 1907 年）、威斯康星大学的实验育种系（创建于 1910 年）和伯克利大学的遗传学系（创建于 1913 年）都设在州立农学院，也都致力于遗传方面的基础研究。其中的 H. J. 韦伯（H. J. Webber）、R. A. 爱默生（R. A. Emerson）、莱昂·科尔（Leon Cole）和 E. B. 巴布科克（E. B. Babcock）等工作人员与 E. M. 伊斯特（E. M. East）、雷蒙德·佩尔和 S. A. 比奇（S. A. Beach）等其他农业机构的同事在农业学术机构合作开创了遗传学。而且，和公务员及研究型科学家一样，学术育种家也参与了一些以农村生活为重点的社会运动，包括乡村合作学校运动、自然研究和乡村生活运动。他们曾从事孟德尔式的研究，对乡村本土主义的坚持也吸引了许多育种家加入优生学运动，而这很大程度上要归功于查尔斯·B. 达文波特从 1906 年开始在美国育种家协会所做出的努力。因此，在不到十年的时间里，孟德尔主义与育种研究机构的实际问题和社会问题紧密相连。

从发育生物学家（主要是受过动物学训练的研究人员）的角度来看，孟德尔的工作忽略了发育问题，而且其工作似乎仅限于植物中最容易检测到的特定种类的交替变异。在进化博物学家和实验主义者看来，德弗里斯的突变主义似乎比孟德尔的学说更有意义。另一方面，细胞学家 E. B. 威尔逊和内蒂·史蒂文斯（Nettie Stevens）证实了减数分裂过程中的染色体行为和孟德尔性状交替遗传模式之间的相似性，从而支持了萨顿和勃法瑞的"染色体学说"。至少有 10 年时间，细胞学家和发育与进化生物学家把孟德尔研究留给了育种学家，自己则致力于研究孟德尔主义和各自领域间的联系，或者评估突变理论在进化方面的影响。

唯一的例外是哈佛大学的威廉·卡斯尔，他通过培育小鼠来研究毛色遗传的机制，并相信自己已经证实了自然选择在"孟德尔式"交替性状遗传中的作用。另一位是冷泉港实验进化站站长查尔斯·B. 达文波特，他坚决拥护达尔文的进化机制，同时推动对孟德尔主义、生物统计学等进化问题进行新的实验研究。因此，这些早期的美国孟德尔学派并不像英国孟德尔学派那样反对达尔文的自然选择论或生物统计学。农业领域的孟德尔学派也持同样的宽容态度。雷蒙德·佩尔 1917 年之前在缅因州农学院和实验站工作，他对实践和理论问题都很感兴趣，于是同时研究了选择、孟德尔现象和生物统计学。康奈尔实验站的哈里·豪瑟·乐福（Harry Houser Love）也是如此。

1900 年至 1915 年间，农学家对遗传学的实践和理论都做出了重大贡献。通过研究各种有经济价值的生物，他们确认孟德尔的发现具有广泛的适用性。他们用优势法则和独立分配法则来解释困扰了育种者几个世纪的育种现象，从而为孟德尔主义提供了一个直接的使用背景，并说明了其解释力。R. A. 爱默生领导的康奈尔大学植物育种系将玉米确立为遗传研究的重要作物。1910 年，E. M. 伊斯特根据多种孟德尔因子在生理甚至生物化学上的相互作用，对连续或定量变化的现象进行了孟德尔式的解释。

托马斯·亨特·摩尔根早年曾因不信任围绕孟德尔"因子"形成的"先成说"概念而抵制过孟德尔。但就在这个时候，在同事威尔逊的细胞学工作以及德弗里斯关于识别和研究各种突变可能性的讨论的启发下，摩尔根用黑腹果蝇进行了一系列实验。他与一群研究生特别是 A. H. 斯特蒂文特（A. H. Sturtevant）、C. B. 布里奇斯（C. B. Bridges）和 H. J. 穆勒（H. J. Muller）等人一起，发现了一系列类似德弗里斯突变的突变——它们是在一代中突然出现的显著变化——在与原始"野生"类型杂交时，它们同时表现出孟德尔交替特征的一半。认识到这些发现的重要性，摩根和他的学生最终确认了具有"正常"和不寻常的染色体行为（如断裂和交叉）的特定遗传模式，从而将孟德尔模式（以及对这些模式越来越臭名昭著的偏离）与遗传染色体理论联系起来。他们为提供染色体的基因图谱所做的努力将早期孟德尔学派的遗传学转变为今天为人所知的经典遗传学。1915 年，摩尔根、斯图尔特文、布里奇斯和马勒合著的《孟德尔遗传学原理》发表后，经典遗传学开始主导该学科的研究。1916 年，《遗传学》杂志创办，其编辑委员会成员包括农业学家和实验动物学家；在头几十年里，作者主要是摩尔根实验室的成员、毕业生以及农业机构的研究人员。

　　1915 年至 1920 年是美国遗传学的分水岭。在此之前，大多数遗传学家都是从大量实验和进化博物学家以及动植物农业育种者中招募而来的，无论他们受过什么样的训练、在什么样的机构工作，都是独力开展研究。虽然大多数育种工作都是为了解决实际问题，但像 E. M. 伊斯特、雷蒙德·佩尔、R. A. 爱默生和 E. B. 巴布科克这样的研究员在履行所在农业机构的实际职责的同时，也进行经典遗传学的基础研究。佩尔、伊斯特等人后来担任了更高的学术职位（分别在约翰斯·霍普金斯大学和哈佛大学），而爱默生和巴布科克等人则一直留在农业机构，成为世界公认的遗传学家。在受过动物学训练的精英研究人员中，詹宁斯、卡斯尔、达文波特、摩尔根和沙尔（Shull）最终完成了转型。但在 20 世纪 20 年代，育种家、胚胎学家、植物生理学家、农学家和动物学家之间的界限由之前的模糊变得明晰了。现在，从事遗传学研究需要有博士学位，这一条件农学院和大学都能满足。查尔斯·梅兹（Charles Metz）、H. H. 普劳（H. H. Plough）、休厄尔·赖特（Sewall Wright）、L. C. 邓恩（L. C. Dunn）、斯特林·爱默生（Sterling Emerson,）、R. A. 布林克（R. A. Brink）、芭芭拉·麦克林托克（Barbara McClintock）、乔治·W. 比德尔（George W. Beadle）、E. G. 安德森（E. G. Anderson）和 E. W. 林德斯特伦（E. W. Lindstrom）等下一代遗传学家中的大多数人是由摩尔根的小组成员、最早的孟德尔学先驱如卡斯尔，或由康奈尔、威斯康星和伯克利的顶级农业遗传学项目培养的。遗传学不再只是满足某些人兴趣的领域，它已经成为一门成熟的学科。

也是在这十年里，随着国会委员会证词的发表和《1924 年移民法案》的出台，优生学和遗传学的联系之密切达到了顶峰。也许是因为优生学家的这次胜利，以及更臭名昭著的纳粹法令颁布前夕给遗传学和优生学带来的宣传，二者之间曾经如此强烈且明显的联系开始减弱。这并不意味着遗传学将不再与各种社会和政治议程（包括优生学）相联系，而是意味着社会议程的种类、给予它们的宣传方式以及它们之间的理论和制度联系将有所不同。

20 世纪 20 年代，种群（而非个体）的基因组成相关的理论和实践研究占据了更重要的位置。驯养种群和自然种群的研究早先在农业机构进行，主要代表人物是缅因州的佩尔和康奈尔大学的乐福。但这一领域最重要的贡献者是休厄尔·赖特，和佩尔一样，在农业机构的工作激发了他对种群遗传学进行生物计量分析的兴趣。1917 年至 1930 年期间，赖特（大部分时间受雇于美国农业部畜产工业局）对近亲繁殖、杂交和选择之于国内种群繁殖的影响进行了复杂的统计分析，而这是实践育种家和进化理论家长期以来都很感兴趣的课题。在近亲繁殖和选择存在的情况下，赖特对孟德尔遗传学对繁殖种群内基因频率的影响进行了统计探索，从而在孟德尔遗传学和达尔文进化论之间建立了重要联系。他后来直接基于自己对家畜群中人工选择的统计研究，阐述了小型（而非大型）繁殖种群的随机遗传漂变在自然物种形成过程中的关键作用。

最后，1928 年，T. H. 摩尔根离开哥伦比亚大学，在加州理工学院成立了一个生物研究系，布里奇斯和斯图尔特文作为同事加入该系；此外，摩尔根还吸引了一些受过农业训练的遗传学家，比如斯特林·爱默生和 E. G. 安德森。一年后，曾在其祖国苏联思考过种群问题的狄奥多西·杜布赞斯基加入了摩尔根在加州理工学院的团队。作为新生物系的核心，摩尔根的研究团队从东海岸搬到西海岸，从而被批准正式扩张以及招募具有不同教育背景和国籍的研究人员。在随后的几年里，斯图尔特文和杜布赞斯基之间以及杜布赞斯基和赖特之间的合作进一步把孟德尔、种群和达尔文的研究联系起来。

20 世纪 30 年代和 40 年代，两项重要的发展主导了美国遗传学的学科发展。首先，杜布赞斯基 1937 年出版的《遗传学和物种起源》一书使人们对种群遗传学及其对进化理论之影响的持续关注达到顶峰。其次是生化遗传学（最终是分子遗传学）占据了主导地位。与农业育种家的种群研究一样，对遗传问题的生理学研究在许多情况下都是持续的，但由于研究者与经典遗传学的明确对立，这种生理学研究在某种程度上被边缘化了。然而，20 世纪 30 年代和 40 年代，人们持续关注基因表达的生理和生物化学基础。事实证明，一流大学和慈善机构之间的新合作安排对这种转变至关重要，特别是瓦伦·韦弗（Warren Weaver）领导的洛克菲勒基金会自然科学部开始集中资助以生理和生化为基础的项目，以研究更明显、更有社会意义的因素，比如行为。该项目资助的遗传学项目包括特蕾西·索恩伯恩（Tracy Sonneborn）对草履虫性行为的演示和当时具有争议的对细胞质遗传机制的阐述；斯图尔特文以及威斯康星州的 M. R. 厄文（M. R. Irwin）、莱昂·J. 科尔（Leon J. Cole）的血清学和免疫遗传学研究；H. J. 穆勒对诱变剂引起的结构和功能变化的研究；H. H. 普劳和奥斯卡·肖特（Oscar Schotte）在遗传学和胚胎发育方面的工作；L. J. 斯塔德勒（L. J. Stadler）在细胞学遗传学方面的工作，以及 G. W. 比德尔与鲍里斯·埃弗鲁西（Boris Ephrussi）在黑腹果蝇眼部色素方面的合作及其与生物化学家 E. L. 塔特姆（E. L. Tatum）对脉孢菌属中基因和酶一对一比例作用的合作研究，这一研究直接促使人们将关注点转向基因表达的生物化学和细胞质物质在基因表达中的作用（后者也许不太直接）。虽然洛克菲勒的资助不能直接决定科学家个人的研究议程（他们中的大多数人已经在这些领域深耕多年），但它可以也确实导致了学科的优先次序发生明显改变。

1953 年，美国人詹姆斯·沃森（James Watson）和英国人弗朗西斯·克里克（Francis Crick）提出了 DNA 的双螺旋结构，两条螺旋链通过生物化学上互补的核酸相互连接，此时人们对分子层面上的遗传物质的关注达到了高潮。他们将"一基因一酶"假说的理论基础扩展至遗传物质的结构元素，从而解释了基因结构和作用的酶的专一性。一旦在理论和实践上解除了遗传特征的表达与染色体上和细胞质内特定分子结构之间的联系，一系列耐人寻味且颇具争议的研究就开始了，而这些研究往往具有医学背景，且在研究型大学内开展。20 世纪 40 年代末到 50 年代，联邦政府的原子能委员会为放射性影响的医学研究和应用放射性材料的基础研究提供资金，从而巩固了核科学、放射性和遗传学之间的关系。随着心理健康从业者越来越认同精神障碍的生化和心理基础，生化破坏具有遗传基础的可能性也越来越高。人们对用于医疗和商业的基因操作的兴趣使得这个领域迅速发展成为基因工程产业。战后遗传学提醒历史学家要非常认真地审视学科发展所处的社会政治背景。

这次讨论还引出了其他重要的主题。美国的遗传学是在截然不同的制度背景下发展起来的。一些研究已经表明，某些类型的机构（如农业、医疗、商业）提供的独特机遇与限制，影响了遗传学的未来发展。历史学家可能想进一步探究机构的定位在何种程度上影响了遗传学的发展。

生理学、细胞学、发育生物学、进化理论、遗传学、生态学以及实用育种学和医学等大量学科都对遗传学做出了贡献，也影响了它的发展。通过研究这些学科在不同时期与遗传学交叉程度和原因，历史学家已经并将继续对有关学科发展中社会和智力因素之间的关系有深刻认识。

遗传学与黑腹果蝇的关系非常密切，但还有很多生物都是遗传学研究的重点。科学家们几乎研究了所有农产品（最主要的是玉米），小鼠、豚鼠、原虫、面包霉和人类，更不用说野生动植物种群。最近的研究表明人们对生物的选择确实与理论和制度的发展有关，研究还探讨了特定制度背景是否鼓励或要求用特定的生物进行研究，以及针对不同的生物是否鼓励用不同的方法解决遗传问题。

从贝特森参加 1902 年杂交会议和维尔莫林、德弗里斯和约翰逊对农业机构以及哈佛和冷泉港的早期访问，到如杜布赞斯基、米利斯拉夫·德米尔克（Milislav Demerec）和柯特·斯特恩（Curt Stern）等欧洲科学家的永久移民；从日本遗传学家和美国人口生物学家之间的互动，到赖特与杜布赞斯基的合作、比德尔与埃弗鲁西的合作，以及沃森与克里克的合作，持续的国际交流与合作对美国遗传学来说一直很重要。如果我们把美国农业学家与拉丁美洲、亚洲和非洲的学术和商业育种家的关系（这些关系往往通过慈善机构、公司和政府等的资助来维持）包括在内，那么这种交流的范围和性质就会进一步拓展。历史学家可能对这种交流的性质和结果感兴趣，会对国家背景、国家研究风格以及"帝国科学"的含义进行比较研究。因此，美国的遗传学史包含并能够阐明全球科学的社会政治。

　　最后，人们近年来在农业、生理学、细胞学和医学遗传学等方面的历史研究面临着以下挑战：历史学家要理清这些表面上互不相干的领域内研究人员之间的关系，并重构特定时期的美国遗传学概念以纳入整个遗传学研究的范围，提供一系列的横断面以及关于时间变化的纵向描述。只有这样，才能全面描述美国遗传学。在这种描述中，进行遗传学研究的科研人员将在其最初开展工作的知识和社会背景下，并结合其自身的情况被正确地理解。

参考文献

[1] Allen, Garland E. *Thomas Hunt Morgan: The Man and His Science*. Princeton: Princeton University Press, 1978.

[2] Benson, Keith R., Jane Maienschein, and Ronald Rainger, eds. *The Expansion of American Biology*. New Brunswick: Rutgers University Press, 1991.

[3] Fitzgerald, Deborah. *The Business of Breeding: Hybrid Corn in Illinois, 1890-1940*. Ithaca: Cornell University Press, 1990.

[4] Kay, Lily. *The Molecular Vision of Life: Caltech, The Rockefeller Foundation, and the Rise of the New Biology*. New York: Oxford University Press, 1993.

[5] Keller, Evelyn Fox. *A Feeling for the Organism: The Life and Work of Barbara McClintock*. New York: W.H. Freeman, 1983.

[6] Kevles, Daniel J. *In the Name of Eugenics: Genetics and the Uses of Human Heredity*. New York: Knopf, 1985.

[7] Kimmelman, Barbara A. "The American Breeders' Association: Genetics and Eugenics in an Agricultural Context." *Social Studies of Science* 13 (1983): 163-204.

[8] ——. "Organisms and Interests in Scientific Research: R.A. Emerson's Claims for the Unique Contributions of Agricultural Genetics." In *The Right Tools for the Job: At Work in Twentieth-Century Life Sciences*, edited by Adele E. Clarke and Joan H. Fujimura. Princeton: Princeton University Press, 1992, pp. 172-197.

[9] Kohler, Robert E. *Lords of the Fly: Drosophila Genetics and the Experimental Life*. Chicago: University of Chicago Press, 1994.

[10] Lindee, Susan. *Suffering Made Real: American Science and the Survivors at Hiroshima*. Chicago: University of Chicago Press, 1994.

[11] Ludmerer, Kenneth L. *Genetics and American Society: A Historical Appraisal*. Baltimore:

Johns Hopkins University Press, 1972.

[12] Mitman, Gregg, and Anne Fausto-Sterling. "What Ever Happened to Planaria? C. M. Child and the Physiology of Inheritance." In *The Right Tools for the Job: At Work in Twentieth-Century Life Sciences*, edited by Adele E. Clarke and Joan H. Fujimura. Princeton: Princeton University Press, 1992, pp. 172–197.

[13] Paul, Diane B., and B.A. Kimmelman. "Mendel in America: Theory and Practice." In *The American Development of Biology*, edited by R. Rainger, K.R. Benson, and J. Maienschein. Philadelphia: University of Pennsylvania Press, 1988, pp. 281–310.

[14] Provine, William B. *Sewall Wright and Evolutionary Biology*. Chicago: University of Chicago Press, 1986.

[15] Rosenberg, Charles E. "The Social Environment of Scientific Innovation: Factors in the Development of Genetics in the United States." In *No Other Gods: On American Science and Social Thought*. Baltimore: Johns Hopkins University Press, 1976, pp. 196–209.

[16] Sapp, Jan. *Beyond the Gene: Cytoplasmic Inheritance and the Struggle for Authority in Genetics*. New York: Oxford University Press, 1987.

芭芭拉·A. 基梅尔曼（Barbara A. Kimmelman） 撰，曾雪琪 译

另请参阅：优生学（Eugenics）；人类基因组计划（Human Genome Project）

遗传和环境
Heredity and Environment

大约自 1800 年开始，现代文化的一个标志就是相信自然和社会的变化，这通常被认为是进步的理念。这种进步主义思想已经成为美国文化的特征，甚至超过了其在欧洲民族文化中的影响。和其他美国人一样，美国科学家也在寻求对物质发展的解释，无论对象是有生命生物还是无生命物体。为此，科学家引用了两种常见力量——遗传和环境，又或者是被解释的现象内部和外部的力量，用于解释事物发展。特别是在现代，遗传和环境使得发展主义者或进化思想家能够将变化和连续性协调起来。没有混乱又怎么会有变化？也许这是发展主义者最难回答的问题。当然，在以后的每一个时代，科学家们总是不得不重新建构这些观念，因为他们同时代的人

对自然和社会现实的组织概念已经发生了变化。

美国科学家在 18 世纪首次阐述了发展主义思想。托马斯·杰斐逊（Thomas Jefferson）在他的《弗吉尼亚笔记》（*Notes on the State of Virginia*，1781）中将遗传和环境纳入美国科学的论述范畴。在美国人和欧洲人就新大陆的特点而展开的一场大辩论中，杰斐逊提出了这样一个问题：新大陆的有益环境是如何影响在这里生活的动植物和人类的？他认为新大陆的环境总体上是适宜生存的，这样美洲就为欧洲创造一个新开始提供了可能性。杰斐逊的哲学同僚们经常引用"普遍人性"用以假设世界的不同环境造就了不同的民族；然而，他们所提出的"文明"（欧洲白种人）与"自然"（黑人土著）之间的紧张关系也表明了生物遗传的重要性。不过，与杰斐逊同时代的人和他一样都是《圣经》直解论者，对他们来说，地球的历史还很短暂。

这一切在 19 世纪发生了改变，当时美国科学界对遗传和环境的科学讨论有两种思路：一种对当代历史学家来说是难以说清的，另一种则不是。整个 19 世纪，出于经济原因，动植物的育种人都在尝试培育出更优质的品种。俗话说"龙生龙，凤生凤"，他们以此为信条，除此之外便再没有其他知识作指导，他们认为通过定向繁殖，所繁育的后代身上就会结合同一物种不同个体的理想特征。植物育种人对植物嫁接也有相当大的兴趣，几乎就像玛丽·雪莱（Mary Shelley）笔下的弗兰肯斯坦博士那样，希望仅通过这种结合物就能培育出一种全新的生命形式。育种者因此相信，生物体在一生中获得的性状或特征将永久成为其遗传基因的一部分。这种"用进废退"理论在历史上存在了很长一段时间，直到 1809 年法国科学家让·巴蒂斯特·拉马克（Jean Baptiste Lamarck）在他的《动物学哲学》（*Philosophical Zoology*）中将"用进废退"纳入进化论框架。在 19 世纪，拉马克进化论前后共有三种理论表达，它们都与遗传、环境和物种形成的概念有关。19 世纪 30 年代后期，拉马克的理论是：一个物种是由许多个体组成的，每个个体都能适应环境的变化，并将这种适应性传给后代；如果环境变化足够强烈且普遍，那么这一特定物种的所有个体都会"进化"。到了 19 世纪 30—70 年代，拉马克进化论又以另一种不同的框架将遗传和环境两个因素纳入进来。如今，这一理论的出发点是群体而非个体；是一种文化，是指不脱离群体而存在的个体的集合体，而不是单纯指一个群体。拉马克进化论的第二个版本（其他几种唯发展主义也都如出一辙）强调，群体之所以成为群体，共同物质经验在其中发挥了重要作用，同时还强调来自共同物质经验的精神或意识生活反过来又取决于后天性状的遗传。拉马克进化论的第三个版本从 19 世纪 70 年代持续到 20 世纪 20 年代，在相关的科学史文献中通常被称为"新拉马克主义"。它的拥护者是还原论者，他们对中世纪前辈强调的精神力量不屑一顾。同时他们也是决定论者，认为无论一个群体、物种或种族对环境做出何种适应，这种适应都会作为生物遗传而不是社会遗传传递给下一代，因此进化的进程是线性的。拉马克关于遗传、环境和进化的观点在美国科学界（在英国和德国科学界亦如此）十分流行，甚至连查尔斯·达尔文（Charles Darwin）也从多个方面吸收了拉马克关于后天特征遗传的观点，并在其划时代著作《物种起源》（1859）的后期版本中作出修改。在 19 世纪晚期关于后天性状遗传的理论中，遗传的重要性远超环境，因为遗传实际上是所有进化变异的传递机制，而环境在这一过程中几乎没有发挥任何作用，这与 18 世纪中叶的拉马克主义形成了鲜明对比，此前的拉马克主义认为，共同的物质经验造成了环境压力，随着时间的推移，这种环境压力导致进化后的物种或群体发生了永久性的改变。

在 19 世纪 90 年代末到 20 世纪初，对遗传和环境的新论述出现了。德国细胞学家奥古斯特·魏斯曼（August Weismann）对新拉马克主义中的获得性状遗传原则提出了挑战。魏斯曼事实上并不是遗传决定论者，而大多数历史学家一直对他存有误解。他只是认为，身体细胞的变化不可能通过生物遗传来实现，因为生物遗传的唯一机制依靠的是遗传物质，也就是受孕过程中精子和卵子结合实现遗传。像这样的想法与当代新拉马克主义的拥护者关于环境条件因素的观点相去甚远。

20 世纪早期关于遗传和环境的科学论述有孟德尔学说和生物计量学说。前者将代际间遗传的显性和隐性"单位性状"汇总起来，将此作为遗传图谱；后者则使用了相关统计法和回归统计法，希望借此来描述机体特质。这两种学说都假定了一个还原论和机械论的世界，在这个世界里，生物性状是独一无二、彼此区隔、纯种的；生物群只不过是个体的集合，而物种同样也只是种群的总和。因此，一个更优质物种或种族的繁衍只不过是算术问题，不论使用的是定性的孟德尔公式还是定量的生物计量学公式。然而，具有讽刺意味的是，这两种学说都没有说明、更没有证明遗传比环境因素更重要，尽管大多数孟德尔学派的人和生物统计学家都认为，遗传决定了包括人类在内几乎所有生物的生理和心理特征。在当时的美国（和欧洲）文化中，文化观念极为强大，以至于科学家们简单地认为，孟德尔学派或生物计量学对遗传的解释就可以让他们断言遗传因素凌驾于环境因素之上。很难再找到比这一例证更能体现一个时代的总体文化观念是如何驱动专业讨论的，其中也包括科学。

在"一战"后"二战"前的那段时期，即 20 世纪 20—30 年代，美国科学和文化中形成了一种新的关于遗传和环境的整体观念。在这个新模型中，整体被认为大于或不同于各部分的总和；每一部分都是整体中独立而又相互关联的一部分。因此，人们认为遗传和环境是在一个充满变化的网络或不同层次的系统中相互作用的。这样，线性回归公式就让位给了多元回归分析；孟德尔遗传学也称性状和行为模式的形成是基因相互作用的结果；自然和文化被认为是协同发挥作用的，像休厄尔·赖特、狄奥多西·杜布赞斯基这样的综合进化论者以及美国综合进化论的其他缔造者就是持此观点。

在自然科学和社会科学中，关于遗传和环境在形成心理和生理特征（特别是人类的心理和生理特征）方面相对贡献的争论，导致了这种新范式的出现。这场争论涉及进化论、心理学、人类学和社会学；它还促成了两次世界大战期间的新研究领域——儿童发育研究的出现。围绕遗传与环境的争论在两个层面上展开。第一个层次是关于新时代自然和社会现实概念之间的争论，不论是在一个由不同但互相关联的元素组成的网络中，还是在整个系统中，整体互动模型都被认为比那些 17 世纪 70 年代至 20 世纪 20 年代的理论更具解释力，因为后者不假思索地默认还原论的真实性，即相信对现实进行分层的模型。另一个层次纯粹是自然科学和社会科学的拥护者在各自学科所声称的学术、制度和知识领域里所展开的争论。一旦历史悠久的生物学和自然科学向新兴的社会学科做出丝毫让步，即有关社会和文化的解释最好交由社会学家来完成，那么关于遗传和环境的争论基本上就结束了。许多历史学家并没有意识到，其实这种互动模式仍然是渐进的、线性的，极具决定论的特征。而个人不可能"脱离"其群体——如物种、种族、家庭、氏族等——而存在，这一结论是发展科学所做出的独特贡献，如比较动物学、心理学以及儿童和人类发展研究。

自 20 世纪 50 年代以来，人们重新认识了遗传和环境两大因素。在当代，许多人开始质疑自拉马克时代科学家所惯用的线性、进步主义的进化模式，产生了诸如遗传分类学、间断式进化等挑战进步主义思想的理论观点。总的看来，支持自然的人战胜了支持后天培养的人；个人而非群体或物种是分析研究中的单位。通常来说，基因学或遗传论者的观点会战胜环保主义或非决定论者的观点，例如基因工程中有关种族、阶级、性别的争论；甚至是有关同性恋到底是天生的还是一种"生活方式"选择的争论。

参考文献

[1] Allen, Garland E. *Life Sciences in the Twentieth Century.* New York: Wiley, 1975.

[2] Cravens, Hamilton. *The Triumph of Evolution: The Heredity Environment Controversy 1900–1941.* 1978. Reprint, Baltimore: Johns Hopkins University Press, 1988.

[3] ——. *Before Head Start. The Iowa Station and America's Children.* Chapel Hill: University of North Carolina Press, 1993.

[4] Gerbi, Antonello. *The Dispute of the New World: The History of a Polemic, 1750–1900.* Rev. and enlarged ed. Translated by Jeremy Moyle. Pittsburgh: University of Pittsburgh Press, 1973.

[5] Hunt, J. McVicker. *Intelligence and Experience.* New York: Ronald Press, 1961.

[6] Packard, Alpheus S. *Lamarck: The Founder of Evolution.* New York: Longmans, Green, 1901.

[7] Provine, William B. *Sewall Wright and Evolutionary Biology.* Chicago: University of Chicago Press, 1986.

汉密尔顿·克拉文斯（Hamilton Cravens） 撰，郭晓雯 译

另请参阅：新拉马克主义（Neo-Lamarckism）

演化和达尔文主义
Evolution and Darwinism

查尔斯·达尔文的《物种起源》于 1859 年秋季出版，12 月底就到了美国读者手中。在此之前，美国人一直在争论人类种族是有单一起源（单地起源说）还是各自独立演化（多地起源说）。尽管达尔文在《物种起源》中没有提及人类的进化问

题，但关于单地起源说与多地起源说的争议还是影响了人们对《物种起源》的反应。

波士顿知识界的科学争论最为激烈。哈佛大学植物学家阿萨·格雷（Asa Gray）甚至在《物种起源》出版之前就致力于成为达尔文的支持者。他为达尔文辩护的重点是达尔文主义与宗教信仰的兼容性。1860 年春天，格雷组织出版了《物种起源》的美国版并配以具有历史价值的新序言。

带头反对的是路易·阿加西（Louis Agassiz），他的科学思想早先就被用来支持多地起源说。阿加西对"人类起源于野兽"的观点不屑一顾，还在波士顿博物学会和威廉·巴顿·罗杰斯（William Barton Rogers）就达尔文主义进行辩论。辩论重点是如何解释化石记录；人们普遍认为罗杰斯赢了。但科学界剑拔弩张的气氛很快就消散了；由于内战爆发，关于达尔文主义的争论变得黯然失色。

除了波士顿辩论以外，美国的博物学家起初对达尔文主义漠不关心，但在 19 世纪 60 年代和 70 年代，他们开始逐渐将进化论的观点纳入自己的工作中。著名的达尔文主义者大卫·斯塔尔·乔丹（David Starr Jordan）解释说自己转向进化论不是因为读了达尔文的著作，而是因为他日益认识到支持进化论的证据令人信服。他将这一转变归功于路易·阿加西的影响，尽管阿加西终生反对进化论，但他强调仔细观察，教导学生要独立思考。阿加西的大部分学生都成了进化论的支持者，包括他的儿子亚历山大·阿加西。到 1870 年，达尔文的理论被誉为 19 世纪最伟大的科学发现之一，其影响遍布各个领域。

1873 年阿加西去世后，格雷经过长时间的沉寂，又重新为达尔文主义辩护。此时他关于科学和宗教相兼容的观点并没有引起年轻博物学家的重点关注，后者大多认为将进化论与自己的新教信仰结合起来没什么困难。他们关心的是如何解释达尔文理论的科学含义，并从化石、地理学分布和生态学等研究中收集进一步支持进化论的证据。和阿加西一样，达尔文作为标杆，激励着年轻一代在生物学领域继续耕耘。

这些博物学家通过不同领域的科学研究理解了进化，但他们没有采纳达尔文关于进化机制的确切观点。他们不太赞同自然选择是适应性变化的主要机制，而是提出了其他理论，特别是作为替代机制的新拉马克后天获得性状遗传理论。美国人以达尔文的后期工作特别是变异研究为基础，并对英国和欧洲博物学家的工作颇感兴趣，比如阿尔弗雷德·拉塞尔·华莱士（Alfred Russel Wallace）、恩斯特·海克尔（Ernst Haeckel）和奥古斯特·魏斯曼（August Weismann）。19世纪70年代和80年代，著名的进化论哲学家赫伯特·斯宾塞（Herbert Spencer）也影响了生物学家对自然界的看法。

到了19世纪90年代，美国人对通过进化论实现统一世界观的哲学尝试持谨慎态度，质疑新达尔文主义科学是否更具思辨性。他们更愿意重点关注可通过实验和实地研究解决具体问题，所调查的重点是变异和遗传研究及其与再生和发育研究的联系，而达尔文已经认识到两者间的联系。野外博物学家则集中研究适应性变化的本质、隔离在物种形成中的作用以及化石记录。少数博物学家领会了达尔文的工作对生物学的根本意义，比如威廉·基思·布鲁克斯（William Keith Brooks）就明白达尔文的工作意味着新的物种概念的形成，存在真正物种"类型"或本质的观点不再成立；物种仅仅是以某种方式相互关联的一群个体。但这种新的物种概念没有得到普遍认可。20世纪40年代后期，这个概念被重申，成了达尔文主义的基础。

1900年前后，两类欧洲理论开始怀疑达尔文缓慢、渐进的进化概念。雨果·德弗里斯（Hugo de Vries）的突变理论和格雷戈尔·孟德尔（Gregor Mendel）遗传研究的复兴都让科学家开始关注突然出现的新变异。德弗里斯认为这种变异可以解释一代中新物种的起源。植物学家们对突变理论尤其感兴趣，于是开始深入研究以明确其背后机制。突变理论很有吸引力，因为如果能够发现突变的原因，就有希望通过实验手段干预进化过程。植物学家和动物学家也都接受了孟德尔遗传学，它代表了通过育种实验进行遗传学研究的一大进展。

大学、农业站和各类研究团体开始用实验手段研究进化。最活跃的两个研究团体是位于马萨诸塞州伍兹霍尔的海洋生物学实验室和华盛顿卡内基研究所在纽约冷泉港建立的实验进化所。由于对实验的重视，人们对形态学（即研究形态的学科）的传统关注点发生了转变。此时遗传学和生态学这两门新出现的学科代表了研究进化问题时综合形态学和生理学的不同方法。美国科学家在遗传机制研究方面进展迅速，比如确定了X和Y染色体是性别的决定因素。20世纪10年代中期，哥伦比亚大学托马斯·亨特·摩尔根（Thomas Hunt Morgan）所在的遗传学研究团队综合孟德尔遗传学和细胞学，成功证明了遗传的染色体基础。随着孟德尔主义的传播，一些生物学家开始参与优生学运动，该运动试图将基本的遗传学原理应用于人类，旨在像动物饲主改良牲畜品种那样改良人种。

1930 年，德弗里斯的突变理论已名存实亡，而孟德尔遗传学却揭示出基因组越来越复杂的情况。生物学家们认为，是时候根据实验遗传学和理论群体遗传学等遗传学新研究来重新审视达尔文理论了。20 世纪 30 年代中期至 50 年代中期，大量关于达尔文主义的论文得以出版，这些论文整合了实地和实验研究，将达尔文主义与遗传学联系起来。其中的首篇论文是狄奥多西·杜布赞斯基的《遗传学与物种起源》（1937）。他在俄国接受教育，成为博物学家，1927 年来到美国和托马斯·亨特·摩尔根共事，此后一直定居美国，其研究综合了野外博物学家的传统和实验遗传学。

杜布赞斯基深受休厄尔·赖特的影响。赖特是一名遗传学家，他开创了种群演化的数学分析法。除了在数学方面的贡献，赖特还用"适应性景观"的比喻来解释自然选择是如何使种群更适应环境或走向灭绝的。赖特将进化视为跨越持续变化的适应性景观的动态变化过程，人们很快认可了他的观点，还把他的方法视为分析进化过程的标准方法。

其他在美国出版的达尔文主义的重要论文包括恩斯特·迈尔（Ernst Mayr）的《系统学与物种起源》（1942）、乔治·盖洛德·辛普森（George Gaylord Simpson）的《进化的速度与样式》（1944）和乔治·莱迪亚德·斯特宾斯（George Ledyard Stebbins）的《植物的变异与进化》（1950）。这些成果连同欧洲和英国的研究，为后来被称为进化生物学的"现代综合论"奠定了基础。这个术语代表了遗传学和博物学的综合，是 20 世纪初盛行的更为严谨的达尔文主义的重现。它彻底否定了拉马克式的解释，也否定了一切假设存在某种形式的内在引导力的解释。

现代综合论的提出统一了那些通过遗传学相联系的生物学分支。20 世纪 50 年代，新科学协会的成立和专门研究进化原因的新期刊的创办促使进化生物学家的目标更为统一。这种综合提高了博物学的地位，但博物学家也试图避免自己的领域沦为遗传学的附属品。实验科学和实地科学之间持续的紧张关系也反映在关于战略联盟的讨论中，比如古生物学是否应该被纳入 1946 年新成立的进化研究学会。

科学家们认为现代综合论是重大的概念性突破。恩斯特·迈尔强调了采用物种的"种群"概念而非旧"类型学"观点的重要性，后者将物种视为统一类型，而不是遗传学上由独特个体组成的种群。虽然一些早期的博物学家早就掌握了新的物种概念，但直到现代综合论缔造者表示支持后，这一概念才被普遍认可。迈尔还强调了科学知识不断深入和更明确地定义关键概念（如突变、基因型和表现型）的重要性，因为这有助于科学家们进行跨学科交流。

20 世纪 50 年代末，现代综合论已经扩展到生命科学以外的领域，比如人文科学和涉及生命起源的无机科学。1959 年，在芝加哥大学召开的纪念《物种起源》出版 100 周年研讨会上，来自这三个领域的科学家们汇聚一堂。会议的主要议题之一是生物学和人类学之间日益密切的联系，因为生物学家开始对研究社会行为感兴趣，而人类学家开始对进化感兴趣。

战后几年，数学方法在进化研究中也得到了发展，人口遗传学家嘲笑描述性研究和历史研究都太过时了。同时，分子生物学的出现对达尔文主义科学而言喜忧参半。虽然分子生物学的发展为进化的遗传机制研究带来了重大进展，但它的迅速崛起对美国大学中的博物学学科产生了负面影响。20 世纪 70 年代中期，哈佛大学的进化生物学家爱德华·奥斯本·威尔逊（Edward Osborne Wilson）对此做了回应。他将群体遗传学和群体生态学的数学方法与行为学的田野传统结合起来，创造了一个新的、他称之为"社会生物学"的综合论。威尔逊打算开创一个达尔文主义科学的新时代，它重点研究社会行为的进化并在此过程中挑战社会科学的自主性。因为社会生物学将人类的社会行为纳入其生物学框架，所以一直备受争议。但它推动了人们研究行为的生物学基础，特别是与性、攻击、利他主义和交流有关的行为，还重新激起了人们对性选择的兴趣，这是达尔文观点中被科学家早先拒斥或忽视的部分。

20 世纪 60 年代到 80 年代的一系列争论挑战了现代综合论的一些正统观念。从 20 世纪 60 年代开始，系统论者就一直在争论如何在分类系统中描述变革性关系。一种名为"支序分类学"的新方法试图将分类建立在系统发育的基础上。20 世纪 70 年代，当一些美国科学家认同支序分类学的逻辑性和实用性并开始应用这种新方法时，激烈的争论爆发了。争论的焦点是分类学究竟是一门充满活力的进化科学，还是生物学的落后分支。

　　与支序分类学争议有关的是被称为"断续模式"或间断平衡理论的进化演变新模式所引起的争议。这种模式最先由美国古生物学家尼尔斯·艾崔奇（Niles Eldredge）提出，然后被其他科学家推广和拓展。间断理论认为，物种形成往往不是长时段内缓慢而渐进的变化，而是小种群中的快速活动。尽管断续模式与现代综合论缔造者所表达的观点相一致，但总体而言它依然被认为是对根深蒂固的渐进进化观的挑战。断续模式被应用于人类进化，表明现代人类是突然出现而非渐进式定向变化的，因此它也存争议。总的来说，人类进化领域一直处于争议之中，部分原因在于缺乏化石记录。

　　另一场争论则涉及 20 世纪 80 年代初灾变说的复兴。当时加州物理学家路易斯·阿尔瓦雷茨（Luis Alvarez）和一群科学家提出，生物大规模灭绝特别是恐龙的灭绝，可能是小行星撞击及其影响的结果。阿尔瓦雷茨的理论受到广泛关注，并引发了相关科学论著的出版热潮。

　　随着这些争论的展开，人们对大分子的进化意义了解更加深入，分子生物学家和进化论学者在学科之间架起了沟通的桥梁。此外，短期内进化演变的新例证也逐渐出现，其中许多是使用杀虫剂等人类活动的后果。生态学家开始更关注进化过程，更倾向于将遗传学和分子生物学纳入其研究范围。但他们也认为解决环境危机需要对实地研究提供更多支持，或者创建一门"新博物学"，后者需要详细研究特定地点的生态和进化问题。出于对全球范围内生物多样性减少的担忧，对进化问题的研究变得更加迫切。

　　达尔文主义科学在美国历史悠久，且发展迅猛。大多数历史研究都集中在美国人对《物种起源》的迅速接纳、遗传学和孟德尔主义的发展以及现代综合论的出现上，而较少关注 19 世纪末的新达尔文主义和 20 世纪初的折中主义研究时期，即现代综合论出现前的时期。20 世纪中期，不属于正统现代综合论的个人和研究领域没有得到太多关注。20 世纪 50 年代以来，尽管科学哲学家已经深入分析了现代进化生物学的各个方面，但进化科学的最新发展仍未得到连贯的历史分析。位于费城的美国哲学学会收藏了一批科学家论文集，这对研究遗传学史和分子生物学史很有帮助。

参考文献

[1] Bowler, Peter J. *The Eclipse of Darwinism: Anti-Darwinian Evolution Theories in the Decades around 1900.* Baltimore and London: Johns Hopkins University Press, 1983.

[2] Dobzhansky, Theodosius. *Genetics and the Origin of Species.* New York: Columbia University Press, 1937; reprinted, 1982.

[3] Glen, William, ed. *The Mass-Extinction Debates: How Science Works in a Crisis.* Stanford: Stanford University Press, 1994.

[4] Kitcher, Philip. *Vaulting Ambition: Sociobiology and the Quest for Human Nature.* Cambridge, MA: MIT Press, 1985.

[5] Lewin, Roger. *Bones of Contention: Controversies in the Search for Human Origins.* New York: Simon and Schuster, 1987.

[6] Mayr, Ernst. *Systematics and the Origin of Species.* New York: Columbia University Press, 1942; reprinted, 1982.

[7] Pfeiffer, Edward J. "United States." In *The Comparative Reception of Darwinism*, edited by Thomas F. Glick. Austin and London: University of Texas Press, 1972, pp. 168-206.

[8] Simpson, George Gaylord. *Tempo and Mode in Evolution.* New York: Columbia University Press, 1944; rev. ed., 1984.

[9] Smocovitis, Vassiliki Betty. *Unifying Biology: The Evolutionary Synthesis and Evolutionary Biology.* Princeton: Princeton University Press, 1996.

[10] Somit, Albert, and Steven A. Peterson, eds. *The Dynamics of Evolution: The Punctuated Equilibrium Debate in the Natural and Social Sciences.* Ithaca, NY and London: Cornell University Press, 1989.

[11] Stanton, William. *The Leopard's Spots: Scientific Attitudes toward Race in America, 1815-1859.* Chicago and London: University of Chicago Press, 1960.

[12] Stebbins, George Ledyard. *Variation and Evolution in Plants.* New York: Columbia University Press, 1950.

[13] Tax, Sol, and Charles Callender, eds. *Evolution after Darwin: Issues in Evolution.* 3 vols. Chicago: University of Chicago Press, 1960.

莎伦·金斯兰（Sharon Kingsland） 撰，孙艺洪 译

另请参阅：新拉马克主义（Neo-Lamarckism）；社会达尔文主义（Social Darwinism）

社会达尔文主义
Social Darwinism

社会达尔文主义是一个宽泛的术语，用来定义 19 世纪晚期各种保守的社会学理论，这些理论利用生物演化的科学概念来解释人类个体和群体的发展。这一术语通常含有贬义，起初它主要被这类理论的反对者使用。

19 世纪 50 年代早期，在查尔斯·达尔文自然选择理论发表之前，英国哲学家赫伯特·斯宾塞就明确提出了社会达尔文主义的基本学说。不过，达尔文关于自然界动植物通过生存竞争而演化发展的科学解释的问世与流行，增强了斯宾塞观点的说服力，即人类在社会中通过"适者生存"（survival of the fittest）来进步。"适者生存"这一说法由斯宾塞提出，不过后来被达尔文采用。斯宾塞和其他社会达尔文主义者将此观点扩展到国家的社会政策，提倡一种极端形式的自由放任资本主义——让人们根据自己的才能不受干预地成功发达或者死亡淘汰。他们断言，淘汰不适合生存的人类，社会便能够在这一自然过程中受益，更为重要的是，个人需要通过生存斗争刺激自己自立自强。在美国，这些观点主要受到耶鲁大学社会学家威廉·格雷厄姆·萨姆纳（William Graham Sumner）和实业家安德鲁·卡耐基（Andrew Carnegie）的支持，当作镀金时代残酷商业行为的正当理由。

英国社会达尔文主义者沃尔特·白芝浩（Walter Bagehot）将这些概念应用于外交政策，认为强国理应支配弱国，这是自然而然的事情，并且这一过程可促进文明之进步。奥地利社会学家路德维希·龚普洛维奇（Ludwig Gumplowicz）和德国科学家恩斯特·海克尔（Ernst Haeckel）通过假设种族群体间的争竞，揭示出社会达尔文主义的种族主义蕴意：优等种族自然占据主导地位，在某些情况下甚至能取代劣等种族。从此角度看，社会达尔文主义为 19 世纪末 20 世纪初的帝国主义、殖民主义和种族主义活动提供了借口。

最近，学术界已经开始质疑社会达尔文主义受到过度的关注和支持，甚至资本主义者、帝国主义者和其他社会达尔文主义践行者亦是如此认为。达尔文当然不能接受将其生物学理论简单化套用于社会制度，因为这会产生严重后果。对斯宾塞及

其众多追随者而言，这种严重后果因他们对拉马克版本进化论的信仰而最小化，这
种理论将生存斗争视为一种刺激因素，人们可以通过努力获得优势性状并将其遗传
到下一代，这就避免那些天生具有遗传劣势的人被判处"死刑"。用达尔文主义而非
拉马克主义标识这些理论，突出了其宿命论特点，从而使它们更易遭受攻击。的确，
通过揭露社会达尔文主义不那么令人愉快的哲学基础，以此阐明社会达尔文主义理
论或许并不利于社会达尔文主义的实践，甚至可能适得其反，尤其是在乐观、民主
精神盛行的美国。

　　尽管社会达尔文主义对实践影响不大，但它的发展反映出学者对人类及社会制
度研究的根本变化，这种变化值得进一步的历史研究。社会达尔文主义者把人类在
社会中的发展等同于自然界动物的演化，认为两者都是自然规律的产物，可通过科
学研究充分发挥自然规律之作用。尽管在美国社会科学家与日俱增的批评声中，此
类理论受到的学术支持迅速减弱，但它们运用科学方法预测和控制人类行为的基本
研究方式却在新兴的社会学、心理学和人类学等学科中幸存下来。

参考文献

[1] Bagehot, Walter. *Physics and Politics*. New York: Appleton, 1873.

[2] Bannister, Robert C. *Social Darwinism: Science and Myth in Anglo-American Social Thought*.
Philadelphia: Temple University Press, 1979.

[3] Bowler, Peter J. *Evolution: The History of an Idea*. Berkeley: University of California
Press, 1984.

[4] Cravens, Hamilton. *The Triumph of Evolution: American Scientists and the Heredity-
Environment Controversy, 1900-1941*. Philadelphia: University of Pennsylvania Press,
1978.

[5] Degler, Carl N. *In Search of Human Nature: The Decline and Revival of Darwinism in American
Social Thought*. New York: Oxford University Press, 1991.

[6] Hofsteader, Richard. *Social Darwinism in American Thought*. New York: Braziller, 1959.

[7] Russett, Cynthia Eagle. *Darwin in America: The Intellectual Response, 1865-1912*. San
Francisco: Freeman, 1976.

[8] Spencer, Herbert. *On Social Evolution: Selected Writings*. Edited by J.D.Y. Peel. Chicago:

University of Chicago Press, 1972.

[9] Sumner, William Graham. *Social Darwinism: Selected Essays*. Englewood Cliffs, NJ: Prentice-Hall, 1963.

[10] Wilson, Edward O. *On Human Nature*. Cambridge, MA: Harvard University Press, 1978.

爱德华·J.拉尔森（Edward J. Larson）　撰，彭繁　译

另请参阅：演化和达尔文主义（Evolution and Darwinism）

新拉马克主义
Neo-Lamarckism（or Neolamarckism）

进化论思想和研究的一个分支，遵循法国博物学家让·巴蒂斯特·拉马克（Jean Baptiste Lamarck）的观点，强调环境和行为导致的有机体变异以及这些后天习得性状的遗传，而不是达尔文所强调的自然选择是进化的主要原因。虽然新拉马克思想也出现在像社会学等其他领域，但本文描述的是它在生物学中的作用。

1870—1900 年，新拉马克主义在美国盛行。它的主要代表人物有古脊椎动物学家爱德华·柯普（Edward Cope）、无脊椎古生物学家阿尔菲斯·海特（Alpheus Hyatt）、昆虫学家小阿尔菲斯·帕卡德（Alpheus Packard, Jr.）以及胚胎学家兼鱼类专家约翰·莱德（John Ryder）。帕卡德在 1882 年创造了"新拉马克"一词。

新拉马克主义通常被认为是一种打折扣的遗传理论，即后天习得特征的遗传。之所以如此判定是因为，从 1887—1895 年，遗传成了新拉马克学派和新达尔文学派之间激烈辩论的焦点，这场辩论由德国动物学家奥古斯特·魏斯曼（August Weismann）牵头，他认为后天获得性遗传是错误的。

然而，在这些美国人早期（19 世纪 70 年代）的进化思维中，遗传的作用并不是最重要的。相反，变异的原因是他们关注的焦点，以至于他们用变异取代自然选择，作为进化的真正原因（就像帕卡德有时说的，这是真实原因）。

除了关于变异和自然选择的共识之外，他们在导致变异的原因上存在着分歧。海特认为在化石贝壳中发现的变化是由万有引力引起的。柯普认为，受智力和意志

引导的行为对环境条件做出反应，产生了肌肉和骨骼的运动，这反过来又导致了脊椎动物化石骨骼中的形态变化。起初，莱德同意柯普的观点，但最终得出的结论是，如牙齿、手指和脚趾的运动中发现的机械应力和压力，在没有智力和意志的情况下，也足以解释它们的进化。帕卡德认为，气候、湿度、热量和地质力等环境影响直接作用于石斑蛾和洞穴动物群，导致了它们的进化。

关于遗传，他们和拉马克一样，假设环境和行为的遗传导致了变异。直到 19 世纪 80 年代中期，人们对遗传的细胞基础知之甚少；几乎没有证据反驳这一假设。就连魏斯曼也一直这么认为，直到 1882 年。

在 19 世纪 70 年代的进化论思想中，柯普和赖德提出了关于遗传的动力学理论，而不是微粒理论。柯普采纳了恩斯特·海克尔关于振动运动的观点，即"原生粒的交替发生"。海特表示，遗传显然很重要，但无法解释这一点。帕卡德则简单地说，这是一股随着时间推移而增强的力量。

魏斯曼否认后天性格的遗传，迫使这些人更多地考虑遗传问题。在 19 世纪 90 年代，莱德反驳了他所说的魏斯曼过度决定论遗传，即严格控制着所有胚胎发育。他根据作用力的动力学，如表面张力，作用于发育中的细胞周围和内部，提供了一种表观遗传学的解释。柯普则在他的双生概念中提出了一个折衷方案。

这 4 个人最终都承认，后天获得性状的遗传无法得到证明。但他们坚持认为，新拉马克的变异原因在自然界中显然是起作用的，因此新拉马克的进化理论必然是正确的。

新拉马克主义从美国进化思想中淡出，并不是因为它被实验证明是错误的——甚至不是通过魏斯曼著名的老鼠剪尾实验；而是因为它的主要支持者在 1895—1905 年相继去世，没有了强有力的追随者，因为事实也证明，新拉马克主义在解决问题和开辟新的研究领域方面都乏善可陈。

参考文献

[1] Bocking, Stephen. "Alpheus Spring Packard and Cave Fauna in the Evolution Debate." *Journal of the History of Biology* 21（1988）: 435-456.

[2] Bowler, Peter. *Eclipse of Darwinism: Anti-Darwinian Evolution Theories in the Decades Around 1900.* Baltimore: Johns Hopkins University Press, 1983.

[3] Burkhardt, Richard W., Jr. "Lamarckism in Britain and the United States." In *The Evolutionary Synthesis*, edited by Ernst Mayr and William B. Provine. Cambridge, MA: Harvard University Press, 1980.

[4] Cope, Edward. *Primary Factors of Organic Evolution.* Chicago: Open Court, 1894.

[5] Fothergill, Phillip. *Historical Aspects of Organic Evolution.* London: Hollis and Carter, 1952.

[6] Greenfield, Theodore. "Variation, Heredity, and Scientific Explanation in the Evolutionary Theories of Four American Neo-Lamarckians, 1867–1897." Ph.D. diss., University of Wisconsin, Madison, 1986.

[7] Joravsky, David. "Inheritance of Acquired Characters." *Dictionary of the History of Ideas.* Edited by P. Weiner. New York: Scribner, 1973.

[8] Pfeifer, Edward J. "The Genesis of American Neo-Lamarckism." *Isis* 56（1965）: 156–167.

泰德·格林菲尔德（Ted Greenfield）　撰，康丽婷　译

社会生物学

Sociobiology

社会生物学是将社会行为视为一种生物现象来研究的学科。1859 年出版的《物种起源》一书中，查尔斯·达尔文提出，包括人类在内的所有生物皆是由自然选择机制导致的缓慢演化过程后的最终结果。达尔文强调，理解生命的关键在于它所适应的自然环境。我们必须把所有的特征——眼、鼻、牙、毛皮、叶、壳——都视为帮助其拥有者设法生存和繁衍的东西。此外，达尔文认为这样的解释也适用于行为，且更适用于社会行为。在膜翅目昆虫（蚂蚁、蜜蜂和胡蜂）中发现的复杂社会关系必须被视为由自然选择带来的适应（adaptations）。

达尔文坚信自然选择最终只对个体起作用，但他对膜翅目雌性昆虫常常为群体之福祉奉献一生的现象感到困惑。这对自己的繁殖有何好处呢，这种情况不应该因不育而被禁止吗？问题直到 20 世纪 60 年代才得以解决，这要归功于当时还是研究

生的威廉·汉密尔顿（William Hamilton）的洞察力。他抓住了这样一个事实：膜翅目雌性（由受精卵发育而成）既有母亲又有父亲，而雄性（由未受精的卵细胞发育而成）只有母亲。这意味着雌性与同胞姐妹有比与女儿更近的亲缘关系。因此，事实上，通过帮助喂养自己的同胞姐妹，个体可以服务于自己的繁殖目的（即个体层面的自然选择），即使自己可能永远不去繁殖。

汉密尔顿的解释方法发展为"亲缘选择"理论被广为人知，它掀起社会行为研究的又一波高潮——理论研究上，许多新的模型被建构起来；实证研究上，更多关于自然界中动物社会行为的细致研究涌现出来。其中，重要的进展包括美国生物学家罗伯特·特里弗斯（Robert Trivers）的研究。特里弗斯超越了亲缘选择范畴，认为从明智利己主义或"互惠利他主义"的角度看，即使非亲属之间也会选择有益的合作。英国生物学家约翰·梅纳德·史密斯（John Maynard Smith）的工作同样重要，他将博弈论模型应用于动物行为研究中，提出"进化稳定策略"（evolutionary stable strategy）的概念，在此策略下，生物体感到它们的行为被固化了，难以根据利益做出实质的权变，因为与其他物种已经形成了平衡。这些观点通过理查德·道金斯（Richard Dawkins）的畅销书《自私的基因》（*The Selfish Gene*）被大众了解。

20 世纪 70 年代中期，对如今众所周知的"社会生物学"进行综合研究的时机已经成熟，这一概述工作主要由哈佛大学社会行为研究者爱德华·O. 威尔逊（Edward O. Wilson）执笔。威尔逊从整个动物界收集资料，以他对演化机制的深刻理解为基础写就了社会生物学的经典之作——《社会生物学：新的综合》（*Sociobiology*：*The New Synthesis*）。

然而，尽管最初受到赞誉，但威尔逊与其作品很快就遭到来自社会科学家和现代科学界激进人士的猛烈抨击，其中包括他在哈佛的一些同事，最著名的有遗传学家理查德·列万廷（Richard C. Lewontin）和古生物学家斯蒂芬·杰伊·古尔德（Stephen Jay Gould）。如果威尔逊和他的社会生物学家同事们仅把注意力集中于动物界，那么毫无疑问将广受赞誉。然而，正如达尔文本人在《人类的由来》（*Descent of Man*）中转向人类研究一样，威尔逊则从进化生物学角度考察了智人，从而将

《社会生物学：新的综合》一书的研究内容推向高潮。

因此，无论我们是卡拉哈里的布须曼人（Kalahari bushman）还是纽约企业高管，我们的行为和互动方式都被视为自然选择的结果。合作、攻击性、语言、性都被解释为适应性功能。这激怒了批评者，他们认为威尔逊（和他的社会生物学家同事们）是在用生物学上的粗劣伪装来掩盖他们的个人偏见。在没有确凿证据情况下，社会生物学家们正在杜撰一些"本来如此"的故事，正如鲁迪亚德·吉卜林（Rudyard Kipling）在其童话中所描述的那样，以此证明他们的信念，即人性是不可改变的（是由"基因决定"的），因此，社会改造的任何尝试都注定失败。黑人的不平等境遇、对女性的压迫、传统的家族优势以及同性恋者的弱势地位都能被描绘成"自然的"，因而也无法改变或革新。

不出所料，威尔逊和他的支持者以及热衷于社会生物学（尤其是关注于人类研究）的人士进行了反击，声称他们从未说人类所有行为都被严格决定，而仅仅认为生物学原因是非常重要的因素之一；主要观点所依据的证据也绝非道听途说和一厢情愿的想法，把这一研究等同于吉卜林的想象是完全错误的；并且退一步讲，如果意识形态真的被作为所谓科学主张的基础，那人们最好留心下批评者的动机。例如，众所周知，列万廷是马克思主义的迷恋者。

科学争论很少以一方决定性的胜利或失败告终，这种情况在社会生物学领域尤其如此。如今，社会生物学蓬勃发展，尤其在人类多样性领域［由于上述一些情况，许多人喜欢用一个无冒犯之意的名字，如"人类行为生态学"（human behavioral ecology）］。许多令人兴奋的工作正在进行，以将人类活动与他们的生物特性联系起来。两位心理学家的工作十分有代表性，他们通过关注再婚家庭中继父母与继子女的关系，已经了解到家庭暴力中那些显著、普遍、稳定的模式。与此同时，许多会激怒批评者的不切实际而又麻木不仁的言论有些已被搁置，有些被悄悄放弃或修改。事实上，在某些领域，例如男女差异问题上，人们几乎可以说社会生物学家已经接受了批评者的观念。平心而论，我们应该注意到，从阿尔弗雷德·拉塞尔·华莱士和查尔斯·达尔文共同发现自然选择开始，女权主义者对进化生物学的解释已经有相当长的历史了。

总之，值得强调的是，上述讨论呈现出的基本事实是，社会生物学（包括它对人类研究的扩展）并非是全新的理论或者"范式"或诸如此类的任何东西，而是对传统达尔文进化生物学所创立的总体世界图景的一个重要发展。我们必须认识到，对科学家以及对认为人类是这个世界密不可分之一的人而言，这种生物学已经显示出它是可用的强大工具之一。

参考文献

[1] Darwin, Charles. *On the Origin of Species*. London: John Murray, 1859.

[2] ——. *The Descent of Man*. London: John Murray, 1871.

[3] Dawkins, R. *The Selfish Gene*. Oxford: Oxford University Press, 1976.

[4] Kitcher, P. *Vaulting Ambition*. Cambridge, MA: MIT Press, 1985.

[5] Lewontin, R.C., S. Rose, and L.J. Kamin. *Not in Our Genes*. New York: Pantheon, 1984.

[6] Maynard Smith, J. "Game Theory and the Evolution of Behaviour." *Proceedings of the Royal Society*, B: *Biological Sciences* 205 (1979): 41-54.

[7] Ruse, M. *Sociobiology: Sense or Nonsense?* Dordrecht, Holland: Reidel, 1979.

[8] Trivers, R. "The Evolution of Reciprocal Altruism." *Quarterly Review of Biology* 46 (1971): 35-57.

[9] Wilson, Edward O. *Sociobiology: The New Synthesis*. Cambridge, MA: Harvard University Press, 1975.

[10] ——. *On Human Nature*. Cambridge, MA: Harvard University Press, 1978.

迈克尔·鲁斯（Michael Ruse） 撰，彭繁 译

动物园和水族馆

Zoological Parks and Aquariums

新世界最早的野生动物收藏品是阿兹特克人和印加人保有的。在后来的美国，并不存在殖民前的收藏，甚至这种野生动物收藏在殖民时期也没有开始。殖民者没有时间而且也觉得不需要对野生动物进行收藏。不过人们对新大陆的野生动物其实充满了好奇心。

从某个时候起，殖民者的娱乐中开始流行以个别本地动物为主角的巡回动物表

演。间或有人会在当地酒馆或村里的公共场所展示一只熊或其他动物。到了 1716 年，这些表演开始展览个别外来物种，狮子成为第一个被展出的外来动物。随后是骆驼（1721）、北极熊（1733）和豹子（1768）。

美国独立后，新共和国开始出现越来越多的小动物园（即多个物种展览）。在整个 17 世纪后期，这些动物园存在于各大城市，首次展出了猩猩（1789）、老虎（1789）、水牛（1789）、鸵鸟（1794）、大象（1796）、猴子、其他哺乳动物、鸟类和爬行动物。到 1813 年，这些小动物园开始迁移，去往各大城市，并在沿途的许多小城镇停留。

19 世纪初，这种巡回动物园和马戏团动物园占据了主导地位。新物种包括斑马（1805）、犀牛（1826）、长颈鹿（1837）和河马（1850）等，都在展览中被展出。这些种类繁多的小动物园一直存续到 1835 年。当时的动物学研究所，一个动物园所有者的联合体，将这些小动物园集中起来。没过多久，到 1837 年，这种集中控制就结束了。从那时起一直到南北战争时期，只剩下两个主要的巡回动物园。而马戏团动物园和那些训练有素的动物则一直很受人们欢迎。

内战后的 19 世纪提供了这样的一个文化环境，在这个环境中，小动物园被改造成了动物公园：平民领导人越来越了解欧洲的动物收藏，并希望在他们的城市建立类似的机构；公园和户外娱乐活动在大型城市街区越来越受欢迎；对荒野的探索为公众引荐了新的物种；政府最终被认为应该出资兴建文化设施；自然科学（以及自然历史收藏）正在变得专业化。

1859 年，费城动物学会被特许成立，但内战和国家的经济状况使该学会无法发展其关于动物园的想法。经过再次努力，费城动物园最终于 1874 年开园，其动物种类明显比当时的任何动物园都要多，而且种类繁多。动物园中有动物的固定居所，有专业的工作人员来照顾动物，还有一个以社区为基础的协会提供支持。

其他小动物园也继续存在，其中一些也转变成为动物公园。在 1900 年之前，大约有 29 家动物园存在：费城动物园（1859/1874）、中央公园动物园（纽约，1861）、林肯公园动物园（芝加哥，1868）、罗杰·威廉斯公园动物园（罗得岛的普罗维登斯，1872）、辛辛那提动物园（1873）、水牛城动物园（1875），罗斯公园动物园（纽约州宾汉姆顿，1875）、巴尔的摩动物园（1876）、克利夫兰大都会动物园（1882）、大都市华盛顿公园动物园（俄勒冈州波特兰，1887）、达拉斯动物园（1888）、国家动物公园（华盛顿特区，1889）、亚特兰大动物园（1889）、旧金山动物园（1889）、迪克森公园动物园（密苏里州斯普林菲尔德，1890）、圣路易斯动物公园（1890）、米勒公园动物园（伊利诺伊州布鲁明顿，1891）、约翰·鲍尔动物园（密歇根州大急流城，1891）、密尔沃基县动物园（1892）、前景公园动物园（纽约布鲁克林，1893）、圣奥古斯丁鳄鱼农场（佛罗里达州圣奥古斯丁，1893）、新贝德福德动物园（马萨诸塞州新贝德福德，1894）、塞内卡公园动物园（纽约州罗切斯特，1894）、丹佛动物园（1896）、圣保罗科莫动物园（明尼苏达州圣保罗，1897）、阿拉米达公园动物园（新墨西哥州阿拉莫戈多，1898 年），奥马哈的亨利·杜利动物园（1898）、匹兹堡动物园（1898），以及纽约动物公园（1899）。然而，在 20 世纪初之前，只有费城、辛辛那提、华盛顿特区和纽约等地有主要的动物园。

最早的公共或商业水族馆有波士顿的水族园（19 世纪 50 年代）、纽约的 P. T. 巴纳姆水族馆（1861）、国家水族馆（华盛顿特区，1873）和纽约水族馆（1896）。第一个海洋水族馆是位于圣奥古斯丁的佛罗里达州海洋公园（1938）。第一个动物研究中心是彭罗斯研究实验室，于 1901 年在费城动物园成立。

到了 19 世纪和 20 世纪之交，现代动物公园的概念已经确立，其项目致力于教育、科学研究和保护。1900 年后，这些项目与整个社会的同类项目一样，都在不断地完善，动物园的数量也大大增加（直到现在美国有大约 250 个主要的收藏点）。

美国动物园和水族馆协会成立于 1924 年，旨在促进动物园和水族馆管理、圈养野生动物管理和野生动物保护项目的专业化。

尽管一些动物园在 20 世纪 30 年代得到了公共事业振兴署（WPA）的整修，但在大萧条和第二次世界大战期间，大多数动物园在财政上受到影响。自 20 世纪 50 年代开始，动物园因现代化的展览迅速恢复活力，在 20 世纪 60 年代和 70 年代，大大增加了他们的动物保护工作，并在 80 年代开发了更多的自然栖息地展览。20 世纪 90 年代，为了更有效地教育公众和保护濒危物种，动物园以生态系统展览为主，进行异地保护和原地保护工作。

参考文献

[1] Croke, Vicki. *The Modern Ark: The Story of Zoos Past, Present and Future*. New York: Scribner, 1997.

[2] Fisher, James. *Zoos of the World: The Story of Animals in Captivity*. Garden City, NY: Natural History Press, 1967.

[3] Kisling, Vernon N., Jr. "The Origin and Development of American Zoological Parks to 1899." In *New Worlds, New Animals: From Menagerie to Zoological Park in the Nineteenth Century*, edited by R.J. Hoage and William A. Deiss. Baltimore: Johns Hopkins University Press, 1996, pp. 109–125.

[4] Loisel, Gustave. *Histoire des Menageries de l'Antiquite a nos jours*. Paris: Octave Doin et fils and Henri Laurens, 1912.

[5] Norton, Bryan G., Michael Hutchins, Elizabeth F. Stevens, and Terry L. Maple, eds. *Ethics on the Ark: Zoos, Animal Welfare, and Wildlife Conservation*. Washington, DC: Smithsonian Institution Press, 1995.

[6] Stott, R. Jeffrey. "The American Idea of a Zoological Park: An Intellectual History." Ph.D. diss., University of California, Santa Barbara, 1981.

[7] Thayer, Stuart. *The Travelling Menagerie in America*. Seattle, WA: Stuart Thayer, 1989.

[8] Vail, R.W.G. *Random Notes on the History of the Early American Circus*. Barre, MA: Barre Gazette, 1956.

[9] Weemer, Christen M., ed. *The Ark Evolving: Zoos and Aquariums in Transition*. Front Royal, VA: National Zoological Park, 1995.

小弗农·N. 基斯林（Vernon N. Kisling, Jr.） 撰，孙小涪　译

植物园

Botanical Gardens

　　为种植和有效展示不同种类有价值的观赏树木、灌木、藤蔓和其他可以在特定区域内生长的植物而预留的充足区域；负责这些植物的维护、适当标记及研究。美国现代植物园的历史表明，从殖民地时期到现在或多或少存在着 4 个主要因素：实用的或经济的、审美的、科学的和慈善的。

从最早的殖民地时期开始，在各欧洲国家宫廷和对寻找、培育用于饮食、医疗和工业的新植物感兴趣的收藏家的赞助下，美国建立了植物园。通常认为美洲第一个植物园由约翰·巴特拉姆（John Bartram）于 1728 年在费城创立；之所以这么说，是因为巴特拉姆除了收集和繁育，还通过异花授粉进行了早期的植物育种实验。巴特拉姆收集了大量的本土和进口植物，并与国外的植物学家和收藏家有着广泛的通信。1765 年，他被任命为国王的植物学家。在他的努力下，大约有 200 个新品种从美洲内外引进栽培。巴特拉姆在英国的代理人是彼得·柯林森（Peter Collinson），他为杰出的植物收藏家们提供来自美洲的植物。巴特拉姆植物园的名声越来越大，它成了殖民地时期一个热门参观地。

甚至在美国独立战争之后，外国植物学家继续来到这个年轻的共和国寻找植物。例如，安德烈·米肖（André Michaux）代表法国国王在南卡罗来纳州的查尔斯顿和新泽西州的霍博肯建立了植物园，并从那儿把种子和植物送回欧洲。

如费城的伍德兰（The Woodlands）和柠檬山（Lemon Hill）或是马萨诸塞州的戈尔场（Gore Place）这样的私人植物园，属于拥有巨额财富的主人，他们建立了一些早期的大型植物收藏，通常与博物馆或博物学物品收藏结合在一起。托马斯·杰斐逊将刘易斯和克拉克探险队在 1804—1806 年收集到的大部分植物材料寄给了威廉·汉密尔顿（William Hamilton）的伍德兰。乔治·华盛顿把他在弗农山庄的花园里试验新植物的一部分称为他的植物园。

托马斯·杰斐逊、乔治·华盛顿和约翰·昆西·亚当斯在新共和国成立时提出，公共植物园是一项重要的政府事业，是这个建基于农业理想的新独立国家的必要条件。从建国初期开始就在华盛顿特区国会山脚下的国家广场建立了一大批植物园，那里收集了来自联邦各地的植物。人们认识到，这些植物园除了教育功能之外，移植和栽培有用的植物对国民经济的福祉也至关重要。

植物园在医学中一直发挥着重要作用。医学疗法在整个 18 世纪和 19 世纪初起源于植物，植物园在这一时期是和医疗机构或大学相联系的，如戴维·霍萨克（David Hosack）于 1801 年创建的附属于哥伦比亚学院的纽约埃尔金花园（Elgin gardens）。1805 年，哈佛大学在剑桥建立了一个植物园。也是在那一年，南卡罗来纳医学协会公布了他们位于查尔斯顿的新植物园。在出版了美国第一本植物学教科书《植物学基础》(*Elements of Botany*，1803）的本杰明·史密斯·巴顿（Benjamin Smith Barton）的指导下，宾夕法尼亚医院也有了自己的植物园。

到 19 世纪晚期，植物园开始被看作是改善市民生活的工具，是城市不可或缺的装饰物，也是风靡全国的公共公园运动的组成部分。它在美化了城市的同时，也为公众提供了有序的娱乐和指导。截至 19 世纪末，美国大约有 10 个具有国际声誉的大型公共植物园：哈佛大学植物园、阿诺德植物园（也属于哈佛）、美国农业部植物园、密苏里植物园、密歇根农学院植物园、加州大学伯克利分校植物园、宾夕法尼亚大学植物园和史密斯学院植物园、布法罗植物园以及纽约植物园。

在 20 世纪，越来越多代表着不同气候条件的植物园在美国不同地区建立起来，在其中任何地区可能都种植了耐寒植物。例如，位于佛罗里达州椰林的仙童热带花园（1939）是世界上最大的棕榈和苏铁收藏地之一。加利福尼亚州圣马力诺的亨廷顿植物园（1905）特别注重驯化来自干旱和半干旱国家的植物。环保意识和生态紧迫性对 20 世纪后期的植物园提出了挑战，要求它们在确定研究方向和教育课程时关注生态系统研究、资源节约和可持续经济等问题。

在美国，与植物园的作用密切相关的两个科学活动领域是植物探索和借助出版物传播信息。大部分植物园资助训练有素的植物学家到世界各地寻找新植物的探险。描述和分类新植物的任务有赖于活体藏品和植物标本的获得，以及与世界范围内植物学家网络的交流。

存在着大量关于美国植物园历史的一手和二手文献，尽管在许多情况下，它们出现在通信、日记、小册子和期刊中。最近，关于重要植物园，如阿诺德植物园、亨廷顿、纽约、密苏里植物园等专著的出版为这一主题提供了常规文献。由于植物园具有跨学科性，科学、美学、教育都囊括在其任务中，因而学术研究分散在诸多领域的文献中，而且其中大部分是非植物学的。个别有建筑意义的私人植物园，如位于圣路易斯或伍德兰的肖尔植物园已经受到了艺术史学家的关注。与重要历史人物有关的植物园也被研究过了，比如大卫·霍萨克的埃尔金植物园，或者约翰·昆西·亚当斯在白宫的植物园。关于美国植物园历史的重要信息资源是 19 世纪创刊的众多国内外系列出版物。植物学、园艺和普通科学期刊，如西利曼的《美国科学与艺术杂志》（*The American Journal of Science and Arts*）、唐宁的《园艺学家》（*The Horticulturalist*）或查尔斯·斯普拉格·萨金特（Charles Sprague Sargent）的《植物园与森林》（*Garden and Forest*），通常都含有关于植物园及其活动的宝贵资料。

参考文献

[1] Britton, N.L. "Address on Botanical Gardens." *Bulletin of the New York Botanical Garden* 1 （1886–1900）: 62–77.

[2] Darlington, William. *Memorials of John Bartram and Humphrey Marshall. With Notices of their Botanical Contemporaries*. Philadelphia, 1849.

[3] Hill, A.W. "The History and Functions of Botanic Gardens." *Annals of the Missouri Botanical Garden* 11 （1915）: 185–240.

[4] O'Malley, Therese. "'Your Garden Must be a museum to you': Early American Botanical Gardens." In *Art and Science in America: Issues of Representation*, edited by Amy R.W. Meyers. San Marino, CA: Huntington Library, 1998, pp. 35–59.

[5] Punch, Walter, ed. *Keeping Eden: A History of Gardening in America*. Boston: Bulfinch Press, 1992.

[6] Rafinesque, Constantine. "Notes on the Lecture on the Botanical Garden of Lexington Kentucky, Delivered on February, 1824." Manuscript in the American Philosophical Society, Philadelphia.

[7] Reveal, James L. *Gently Conquest*. Washington, DC: Starwood Publishing, 1992.

[8] Spongberg, Stephen A. *A Reunion of Trees*. Cambridge, MA: Harvard University Press, 1990.

[9] Stannard, Jerry. "Early American Botany and Its Sources." In *Bibliography and Natural History: Essays Presented at a Conference Convened in June 1964*, edited by Thomas R. Buckman. Lawrence: University of Kansas Libraries, 1966, pp. 74–102.

[10] Tanner, Ogden, and Adele Auchincloss. *The New York Botanical Garden*. New York: Walker and Company, 1991.

[11] Waterhouse, Benjamin. *The Botanist*. Boston: Joseph T. Buckingham, 1811.

[12] Wilbert, M.I. "Some Early Botanical and Herb Gardens." *American Journal of Pharmacy*,

（September 1908）：412-427.

[13] Wyman, Donald. "The Arboretums and Botanical Gardens of North America." *Chronica Botanica* 10（1947）：395-482.

特蕾泽 · 奥马利（Therese O'Malley）　撰，吴紫露　译

另请参阅：密苏里植物园（Missouri Botanical Garden）；纽约植物园（The New York Botanical Garden）

动物实验

Animal Experimentation

自 19 世纪晚期以来，在生物医学研究、教育和制品测试中使用动物一直存有争议。尽管反对动物实验的程度在 20 世纪有所波动，动物实验的批评者，即所谓反活体解剖人士，即使是在其运动较为衰落的 20 世纪头 40 年，也对生物医学研究界造成了影响。尽管该争论尚悬而未决，一度遮掩了动物实验和动物保护的明确历史，但 20 世纪 70 年代和 80 年代反对动物实验则愈演愈烈，重新燃起了人们对动物保护和反活体解剖如何起源的兴趣。

美国最早的一些活体动物实验是在 18 世纪末和 19 世纪初由医科学生实施的。19 世纪 40 年代，麻醉的引入以及法国生理学家弗朗索瓦 · 马根迪（François Magendie）和克劳德 · 伯纳德（Claude Bernard）的影响，鼓励了活体解剖研究和在医学教学中使用活体动物。1854 年，生理学家约翰 · 考尔 · 道尔顿（John Call Dalton）从法国回来，他显然是第一个在其医学讲座中引入了活体解剖演示。在 19 世纪 80 年代之前，大多数学生没有见过这样的演示，而且在研究中使用动物仍然很罕见。

动物实验虽不多见，但并没有阻止人们呼吁保护实验动物。1866 年，慈善家亨利 · 伯格（Henry Bergh）创建了美国防止虐待动物学会（American Society for the Prevention of Cruelty to Animals, ASPCA），并在 19 世纪 60 年代和 70 年代力促通过法律废除涉及动物的实验，但未获成功。1883 年，卡罗琳 · 厄尔 · 怀特（Caroline Earle White）创立了第一个废除活体解剖的学会——美国反活体解剖学会（American Anti-Vivisection society），该学会仍在反对实验室使用动物。

第二次世界大战之前，科学和机构的发展扩大了动物在研究中的使用。包括 20 世纪 40 年代胰岛素的发现和抗生素的发展在内，重大的临床进展都源于动物研究。战争相关研究的资金和战后国立卫生研究院不断增加的预算，极大地增加了对实验动物的需求。据报道，在 1959 年到 1965 年间，实验室使用的大鼠、老鼠和兔子的数量从每年 1700 万只增加到 6000 万只。

战后，人们又重新开始反对动物实验。在 20 世纪 40 年代和 50 年代，美国研究界和动物保护主义者为争夺待领养动物的控制权进行了一系列激烈的斗争。尽管研究界继续坚持自我管控涉及动物的研究，但要求政府监督的呼声越来越大，导致国会于 1966 年通过了《实验室动物福利法》（*Laboratory Animal Welfare Act*）。该法案及其修正案现在监管着实验动物的获得、照看和使用等各个方面。这些监管以及投资动物研究的替代品，并没有减少对动物实验的反对。动物权利运动在 20 世纪 70 年代和 80 年代蓬勃发展，该运动大行其道，加之包括破坏实验室在内的非法活动增多，也让生物医学研究界严阵以待。在研究和教学中使用动物仍然是一个高度敏感的问题。

参考文献

[1] Atwater, Edward C. "'Squeezing Mother Nature': Experimental in the United States Before 1870." Physiology *Bulletin of the History of Medicine* 52（1978）: 313–335.

[2] Benison, Saul, A. Clifford Barger, and Elin L. Wolfe. *Walter B. Cannon*. Cambridge, MA: Harvard University Press, 1987.

[3] Blum, Deborah. *The Monkey Wars*. New York: Oxford University Press, 1994.

[4] Garner, Robert. *Political Animals: Animal Protection Policies in Britain and the United States*. New York: St. Martin's Press, 1998.

[5] Jasper, James M., and Dorothy Nelkin. *The Animal Rights Crusade*. New York: Free Press, 1992.

[6] Lederer, Susan E. "The Controversy over Animal Experimentation in America, 1880–1914." In *Vivisection in Historical Perspective*, edited by Nicolaas A. Rupke. London: Croom Helm, 1987, pp. 236–258.

[7] ——. "Political Animals: The Shaping of Biomedical Research Literature in Twentieth-

Century America." *Isis* 83（1992）: 61-79.

[8]———. *Subjected to Science: Human Experimentation in America Before the Second World War.* Baltimore: Johns Hopkins University Press, 1995.

[9] Orlans, F. Barbara. *In the Name of Science: Issues in Responsible Animal Experimentation.* New York: Oxford University Press, 1993.

[10] Rowan, Andrew N. *Of Mice, Models, and Men.* Albany: State University of New York Press, 1984.

[11] Sperling, Susan. *Animal Liberators.* Berkeley: University of California Press, 1988.

[12] Turner, James. *Reckoning with the Beast.* Baltimore: Johns Hopkins University Press, 1980.

苏珊·E. 莱德尔（Susan E. Lederer） 撰，陈明坦　译

5.2　组织与机构

密苏里植物园

Missouri Botanical Garden

　　密苏里州圣路易斯的密苏里植物园（也被称为肖氏植物园），由亨利·肖（Henry Shaw，1800—1889）于 19 世纪 50 年代中期在其乡村庄园托勒格罗夫创建，乔治·恩格曼（George Englemann）是首席园艺师。1859 年，肖氏植物园向公众开放，其博物馆大楼设有图书馆，馆藏包括博物学收藏品和植物标本，可供研究人员使用。在英国皇家植物园主任威廉·杰克逊·胡克（William Jackson Hooker）爵士和哈佛大学的阿萨·格雷的建议下，肖开始收集活体标本、干标本、书籍和其他科学材料，意义重大。他一直担任密苏里植物园的园长，直到去世。

　　1889 年，亨利·肖在他最后的遗嘱中，将植物园作为一个慈善信托机构，交由一个永久受托理事会管理。密苏里植物园将是"便利的，应该永远保持和维护植物、花卉、水果和森林树木的培育和繁殖，以及植物界的其他生物；还有与之相关的博

物馆和图书馆，致力于植物学、园艺学和相关学科的科学研究"。

该园于 1890 年开始参与采集探险活动。与此同时，它的标本馆和图书馆的藏品得到了扩充，并迅速成为植物学研究的国际领先者。密苏里植物园的主要科学活动包括分类学、系统学和实验植物学，以采集特殊的睡莲和兰花而闻名。在圣路易斯郊区，密苏里植物园建有一个日式花园、一个英国林地玫瑰园和几个温室，占地 75 英亩。虽然热带植物是其发展的重点，但它并不局限于任何地理区域的植物。举例来说，《北美植物志》（*Flora of North America*）由多家机构致力出版，而密苏里植物园是组织中心。

由于肖一直把教育公众放在首位，因此庭院和建筑的设计都非常谨慎，耗资巨大。建筑学上广受好评的气候控制室建于 1960 年，是一个网格球顶建筑，最初由有机玻璃和铝框架制成，能够提供几种不同的气候条件。为了节约太阳能，有机玻璃已经被"低辐射玻璃"取代。1971 年，密苏里植物园被指定为国家历史地标。

密苏里植物园与华盛顿大学亨利·肖植物学院、圣路易斯大学、南伊利诺伊大学和密苏里大学有着密切的联系，它还管理着肖氏 / 格雷萨米植物园，在圣路易斯城外 35 英里处拥有占地 2400 英亩的树林和大草原。

参考文献

[1] Britton, N.L. "Address on Botanical Gardens." *Bulletin of The New York Botanical Garden* 1 （1896–1900）: 75–76.

[2] Bry, Charlene. *A World of Plants: The Missouri Botanical Garden*. New York: Abrams, 1989.

[3] Faherty, William Barnaby. *Henry Shaw: His Life and Legacies*. Columbia: University of Missouri Press, 1987.

[4] "Henry Shaw's Will Establishing the Missouri Botanical Garden." St. Louis, 1889.

[5] Hyams, Edward, and William MacQuinty. *Great Botanical Gardens of the World*. London: Nelson, 1969.

[6] Wyman, Donald. "The Arboretums and Botanical Gardens of North America." *Chronica Botanica* 10（1947）: 437–439.

特蕾泽·奥马利（Therese O'Malley） 撰，康丽婷 译

国家奥杜邦学会

National Audubon Society

　　美国历史最悠久、规模最大、最具影响力的环保组织之一。直到最近，国家奥杜邦学会仍主要关注鸟类保护。

　　19 世纪末，工业化和经济增长对美国野生动物构成了日益增长的威胁，科学家和运动员一起率先提醒人们注意这一问题。1884 年，新成立的美国鸟类学家联盟（American Ornithologists' Union，AOU）投票决定成立了鸟类保护委员会。两年后，乔治·伯德·格林内尔（George Bird Grinnell），一位耶鲁大学毕业的古生物学家、贵族运动员兼鸟类保护委员会成员，通过其广受欢迎的体育期刊《森林与溪流》（*Forest And Stream*）创办了第一个奥杜邦学会（Audubon Society）。这个新学会以美国著名博物学家兼鸟类艺术家约翰·詹姆斯·奥杜邦（John James Audubon）的名字命名，1888 年，在格林内尔放弃这一项目之前，该学会成员已迅速发展到近 5 万名。1896 年，这个想法再次出现，一群富有的新英格兰人成立了马萨诸塞州奥杜邦学会（Massachusetts Audubon Society），以此为首在接下来的 15 年里共成立了 36 个州奥杜邦学会。在鸟类学家联盟的鸟类保护委员会主席威廉·达奇尔（William Dutcher）的敦促下，大多数州立学会在 1901 年组成了一个松散联盟，4 年后成立了一个更紧密的组织——奥杜邦学会全国联合会（National Association Of Audubon Society）。1940 年，该组织更名为国家奥杜邦学会（NAS）。

　　像它的前身一样，国家奥杜邦学会在许多方面都很活跃：提高公众对美国鸟类困境的认识，推动州和联邦立法保护野生动物，聘请看守人巡逻重要的野禽筑巢地，以及建立一个广泛的私人保护区系统。为促进科研工作，学会还赞助了有关濒危鸟类的研究和每年一度的圣诞鸟类统计（始于 1901 年），该项统计为鸟类长期数量趋势提供了重要数据。

　　20 世纪六七十年代，国家奥杜邦学会经历了成员人数的急剧增长，并开始扩大其议程，将更广泛的野生动物和环境问题纳入其中。到 1990 年，它号称拥有近 60

万会员。关于国家奥杜邦学会的讨论出现在大多数美国保护运动的标准历史中，但唯一全面的研究是由长期隶属于该组织的 F. 格雷厄姆（F. Graham）进行的。鸟类学家作为奥杜邦运动的核心参与者，挑战了这样一个普遍观念，即原子弹问世后科学家才开始在政治上变得活跃。

参考文献

[1] Barrow, Mark V., Jr. *A Passion for Birds: American Ornithology after Audubon.* Princeton: Princeton University Press, 1998.

[2] Doughty, Robin W. *Feather Fashions and Bird Preservation: A Study in Nature Protection.* Berkeley and Los Angeles: University of California Press, 1975.

[3] Fox, Stephen. *John Muir and His Legacy: The American Conservation Movement.* Boston: Little, Brown and Co., 1981.

[4] Graham, Frank, Jr. *The Audubon Ark: A History of the National Audubon Society.* New York: Alfred A. Knopf, 1990.

[5] Orr, Oliver H., Jr. *Saving American Birds: T. Gilbert Pearson and the Founding of the Audubon Movement.* Gainesville: University Press of Florida, 1992.

[6] Pearson, T. Gilbert. *Adventures in Bird Protection: An Autobiography.* New York: D. Appleton-Century, 1937.

小马克·V. 巴罗（Mark V. Barrow, Jr.） 撰，刘晓 译

另请参阅：鸟类学（Ornithology）

海洋生物实验室
Marine Biological Laboratory（MBL）

根据海洋生物实验室的章程，该实验室成立于 1888 年，"目的是建立并维系一个服务于科学研究和科学调查的实验室 / 研究站，以及一所教授生物学和博物学的学校"（MBL Annual Report, 1888, p. 38）。研究实验室和博物学学校的结合是一种新举措，理事会在设定这一双重目标时决心开启一场试验。有时这两者之间的平衡难以实现，理事会的决心可能会动摇，会偏离既定目标，转向侧重于两者中的某一方。不过他们在第一年就决定任命查尔斯·奥蒂斯·惠特曼（Charles Otis

Whitman）担任新实验室的主任。惠特曼致力于实现双重目标，并且他对于自己心目中最好的事情往往非常专注甚至可以说是相当顽固。惠特曼向众人保证海洋生物实验室将是崭新的、与众不同的科研单位。从一开始，实验室就被三个强有力的主题而定义：创新、独立以及教学和研究相结合。

创新，既是成立之初的宗旨之一，也自然体现在其他活动中。惠特曼尝试引入新的课程和研究领域，包括普通生理学——这在美国是一个新领域。他热情地邀请雅克·洛布（Jacques Loeb）来指导他的工作，因为他觉得洛布最为出色——尽管洛布是德国人、犹太人，而当时这两重身份都不太受欢迎。从 1896 年开始，惠特曼引入了神经生物学课程，而这一领域在当时通常被认为是属于心理学或医学的兴趣范畴。实验室的第二任主管是惠特曼的门徒弗兰克·拉特雷·利利（Frank Rattray Lillie），他继承了惠特曼的传统，通过伍兹霍尔海洋研究所将海洋学带到了该实验室。其他例子比比皆是，但总体主题是明确的——创新一直是该实验室的核心。

创新相对来说可能是件容易的事，因为这里的行政机构规模一直很小，和大学以及更"常规"的全年制实验室比起来这里受到的约束更少。直到近期，海洋生物实验室还仍然只是一个夏季实验室，人们来到这里，尝试新事物，如果创新无果，他们就返回熟悉的故土。年轻的研究人员和学生可以在没有系主任或资深工作人员的监督下尝试新事物。当人们有了好想法但超出可用预算时，惠特曼、利利以及后来的管理者去努力吸引资金以帮助他们推进工作。尽管有时要面临风险，有时会遭遇失败，但这种创新精神给实验室带来了持续的激情与活力。

独立性是创新得以奏效的保证，因为没有其他机构（大学、政府机构或私人基金会）监督该实验室，而是由科学家们自己管理。自 1897 年以来，在实验室工作的科学家有资格成为组织成员，监督总体决策的制定，再由理事会和行政部门来执行这些政策。

与其他所有机构一样，财政压力有时会让实验室的独立性岌岌可危。19 世纪 90 年代，与芝加哥大学相关的人士提出以资助来换取对海洋生物实验室一定程度的监管。理事会对此表示反对，规避了这些在他们看来有损于独立性的威胁。1902 年，形势变得更加严峻，新近成立的卡内基研究所（Carnegie Institution）作为规模更大的机构，几乎接管了海洋生物实验室成为其下设部门。然而幸运的是，考虑到该实验室的独立事业，卡内基研究所并不准备全权接手，并同意只是为其提供临时的财政支持，而不是谋求永久控制。卡内基研究所、卡内基基金会、洛克菲勒基金会、普通教育委员会、利利的妹夫查尔斯·克兰（Charles Crane），还有许多其他捐助者慷慨解囊，再加上政府最终以国家卫生研究院和国家科学基金会的形式提供了赞助，使海洋生物实验室多年来得以保持独立性。但这样的代价是它得到的资金非常有限，那些需要更多捐赠或更多经费预算的事情都难以实现，但在海洋生物实验室的科学家看来，通过这些代价换取的独立性优势是值得的。

惠特曼从一开始就坚持研究与教学的互补结合，他说："对于组织一个极度高效的教学部门，研究部门应该为其提供所需的要素。在其他条件相同的情况下，研究人员永远是最好的教师。任何一门科学最高水平的教学，都必须由那些具有十足的科学精神，而且是真正从事原创工作的人来完成。因此，将教学职能与研究职能联系起来是非常合适的——也可以说是很有必要的。"（Whitman, Director's Report, 1888, p. 16）

海洋生物实验室一直以提供补充性课程为目的，不去重复别人开设过的课程，并且充分利用了现有材料和海洋生物引出的问题。课程负责人的任期是有限的，实验室会为他们提供资源，招募其他教师组成一个多样化的团队，这样就可以保持课程的独创性，以此回应科学创新理念。

海洋生物实验室面临着许多挑战。随着经费开销的上升，它碰到资金不足的问题，无法充分保障图书馆和所有活动的正常开展。实验室和伍兹霍尔都太小，无法像一些人所提倡的那样进行扩张。同时它也无法充分探索生物学研究和教学的所有领域，随着更多选择的出现，取舍变得愈发困难。指导实验室的创新、独立、教学和研究等理念已历经一个多世纪，继续坚持下去会变得更加困难，但也更加重要。

参考文献

[1] Lillie, Frank R. *The Woods Hole Marine Biological Laboratory*. Chicago: University of Chicago Press, 1944.

[2] Maienschein, Jane. *One Hundred Years Exploring Life, 1888-1988*. Boston: Jones and Bartlett, 1989.

[3] Marine Biological Laboratory. *Annual Reports*. [In the Marine Biological Laboratory Archives.]

[4] *The Naples Zoological Station and the Marine Biological Laboratory: One Hundred Years of Biology.* Symposium Supplement to *Biological Bulletin* 168（1985）.

简·梅恩森（Jane Maienschein） 撰，郭晓雯 译

美国动物学家学会
American Society of Zoologists（ASZ）

美国动物学家学会是动物学领域研究型科学家的专业学会。尽管它的起源可以上溯到 1890 年，即作为美国博物学家学会（American Society of Naturalists）一个分支的美国形态学学会（American Morphological Society）成立，1902 年，美国形态学学会与中央博物学家学会（Central Naturalists，成立于 1899 年，隶属于美国博物学家学会）合并，成立了美国动物学家学会。这两个创始团体仍是美国动物学家学会的东部和西部分支，各自有一套管理人员，以及一套复杂的程式，以安排联席会议，直到 1913 年修改会章，形成了只有一套管理人员和年会的一体化学会。在整个 20 世纪上半叶，动物学家学会的影响力不断增长，作为焦点组织，它既引导了迈向日益专业化的运动，也满足了人们对一种综合性生物学会的需要，从国家层面上代表了生物学家的利益。这一点在 1948 年学会会员带头成立美国生物科学研究所（American Institute of Biological Sciences）时得以清晰表现。从 1959 年开始，基于 1955—1956 年国家科学基金会资助，研究该学会在生物学领域的作用，学会会员自己组织了一系列分会——发育生物学、比较内分泌学、比较生理学、动物行为学（1959）、无脊椎动物学、脊椎动物形态学（1962）、生态学（1966）、系统动物学（1967）、比较免疫学（1975）、生物学史和哲学（1981）。尽管有这些细分，该学会继续作为单一组织举行会议，只有一套全国性的管理人员。1988 年，动物学家学会通过了"综合与比较生物学学会"这一提法，作为其名称的一部分，认

可学会的作用在于提供论坛，论坛上可以讨论一些研究主题，可以将分散的项目结合起来。在 1995 年 12 月的年会上，美国动物学家学会改名为综合与比较生物学学会（Society for Integrative and Comparative Biology，SICB），并以新名称延续至今。

动物学家学会早年在《科学》（1890—1916）或《解剖记录》（*Anatomical Record*，1917—1960）上发表了它的活动议程和会议摘要。1960 年，学会开始出版一份包含该组织新闻的简报。作为学会的官方期刊，《美国动物学家》（*American Zoologist*）创刊于 1961 年，出版年会上宣读论文的摘要，以及学会及其分会主办座谈会的会议记录。

在成立之初，学会会员的目的是提供一个论坛，让职业研究人员可以比较研究结果和相互切磋技艺。因此，动物学家学会将会员资格限定于那些发表过研究论文的学者及其学生。许多最著名和最有影响力的美国生物学家曾担任过该学会的会长：例如 C. O. 惠特曼、E. B. 威尔逊（E. B. Wilson）、T. H. 摩尔根、H. F. 奥斯本（H. F. Osborn）、E. G. 康克林（E. G. Conklin）、W. E. 卡斯尔（W. E. Castle）、F. R. 利利、H. S. 詹宁斯（H. S. Jennings）、R. G. 哈里森（R. G. Harrison）、休厄尔·赖特和 T. 杜布赞斯基。尽管强调研究，动物学家学会同样也被卷入到重大的公共科学政策，并为生物学教师提供材料。

分析动物学家学会的历史，需要强调该学会的历史反映了美国生物学家之间的紧张关系，一方面是日益职业化和专业化，另一方面则是对一个统一组织的渴望。

美国动物学家学会的档案保存在史密森学会。

参考文献

[1] Appel, Toby A. "Organizing Biology: The American Society of Naturalists and its 'Affiliated Societies,' 1883-1923." In *The American Development of Biology*, edited by Ronald Rainger, Keith Benson, and Jane Maienschein. Philadelphia: University of Pennsylvania Press, 1988, pp. 87-120.

[2] Atkinson, James W. "The Importance of the History of Science to the American Society of Zoologists." *American Zoologist* 19 (1979): 1243-1246.

［3］Benson, Keith R. "From Museum Research to Laboratory Research: The Transformation of Natural History into Academic Biology." In *The American Development of Biology*, edited by Ronald Rainger, Keith Benson, and Jane Maienschein. Philadelphia: University of Pennsylva nia Press, 1988, pp. 49-83.

［4］——. "Epilogue: The Development and Expansion of the American Society of Zoologists." In *The Expansion of American Biology*, edited by Keith R. Benson, Jane Maienschein, and Ronald Rainger. New Brunswick: Rutgers University Press, 1991, pp. 325-335.

［5］Benson, Keith R., and Br. C. Edward Quinn. *The American Society of Zoologists, 1889-1989: A Century of Integrating the Biological Sciences*. Boston: American Society of Zoologists, 1989.

［6］Grobstein, Clifford. "New Patterns in the Organization of Biology." *American Zoologist* 6 (1966): 621-626.

［7］Quinn, Br. C. Edward. "The Beginnings of the American Society of Zoologists." *American Zoologist* 19 (1979): 1247-1249.

［8］——. "Ancestry and Beginnings: the Early History of the American Society of Zoologists." *American Zoologist* 22 (1982): 735-748.

詹姆斯·W. 阿特金森（James W. Atkinson） 撰，陈明坦　译

威斯塔解剖与生物学研究所
Wistar Institute of Anatomy and Biology

威斯塔解剖与生物学研究所于 1892 年在宾夕法尼亚大学成立，是一个半独立的解剖学研究所，由爱德华·德林克·柯普（Edward Drinker Cope）领导，依托于一个新拉马克主义的研究项目组织起来。艾萨克·琼斯·威斯塔（Isaac Jones Wistar）是宾夕法尼亚铁路公司的一位高管，他为该研究所提供了资助。该研究所以他的叔祖父卡斯帕·威斯塔（Caspar Wistar）的名字命名，卡斯帕·威斯塔曾是宾夕法尼亚大学的解剖学教授。1905 年，霍勒斯·杰恩（Horace Jayne）辞去主任一职后，在该研究所的主要赞助人艾萨克·琼斯·威斯塔的支持下，由美国解剖学家协会的主要成员组成的科学顾问委员会建议重新调整实验生物学的研究方

向。亨利·H. 唐纳森（Henry H. Donaldson）从芝加哥大学被招募过来领导该研究所的神经学研究。从事神经系统研究的畑井新喜司（Hatai Shinkishi）从日本招募了许多科学家到该研究所工作，并与日本东北帝国大学（今称东北大学）建立了牢固的联系。海伦·迪恩·金（Helen Dean King）研究了近亲繁殖对白化鼠性别比例的影响，并与米尔顿·J. 格林曼（Milton J. Greenman）所长一起研制出一种具有已知基因特征的标准化实验室生物——威斯塔鼠，并于 1942 年以"威斯塔鼠"（WISTARAT）注册了商标。格林曼和唐纳森分别于 1937 年和 1938 年去世，在埃德蒙·J. 法里斯（Edmund J. Farris）所长的领导下，威斯塔的研究转向了细胞学、化学和微生物学。1957 年至 1991 年，希拉里·科普罗夫斯基（Hilary Koprowski）担任该研究所的所长，推动了病毒学和免疫学的研究。1961 年，伦纳德·海弗利克（Leonard Hayflick）和保罗·S. 摩尔黑德（Paul S. Moorhead）发现了 WI-38 细胞系，随后在威斯塔研制出了抗风疹和狂犬病的疫苗；1972 年，国家癌症研究所指定威斯塔研究所为联邦政府批准的癌症研究中心，1975 年，国家卫生研究所拨款 500 万美元用于建设新的癌症研究科室。20 世纪 80 年代，肿瘤免疫学的研究导致了用于治疗结肠癌的单克隆抗体 17-1A 的研制和致癌基因 bcl-2 的发现。在 1991 年起任所长的乔瓦尼·罗维拉（Giovanni Rovera）的领导下，威斯塔研究所开展了自身免疫性疾病（狼疮和类风湿关节炎）的研究：阿尔伯特·R. 塔辛（Albert R. Taxin）脑瘤研究中心的建设得到了联邦政府和私人的支持。

参考文献

[1] Baatz, Simon. "Biology in Nineteenth-Century America: The Wistar Museum of Anatomy." In *Non-Verbal Communication in Science Prior to 1900*, edited by Renato G. Mazzolini. Florence: Instituto e Museo di Storia della Scienza, Biblioteca di Nuncius, Studi e Testi, no. 11, 1993, pp. 449-478.

[2] Brosco, Jeffrey P. "Anatomy and Ambition: The Evolution of a Research Institute." *Transactions & Studies of the College of Physicians of Philadelphia*, 5th ser., 13(1991): 1-28.

[3] Clause, Bonnie Tocher. "The Wistar Rat as a Right Choice: Establishing Mammalian Standards and the Ideal of a Standardized Mammal." *Journal of the History of Biology* 26

（1993）：329-349.

西蒙·巴茨（Simon Baatz）　撰，刘晋国　译

美国植物学会

Botanical Society of America（BSA）

美国植物学会是美国植物学家的专业组织，起源于美国科学促进会（AAAS）的植物学俱乐部。植物学会的创始会员是该俱乐部在 1893 年召开的组建学会的会议上选出来的 25 名发起人。早期的领导人包括利波蒂·海德·贝利（Liberty Hyde Bailey）、查尔斯·贝西（Charles E. Bessey）、查尔斯·辛格·萨金特（Charles Singer Sargent）以及纳撒尼尔·布里顿（Nathaniel Britton）和伊丽莎白·布里顿（Elizabeth Britton）这样的知名人士。学会以"促进研究"为己任，并据此选举成员，有意将当时不从事研究的知名植物学家排除在外，并对日后的研究和会议的出席设定了严格的要求。

1906 年 12 月 27 日，在美国科学促进会的年会上，美国植物学会与植物形态和生理学会（创建于 1896 年）以及美国真菌学学会（创建于 1903 年）合并，形成了一个拥有 119 名成员的团体。植物学会早期发展缓慢。然而，到 1956 年，它的成员已接近 2000 人，如今已达 2600 人。遵循其早期的使命，美国植物学会一直在积极促进研究。它的出版物，特别是《美国植物学杂志》（*American Journal of Botany*）和《植物科学公报》（*The Plant Science Bulletin*），一直是发表美国植物学家工作的主要阵地。创建于 1914 年的《美国植物学杂志》旨在提供一份既能发表研究也能发表评论的杂志，是美国最重要的植物学杂志，也是世界上重要的植物学杂志之一。《植物科学公报》创刊于 1955 年，每月刊登简短的研究介绍和专业人员、业余爱好者和教师感兴趣的和植物学新闻摘要，使得《美国植物学杂志》得以专注于研究。

遗憾的是，还没有史学家研究美国植物学会。

参考文献

[1] Overfield, Richard A. *Science with Practice: Charles E. Bessey and the Maturing of American Botany*. Ames: Iowa State University, 1993.

[2] Tippo, Oswald. "The Early History of the Botanical Society of America." In *Fifty Years of Botany*, edited by William Campbell Steere. New York: McGraw-Hill, 1958, pp. 1-13.

伊丽莎白·基尼（Elizabeth Keeney） 撰，吴紫露 译

纽约植物园

The New York Botanical Garden（NYBG）

纽约植物园是根据纽约州议会于 1891 年通过并于 1894 年修订的一项法案建立的，"目的是在其中建立和维护植物园、博物馆和树木园，用于收集和培育植物、鲜花、灌木和树木，促进植物科学和知识的发展，在植物学和相关领域中开展原始研究，以提供指导，从事并展览观赏和装饰性园艺以及造园术，供人娱乐、消遣和教育之用。"它位于纽约市北部的布朗克斯区，占地 250 英亩，活体植物合集包括一个松树园、草本植物庭院、果树园、落叶植物园和 40 英亩的铁杉树林。正是这片铁杉树林将创办人吸引至此地，因为它是该地区唯一一片天然未开垦的森林，内含生长了 200—300 年的植物样本。

博物馆大楼建于 1901 年，由罗伯特·W. 吉布森（Robert W. Gibson）设计，最初设有经济植物学、系统植物学和古植物学博物馆。今天，其图书馆拥有的藏品达 126 万件，年代横跨 12—20 世纪，它还拥有世界上重要的植物标本集之一，标本集由 600 万个标本组成，以美洲植物为主。伊妮德·A. 豪普特温室（Enid A. Haupt Conservatory）是该机构的建筑展品，1978 年由这位慈善家资助了一场大规模修复活动后，温室以其名字命名。它由洛德和伯纳姆（Lord and Burnham）温室的威廉·R. 科布（William R. Cobb）于 1900 年建造，具有玻璃和钢铁结构，覆盖了几乎一英亩的种植区，展示了热带、亚热带和沙漠植物。

1897 年，植物园向蒙大拿州派出了它的第一支植物学探险队，一项非常活跃的

全球探险计划就此启动，迄今为止大约进行了 900 次探险。1898 年又启动了一项广泛的出版计划，现在包括 9 种学术期刊和数量众多的其他著作。研究人员从事尖端科学工作，尤其以分子生物学和森林管理方面的贡献著称。纽约植物园还管理着生态系统研究所和经济植物学研究所。

参考文献

［1］Britton, N.L. "Address on Botanical Gardens." *Bulletin of The New York Botanical Garden* 1（1896–1900）: 75–76.

［2］Johnston, Mea. *A Guide to the New York Botanical Garden*. Bronx: The Garden, 1986.

［3］*The New York Botanical Garden, Bronx Park: Descriptive Guide to the Grounds, Buildings and Collections*. New York [Lancaster, PA: The New Era Printing Company], 1909.

［4］Tanner, Ogden, and Adele Auchincloss. *The New York Botanical Garden: An Illustrated Chronicle of Plants and People*. New York: Walker, 1991.

［5］Wyman, Donald. "The Arboretum and Botanical Gardens of North America." *Chronica Botanica* 10（1947）: 442–444.

特蕾泽·奥马利（Therese O'Malley） 撰，康丽婷 译

伍斯特实验生物学基金会
Worcester Foundation for Experimental Biology（WFEB）

1944 年 2 月，由格雷戈里·平卡斯（Gregory Pincus）和哈德逊·霍格兰（Hudson Hoagland）在马萨诸塞州的伍斯特建立。两人都在 1927 年获得了哈佛大学普通生理学博士学位，其中一人专注于哺乳动物生殖和类固醇生理学，另一人则专注于神经生理学。霍格兰从 1931 年开始担任克拉克大学生物系的系主任，并于 1938 年聘请了平卡斯。由于克拉克大学的校长在管理方面存在着问题，他们建立了伍斯特实验生物学基金会，这是一个独立的、学院式的、自给自足的研究机构，没有获得资助。1945 年，在伍斯特商人的帮助下，基金会买下了一处大型地产后，搬到了马萨诸塞州的什鲁斯伯里。

第二次世界大战后，来自政府和工业界的科研经费的增加使伍斯特实验生物学

基金会得以迅速发展。在平卡斯及其团队成为科学上的"驱动者"后，霍格兰逐渐接手了管理工作。他们最初的研究重点是肾上腺皮质激素，因为军队和商界对激素和精神压力感兴趣。到 20 世纪 50 年代初，基金会的主要赞助商之一西尔列制药公司（G. D. Searle Company）希望可以销售氢化可的松，但另一家公司却发明了一种合成成本更低的方法。基金会随后转而研究孕激素的类固醇类似物用作口服避孕药的可能性，由于玛格丽特·桑格（Margaret Sanger）的激发、凯瑟琳·麦考密克（Katherine McCormick）的资助、几家公司提供的类固醇以及平卡斯的同事张明觉（M. C. Chang）的辛苦工作，基金会最终确定了几种在动物身上有效避孕的孕激素。之后平卡斯的同事、妇科医生约翰·洛克（John Rock）选择了异炔诺酮在波多黎各进行大规模试验，发现它的效果惊人。在有目的地添加了少量的美雌醇（一种雌激素）后，美国食品和药物管理局在 1960 年批准"避孕药"作为人体可使用的避孕药，这使得基金会声名大振，但却没有给基金会带来经济利益。

在建立之初的 20 年里，基金会的年度预算便从 10 万美元增长到 450 万美元，并闻名于世。然而，在平卡斯于 1967 年去世和霍格兰在 1968 年退休后，基金会进入了危险期，它需要新的方向和领导。1970 年，哈德逊的儿子、著名生物化学家马伦·霍格兰（Mahlon Hoagland）出任了基金会的新主任。基金会永久性地将重心转移到癌症和分子／细胞生物学上，至今仍继续与基础研究和制药工业保持着长期联系。

参考文献

[1] Hoagland, M. "Change, Chance and Challenge." Unpublished manuscript, Worcester Foundation for Experimental Biology, c. 1972.

[2] ——. *Toward the Habit of Truth: A Life in Science.* New York: Norton, 1990.

克拉克·T. 萨温医学博士（Clark T. Sawin, M.D.） 撰，刘晋国 译

另请参阅：格雷戈里·古德温·平卡斯（Gregory Goodwin Pincus）

系统生物学会

Society of Systematic Biology

　　系统生物学会由一小群系统分类学家于 1947 年创立，前身为系统动物学会
（Society of Systematic Zoology），当时这些系统分类学家认为自己的专业在科学
界没有获得应有的优先地位。他们设法成立一个定期论坛供系统分类学家交流思
想。该组织的创办者感到系统分类学家与其他生物分类学家和大多数科学界人士都
相互隔绝。在某种程度上，这是由于大多数动物学家都分属于分类学上所界定的专
业团体，专门研究特定种类的生物。该组织许多成员倾向于与那些关注进化生物学
家利益的组织划清界限，认为至少系统分类学家的有些利益与目标是独特和与众
不同的。成立一个正式组织十分必要，因为这将有助于成员从提供相应资助的机
构那里获取研究支持。1952 年《系统动物学》（*Systematic Zoology*）杂志出版。该
学会创始成员之一，哈佛大学恩斯特·迈尔（Ernst Mayr）与 E. 戈顿·林斯利
（E. Gorton Linsley）和 R. L. 尤辛格（R. L. Usinger）合作，于 1953 年出版了一
部开创性著作《动物分类学的方法和原理》（*Methods and Principles of Systematic
Zoology*），制定出该学科的现代学科规范。多年来，成员们主要关注于阐明生物分
类的基本原则。这一主题常在年会和其他专业会议上引发激烈讨论。自创刊之初，
《系统动物学》杂志除刊登通常的专业文章与书评外，还开设一个"观点"栏目公
开发表学术争论，这一直是该杂志的一大亮点。最初许多会员支持进化系统学，但
它长期以来一直受到几种相互竞争的哲学方法的挑战，主要包括表型学或数值分类
学以及支序分类学，后者涉及生物之间的"姐妹群"或系统进化关系。从 20 世纪
70 年代中期开始，由哈佛大学爱德华·威尔逊（E. O. Wilson）等人倡导的社会生
物学赢得了一些追随者。近年来，支序分类学家可能在会员中占据主导地位。不过
在 20 世纪 60 年代后期，许多系统学中各种方法的倡导者开始组建新的专业组织，
反映了他们独特的哲学观点。有近 25 年的时间，《系统动物学》实际上是发表文章
讨论系统分类问题的唯一国际性平台。然而，自 20 世纪 70 年代中期以来，若干期
刊，特别是《系统植物学》（*Systematic Botany*，1976）、《分类学杂志》（*Journal of*

Classification，1984 年）和《支序分类学》（*Cladistics*，1985）相继问世。1991 年，该学会将植物学家及他们关注的问题纳入自己的研究视野，由此学会改名为系统生物学会。该学会的期刊也因此更名为《系统生物学》（*Systematic Biology*）以反映这一重要变化。

参考文献

[1] Hull, David L. *Science as a Process: An Evolutionary Account of the Social and Conceptual Development of Science.* Chicago: University of Chicago Press, 1988.

凯尔·B. 斯特林（Keir B. Sterling） 撰，彭繁　译

动物行为学会

Animal Behavior Society

该组织成立于 1964 年，旨在促进和鼓励针对动物行为的生物学研究。动物行为学会的谱系可以追溯到成立于 1947 年的自然条件下动物社群研究委员会（Committee for the Study of Animal Societies Under Natural Conditions, CSASUNC）。CSASUNC 初始成员的聚会源于共同的兴趣，即动物做了什么以及为什么这样做，他们希望了解非人类的社会系统，通过把生物技术和概念应用于社会行为和社会组织，就可以用来缓解人类社会的问题。到 1952 年，CSASUNC 已经发展成为美国生态学会（Ecological Society of America）下属的关于动物行为和社会生物学的常设委员会，接着该委员会又在 1956 年成为该学会的一个分部。该分部与英国动物行为研究协会（British Association for the Study of Animal Behaviour）合作，于 1958 年创办了《动物行为》（*Animal Behaviour*）杂志。同年，美国动物学家学会（American Society of Zoologists）内部成立了一个动物行为分会（Division of Animal Behavior）。动物行为学会就是上述两个团体合并的结果。

该学会的档案收藏在史密森学会档案馆。

参考文献

[1] Collias, N.E. "The Role of American Zoologists and Behavioural Ecologists in the Development of Animal Sociology, 1934–1964." *Animal Behaviour* 41（1991）: 613–631.

马丁·W. 施恩（Martin W . Schein）　撰，陈明坦　译

人类基因组计划
Human Genome Project

　　2005 年，国际科学界已完成对整个人类基因组（即 24 对人类染色体中的所有遗传物质）绘制图谱和排序的工作。基因图谱起源于 20 世纪 20 年代哥伦比亚大学的 T. H. 摩尔根（T. H. Morgan）及其果蝇研究小组的工作。后来，模式生物（如小鼠）和高度可操作的实验生物（如大肠杆菌和酵母）的基因组被部分或全部绘制了出来。但是在 1985 年之前，绘制庞大而复杂的人类基因组图谱在技术上很难实现。诺贝尔奖得主、哈佛大学生物学教授沃尔特·吉尔伯特（Walter Gilbert）在 1986 年夏末和秋天，开始宣传大规模绘制人类基因组图谱和测序的必要性。与此同时，美国能源部（Department of Energy, DOE）正在苦恼如何检测大量人口的辐射突变，于是对测定人类基因组图谱产生了兴趣。美国能源部人类基因组计划是人类基因组研究的第一个政府项目，但它吸引了美国和世界各地的科学家都参与了进来。美国人类基因组计划（United States Human Genome Project, HGP）——目前由美国能源部和美国国立卫生研究院（National Institutes of Health, NIH）共同资助——它只是大型国际基因组计划的一部分。重要的人类基因组学工作正在欧洲、英国、日本、澳大利亚、加拿大、拉丁美洲、俄罗斯和南非同步进行着。随着图谱绘制和测序工作在全球范围内的普遍开展，1989 年人类基因组组织（Human Genome Organization, HUGO）成立。用诺顿·津德（Norton Zinder）的话来说，这是"人类基因组的联合国"。

　　在其相对短暂的存在时期内，人类基因组计划经历了以下几次变动——早期深受重视的测序工作（测定人类基因组中约 30 亿个核苷酸碱基对的排序）后来被放

弃；绘图技术得到显著改进；人类基因组计划首位主任由诺贝尔奖得主詹姆斯·沃森（James Watson）担任，但他与生物技术行业的关系遭到国立卫生研究院的质疑，随后沃森辞职。该项目至少在三个方面引起了广泛争议：参与者对图谱绘制和测序的策略存在分歧；未参与该项目的科学家批评道，用于其他更有价值研究的资金被用到了这个项目上，这是不必要的浪费；科学界以外的其他批评人士对项目的伦理和社会影响提出质疑，认为人类基因组图谱的一些应用可能会威胁到人权。对于历史学家而言，人类基因组计划可在以下几个方面作为合适的案例进行研究：生物学中的大科学；国际科学合作；生物技术产业在当代学术科学中的作用；电子记录和计算生物学对遗传学日益增长的重要性；DNA片段成为基因图谱上位点的学术变化过程。美国国立卫生研究院和美国能源部都对遗传信息的使用、隐私问题、基因歧视和基因组学研究的社会组织这几个方面的独立研究给予了赞助。人类基因组计划的独特之处在于，这是第一个支持对新知识的影响进行批判性社会质疑的科学项目。这个计划一直是媒体争相报道的热点，它涉及关键的历史内幕。有关它的文档资料十分丰富，这些资料极为重要而又充满争议。未来的学术研究有望从中发现丰富的研究课题。

参考文献

[1] Bishop, Jerry E., and Michael Waldholz. *Genome: The Story of the Most Astonishing Scientific Adventure of Our Time—The Attempt to Map All the Genes in the Human Body*. New York: Simon & Schuster, 1990.

[2] Cook-Deegan, Robert Mullan. *The Gene Wars: Science, Politics, and the Human Genome*. New York: W.W. Norton, 1994.

[3] Hall, Stephen S. *Invisible Frontiers: The Race to Synthesize a Human Gene*. New York: Atlantic Monthly Press, 1987.

[4] Judson, Horace Freeland. *The Eighth Day of Creation: Makers of the Revolution in Biology*. New York: Simon & Schuster, 1979.

[5] McKusick, V.A., and F.H. Ruddle. "Toward a Complete Map of the Human Genome." *Genomics* 1 (1987): 103-106.

[6] National Center for Human Genome Research, National Institutes of Health. *Report of

the Working Group on Ethical, Legal and Social Issues Related to Mapping and Sequencing the Human Genome. Bethesda, MD: National Center for Human Genome Research, National Institutes of Health, 1989.

[7] Nelkin, Dorothy, and Laurence Tancredi. *Dangerous Diagnostics: The Social Power of Biological Information.* New York: Basic Books, 1989.

[8] Rechsteiner, Martin. "The Folly of the Human Genome Project." *New Scientist* 127 (15 September 1990): 20.

[9] Roberts, Leslie. "Genome Backlash Going Full Force." *Science* 248 (1990): 804.

[10] United States Congress, Office of Technology Assessment. *Mapping Our Genes— Genome Projects: How Big, How Fast?* Washington, DC: Government Printing Office, 1988.

[11] Wills, Christopher. *Exons, Introns, and Talking Genes.* New York: Basic Books, 1991.

M. 苏珊·林迪（M. Susan Lindee） 撰，王晓雪　译

5.3　代表人物

鸟类学家兼插画家：亚历山大·威尔逊

Alexander Wilson（1766—1813）

威尔逊出生在苏格兰佩斯利，是玛丽·麦克纳布（Mary McNab）和老亚历山大·威尔逊（Alexander Wilson）的第三个孩子，也是他们唯一的儿子。亚历山大·威尔逊是一个相当富裕的织布工、走私犯和非法酿酒师。从佩斯利文法学校毕业后，威尔逊开始尝试编织、贩卖和写诗。与同乡罗伯特·伯恩斯（Robert Burns）相比，他在文学方面的成就更受欢迎。1790 年，威尔逊出版了自己的白话诗集。1794 年，他被卷入政治改革圈子并深陷一件丑闻——他曾借一首讽刺当地磨坊主的诗要挟钱财而被短暂监禁——后逃离了苏格兰。

威尔逊移居美国，在费城附近定居两年后，又在迈尔斯通（Milestone，1796—1801）和格雷渡口（Gray's Ferry，1802—1806）做教师。在格雷渡口，他很快

认识了威廉·巴特拉姆（William Bartram）。巴特拉姆教授教给他鸟类学方面的基础知识，并鼓励他开始编写关于接纳他的国家（威尔逊于 1804 年成为美国公民）的鸟类资料。编写《美国鸟类学》（*American Ornithology*）的想法一旦成为威尔逊的工作重心，他就无情地鞭策自己尽快完成这个雄心勃勃的项目。为了争取新的鸟类资料和图书订购者，他四处旅行，并定期参观费城的皮尔博物馆（Peale Museum）。在 1808 年到 1813 年间，威尔逊出版了八卷书，并在 47 岁时死于痢疾前完成了第九卷的笔记和图稿。他的朋友和遗嘱执行人乔治·奥德（George Ord）完成了最后一卷的出版，之后又出版了两个新版本以满足后来对这本书的需求。

尽管威尔逊在鸟类学方面的工作很快就被约翰·詹姆斯·奥杜邦（John James Audubon）的工作所掩盖，但威尔逊的《美国鸟类学》依然是一项了不起的成就。因为他之前几乎没有什么知识背景，也没有什么可靠的出版物提供参考，但他在不到十年的时间里就找到并煞费苦心地"从大自然中提取"出 268 个北美物种，其中包括当时被科学界公认的 26 个新物种。书的附录内容包括了大量新的关于鸟类的生态、行为和生活志数据，并以清晰、富有同情和引人入胜的方式呈现出来。尽管版画师亚历山大·劳森（Alexander Lawson）负责大部分版面的剪裁工作，但威尔逊却亲自监督出版的所有细节，甚至在 1812 年战争期间他的着色师罢工时，他还接替了他们的工作。在战后的民族主义热潮中，威尔逊的《美国鸟类学》为一系列描写美国动植物的插画提供了灵感，这些插图由美国科学家撰写，并由美国出版社出版。

尽管威尔逊仍有几个行动时期不为人所知，但其成就及缺点都在由坎特威尔（Cantwell）和亨特（Hunter）撰写的两部现代传记中被巧妙地记录了下来。其中亨特还复制了现存的信件。伯特（Burtt）和彼得森（Peterson）最近对威尔逊的科学成就进行了评估，而艾伦（Allen）、布卢姆（Blum）、格林（Greene）和波特（Porter）则将他的生活和工作置于更广阔的背景下进行了彻底的考察研究。

参考文献

[1] Allen, Elsa G. "The History of American Ornithology before Audubon." *Transactions of*

the American Philosophical Society, n.s., 41, pt. 3（1951）：387–591.

[2] Blum, Ann Shelby. *Picturing Nature: American Nineteenth Century Zoological Illustration.* Princeton: Princeton University Press, 1993.

[3] Burtt, Edward H., and Alan P. Peterson. "Alexander Wilson and the Founding of North American Ornithology." In *Contributions to the History of North American Ornithology*, edited by William E. Davis Jr., and Jerome Jackson. Cambridge, MA: Nuttall Ornithological Club, 1995, pp. 359–386.

[4] Cantwell, Robert. *Alexander Wilson: Naturalist and Pioneer.* Philadelphia: J. B. Lippincott, 1961.

[5] Greene, John C. *American Science in the Age of Jefferson.* Ames: Iowa State University Press, 1984.

[6] Hunter, Clark. *The Life and Letters of Alexander Wilson.* Philadelphia: American Philosophical Society, 1983.

[7] Porter, Charlotte M. *The Eagle's Nest: Natural History and American Ideas, 1812–1842.* University: University of Alabama Press, 1986.

[8] Wilson, Alexander. *American Ornithology; or, The Natural History of the Birds of the United States.* 9 vols. Philadelphia: Bradford and Inskeep, 1808–1814.

小马克·V. 巴罗（Mark V. Barrow, Jr.）　撰，刘晋国　译

另请参阅：鸟类学（Ornithology）

植物学家、鸟类学家兼探险家：托马斯·纳托尔
Thomas Nuttall（1786—1859）

纳托尔出生在英国约克郡的一个普通家庭，1808 年移民美国，当时他 22 岁。他在费城定居，不久就受到植物学家本杰明·史密斯·巴顿（Benjamin Smith Barton）的影响。接下来的几年里，巴顿资助他的年轻门徒开展了几次收集探险，包括 1810—1811 年在密苏里河上游曼丹村庄外的一次旅行。1812 年战争期间，纳托尔曾短暂逃离美国，之后又回到美国东南部和西南部进行探险，他沿着阿肯色河向西一直旅行至今天的俄克拉荷马州。1822 年末，他被任命为哈佛大学植物园馆长兼博物学讲师，在那里工作了 11 年。1834 年，越来越不安分的纳托尔抓住机会，

陪同纳撒尼尔·贾维斯·怀斯（Nathaniel Jarvis Wyeth）第二次远征俄勒冈州。在返回东部之前，他沿太平洋海岸和夏威夷采集了两年标本。1841 年年末，纳托尔不情愿地回到祖国英格兰，管理他已故叔叔的遗产。

纳托尔对西部的广泛探索成为他几部重要出版物的基础。他的第一本著作《北美植物属》（*The Genera of North American Plants*，1818）是"首个美国植物区系综合研究"（Thomas，p. 163），为他牢固树立了科学声誉。此后不久，纳托尔的朋友鼓励他发表一篇报道，讲述曾令他几近丧命的西南探险，即《阿肯色州游记》（*A Journal of Travels into the Arkansa Territory*，1821），这本书为该地区的边疆生活提供了宝贵写照。回到英国之前，他完成了弗朗索瓦·安德烈·米肖（François André Michaux，1842—1849）《北美森林》（*North American Sylva*，1842—1849）的三卷增补手稿，强调了西部的物种。

为配合他在哈佛大学的任教职责，纳托尔编写了一本新教科书《系统与生理植物学导论》（*Introduction to Systematic and Physiological Botany*，1827）。他还出版了两卷本的《美国和加拿大鸟类学手册》（*Manual of the Ornithology of the United States and of Canada*，1832，1834），将现有文献回顾和他自己实地观察到的鸟类习性结合了起来。在 19 世纪和 20 世纪之交，纳托尔这本廉价、可靠、写作上令人愉快的书仍在再版。1873 年，纳托尔过世后被追授荣誉，美国第一个鸟类学俱乐部以他的名字命名。

就新物种的发现和发表而言，纳托尔是 19 世纪前 30 多年北美多产的博物学家之一。尽管因缺少现存的个人文献而受到阻碍，格劳斯坦（Graustein）还是完成了一部权威的纳托尔传记，修正了早期概述中的许多错误。波特（Porter）和格林（Greene）最近的研究概述了纳托尔所工作的更大的社会和学术背景。

参考文献

[1] Graustein, Jeannette E. *Thomas Nuttall, Naturalist: Explorations in America, 1808-1841*. Cambridge, MA: Harvard University Press, 1967.

[2] Greene, John C. *American Science in the Age of Jefferson*. Ames: Iowa State University

Press, 1984.

[3] MacPhail, Ian. *Thomas Nuttall*. Sterling Morton Library Bibliographies in Botany and Horticulture 2. Lisle, IL: Morton Arboretum, 1983.

[4] Nuttall, Thomas. *The Genera of North American Plants , and a Catalogue of the Species , to the Year 1817*. Philadelphia: D. Heartt, 1818.

[5] ——. *A Journal of Travels into the Arkansa Territory , During the Year 1819*. Philadelphia: Thomas H. Palmer, 1821.

[6] ——. *An Introduction to Systematic and Physiological Botany*. Cambridge, MA: Hilliard and Brown, 1827.

[7] ——. *A Manual of the Ornithology of the United States and of Canada: The Land Birds*. Cambridge, MA: Hilliard and Brown, 1832.

[8] ——. *A Manual of the Ornithology of the United States and of Canada: The Water Birds*. Boston: Hilliard, Gray and Co., 1834.

[9] ——. *The North American Sylva; or , A Description of the Forest Trees of the United States , Canada , and Nova Scotia , Not Described in the Work of F. Andrew Michaux*. 3 vols. Philadelphia: Smith and Wistar, 1842–1849.

[10] Porter, Charlotte M. *The Eagle's Nest: Natural History and American Ideas , 1812–1842*. University, AL: University of Alabama Press, 1986.

[11] Thomas, Phillip D. "Nuttall, Thomas." *Dictionary of Scientific Biography*. Edited by Charles C. Gillispie. New York: Scribners, 1974, 10:163–165.

小马克·V. 巴罗（Mark V. Barrow, Jr.） 撰，康丽婷 译

博物学家兼探险家：托马斯·萨伊

Thomas Say（1787—1834）

　　萨伊创立了美国的昆虫学和贝壳学。他出生于费城，父母是贵格会教徒。作为寄宿生，就读于西城中学，后来在宾夕法尼亚大学医学院学习。但是在自然科学方面，他基本上是自学成才。

　　萨伊的父亲是一名富裕且杰出的内科医生，是本杰明·拉什（Benjamin Rush）医生的同事，曾就职于宾夕法尼亚州的参议院和美国国会。萨伊的母亲安·邦索尔·萨伊（Ann Bonsall Say）是植物学家约翰·巴特拉姆（John Bartram）的孙

女。巴特拉姆的儿子威廉是一名著名的艺术家 / 博物学家，他鼓舞了年轻的萨伊。巴特拉姆的邻居兼朋友亚历山大·威尔逊（Alexander Wilson）同样如此，他是一名艺术家，也是美国第一本鸟类著作的作者。查尔斯·威尔逊·皮尔（Charles Willson Peale）以及他在费城博物馆收藏的大量动物志也对萨伊产生了重大影响。

1812 年，萨伊与另外 6 个人共同创立了费城自然科学院。他曾担任该机构的负责人，不知疲倦地整理其不断增加的藏品，并帮助他人探索自然知识。在苏格兰商人兼业余地质学家威廉·麦克卢尔（William Maclure）的资金支持下，萨伊和同伴在 1817 年出版了一本社会杂志。《费城自然科学院杂志》被送到国外以换取其他科学组织的出版物，并以这种方式树立了该机构的国际声誉。这种媒介也鼓舞了国外的博物学家加入这个机构成为"通讯院士"。

萨伊的第一次探险开始于 1817 年 12 月，当时他陪同麦克卢尔乘坐一艘租用的单桅帆船前往佐治亚州附近的海岛和处于西班牙控制下的佛罗里达。参加这次探险的还有皇家艺术学院副院长乔治·奥尔德（George Ord）和查尔斯·威尔逊·皮尔的小儿子提香·拉姆齐·皮尔（Titian Ramsay Peale），他是一位猎人及艺术家。由于印第安人的敌意，这次旅行缩短了，尽管如此，萨伊还是收集了一些昆虫，特别是一些有趣的软体动物，他后来在《费城自然科学院杂志》上对此进行了描述。

在 1819—1820 年，萨伊曾在美国政府赞助的落基山脉长途探险中担任动物学家。在这次探险中，他带回了很多以前不为人知的昆虫、蜗牛、鸟类、爬行动物和一些哺乳动物，其中很多哺乳动物由他在科学上命名和描述。这些动物之中有草原狐或敏狐（kit fox）、郊狼等。作为他正式任务的一部分，萨伊也研究了当地原住民族的生活习惯和行为举止，并汇编了他们各种语言的词汇表。

1823 年，他再次加入了斯蒂芬·朗（Stephen Long）少校远征美国西部的探险队，这次他们去了圣彼得斯（现在的明尼苏达）河、加拿大的森林湖和苏必利尔湖的北部。

1824 年，他在费城出版了第一部著作《美国昆虫学，或北美昆虫描述》的第一卷，插图由提香·R. 皮尔、查尔斯·亚历山大·莱苏尔（Charles Alexandre Lesueur）、休·布里波特（Hugh Bridport）和威廉·伍德（William Wood）绘制。

其余两部分在 1825 年和 1828 年接连出版。

一段时间内，麦克卢尔一直是萨伊在自然科学研究上的资助人，他劝说萨伊和他一起加入罗伯特·欧文（Robert Owen）在印第安纳州新哈莫尼的"乌托邦"镇进行教育实验，萨伊在 1825 年搬进那里长久定居。当时他乘坐一艘平底船沿着俄亥俄河而下，因为船上有许多科学家，所以这艘船后来被称为"知识船"，在船上萨伊爱上了后来成为他妻子的露西·威·西斯特（Lucy Way Sistare），她在新哈莫尼镇教书。他们于 1827 年 1 月结婚。

1827 年年末，萨伊陪同麦克卢尔踏上了去墨西哥的旅程，在那里他大大丰富了他的昆虫和贝壳收集。

在 1830—1836 年，萨伊的第二部著作《美国贝壳学，或北美贝壳描述》分七卷先后出版。其中插图选自妻子的画作，他的妻子曾在费城短暂跟随奥杜邦以及莱苏尔学习。该书主要在新哈莫尼的手动印刷机上印刷。

萨伊在新哈莫尼去世。他曾科学命名并描述了大约 1500 种昆虫，以及大量的陆地和淡水贝类，因此他被称为"美国昆虫学之父"以及"贝壳学（现在的软体动物学）之父"。

1818 年，萨伊关于化石的文章在本杰明·西利曼（Benjamin Silliman）的《美国科学与艺术杂志》上发表，论述了化石可以用来确定岩层年代的开创性概念。

萨伊的科学文章在当时的许多出版物上发表，而且由于对本地生物分类学的贡献，他的名字被用于鸟类——最常见的是棕腹长尾霸鹟（*Sayornis saya*）、爬行动物、哺乳动物、昆虫和贝壳的命名。但他对美国早期自然科学最重要的贡献，则是坚持了美国的植物和动物应由美国科学家自己命名和论述，而不是被送往欧洲，让欧洲科学家来做这件事。

参考文献

[1] Evans, Howard Ensign. *The Pleasures of Entomology: Portraits of Insects and the People Who Study Them*. Washington, DC: Smithsonian Institution Press, 1985.

[2] Jaffe, Bernard. *Men of Science in America*. New York: Simon and Schuster, 1944.

[3] James, Edwin, ed. *Account of an Expedition From Pittsburgh to the Rocky Mountains, Performed In the Years 1819, 1820, by Order of the Hon. J. C. Calhoun, Secretary of War, Under the Command of Maj. S. H. Long of the U. S. Top. Engineers. Compiled from the Notes of Major Long, Mr. T.*

[4] *Say, and Other Gentlemen of the Party.* 3 vols. Philadelphia: H.C. Carey and I. Lea, 1823.

[5] Keating, William H., ed. *Narrative of an Expedition to the Source of St. Peter's River, Lake Winnepeek, Lake of the Woods, etc. Performed in the Year 1823, by Order of the Hon. J. C. Calhoun, Secretary of War, Under the Command of Stephen H. Long, U.S.T.E. Compiled from the Notes of Major Long, Messrs. Say, Keating & Calhoun.* 2 vols. Philadelphia: H.C. Carey and I. Lea, 1824.

[6] Mallis, Arnold. *American Entomologists.* New Brunswick: Rutgers University Press, 1971.

[7] Say, Thomas. *American Entomology, or Descriptions of the Insects of North America.* 3 vols. Philadelphia: Samuel Augustus Mitchell, 1824, 1825, 1828.

[8] ——. *American Conchology, or Descriptions of the Shells of North America.* Pts. 1–6, New Harmony, IN: School Press, 1830–1834. Pt. 7, Philadelphia, 1836.

[9] Stroud, Patricia Tyson. *Thomas Say: New World Naturalist.* Philadelphia: University of Pennsylvania Press, 1992.

帕特里夏·泰森·斯特劳德（Patricia Tyson Stroud） 撰，林书羽 译

另请参阅：费城自然科学学院（The Academy of Natural Sciences of Philadelphia）

美国应用昆虫学奠基人：撒迪厄斯·威廉·哈里斯
Thaddeus William Harris（1795—1856）

哈里斯 1815 年毕业于哈佛大学，1820 年毕业于医学院。1820—1831 年，他在马萨诸塞州的弥尔顿和多尔切斯特行医。1831 年成为哈佛大学的图书管理员，在这个职位上一直工作到去世。1837—1842 年，哈里斯还在哈佛大学讲授博物学，并希望获得教授职位，但在此后一年，他就被阿萨·格雷（Asa Gray）取代。

无法确定哈里斯何时对昆虫学产生了兴趣，但他早期受到哈佛大学第一位博物学教授威廉·丹德里奇·派克（William Dandridge Peck）的影响——派克教授致

力于昆虫与农业的关系研究。哈里斯早在行医期间，就开始收集昆虫标本，后来他宣称该项收藏堪称全国第一。然而，他和那时的其他许多人一样面临难题，即缺少图书资料和现成的收藏库，以鉴别他的昆虫标本。他的第一篇论文发表于 1823 年，内容是盐沼蛾毛虫及其与干草关系，这篇文章从多个方面反映出了他的研究特点。作为一位博学的昆虫学家，他在昆虫命名和特性说明方面做了不少工作；他强调为有助于昆虫分类，有必要了解其生活史；他还关注某些昆虫对农业的有害影响。

在爱德华·希区柯克（Edward Hitchcock）1833 年发表的马萨诸塞州地质学和博物学的报告中，哈里斯为其提供了一份该州昆虫名录。19 世纪 30 年代后期，哈里斯成为马萨诸塞州动植物调查委员会委员，并于 1842 年自费重新出版了他的研究报告，题为《论新英格兰地区一些对植物有害的昆虫》。尽管他从事过各种昆虫研究，特别是在英国昆虫学家爱德华·道布尔迪（Adward Doubleday）支持下进行的蛾类（鳞翅目）研究，但由于未能获得哈佛大学的教授职位，大学图书馆的职责也日益加重，他对昆虫学的不懈研究到 19 世纪 40 年代初就基本上停止了。哈里斯出版的那部研究报告，奠定了美国经济昆虫学的基石，他也因此被人怀念。值得注意的是，哈里斯所关注的昆虫与农业的关系，以及对昆虫的描述和分类，两方面是浑然一体的，而此后的昆虫学家却倾向将其分开探讨。造成的结果之一便是，从事后角度看，应用昆虫学家有时会认为他太过学理化，而分类学家则认为他太过追求实用。

哈里斯收藏的昆虫标本，以及他的信件和其他文件，都存放在哈佛大学的比较动物学博物馆。

参考文献

[1] Harris, Edward D. "Memoir." *Proceedings of the Massachusetts Historical Society* 19（1881-1882）: 313-322.

[2] Harris, T.W. "Insects." In *Report on the Geology, Mineralogy, Botany and Zoology of Massachusetts*, by Edward Hitchcock. Amherst: J.S. & C. Adams, 1833. 2d ed., 1835, pp. 566-595.

[3] Mallis, Arnold. *American Entomologists*. New Brunswick: Rutgers University Press,

1971.

[4] Scudder, Samuel H., ed. *Entomological Correspondence of Thaddeus William Harris. Occasional Papers of the Boston Society of Natural History.* Boston: Boston Society of Natural History, 1869. Included is a memoir by Thomas Wentworth Higginson and bibliography of Harris's works. A supplement to the bibliography is in *Proceedings of the Boston Society of Natural History* 21（1881）: 150-152.

[5] Sorensen, W. Conner. *Brethren of the Net: American Entomology 1840-1880.* Tuscaloosa: University of Alabama Press, 1995.

克拉克·A. 艾略特（Clark A. Elliott） 撰，王晓雪 译

植物学家：约翰·托里

John Torrey（1796—1873）

托里生于纽约，是商人兼公务员威廉·托里（William Torrey）与玛格丽特·尼科尔斯（Margaret Nichols）的儿子。当托里还是个孩子的时候，科学家兼教育家阿莫斯·伊顿（Amos Eaton）被关进了托里的父亲担任管理者的监狱，托里由此对植物学产生了兴趣。托里为伊顿采集标本，并在此过程中被引入植物学领域。托里于 1818 年从内外科医师学院（College of Physicians and Surgeons）毕业后便在纽约行医。从 1824 年到 1827 年，托里开始在美国军事学院教授化学、矿物学和地质学。回到纽约，托里用兼职教学的方式——先后在内外科医师学院、普林斯顿大学、药学院、纽约大学和哥伦比亚大学——来支持他的植物学活动，直到 1853 年他成为美国铸币局的化验官，他也为这个岗位贡献了余生。

多样的职业生涯标志着托里作为美国上一代植物学家的身份，他们既没有接受过专门的训练，也没有以植物学家的身份从事过专业工作，却设法成了这一学科的国内带头人。托里在威廉姆斯学院、纽约大学和普林斯顿大学教授化学和矿物学，获得的收入用于维持家庭生活和植物学研究。在担任了化验官的职位并成了哥伦比亚大学的校董之后，他与学校签订了一项协议——将自己藏有 4 万标本的植物标本室和含有 600 卷图书的科学图书馆捐赠给学校，作为住房的回报。

　　大约在 1830 年，他开始与阿萨·格雷（Asa Gray）成为朋友，这是他职业生涯中最重要的一段友谊。托里的第一部重要著作《美国北部和中部的植物区系》（*The Flora of the Northern and Middle Sections of the United States*，第 1 卷，1824 年）是对美国植物区系进行全面的、人为划分的第一次尝试（尽管很初级）。托里和格雷（自 1834 年到 1842 年一直断断续续地和托里一家生活在一起）一起，引进了在欧洲已经流行的自然分类系统，使美国的植物学（分类）实践现代化。在 1831 年，托里出版了约翰·林德利（John Lindley）的《植物学自然系统导论》（*Introduction to the Natural System of Botany*）美国版，这使得美国人可以了解到安东尼·洛朗·德·杰西（Antoine Laurent de Jessieu）和阿方斯·P. 德·坎多尔（Alphonse P. de Candolle）的工作。托里计划并已经初步开始了一本采用该自然分类系统的《北美植物志》（*Flora of North America*）。他的助手格雷在 1842 年离开他去了哈佛大学担任教授，这使得这个项目对托里来说工作量太大了，而他又致力于帮助处理美国西部探险队（American West）所收集的海量标本，这又加重了他的负担。19 世纪 40 年代，他忙于描述和分类约翰·查尔斯·弗里蒙特（John Charles Fremont）在美国西部调查期间收集的植物。在 19 世纪 50 年代，墨西哥边界勘探局采集的植物也交给了他。1843 年，托里最后的重要出版物——两卷本的《纽约州植物志》（*Flora of the State of New York*）出版。在他生命最后的 30 年里，他忙于撰写收到的西部标本的报告。

　　托里最大的贡献可能是培养了几代美国植物学家，其中最著名的是格雷。格雷与托里一家一起生活，并且与托里一起工作，这对格雷个人和职业发展都至关重要。在研究生教育还实行学徒制的时代，这种贡献的重要性不容忽视。托里的草药研究也很有意义。他的个人植物标本室构成了纽约植物园植物标本室的核心。在 19 世纪 60 年代，他拥有如此多西部的资料，以至于托里实际上拥有了史密森学会的植物标本室，那里至今仍留有他的印记。关于托里的权威史料来源仍然是安德鲁·丹尼·罗杰斯（Andrew Denny Rodgers）的《约翰·托里》以及在 A. 亨特·杜普里（A. Hunter Dupree）的《阿萨·格雷》中的参考文献。纽约植物园和托里的植物标本室珍藏的手稿最为广泛。

参考文献

[1] Dupree, A. Hunter. *Asa Gray: American Botanist, Friend of Darwin*. Cambridge, MA: Harvard University Press, 1959.

[2] Robins, Christine Chapman. "John Torrey（1796–1873）, His Life and Times." *Bulletin of the Torrey Botanical Club* 95（1968）: 515–645.

[3] Rodgers, Andrew Denny III. *John Torrey: A Story of North American Botany*. Princeton: Princeton University Press, 1942.

[4] Torrey, John. *Flora of the State of New York*. 2 vols. Albany, NY: Carroll and Cook, 1843.

[5] Torrey, John, and Asa Gray. *A Flora of North America.... Arranged According to the Natural System*. 2 vols. New York: Wiley and Putnam, 1838–1843.

伊丽莎白·基尼（Elizabeth Keeney） 撰，刘晋国 译

植物学家：阿萨·格雷
Asa Gray（1810—1888）

格雷出生于纽约州奥奈达县的索阔伊特，是农民兼皮匠摩西斯·格雷（Moses Gray）和罗克萨娜·霍华德（Roxana Howard）的儿子。格雷在当地学校接受教育，然后就读于费尔菲尔德学院（纽约）。1829年至1831年，格雷就读于费尔菲尔德医学院（又名纽约州西区医学院）。1831年，他获得了医学学位，但他从费尔菲尔德学院时就萌发的对植物学的兴趣，最终胜过了对医学的兴趣。经过几年的教学生涯，1834年他搬到纽约与约翰·托里（John Torrey）一起工作。两人由师生成为同事，合作开展了许多项目，其中最知名的是《北美植物志》。1836年至1838年，格雷担任美国探险远征队（又名威尔克斯远征队）的植物学家，但由于远征延期，他在远征队启航前辞职了。1842年，他成为哈佛大学博物学的费舍尔教授，担任这一职务直到他在坎布里奇去世。

格雷在科学和体制层面都贡献颇多。格雷与约翰·托里合作将当时欧洲的新自然分类系统引入美国，以取代人为的林奈植物学分类系统。两人都认为，要想让美国在全球科学界占据一席之地，采用自然系统和模式标本（他们也将其引入了美国）

对北美植物群进行分类至关重要。格雷最著名的综合研究当属《北美植物学手册》（1848，以及五种增补版），该书描述了美国首个全面的自然植物区系。格雷在与查尔斯·达尔文通信期间对物种的地理分布产生了兴趣。他在美国艺术与科学学院的回忆录中发表了其关于日本和美国植物群相似性的研究（这是他持续时间最长的一项研究）。格雷在书中指出，北美东部和日本共有的物种和属的形成并非孤立演化的结果，而是冰川作用下同一物种向南迁移并分开繁衍。

格雷经常与美国各地的收藏家通信。业余爱好者和专业人士都给格雷寄去标本，并通过标本的交易、鉴定、信息收集、供给筹集或者现金获得回报。格雷收到的标本极大地扩展了他用以得出结论的资料库，从而使综合研究成为可能。

在美国，植物学比其他学科更受大众欢迎，这离不开格雷对植物学教学的贡献。他为小学到大学编写的多部教材让成千上万的美国人了解了植物学，影响了几代美国人。格雷是美国第一个职业植物学家。虽然格雷确实培养了多位收藏家，也进行了大量研究，但他的学生中很少有人成为职业植物学家。

格雷长期以来一直是深受达尔文信任的通信人。在达尔文的思想发展过程中，格雷是与之交流的少数人之一。1859 年，格雷倡导美国人接受查尔斯·达尔文的《物种起源》，努力确保这部作品在科学价值的基础上得到公平的对待。他在《美国科学杂志》上的述评、与阿加西的辩论，以及后来他转载自《达尔文进化论》、发表于《哈泼斯杂志》的更受欢迎文章为美国普遍接受达尔文的著作铺平了道路。与托马斯·赫胥黎（Thomas Huxley）在英国扮演的角色类似，格雷倡导美国人接受达尔文的进化论。

1848 年，格雷选择和简·拉斯罗普·洛林（Jane Lathrop Loring）结婚，而非一些人所期望的托里之女。洛林将他带入了波士顿社交圈，但他从未真正享受过这种生活。格雷性格内向，他喜欢学术而非政治，喜欢在坎布里奇安静地工作。正因为如此，格雷没有在新兴的科学专业组织中担任领导职务，所以相对地，他不为历史学家所知，直到 1959 年 A. 亨特·杜普里（A. Hunter Dupree）出版了他的主要传记。藏于哈佛大学格雷标本馆的档案资料最多。从同时代几乎每一位美国生物学家和许多业余爱好者的信件中都可以找到格雷的其他资料。

参考文献

［1］Dupree, A. Hunter. *Asa Gray: American Botanist, Friend of Darwin*. Cambridge, MA: Harvard University Press, 1959; reprint, Baltimore: Johns Hopkins University Press, 1989.

［2］Gray, Jane Loring, ed. *The Letters of Asa Gray*. 2 vols. Boston and New York: Houghton, Mifflin, 1894.

［3］Sargent, Charles S., ed. *The Scientific Papers of Asa Gray*. 2 vols. Boston and New York: Houghton, Mifflin, 1894.

［4］Watson, Serano, and G.L. Goodale. "List of the Writings of Dr. Asa Gray, Chronologically Arranged, with an Index." *American Journal of Science* 36（1888）: appendix, 3–67.

伊丽莎白·基尼（Elizabeth Keeney） 撰，刘晓 译

北美鞘翅目昆虫学家：约翰·劳伦斯·勒孔特
John Lawrence LeConte（1825—1883）

约翰·劳伦斯是约翰·伊顿·勒孔特（John Eatton LeConte）和玛丽·安妮·勒孔特［Mary Anne H.（Lawrence）LeConte］的儿子，母亲在他出生后不久就去世了，由父亲抚养并教导成人。他们在纽约住到 1852 年，后来搬到费城，费城是当时美国昆虫学活动的中心。勒孔特家族是富有的胡格诺教徒，对科学有浓厚的兴趣。约翰·伊顿·勒孔特是军事工程师兼博物学家，发表过关于美国鞘翅目和鳞翅目的文章。地质学家约瑟夫·勒孔特（Joseph LeConte）和物理学家约翰·勒孔特（John LeConte）都是约翰·劳伦斯·勒孔特的第一代堂兄弟。

1842 年，勒孔特毕业于马里兰州的圣玛丽山学院（Mount St. Mary's College），并于 1846 年在纽约内外科医师学院（New York College of Physicians and Surgeons）获得医学博士学位。尽管他也曾担任外科军医和医疗检查员（1861—1866），以及费城美国造币厂的首席检察员（1878—1883），但足以自立的财富使他能够将时间投入昆虫学。从 1869 年到 1872 年，他一直住在欧洲。

　　勒孔特最重要的系统性著作是《北美鞘翅目分类》(*Classification of the Coleoptera of North America*, 1861—1862; 1873)、《墨西哥北部的美洲喙鸥》(*The Rhynchophora of America, North of Mexico*, 1876)和《北美鞘翅目分类》(1883)。后两部是和他的学生兼同事乔治·霍恩 (George H. Horn)共同完成。他们基于更符合自然的标准修订了种群 (groups)概念,并重新确立或者修改了几乎所有以前命名过的物种。勒孔特命名了4739个物种,几乎是当时已知北美鞘翅目的半数。他编辑了弗里德里希·恩斯特·梅尔谢默 (Friedrich Ernst Melsheimer)的《鞘翅目目录》(1853)和托马斯·萨伊的著作。他还记述了第一本关于美国西部动物地理分布的研究报告,并撰写了地质学、矿物学和民族学方面的多部著作。

　　勒孔特通过在西部的探险采集而不断丰富藏品,成为北美鞘翅目的标准参照。藏品保存在比较动物学博物馆 (Museum of Comparative Zoology)。

　　勒孔特是美国昆虫学会和美国科学促进会昆虫俱乐部的首任主席。1874 年,他担任美国科学促进会的主席,并积极参与联邦政府特别是农业部的科学改革。

　　正当美国人努力在国家和国际范围内建立自己的科学时,勒孔特为北美甲虫这一复杂的领域确立了秩序,他的系统修正也获得了认可。因而他被看作美国第一流的昆虫学家。

参考文献

[1] Haldeman, S.S., and John L. LeConte, eds. "Catalogue of the Described *Coleoptera* of the U.S. by Frederick E. Melsheimer, M.D." *Smithsonian Miscellaneous Collections* 15 (1853): 16–174.

[2] Henshaw, Samuel. "Index to the Coleoptera Described by J.L. LeConte, M.D." *Transactions of the American Entomological Society* 9 (1881–1882): 197–272.

[3] ——. "Bibliography of the Writings of John L. LeConte." *Bulletin of the Brooklyn Entomological Society* 6 (1883): iii–ix.

[4] LeConte, John L. "Classification of the Coleoptera of North America, Part 1." *Smithsonian Miscellaneous Collections* 3 (1862): 1–286.

[5] ——. "Classification of the Coleoptera of North America, Part 2." *Smithsonian Miscellaneous Collections* 11 (1873): 179–348.

[6] ——. ed. *The Complete Writings of Thomas Say on the Entomology of North America*. New York: Bailiere Brothers, 1859.

[7] LeConte, John L., with George H. Horn. "Classification of the Coleoptera of North America." *Smithsonian Miscellaneous Collections* 26（1883）: i-xxxviii, 1-567.

[8] LeConte, John L., assisted by George H. Horn. "The *Rhynchophora* of America, North of Mexico." *Proceedings of the American Philosophical Society* 15（1876）: iii-xvi, 1-455.

[9] Mallis, Arnold. *American Entomologists*. New Brunswick, Rutgers University Press, 1971, pp. 242-248.

[10] Riley, Charles Valentine. "Tribute to the Memory of John Lawrence LeConte." *Psyche* 4（November-December 1883）: 107-110.

[11] Scudder, Samuel H. "A Biographical Sketch of Dr. John Lawrence LeConte." *Transactions of the American Entomological Society* 11（1884）: i-xxvii.

[12] Sorensen, W. Conner. *Brethren of the Net: American Entomology, 1840-1880*. Tuscaloosa: University of Alabama Press, 1995.

W. 康纳·索伦森（W. Conner Sorensen） 撰，彭华 译

真菌学家、纽约州首位植物学家：查尔斯·霍顿·佩克
Charles Horton Peck（1833—1917）

佩克出生于纽约沙湖，在奥尔巴尼的州立师范学校学习了一年，1859 年从联合学院毕业。他曾先后在沙湖学院（Sand Lake Collegiate Institute）和奥尔巴尼的卡斯学院（Cass's Institute）任教，还在纽约州立博物馆（New York State Museum）协助过詹姆斯·霍尔（James Hall）。佩克是美国较早学习苔藓植物的学生，并于 1865 年将他收集的标本和"苔藓目录"赠送给博物馆。乔治·W. 克林顿（George W. Clinton）法官是一名业余植物学家，也是纽约州教育委员会的成员。1868 年起，他帮助佩克在纽约州获得了一份临时植物学家的工作，并最终成为永久性职位。1883 年，纽约州议会设立了州植物学家一职，佩克得到任命并在这个职位上一直工作到 1915 年。

佩克在纽约州四处收集维管植物、苔藓、地衣和真菌，发现了许多新物种。在他 1868 年开始撰写的年度报告中，佩克公布了这些发现，其中包括他本人和其他

人收集的许多新物种。到 1870 年，他一直专攻苔藓植物，在那之后佩克主要研究真菌。美国的真菌学研究始于李维斯·大卫·冯·施韦尼茨（Levis David von Schweinitz）和摩西·阿什利·柯蒂斯（Moses Ashley Curtis），但是在 1870 年，大多数美国真菌物种还从未被介绍过。佩克是 19 世纪首屈一指的真菌学家，他描述了 2700 个新分类群，收集了约 36000 个标本，这些标本几乎都来自纽约州。他为其中的许多物种绘制了野外图和水彩画，甚至还在野外使用了显微镜。

佩克之所以成为一位重要人物，主要是由于他在真菌学方面留下了巨大遗产。他主要研究蘑菇，包括伞菌类和牛肝菌，但他也研究了包括微真菌在内的各种真菌。他的模式标本及相关描述被此后所有的美国真菌学家所使用。他还在纽约州从事苔藓学领域的开创性工作，是苔藓和真菌方面的重要教师，他的教学主要通过通信进行，组成这一通信网络的成千上万封信大部分留存到了现在。1910 年以前，超过 50 名男性和女性在纽约收集苔藓植物，其中大部分（包括克林顿法官）都由佩克认定了身份，并从他那里得到了建议。除佩克外，只有伊丽莎白·布里顿（Elizabeth Britton）任职于专业植物学职位。在 19 世纪后半叶植物学的职业化和合法化方面，佩克的职业生涯也发挥了重要作用。佩克和克林顿法官的信件以及纽约州的议会记录都记载有这一过程。地质学很早就被认为是一门值得国家支持的科学，尽管早在 1835 年纽约州就临时雇佣植物学家约翰·托里从事州博物学调查，在 1868 年以后，每年的拨款法案通常都会为佩克的工作提供资金，但是立法机关需要就植物对州的价值进行辩论，并且直到 1883 年以后才设立州植物学家一职，其地位与州地质学家相当。

佩克也是他所在时代的伟大的植物学探险家之一，他曾穿过崎岖的地形，翻越阿迪朗达克山和卡茨基尔山，有时乘坐火车、马车，但大部分时间是步行，有时会与测量师兼探险家弗普朗克·科尔文（Verplanck Colvin）同行。他登上了阿迪朗达克山脉的头几座山峰，包括最高的马西山（Mount Marcy），为马西山所有的植物编制了目录。此后，他又对北厄尔巴镇的植物进行分类，包括纽约几座最高山峰的高山植物。他的影响无疑是巨大的，尤其在真菌学方面，尽管由于纽约州植物学家这一工作的区域性特征，他没能探索纽约州以外的更多区域。

参考文献

［1］Atkinson, George F. "Charles Horton Peck." *The Botanical Gazette* 65（1918）：103–108.

［2］Bessey, Charles E. "A Notable Botanical Career." *Science* 40（1914）：48.

［3］Burnham, Stewart H. "Charles Horton Peck." *Mycologia* 11（1919）：33–39.

［4］Gilbertson, R.L. "Index to species and varieties of fungi described by C.H. Peck from 1909–1915." *Mycologia* 54（1962）：460–465.

［5］Haines, John H. "Charles Horton Peck." *McIlvainea* 3（1978）：3–10.

［6］——. "Charles Peck and His Contributions to American Mycology." *Mycotaxon* 26（1986）：17–27.

［7］Peck, Charles H. "The Catalogue of the Mosses Presented to the State of New York." In *Eighteenth Annual Report of the Regents of the University of New York on the Condition of the State Cabinet of Natural History.* Albany：New York State, 1865.

［8］——. *Annual Reports of the State Botanist.* 1868–1912. Reprinted, Leiden：Boerhaave Press, 1980.

［9］——. "Botany; Plants of the Summit of Mount Marcy." In *Seventh Annual Report on the Progress of the Topographical Survey of the Adirondack Region in New York*, edited by Verplanck Colvin. Albany：Weed, Parsons and Company, Printers for the New York State Legislature, 1880.

［10］——. "Boleti of the United States." *Bulletin of the New York State Museum* 11, no. 8（1889）：74–166.

［11］——. *Plants of North Elba.* Bulletin, New York State Museum 6（28）. Albany：University of the State of New York, 1899.

［12］Slack, Nancy G. "Charles Horton Peck, Bryologist, and the Legitimation of Botany in New York State." *Memoirs of the New York Botanical Garden* 45：（1987）：28–45.

南希·G. 斯莱克（Nancy G. Slack） 撰，郭晓雯 译

胚胎学家兼海洋学家：亚历山大·阿加西

Alexander Agassiz（1835—1910）

阿加西是动物学家路易·阿加西的儿子，出生于瑞士的纳沙泰尔，在返回美国

（他的第二故乡）的航程中去世。1848 年他的母亲去世后，阿加西从瑞士来到美国与父亲团聚。1851—1862 年，阿加西就读于哈佛大学——他父亲是该校的动物学和地质学教授。他在哈佛接受的教育，包括学士学位，以及工程和博物学的两个高级学位，再加上从父亲那里学到的知识，使他对自然科学非常精通。

阿加西管理着父亲创办的哈佛比较动物学博物馆，并承担了海洋生物学的基础研究和出版工作。1860 年，他娶了安娜·拉塞尔（Anna Russell）——出身于一个古老的婆罗门商业家族。而且，由于岳母的贵族背景，他与波士顿贵族就有了姻亲关系，西奥多·莱曼（Theodore Lyman）、亨利·李·希金森（Henry Lee Higginson）和昆西·亚当斯·肖（Quincy Adams Shaw）等都是他的妹夫。这种家族的联姻立即对阿加西的前途产生了决定性的影响。

昆西·肖说服阿加西接手密歇根州上半岛的卡柳梅特（Calumet）和赫克拉（Hecla）铜矿，它们都濒临倒闭。经过阿加西的高超管理，细致地计划、施令和掌控各种事务，这两处矿藏很快富甲天下。1871—1901 年，阿加西担任该矿业公司的董事长，他的才干让他的大家族和许多波士顿人变得非常富有。阿加西的财富帮助建造了父亲的博物馆大楼，使他能完全自由地过上远离尘世的生活，免受那个时代和职业所带来的压力。他去世时已成为美国特别富有的人之一。

1873 年，突如其来的双重悲剧严重损害了阿加西的生活。那年 12 月，他的父亲去世了，两周后他心爱的安娜又死于肺炎。阿加西感到自己的生活好像永远蒙上了一层阴云，确实，从那以后，这种哀愁似乎总是挥之不去。他尽量住到罗得岛州纽波特的一幢富丽堂皇而幽静的家中，那里附设着一座海洋生物实验室。利用纽波特实验室，阿加西培养精心挑选的学生，并撰写他的海洋研究成果。纽波特是他的避难所，让他远离经营大型博物馆研究机构和密歇根卡柳梅特铜矿的喧嚣。他在经营上一丝不苟，甚至事无巨细地倾注心血，这也是他做每件事的风格。阿加西的财富和权力让他无须讨好任何人，而且他克己自律，一身浩然正气。他一生中标志性的几项事业都是他全神贯注、苦心孤诣而实现的。商业、科学、管理和探索，这些相互交织的工作，都要通过精心计划，以期引导文化的若干重要方面。

作为查尔斯·达尔文的朋友，阿加西最初反对进化论思想，但从未像他父亲那样激烈。1872—1874 年，他出版了伟大的著作《海胆研究修订》，描述了广为人知的欧洲和美洲海星、海胆和相关物种的分布、解剖结构以及古生物学和胚胎学研究。在这部和其他著作中，阿加西开始相信进化论可能成为看待发育问题的有用思想，但他强烈反对那些急于采纳新学说而不惜建造"空中楼阁"的激进机械论者。他希望抑制自己"最疯狂的猜测"，与此同时又肯定"进化论已经在许多生物分支开辟了新的观察领域"（*Revision of the Echini*，pp.753-754）。然而，他还不能被划为彻底的进化论拥护者。

19 世纪 70 年代末，阿加西发起了一场探索全球海洋的运动。他开创了新的清淤方法，测量海洋生物所处的深度，绘制海底地图，因此他被视为海洋学这门新科学的奠基人之一。30 多年来，阿加西一直致力于这项事业，用自己的船和他提供给政府的船，他航行了近 20 万英里，《"布雷克"号的三次远航》就是其中的杰作。尽管他出版了 150 多种关于海洋学和海产研究的书籍和文章，却没有一本书能够总结这项任务的全面目标。

令人恼火的是，这项任务却让阿加西的最终声誉难以挽回地蒙上了一层阴影。他开始沉迷于珊瑚礁的起源和构造的问题，这种探求预兆着他的海洋学研究。他的表面目的是反对和重新解释由达尔文和美国地质学家詹姆斯·德怀特·达纳提出的珊瑚礁起源理论。他们认为珊瑚礁和环礁的成长是一个持续的过程；珊瑚在缓慢下沉的火山岛侧面生长，向上蔓延直到岛屿下沉消失，从而留下一个环礁或珊瑚礁。但是阿加西认为，没有一种囊括所有的单一理论可以解释世界各地珊瑚礁的形成，就像进化论者不应该鼓吹未经验证的"空中楼阁"一样。对阿加西来说，形成环礁和暗礁的水下堤岸曾经在不同时间以不同的方式被推高或拉低，除了当地的化学和生物的力量作用之外，没有任何适用的普遍解释。他认为达尔文的工作完全是"谬论"和"废话"。尽管阿加西得到了约翰·默里爵士（因"挑战者"号远航知名）的支持，但他所有的工作只被当地报道，仅有的一篇整体论述的文章也无甚特色。阿加西后半生对达尔文的反驳，应该看作基于自己较为得心应手的海洋学，而不是难以动摇的进化论，这或许再次表明了他对父亲的忠诚。无论父亲在世还是去世，他对父亲的忠心夹杂着心理斗争，既有孝顺的一面，同时也厌弃父亲的浮夸和越轨。

没有任何人能比阿加西看到过更多的珊瑚礁，但他的工作经常不够可靠，他的理论结果也是错误的。他的巨大财富和权力使他能随意发表文章，而不经同行审查。他用指导卡柳梅特铜矿事务的那种执念来解释海洋学。虽然如此，在许多人眼里，阿加西仍是那个时代的杰出科学家。

参考文献

［1］Agassiz, Alexander. *Embryology of the Starfish*. Cambridge, MA: n.p., 1864.

［2］——. *North American Acalephae*. Cambridge, MA: University Press, 1865.

［3］——. *Revision of the Echini*. Cambridge, MA: University Press, 1872–1874.

［4］——. *Three Cruises of the United States Coast and Geodetic Survey Steamer "Blake" in the Gulf of Mexico, in the Caribbean Sea, and Along the Atlantic Coast of the United States, from 1877 to 1880*. Boston: Houghton Mifflin, 1888.

［5］——. "On the Formation of Barrier Reefs of the Different Types of Atolls." *Proceedings of the Royal Society of London* 71（1903）: 412–414.

［6］Agassiz, George Russell. *Letters and Recollections of Alexander Agassiz*. Boston and New York: Houghton Mifflin, 1913.

［7］Mayer, Alfred G. "Alexander Agassiz, 1835–1910." *Popular Science Monthly* 77（November 1910）: 418–446.

［8］Winsor, Mary P. *Reading the Shape of Nature: Comparative Zoology at the Agassiz Museum*. Chicago: University of Chicago Press, 1991.

爱德华·卢里（Edward Lurie）　撰，陈明坦　译

动物学家、新拉马克主义的倡导者：艾菲斯·斯普林·小帕卡德
Alpheus Spring Packard, Jr.（1839—1905）

帕卡德从小在美国缅因州长大，后就读于鲍登学院（Bowdoin College）。1861年，他在路易·阿加西（Louis Agassiz）主管的劳伦斯理学院（Lawrence Scientific School）开始从事昆虫学研究。1862—1864年，他在比较动物学博物馆（Museum of Comparative Zoology）担任阿加西的助手。此后，帕卡德先后在几个教育机构和政府机构工作。1878年，他成为布朗大学（Brown University）动物学和地质学教

授，一直在这个职位上工作到去世。

帕卡德逐渐将研究扩展到昆虫分类、应用昆虫学和无脊椎动物胚胎学这几个领域。他是坚定的宗教信徒，同时又受阿加西的影响，秉持理想主义的意识形态，因而他对进化论的接受过程较为漫长。然而大约在 1870 年，对鲎（马蹄蟹）的胚胎发育研究，使他成为继爱德华·德林克·柯普（Edward Drinker Cope）和阿尔菲斯·海特（Alpheus Hyatt）之后，接受了基于"用进废退"的进化论观点的科学家。阿加西提出的重演原则，即每个生物个体的生命历程都是对整个生命历史的重演，科学家用进化术语对其进行了改写：重演的发生是由于生物体生命历程中的各个阶段，都是生物体通过对该阶段所处条件的反应而获得遗传性特征的结果。

帕卡德通过对盲鱼、小龙虾以及其他穴居动物群的研究发展了他的进化论观点，相关内容发表在 1871—1902 年的一系列论文中。这些研究使他相信，物理环境是进化发生的主要动因，环境促使生物体要更好地适应外部，因此进化是一个渐进过程，这一结论与帕卡德相信进化遵循神的指引是一致的。由于这一观点，帕卡德在 19 世纪 70 年代之后背弃了柯普和海特的理论，因为这些理论假定了非适应性的进化趋势。

帕卡德将他的进化论观点与拉马克联系在一起，为拉马克立传，并创造了"新拉马克主义"这一术语，为美国建立起首个、独特的进化理论学派做出贡献。他对拉马克进化论的辩护和对新达尔文主义的批判越来越尖锐，反映了这些在 19 世纪 90 年代发展起来的学派日趋两极分化。

帕卡德的研究反映了 19 世纪美国动物学思想的多个方面。他在比较解剖学和胚胎学方面的研究将他置于古典形态学的传统之中，这些研究一度意义重大，但随着他的去世，其重要性逐渐减弱。帕卡德的研究也体现了阿加西对他的学生关于进化思想的影响。他将穴居动物群作为新拉马克进化理论的证据，曾激发人们对拉马克的兴趣，但这种兴趣在帕卡德死后也逐渐淡去，惜为过眼云烟。

参考文献

[1] Bocking, Stephen. "Alpheus Spring Packard and Cave Fauna in the Evolution Debate."

Journal of the History of Biology 21（1988）: 425–456.

[2] Bowler, Peter. *The Eclipse of Darwinism*. Baltimore: Johns Hopkins University Press, 1983.

[3] Cockerell, T.D.A. "Alpheus Spring Packard." *Biographical Memoirs of the National Academy of Sciences* 9（1920）: 180–236.

[4] Packard, Alpheus S. "The Cave Fauna of North America, with Remarks on the Anatomy of the Brain and Origin of the Blind Species." *Memoirs of the National Academy of Sciences* 9（1888）: 1–156.

斯蒂芬·博金（Stephen Bocking）　撰，郭晓雯　译

古脊椎动物学家：爱德华·德林克·柯普
Edward Drinker Cope（1840—1897）

　　柯普出生于费城一个富裕的贵格会家庭，他接受的正规教育包括私人教育和在宾夕法尼亚大学的一年学习。他很小的时候就对博物学产生了浓厚的兴趣，到 19 世纪 60 年代早期，他开始研究美国和欧洲的博物馆藏品。他的大部分工作与费城自然科学学院的藏品有关，到 19 世纪 60 年代中期，他成了该机构的院士和通信秘书。1864 年至 1867 年，柯普在哈弗福德学院（Haverford College）教动物学。1889 年他成为宾夕法尼亚大学的地质学教授，后来又担任动物学教授。1896 年，他出任美国科学促进会主席。

　　尽管柯普写了许多关于全新世动物的文章，但他赖以成名的还是古脊椎动物学方面的研究。1866 年，他在新泽西州发现了恐龙遗骸，两年后，他协助哈弗福德学院安装了美国第一具恐龙骨架。为了寻找已经灭绝的动物，他从 1871 年开始去西部各州和地区进行探险。在两项主要的研究中，他描述了超过 1000 种新的古动物的种属，包括以前不为人知的古哺乳类动物、会飞的爬行动物和蜥脚类恐龙。他做出了美国关于始新世的第一批发现，并帮助确定了动物群落和美国西部地质层的演替。柯普的描述通常仓促且简短，但他和竞争对手奥斯尼尔·查尔斯·马什（Othniel Charles Marsh）把美国的古脊椎动物学带到了研究的前沿。

　　柯普的工作引起了与马什的严重争论。两人都是富有且雄心勃勃的人，都期望

主导古脊椎动物学的发展。重叠的研究范围和对优先权的争夺导致马什在 1873 年指责柯普违反了科学实践的准则。他们的宿怨中断了一切私人关系；这也限制了柯普的研究机会。他和马什继续争夺化石，但到了 19 世纪 70 年代末，柯普已经挥霍掉了他的财富。1878 年，他购买了期刊《美国博物学家》作为出版工具，但被证明是一次代价高昂的冒险。相反，马什与政府科学领域的新领导人联系在一起，把柯普孤立于资金或机构资源之外。作为美国地质调查局（United States Geological Survey）的古脊椎动物学家，马什有机会接触到化石沉积物、政府出版渠道、大量预算和工作人员。1885—1886 年，柯普号召支持者驱逐他的对手，但最终归于失败。1890 年，他在报纸上发表文章抨击马什的性格和工作，但柯普的行为并没有提高他的地位，反而引起科学界其他人的反感。

柯普利用化石记录的证据将进化和遗传理论化。尽管他是一个坚定的进化论者，但他拒绝接受达尔文的理论并且成为新拉马克主义的主要支持者。柯普声称意志或思想引导生物体做出选择、采取行动、养成习惯和使用身体部位。器官的使用或废弃会从一个有机体传递给它的后代，并最终导致进化。在《适者生存的起源》（1887）和《有机体进化的主要因素》（1896）两书中，他把进化解释为产生累积线性变化模式的叠加过程。在 19 世纪 80 年代，新达尔文主义者对柯普的解释提出了严重的挑战，然而他对进化论的非物质解释吸引了许多不接受达尔文主义的人。在 20 世纪 30 年代之前，他的理论解释了适应性，并解释了化石记录。

关于柯普的著作强调了他与马什的不和。关于"化石战争"的传记和研究描述了他的卓越洞察力，但性情古怪，野心勃勃。最近的研究分析了柯普－马什争论的制度层面。历史学家研究了柯普的新拉马克主义解释，女权主义学者分析了他的社会和政治观点。目前还没有关于柯普的好传记，也没有对他的科学工作或者他在科学专业化时期作为过渡角色的地位予以深入研究。

参考文献

[1] Cope, Edward Drinker. "The Vertebrata of the Cretaceous Formations of the West." *Report of the United States Geological Survey of the Territories* 2（1875）: 1-302.

[2] ——. "The Vertebrata of the Tertiary Formations of the West." *Report of the United States Geological Survey of the Territories* 3（1883）: 1-1009.

[3] ——. *On the Origin of the Fittest: Essays in Evolution.* New York: Appleton, 1887.

[4] ——. *The Primary Factors of Organic Evolution.* Chicago: Open Court, 1896.

[5] Lanham, Url. *The Bone Hunters.* New York: Columbia University Press, 1973.

[6] Maline, Joseph M. "Edward Drinker Cope（1840-1897）." Master's thesis, University of Pennsylvania, 1974.

[7] Osborn, Henry Fairfield. *Cope: Master Naturalist: The Life and Writings of Edward Drinker Cope.* Princeton: Princeton University Press, 1931.

[8] Rainger, Ronald. "The Bone Wars: Cope, Marsh and American Vertebrate Paleontology, 1865-1900." In *The Ultimate Dinosaur*, edited by Robert Silverberg and Martin Greenberg. New York: Bantam Books, 1992, pp. 389-405.

[9] ——. "The Rise and Decline of a Science: Vertebrate Paleontology at Philadelphia's Academy of Natural Sciences, 1820-1900." *Proceedings of the American Philosophical Society* 136（1992）: 1-33.

[10] Shor, Elizabeth Noble. *The Fossil Feud between E. D. Cope and O. C. Marsh.* Hicksville, NY: Exposition, 1974.

罗纳德·雷格（Ronald Rainger）　撰，吴晓斌　译

另请参阅：奥斯尼尔·查尔斯·马什（Othniel Charles Marsh），古生物学（Paleontology）

应用昆虫学的典范：查尔斯·瓦伦丁·赖利
Charles Valentine Riley（1843—1895）

赖利出生在伦敦一个中产阶级家庭，父母分居。他在泰晤士河畔的沃尔顿长大，先后求学于英国、法国和德国。精通两种外国文化和语言对他的人生观产生了持久的影响。1860 年，赖利与家族中的熟人加入了伊利诺伊州坎卡基县的一个畜牧场。在这里，他了解到拓荒生活的艰苦，并具有了一种为务农者辩护的精神。农场生活的变迁和健康状况的恶化使赖利于 1863 年 1 月前往芝加哥。凭借他的勇气和才能，他很快就被当地最重要的农业杂志——《草原农民》（*The Prairie Farmer*）雇佣；并加入了该市科学精英的组织摇篮——芝加哥科学院，以及提供社会和晋升机遇的共

济会（Masonic Order）。作为一段短暂的插曲，1864年赖利到伊利诺伊州第134志愿兵团服役。他在芝加哥期间，曾卷入了农业、科学和社会分歧（奴隶制）等问题的争论。

作为成功的艺术家和编辑，以及在《草原农民》杂志中对昆虫学的倡导，使赖利成为第一位密苏里州昆虫学家。1868—1876年，赖利通过9份报告发表了他对密苏里州昆虫的原始研究结果。这些报告以质量上的精益求精、生活史的全面性，以及立足于昆虫的控制，为后续研究树立了典范。以这些报告为媒介，赖利在国内外建立了一个广泛的学术网络。

1877年，赖利被任命为美国内政部昆虫学委员会主任。第二年，他成为美国农业部昆虫学部门的负责人，1885年，他成为美国国家博物馆名誉馆长和史密森学会的名誉会长。除了在这三个政府机构担任公职外，他还活跃在以哲学学会、生物俱乐部、宇宙俱乐部和昆虫学会为代表的非正式的华盛顿科学网络中。

作为一名行政领导人，他积极倡导联邦资助农业，聘用有能力的人员，根据需要灵活调整资金和人员，并就昆虫学问题开展公共教育。

赖利的职业生涯与科学技术的非凡发展时期是平行的。他个人对他那个时代的主要昆虫学问题在以下几个方面做出了贡献：进化、自然平衡、群居昆虫以及通过生物、养殖和化学手段进行控制。目前围绕杀虫剂使用和生物多样性的争议的根源便可以追溯到赖利的工作。

赖利的职业生涯笼罩着神秘感，这源于他的竞争意识、反科学观点。历史学家对他的关注很少，由于过早离世，他没有足够的时间撰写回忆录，也没有获得资深政治家所需的成熟气质。

参考文献

[1] Goode, George B. "A Memorial Appreciation of Charles Valentine Riley." *Science* 3 (1896): 217–225.

[2] Henshaw, Samuel, and Nathan Banks. *Bibliography of the More Important Contributions to American Economic Entomology*. Pts 1–6. Washington, DC: Government Printing Office, 1889–1898.

［3］Howard, L.O. *A History of Applied Entomology*. Smithsonian Miscellaneous Collection, Vol. 84. Washington, DC: 1930.

［4］Mallis, Arnold. *American Entomologists*. New Brunswick: Rutgers University Press, 1971, pp. 69–79.

［5］Riley, Charles V. *Annual Reports On the Noxious and Beneficial and Other Insects of the State of Missouri*.（Reports 1–9）. Jefferson City, Missouri, 1868–1876.

爱德华·H. 史密斯（Edward H. Smith）　撰，孙小涪　译

植物学家兼教育家：查尔斯·埃德温·贝西
Charles Edwin Bessey（1845—1915）

贝西出生在俄亥俄州的弥尔顿镇，在密歇根农业学院接受了正规的植物学教育。1872—1873 年和 1875—1876 年的冬天，他跟随哈佛大学的阿萨·格雷（Asa Gray）和威廉·法洛（William Farlow）短暂学习。1879 年，他获得了爱荷华大学的名誉博士学位。贝西的大部分职业生涯都是在赠地学院度过的。从 1870 年到 1884 年，他在埃姆斯的爱荷华农学院教授园艺和植物学。他因在那里强调农学教育中科学培训的必要性（农学课程不应与大学的科学部门分开，而应共享基础科学课程、师资和学术标准的共同核心），从而获得了激进教育创新者的美名。对贝西来说，理想的赠地学院应该是纯科学和应用科学和谐融合的地方。他在爱荷华州建立这种教育模式的尝试归于失败。但所幸，他成为全国生命科学教育改革领域有影响力的代言人。像其他几位新近职业化的植物科学家一样，贝西倡导"新植物学"，即在大学科学课程中强调实验室训练。在显微镜仍经常被认为是一种新奇事物的年代，贝西要求他的植物学本科生掌握显微镜的使用。他的植物学实验课是全美第一个面向本科生的。由于其教科书《高中和大学植物学》（*Botany for High Schools and Colleges*，1880）的成功，贝西的教育方法被广泛复制。尽管该书大体上效仿了朱利叶斯·冯·萨赫（Julius von Sach）的《植物学》（*Lehrbuch der Botanik*），但它表现出一种典型的美式实用主义教育方法。像约翰·杜威（John Dewey）和威廉·詹姆斯（William James）一样，贝西致力于通过实践而

非死记硬背来学习。

1884 年，贝西离开爱荷华州，成为内布拉斯加大学的植物学教授。他在这儿也尽力尝试把农学课程加入正规大学的课程里，但还是没能成功。在他生命的最后阶段，内布拉斯加大学和其他地方的农学院已经成为半独立机构，有自己的课程、标准和学术奖励制度。然而，贝西非常成功地在植物学领域建立了举足轻重的课程。内布拉斯加大学的植物学系成了一个重要的研究中心，贝西的几名学生做出了重要贡献，特别是在植物生态学这门新学科上。

大多数历史学家赞同把贝西描述为一名进步科学教育的领导者和先驱者，他的思想在塑造美国植物学的未来方面发挥了重要作用。最近，伊丽莎白·基尼（Elizabeth Keeney）认为，他的"新植物学"也是将专业的植物学家与认真的业余爱好者区分开的驱动器。截至 19 世纪末，两个群体之间已经几乎没有交流。

贝西在一个笃信宗教的家庭长大，他显然深信宇宙是上帝创造的。尽管如此，他的主要科学贡献却是对开花植物进行了首次明确的系统发育分类。贝西认为被子植物是由一个单一的祖先群衍生的单系群。他提供了一套区分原始特征和衍生特征的规则。他的开花植物的系统发育关系图被人们广泛转载，该系统因其分支形状而被戏称为"贝西的仙人掌"。贝西花了 20 年的时间来发展他的进化思想。最终版本在他去世前不久出版。他的系统被广泛讲授，并为最近的几次修改提供了起点。他是首位对植物分类理论做出重大贡献的美国植物学家。

参考文献

［1］Bessey, Charles E. *Botany for High Schools and Colleges*. New York: Henry Holt, 1880.

［2］——. "Botany by the Experimental Method." *Science*, n.s. 35 (1912): 994-996.

［3］——. "Phylogenetic Taxonomy of Flowering Plants." *Annals of the Missouri Botanical Garden* 2 (1915): 109-164.

［4］Cittadino, Eugene. "Ecology and the Professionalization of Botany in America, 1890-1905." *Studies in History of Biology* 4 (1980): 171-198.

［5］Keeney, Elizabeth. *The Botanizers: Amateur Scientists in Nineteenth-Century America*. Chapel Hill: University of North Carolina Press, 1992.

［6］Overfield, Richard A. "Charles E. Bessey: The Impact of the 'New' Botany on American Agriculture, 1880-1910." *Technology and Culture* 16（1975）: 162-181.

［7］——. *Science with Practice: Charles Bessey and the Maturing of American Botany.* Ames: Iowa State University Press, 1993.

［8］Tobey, Ronald C. *Saving the Prairies: The Life Cycle of the Founding School of American Plant Ecology, 1895-1955.* Berkeley: University of California Press, 1981.

［9］Walsh, Thomas R. "Charles E. Bessey: Land-Grant College Professor." Ph.D. diss., University of Nebraska, 1972.

乔尔·B. 哈根（Joel B. Hagen） 撰，吴紫露　译

另请参阅：植物学（Botany）

斯坦福大学首任校长：大卫·斯塔尔·乔丹
David Starr Jordan（1851—1931）

乔丹是一位鱼类学家和进化生物学家。在自传中，乔丹将自己描述为"一位博物学家、教师和民主的小先知"。他是改革教育、促进和平和鼓励"优育"（优生学）运动的领导者。他的生物学研究以鱼类学和进化为中心。乔丹出生在纽约的盖恩斯维尔，就读于康奈尔大学，由于所做的研究高深，他直接获得了硕士学位而不是学士学位。1873 年夏天，他在佩尼克西岛跟随路易·阿加西学习，并一直认为自己是阿加西的学生。1879 年，他到印第安纳大学任教，并于 1885 年担任校长。他引进了现代的"专业"教育体系，成为教育改革的领军人物。1891 年，他成为斯坦福大学的第一任校长，并一直在斯坦福大学工作到去世。乔丹是一位著名且活跃的和平主义者、优生学运动的领袖、反神创论的进化论捍卫者。在那个时代，他卷入了许多重要的政治争议，是一个非常引人注目的全国性重要人物。

乔丹的大部分工作与鱼类的分类和分布有关。他的作品包括《北美鱼类概述》［和学生查尔斯·吉尔伯特（Charles H. Gilbert）合著］和四卷本巨著《北美和中美洲的鱼类》［与巴顿·艾弗曼（Barton Evermann）合作］，这是美国鱼类的经典研究。乔丹和艾弗曼的《夏威夷群岛的海岸鱼类》初版于 1905 年，到 1995 年还在再版。他还对南太平洋和日本的鱼类进行了系统的研究。在 20 世纪 20 年代被公认的

12000—13000 种鱼类中，乔丹和学生发现了 2500 多种。在当时命名的 7000 个属中，有 1085 个是乔丹师生命名的。这项工作除了在分类学上的重要性之外，还对生态学的发展做出了重大贡献。这项研究由美国鱼类委员会赞助，该委员会致力于描述和理解鱼类生物地理分布的根本原因。

在理论层面，他的主要贡献与物种形成有关。1905 年，乔丹发表了第一份全面的综合证据，支持了隔离是物种形成过程中必要的第一步。随着雨果·德弗里斯（Hugo de Vries）突变理论的发展和普及，上述观点受到了质疑。乔丹在整个职业生涯中继续推广"地理成种"的概念，他的工作被许多综合进化论的开创者所引用，包括休厄尔·赖特（Sewell Wright）和狄奥多西·杜布赞斯基。

为了论证地理隔离在物种形成中所起的作用，乔丹利用了他发现的一种规律，即关系最接近的物种通常不会出现在同一地区，而是出现在邻近地区，由某种屏障隔开。乔尔·A. 艾伦（Joel A. Allen）后来将这种生物地理规律称为"乔丹定律"（Jordan's Law），至今仍在教科书中提及。他是第一个讨论"双生"物种（兄弟物种）发展的人，而这通常是物种形成的首要结果。

对于一个曾在美国文化中崭露头角的人物来说，关于乔丹的历史研究少得惊人。对他的政治、社会和教育思想有过一些论述，但对他的科学著作却研究甚少。这在一定程度上是由于生物分类学的声望下降。此外，致力于 20 世纪早期进化生物学的生物学史家倾向于关注遗传学家和更注重实验的生物学家的贡献，只是顺便提到乔丹。因此，虽然他经常被提及，特别是在进化生物学、生态学和优生学的历史上，但仍有大量工作需要完善。在这方面，斯坦福大学档案馆里乔丹的文献和信件收藏将派得上用场。

参考文献

［1］Allen, Garland. "The Reception of the Mutation Theory." *Journal of the History of Biology* 3（1979）: 179-209.

［2］Burns, Edward. *David Starr Jordan: Prophet of Freedom*. Stanford: Stanford University Press, 1953.

［3］Hays, Alice Newman. *David Starr Jordan, a Bibliography of His Writings, 1871-1931.*

Stanford: Stanford University Press, 1952.

[4] Jordan, David Starr. "The Origin of Species Through Isolation." *Science* 22 (1905):
545–562.

[5] ——. *Days of a Man.* 2 vols. New York: World Book, 1922.

[6] Jordan, David Starr, and Barton Evermann. *The Fishes of North and Middle America.* 4
vols. Washington, DC: Smithsonian, 1896–1900.

[7] ——. *The Shore Fishes of Hawaii.* Rutland, VT: Tuttle, 1986.

[8] Jordan, David Starr, and Charles H. Gilbert. *Synopsis of the Fishes of North America.*
Washington, DC: Smithsonian, 1882.

大卫·马格努斯（David Magnus） 撰，彭华 译

美国生物学领军人物：埃德蒙·比彻·威尔逊

Edmund Beecher Wilson（1856—1939）

威尔逊出生于伊利诺伊州的日内瓦，是艾萨克·G. 威尔逊（Isaac G. Wilson）和卡罗琳·克拉克（Caroline Clarke）的儿子。艾萨克·G. 威尔逊是一名律师，后来成为巡回法院法官，之后又担任芝加哥上诉法院的首席大法官，而卡罗琳·克拉克则是一位五月花号旅行者的后代。在一所只有一间教室的学校教了一年书后，威尔逊决定继续他的学业。他在堂兄塞缪尔·克拉克（Samuel Clarke）的影响下先后进入了安提阿学院（1873—1874）和耶鲁学院谢菲尔德理学院（1875—1878），并在耶鲁获得了博士学位，之后他又去了约翰斯·霍普金斯大学跟随威廉·基思·布鲁克斯（William Keith Brooks）进行研究生学习。由于有奖学金和助教奖学金的支撑，威尔逊得以在生物学领域学习，并在 1881 年获得了腔肠鼠胚胎学研究博士学位。

在霍普金斯大学担任布鲁克斯的助手一年之后，威尔逊去了莱比锡大学和剑桥大学访学一年，并在那不勒斯的动物学研究所定居下来。部分由于威尔逊对音乐和文化的热爱（这体现在他对大提琴演奏的严肃态度上），年轻的威尔逊与动物站的主任安东·多恩（Anton Dohrn）成了好朋友，多恩劝威尔逊留在那不勒斯继续他的研究。然而，威尔逊觉得有必要回到美国，他归国后先替去欧洲旅游的堂兄塞缪

尔·克拉克在威廉姆斯学院教了一年书。随后，威尔逊在麻省理工学院担任讲师，在那里他与同是霍普金斯大学毕业的威廉·塞奇威克（William Sedgwick）一起编写一本名为《普通生物学》（*General Biology*）的新教科书。最终，威尔逊 1885 年在布林莫尔学院获得了一个"真正"的职位，即担任生物项目的负责人，他在那儿一直教学到 1891 年，那一年，他应亨利·费尔菲尔德·奥斯本（Henry Fairfield Osborn）的聘请去哥伦比亚大学任教直至退休。作为一名负责任的老师，威尔逊赢得了学生们的尊敬和爱戴。他向他们介绍了生物学的基本概念和理论还有研究。对威尔逊来说，最重要的问题是遗传在发育过程中的反映方式。胚胎的发育在多大程度上是由其自身的内部条件（大部分是遗传的）决定的？在多大程度上是由外部环境因素决定的？其实威尔逊第一次对生物学产生兴趣是在上大学的时候，当时他遇到了哈佛大学动物学家爱德华·劳伦斯·马克（Edward Laurens Mark），马克对早期细胞分裂的细节进行过细致研究。威尔逊开始仔细地探索细胞分裂和生长的精确性，探寻细胞核和细胞质的每一部分在每个阶段的作用。将他的研究结果与其他物种的细胞谱系进行比较，他成了当时主要争论的中心人物，争论的焦点是细胞分裂在何种程度上决定或不决定发育后期的细胞。

通过对多种物种的研究，威尔逊发现多毛目蠕虫中的沙蚕属（Nereis）尤其有助于显示卵裂模式的确定性和规律性。然而，证据并不符合像威廉·鲁克斯（Wilhelm Roux）等人更全面的"马赛克"观点，即每个细胞分裂将材料分成不同的片段，这些片段像马赛克瓷砖一样，在组成整体的同时保留自己的个性。因此，该观点认为细胞分裂包括执行预先设定的步骤，并作为一种预成型。威尔逊认为，胚胎要比这复杂得多，而且它们能够对环境中不断变化的因素作出反应，从而容许更多的调节，甚至可能像汉斯·德里施（Hans Driesch）提出的那样，由整个生物体进行调节。

威尔逊继续追寻一系列同样的问题，通过寻求更可靠和多样化的方法来寻找更好的答案。各种实验操作为威尔逊和实验胚胎学家及细胞学家提供了新的数据。很明显，纺锤丝、中心体和染色体等亚细胞部分，经历了与细胞分裂的可预测阶段相对应的有规律的变化模式。这表明了一种相关性，正如在一系列令人印象深刻的文章中所阐述的那样，对这种相关性的研究把他带到了细胞核的更深处，回到了遗传，回到了染色体，并最终回到了孟德尔对遗传的解释。

构成孟德尔染色体遗传和发育理论的大部分关键部分来自威尔逊、他的学生或与他关系密切的人。尽管妮蒂·玛丽·斯蒂文斯（Nettie Marie Stevens）和托马斯·亨特·摩尔根（Thomas Hunt Morgan）是最著名的贡献者，但还有很多其他人也做出了贡献。威尔逊激发了他们对细胞、遗传和发育所进行的广泛研究。通过他在哥伦比亚的布林莫尔学院及度过了大部分暑假的马萨诸塞州的伍兹霍尔海洋生物实验室中作为教师、学者和领导者的影响，威尔逊教会了一代又一代的学生热爱和尊重科学。他在大多数主要科学组织中的领导地位加强了这一信息，他自己出色的研究也提供了一个很好的范例。他还教导说，科学家不必一心一意地献身于他们的科学。音乐也是他生活的中心——无论是他自己的表演，还是他身为大提琴家的女儿南希·威尔逊（Nancy Wilson）的演奏。正如一位著名的当代音乐家所说，威尔逊是"纽约最重要的非专业演奏家"（Muller, p. 166）。

威尔逊是一位杰出的科学家、强有力的领导者和优秀的人，在早期的美国生物学家中出类拔萃。他在细胞学方面的工作促成了他在 1896 年出版的百科全书式教科书《发育和遗传中的细胞》（*The Cell in Development and Inheritance*），该书分别在 1900 年和 1925 年被重新修订。这一经典著作至今仍被现代细胞生物学家引用，它反映了威尔逊对细节的关注，以及他对当时核心理论和方法问题的把握。正如威尔逊的朋友兼同事托马斯·亨特·摩尔根对他所作的描述那样："很少有人能在自己选择的科学研究领域产生如此大的影响，也很少有人能在兴趣更为广泛的领域内吸引如此多的朋友。威尔逊精湛的技术和他对决策的平衡判断，是他的两项杰出成就"（Morgan，1939, p. 258）。

参考文献

[1] Baxter, Alice Levine. "Edmund Beecher Wilson and the Problem of Development: From the Germ Layer Theory to the Chromosome Theory of Inheritance." Ph.D. diss., Yale University, 1974.

[2] Morgan, Thomas Hunt. "Edmund Beecher Wilson." *Science* 89（1939）: 258-259.

[3] ——. "Edmund Beecher Wilson." *Biographical Memoirs of the National Academy of Sciences* 21（1941）: 315-342.

[4] Muller, H.J. "Edmund Beecher Wilson—an Appreciation." *American Naturalist* 77（1943）: 5-37, 142-172.

[5] Sedwick, William T., and Edmund B. Wilson. *General Biology.* New York: Henry Holt, 1886.

[6] Wilson, Edmund Beecher. "The Development of Renilla." *Philosophical Transactions of the Royal Society* 174（1883）: 723-815.

[7] ——. *The Cell in Development and Inheritance.* New York: Macmillan, 1896; 2d ed., 1900; 3d ed. as *The Cell in Development and Heredity*, 1925.

[8] ——. "Studies of Chromosomes." *Journal of Experimental Zoology* 2（1905）: 371-405, 507-547; 3（1906）: 1-40; 6（1909）: 69-99, 147-205; 9（1910）: 53-78; 12（1911）: 71-110; 13（1912）: 345-448.

简·梅恩森（Jane Maienschein） 撰，刘晋国 译

应用昆虫学家：利兰·奥西恩·霍华德
Leland Ossian Howard（1857—1950）

霍华德出生于伊利诺伊州的罗克福德，成长在纽约州的伊萨卡。孩提时代，他遇到了康奈尔大学昆虫学教授约翰·亨利·康斯托克（John Henry Comstock），这位教授后来成了霍华德的导师。1878 年，霍华德被任命为美国农业部新任昆虫学家查尔斯·瓦伦丁·赖利（Charles Valentine Riley）的助理，这令他放弃了原本的医学生涯。赖利辞职后，康斯托克短时接替了他的职务；赖利回来后，霍华德仍留在该部门。1894 年，赖利第二次辞职后，霍华德晋升为农业部的首席昆虫学家。霍华德最终成了昆虫学家的领军人物，同时也是一个人脉广泛、直言不讳的学科捍卫者。

霍华德专门研究寄生蜂的分类学，尤其是那些攻击介壳虫的寄生蜂，康斯托克和赖利先后将这种寄生蜂作为美国农业部昆虫学的重点研究对象。1889 年，美国农业部在赖利的指导下引进了控制加州吹绵蚧的澳大利亚昆虫，此后霍华德就提倡使用这种寄生虫对害虫进行生物控制。赖利与加州官员在这件事的功劳上长期存在竞

争，这一竞争后来也延续到了霍华德身上。

1889—1898 年，霍华德见证并记录了四件影响应用昆虫学（通常被称为"经济昆虫学"）历史的事件。舞毒蛾、圣约瑟虫和棉铃象鼻虫都是美国外来物种，能够造成严重危害，并且是首次被证明能够传播人类疾病的昆虫。霍华德在南方建立的工作队基本上没能说服农民采用防治法来对付棉铃象鼻虫。而圣约瑟虫害导致其他国家限制对美国农产品的进口，最终促成 1912 年第一个联邦植物检疫立法的出台。霍华德发起了一个最宏大的项目——开展长期协同的生物控制计划，从 1905 年开始对新英格兰的舞毒蛾进行控制。许多寄生虫是从欧洲带入美国的，但又没有人能控制住这种飞蛾。在对舞毒蛾的研究中，霍华德和威廉·F.菲斯克（William F. Fiske）提出了后来被称为密度制约死亡率的概念，这一概念引起生态学家在今后几年的激烈争论。

在发现昆虫可以传播疟疾和其他疾病后，霍华德成了卫生昆虫学领域的代言人。他写了很多关于蚊子和家蝇危害的书，并把"打死苍蝇"变成了一句全国性口号。

1894 年霍华德接管的那间小办公室在 1904 年升格成为昆虫学局。他根据农作物的不同种类划分了不同的部门。在霍华德领导的 33 年时间里，经济昆虫学实现了快速和专业化的发展。霍华德不断宣传昆虫作为危害农业和公共卫生的害虫，对人类文明产生威胁，并不断游说政客和公众支持这项事业。

凭借在美国农业部的职位，他与世界各地顶尖的昆虫学家建立了长期联系，同时由于在美国昆虫学组织中扮演的创始人角色，霍华德成了这一领域的国际领军人物。1920 年，美国科学促进会选举他为主席，并荣任常任秘书长达 22 年。

在 1927 年卸任昆虫学局局长后，霍华德仍会不断提醒公众要警惕"昆虫的威胁"。在他那个时代，他所撰写的昆虫学史和个人自传一直是这一领域的主要著作，这些工作在历史上留下了浓重的印记。

霍华德之所以有着重要地位，得益于他作为昆虫学界管理者和发言人所做的工作。虽然他是康斯托克的学生，但对于康斯托克的进化系统学派他并没有做出贡献。霍华德的分类学论文所采用的类型学风格也早在他去世前就已经过时了。他在医学昆虫学方面几乎没有做出任何原创性研究，但对于宣传这一领域做出了突出贡献。在他管理下开展的生物防治工程，实际应用价值并不大。而昆虫学局将少数专家分散在不同的作物部门，这种组织结构阻碍了生物防治的发展。与此同时，霍华德也在努力阻止州政府效仿加州的做法，不要自己从国外引进寄生虫和捕食者来控制虫害。尽管霍华德倡导利用益虫，但也正是他说服公众相信了这一点：大多数情况下昆虫都是需要大力打击的人类威胁。因此，他为美国昆虫学在杀虫方面做出了很多贡献。

参考文献

[1] Graf, John E., and Dorothy W. Graf. "Leland Ossian Howard." *Biographical Memoirs of the National Academy of Sciences* 33（1959）: 87–124.（Includes bibliography of Howard's works.）

[2] Howard, Leland O. *A History of Applied Entomology（Somewhat Anecdotal）*. Washington, DC: Smithsonian Institution, 1930.

[3] ——. *Fighting the Insects: The Story of an Entomologist*. New York: Macmillan, 1933.

[4] Howard, Leland O., and William F. Fiske. "The Importation into the United States of the Parasites of the Gipsy Moth and the Brown–tail Moth." *U.S. Bureau of Entomology Bulletin* 91（1911）.

[5] Sawyer, Richard C. "Monopolizing the Insect Trade: Biological Control in the USDA, 1888–1951" *Agricultural History* 64（1990）: 271–285.

理查德·C. 索耶（Richard C. Sawyer） 撰，王晓雪 译

苔藓植物学家：伊丽莎白·格特鲁德·奈特·布里顿
Elizabeth Gertrude Knight Britton（1858—1934）

布里顿是苔藓植物学家，纽约植物园苔藓馆的首任馆长，多个植物杂志的创始人和主编。伊丽莎白·布里顿童年的大部分时间都是在古巴度过的，她的家人都在古巴从事糖和家具生意。她毕业于亨特学院（当时是纽约师范学校），后来在那里教书。1879 年，她成为第一个加入托里植物俱乐部的女性成员，在那里她遇到了她未来的丈夫，植物学家纳撒尼尔·洛德·布里顿（Nathaniel Lord Britton）。他们于 1885 年结婚。伊丽莎白·布里顿是美国植物学会 1893 年当选的二十五名特许会

员中唯一的女性，她当选的理由是她的许多植物学出版物。其中大部分属于苔藓学，包括藓类、苔类和角苔类研究。

婚后，她从 1886 年到 1888 年担任延续至今的《托里植物俱乐部公报》（*Bulletin of the Torrey Botanical Club*）的主编。1888 年，布里顿夫妇参观了英国皇家植物园——邱园，伊丽莎白·布里顿归国后向托里植物俱乐部提出了在纽约建一个大型植物园的想法。到了 1891 年，纽约州议会特许了这样一个植物园，伊丽莎白·布里顿领导纽约一群富有的妇女筹集了 25 万美元的捐款，在布朗克斯区的 250 英亩土地上建立了纽约植物园。她的丈夫在 1896 年成为园长。1899 年，她成了植物园苔藓植物馆馆长；她从 1912 年起直至去世，一直担任苔藓馆的名誉馆长。她没有报酬，但这是一个重要且有影响力的职位，使她能够继续进行购买欧洲植物标本的谈判、为植物园的植物标本室收集标本而四处旅行、指导博士生和植物园的雇员。她在沙利文特苔藓学会（现在的美国苔藓和地衣学会）及其期刊《苔藓学家》（*Bryologist*）的建立中发挥了作用，她是该刊的编辑。她还主编过《托里植物俱乐部杂志》。她总共发表了 346 篇论文和评论，主要与苔藓有关。

在冬天，伊丽莎白·布里顿和她的丈夫会去巴哈马群岛、古巴、波多黎各和西印度群岛等地旅行。丈夫研究开花植物，她研究苔藓植物。她还在欧洲旅行，参观标本馆，并在纽约的阿迪朗达克山脉广泛收集资料。她与世界各地的苔藓学家和其他植物学家进行了广泛的通信。在晚年，伊丽莎白·布里顿把精力转向了野生花卉的保护，并就这个主题发表演讲并撰写文章。

17 种植物和一种动物以伊丽莎白·布里顿的名字命名。尽管她有很多关于苔藓的论文，但这一领域的权威著作都是她的研究生 A. 朱尔·格让特（A. Joel Grout）写的。布里顿的信件、植物藏品和她的论文集都存放在纽约植物园。

参考文献

[1] Britton, Elizabeth G. Collected papers on mosses, 1887–1925. 1 vol., New York Botanical Garden.

[2] ——. Collected papers on wildflower preservation, 13 parts. 1 vol., New York Botanical

Garden.

[3] Howe, Marshall A. "Elizabeth Gertrude Britton." *Journal of the New York Botanical Garden* 35 (1934): 97–105.

[4] Merrill, Elmer D. "Nathaniel Lord Britton." *Biographical Memoirs of the National Academy of Sciences* 19 (1938): 147–202.

[5] Slack, Nancy G. "Nineteenth–Century American Women Botanists: Wives, Widows, and Work." In *Uneasy Careers and Intimate Lives; Women in Science 1789–1979*, edited by Pnina G. Abir–Am and Dorinda Outram. New Brunswick: Rutgers University Press, 1987, pp. 77–103.

[6] Steers, William C. "Britton, Elizabeth Gertrude Knight." In *Notable American Women*, edited by Edward T. James, Janet Wilson, and Paul W. Boyer. Cambridge, MA: Harvard University Press, 1971, 3:243–244.

[7] Tanner, Ogden, and Adele Auchincloss. *The New York Botanical Garden: An Illustrated Chronicle of Plants and People.* New York: Walker and Co., 1991.

南希·G. 斯莱克（Nancy G. Slack） 撰，吴紫露 译

操纵动物行为的人：雅克·洛布
Jacques Loeb（1859—1924）

洛布是德国犹太裔移民生物学家。他出生于普鲁士的莱茵地区，在斯特拉斯堡大学学习脑部生理学，1884 年获医学博士。在接下来的 7 年里，他在柏林农学院、伍兹堡和斯特拉斯堡大学以及那不勒斯动物学站从事生理学研究。1890 年，他与在苏黎世学习的美国人安妮·路易斯·伦纳德（Anne Louise Leonard）结婚，一年后，他来到美国，在布林莫尔学院工作了一年，然后加入新成立的芝加哥大学，并升为生理学教授。1902 年，他成为加州大学伯克利分校的生理学教授，8 年后成为纽约市洛克菲勒医学研究所的成员，一直到去世。除了在加利福尼亚的那几年，洛布夏天时都在马萨诸塞州伍兹霍尔的海洋生物实验室工作。

洛布是一位激进的实验主义者，他试图将生物学从对生物多样性的研究转变为一门工程科学。在植物生理学家朱利叶斯·萨克斯（Julius Sachs）和物理学家恩斯

特·马赫（Ernst Mach）的影响下，洛布利用物理化学的工具改变了动物的功能和结构。他探索了操纵动物行为的方法，其中最引人注目的是动物向性研究，改变无脊椎动物的形态，并控制胚胎的发育。他认为自己最伟大的创新是人工孤雌生殖，1899 年，他证明通过改变未受精卵的化学培养基，可以启动发育。他将这种积极的实验与其他生物学家对了解正常发育的关注进行了对比，洛布对生物学家 H. J. 穆勒（H. J. Muller）和格雷戈里·平卡斯（Gregory Pincus）以及心理学家约翰·B. 华生（John B. Watson）和 B. F. 斯金纳（B. F. Skinner）都有重要影响。

遗传学的成功，从学术研究到医学研究的转变，以及围绕第一次世界大战的意识形态冲突，在 20 世纪的第二个 10 年里相结合，促使洛布采取了更传统的还原论立场。1916 年后，他基本上放弃了早期广泛的生物学研究，转而专注于蛋白质化学。他旨在表明，与胶体化学的原则相反，明胶遵守溶液理论的定律。

作为一个世俗化的犹太人，洛布对科学发现充满热情，但对人性的弱点却嗤之以鼻，因此他成为美国学院派生物学家的异类，这些生物学家是一个由冷静乐观的研究者和制度建设者所主导的知识群体。大多数人将他解释为长期以来对德国犹太人和科学家的刻板印象——一个唯物主义者和纯粹科学的信徒。细菌学家辛克莱·刘易斯（Sinclair Lewis）在《阿罗史密斯》（*Arrowsmith*，1925）中创造的虚构人物马克斯·戈特利布（Max Gottlieb）体现了洛布的形象。整体生物学家和哲学家使用洛布的畅销书《机械论的生命观》（1912 年），作为他们认为盛行于 19 世纪的简单机械还原论的一个范例。最近的研究重点是他在美国实验生物学发展中的催化作用，以及他作为生物技术先知的工作。

洛布的研究扩展到许多生物学领域，包括感知心理学、动物行为、胚胎学、受精、细胞膜特性、再生和物理生物化学。他在这些领域的重要性还没有得到很好的理解。国会图书馆收藏了大量他的论文。

参考文献

［1］Allen, Garland E. *Life Science in the Twentieth Century*. New York: John Wiley, 1975.

［2］Fleming, Donald. Introduction to *The Mechanistic Conception of Life*, by Jacques Loeb.

Cambridge, MA: Harvard University Press, 1964, pp. vii–xlii.

[3] Manning, Kenneth R. *Black Apollo of Science: The Life of Ernest Everett Just.* New York: Oxford University Press, 1983.

[4] Osterhout, W.J.V. "Jacques Loeb." *Biographical Memoirs of the National Academy of Sciences* 13 (1930): 318–410.

[5] Pauly, Philip J. *Controlling Life: Jacques Loeb and the Engineering Ideal in Biology.* New York: Oxford University Press, 1987.

[6] Rasmussen, Charles, and Rick Tilman. *Jacques Loeb: His Science and Social Activism and Their Philosophical Foundations.* Memoirs of the American Philosophical Society 229 (1998).

[7] Reingold, Nathan. "Jacques Loeb, the Scientist: His Papers and His Era." *Library of Congress Quarterly Journal of Acquisitions* 19 (1962): 119–130.

[8] Rosenberg, Charles E. *No Other Gods: On Science and American Social Thought.* Baltimore: Johns Hopkins University Press, 1976.

菲利普·J. 保利（Philip J. Pauly） 撰，彭华 译

纽约植物园的建立者：纳撒尼尔·洛德·布里顿
Nathaniel Lord Britton（1859—1934）

布里顿是植物学家，领导了纽约植物园的建立和发展，并著有重要的植物学著作。纳撒尼尔·洛德·布里顿出生于纽约斯塔滕岛，1879 年毕业于哥伦比亚大学矿业学院。他是地质学和矿物学教授约翰·斯特朗·纽贝里（John Strong Newberry）的学生，但他的植物学基本上是自学的。布里顿是托里植物俱乐部的早期成员，并于 1879 年与人合著了里士满县的植物志。他在新泽西州地质调查局担任植物学家和助理地质学家。1881 年，他获得了哥伦比亚大学的博士学位；他的论文以他的"新泽西州植物群初步目录"为基础。1887 年，他被任命为植物学和地质学讲师，1891 年被任命为植物学教授。1896 年在他 37 岁时成为哥伦比亚大学植物学名誉教授，同年被任命为新成立的纽约植物园的总干事。

1885 年，他与伊丽莎白·格特鲁德·奈特·布里顿结婚，布里顿也是一名植

物学家，还是托里植物俱乐部的第一位女性会员。他们一起推动了纽约植物园的建立。1891 年，一项特许状颁布，授权从布朗克斯区划出 250 英亩土地，条件是可以通过私人捐款筹集 25 万美元。布里顿本人的财产不多，但是他与范德比尔特（Vanderbilt）、卡内基、摩尔根以及纽约其他精英的友谊得以让他和妻子能筹集到这笔钱。这个植物园与哥伦比亚大学关系密切，布里顿还是哥伦比亚大学植物学的教授。哥伦比亚大学将其植物标本室和图书馆捐赠给植物园，以换取研究生的教学和研究设施。通过监督实验室的建设、雇佣员工并为发表研究成果建立期刊，布里顿把这个植物园变成了一个研究机构和美国重要的植物学中心。

布里顿是新的"罗切斯特"或"美国"命名法的主要倡导者，反对现行的国际命名法。它的主要规定是严格执行出版优先原则。它得到了托里植物俱乐部和 1892 年美国科学促进会在罗切斯特召开的会议的支持，但遭到阿诺德植物园主任查尔斯·斯普拉格·萨金特（Charles Sprague Sargent）和美国西部植物学家的反对。布里顿往往处于十分尖锐的争论的中心。1905 年的国际会议没有采用美国（罗切斯特）法规，但布里顿和他的同事们继续在他们的分类学出版物中使用它。

布里顿和资助该法的艾迪生·布朗（Addison Brown）法官制作了第一本《北美所有地区植物群的图画集》（*Illustrated Flora of the Northern United States and Canada*. 3 vols, 1896—1898, 2d ed. 1913）。这本书在 1947 年之前再版了 6 次，亨利·格里森（Henry A. Gleason）1952 年编写的修订版沿用至今。除了几百篇已发表的论文之外，布里顿的其他重要出版物还有《北美树木》[*North American Trees*，与夏弗（J. A. Shafer）合著，1908]、《百慕大植物群》[*The Bahama Flora*，与米尔斯堡（C. F. Millspaugh）合著，1920]和《波多黎各和维尔京群岛的植物学》[*Botany of Porto Rico and the Virgin Islands*，与威尔逊（P. Wilson）合著，1923—1930]。四卷本的附插图的专著《仙人掌》[The Cactaceae，与罗斯（J. N. Rose）合著，1919—1923]可能是他最重要的分类学著作。

在布里顿的指导下，纽约植物园对菲律宾、西印度群岛和南美洲进行了考察。他和伊丽莎白·布里顿前往西印度群岛、古巴和其他地方亲身进行了多次植物学考察。在他的指导下，美国的许多地方都有了植物志并建立了新的期刊，包括纽约植物园的《杂志》（*Journal*）、《公报》（*Bulletin*）和《回忆录》（*Memories*）以及《真菌学》（*Mycologia*）和《艾迪生尼亚》（*Addisonia*）。《北美植物志》（*North American Flora*）已经出版了74卷。在布里顿担任园长的33年中，纽约植物园从250英亩的未开发土地发展到400英亩的专业植物园、实验室、博物馆、温室和办公室。图书馆的藏书增加到4.3万册，植物标本室有来自世界各地的近200万份标本。藏品中还包括真菌、苔藓和植物化石；布里顿在植物园里把古植物学发展成一门研究专业。他于1929年从园长任上退休。

布里顿获得了许多荣誉，其中包括：1914年当选美国国家科学院院士、1928年成为美国哲学学会会员、1925年成为伦敦林奈学会的外籍会员。1893年，他成为美国植物学协会的特许会员，并于1898年和1921年任学会主席。他在1907年任纽约科学院院长。波多黎各卢基约国家公园（Luquillo National Park）的布里顿山（Mount Britton）以及包括化石植物在内的6个属、69个物种和品种都以他的名字命名。植物园的期刊《布里顿尼亚》（*Brittonia*）创刊于1931年。无论如何，他最大的遗产是纽约植物园本身，它是当今美国极其重要的植物学机构之一。

参考文献

[1] Britton, Nathaniel L. *Manual of the Flora of the Northern States and Canada*. New York: New York Botanical Garden, 1901; 2d ed., 1905.

[2] ——. Accounts of various families in *North American Flora*. New York: New York Botanical Garden, 1905–1930.

[3] ——. *Flora of Bermuda*. New York: New York Botanical Garden, 1918.

[4] Britton, Nathaniel L., and Addison Brown. *Illustrated Flora of the Northern United States, Canada, and the British Possessions from Newfoundland to the Parallel of the Southern Boundary of Virginia and from the Atlantic Ocean Westward to the 102nd Meridian*. 3 vols. New York: The New York Botanical Garden, 1896–1898; 2d ed., 1913.

[5] Britton, Nathaniel L., and Charles F. Millspaugh. *The Bahama Flora*. New York: New York Botanical Garden, 1920.

[6] Britton, Nathaniel L., and J.N. Rose. *The Cactaceae*. 4 vols. Washington, DC: Carnegie Institution of Washington, 1919–1923.

[7] Britton, Nathaniel L., and John A. Shafer. *North American Trees*. New York: New York

Botanical Garden, 1908.

[8] Britton, Nathaniel L., and Percy Wilson. *Botany of Porto Rico and the Virgin Islands.* 2 vols. New York: New York Botanical Garden, 1923–1930.

[9] Gleason, Henry A. "The Scientific Work of Nathaniel Lord Britton." *Proceedings of the American Philosophical Society* 104（1960）: 205–206.

[10] Hove, M.A. "Nathaniel Lord Britton." *Journal of the New York Botanical Garden* 35 （1934）: 169–180.

[11] Merrill, Elmer D., and John H. Barnhart. "Nathaniel Lord Britton." *Biographical Memoirs of the National Academy of Sciences* 19（1934）: 147–202.

[12] Slack, Nancy G. "Botanical and Ecological Couples; a Continuum of Relationships." In *Creative Couples in the Sciences*, edited by Helena M. Pycior, Nancy G. Slack, and Pnina G. Abir–Am. New Brunswick: Rutgers University Press, 1996, pp. 235–253.

[13] Sloan, Douglas. "Science in New York City, 1867–1907." *Isis* 71（1980）: 35–76.

[14] Stearn, William T. "Britton, Nathaniel Lord." *Dictionary of Scientific Biography.* Edited by Charles C. Gillispie. New York: Scribners, 1970, 2:476–477.

[15] Tanner, Ogden, and Adele Auchincloss. *The New York Botanical Garden: An Illustrated Chronicle of Plants and People.* New York: Walker and Co., 1991.

南希·G. 斯莱克（Nancy G. Slack） 撰，*吴紫露* 译

另请参阅：纽约植物园（The New York Botanical Garden）

细胞学家和胚胎学家：内蒂·玛丽亚·史蒂文斯
Nettie Maria Stevens（1861—1912）

史蒂文斯出生于美国佛蒙特州卡文迪什（Cavendish, Vermont），在马萨诸塞州韦斯特福德（Westford, Massachusetts）的公立学校接受教育，1883 年毕业于马萨诸塞州韦斯特菲尔师范学校（Westfield, Massachusetts, Normal School）。为接受更高的教育，她一边教书一边攒钱，几年后她存足了一笔去斯坦福大学上学的资金。1896 年 9 月，她以特别生（special student）身份进入斯坦福大学，1897 年 1 月转为正式新生，三个月后便成为高阶学生。史蒂文斯于 1899 年获得组织学专业学士学位，并继续在斯坦福大学攻读硕士，1900 年获得硕士学位。她的论文《纤毛虫研究》

（*Studies on Ciliate Infusoria*）于 1901 年发表在《加州科学院学报》（*Proceeding of the California Academy of Sciences*）。之后，史蒂文斯回到美国东部在布林莫尔学院攻读博士学位。在那里她的第一份工作是和约瑟夫·韦瑟兰·沃伦（Joseph Weatherland Warren）一起研究青蛙肌肉收缩的生理机能，但不久之后，她开始和遗传学家托马斯·亨特·摩尔根合作。1903 年，史蒂文斯获得博士学位，博士论文在同年发表。她余生一直任职于布林莫尔学院，1902 年到 1904 年，她成为生物学研究员（由卡内基研究所基金资助）。1904 年至 1905 年，她任实验形态学助理教授，1905 年至 1912 年，她成为实验形态学的副教授。布林莫尔学院董事会最终为她设立了一个研究教授职位，但她还没来得及任职就因乳腺癌逝世。

从 1901 年她发表第一篇论文到去世为止的 11 年间，史蒂文斯至少发表了 38 篇论文。她最重要的工作是在细胞学方面，在卡内基基金会的资助下，她证明出性别由特定染色体决定。同一时期，其他研究者也在探索染色体与遗传之间的关系。尽管细胞分裂期间染色体的活动当时已经得到描述，但染色体与孟德尔遗传学说关系的推测还未被实验证实。当时从亲代染色体到子代染色体中未发现可以追溯观测的明显特征，也没有发现特定染色体与特定性状相联系。尽管有迹象表明性别遗传可能与一条形态截然不同的染色体有关，但这种联系仅仅作为可能性被提出。如果性别被证明以孟德尔所说的方式遗传，那么染色体作为遗传基础的推测将会得到支持。

1903 年，史蒂文斯对染色体与性别决定问题产生兴趣。这一年，她向卡内基研究所申请资助，并将一个感兴趣的研究方向描述为"孟德尔遗传定律问题的组织学研究"（引用自 Brush, p. 171）。与此同时，另一位重要的细胞学家、哥伦比亚大学教授埃德蒙·比彻·威尔逊（Edmund Beecher Wilson）也在研究同样的问题。因为威尔逊和史蒂文斯都推测出性别由一条特定染色体决定，所以这一发现的优先权问题偶尔会被提及。但直到最近，人们通常将此发现归功于威尔逊一人。然而，很明显，两人都独立做出了类似发现。史蒂文斯做出的重要突破包含在她对常见粉虫的研究论文"黄粉虫"（*Tenebrio molitor*）当中。1905 年，她确定雄性黄粉虫有 19 条大染色体和 1 条小染色体，雌性有 20 条大染色体。她谨慎地推测，这可能表明了性别决定的一种情况：性别由一对不同大小的特殊染色体所决定。她假设雄性是由含小染色体的精子决定，而雌性是由包含 10 条大染色体的精子决定，她提出在某些情况下，性别可能会由染色质数量或质量的差异所决定。由于对其他物种的研究结果千差万别，与威尔逊一样，史蒂文斯不愿做出明确的断言。然而，她清楚地认识到这一发现的重要性，继而研究了诸多不同物种的精子发生过程（spermatogenesis）并试图确定一种统一模式。尽管当时生物学家对她的理论持怀疑态度，她也不断地质疑自己关于性别遗传基础的假设，但她的工作为证明染色体在遗传过程中的重要性提供了至关重要的观察证据。

史蒂文斯的成就虽然得到她许多同事的认可，但她在布林莫尔学院的学术职称依旧不高，她的学术造诣也未被充分认可，部分是因为性别歧视。在《美国著名女性（1607—1950）》（*Notable American Women 1607—1950*）一文中，汉斯·里斯（Hans Ris）较早记述了史蒂文斯的工作和生活。之后，斯蒂芬·布拉什（Stephen Brush）对威尔逊而非史蒂文斯通常被视为性别决定染色体学说的发现者一事很感兴趣。在布拉什建议下，玛丽莲·奥格尔维（Marilyn Ogilvie）和克里夫·乔奎特（Cliff Choquette）继续探究这个问题，最终确定史蒂文斯和威尔逊同时、独立地做出了这一科学发现。威尔逊更为人所知，部分原因是总体上他有着更广泛的生物学成就，部分原因是性别偏见。

史蒂文斯之所以特别重要，是因为她是第一批对生物学做出重大理论贡献的美国女性之一，但撰写完整传记所需的材料却非常稀缺。现有资料主要可在华盛顿卡内基研究所、美国哲学学会和布林莫尔学院的档案中找到。

参考文献

[1] Brush, Stephen. "Nettie M. Stevens and the Discovery of Sex Determination by Chromosomes." *Isis* 69（1978）: 163-172.

[2] Maienschein, Jane. "Stevens, Nettie Maria." *Dictionary of Scientific Biography*. Vol. 18, supplement 2. Edited by Frederic L. Holmes. New York: Scribner, 1990, pp. 867-868.

[3] Morgan, Thomas Hunt. "The Scientific Work of Miss N.M. Stevens." *Science* 36（1912）: 468-470.

［4］Ogilvie, Marilyn Bailey, and Clifford J. Choquette. "Nettie Maria Stevens(1861–1912): Her Life and Contributions to Cytogenetics." *Proceedings of the American Philosophical Society* 125 (1981)：292–311.

［5］Stevens, Nettie Maria. "Further Studies on the Ciliate Infusoria, Licnophora and Boveria." *Archiv für Protistenkunde* 3 (1904)：1–43.

［6］——. *Studies in Spermatogenesis with Especial Reference to the "Accessory Chromosome."* Carnegie Institution of Washington, Publication no. 36, pt. 1. Washington, DC, 1905.

［7］——. "A Study of the Germ Cells of *Aphis rosae* and *Aphis oenetherae*." *Journal of Experimental Zoology*, 2 (1905)：313–333.

［8］——. *Studies on the Germ Cells of Aphids*. Carnegie Institution of Washington, Publication no. 51. Washington, DC, 1906.

［9］——. *Studies in Spermatogenesis. A Comparative Study of the Heterochromosomes in Certain Species of Coleoptera, Hemiptera and Lepidoptera, with Especial Reference to Sex Determination*. Carnegie Institution of Washington, Publication no. 36, pt. 2. Washington, DC, 1906.

玛丽莲·贝利·奥格尔维（Marilyn Bailey Ogilvie） 撰，彭繁 译

昆虫学家兼动物行为学家：威廉·莫顿·惠勒
William Morton Wheeler（1865—1937）

惠勒出生于威斯康星州的密尔沃基市，并在那里的德美学院受教育。19岁时，惠勒在纽约罗彻斯特的沃德自然科学机构（Ward's Natural Science Establishment）担任了一年的助理，负责鉴定和标注标本。后来惠勒在高中教了几年书，并担任密尔沃基公共博物馆的馆长。1890年，惠勒考入克拉克大学，并于1892年获得动物学博士学位。历任芝加哥大学胚胎学讲师和助理教授（1892—1899）、得克萨斯大学的动物学教授（1899—1903），以及纽约美国自然历史博物馆无脊椎动物学陈列部负责人（1903—1908）。之后，惠勒在1908年成为哈佛大学布西学院的经济昆虫学教授。惠勒不仅在该学院终老，还于1915—1929年担任过院长。

在他职业生涯的早期，惠勒在动物学的多个（分支）领域工作，对分类学、形态学、胚胎学、发育生物学、海洋动物学和昆虫学做出了贡献。大约从1900年开始，

惠勒的研究主要集中在蚂蚁方面，并于 1910 年出版了他的经典著作《蚂蚁的结构、发展和行为》（*Ants: Their Structure, Development and Behavior*）。在这项研究中，他不仅考察了蚂蚁的分类、地理分布、形态和发育生物学，还考察了它们的群居组织和行为。当惠勒还是一名研究动物行为的学生时（正是在这一活动中他普及了"动物行为学"一词），他起初对雅克·洛布（Jacques Loeb）研究动物趋向性的工作很感兴趣，但他最终却得出结论：动物行为不仅仅只是一种对刺激的机械性反应。惠勒终其一生都在提倡用一种比较的、以野外为导向的博物学方法来研究动物；他坚决反对实验和定量方法所强加的简化主义倾向以及因此导致的对遗传学重要性的贬低。

他对群居昆虫行为的研究兴趣促使他在 20 世纪 20 年代出版了一系列专著，包括《昆虫的群居生活》（*Social Life Among the Insects*，1923）和《群居昆虫，它们的起源和演变》（*The Social Insects, Their Origin and Evolution*，1928）。在这些研究著作中，惠勒坚持认为——昆虫群落应被视为具有自然特性的有机体。他对这些有组织的实体进化的研究使他普及了"突生进化"这一概念。作为一位多产的随笔作家和博物学家，惠勒还将昆虫和人类社会进行了多次类比。

惠勒的同行科学家曾对他进行过几次传记研究，其中包括一本书体量的、部分基于作者拥有的手稿材料书写的传记。着迷于他对有机主义的哲学思考的生态史学家也已经触及了惠勒的工作。然而，截至目前还没有以生态学和动物行为学的学科以及布西学院的制度为背景对惠勒的生活和思想进行全面的历史研究。

参考文献

[1] Evans, Mary Alice, and Howard Ensign Evans. *William Morton Wheeler, Biologist*. Cambridge, MA: Harvard University Press, 1970.

[2] Parker, George Howard. "William Morton Wheeler." *Biographical Memoirs of the National Academy of Sciences* 19（1938）: 201–241.

[3] Wheeler, William Morton. *Ants: Their Structure, Development and Behavior*. New York: Columbia University Press, 1910.

[4] ——. *Social Life Among the Insects*. New York: Harcourt, Brace, 1923.

[5] ——. *The Social Insects, Their Origin and Evolution*. New York: Harcourt, Brace, 1928.

[6] Worster, Donald. *Nature's Economy: A History of Ecological Ideas*. Cambridge, UK: Cambridge University Press, 1977.

卡尔 – 亨利·格什温德（Carl-Henry Geschwind） 撰，刘晋国　译

非裔美国植物学家、农业科学家和教育家：乔治·华盛顿·卡弗
George Washington Carver（1865—1943）

卡弗是一个孤儿，幼年时从奴隶制中被解放出来，由其母亲居住在密苏里州西南部的前主人抚养长大。他由于肤色而无法进入当地的学校，于是很早就离开了当地以寻找受教育的机会。尽管遇到了很多障碍，但他在 1896 年成功地获得了爱荷华州立大学的农业硕士学位。爱荷华州立大学的教师们，包括一些顶尖的植物学家和两位未来的农业部长，都对卡弗的能力印象深刻。詹姆斯·威尔逊（James Wilson）声称卡弗的能力至少与植物杂交和繁殖方面的教师相当，而真菌学家 L. H. 帕梅尔（L. H. Pammel）认为卡弗是他所见过的最好的真菌收集者。由于他的天赋，卡弗在研究生期间便负责管理温室，并讲授大一植物学。因此，他成了爱荷华州的第一位黑人教师，并受邀成为那里的永久教员。

如果卡弗留在爱荷华州立大学，他可能会获得博士学位并从事杂交或真菌学研究。他认为自己有责任帮助其他非裔美国人，于是在 1896 年接受了布克·T. 华盛顿（Booker T. Washington）的邀请，担任了阿拉梅肯县塔斯基吉师范和工业学院的农业系主任。卡弗本打算只在那里待几年就去攻读博士学位，但最终在那里度过了余生。塔斯基吉学院致力于教授贫穷的非裔美国人基本的生存技能，而华盛顿并不鼓励或支持不能直接改善他们困境的科学研究。卡弗的研究重点自然反映着华盛顿的意图。卡弗在到达后不久就建立了一个农业试验站，这是唯一完全由非裔美国人组成的试验站。微薄的资助（每年 1500 美元）使得卡弗只得针对贫困农民的问题进行研究。他还意识到贫穷的无地佃农与爱荷华州的农民，需求有所不同。

科学农业的许多标准做法理论上是合理的，但对贫困的佃农来说成本太高。因

此，卡弗把研究集中在那些几乎不需要商业产品，而且很容易复制的流程上。在几份农业公报中，他提出了昂贵肥料的替代品。关于红薯、豇豆和花生等作物的公报不仅阐明如何种植，还建议用它们来替代从商店中购买的商品。还有一个公报告诉读者如何用天然黏土沉积物制作颜料。

卡弗在塔斯基吉最接近纯科学的研究是他在真菌学领域的持续工作和交流。他与其他大学以及美国农业部杰出的真菌学家合作。他有发现新的或稀有真菌物种的罕见天赋，但缺乏识别所有真菌所需的设备。其他学者在《真菌学杂志》(*Journal of Mycology*) 上引用了他的发现，美国农业部则保存了他收集的标本。

尽管卡弗成了他那个时代最著名的非裔美国科学家，但显然没有做出任何重大科学发现。他的理论贡献在于将科学应用于农业问题。他开创性地采用了以易获得、可再生资源为基础的工艺流程。因为在塔斯基吉没有发现他的实验记录，所以全面评估他的科学贡献比较困难。他发表的为数不多的配方或工艺流程都包含在 3 项专利以及 44 份农业公报中的几份"配方"里。尽管学者们对其科学工作的价值争论不休，但都同意是他的名望鼓励了其他非裔美国人对科学事业的追求。

卡弗的论文存放于塔斯基吉大学档案馆。

参考文献

[1] Elliott, Lawrence. *George Washington Carver: The Man Who Overcame*. Englewood Cliffs, NJ: Prentice-Hall, 1966.

[2] Holt, Rackham. *George Washington Carver: An American Biography*. Garden City, NY: Doubleday, Doren, 1943.

[3] Kremer, Gary R. *George Washington Carver in His Own Words*. Columbia: University of Missouri Press, 1987.

[4] Makintosh, Barry. "George Washington Caver: The Making of a Myth." *Journal of Southern History* 42 (1976): 507-528.

[5] McMurry, Linda O. *George Washington Carver: Scientist and Symbol*. New York: Oxford University Press, 1981.

琳达·O. 麦克默里（Linda O. McMurry）　撰，吴晓斌　译

现代遗传学的奠基人：托马斯·亨特·摩尔根
Thomas Hunt Morgan（1866—1945）

胚胎学家兼遗传学家，出生在"霍普蒙特"——位于肯塔基州列克星敦的家庭住宅中。摩尔根生于贵族家庭，他的叔父曾是南部同盟军的准将，他的母亲是弗朗西斯·斯科特·基（Francis Scott Key）的孙女。摩尔根从小就对博物学感兴趣。14 岁时，他进入了新成立的肯塔基州立学院预科班学习，本科培养也是在那里。为了获得学士学位，他学习了博物学，在 1886 年毕业时，他代表班上的三名学生致毕业演说辞。

摩尔根在约翰斯·霍普金斯大学攻读研究生学位。1890 年他获得博士学位，研究方向是海蜘蛛的胚胎学。他沿袭了其导师威廉·基思·布鲁克斯（William Keith Brooks）的传统，利用发育解剖学来确认有机体之间的进化关系。他的第一个学术职位始于 1891 年，当时他在布林莫尔学院（Bryn Mawr College），接替了另一位霍普金斯大学毕业生、细胞学家 E. B. 威尔逊（E. B. Wilson），威尔逊则是去了哥伦比亚大学。他在布林莫尔工作了 13 年，其间，他同时在伍兹霍尔的海洋生物实验室还有意大利那不勒斯的动物学研究所开展研究。在此期间，他的工作变得更偏向实验，强调通过操作来研究受精、再生和形态决定因素的定位，这种研究模式反映了该领域受到德国和美国生理学家的影响发生的转变，这些生理学家包括与摩尔根在那不勒斯共事的汉斯·德莱施（Hans Dreisch），以及摩尔根在霍普金斯大学的导师亨利·纽威尔·马丁（Henry Newell Martin）。1904 年，他被威尔逊聘为哥伦比亚大学实验动物学教授。就在去纽约之前，他与布林莫尔学院生物学研究生莉莲·沃恩·桑普森（Lillian Vaughan Sampson）结婚。

在 1900—1910 年，对孟德尔数据的再发现引发了一场辩论，摩尔根是这场辩论中直言不讳的人之一。他坚决反对基因位于染色体上的观点，这是萨顿在 1903 年仅根据细胞学数据提出的假设。摩尔根的反对源于他作为胚胎学家的优势。他认为染色体中的"粒子"是静态的，化学上是相同的（而威尔逊持相反观点），在摩尔根看来，有必要解释这些粒子如何影响发育过程中可观察到的动态过程，同时避免让不可信的"预形成"理论复活。

由于果蝇的"白眼"和"短翅"性状的传递模式,到 1910 年年底,摩尔根转向相信基因确实在染色体上。这些性状的分离受到后代性别的"限制",对此最好用等位基因在性染色体上的位置和它们之间的重组来解释。之前的几条研究路线——孟德尔遗传模式,性别决定机制,以及表明染色体形态随性别而异的细胞学研究,其中一些摩尔根已经研究过,它们都集中在这一种解释上。

改变观点后,摩尔根组织了"苍蝇室",与三位杰出的本科生阿尔弗雷德·H. 斯特蒂文特(Alfred H. Sturtevant)、赫尔曼·穆勒(Hermann Muller)和卡尔文·B. 布里奇斯(Calvin B. Bridges)共同合作,他们将在这门学科上留下不可磨灭的印记。摩尔根建立了一个研究项目(斯特蒂文特和布里奇斯作为他毕生的同事也参与了项目),该项目忽略了他以前所反对的基因在染色体上这一观点,因为该假设无法解释基因在发育中的作用。1911 年,还未获得学士学位的斯特蒂文特意识到,基因在染色体上的相对位置可以通过其重组的频率来定位。到 1916 年,布里奇斯结合遗传学和细胞学证据,证明了基因在染色体上的位置,并发表了这一成果。1933 年,摩尔根获得了首个针对遗传学研究授予的诺贝尔奖。

摩尔根本人只在相对较短的时间内对果蝇进行了集中研究。到 1923 年,他的出版物中再次出现无脊椎动物实验胚胎学的相关内容,即使在他的职业生涯发生变化后,他仍会继续进行这些研究。1928 年,摩尔根接受了加州理工学院生物系主任一职,尽管他之前一直鄙视管理部门。他之所以被选中担任这一职务,是因为他相信化学、物理和生物学是统一的。他任命了第一批生物学教员,但事实证明这些教员并非都很出色。尽管如此,下一代生物学家中的许多顶尖研究人员都在加州理工学院接受过训练。作为负责人,摩尔根的理念是,该部门应该专注于前沿新兴领域的研究,而不是试图以描述性的方式涉猎生物学的所有领域。对这一目标的长期坚持,帮助解释了该部门享有盛誉的原因。1942 年,他在 76 岁时退休。

各种关于摩尔根的"描绘"形容他带有一种讽刺性的幽默感——他不关心政治,不信仰宗教,公开表现出吝啬,特别是在研究资金方面,但私下里又非常慷慨。关于摩尔根还有一些反犹太主义的报道,比如他拒绝委任酶学家莱昂诺·米凯利斯

（Leonor Michaelis）担任教员，这件事遭到一些同事的反对。他把关注重心放在了自己的职业生涯上，所有人都说他是一个有点心不在焉但又深情的父亲，他有 4 个孩子，其中伊莎贝尔·摩尔根·芒特（Isabel Morgan Mountain）后来成了病毒学家。从很多方面来看，摩尔根都是一位贵族，由于妻子的付出（她将自己的事业放到了一边），他摆脱了生活上的不便。他的妻子是一个研究小组的带头人，而不是那种特别活跃的实验室科学家，她对丈夫的能力极其有信心。摩尔根采取的是极端的立场，而当这些立场被证明是错误的时候，他也有风度公开放弃主张。梅恩沙因（Maienschein）将摩尔根描述为"美国企业家，他会追随资源充裕、成果丰厚的时机，并放弃那些回报递减的项目"（p. 260）。这一策略体现在他 1890—1910 年不同的研究项目中，当时他暂时中止了胚胎学遗传学研究，开始致力于研究不同的生物体，据斯特蒂文特所说至少有 50 种。一旦他把精力投入到果蝇上，他就可以和其他人一样，被认为是美国遗传学派的创始人物。

参考文献

［1］Allen, Garland E. *Thomas Hunt Morgan: The Man and His Science*. Princeton: Princeton University Press, 1978.

［2］Bridges, Calvin C. "Non-Disjunction as Proof of the Chromosome Theory of Heredity." *Genetics* 1（1916）: 1–52, 107–163.

［3］Gilbert, Scott F. "The Embryological Origins of the Gene Theory." *Journal of the History of Biology* 11（1978）: 307–351.

［4］Goodstein, Judith R. *Millikan's School: A History of the California Institute of Technology*. New York and London: W.W. Norton, 1991.

［5］Lederman, Muriel. "Genes on Chromosomes: The Conversion of Thomas Hunt Morgan." *Journal of the History of Biology* 22（1989）: 163–176.

［6］Maienschein, Jane. *Transforming Traditions in American Biology, 1880-1915*. Baltimore: Johns Hopkins University Press, 1991.

［7］Moore, John A. "Thomas Hunt Morgan—The Geneticist." *American Zoologist* 23（1983）: 855–865.

［8］Morgan, Thomas H. "The Method of Inheritance of Two Sex-Limited Characters in the Same Animal." *Proceedings of the Society of Experimental Biology and Medicine* 8（1910）：17–19.

[9] Shine, Ian, and Sylvia Wrobel. *Thomas Hunt Morgan: Pioneer of Genetics*. Lexington: University of Kentucky Press, 1976.

[10] Sturtevant, Alfred H. "The Linear Arrangement of Six SexLinked Factors in *Drosophila* as Shown by the Mode of Association." *Journal of Experimental Zoology* 14（1913）：43–59.

[11] ——. "Thomas Hunt Morgan." *Biographical Memoirs of the National Academy of Sciences* 33（1959）：283–325.

[12] Sutton, William S. "The Chromosomes in Heredity." *Biological Bulletin* 4（1903）：231–251.

穆里尔·莱德曼（Muriel Lederman）　撰，康丽婷　译

另请参阅：遗传学（Genetics）

实验动物学家、优生学运动的领袖：查尔斯·本尼迪克特·达文波特
Charles Benedict Davenport（1866—1944）

达文波特出生于康涅狄格州，在纽约布鲁克林长大，父亲引导他从事工程职业。1886 年，达文波特获得布鲁克林理工学院的工程学学位，并在一个勘测队中工作了 9 个月。之后他设法进入哈佛大学，于 1889 年获得学士学位，1892 年获得动物学博士学位。此后 7 年，他担任哈佛大学讲师，接着成为芝加哥大学的助理教授。他在芝加哥一直工作到 1904 年，1901 年晋升副教授。从 1898 年到 1923 年，达文波特还担任位于长岛的布鲁克林文理学院冷泉港生物实验室的暑期学校主任。作为动物学实验的早期倡导者，1904 年达文波特说服华盛顿卡内基研究所在冷泉港设立了一个实验演化研究站，并担任主任一直到 1934 年退休。从 1910 年到 1934 年，达文波特还兼任冷泉港的优生学档案室主任，该档案室最初得到哈里曼夫人资助，她继承了哈里曼铁路的财产，1918 年以后由卡内基研究所资助。

达文波特较早支持生物统计方法，以研究生物种群及其变异。他还尽力将英国生物统计学家卡尔·皮尔逊（Karl Pearson）的工作介绍到美国。达文波特

1899 年出版了一本关于统计方法的著作，并担任皮尔逊主编杂志《生物统计学》（*Biometrika*）的美国编辑。早在哈佛时起，达文波特就对实验形态学感兴趣，随着 1900 年孟德尔工作的重新发现，他迅速致力于遗传和进化的实验研究。到 1904 年，他已经完全皈依了孟德尔的原理。初到冷泉港时期，达文波特用各种动物进行生殖实验，并发表了关于鸡和金丝雀的遗传研究。但在 1907 年前后，达文波特的兴趣转向了将孟德尔原理应用于人类的性状。在接下来的几年里，他和妻子格特鲁德·达文波特（Gertrude C. Davenport）用孟德尔的术语阐释了人类的皮肤、头发和眼睛颜色的遗传。达文波特还试图将孟德尔原理推广到各种疾病的遗传，以及诸如"低能"甚至"航海渴望"等定义不清的性状。他的这项研究得到优生学档案室的资料支持，该档案室收藏了成千上万人的家谱。以优生学档案室为基地，达文波特也成了美国优生学运动的领袖人物。

早期关于达文波特工作的讨论，集中在他的科学贡献方面，特别是他将孟德尔原理应用于人类的遗传学研究上，而把他在优生学方面的投入视为一种不幸的、令人不安的因素，降低了他工作的科学价值。20 世纪 70 年代和 80 年代，随着历史学家对优生学的兴趣日益浓厚，他们已经将注意力更充分地转移到达文波特的优生学活动上。研究优生学的历史学家现在将达文波特牢牢确立为美国主流优生学躁动的先锋，并将优生学档案室列为美国优生学非常重要的基地之一。虽然这种编史学上对达文波特优生学的关注，让人们切实理解了他在优生学档案室的工作，但是达文波特等人在实验演化研究站（后来卡内基研究所的遗传学系）开展的科学研究，仍有待深入地分析和评价。

参考文献

［ 1 ］ Allen, Garland E. "The Eugenics Record Office at Cold Spring Harbor, 1910-1940: An Essay in Institutional History." *Osiris*, 2d ser., 2（1986）: 225-264.

［ 2 ］ Kevles, Daniel J. *In the Name of Eugenics: Genetics and the Uses of Human Heredity*. Berkeley: University of California Press, 1985.

［ 3 ］ MacDowell, E. Carleton. "Charles Benedict Davenport, 1866-1944: A Study of Conflicting Influences." *Bios* 17（1946）: 3-50.

[4] Riddle, Oscar. "Charles Benedict Davenport." *Biographical Memoirs of the National Academy of Sciences* 25（1948）：75–110.

[5] Rosenberg, Charles E. "Charles Benedict Davenport and the Beginning of Human Genetics." *Bulletin of the History of Medicine* 35（1961）：266–276.

卡尔－亨利·格什温德（Carl-Henry Geschwind） 撰，陈明坦　译

动物学家兼教育家：欧内斯特·埃弗雷特·贾斯特
Ernest Everett Just（1883—1941）

　　贾斯特出生在南卡罗来纳州查尔斯顿，就读于南卡罗来纳奥兰基堡的有色人种师范、工业、农业和机械学院（南卡罗来纳州立学院）。1899 年毕业后，他就读于新罕布什尔州梅里登的金博联合学院（1900—1903），随后进入达特茅斯学院。在达特茅斯学院，他主修生物学，辅修希腊语和历史，1907 年以优异成绩毕业，获得文学学士学位。1916 年，他在芝加哥大学获得动物学博士学位。

　　基本上，具有这种学术背景的非洲裔美国人有两种职业选择：在黑人机构教书或在黑人教堂讲道。他选择了前者，并于 1907 年秋走向职业生涯，在霍华德大学担任英语和修辞学讲师。1909 年，他开始教授英语和生物学。一年后，作为全面振兴霍华德大学科学课程计划的一部分，他承担了动物学永久全职工作。他还在医学院教生理学。作为一名敬业的教师，他曾担任一个组织的指导老师，该组织试图建立全国黑人学生的兄弟会。1911 年奥米加珀西菲联谊会（Omega Psi Phi）在霍华德大学成立了阿尔法（Alpha）分会，贾斯特成为第一个荣誉会员。

　　与此同时，他制定了从事科学研究的计划。1909 年，他开始在马萨诸塞州伍兹霍尔的海洋生物实验室开展研究，师从芝加哥大学海洋生物实验室主任兼动物学系主任弗兰克·拉特雷·利利（Frank Rattray Lillie）。他还担任利利的研究助理。他们的关系很快发展成为全面平等的科学合作。在获得博士学位的时候，他已经和利利合著了一篇论文，自己也独作了数篇。

　　两人致力于研究海洋环节类蠕虫的受精作用。1912 年，贾斯特的第一篇论文《第一卵裂面与精子入口点的关系》发表于《生物学公报》（*Biological Bulletin*），被

托马斯·亨特·摩尔根（Thomas Hunt Morgan）等人作为一项经典而权威的研究而频繁引用。他继续支持利利提出的所谓的受精理论，以解释受精背后的某些生理过程。该理论认为，在卵子和精子之间的关键反应中，受精素是必不可少的生物化学催化剂或结合物。虽然后来分子结构知识的进展对该理论的某些方面提出了挑战，但其关于精子表面分子与卵子皮质之间相互作用重要性的基本假设仍然具有影响力。

对贾斯特而言，科学只是一个深爱的副业，他希望每年夏天到海洋生物实验室参加这项活动，以从霍华德大学繁重的教学和行政职责中得到解脱。在这种情况下，他的产出是非凡的。在 10 年内（1919—1928），他发表了 35 篇文章，大部分是关于他对受精的研究。然而，他渴望一个能全职从事研究的职位。很大程度上是出于种族原因，他从未获得过这样的职位。

1928 年，他收到朱利叶斯·罗森沃尔德基金的一笔可观的赠款，这使他能够改变环境，延长研究的时间。1929 年，他第一次远行去了意大利，在那不勒斯的动物学研究所工作了 7 个月。在接下来的 10 年里，他曾 10 次前往欧洲，停留时间从三周到两年不等。他主要在那不勒斯动物学研究所、柏林威廉皇帝生物研究所和法国罗斯科夫生物实验室等地研究工作。尽管 20 世纪 30 年代欧洲政治动荡的加剧，他依旧成果卓著。具有讽刺意味的是，在纳粹主义和法西斯主义兴起之际，他竟然觉得比在美国待着更自在。

在欧洲，贾斯特 1939 年完成了《细胞表面生物学》一书，综合了他职业生涯中的许多科学理论、哲学思想和实验结果。它的论点，即细胞质或细胞表面在发育中起着根本性的作用，在当时没有得到太多的关注，但后来成为科学研究的一个主要焦点。几十年后，一些生物学家认为贾斯特的工作可能是前瞻预言性的，因为"最近在识别细胞表面在调节物质的所有进出方面的作用，以及揭示其惊人的生化镶嵌作用方面取得的重大进展"（Glass, p. 45）。

同样是在 1939 年，为了响应一些科学家（他们把贾斯特看作是海洋胚胎学实验技术方面的顶尖权威）的敦促，贾斯特出版了一本实验建议的纲要，名为《海洋动物卵实验的基本方法》。1940 年德国入侵后，他在法国被短暂拘留，随后获释返回美国，一年后死于胰腺癌。

参考文献

［1］Gilbert, Scott F. "Cellular Politics: Ernest Everett Just, Richard B. Goldschmidt, and the Attempt to Reconcile Embryology and Genetics." In *The American Development of Biology*, edited by Ronald Rainger, Keith R. Benson, and Jane Maienschein. Philadelphia: University of Pennsylvania Press, 1988, pp. 311–346.

［2］Glass, Bentley. "A Man Before His Time." *Quarterly Review of Biology* 59（December 1984）: 443–445.

［3］Gould, Stephen Jay. "Just in the Middle: A Solution to the Mechanist–Vitalist Controversy." *Natural History*（January 1984）: 24–33.

［4］Lillie, Frank R. "Ernest Everett Just: August 14, 1883, to October 27, 1941." *Science* 95（2 January 1942）: 10–11.

［5］Manning, Kenneth R. *Black Apollo of Science: The Life of Ernest Everett Just.* New York: Oxford University Press, 1983.

肯尼斯·R.曼宁（Kenneth R. Manning）　撰，彭华　译

动物生态学家兼行为生态学家：沃德·克莱德·阿利
Warder Clyde Allee（1885—1955）

　　杰出的动物生态学家兼行为生态学家。阿利 1912 年在芝加哥大学获博士学位，指导教师为维克托·欧内斯特·谢尔福德（Victor Ernest Shelford）。1921 年他回到母校担任动物学助理教授。在随后的 29 年中，阿利和同事阿尔弗雷德·爱德华兹·爱默生（Alfred Edwards Emerson）制定了一个动物生态学计划，聚焦研究动物社群的起源、发展和组织。通过研究动物聚集的原因和意义，阿利认为自己找到了实验证据来反对战争学说，同时，社会性理论的基石也不是以家庭为中心，而是个体以合作为目的而组成的联盟，这种联盟在许多最原始的生命形式中都可以发现。他与阿尔弗雷德·爱默生、奥兰多·帕克（Orlando Park）、托马斯·帕克（Thomas Park）和卡尔·施密特（Karl Schmidt）合著的《动物生态学原理》（*Principles of Animal Ecology*）于 1949 年出版，这是第一部综合性动物生态

学教科书，围绕一般生态学原理建构，并按照整合水平不断提高的顺序进行组织。自1917年至1921年，阿利担任了美国动物学家协会的秘书，并于1929年成为美国生态学会（Ecological Society of America）的主席。他还担任过《生理动物学》（*Physiological Zoology*）杂志的编辑，并当选为美国艺术与科学学院和美国科学院院士。

历史地分析阿利与芝加哥大学动物生态学，可以揭示从第一次世界大战到第二次世界大战结束期间，美国生物学家的科学成果在多大程度上促进了有关人类社会的本质和治理的讨论。在第一次世界大战期间阿利本人也受到许多美国生物学家所青睐的某种生物学著述的影响，这种文献强调互助以及合作的重要性，认为它才是演化进步背后的驱动力，而非竞争和个体的存亡。这种著述秉承了赫伯特·斯宾塞（Herbert Spencer）的思想，强调生物的特化（specialization）与合作是进步的两大共同作用的原则，而且美国生态学本身深受斯宾塞演变哲学的影响，从而引发了一场重大的编史学争议，即斯宾塞对于20世纪早期美国生物思想和社会思想的意义。然而，随着现代综合理论对达尔文自然选择演化论的完善，在生物学中使用社会有机体的比喻减少了。此外，科学家开始将芝加哥生态学的唯器官变化论的基础与国外的极权主义意识形态联系到一起，表明了20世纪50年代美国文化中对共产主义的恐惧以及对个人主义的重新强调，有助于塑造"二战"后的生态学和演化论。

参考文献

[1] Allee, Warder Clyde. *Animal Aggregations: A Study in General Sociology.* Chicago: University of Chicago Press, 1931.

[2] ——. *The Social Life of Animals.* New York: W.W. Norton, 1938.

[3] Allee, W.C., A.E. Emerson, O. Park, T. Park, and K.P. Schmidt. *The Principles of Animal Ecology.* Philadelphia: W.B. Saunders, 1949.

[4] Banks, Edward M. "Warder Clyde Allee and the Chicago School of Animal Behavior." *Journal of the History of the Behavioral Sciences* 21（1985）: 345–353.

[5] Caron, Joseph A. "La Théorie de la coopération animale dans l'écologie de W. C. Allee: Analyse du double registre d'un discours." Master's thesis, University of Montreal, 1977.

［6］Mitman, Gregg. *The State of Nature: Ecology, Community, and American Social Thought, 1900-1950.* Chicago: University of Chicago Press, 1992.

［7］Schmidt, Karl Patterson. "Warder Clyde Allee." *Biographical Memoirs of the National Academy of Sciences* 30（1957）: 3-40.

格雷格·米特曼（Gregg Mitman）　撰，陈明坦　译

另请参阅：生态学（Ecology）

细胞学家、胚胎学家兼教育家：艾德温·格兰特·康克林
Edwin Grant Conklin（1863—1952）

　　康克林出生于俄亥俄州的沃尔多，1885 年在俄亥俄州卫斯理大学获得学士学位。1885 年到 1888 年，他在密西西比州鲁斯特大学（由卫理公会教派组织以教育黑人）担任拉丁语和希腊语教授。1888 年，康克林进入约翰斯·霍普金斯大学，师从 W. K. 布鲁克斯（W. K. Brooks），并于 1891 年获得博士学位。1891 年，他回到俄亥俄州卫斯理大学担任生物学教授，之后又去了西北大学（1894）和宾夕法尼亚大学（1896）。1908 年，他成为普林斯顿大学生物学教授和讲座教授，直到 1933 年退休。尽管他于 1890 年在马萨诸塞州伍兹霍尔的美国鱼类委员会实验室（United States Fish Commission Laboratory）开始暑期研究，但是 1892 年他转到了海洋生物实验室（Marine Biological Laboratory），在那里做了 62 年的活跃研究员。他曾担任美国动物学家学会（1899）、美国科学促进会（1936）和美国哲学学会（1942—1945，1948—1952）的主席。1908 年，康克林当选美国国家科学院院士，并于 1942 年获得了科学院的金奖。

　　康克林对腹足纲软体动物履螺属（*Crepidula*）（Conklin，"Embryology"）和海鞘纲辛西娅属（*Cynthia*）（Conklin，"Organization"）的胚胎发育进行了细致的细胞谱系研究，并对海鞘发育开展实验分析，为镶嵌型发育或决定型发育提供了至关重要的证据。康克林比较了自己在软体动物方面的工作与 E. B. 威尔逊（E. B. Wilson）对环节动物发育细胞谱系的研究，促使他整理出嵌合体胚胎中卵裂模式的差异，从而阐明了确定这些生物体胚胎同源性的问题（Conklin，"Cleavage"）。他认为卵细

胞的细胞质具有对称和极性的模式，通常是胚胎结构的特殊决定因素。虽然在争论细胞核与细胞质在发育中的作用时，他认为自己是"卵子的朋友"，但他早在 1905 年（Conklin，"Mutation"）就认识到，细胞质中决定因素的模式可能是由细胞核在卵细胞形成过程中的作用引起的。他推测主要的进化改变可能更容易通过卵细胞的变化而非成熟细胞的变化来完成。

虽不是遗传学家，但他成了遗传学的倡导者，写了大量关于遗传学研究进化意义的文章。在他出版的 150 部作品中，有许多是为非专业读者撰写的关于进化、遗传和优生等主题的讨论。康克林被登载在 1939 年《时代》杂志其中一期的封面上，他被描述为使公众理解生物学的主要开创者之一。

虽然有一些康克林的简短小传和一本"精神自传"，但没有关于他的完整传记。康克林与 E. B. 威尔逊、T. H. 摩尔根和罗斯·哈里森（Ross Harrison）一道被认为是 W. K. 布鲁克斯（领导了一场反对描述性和思辨的形态学，转而支持用实验方法来解决生物学问题的"起义"）的学生。尽管对于实验生物学的发展是否真的是一场革命仍存在着分歧，但普遍认为康克林在这一发展过程中发挥了重要作用。在有关细胞核和细胞质在胚胎发育中的相对作用的争论中，他经常被引用以支持细胞质遗传的概念。廉克林关于进化论的通俗著作已经在不同背景下进行过分析：他对目的论的信仰、他明显的泛神论、他对基督教伦理的深切关注，以及他清楚地意识到科学和宗教在社会中扮演着不同而又兼容的角色。

康克林的文献存放在普林斯顿大学。对其内容的简要分析表明它们不仅是研究康克林对美国生物学贡献的丰富资源，而且由于康克林从 1890 年到 1945 年与美国生物界主要的人物保持着通信，这些资料也可以帮助我们理解生物学在 20 世纪初期发生的变化。

参考文献

［1］Allen，Garland. *Life Sciences in the Twentieth Century*. Cambridge，UK：Cambridge University Press，1978.

［2］Allen，Garland，and Dennis M. McCulloch. "Notes on Source Materials：The Edwin

Grant Conklin Papers at Princeton University." *Journal of the History of Biology* 1(1968):
325–331.

[3] Atkinson, James W. "E. G. Conklin on Evolution: The Popular Writings of an
Embryologist." *Journal of the History of Biology* 18 (1985): 31–50.

[4] Conklin, Edwin G. "The Embryology of Crepidula." *Journal of Morphology* 13 (1897):
1–226.

[5] ——. "Cleavage and Differentiation." *Woods Hole Lectures for 1896–97*. 1898. Reprinted in
Defining Biology: Lectures from the 1890s, edited by Jane Maienschein. Cambridge, MA:
Harvard University Press, 1986.

[6] ——. "The Mutation Theory from the Standpoint of Cytology." *Science* 21 (1905):
525–529.

[7] ——. "The Organization and Cell-Lineage of the Ascidian Egg." *Journal of the Academy
of Natural Sciences of Philadelphia* 13 (1905): 1–119.

[8] ——. "Edwin Grant Conklin." In *Thirteen Americans: Their Spiritual Biographies*, edited by
Louis Finkelstein. Harper and Bros., 1953.

[9] Cravens, Hamilton. *The Triumph of Evolution: American Scientists and the Heredity-
Environment Controversy 1900–1941*. Philadelphia: University of Pennsylvania Press,
1978.

[10] Maienschein, Jane. "Shifting Assumptions in American Biology: Embryology, 1890–
1910." *Journal of the History of Biology* 14 (1981): 89–113.

[11] Sapp, Jan. *Beyond the Gene: Cytoplasmic Inheritance and the Struggle for Authority in
Genetics*. Oxford: Oxford University Press, 1987.

詹姆斯·W. 阿特金森（James W. Atkinson） 撰，吴晓斌　译

糖类代谢生物化学家: 卡尔·斐迪南·科里
Carl Ferdinand Cori (1896—1984)

虽然糖酵解的途径主要是欧洲的古斯塔夫·G. 埃姆布登（Gustav G. Embden）
和迈尔霍夫（Myerhof）阐明的，但卡尔和格蒂·柯里（Gerty Cori）揭示了糖原分
解和糖酵解的必要酶作用步骤。他们的工作使科学界确信，从分离的酶系统中收集
到的信息是理解生理过程的核心。

卡尔·科里的主要科学贡献来自他和妻子格蒂的联合研究。1920 年在布拉格的日耳曼大学（German University）完成医学教育后，科里夫妇决定从事研究工作而不是行医。由于战后奥地利的生活条件和研究设施明显不理想，卡尔于 1922 年接受了纽约州布法罗市州立恶性疾病研究所（State Institute for the Study of Malignant Diseases in Buffalo）的邀请，格蒂也同他一起进入了这个机构。通过共同开发可靠和可重复分析糖原、乳酸和葡萄糖的方法，研究大鼠所吸收的葡萄糖的变化过程和激素对其的影响，科里夫妇做出了他们关于碳水化合物代谢的第一个重要贡献，名为科里循环（Cori cycle）。他们证明了肌糖原分解形成乳酸再经血液运输到肝脏形成肝糖原；碳水化合物通过血糖从肝脏循环回来，再次在肌肉中形成糖原。

1931 年发表的一篇关于哺乳动物糖代谢的关键性综述确立了科里夫妇在该领域的领导地位。科里夫妇 1931 年转到华盛顿大学并很快专注于酶学研究。他们发现了从糖原到乳酸的一种新中间体——葡萄糖 -1- 磷酸，并分离出了负责糖原磷酸化分解形成葡萄糖 -1- 磷酸的酶。在逆反应中，形成了一个大的淀粉样多糖。这是第一次在试管中产生了大分子，这一现象与公认的观点相矛盾，即大分子的生物合成需要能量代谢，因而只能在完整的细胞中发生。1947 年，科里夫妇因"发现糖原的催化转化"而获得了诺贝尔奖。

科里实验室成为美国杰出的酶学中心，它培养出了一代美国和外国的科学领袖，其中包括 6 名未来的诺贝尔奖得主。

在格蒂去世 9 年后的 1966 年，卡尔搬到了波士顿，他的研究方向也随之改变。在与遗传学家莎乐美·格昌克松 - 瓦尔斯奇（Salome Gluecksohn-Waelsch）的合作中，他研究了在基因表达水平上酶合成的调控。直到去世前一年，他一直在这一领域做着贡献。

参考文献

[1] Cohn, Mildred. "Carl and Gerty Cori: A Personal Recollection." In *Creative Couples in the Sciences*, edited by Helena M. Pycior, Nancy G. Slack, and Pnina G. Abir-am. New

Brunswick: Rutgers University Press, 1996, pp. 72-84.

[2] Cori, C.F. "Mammalian Carbohydrate Metabolism." *Physiological Review* 11（1931）: 143-275.

[3] Cori, C.F., S.P. Colowick, and G.T. Cori. "The Isolation and Synthesis of Glucose-1- phosphoric Acid." *Journal of Biological Chemistry* 121（1937）: 465-477.

[4] Cori, G.T., and C.F. Cori. "The Enzymatic Conversion of Phosphorylase *a* to *b*." *Journal of Biological Chemistry* 158（1945）: 321-332.

[5] Green, A.A., G.T. Cori, and C.F. Cori. "Crystalline Muscle Phosphorylase." *Journal of Biological Chemistry* 142（1942）: 447-448.

米尔德里德·科恩（Mildred Cohn） 撰，吴晓斌 译

糖类代谢生物化学家：格蒂·特蕾莎·拉德尼茨·科里

Gerty Theresa Radnitz Cori（1896—1957）

格蒂·科里的大部分研究是与丈夫卡尔共同进行的，这在卡尔·科里的条目中有描述。他们的第一个联合研究项目的对象是补体，那时他们还是医学院的学生，其成果于 1920 年发表。格蒂·科里的实验工作以精确的定量分析方法为特点，这使他们的发现成为可能。这不仅对"科里循环"的发现很重要，而且也确定了葡萄糖 −1− 磷酸是糖原分解的中间产物。在他们分析己糖单磷酸盐的论文中，磷酸盐的测定和还原能力之间的巨大差异，导致他们假设存在一种未知的磷酸化的、不还原的己糖 −6− 磷酸前体，即后来他们确定的葡萄糖 −1− 磷酸。

1931 年，当科里夫妇转到华盛顿大学后，尽管他们在实验计划和解释方面的工作是平等的，但格蒂在实验室里的时间要比卡尔多，因为卡尔担任着系主任，并要负责教学等工作。因为他们在糖原酶促转化方面的工作，她分享了 1947 年的诺贝尔生理学或医学奖。她是美国第一位，也是世界上第三位获得诺贝尔科学奖的女性。

20 世纪 50 年代，格蒂·科里专注着三个领域：（1）糖原分支点上的 1，6- 糖苷键；（2）磷酸化酶 a 转化为 b；（3）糖原贮积病。她和约瑟夫·拉纳（Joseph Larner）一起发现了一种在 1，6- 糖苷键处水解糖原的酶，淀粉 −1，6- 葡萄糖苷

酶。她用这种酶来确定糖原和支链淀粉的结构。

与帕特里夏·凯勒（Patricia Keller）合作，格蒂发现在磷酸化酶 a 转化为 b 的过程中，分子被减半。科里的追随者们对两种形式的磷酸化酶相互转化的后续研究开创了调控的研究时代。厄尔·萨瑟兰（Earl Sutherland）和同事的研究导致了环一磷酸腺苷（AMP）调节剂的发现，埃德温·克雷布斯（Edwin Krebs）的研究［与埃德蒙·费希尔（Edmond Fischer）］形成了通过磷酸化和去磷酸化调节酶活性的概念。

尽管身体虚弱，但她在生命的最后十年里开创了糖原贮积病的研究，正如她在哈维演讲中总结的那样，她揭示出糖原贮积病至少有四种形式，并且每一种都有其酶缺陷。虽然酶缺陷与遗传疾病的关系现在司空见惯，但格蒂·科里是这一领域的先驱。

参考文献

［1］Cohn, Mildred. "Carl and Gerty Cori: A Personal Recollection." In *Creative Couples in the Sciences*, edited by Helena M. Pycior, Nancy G. Slack, and Pnina G. Abir-am. New Brunswick: Rutgers University Press, 1996, pp. 72–84.

［2］Cori, G.T. "Glycogen Structure and Enzyme Deficiencies in Glycogen Storage Disease." *Harvey Lecture Series* 48（1953）: 145–171.

［3］Cori, G.T., and C.F. Cori. "A Method for the Determination of Hexose Monophosphate in Muscle." *Journal of Biological Chemistry* 94（1931）: 561–579.

［4］Cori, G.T., and J. Larner. "Action of Amylo-1, 6-glucosidase and Phosphorylase on Glycogen and Amylopectin." *Journal of Biological Chemistry* 188（1951）: 17–29.

［5］Fruton, Joseph. "Cori, Gerty Theresa Radnitz." *Dictionary of Scientific Biography*. Edited by Charles C. Gillispie. New York: Scribner, 1971, 3:415–416.

［6］Illingworth, B., J. Larner, and G.T. Cori. "Structure of Glycogens and Amylopectins. 1. Enzymatic Determination of Chain Length." *Journal of Biological Chemistry* 199（1952）: 631–640.

米尔德里德·科恩（Mildred Cohn） 撰，吴晓斌 译

病毒学家：约翰·富兰克林·恩德斯

John Franklin Enders（1897—1985）

　　约翰·恩德斯出生于康涅狄格州的西哈特福德，他在耶鲁大学学习人文（1920年获得学士学位），又在哈佛大学学习英语（1922年获得硕士学位），之后兴趣转向了细菌学。1930年，他与汉斯·秦瑟（Hans Zinsser）合作并获得了哈佛大学博士学位。此后他任教于哈佛医学院细菌学系，直到1967年才退休。1946年，他成为哈佛附属儿童医院新成立的传染病研究实验室的主任。在那里，恩德斯和年轻的同事托马斯·哈克尔·韦勒（Thomas H. Weller）和弗雷德里克·查普曼·罗宾斯（Frederick C. Robbins）合作在组织培养物中培养出了脊髓灰质炎（即小儿麻痹症）病毒，从而获得了1954年的诺贝尔医学奖。

　　恩德斯的整个职业生涯都在研究腮腺炎、脊髓灰质炎、麻疹等儿童疾病的病毒生长过程和特征，这些研究使他成为当时最具威望的病毒学家。20世纪40年代，他发明出腮腺炎的诊断方法，并在组织培养物中成功培养出腮腺炎病毒。通过改进这些技术，恩德斯、韦勒和罗宾斯于1948年成功地在体外培育出了兰辛脊髓灰质炎病毒株。他们的工作使病毒的培育不再需要灵长类动物，且使乔纳斯·索尔克（Jonas Salk）和阿尔伯特·萨宾（Albert Sabin）成功研制脊髓灰质炎疫苗成为可能。恩德斯的研究团队在脊髓灰质炎病毒培养物中发现的"致细胞病变效应"，使研究人员能够量化病毒含量，并对培养物中的病毒进行分类和鉴定。他们的研究推翻了脊髓灰质炎病毒是严格意义上的亲神经介质的共识，并给出了脊髓灰质炎感染始于肠道的流行病学证据。

　　1954年，恩德斯开始关注麻疹病毒。他在实验室培养的减毒病毒株是1963年被批准的麻疹疫苗的基础。在职业生涯即将结束时，他研究了癌症病毒和干扰素在免疫抗病毒感染中的作用。

　　对恩德斯的历史记载仅限于他在脊髓灰质炎研究中的作用和他的诺贝尔奖。这些记载将恩德斯描绘成模范科学家的代表，他独立、文雅、谦逊和耐心。人们赞扬他在病毒学领域所做的贡献，认为他获得诺贝尔奖是实至名归。他获得诺贝尔奖的时候，一些同时代的人认为，诺贝尔奖颁给他是对国家小儿麻痹基金会（the National Foundation for Infantile Paralysis）因推崇乔纳斯·索尔克（Jonas Salk）而开展的极端活动的一种评价。恩德斯自己对开发小儿麻痹症疫苗缺乏兴趣，这被归因于他不愿脱离"纯粹"的研究。

耶鲁大学图书馆手稿和档案部收藏了恩德斯的大量个人文件。目前还没有完整的恩德斯传记。

参考文献

[1] Fox, Daniel M., Marcia Meldrum, and Ira Rezak, eds. *Nobel Laureates in Medicine or Physiology: A Biographical Dictionary.* New York and London: Garland, 1990, pp. 167–170.

[2] Grafe, Alfred. *A History of Experimental Virology.* Berlin, Heidelberg, New York: Springer-Verlag, 1991.

[3] Magill, Frank N., ed. *The Nobel Prize Winners. Physiology or Medicine.* Pasadena: Salem Press, 1991, 2:683–692.

[4] Paul, John R. *A History of Poliomyelitis.* New Haven and London: Yale University Press, 1971.

[5] Rogers, Naomi. *Dirt and Disease: Polio before FDR.* New Brunswick: Rutgers University Press, 1992.

[6] Smith, Jane S. *Patenting the Sun: Polio and the Salk Vaccine.* New York: William Morrow, 1990.

[7] Waterson, A. P., and Lise Wilkinson. *An Introduction to the History of Virology.* Cambridge, U. K.: Cambridge University Press, 1978.

[8] Weller, Thomas H. "As It Was and As It Is: A Half-Century of Progress." *Journal of Infectious Diseases* 159, no. 3 (March 1989): 378–383.

[9] Weller, Thomas H., and Frederick C. Robbins. "John Franklin Enders." *Biographical Memoirs of the National Academy of Sciences* 60 (1991): 47–65.

[10] Williams, Greer. *Virus Hunters.* New York: Alfred A. Knopf, 1960.

帕特里夏·戈塞尔（Patricia Gossel） 撰，曾雪琪 译

细胞学家：阿尔伯特·克劳德

Albert Claude（1899—1983）

克劳德生于比利时，因发现细胞的结构和功能组织而被授予 1974 年诺贝尔生理学或医学奖。克劳德 23 岁进入列日大学医学院并于 1928 年获得医学博士学位。1929 年，他成了纽约洛克菲勒研究所（Rockefeller Institute）詹姆斯·B.墨菲（James B. Murphy）的合作者。他于 1941 年成为美国公民。在美国生活了 20 年后，他回到了故土，成为朱尔斯波尔多学院的院长。

在墨菲的实验室里，克劳德参与了禽类传染性肿瘤病原体的研究，例如劳氏肉瘤病毒。为了研究这个病毒，他用超离心机对这些病原体进行了纯化，并通过化学和血清学方法对其性质进行了研究。在 1933 年的一篇综述中，克劳德和墨菲得出结论，这些病原体不具有典型病毒的特征，最好将其命名为"感染性诱变剂"。1938 年的一项对照实验，令人惊讶地揭示了当把分离传染性肿瘤病原体所得的制剂应用于正常鸡胚细胞时，尽管不具有产瘤活性，但所得制剂却与从肿瘤细胞中分离得到的制剂相似。这开启了他对肿瘤细胞和正常细胞原生质颗粒成分的研究。他之所以把注意力集中在肝细胞上，是因为肝细胞的细胞膜很容易被破坏，同时细胞核还完好无损，因此后者接着就可以被移除。但他也研究了某些肿瘤的未分化细胞，比如大鼠的肿瘤淋巴样细胞。

克劳德提出了机械分离细胞的差速离心法。他的工作特点是模拟研究和定量研究相结合。他强调要定量地复原某种感兴趣的活性，这意味着不论其中的某些组分是否要舍弃，都必须对所有组分进行分析。这就形成了将组织的各部分活性总和与整体活性进行比较的平衡表。他将这种方法与广泛的形态学研究结合起来，使用明、暗场显微镜，并在 20 世纪 40 年代中期率先开始使用电子显微镜。

克劳德的分级分离研究（1946）得到四种组分，即细胞核、"大颗粒"（分泌颗粒和线粒体，后者包含呼吸链的许多成分）、"小颗粒"或"微粒体"，以及上清液。1945 年，基思·R.波特（Keith R. Porter）、克劳德和爱德华·F.富勒姆（Edward F. Fullam）基于电子显微镜的研究，声称细胞中存在"蕾丝式网状组织"。两年

后，克劳德、波特和爱德华·G. 皮克尔斯（Edward G. Pickels）得出结论，电子
显微照片中的内质网就是克劳德之前描述的破裂细胞中的"小颗粒"部分。从那以
后，人们确定克劳德的"微粒体"由内质网碎片、高尔基膜、核糖体和其他细胞成
分组成。

参考文献

[1] Claude, Albert. "Concentration and Purification of Chicken Tumor I Agent." *Science* 87
（1938）: 467–468.

[2] ——. "A Fraction from Normal Chick Embryo Similar to the Tumor Producing Fraction
of Chicken Tumor I." *Proceedings of the Society for Experimental Biology and Medicine* 39
（1938）: 398–403.

[3] ——. "The Constitution of Protoplasm." *Science* 97（1943）: 451–456.

[4] ——. "Fractionation of Mammalian Liver Cells by Differential Centrifugation. I.
Problems, Methods, and Preparation of Extract. II. Experimental Procedures and
Results." *Journal of Experimental Medicine* 84（1946）: 51–59, 61–89.

[5] ——. "Studies on Cells: Morphology, Chemical Constitution, and Distribution of
Biochemical Functions [Lecture delivered 15 January 1948]." *Harvey Lectures* 43（1950）:
121–164.

[6] Claude, Albert, and James B. Murphy. "Transmissible Tumors of the Fowl."
Physiological Reviews 13（1933）: 246–275.

[7] Claude, Albert, Keith R. Porter, and Edward G. Pickles. "Electron Microscope Studies
of Chicken Tumor Cells." *Cancer Research* 7（1947）: 421–430.

[8] Duve, Christian de. "Tissue Fractionation: Past and Present." *Journal of Cell Biology* 50
（1971）: 20D–55D.

[9] Duve, Christian de, and George Palade. "Obituary: Albert Claude, 1899–1983." *Nature*
304（1983）: 588.

[10] Florkin, Marcel. "Pour Saluer Albert Claude." *Archives Internationales de Physiologie et
de Biochimie* 80（1972）: 632–647.

[11] Palade, George E. "Albert Claude and the Beginnings of Biological Electron
Microscopy." *Journal of Cell Biology* 50（1971）: 5D–19D.

[12] Rasmussen, Nicolas. *Picture Control: The Electron Microscope and The Transformation of*

Biology in America, *1940–1960*. Stanford: Stanford University Press, 1997.

[13] Zamecnik, Paul C. "The Microsome." *Scientific American* 198（March 1958）: 118–124.

托恩 · 范 · 赫尔沃特（Ton van Helvoort） 撰，吴晓斌 译

分离 "短杆菌肽" 的人：勒内 · 儒勒 · 杜博斯
René Jules Dubos（1901—1982）

　　杜博斯是生化学家，出生于法国圣布里斯－苏福雷，毕业于国立农业学院。他因分离 "短杆菌肽" 而知名，这是第一种用于治疗的抗生素。作为一名微生物学家，他采用了生态学的方法，并在其职业后期成了环保主义者，总是强调机体与其生物环境之间的相互作用。杜博斯最终去世于纽约。

　　杜博斯 1922 年开启职业生涯，成为罗马国际农业研究院的会员。两年后，他在罗马被引荐给美国罗格斯大学（Rutgers University）的细菌学家塞尔曼 · 瓦克斯曼（Selman Waksman）博士。1924 年 10 月，杜博斯前往美国跟随瓦克斯曼学习，获农业化学和细菌学博士学位。他的论文是关于土壤细菌分解纤维素的。在洛克菲勒研究所拜访亚历克西斯 · 卡雷尔（Alexis Carrel）期间，杜博斯遇到了奥斯瓦尔德 · 艾弗里（Oswald Avery）。艾弗里向他提出了一个方面：寻找一种可以降解肺炎球菌多糖荚膜的酶。杜博斯发现，从培养基中去除氧气的初期，肺炎球菌的生长要比添加氧气时更旺盛。这使杜博斯意识到在培养基制备中许多成分对细菌有毒性作用。因此，刺激培养物初期生长的环境因素不一定是那些最适合该细胞达到其最佳发育水平的环境因素。

　　杜博斯以多糖作为唯一的碳源，通过培养新泽西州蔓越莓田的土壤样品，成功地分离出一种降解肺炎球菌多糖的酶。这种选择性培养的方法使杜博斯从医学细菌学家中脱颖而出。那些医学细菌学家为了获得尽可能多的细菌，会添加各种不同的成分（如糖、蛋白胨、蛋白质）。杜博斯分离的细菌只有在多糖是唯一碳源的情况下才产生降解酶。杜博斯得出的结论是：细胞有许多潜能，但只有当细胞受环境驱使而利用它们时，这些潜能通常才会显现出来。

多糖降解酶是适应性酶的一个例子，不像组成酶，生物体一直制造它们。杜博斯的结论是，细胞只有在对环境中存在的特定物质做出反应时才会产生一种适应性酶（可能是在产生新的原生质时）。杜博斯将这种适应机制与微生物培养产生具有新酶特性的变异细菌细胞的适应机制区别开来。这种变异可能会因为它所处的有利环境而受到青睐。杜博斯认为后者的适应或"训练"的机制是变异形式的自然选择的结果。杜博斯认为，自适应酶的合成过程是由酶作用物的化学结构"导向"的，从而决定了酶的特异性。

20 世纪 30 年代后期，杜博斯开始分离一种能够攻击活细胞的微生物（如葡萄球菌）。经过两年培养含菌的土壤采样，杜博斯分离出一种带有孢子的芽孢杆菌，即短芽孢杆菌，它攻击并分解几种革兰氏阳性微生物的活细胞。杜博斯将这种活性物质命名为短杆菌素，并从中提取出一种晶体物质——短杆菌肽。因此，短杆菌肽是由细菌产生的，而青霉素是由霉菌产生的。由于其毒性，短杆菌肽从未内服过，它只被用作医用绷带和外科敷料中的抗菌剂。

1942 年，杜博斯的第一任妻子玛丽·路易斯（Marie Louis）死于肺结核，他的第二任妻子吉恩（Jean）也同样患有肺结核。在哈佛医学院做了两年研究后，杜博斯于 1944 年回到洛克菲勒研究所主攻结核病。结核杆菌只能在培养基表面培养成厚膜状。在广泛研究使用去污剂培养的结核杆菌后，杜博斯发现中间层的杆菌是无毒的，并且很容易长满整个培养基；对结核杆菌的定量研究现在已经成为可能。

20 世纪 50 年代，杜博斯提出了他的思想，即必须重视微生物的博物学及其与环境的相互作用。他强调了宿主与寄生虫之间的关系，并论断在自然环境下，感染很少产生致命的疾病，这是传染病的微生物理论中最被忽视的一个方面。更显而易见的是，人和动物的组织含有大多数微生物存活所需的一切物质。杜博斯主张，微生物感染（例如病毒）不一定会导致疾病，有许多良性甚至有益的微生物感染的例子。他还进一步引申了这一思想，认为感染通常构成一种创造力，导致宿主和传染物各自表现出独立情况下所没有的性状和功能。

参考文献

[1] Benison, Saul. "René Jules Dubos and the Capsular Polysaccharide of Pneumococcus: An Oral History Memoir." *Bulletin of the History of Medicine* 50（1976）: 459–477.

[2] Davis, Bernard D. "Two Perspectives: On René Dubos, and on Antibiotic Actions." In *Launching the Antibiotic Era: Personal Accounts of the Discovery and Use of the First Antibiotics*, edited by Carol L. Moberg, and Zanvil A. Cohn. New York: Rockefeller University Press, 1990, pp. 69–83; reprinted in *Perspectives in Biology and Medicine* 35（1991）: 37–48.

[3] Dubos, René J. "Studies on a Bactericidal Agent Extracted from a Soil Bacillus: I. Preparation of the Agent: Its Activity in Vitro; II. Protective Effect of the Bactericidal Agent against Experimental Pneumococcus Infections in Mice." *Journal of Experimental Medicine* 70（1939）: 1–10, 11–17.

[4] ——. "The Adaptive Production of Enzymes by Bacteria." *Bacteriological Reviews* 4（1940）: 1–16.

[5] ——. *The Bacterial Cell in its Relation to Problems of Virulence, Immunity and Chemotherapy*. Cambridge, MA: Harvard University Press, 1945.

[6] ——. "Second Thoughts on the Germ Theory." *Scientific American* 192（May 1955）: 31–35.

[7] ——. "Integrative and Creative Aspects of Infection." In *Perspectives in Virology*, Vol. 2, edited by Morris Pollard. Minneapolis: Burgess, 1961, pp. 200–205.

[8] ——. "Infection into Disease." *Perspectives in Biology and Medicine* 1（1958）: 425–435; reprinted in *Life and Disease: New Perspectives in Biology and Medicine*, edited by Dwight J. Ingle. New York: Basic Books, 1963, pp. 100–110.

[9] ——. "Medicine's Living History: Dr. René Dubos." *Medical World News* 16（1975）: 77–87.

[10] ——. *The Professor, the Institute, and DNA*. New York: Rockefeller University Press, 1976.

[11] ——. *Pasteur and Modern Science*. Madison: Science Tech Publications, 1988.

[12] ——., ed. *Bacterial and Mycotic Infections of Man*. Philadelphia: Lippincott, 1948.

[13] Hirsch, James G., and Carol L. Moberg. "René Jules Dubos." *Biographical Memoirs of the National Academy of Sciences* 58（1989）: 133–161.

[14] Piel, Gerard, and Osborn Segerberg, Jr., eds. *The World of René Dubos: A Collection from His Writings*. New York: Henry Holt and Company, 1990.

托恩·范·赫尔沃特（Ton van Helvoort）　撰，陈明坦　译

生殖生物学家和内分泌学家：格雷戈里·古德温·平卡斯
Gregory Goodwin Pincus（1903—1967）

平卡斯出生于新泽西州伍德拜恩的一个博学的犹太农民家庭，在布朗克斯长大，并获得了康奈尔大学的全额奖学金（1924 年他在这里获得学士学位）。他对遗传学的兴趣又将他引向哈佛大学（他在这里获得理学硕士和理学博士学位）。在哈佛，他与遗传学家威廉·E. 卡斯尔（William E. Castle）和生理学家威廉·J. 克罗齐尔（William J. Crozier）一起学习。克罗齐尔崇拜的英雄雅克·洛布（Jacques Loeb）的机械生物学将平卡斯引向生殖生物学和内分泌学；并将余生心血都倾注于此。

结束了毕业以来在德国和英国的工作之后，他对哺乳动物卵子的兴趣有所加强，1930 年他回到了哈佛大学普通生理学系。20 世纪 30 年代，尽管对糖尿病和类固醇激素（主要是性腺激素）研究也有所涉猎，但他将研究重点放在了哺乳动物的卵子发育上。他证明哺乳动物（兔子）的卵可以在体外受精。与研究海胆孤雌生殖的洛布一样，他也发现在孤雌生殖的刺激下（也就是没有精子的情况），这些卵子可以发育成完全成熟的兔子。但由于低产率（1/200）以及对其再现性的怀疑，这项工作一直存在争议，直到现在仍然如此。举国上下都知道平卡斯有"生命操控者"这样一个名号，尽管有时这并不是正面含义。1936 年，在哈佛大学举行 300 周年纪念之时，他的研究被列为"伟大的科学发现"之一，但在第二年，科南特校长取消了平卡斯所在的系，平卡斯也没能获得终身教职。

20 世纪 20 年代，与平卡斯同为研究生的哈德森·霍格兰（Hudson Hoagland）在 1937 年成为克拉克大学生物系主任，他为平卡斯在克拉克大学谋得一个非学术性职位。平卡斯现在更多关注类固醇，从第二次世界大战开始，他转向主要对肾上腺皮质的应激反应进行研究。

由于对克拉克大学不满，霍格兰和平卡斯于 1944 年离开这所学校，成立了伍斯特实验生物学基金会（Worcester Foundation for Experimental Biology），这是一个完全依靠捐赠资金运作的研究机构。他们依然重点关注肾上腺皮质，不过他们的年轻同事张明觉（M. C. Chang）有关卵子的工作仍在继续。1951 年，在玛格丽特·桑格（Margaret Sanger）和凯瑟琳·麦考密克（Katherine McCormick）的来访以及金钱的刺激下，平卡斯和张决定测试一下新合成的孕激素类似物是否会阻止受孕。他们在动物身上进行了实验。另一位同事——内科医师兼妇科医生约翰·洛克（John Rock）选择了西尔列制药公司（G. D. Searle Co.）生产的这款药物，认为最适合用于女性临床试验。试验最终取得成功，这一当时颇受争议的药物在 1960 年获得食品及药物管理局的批准，作为口服避孕药进入市场。

平卡斯是一位管理者、募捐者兼宣传家，作为一名国际人物，他的生物学工程方法业已取得了成功。

参考文献

[1] Ingle，D.J. "Gregory Goodwin Pincus." *Biographical Memoirs of the National Academy of Sciences* 42（1971）: 229–270.

[2] Pincus, G. "Observations on the Living Eggs of the Rabbit." *Proceedings of the Royal Society of London*，B 107（1930）: 132–167.

[3] ——. "The Comparative Behavior of Mammalian Eggs in Vivo and in Vitro. IV. The Development of Fertilized and Artifificially Activated Eggs." *Journal of Experimental Zoology* 82（1939）: 85–129.

[4] ——. *The Control of Fertility.* New York: Academic Press, 1965.

[5] Pincus, G., and E.V. Enzmann. "Can Mammalian Eggs Undergo Normal Development in Vitro?" *Proceedings of the National Academy of Sciences* 20（1934）: 121–122.

[6] Pincus, G., J. Rock, C.-R. Garcia, E. Rice-Wray, M. Paniagua, and I. Rodriquez. "Fertility Control with Oral Medication." *American Journal of Obstetrics and Gynecology* 75（1958）: 1333–1346.

[7] Reed, J. *The Birth Control Movement and American Society: From Private Vice to Public Virtue.* Princeton: Princeton University Press, 1978, 1983.

[8] Werthessen, N.T., and R.C. Johnson. "Pincogenesis-parthenogenesis in Rabbits by Gregory Pincus." *Perspectives in Biology and Medicine* 18（1974）: 86–93.

克拉克·T. 萨温医学博士（Clark T . Sawin, M.D.）撰，郭晓雯　译

另请参阅：节育（Birth Control）

古脊椎动物学家：乔治·盖洛德·辛普森

（George Gaylord Simpson，1902—1984）

辛普森出生于美国芝加哥，在科罗拉多州丹佛市长大。他父亲是丹佛市的一名律师，母亲是长老会的活跃分子。16岁时，辛普森进入科罗拉多大学，大三转到耶鲁大学，在那里他于1923年和1926年相继获得地质学学士与硕士学位。为完成博士论文，辛普森研究了美国西部中生代岩石中大量的原始哺乳动物，之后又去伦敦大英博物馆（自然史博物馆）对英国和欧洲大陆相似的化石标本进行了为期一年的博士后研究。很快辛普森就成为国际知名的古哺乳动物学家，他于1927年被任命为纽约的美国自然历史博物馆（American Museum of Natural History）的馆长。

为更深入研究哺乳动物化石，辛普森于20世纪30年代来到南美洲巴塔哥尼亚（Patagonia），他的第一部著作《见证奇迹》（*Attending Marvels*，1934）就讲述了他在那里的旅行。20世纪30年代末40年代初，辛普森开始研究演化论中更加广泛的议题。1939年，他与第二任妻子、著名临床心理学家安妮·罗伊（Anne Roe）合作出版了《定量动物学研究》（*Quantitative Zoology*）一书。在1942年年底辛普森服务于军方之前，他又完成了《演化的速度和样式》（*Tempo and Mode In Evolution*，1944）和《分类学原理与哺乳动物的分类》（*Principles of Classification and a Classification of Mammals*，1945）两部书的手稿。前一部著作是"现代演化论综合"（modern evolutionary synthesis）的代表性著作之一，辛普森将古生物学带入20世纪生物学的主流，他利用化石证据扩展了当时遗传学家的主张，即自然选择对生物种群遗传变异的作用也可以充分解释化石中的演化模式和速度。

1942年年底，辛普森被任命为美国陆军军事情报部门的上尉，后又升为少校，在地中海战区服役两年。1944年年末，辛普森回到美国自然历史博物馆。次年，他成为新成立的地质与古生物部主席；那年，他还被任命为哥伦比亚大学古脊椎动物学教授。1949年，辛普森出版《演化的意义》（*The Meaning of Evolution*）一书说明现代演化理论，该书广受欢迎，读者众多。1953年，他完成了另一部半专业性著作《演化与地理》（*Evolution and Geography*），该书提出动物，尤其是哺乳动物，在很长地质时期跨度内广泛分布于固定的大陆上。如此，辛普森便有力地挑战了阿尔弗雷德·魏格纳（Alfred Wegener）之前提出的大陆漂移理论。同年，辛普森《演化的主要特征》（*Major Features of Evolution*）一书出版，这是对早年《演化的速度和样式》的大幅修订。

1958 年，因与主任发生争执，辛普森辞去美国自然历史博物馆地质与古生物部主席一职，加入哈佛大学比较动物学博物馆（Harvard's Museum of Comparative Zoology），成为一位古脊椎动物学的亚历山大·阿加西讲席教授（Alexander Agassiz Professor）。1964 年，辛普森出版了他"最喜爱的一本书"（Simpson, *Autobiography*，p.321）——《生命观点》（*This View of Life*），这是一本涉及不同主题的论文集，内容包括达尔文与演化论、历史生物学、生物本性中表面的目的性、对地外生命的推测，以及人类演化的未来。

1967 年，辛普森离开哈佛大学到亚利桑那大学工作直至去世。在那里辛普森会承担一些教学工作，并经常与教师和研究生共进午餐，但大部分时间仍继续发表和出版专业文章和著作，内容包含南美哺乳动物、企鹅、达尔文、化石与生物史、论文集及其自传。

作为 20 世纪中叶古脊椎动物学和演化论的权威专家之一，辛普森在其职业生涯中获得诸多荣誉，包括美国哲学学会（American Philosophical Society）会员（1936），美国国家科学院（National Academy of Sciences）院士（1941）和英国伦敦皇家学会（Royal Society of London）外籍院士（1958），以及分别于 1942 年、1946 年、1962 年、1962 年、1964 年当选为北美古脊椎动物学会（Society of Vertebrate Paleontology），演化研究学会（Society for the Study of Evolution），美国哺乳动物学家学会（American Society of Mammalogists）、系统动物学学会（Society for Systematic Zoology）和美国动物学家学会（American Society of Zoologists）的主席。他还于 1966 年获得林登·约翰逊（Lyndon Johnson）总统颁发的美国国家科学奖章（National Medal of Science），此外还有十多个国际科学协会和组织颁发的其他奖章和奖项。

参考文献

[1] Laporte, Léo F. *George Gaylord Simpson, Paleontologist and Evolutionist.* New York: Columbia University Press, 2000.

[2] Simpson, George G. *Concession to the Improbable: An Unconventional Autobiography.* New Haven: Yale University Press, 1978.

[3] ——. *Simple Curiosity: Letters from George Gaylord Simpson to His Family, 1921–1970.* Edited by Léo F. Laporte. Berkeley and Los Angeles: University of California Press, 1987. [Contains an annotated bibliography of Simpson's major publications.]

利奥·F.拉波特（Léo F. Laporte） 撰，彭繁 译

生物化学家和生物医学机构的管理者：温德尔·梅雷迪思·斯坦利
Wendell Meredith Stanley（1904—1971）

斯坦利出生和成长于美国印第安纳州里奇维尔（Ridgeville），1926 年在附近的厄勒姆学院（Earlham College）完成本科学业，准备成为一名体育教练。但一次对厄巴纳市伊利诺伊大学（University of Illinois）化学系的偶然访问激发了他对有机化学的毕生兴趣。1929 年，他在伊利诺伊大学罗杰·亚当斯（Roger Adams）指导下获得博士学位，随后以国家化学博士后的身份在德国慕尼黑跟随海因里希·维兰德（Heinrich Wieland）做了一年（1930—1931）研究员。1931 年，斯坦利加入纽约洛克菲勒研究所约翰·V. L. 奥斯特豪特（John V. L. Osterhout）的实验室，次年，他到洛克菲勒研究所新建的普林斯顿大学植物病理学实验室工作。1935 年，他在那里提纯烟草花叶病毒开创并发展了病毒研究新方法。斯坦利获得的荣誉和奖励无数，其中就包括 1946 年与约翰·H.诺斯罗普（John H. Northrop）和约翰·B.萨姆纳（John B. Sumner）共享的诺贝尔化学奖，以表彰他们对酶化学和蛋白质化学的贡献。他被选为诸多科学协会的会员，包括美国哲学学会、美国国家科学院、美国艺术与科学学院、西格玛赛（Sigma Xi）学会、哈维学会（Harvey Society）、日本学士院（Japan Academy）和法国科学院（French Academy of Sciences）。

1948 年，他成为加州大学伯克利分校（University of California，Berkeley）的生物化学教授，并担任该校新成立的病毒实验室主任直到 1969 年。他是癌症研究的有力推动者，也是美国国立卫生研究院（National Institutes of Health）和其他政府机构的重要顾问。

斯坦利的生物医学事业可谓顺风顺水。他进入普林斯顿大学洛克菲勒研究所不久，就被分配到一个最具挑战性的生物化学研究项目：结晶烟草花叶病毒。科学家一直无法离析出纯病毒，这极大地阻碍了病毒和医学研究。斯坦利的生物有机化学专业技术包括他早年对联苯和固醇的研究经验使他大受裨益；他还得到身边的蛋白质结晶领域一流生物化学家的帮助。几年内斯坦利成功地实现了烟草花叶病毒的结晶，确定病毒颗粒为蛋白质，并测定其分子量（4000 万）。可用的高活性且相对纯的病毒制剂开创了病毒和基因研究新时代。哲学意义上，生物变成晶体粉末的化学过程进一步模糊了有生命和无生命领域的界线。以技术视角看，作为生物体、分子和基因类似物的病毒，如今也能够对它进行物理化学分析和精准的生理操作。随着技术和实验室资源的扩展，斯坦利研究团队对若干植物病毒进行了许多类似分析，研究涉及生物化学、植物生理学、微生物学、遗传学与医学的交叉领域。第二次世界大战期间的科学动员促使他向医学又迈进一步。他的团队致力于流感病毒研究，获得了高纯度制剂和有效抗血清疫苗。到伯克利后，他更多地从事大型病毒实验室（Virus Laboratory）的管理工作，他的团队在烟草花叶病毒和脊髓灰质炎研究方面取得重大进展，为分子遗传学和医学发展做出了贡献。20 世纪 50 年代中期开始，斯坦利成为病毒研究的早期推动者之一，他将病毒研究视为抗癌运动的核心，因此争取了大量资源用于加强病毒研究和整个分子生物学研究（Creager）。

斯坦利在生命科学和医学领域的地位可与路易·巴斯德（Louis Pasteur）相媲美。他很快就被视为先驱者，他的烟草花叶病毒结晶被誉为"革命性突破"，在发现后的几十年就被视为分子生物学的开端。最近，斯坦利的贡献与他在分子生物学史上的地位被重新评估（Olby，p. 156，Kay，1986. p. 450）。一项重新审视斯坦利化学成就的研究指出他的工作存在严重缺陷：他未注意到病毒的核酸；制剂不是真正的结晶体；烟草花叶病毒也不是一种酶。与其说他是一位科学革命者，不如说他是先前一项享有声望的研究项目的坚定捍卫者，该项目将病毒视为自催化酶。他的机构背景与"蛋白质范式"（Kay, *Molecular Vision*, p. 104）的信念都使其方法和结论带有偏见。这些制度和学科因素有助于解释在 20 世纪 30 年代美国和英国的批评者们提出的异议为何没有被认真对待，以及病毒和基因是蛋白质的观点为何会延续到 50 年代。他的工作被修正之后，又被重新解释再次整合进 DNA 双螺旋结构的历史中。再度审视斯坦利的研究有助于更广泛地修订分子生物学的发展史。他的职业生涯凸显出在这种强交叉学科的崛起中技术与制度资源所发挥的重要作用。

斯坦利的文献存放在加州大学伯克利分校的班克罗夫特图书馆（Bancroft Library）。这些卷帙浩繁的文件详细记载着斯坦利的研究与行政活动。这些记录不仅可为斯坦利研究提供线索，也可成为一个了解分子生物学、癌症研究重大进展以及美国生物医学机构兴起的窗口。

参考文献

[1] Creager, Angela N.H. "Wendell Stanley's Dream of a Free Standing Biochemistry Department at the University of California, Berkeley." *Journal of the History of Biology* 29（1996）: 331-360.

[2] Edsall, John D. "Wendell Meredith Stanley." *The American Philosophical Society Year Book*, 1971, pp. 184-190.

[3] Kay, Lily E. "W.M. Stanley's Crystallization of the Tobacco Mosaic Virus." *Isis* 77 （1986）: 450-472.

[4] ——. *The Molecular Vision of Life: Caltech, the Rockefeller Foundation, and the Rise of the New Biology*. New York: Oxford University Press, 1993.

[5] ——. "The Intellectual Politics of Laboratory Technology: The Protein Network and the Tiselius Apparatus." In *Center on the Periphery: Historical Aspects of 20th Century Swedish Physics*, edited by Svante Linquist. Canton, MA: Science History Publications, 1993, pp. 398-423.

[6] Olby, Robert C. *The Path to the Double Helix*. London: Macmillan, 1974.

莉莉·E. 凯（Lily E. Kay）　撰，彭繁　译

分子生物学领袖：马克斯·德尔布鲁克
Max Delbrück（1906—1981）

　　德尔布鲁克是德裔物理学家，转身为遗传学家、微生物学家，并成为分子生物学的领袖。德尔布鲁克出生于柏林的一个学者兼政治领导人家庭，曾在图宾根、波恩和柏林学习天文学。随后，他在马克斯·玻恩（Max Born）和沃尔特·海特勒（Walter Heitler）的指导下转向理论物理学，1930 年获得博士学位。1931—1932 年度的洛克菲勒奖学金资助他前往哥本哈根在尼尔斯·玻尔指导下研究，这一经历激发了德尔布鲁克对生物学的终生热爱。他回到柏林做了丽泽·迈特纳（Lise Meitner）的物理学助理 5 年，同时在威廉皇帝生物学研究所从事他感兴趣的生物学。1937—1939 年，受洛克菲勒基金会资助，他在加州理工学院开始了噬菌体的研究，并在冷泉港提出了噬菌体计划。1940—1947 年，他还同时在范德比尔特大学讲授物理学。1947 年，德尔布鲁克回到加州理工学院，担任生物学教授，直到去世。他是美国科学院、丹麦皇家科学院、德国利奥波第那科学院、伦敦皇家学会以及美国艺术与科学学院的成员。20 世纪 60 年代，他在德国参与建立了分子生物学，1969 年，他与萨尔瓦多·E. 卢里亚（Salvador E. Luria）和阿尔弗雷德·D. 赫尔希（Alfred D. Hershey）因分子遗传学方面的贡献，共同获得诺贝尔生理学或医学奖。

　　将互补性确立为生物学的指导原则，这一目标主导着德尔布鲁克的生物学计划。他志在证明：自然的基本知识源于不确定性——就像量子物理学中一样，对生物体的彻底原子描述会干扰到生命的基本属性。他的征程开始于研究 X 射线辐射对果蝇基因突变的影响，根据量子力学模型解释了遗传稳定性和遗传机制。1937 年，他转而以噬菌体作为模型系统，研究遗传复制的机制，极大地修正了旧有观念。他采用非侵入性的技术方法，结合数学来定位病毒重组的基因位点，吸引了许多对遗传学感兴趣的研究人员——生物学家、化学家，尤其是物理学家。1945 年德尔布鲁克在冷泉港开讲著名的噬菌体课程，汇集并促进了日益壮大的噬菌体学派，成为分子生物学这一新兴领域的子专业。由于德尔布鲁克在学术和社会方面的卓越领导力，20世纪 50 年代后期，噬菌体工作者在病毒感染、病毒和细菌基因组的组织，以及它们复制、重组和突变的模式等方面，做出了突出的成果。

然而，到那个时候，詹姆斯·沃森和弗朗西斯·克里克（1953）阐明了DNA双螺旋结构，凸显了生物化学的解释能力。这一结果让德尔布鲁克实际上放弃了根据互补原理解释基因复制的个人追求。虽然仍继续噬菌体的遗传学研究，但他自己的学术精力集中在神经生理学上，使用藻菌类作为最简单的模型系统来研究信号的感觉转导。再一次，他试图达到认知的极限，基于互补原理，观察者的测量会干扰到所观察的信号。他一直致力于这个项目直到去世。

除了科学和哲学的广阔卓识，德尔布鲁克还对音乐有浓厚的兴趣，精通多种语言，广泛涉猎古典和现代文学。这些特质造就了他的地位，在科学和人文领域的重要问题上，担当睿智而雄辩的发言人。

由于德尔布鲁克拥有巨大的声望、学术上的领导能力，以及庞大的国际噬菌体研究者网络，他的研究被视为"分子生物学的源头"（Cairns et al.）。他从物理学跨进生物学被认为勇于冒险，他在生物学上运用数理物理学被称赞为新奇，他选择噬菌体也是开创性的。到20世纪60年代末，他成为专门研究微生物这一混合型新学科的代表人物。作为一名德国物理学家，人们公认是他赋予了生物学在学术上的正当性，吸引了来自物理科学的研究人员，并最终改变了生物学的学科特征。他对刚刚起步的分子遗传学的理论构想，没有沾染生化技术的不可预见性，已经成为一项历史指标，衡量分子生物学在认知和学科方面的新颖性。最近，分子生物学史和生物化学史经过了修订，提出了看待德尔布鲁克的职业生涯的新视角。在重新思考机构和学科的权利与科学知识生产之间的关系时，分子生物学的崛起不再被仅仅看作认知飞跃和英明领导的结果。学者们展示了洛克菲勒基金会——分子生物学项目的主要赞助者——是如何通过向物理生物学和化学生物学方面投入大量的机构资源，从而塑造了数百名生命和物理科学家的职业生涯（Kohler；Abir-Am）。作为洛克菲勒基金会的长期资助对象，德尔布鲁克的科学轨迹似乎是美国和欧洲科学运动的一个缩影。这就解释了为什么尽管他的个人产出相对较低，但他的合作和团队项目在分子生物学计划中占据了举足轻重的分量。噬菌体遗传学的巨大声望，也促使生物化学被排除在分子生物学的历史重建之外。最近的一些纠偏（Cohen；Fruton, p.

195）质疑了噬菌体学派在编史上的一家独大，指出生物化学在噬菌体研究的内外部都发挥着关键作用。重新思考德尔布鲁克的贡献，已经成为重新评价分子生物学史的一个不可或缺的因素。

德尔布鲁克的档案（44 个盒子）存放在加州理工学院，详细记录了他的职业生平。虽然也有关于噬菌体学派的历史记载和德尔布鲁克最近的一部传记，但这些代表着当事者的观点。以这些材料为基础，编写一部批判性的传记，将极大地丰富 20 世纪科学史的学术研究。

参考文献

[1] Abir-Am, Pnina. "The Discourse of Physical Power and Biological Knowledge in the 1930s: A Reappraisal of the Rockefeller Foundation 'Policy' in Molecular Biology." *Social Studies of Science* 12（1982）: 123-143.

[2] Cairns, John, Gunther S. Stent, and John D. Watson, eds. *Phage and the Origins of Molecular Biology.* New York: Cold Spring Harbor Laboratory of Quantitative Biology, 1966.

[3] Cohen, Seymour. "The Biochemical Origins of Molecular Biology: Introduction." *Trends in Biochemical Sciences* 9（1984）: 334-336.

[4] Fischer, Ernst P., and Carol Lipson. *Thinking About Science: Max Delbrück and the Origins of Molecular Biology.* New York: Norton, 1988.

[5] Fruton, Joseph. *A Skeptical Biochemist.* Cambridge, MA: Harvard University Press, 1992.

[6] Judson, Horace F. *The Eighth Day of Creation: The Makers of the Revolution in Biology.* New York: Simon and Schuster, 1979.

[7] Kay, Lily E. "Conceptual Models and Analytical Tools: The Biology of Physicist Max Delbrück." *Journal of the History of Biology* 18（1985）: 207-247.

[8] ——. "The Secret of Life: Niels Bohr's Influence on the Biology Program of Max Delbrück." *Rivista di Storia della Scienza* 2（1985）: 485-510.

[9] ——. *The Molecular Vision of Life: Caltech, the Rockefeller Foundation, and the Rise of the New Biology.* New York: Oxford University Press, 1993.

[10] Kohler, Robert E. "The Management of Science: The Experience of Warren Weaver and the Rockefeller Foundation Program in Molecular Biology." *Minerva* 14（1976）:

249-293.

[11] Olby, Robert C. *The Path to the Double Helix*. London: Macmillan, 1974.

莉莉·E. 凯（Lily E. Kay） 撰，陈明坦 译

生物化学家兼微生物学家：爱德华·劳里·塔特姆
Edward Lawrie Tatum（1909—1975）

塔特姆生于科罗拉多州的博尔德市，曾就读于芝加哥大学的实验学校，后进入威斯康星大学（他父亲是该大学的药理学教授）学习生物化学和微生物学，1931 年获学士学位，1935 年获博士学位。通才教育委员会（General Education Board）的一项奖学金资助他到乌得勒支从事微生物营养学的博士后研究，在那儿他与该领域的学术带头人建立了重要联系。1937 年标志着他开始了波澜壮阔的职业道路。他去斯坦福大学成了乔治·W. 比德尔（George W. Beadle）的研究助理，共同完成了一个生化遗传学的重大项目。1945 年离开斯坦福时他已经是一名助理教授了。同年，他接受了耶鲁大学植物系的终身教授职位，开展了一个以生物化学为导向的微生物学项目，并很快在细菌遗传学领域做出了重大发现。为了得到斯坦福大学生物系正式的教授职位，塔特姆于 1948 年经人劝说回到了斯坦福大学，在那里他一直研究并监管着各种各样的项目。直到 1957 年他接受了坐落于纽约的新改组的洛克菲勒大学（Rockefeller University）的工作邀请；并在那儿度过了余生。塔特姆获得了许多荣誉，包括当选美国国家科学院院士、美国哲学学会和哈维学会的会员。他也曾获得了多个奖项，最著名的是他与比德尔和乔舒亚·莱德伯格（Joshua Lederberg）分享的 1958 年诺贝尔生理学或医学奖，以表彰他们在微生物遗传学上的贡献。除了其研究成就，塔特姆还供职于多个编辑委员会和咨询委员会，比较著名的有美国国立卫生研究院、国家基金会和美国癌症协会。他的这项工作也极大地促进了美国生命科学和医学的发展。

塔特姆一直致力于多学科交叉的研究。通过与当地农业和食品药品工业的紧密联系，威斯康星大学的生物化学和微生物学系蓬勃发展，他在研究生阶段研究的是

微生物生物化学和维生素在细菌营养中的作用；博士后的工作是研究在微生物中生长因子的营养意义。微生物的营养是演化中生物化学变化的标志，这个概念在当时也获得了认可。当他加入在斯坦福大学做研究的比德尔的研究队伍时，塔特姆把遗传学也加入了其跨学科研究范围。在 19 世纪 30 年代末，这种做法是一种职业冒险。的确，塔特姆错综复杂的职业生涯，反映了这种新格局中固有的制度复杂性。比德尔和塔特姆利用"脉孢菌"（Neurospora）为模型系统，开发了生化遗传学的一个重要程序。他们证明了一个基因只控制一个生化反应，这个生化反应是由它自己特有的酶控制的，这是分子生物学史上一个重要的概念和学科发展阶段。塔特姆还证明"脉孢菌"方法同样适用于细菌。1946 年，他和莱德伯格发现了大肠杆菌的基因重组，从而将大肠杆菌带入了遗传学和分子生物学的研究领域。在随后的几年里，他的研究兴趣转向了致癌和基因突变之间的关系，从事和监管有关细菌和"脉孢菌"的项目。尽管塔特姆做出了卓越成就，但由于他经常在体制不明确的条件下工作，所以他既不被视为传统的生物化学家，也非公认的遗传学家。这种模糊的学科地位大大有助于他四海为家。获得诺贝尔奖后，塔特姆开始深入参与科学组织，并在国内和国际上推进生命科学。

对塔特姆的史学研究既不完整而且自相矛盾。一方面，他被视为生命科学领域的重要人物，但却因为他所在时期的（学科）制度不够明确，抑或者是因为他的科学形成期是在比德尔的长期阴影下出现的，历史学家没有把塔特姆的职业生涯视为一种自主的发展。尽管他的成就促使了作为新生物学中心特征的微生物遗传学的出现，但是与比德尔不同的是，他并未被视为一门学科的创建者。相比于对分子生物学领域的"奠基人"所进行的浓墨重彩的史学描写，对塔特姆的所作的历史描述就显得十分苍白了。另一方面，近年来遗传学史上的学术研究（Sapp, Harwood）对比德尔和塔特姆的工作在历史上所具有的创新性和卓越性提出了挑战。这些研究表明，在比德尔和塔特姆进入这一领域之前，微生物遗传学就已经在欧洲蓬勃发展了。这些学者认为，政治和制度上的突发事件，特别是第二次世界大战，阻碍了欧洲的进步，同时也使"脉孢菌"项目得以领先。无论怎样，塔特姆在所有这些史学描述中都是作为一个附属形象出现的。

有关塔特姆的档案存放在纽约塔利敦的洛克菲勒档案中心（Rockefeller Archive Center），但数量相对较少。到目前为止，还没有关于塔特姆的传记，也没有关于其科学成就的重点研究。在重建提出双螺旋的道路之外，我们非常需要通过历史的讨论来解释他的工作。无论使用传记或是分析的形式，对塔特姆科学轨迹的细致研究将丰富我们对美国生命科学史的理解。

参考文献

［1］Harwood, Jonathan. *Styles of Scientific Thought: The German Genetics Community, 1900–1933*. Chicago: University of Chicago Press, 1993.

［2］Kay, Lily E. "Selling Pure Science in Wartime: The Biochemical Genetics of G.W. Beadle." *Journal of the History of Biology* 22（1989）: 73–101.

［3］——. *The Molecular Vision of Life: Caltech, the Rockefeller Foundation, and the Rise of the New Biology.* New York: Oxford University Press, 1993.

［4］Lederberg, Joshua. "Edward Lawrie Tatum." *Biographical Memoirs of the National Academy of Sciences* 59（1990）: 357–385.

［5］Nelson, D.L., and B.C. Soltvedt, eds. *One Hundred Years of Agricultural Chemistry and Biochemistry at Wisconsin.* Madison, WI: Science Tech, 1989.

［6］Olby, Robert C. *The Path to the Double Helix.* London: Macmillan, 1974.

［7］Sapp, Jan. *Beyond the Gene: Cytoplasmic Inheritance and the Struggle for Authority in Genetics.* New York: Oxford University Press, 1987.

［8］——. *Where the Truth Lies: Franz Moewus and the Origins of Molecular Biology.* Cambridge, UK: Cambridge University Press, 1990.

莉莉·E. 凯（Lily E. Kay） 撰，刘晋国 译

生物化学家：威廉·霍华德·斯坦
William Howard Stein（1911—1980）

1972 年，洛克菲勒大学（Rockefeller University）的斯坦和斯坦福·穆尔（Stanford Moore）与克里斯蒂安·安芬森（Christian Anfinsen）一起获得诺贝尔化学奖。斯坦和穆尔的贡献是阐明核糖核酸酶分子活性中心的化学结构和催化活性。

斯坦出生于美国纽约，就读于哈佛大学，1938 年凭借弹性蛋白的氨基酸组成研究获得博士学位。之后，他加入洛克菲勒研究所（Rockefeller Institute）麦克斯·伯格曼（Max Bergmann）的实验室，于 1952 年成为研究所正式成员。

第二次世界大战后，斯坦和穆尔发展层析法来分离蛋白质水解物中的所有氨基酸。他们应用分配层析法于淀粉柱上，以乙醇或水作为溶剂，并发明出一种基于光电液滴计数技术的自动馏分收集器。最终他们将分析一张色谱图的时间缩短至 6 小时。

1949 年，斯坦和穆尔开始研究一种酶，即胰腺核糖核酸酶，这种酶于 1920 年被首次描述，1940 年由摩西·库尼茨（Moses Kunitz）晶化，一个核糖核酸酶分子含有 124 个氨基酸残基（分子量约 14000）。1951 年，斯坦和穆尔测得核糖核酸酶在离子交换剂中稳定的分配系数类似于一个简单氨基酸的分配系数。斯坦和穆尔在 1958 年到 1960 年间发表了核糖核酸酶的完整序列，这是首次完成酶的序列分析。他们使用化学方法研究核糖核酸酶构象的结构，尤其是酶的"活性位点"，他们的结论被 X 射线分析结果所证实。他们继续研究了脱氧核糖核酸酶，这种糖蛋白的氨基酸残基数量大约是核糖核酸酶的两倍，因此其复杂程度也是核糖核酸酶的两倍。

1969 年夏，斯坦患上了严重的格林－巴利综合征（Guillain-Barré syndrome），四肢瘫痪直至 1980 年去世。

参考文献

[1] Moore, Stanford. "William Howard Stein [1911–1980]." *Journal of Biological Chemistry* 255 (1980): 9517–9518.

[2] ——. "William Howard Stein." *Biographical Memoirs of the National Academy of Sciences* 56 (1987): 414–440.

[3] Moore, Stanford, and William H. Stein. "Chemical Structures of Pancreatic Ribonuclease and Deoxyribonuclease [Nobel Lecture]." *Science* 180 (1973): 458–464.

[4] ——. "Stanford Moore and W. H. Stein." In *75 Years of Chromatography: A Historical Dialogue—Journal of Chromatography Library*. Vol. 17. Edited by Leslie S. Ettre and Albert Zlatlds. Amsterdam: Elsevier, 1979, pp. 297–308.

[5] Richards, Frederic M. "The 1972 Nobel Prize for Chemistry." *Science* 178（1972）: 492–493.

[6] Smith, Emil L. "Stanford Moore." *Biographical Memoirs of the National Academy of Sciences* 56（1987）: 354–385.

[7] ——. "Stein, William Howard." *Dictionary of Scientific Biography*. Vol. 18, supplement 2. Edited by F. Larry Holmes. New York: Scribner, 1990, pp. 851–855.

[8] Stein, William H., and Stanford Moore. "Chromatography." *Scientific American* 184（March 1951）: 35–41.

[9] ——. "The Chemical Structure of Proteins." *Scientific American* 204（February 1961）: 81–92.

托恩·范·赫尔沃特（Ton van Helvoort）撰，彭繁　译

第 6 章

美国地理学与地质学

6.1 研究范畴与主题

地理学

Geography

19 世纪 80 年代之前，美国的地理学是地质学、地文学和探索性观察的混合体。这是一个寻求组织原则和学科建制的主题。

直到 1883 年，W. M. 戴维斯（W. M. Davis）才以演化为组织原则，建立了侵蚀循环。这一创新思想为自然地理学家提供了一种有效模式，他们希望进行实地考察并理解其所见所闻。这一想法还衍生出一个模型，围绕这个模型可以整理出一份能用于教学的资料，从而孕育出一门学科的雏形。戴维斯的学生成为他的门徒，将他的地理学概念传遍美国和其他地区。戴维斯本人也将他的体系传到了英国、法国和德国。

1892 年，十人委员会成立并组织会议研究 9 个不同的学术课题。正是在地理学小组委员会中，多数报告都采用了戴维斯主义的观点。许多州都开设了戴维斯地理学课程，但这门课却因师资储备不足而受到影响。

随后，地理学家开始将关注点转向人文地理学。戴维斯提出了"本体论"概念，这一概念是对被认可的"地理决定论"正式版本的创新。本体论研究的是生命对自然环境的反应。这项工作引入了因果概念，在接下来的 25 年里，环境决定论主导了美国的地理学学术界。在这一论题下人们提出了许多极端观点，从而使环境决定论变得声名狼藉。但在这个问题上人们也提出了很多明智的想法。这一传统所面临的最大问题是很难（实际上也不可能）定量研究一部分自然环境对个体、群体或社会的影响。

1925 年，卡尔·绍尔（Carl Sauer）发表的文章《景观形态学》认为，地理学家可以在不考虑"影响"的情况下研究人类在土地上留下的印记。当时许多年轻而活跃的专业人士都认可了这篇文章，由此美国地理学从本质上摆脱了环境决定论。地理学家开始研究那些小到足以让人步行、骑自行车或者有时开汽车就可以穿越的区域。绍尔的文章改变了地理学家工作的范围。美国地理学家现在研究的是土地利用和小单位区域。实地考察仍然是地理学不可或缺的一部分。

"二战"期间，在政府部门工作的地理学家数量之多前所未有，占了总办公人数的相当一部分。正如"一战"一样，地图在"二战"中非常重要，这赋予了地理学在和平时期似乎没能享受到的地位。"二战"促使地理学家认识到自己的地区性专长在战争时期是非常宝贵的财富，并向地理学家们重申：没有其他学科能培养出这种专家。

战争结束后这一传统仍在继续，但西雅图的华盛顿大学进行了创新。20 世纪 50 年代末，威廉·加里森（William Garrison）和他（略年轻）的博士生开始研究数字和理论地理学；这一流派在美国和世界其他地区传播开来。当然，它改变了美国地理学的面貌。

在过去的 25 年里，折中主义一直是主导模式。美国地理学家协会四十多个专业团体之间的分裂现象伴随着对合适的哲学和方法论的探索。对地理学本质的探究仍在继续，但它似乎越来越难以捉摸。

事实是，今天的创新就是明天的传统。传统不会轻易消亡，因此可以对其进行加成。在地理学史的研究中，这些传统只具有理论意义。但是作为实践领域的地理学中包含着许多不同时代和不同传统的地理学家，他们也许在同一个系里任教，他们提醒彼此没有理解土地上的人类的正确方式，并将其作为自己的核心使命。成为传统的创新是学科发展过程中至关重要的一部分。

参考文献

［1］Blouet, Brian, ed. *The Origins of Academic Geography in the United States*. Hamden, CT：Archon Books, 1981.

［2］Bowman, Isaiah. *Geography in Relationship to the Social Sciences*. New York：Charles Scribner's Sons, 1934.

［3］Chorley, Richard J., R.P. Beckinsale, and A.J. Dunn. *The History of the Study of Landforms or the Development of Geomorphology*, *Vol. 2. The Life and Work of William Morris Davis*. London：Methuen, 1973.

［4］Hartshorne, Richard. *The Nature of Geography*：*A Critical Survey of Current Thought in the Light of the Past*. Lancaster, PA：Association of American Geographers, 1939.

［5］James, Preston E., and C.F. Jones. *American Geography*：*Inventory and Prospect*. Syracuse：Syracuse University Press, for the Association of American Geographers, 1954.

［6］Martin, Geoffrey J., and Preston E. James. *All Possible Worlds*：*A History of Geographical Ideas*. 3d ed. New York：John Wiley & Sons, 1993.

［7］Sauer, Carl O. "The Morphology of Landscape." *University of California Publications in Geography*, 2：19-53.

［8］Stoddart, David R. *On Geography and Its History*. Oxford and New York：Blackwell, 1986.

杰弗里·J. 马丁（Geoffrey J. Martin）　撰，曾雪琪　译

地理探险

Geographical Exploration

在 19 世纪的美国，有组织的探险活动是新科学知识的重要来源。其全盛时期恰好是美国从大西洋沿岸向整个大陆扩张的时期（大约是 1790 年至 1890 年）。随着

自然科学的重点从描述和分类转向对形式和功能的研究，地理探险在美国自然科学中的地位越来越边缘化。19 世纪的前六七十年是美国科学地理探险的黄金时代。

然而早在 19 世纪之前，英国、法国、西班牙和美国的士兵、牧师、移民和旅行家就已经探索了现在美国大陆的大部分地区。虽然探险可能主要是为了领土扩张，但早期探险家还是绘制了该地区的第一批地图，并收集了一些基本的博物学资料。18 世纪末，在威廉·H. 格茨曼（William H. Goetzmann）所描述的"第二个伟大发现时代"中，寻找有关自然界的新信息成为一个更重要的探索动机。美国诞生于这个"新发现时代"之初，并深受其影响。

为探索路易斯安那州和美洲大陆西部而发起的刘易斯与克拉克远征是美国建国早期进行的首次重大地理探险之旅。这次探险由美国总统托马斯·杰斐逊和位于费城的美国哲学学会（美国当时最重要的科学机构）赞助。刘易斯和克拉克负责绘制的地图以及他们要进行的植物学、地质学和人种学藏品收集工作具有丰富的科学和商业价值。1804 年考察开始时，美国已经从法国手中买下了路易斯安那州。这次远征突出了美国早期科学的优势和劣势。一方面，刘易斯和克拉克确实回答了关于美国地理的一些紧迫问题，并引起了人们对美洲大陆资源的关注。但是，远征队收集的科学藏品分散在美国和欧洲，部分原因是官方对这些藏品漠不关心，或是没有合适机构来存放这些藏品。

1838—1842 年的美国探险远征（又名威尔克斯远征）是联邦政府发起的最复杂的一次地理探险活动。成员有詹姆斯·德怀特·达纳（James Dwight Dana）等平民科学家，达纳后来成为美国科学机构的重要成员。远征队花了 4 年时间沿着南美洲西海岸航行，绕过南极洲，前往波利尼西亚和萨摩亚，以及澳大利亚和新西兰。他们绘制了包括夏威夷在内的太平洋岛屿地图，并在 1841 年探索了普吉特海湾附近的地区，也就是现在的华盛顿海岸。探险队收集的藏品是首个由联邦政府资助的科学博物馆——美国专利局的国家美术馆的基础。后来，新成立的史密森学会的秘书约瑟·亨利把这些藏品搬到了史密森学会，于是它们又成了新国家博物馆的基础。

美国的科学机构赞助了许多地理考察活动，然后对活动中收集的信息进行处理。这些机构在 19 世纪的快速发展部分反映出在地理考察中发现的资料的科学价值。成立于 1846 年的史密森学会在 19 世纪成为美国主要的科学性地理信息储存和交流中心。波士顿博物学会、费城自然科学院、奥尔巴尼学院、纽约自然历史学园和哈佛大学比较动物学博物馆等机构在资助探险活动和处理探险藏品方面也发挥着重要作用。这些机构也在处理博物学标本方面做出了重大贡献，这些标本来自一些有名的业余爱好者，比如鸟类学家和艺术家约翰·詹姆斯·奥杜邦（John James Audubon）以及臭名昭著的大猩猩猎人保罗·杜查鲁（Paul Du Chaillu）等。

19 世纪六七十年代，美国西部军事大探索和大规模的民间调查正如火如荼地进行，这也是美国地质调查局成立的先导。军队的探险工作主要是由陆军测绘工程兵团负责。在约翰·福瑞蒙特（John C. Frémont）等人的领导下，他们绘制了西部地图。19 世纪 70 年代，共有 4 个相互竞争的考察工作：克拉伦斯·金（Clarence King）领导的北纬 40° 地质勘探；乔治·M. 惠勒（George M. Wheeler）和费迪南德·V. 海登（Ferdinand V. Hayden）对相邻（有时重叠）地区的其他调查，以及约翰·卫斯理·鲍威尔领导的民间调查。这些调查基本上完成了美国大陆地图的测绘工作。

美国人也忙着探索海外。威尔克斯远征是美国对南美洲、太平洋和非洲的首次探索。例如，马修·方丹·莫里（Matthew Fontaine Maury）在进行有关贸易路线的研究时，几乎以一己之力创建了海洋学。美国人对美洲大陆的探索从亚马孙盆地开始（目的是迫使巴西向外国船只开放航道，同时也是为了收集新的科学数据）一直到西北航道。

1893 年，历史学家弗雷德里克·杰克逊·特纳（Frederick Jackson Turner）宣布封锁美国边疆。这个日期也是一个便利的标记，表明美国科学地理探险时代的结束。这个时代正好与移民潮和现代科学的诞生相吻合。在 19 世纪初，博物学的知识结构和大陆知识的缺乏使地理探索成为美国建国之初重要的科学之一。博物学强调对新物种进行描述和分类。在 19 世纪的最后 20 年里，美国的科学研究中心从强调博物学的博物馆转向强调实验科学（比如解剖学和生理学）的大学，博物学因此被边缘化了。地理探索成为一种与当时人们所理解的自然科学相去甚远的活动。

关于地理探索在美国科学史上的作用还有很多有待研究。目前的历史研究主要关注的是 19 世纪及其后的探索活动。对于探索美洲大陆的法国、西班牙和英国的探险家，比如罗贝尔·卡弗利耶·德·拉萨勒（Sieur Robert Cavelier de La Salle）、卡韦萨·德·巴卡（Cabeza de Vaca）和乔治·温哥华（George Vancouver）等人，还需要进一步研究。他们是绘制出目前美国大片地区地图的首批探险家。我们还需要了解他们收集的知识是如何被纳入美国地理知识体系的。从长远来看，历史研究不仅要强调科学和地理之间关系的转变，也要强调每个领域内部的深刻转变。这五个世纪见证了文艺复兴和科学革命的发生、科学学科的形成，以及社会科学的出现。

地理学史家们建议将远征探索理解为更大规模体制化进程的一部分。这种模式对美国科学史家来说可能非常有用。例如，我们可以把西部地区的军队勘测看作是 19 世纪庞大的科学机构（如史密森学会）发展的必要条件。将航海活动作为体制化发展过程的一部分来理解，表明历史学家应该研究科学家在规划探险时起到了什么作用、他们希望从探险中获得什么、他们在探险过程中与其他人的关系以及探险的结果。

一些科学史学家开始研究科学知识如何产生于实验室以外的环境中。19 世纪的航海活动是研究这一问题有价值的资料。史密森学会和上文提到的其他博物学机构的档案里包含了大量尚未开发的手稿，这些手稿有助于新兴田野科学的史学发展。最近对科学研究学派的历史研究表明，田野科学与实验室科学的研究集体是不同的。历史学家可以参考这些航海记录来确定美国博物学史上的一些主要研究流派。

地理探索史在美国新兴的环境史领域同样意义重大。科学探险家在评估待开发土地的自然潜力方面发挥了重要作用，并协助完成后续的土地授予和开发。19 世纪后期，约翰·穆尔（John Muir）等探险家成为环保运动的领导者，还创立了塞拉俱乐部等组织。

最后，有必要对地理探索与自然科学相分离的原因和影响进行更多的研究。例如，世纪之交罗伯特·皮里（Robert Peary）的格陵兰岛和北极之旅引发了公众的想象，但对生命科学或地质科学却贡献甚微。另一方面，科学探索的航行一直持续到今天，但其主要目的却并非地理发现。地质学、生态学和海洋学是与地理学有关的三个科学领域，在这些领域中探索仍然很重要。如果历史学家想继续追溯科学探索直至 20 世纪的发展道路，那就需要研究这些学科。

参考文献

[1] Benson, Keith R. "From Museum Research to Laboratory Research: The Transformation of Natural History into Academic Biology." In *The American Development of Biology*, edited by Ronald Rainger, Keith R. Benson and Jane Maienschein. New Brunswick: Rutgers University Press, 1991, pp. 49–83.

[2] Bowler, Peter J. *The Norton History of the Environmental Sciences*. New York: Norton, 1992.

[3] Dupree, A. Hunter. *Science in the Federal Government: A History of Policies and Activities to 1940*. Cambridge, MA: Harvard University Press, 1957.

[4] Goetzmann, William H. *Exploration and Empire: The Explorer and the Scientist in the Winning of the American West*. New York: Knopf, 1966.

[5] ——. *New Lands, New Men: America and the Second Great Age of Discovery*. New York: Viking, 1986.

[6] Jackson, C. Ian. "Exploration as Science: Charles Wilkes and the U.S. Exploring Expedition, 1838–1842." *American Scientist* 73 (September–October 1985): 450–461.

[7] Livingstone, David N. "The History of Science and the History of Geography: Interactions and Implications." *History of Science* 22 (1984): 271–302.

[8] Overton, J.D. "A Theory of Exploration." *Journal of Historical Geography* 7 (1981): 53–70.

[9] Smith, Michael. *Pacifific Visions: California Scientists and the Environment, 1850-1915*. New Haven: Yale University Press, 1985.

斯图尔特·麦克库克（Stuart McCook） 撰，刘晓 译

另请参阅：美国联邦地质与博物调查局（Federal Geological and Natural History Surveys）

地质学

Geology

美国地质学的发展某种程度上取决于北美大陆自身的物理特征。虽然美国人早

年很大程度上依赖于英国和欧洲地质学家的工作，但在寻求经济资源和尝试解释陌生地貌起源的过程中还是产生了新知识，这些新知识很快就让美国地质学在国外广受赞誉。

18世纪时，关于地壳形成的各种奇异理论引起了地质学家的关注，这些理论通常将地壳的形成归因于大地洪水的破坏性力量。然而，美国人很快就抛弃了这些理论，其中大多数人都认同托马斯·杰斐逊的观点，认为这些理论是无用的猜测。相反，一些欧洲和美国的博物学家走遍了美国东部，仔细观察地质构造，收集岩石和矿物标本。哈佛大学、耶鲁大学和其他学院及科学机构获得了大量的矿物学藏品，它们成为有价值的教学工具，还构成了地质博物馆的基础。

早期野外地质学的领军人物是有"美国地质学之父"之称的威廉·麦克卢尔（William Maclure）。麦克卢尔1763年出生于苏格兰，1796年成为美国公民，1808年和1809年游历了密西西比河以东地区，穿越阿勒格尼山脉至少50次，每隔半英里就收集一次标本。1809年，美国哲学学会发表了他的报告，报告里还附有第一张彩色的美国地质图。和许多其他早期的美国地质学家一样，麦克卢尔吸收了德国矿物学家亚伯拉罕·戈特洛布·维尔纳（Abraham Gottlob Werner）的工作成果，后者的岩石分类系统被全世界学者广泛采用。但麦克卢尔不接受维尔纳的岩石水成论，即地壳是由原始海洋的沉积作用形成的。麦克卢尔绘制的不列颠群岛地质图比威廉·史密斯绘制的早了6年。在他的图上，麦克卢尔用不同的颜色标注了维尔纳的原生岩、过渡岩和次生岩以及沿海平原的未固结冲积物。考虑到这张地图当时覆盖的大片区域，可以说它很好地再现了美国东部的主要地质构造。从1817年到1840年，作为费城自然科学院的院长，麦克卢尔鼓励开展地质学研究，许多关于地质学的文章都发表在该院的院刊上。因此，乔治·P.美林（George P. Merrill）将1785年至1819年这段时间称为美国地质学的"麦克卢尔时代"。

另一个对早期美国地质学产生重要影响的人是本杰明·西利曼（Benjamin Silliman），1802年他开始在耶鲁学院教授化学、矿物学和地质学，1855年退休。1805年至1806年，西利曼生活在爱丁堡，在那里他了解到维尔纳岩石水成论追随者和詹姆斯·赫顿（James Hutton）的火成说和均变论支持者之间的争论。带着对地质学的新热情，他返回美国研究纽黑文地区的地质学，很快就使耶鲁成为重要的地质学研究中心。他的学生如爱德华·希区柯克（Edward Hitchcock）、詹姆斯·德怀特·达纳和阿莫斯·伊顿（Amos Eaton）等后来任教于全国各院校，他的《美国科学杂志》更是成了新地质学思想的重要论坛。

阿莫斯·伊顿是田野调查的早期推动者，美林因此将 19 世纪 20 年代称为"伊顿时代"。伊顿采纳了维尔纳的岩层分类系统，但进一步细分了维尔纳所说的原生岩、过渡岩和次生岩，并写进 1818 年发表的《北部各州地质索引》。伊顿试图将美国组（组是岩石地层单位中的基本单位）与英国和欧洲组联系起来，但与英国的威廉·史密斯（William Smith）和巴黎的乔治·居维叶（Georges Cuvier）、亚历山大·布隆尼亚尔（Alexandre Brongniart）不同，他很少利用化石来识别地层，而是依靠岩性特征正确地证实了纽约岩石的演替，这为后来的地层学研究奠定了基础。1822 年，他为史蒂芬·范伦塞勒（Stephen van Rensselaer）勘测了伊利运河的路线，后者由此让他在新成立的伦斯勒学校（伦斯勒理工学院的前身）领导科学项目。伊顿培养了许多未来的高中、大学教师以及州级地质调查局的成员，还在伊利运河建设期间带他们进行夏季实地考察。

19 世纪 30 年代和 40 年代，几项州级地质学和博物学调查项目的实施标志着美国地质学真正意义上开始走向成熟和专业化。各州的地质学家为公路、运河和铁路勘察路线提供有关矿产和其他经济资源的信息。第一个由州政府出资完成的调查是 1830 年至 1833 年由爱德华·希区柯克领导的对马萨诸塞州的调查，最终形成了一份超过 700 页的报告，内含该州的彩色地图、地质剖面图、岩层描述、关于其起源的理论以及一些实用信息。对纽约州和宾夕法尼亚州的调查都始于 1836 年。宾夕法尼亚州的调查由亨利·D. 罗杰斯（Henry D. Rogers）领导，调查成果包括对该州丰富煤矿储量的评估和对阿巴拉契亚山脉构造的重要研究。

对纽约州的调查因詹姆斯·霍尔（James Hall）等人在古生物学方面的成就而受到关注；它有力地说明了化石对于确定年代和美洲、欧洲地层之间关联的重要性。利用化石标准，纽约地质学家计算出该州大量未被破坏的古生代岩石的等级，发现它们相当于英国地质学家提出的寒武系、志留系和泥盆系。霍尔后来在爱荷华州从事地质学工作，他证实阿巴拉契亚山脉的地层很厚且呈倾斜状，但延伸至中西部时就变薄了。霍尔的理论认为，山区附近的厚地层最初是由前中西部海域的洋流沉积造成的，沉积物不断累积，其重量最终导致地壳的下沉和补偿性隆起，以及山脉褶皱和断层的出现。霍尔的理论基于均变论原理，与威廉和亨利·罗杰斯的"灾变论"相对立，后者认为是地震和地球内部的其他力量抬高了山脉。

詹姆斯·德怀特·达纳提出的另一种理论认为，山脉是由地球冷却引起的收缩形成的，这个过程常常被比作苹果干燥时的起皱。1838 年至 1842 年，达纳担任美国远征探险队的地质学家，后来成为美国杰出的理论地质学家之一。达纳认为，收缩过程为加深海洋盆地和抬高山脉提供了横向力量。多数美国地质学家都接受了达纳的理论，并且像他一样在 19 世纪的大部分时间里都坚信大陆是永久存在的。1873 年，达纳首次全面介绍了地槽（或称向斜），这是阿巴拉契亚地区的典型地质结构。达纳是耶鲁学院地质学和矿物学教授西利曼的助手，是《美国科学杂志》的编辑，并编写了两本多次再版的教科书：《系统矿物学》（1837）和《地质学手册》（1862）。他对美国地质学的强烈影响贯穿了整个 19 世纪。

19 世纪 40 年代，英国和欧洲的地质学家开始认识到美国人所做工作的重要性。1841—1842 年和 1844—1845 年，均变论的支持者、颇有影响力的《地质学原理》作者查尔斯·莱伊尔与西利曼、詹姆斯·霍尔等人一起参观了许多有趣的地质遗址，还出版了他在美国的旅行游记。1846 年，瑞士博物学家路易·阿加西（Louis Agassiz）来到美国，他也对美国的成就印象深刻，并留在哈佛大学任教。1840 年，阿加西出版了《冰川研究》一书，由此引发了美国地质学家的争论。西利曼、伊顿和希区柯克认为，在远离原始源头的地方沉积起来的漂砾岩石和巨石是上一次的大洪水造成的，他们的观察结果表明地质学与《圣经》相一致。阿加西则认为这种现象是由前地质时期遍布大陆的巨大冰川造成的。起初美国人对此持怀疑态度，但美洲大陆北部地区的冰川漂砾、冰碛、抛光和开槽的岩石表面为支持这一假说提供了充分证据，所以他们最终还是接受了冰川假说。19 世纪 70 年代末，调查威斯康星州地质情况的托马斯·C. 钱伯林（Thomas C. Chamberlin）报告了北美至少有三个冰期（其中有间冰期的温暖期）的证据。

南北战争前联邦政府对西部疆域的几次调查显示出了地质学对国民经济的作用。1839 年至 1840 年，戴维·戴尔·欧文（David Dale Owen）为美国土地总局勘察了密西西比河谷上游，发现该地区有丰富的铅矿。约西亚·惠特尼（Josiah Whitney）和约翰·W. 福斯特（John W. Foster）考察了密歇根州北部的铜矿产地，希望能平息 19 世纪 40 年代铜业的过度膨胀。19 世纪 50 年代，地质学家陪同陆军测绘工程兵团调查铁路横贯大陆的可能路线时，首次研究、描述和绘制了西部地区一些陌生的地层结构。

内战结束后，包括一些训练有素的地质学家在内的 4 次西部地质勘探对理论和实践地质学都做出了重要贡献。费迪南德·V. 海登（Ferdinand V. Hayden）对美国领土的地质和地理调查使他成了"70 年代最有权威、最著名的公共科学家"（Manning，p.15）。海登的调查以其绘制的地质图、古生物学家菲尔丁·B. 米克（Fielding B. Meek）、爱德华·柯普（Edward Cope）和里奥·莱斯克勒（Leo Lesquereux）的工作，以及海登为保护黄石地区成为国家公园所做的努力而闻名，这为美国地质学家未来的保护和维护工作奠定了基础。

从 1867 年到 1877 年，在北纬 40° 地区的地质勘探中，克拉伦斯·金和他的助手，沿着勘探覆盖的一百英里宽的横断面确定了地质柱状剖面的划分，还对康斯托克矿区进行了彻底研究。金最终报告的第六卷以及费迪南德·齐克尔（Ferdinand Zirkel）的《显微岩相学》（1876）最终促使美国人采用德国的岩相学技术。由陆军工程师 G. M. 惠勒（G. M. Wheeler）中尉领导的西经 100° 地理勘测虽然主要是一次测绘探险，但对地质学很重要，因为它决定了格罗夫·卡尔·吉尔伯特（Grove Karl Gilbert）未来的职业生涯，后者于 1871 年以地质学家的身份加入了惠勒勘测队。吉尔伯特受西部景观启发，完成了后来对亨利山脉和邦纳维尔湖的经典研究，这使他成为美国最具威望的地质学家之一。

19 世纪 70 年代初，独臂的约翰·卫斯理·鲍威尔（John Wesley Powell）组织了疆域地理和地质调查，1869 年他进行了一次大胆的科罗拉多河探险之旅。项目成员对西部壮丽的高原和峡谷印象尤其深刻。鲍威尔、克拉伦斯·达顿（Clarence Dutton）和吉尔伯特（1875 年加入鲍威尔的调查项目）通过对形成地貌的侵蚀作用的研究，创造了一个全新的、完全由美国人组成的地质学分支，即地貌演变研究。哈佛大学的威廉·莫里斯·戴维斯进一步发展了他们的工作，形成了如今的地貌学。鲍威尔将侵蚀的概念引入到"基准面"，并用"顺向""先成""叠置"等术语来描述河流演化过程的不同阶段。达顿的《大峡谷地区的第三纪历史》（1882）是一个里程碑式的研究，也是美国地质调查局出版的第一本专著。1889 年，达顿创造了"地壳均衡"一词。这是地质学中的一个重要概念，部分基于英国地质学家的研究成果，但吉尔伯特和其他美国人又进一步发展了这个概念。该术语是指地壳在不同重量或密度的地块之间保持平衡的趋势。地壳可以自我调整的观点挑战了但未立即推翻达纳的收缩假说，当时后者在美国一直占主导地位。

1879 年，根据国会通过的一项法案，四项相互重叠的西部调查工作被合并，然后成立了美国地质调查局，由克拉伦斯·金担任首任局长。1881 年，鲍威尔接替了金的职位。在他的领导下，美国地质调查局一度成为华盛顿资金最充裕、发展最盛的科学机构，它研究地质学的诸多领域、为采矿业提供有用信息以及绘制地形图。随着美国地质调查局的成立，地质学成为一门完全专业化的学科。在 19 世纪的最后几十年里，各大学先后开设了地质学研究生院，美国地质学会成立（1888），专门研究地质学的专业期刊也得以创办。

随着新知识的增长（部分知识是在所谓西方勘探的"英雄时代"获得的），火山学、水文学和地球物理学等新专业得到发展。内燃机的发明为石油地质学家开创了新领域；采矿业的发展增加了对经济地质学家的需求：这些地质学家了解矿藏的源地和位置。1906 年的旧金山地震促进了地震学的发展，还为研究地球内部提供了一个不可缺少的工具。由于考古学家认识到了研究所挖掘遗址过去环境的必要性，地质考古学因此成了一门分支学科。

然而到了 19 世纪末，理论地质学发展停滞，这种状态一直持续到 20 世纪中期以后。地质时期的主要轮廓已被填平，一群训练有素的工匠负责测绘疆域，但对于成山作用则不再有令人满意的全面解释。结构地质学家研究并绘制了山脉特征，对它们是如何上升的却没有达成共识。20 世纪 60 年代，对大陆漂移说的认可推动了地球科学进一步发展，这是 20 世纪地质学最具革命性的进步。大陆漂移说最早是由美国人弗兰克·B. 泰勒（Frank B. Taylor）在 1910 年提出的，1912 年阿尔弗雷德·魏格纳（Alfred Wegener）加以补充并重新提出了这一假说。魏格纳认为，各大陆最初是相互连接成大片陆地，然后在一个半流动的基质上漂移开来。1926 年在华盛顿特区举行的研讨会上，深受达纳"收缩理论"和"大陆永久不变观"影响的美国地质学家拒绝接受这一假说。例如，1944 年，斯坦福大学的贝利·威利斯（Bailey Willis）称大陆漂移说为"一个童话"（Ein Märchen），还建议地质学家不要在这上面浪费时间。

来自不同领域和国家的科学家都为证实漂移理论做了贡献。1962 年，普林斯顿大学的美国人哈里·赫斯（Harry Hess）提供的关键证据证明：岩浆在中洋脊上升，通过对流的方式沿海底扩散，然后再次陷入大陆下面的地幔，从而形成新地壳。后来，美国地质调查局的地质学家及其他地质学家对海洋岩石进行了新的古地磁研究，为海底扩张提供了测年方法和证据。1967 年 4 月，在美国地球物理联盟的一次研讨会上，与会者强烈赞同了赫斯的观点。在同一会议上，普林斯顿大学的詹森·摩尔根（Jason Morgan）提出，地球表面是由几个大板块组成的，大陆就在这些板块上漂浮。在随后的几年里，板块构造理论已成为所有地球科学研究的统一理论。1967 年之后，人们迅速接受了这一理论，并将其看作托马斯·库恩（Thomas Kuhn）科学革命模型中的范式转移。

参考文献

［1］Drake, Ellen T., and William M. Jordan, eds. *Geologists and Ideas. A History of North American Geology.* Boulder, CO: Geological Society of America, 1985.

［2］Greene, John C. *American Science in the Age of Jefferson.* Ames: Iowa State University Press, 1984.

［3］Manning, Thomas G. *Government in Science: The U.S. Geological Survey, 1867-1894.* Lexington: University of Kentucky Press, 1967.

［4］Marvin, Ursula B. *Continental Drift: The Evolution of a Concept.* Washington, DC: Smithsonian Institution Press, 1973.

［5］Merrill, George P. *The First One Hundred Years of American Geology.* New Haven: Yale

University Press, 1924; reprinted, 1964.

[6] ——. *Contributions to a History of American State Geological and Natural History Surveys*. Washington, DC: United States National Museum, 1920; reprinted, 1978.

[7] Pyne, Steve. "From the Grand Canyon to the Marianas Trench: The Earth Sciences after Darwin." In *The Sciences in the American Context: New Perspectives*, edited by Nathan Reingold. Washington, DC: Smithsonian Institution, 1979, pp. 165–192.

[8] Rabbitt, Mary C. *Minerals, Lands, and Geology for the Common Defence and General Welfare*. 3 vols. Washington, DC: Government Printing Office, 1979–1986.

[9] Schneer, Cecil J., ed. *Two Hundred Years of Geology in America: Proceedings of the New Hampshire Bicentennial Conference on the History of Geology*. Hanover, NH: University Press of New England, 1979.

佩吉·尚普林（Peggy Champlin） 撰，孙小淳 译

另请参阅：晶体学（Crystallography）；矿物学（Mineralogy）；板块构造论（Plate Tectonics）

湖沼学

Limnology

湖沼学是对湖泊的物理、化学和生物学研究。在美国，于 1890 年之后发展成为一门独特的科学学科，紧随欧洲的兴起并受到其启发。

美国各大学、州立的博物学调查所和中西部的小湖泊为美国湖沼学家提供了早期的研究契机。在伊利诺伊州，斯蒂芬·福布斯（Stephen Forbes）在 1880 年至 1930 年间领导了对湖泊和河流的研究。19 世纪 90 年代，威斯康星州的爱德华·伯奇（Edward Birge）开始研究控制浮游生物分布的物理和化学条件。1900 年，钱西·朱迪（Chancey Juday）加入了他的行列。密歇根大学的雅各布·里格德（Jacob Reighard）于 1893 年对圣克莱尔湖、次年对密歇根湖、1898 年至 1902 年对伊利湖进行了协调研究。他还以海洋生物站为模型，建立了一个五大湖生物站，但失败了。其他较小的研究项目开始于俄亥俄州和印第安纳州。

湖沼学随后在全国范围内发展，特别是在 20 世纪 30 年代之后。它的发展反映在 1936 年美国湖沼学会（现为美国湖沼和海洋学学会）的成立。实地站很重要，早

期的站点包括 1894 年伊利诺斯河站、密歇根大学的道格拉斯湖站（1909）和威斯康星大学的鳟鱼湖站（1925）。

有几个学派在美国湖沼学中特别有影响力。一个是在威斯康星大学，由伯奇和朱迪领导，直至 20 世纪 40 年代，由亚瑟·哈斯勒（Arthur Hasler）领导到 20 世纪 70 年代。另一个是耶鲁大学学派，由伊夫林·哈钦森（G. Evelyn Hutchinson）于 20 世纪 30 年代末创立。威斯康星大学和耶鲁大学的研究和教学体现了关于方法和理论的不同观点。伯奇和朱迪强调对许多湖泊进行比较调查，并谨慎地归纳一般原则。哈钦森及其同事们对单个湖泊进行了详细的研究，并用理论作为实地研究的指导，在特定假设的前提下收集数据。这种差异导致了 20 世纪 40 年代早期一场著名的争论，涉及哈钦森的一位年轻助手雷蒙德·林德曼（Raymond Lindeman）在《生态学》杂志发表的一篇关于湖泊营养动力学的理论报告。

早期的湖泊学理论强调湖泊生物学对物理和化学条件的依赖性，以及对湖泊的统一看法。这种观点部分地借用了欧洲湖泊学家的观点。伯奇对湖泊热量收支的研究说明了它的应用。福布斯将湖泊视为一个"缩影"的观点也很有影响力，当把湖泊看作一个单一实体时，它也考虑了其各个部分之间的相互作用。到 20 世纪 30 年代，湖泊的生物生产力已成为一个主导主题。自 20 世纪 40 年代以来，许多研究都强调动态过程，包括材料的循环和能量的流动。这些研究也促进了生态学中生态系统概念的发展。

生态系统概念的影响反映了湖沼学与邻近学科的联系。湖沼学家还将理论种群生态学应用于浮游生物动力学，并使用了海洋学的方法和途径。他们常常认为自己的工作是综合的，结合了其他更专业的学科观点。

湖沼学方法在 20 世纪 40 年代得到了很大发展。在哈斯勒的领导下，威斯康星州的湖沼学家运用实验方法，最终操纵了整个湖泊。实验湖沼学随后在其他地方发展起来，特别是在加拿大的安大略省。用放射性示踪剂研究了湖泊中元素的运动。古湖沼学研究——利用沉积在沉积物中的花粉或微化石来研究湖泊及其周围景观的生物学历史——也开始于林斯利池塘和其他地方。

湖沼学经常表现出与实际问题的密切联系。因湖泊研究与自然资源调查的相关性，威斯康星州和伊利诺伊州的州立博物学调查所提供了早期支持。五大湖的研究引起了关于其渔业衰退的争论。到 20 世纪中叶，磷对湖泊生产力的重要性已被确定，到 1970 年，这导致了对进入五大湖、华盛顿湖和其他水体的磷的控制。对湖泊酸性沉积影响的研究有助于将这一问题列入政治议程。

湖沼学提出了许多具有历史意义的问题，如相邻学科之间的联系，田野方法的发展，以及实际关注的重要性。然而迄今为止，它还没有引起历史学家的持续关注。

参考文献

［1］Beckel, Annamarie L., and Frank Egerton. "Breaking New Waters: A Century of Limnology at the University of Wisconsin." *Transactions of the Wisconsin Academy of Sciences, Arts and Letters*. Special Issue, 1987.

［2］Bocking, Stephen A. "Stephen Forbes, Jacob Reighard and the Emergence of Aquatic Ecology in the Great Lakes Region." *Journal of the History of Biology* 23（1990）: 461-498.

［3］Cook, Robert E. "Raymond Lindeman and the Trophic Dynamic Concept in Ecology." *Science* 198（1977）: 22-26.

［4］Egerton, Frank N. "Missed Opportunities: U.S. Fishery Biologists and Productivity of Fish in Green Bay, Saginaw Bay and Western Lake Erie." *Environmental Review* 13（1989）: 33-63.

［5］Frey, David G., ed. *Limnology in North America*. Madison: University of Wisconsin Press, 1963.

［6］Robertson, Carol Kelly. "Limnology in Michigan: An Historical Account." *Michigan Academician* 9（1976）: 185-202.

斯蒂芬·博金（Stephen Bocking） 撰，彭华 译

矿物学

Mineralogy

从学科创立直到 20 世纪，美国矿物学本质上是一门描述性科学，它回答了"那种矿物是什么，它有什么用"的疑问。在殖民地时期这一问题会更为迫切。当时，

英国在北美殖民地的矿物学活动实际上仅限于收集矿藏，以记录新勘探土地上有用的产品。1780—1820 年，美国的矿物学科在坎布里奇、费城、纽约和纽黑文建立起来。

1784 年，由于本杰明·沃特豪斯（Benjamin Waterhouse，1782 年受聘哈佛医学院）的兴趣，并部分参考地质学的内容，哈佛开始了正式的矿物学课程教学。更重要的是 1802 年本杰明·西利曼被任命为耶鲁化学教授。他成了这个领域的领军人物。他的学生包括詹姆斯·D. 达纳（James D. Dana）和爱德华·S. 达纳（Edward S. Dana），他们出版了《矿物学体系》(*The System Of Mineralology*) 和其他矿物学、地质学著作，使得耶鲁大学在 19 世纪的大部分时间里都处于矿物学领域的领先地位。《矿物学体系》是一部世界公认的描述性矿物学参考书，1837—1892 年共出版了 6 个版本。

描述矿物学是一门标本科学，维持其教学工作必须详细参考矿物和晶体收藏品。哈佛大学的矿物收藏大约始于 1784 年，当时沃特豪斯的一位英国朋友赠送了一些欧洲材料。费城地区矿物学最初的发展，主要得益于来自欧洲的标本材料。1810 年，耶鲁大学收到一笔精美的私人藏品捐赠，开始拥有自己的矿物收藏。

内战后，伴随着矿物工业的显著发展，矿物学的实践和教学得到了极大的发展。1916 年，美国矿物学会成立。

大约在 19 世纪和 20 世纪之交，矿物学成为一门综合性科学，有了许多子领域。它的关注点从矿物描述扩展到理解矿物和矿物组合形成过程中的化学和物理作用。从一开始，结晶学一直是矿物学的一个描述性子领域。直到 20 世纪初 X 射线晶体结构分析的出现，晶体学才成为一门独立学科，用于对一般固态进行解释。

有两个重要因素决定了现代矿物学的研究性质：从 1883 年开始，在地球化学家 F. W. 克拉克（F. W. Clarke）的指导下，以美国地质调查局华盛顿实验室化学和物理部（当时的名称）为中心开展的研究，以及 1902 年华盛顿卡内基研究所地球物理实验室的成立。后者启动了火成岩的物理化学系统实验研究，此后的实验工作扩展到了其他物质，如热液和高压系统。

矿物学与冶金、采矿有着密切的联系。由于后一领域缺乏熟练的从业人员，美国很早就受此困扰。甚至迟至 1854 年，仍有评论家说道："在任何与我国矿山和矿产资源有关的事情上，我们都处于初级阶段。我们是一个缺乏矿工、教授和采矿工程师的国家"（Frondel，"The Geological Sciences"，p. 7）。然而，随着耶鲁谢菲尔德科学学院（1846）和哈佛大学劳伦斯科学学院（1847）的建立，这种普遍的人员短缺从 19 世纪中叶开始有所转变。到 19 世纪下半叶，已有大量专业学院提供采矿、冶金和采矿地质学培训。其中包括成立于 1864 年的哥伦比亚矿业学院和成立于 1874 年的科罗拉多矿业学院。出国到欧洲矿业学校学习也是一种常见的做法。

科学研究在采矿和冶金问题上最重要的应用包括：将地球物理和地球化学技术应用于矿石勘探，发展浮选技术用于金属矿物浓缩，以及应用光学显微镜，研究从抛光表面反射的光线中看到的不透明矿物。

参考文献

[1] Frondel, Clifford. "Early Mineral Specimens from New England." *Mineralogical Record* 2 (1971)：232–234.

[2] ——. "An Overview of Crystallography in North America." In *Crystallography in North America*, edited by Dan McLachlan Jr. and Jenny P. Glusker. New York：American Crystallographic Association, 1983, pp. 1–24.

[3] ——. "The Geological Sciences at Harvard University from 1788 to 1850." *Earth Sciences History* 7 (1988)：1–22.

[4] Greene, John C. "The Development of Mineralogy in Philadelphia." *Proceedings of the American Philosophical Society* 113, no. 4 (1969)：283–295.

[5] Greene, John C., and John G. Burke. "The Science of Mineralogy in the Age of Jefferson." *Transactions of the American Philosophical Society* 68, Part 4 (1978)：1–113.

[6] Grew, Nehemiah. *A Catalogue and Description of the Natural and Artificial Rarities Belonging to the Royal Society and Preserved at Gresham College*. London：Privately printed, 1681.

[7] Stearnes, R.P. "John Winthrop (1681–1747) and His Gifts to the Royal Society." *Transactions of the Colonial Society of Massachusetts* 42 (1964)：206–232.

[8] Woodward, John. *An Attempt towards a Natural History of the Fossils of England*. London：Privately printed, 1724.

克利福德·弗龙德尔（Clifford Frondel） 撰，刘晓 译

另请参阅：晶体学（Crystallography）

海洋学

Oceanography

海洋学是研究海洋、海洋生物及其物理和化学环境的学科。自成为一门被公认的科学学科以来，海洋学的特点与其说是传统学术学科的知识结合，不如说是在一个复杂而令人生畏的地方进行大规模的、多学科的调查。"oceanography"一词直到 19 世纪 80 年代才被采纳，那时它仍在与"thassalography"和"oceanology"竞争。在科学家们将海洋作为拥有完整生态系统的地理场所进行研究之前，他们先分别调查了与海洋有关的生物学、物理学和化学问题。欧洲的扩张促进了对海洋现象的研究，开启了商业利益和海洋学之间持久的联系。1660 年至 1675 年，一些机构对海洋的兴趣一度高涨。当时，包括罗伯特·胡克和罗伯特·波义耳在内的皇家学会成员讨论了海洋研究，开发了在海上观测的仪器，并对海水进行了实验，以查明其物理和化学特性。水手和旅行家根据学会制定的研究计划和设备，继续在海上进行着零散的观察。此外，潮汐研究从 17 世纪晚期一直持续到 19 世纪。

经过几十年的沉寂，人们到 18 世纪中叶时重新对海洋现象产生了兴趣。作为 18 世纪天文学、地球物理学、化学、地质学和气象学发展的参与者，研究者们开始将海上观测作为他们在其他领域的科学兴趣的一部分。观测人员最初是旅行的绅士、博物学家或日蚀探险的天文学家，后来就是探险家了。以 18 世纪最后三分之一世纪的詹姆斯·库克船长（Captain James Cook）的航行为起点，英国人的探险开始注重科学观察。对海洋科学投入的干劲取决于其对探险成员的重要性，但是，在 18 世纪的最后 25 年里，在海上进行的实验和观测数量有所增加。这一时期几乎所有的海洋研究都集中在水的温度和盐度上，反映了化学学科的发展。在 19 世纪早期被广泛讨论的海洋环流（由密度差引起）概念出现了。随着海洋博物学的继续，对海浪的研究越来越重要。对物理和化学研究的重视到 19 世纪初仍在延续。受美国独立战争和拿破仑战争的阻碍，海洋学工作放缓。而 1815 年到 1830 年则是另一个快速扩张的时期。因为海洋科学与寻找抹香鲸产地和西北航道（Northwest Passage）的北极探险活动密不可分，所以研究工作主要集中于洋流和盐度。航海和北极探险激起了人们对深海水温和压力的好奇心。热心的人仍然在海上进行观测，最常见的是类似于威廉·索克斯比（William Scorseby）的船长。但是 19 世纪 30 年代，科学家们对海洋学的兴趣减弱，转向了与之竞争的发现领域，包括气象学和地磁学。然而，英国动物学家们在这一时期对海洋动物有了特别的关注，他们踏上了轮船和游艇，用捞网收集海洋动物。对新物种以及已经成为化石的物种的现存近亲的追寻，促使博物学家们往海洋的更深处探索。

受海底电缆电报应用前景的启发，英国和美国的水文机构从 19 世纪 40 年代起开始进行深海探测实验，到 50 年代逐渐增多。1840 年之后的几十年里，科学家、水手、企业家和政府逐渐意识到海洋深处对于商业和科学来说，都是重要的研究场所。伴随着这一趋势，公众对海洋的认识空前提高。通往海滩的铁路因为人们热衷于海滨度假开始被建造起来，人们对海洋的文化兴趣还表现在收集海洋动植物、新的海洋主题小说的流行、驾驶帆船的风行以及越来越多的远洋旅行和移民上。海底电缆电报和公众对海洋问题的兴趣帮助科学家成功争取到政府对海洋远航的资助。不断衰退的渔业突出了了解更多海洋生物学的必要性。

尽管其他国家，尤其是北方国家的研究人员开展了重要的工作，但英国直到 1840 年仍主导着海洋科学。19 世纪中叶以后，美国的海洋科学开始威胁英国的霸主地位。美国海军天文台的主任马修·方丹·莫里（Matthew Fontaine Maury）出于航海和商业目的，首次编制了风、洋流和鲸鱼图。他还在 50 年代早期组织了第一次大西洋探测航行。在亚历山大·达拉斯·贝奇（Alexander Dallas Bache）的任期内，美国海岸调查局开始在常规制图工作的同时进行一些特殊研究，如墨西哥湾流的详细调查、海底沉积物的微观考察，以及与路易·阿加西（Louis Agassiz）和亚历山大·阿加西（Alexander Agassiz）一起进行的疏浚巡航。史密森学会秘书长、美国鱼类专员斯宾塞·F. 贝尔德（Spencer F. Baird）负责监督美国研究海洋动物的工作。在英国，除了水文局的日常工作和海军的探险活动外，从 1839 年至 60 年代中期，海洋科学以英国科学促进会疏浚委员会为中心，此后，皇家学会和海军部合作接管了这项工作，并派遣了一系列夏季探险队。这些考察在为期 4 年的英国皇家海军舰艇"挑战者"号（HMS Challenger，1872—1876）的环球航行时达到高潮，这是第一次以研究世界海洋为任务而派出的考察队。80 年代和 90 年代，美国和英国迅速效仿那不勒斯动物站（Naples Zoological Station），建立了沿海海洋生物实验室。

在 19 世纪最后的 25 年里，许多国家赞助了以"挑战者"号为样板的海洋学远航。美国、俄罗斯、德国、挪威、法国和意大利为确定海洋的边界和成分做出了贡献。然而，在 19 世纪末，海洋科学的领导地位转移到了斯堪的纳维亚半岛。对渔业枯竭的越发重视激励了许多国家努力研究鱼类物种的生理及洄游特性。1902 年，瑞典发起成立了国际海洋探索理事会（International Council for the Exploration of the Seas）以协调各成员国进行的研究工作。美国虽不是成员国，但也继续积极进行生物研究。维克多·汉森（Victor Henson）发现了浮游生物，随后实现了利用物理海洋学来研究鱼类种群的运动，这给海洋学家提供了一种把海洋作为一个完整系统来研究的方法。

第一次世界大战扰乱了国际海洋学界的工作，但也推动了探测潜艇的回声测深技术的发展，部分是对"泰坦尼克"号遭受的灾难应对措施，这项技术已经率先用于冰川探测。截至 20 世纪 20 年代末，回声测深仪彻底改变了水下地貌的研究，帮助科学家们认识到大洋中脊的裂谷，显示裂谷是活跃的、不稳定的区域。尽管政府对海洋学研究的资助几乎回落到战前的水平，但在 20 年代末，第一批主要由基金会和私人赞助的海洋学机构诞生了。斯克利普斯研究所（Scripps Institution）于 1925 年将其研究任务从生物学转向海洋学，5 年后，伍兹霍尔海洋研究所（Woods Hole Oceanographic Institution）在大西洋沿岸成立。经济萧条不仅影响了渔业研究等实用类政府科学研究，也影响了私人项目，因此，在备战第二次世界大战的前夕，成本特别高昂的海洋研究步伐急剧放缓。

和其他学科一样，第二次世界大战间的伙伴关系助力政府和海洋学建立了一种新的关系。战时和战后的海洋工作，无论在问题选择还是规模上都带有战时政府支持和政策的烙印。物理学研究获得并保持着优先于生物学研究的地位。由战时工作所推动的研究领域与潜艇和反潜战术有关。新的研究始于水下声学，而海底沉积物图是根据现有数据编制的。海浪研究也因其在预测着陆的冲浪条件方面的价值而获得优先地位。战后，刚刚习惯了慷慨资助的海洋学家和研究机构，学会了接受甚至鼓励政府的支持。海洋学形成了研究项目规模大且昂贵的特点，如 60 年代海底扩张理论支持者们进行的深海钻探。自 70 年代和 80 年代以来，海洋学将海洋作为综合的生物和物理环境来理解的多方面尝试，吸引了具有生态和环境意识的科学家，从而产生了诸如海洋实验室（Sea-Lab）项目以及海洋在全球变暖和气象生产中的作用这样的研究。作为一项国际性的努力，自主深海潜水器的开发已经使最深的海域成为焦点。

参考文献

［1］Deacon, Margaret. *Scientists and the Sea, 1650-1900*: *A Study of Marine Science*. London: Academic Press, 1971.

［2］Mills, Eric. *Biological Oceanography*: *An Early History, 1870-1960*. Ithaca: Cornell University Press, 1989.

［3］Schlee, Susan. *On the Edge of an Unfamiliar World*: *A History of Oceanography*. New York: E.P. Dutton, 1973.

海伦·M. 罗兹瓦多夫斯（Helen M. Rozwadowski） 撰，吴紫露 译

地震学

Seismology

地震学是关于地震和其他地面振动的研究。地震研究的历史可分为 4 个阶段：1755 年以前的神话阶段；1755—1890 年的描述性研究阶段；1890—1960 年的计时测量阶段；1960 年以后的信息化阶段。

1755 年之前，地震被普遍认为是"上帝的行为"，是对罪恶的惩罚。1755 年葡萄牙里斯本大地震后，地震开始被作为一种自然现象来研究。地震造成的影响被详细研究，第一张标记地震发生地点的地图被绘制出来。地震烈度表也根据每次地震所观测的破坏程度和影响范围被编制出来。

19 世纪末，人们发明了地震仪来记录地震时地面运动的情况。1906 年加利福

尼亚旧金山地震是美国第一次被广泛记录的大地震。这次地震极大地刺激了美国地震学的发展。安德鲁·劳森（Andrew C. Lawson）1908 年领导的一个委员会报告了地震造成的影响，这其中就包括哈瑞·费尔丁·雷德（Harry Fielding Reid）的弹性回跳理论的论文。该理论如今仍然是解释地震成因的基本理论。地震学那时开始将重点转移到识别波的类型（纵波、横波及各种面波）并测量它们到达各种位置所需的时间，据此计算出地球的速度结构并将地球内部分层：震波传播速度（sound velocities）在 8 千米／秒以下的圈层为固体地壳；波速更高的为地幔以及内、外地核，外核不传播横波因此它被推测由液体物质构成。美国早期从事此类研究的一流学者包括圣路易斯大学的詹姆斯·麦克文（James B. Macelwane），伯克利加州大学的佩里·拜利（Perry Byerly），以及加州理工学院的宾诺·古登堡（Beno Gutenberg）和查尔斯·弗朗西斯·里克特（Charles F. Richter）。

1960 年前后，三项进展使地震学迎来了一场革命。首先是数字计算机的发展，这使解决以前难以处理的问题成为可能，例如计算频散曲线。第二项是美国政府增加了对地震学研究的支持，希望研究出爆炸震波图与地震震波图的显著区别（最终成功了），以便识别出秘密核爆炸，从而使核禁试条约切实可行。标准地震仪被安装到世界各地，这些仪器绘制的震波图会被发送到美国科罗拉多州博尔德的数据中心，地震学家能从那里得到震波图副本。这极大促进了数据交流；而且由于该地震台网中所有地震台站使用的地震仪都是相同的，所以相比于每个台站都用自己设计的地震仪绘得的震波图而言，解释这种标准震波图会更加容易。20 世纪 90 年代，数字化记录震波图得到普及。许多精力充沛的年轻人被吸引到地震学研究中，一系列新发现接踵而至。

第三个重大进展是板块构造论被迅速接受作为地震成因的基本解释，增进了人们对全球地震活动模式的理解。根据板块运动速度，可以估算板块边界上的地震重复率，人们期待预测地震或许很快就会成为可能。预测地震成为美国、中国和日本等若干国家的目标，一些地震也曾经被成功地预测出来。

使用新标准的地震仪能更精确地记录地面运动，再用数字计算机处理这些数据，可使地球内部结构模型进一步改进以及计算出地震震中地面运动的确切特性。工程地震学家利用强震震波图了解到建筑物、公路、桥梁、大坝等所要经受住的地震强度，这使加州及其他几个州的建筑法规已经被改写以应对未来地震可能带来的破坏。

参考文献

［1］Bates, C.C., T.F. Gaskell, and R.B. Rice. *Geophysics in the Affairs of Man*. New York: Pergamon, 1982.

［2］Dziewonski, A.M., and D.L. Anderson. "Seismic Tomography of the Earth's Interior." *American Scientist* 72（1984）: 483-494.

［3］Howell, B.F., Jr. *Introduction to Seismological Research: History and Development*. Cambridge, UK: Cambridge University Press, 1990.

［4］Lawson, A.C. *The California Earthquake of April 19, 1906*. 2 vols. Washington, DC: Carnegie Institution of Washington, 1908-1910.

B. F. 小豪厄尔（B.F . Howell, Jr.） 撰，彭繁 译

板块构造论

Plate Tectonics

"板块构造"一词出现于 1970 年，由约翰·F. 杜威（John F. Dewey）和约翰·M. 伯德（John M. Bird）在论文《山带和新全球构造》（*Mountain Belts and the New Global Tectonics*）中提出。这篇论文讨论了为何山带会形成在大陆边缘地壳板块移动的地方。伴随着地壳大板块的移动，地幔对流是如何形成相等体积的洋脊与海沟、形成新地壳的现代理论，可以追溯到哈利·H. 赫斯（Harry H. Hess）在 1960 年和 1962 年以及罗伯特·S. 迪茨（Robert S. Dietz）在 1961 年发表的重要论文中。在此之前，奥斯蒙德·费舍尔（Osmond Fisher）、亚瑟·霍姆斯（Arthur Holmes）、菲力克斯·维宁·曼尼斯（Felix Vening-Meinesz）等人均已提出过类似的观点，但正如 1991 年小 B. F. 豪厄尔（B. F. Howell Jr.）所表明的，这些观点由于缺乏有力的证据而未能被接受。1963 年弗雷德·J. 拜恩（Fred J. Vine）和德拉蒙德·H. 马修斯（Drummond H. Matthews）以及 1966 年詹姆斯·J. 赫茨勒

（James R. Heirtzler）、萨维尔·勒·皮雄（Xavier LePichon）和 J. 格雷戈里·巴伦（J. Gregory Baron）对海底磁化的研究为上述理论提供了关键性支持。1965年，J. 图佐·威尔逊（J. Tuzo Wilson）发展了三联点理论，展示了板块运动为何在三个板块交汇的地方发生。乔治·普拉夫克（George Plafker）同年的研究则说明了，1964 年阿拉斯加地震所产生的地面位移与阿拉斯加下方板块的俯冲作用相一致。在接下来的几年时间里，布莱恩·伊萨克（Bryan Isacks），杰克·奥利弗（Jack Oliver）和林恩·R. 赛克斯（Lynn R. Sykes）说明了赫斯与迪茨的理论符合于地震学证据，并对之前没有理解的现象进行了解释。W. 詹森·摩尔根（W. Jason Morgan）则向人们展示了地球表面如何被分为 20 个主要板块，每个板块的运动可被描述为围绕某个固定极点的旋转运动。萨维尔·勒·皮雄在 1968 年计算了板块的相对速度，并将这些速度与聚合边界的构造活动强度联系起来。

　　20 世纪 60 年代以来，板块构造论已经成功解释了大量当前和古代的地质现象，被认为是地球科学中最基本的概念之一。

参考文献

［1］Dewey, J.F., and J.M. Bird. "Mountain Belts and the New Global Tectonics." *Journal of Geophysical Research* 75（1970）: 2625-2647.

［2］Dietz, R. S. "Continent and Ocean Basin Evolution by Spreading of the Seafloor." *Nature* 190（1961）: 854-865.

［3］Heirtzler, J.R., X. LePichon, and J.G. Baron. "Magnetic Anomalies over the Reykjanes Ridge." *Deep-Sea Research* 13（1966）: 427-443.

［4］Hess, H.H. "Evolution of Ocean Basins." *Report on Office of Naval Research Contract Nonr*, *1958*,（10），1960.

［5］——. "History of the Ocean Basins," In *Petrologic Studies*, edited by A.E.J. Engel, H.L. James, and B.F. Leonard. Geological Society of America, 1962, pp. 599-620.

［6］Howell, B.F., Jr. "How Misconceptions on Heat Flow May Have Delayed Discovery of Plate Tectonics." *Earth Science History* 10（1991）: 44-50.

［7］Isacks, B.J., J. Oliver, and L.R. Sykes. "Seismology and the New Global Tectonics." *Journal of Geophysical Research* 73（1968）: 5855-5899.

［8］LePichon, X. "Sea-floor Spreading and Continental Drift." *Journal of Geophysical Research* 73（1968）: 3661-3697.

［9］Morgan, W.J. "Rises, Trenches, Great Faults and Crustal Blocks." *Journal of Geophysical Research* 73（1968）: 1659-1682.

［10］Plafker, G. "Tectonic Deformation Associated with the 1964 Alaskan Earthquake." *Science* 148（1965）: 1675-1687.

［11］Sykes, L.R. "Mechanism of Earthquakes and Nature of Faulting on Midocean Ridges." *Journal of Geophysical Research* 72（1967）: 2131-2153.

［12］Vine, F.J., and D.H. Matthews. "Magnetic Anomalies over Ocean Ridges." *Nature* 199（1963）: 947-949.

［13］Wilson, J. T. "A New Class of Faults and Their Bearing on Continental Drift." *Nature* 207（1965）: 243-247.

B. F. 小豪厄尔（B.F . Howell, Jr.） 撰，郭晓雯 译

另请参阅：地质学（Geology）

地球物理学和大地测量学
Geophysics and Geodesy

分别研究地球物理特性和地球形状的学科。这两门科学在美国经历了长期的实践，美国科学家对其做出了重要贡献。早期的杰出研究包括 18 世纪本杰明·富兰克林（Benjamin Franklin）对闪电和墨西哥湾流的研究，以及 19 世纪伊莱亚斯·罗密士（Elias Loomis）对地磁学和气象学的研究。在整个 19 世纪，美国研究人员将这些问题领域以及潮汐、河川径流、冰川地质、极光等方面的问题作为自然地理学或大地物理学的一部分。"地球物理学"这个词虽然在 19 世纪中叶就已被使用，但当时还没有得到广泛认可。

联邦政府为 19 世纪美国的地球物理和大地测量研究提供了最重要的体制支持。海岸调查局、陆军测绘工程兵团、陆军工程兵团和美国海军天文台不仅提供重要的公共服务，还为科学研究提供资助，包括港口和大地测量、地形测量、河流水文和洋流研究等，其中一些机构逐渐扩大了研究范围。1878 年，海岸测量局重组为美国海岸和大地测量局，并进行了精密的大地测量和重力测量。查尔斯·桑德斯·皮

尔士（Charles S. Peirce）、约翰·F. 海福德（John F. Hayford）和赛斯·钱德勒
（Seth Chandler）都曾在海岸测量局工作，他们分别为重力测量学、大地测量学和
地球动力学做出了重要贡献。1899 年，海岸测量局增设了一个地磁研究部门，后来
又增加了地震学部门。同样，美国地质调查局（成立于 1878 年）在 19 世纪 80 年
代建立了一个地球物理和地球化学实验室。

　　在联邦地球物理学和大地测量学发展的同时，活跃在这些领域的科学家们开
始寻找其他经费支持。1896 年，芝加哥大学的路易·阿格里科拉·鲍尔（Louis
Agricola Bauer）成为美国首位知名的地球物理学导师。1904—1905 年，私人捐
建的华盛顿卡内基研究所成立了 3 个部门，分别是地球物理实验室、地磁部门和威
尔逊山太阳观测站，它们或聚焦或囊括了地球物理学相关课题。20 世纪 20 年代，
矿业和石油公司开始应用地球物理技术来勘探新的资源。德士古公司、汉布尔公司
和海湾石油公司是其中的佼佼者，它们的研究人员开始自称地球物理学顾问。莱斯
大学的诺曼·H. 里克尔（Norman H. Ricker）教授和威斯康星大学的马克斯·迈森
（Max Mason）教授等人也开始为公司提供咨询。20 世纪 20 年代和 30 年代涌现了
大量的公司，比如地球物理研究公司和西部地球物理公司，它们在开发新仪器、新
技术和认识地壳结构等方面发挥着越来越重要的作用。

　　同其他科学一样，"一战"和"二战"改变了美国的地球物理学和大地测量学。
"一战"期间，水下声学和地磁学被应用于潜艇探测。到了"二战"，无线电使电离
层和太阳活动相关知识成为事关国家安全的重要内容。冷战期间，地震技术和高空
空气采样被用于探测核爆炸，海洋学由此飞速发展。因此，从 20 世纪 30 年代开始，
特别是在 1945 年后，越来越多的军事资金开始流入地球物理学领域。

　　地球物理学之于民族国家重要性的日益提升也反映在这门科学的国际关系上。
地球物理学和大地测量学作为全球性的科学，必然会涉及多国科学家。19 世纪 80
年代的第一个国际极地年标志着地球物理学领域国际合作的开始。"一战"期间，虽
然地球物理学还没建立自己的协会，但是气象学、地震学、大地测量学等学科的国
际协会已经成立，美国科学家广泛参与了这些机构的新建工作中。"一战"后，为
了排除来自德国的科学家和组织，所有旧机构被解散，新机构成立了。这也为重组

国际科学组织提供了契机。地球物理学的所有分支都被整合到国际大地测量学与地球物理学联合会里，个别研究领域成为联合会的"部门"。美国地球物理联合会（AGU）是美国参与国际合作的产物。为促进地球物理研究的开展，联合会在国内和国际上做了很多工作，但它也不可避免地卷入政治漩涡。AGU 的创始人之一乔治·埃勒里·海耳（George Ellery Hale）1920 年和国务卿辩论时曾明确表示，联合会是促成美国与其他国家密切关系的重要因素。"二战"后，随着美国地球物理学家在 20 世纪 50 年代重点参与组织了国际地球物理年活动，这一说法变得更加正确。

地球物理学体制化的另一个主要发展是大学课程数量的急剧增加。20 世纪 20 年代，美国几所大学的地质系开始教授地球物理学，圣路易斯大学（1925）和科罗拉多矿业学院（1927）则成立了地球物理学系。"二战"后，加利福尼亚大学洛杉矶分校（1944）、阿拉斯加大学（1946）和哥伦比亚大学（1948）都成立了地球物理学研究所或地球物理学系。到 1950 年，共有 8 个地球物理学系和 9 个气象学系授予研究生学位。

自 1950 年以来，包括计算机在内的新型电子设备的出现极大地影响了地球物理学和大地测量学。探测地球内部深处的应力或者定量描述复杂的地震活动都不再是幻想。同样，火箭和高空气球也使研究高层大气和近太空成为可能，范艾伦辐射带的发现进一步推动了研究的发展。无论是在美国还是在其他地方，成功解释了许多地质问题的板块构造学都是 20 世纪末最著名的地球物理研究（见 LeGrand）。

美国的地球物理学的几乎每个方面都为历史研究提供了丰富素材。最详尽的研究课题当然是板块构造革命史，关于地震学、海洋学或近太空物理学的历史却著述甚少。人们仍未很好理解地球物理学与物理学、地质学等更知名学科之间的关系。最后，实际上未考察地球物理学及其分支的社会性和体制化发展。

参考文献

[1] Bates, Charles C., Thomas F. Gaskell, and Robert B. Rice. *Geophysics in the Affairs of Man: A Personalized History of Exploration Geophysics and Its Allied Sciences of Seismology and Oceanography.* Oxford, U.K.: Pergamon, 1982.

［2］Buntebarth, Gònter. "Geophysics: Disciplinary History." In *Sciences of the Earth: An Encyclopedia of Events, People, and Phenomena*, edited by Gregory A. Good. New York and London: Garland, 1998, pp. 377-380.

［3］Doel, Ronald E. "Geophysics in Universities." In *Sciences of the Earth: An Encyclopedia of Events, People, and Phenomena*, edited by Gregory A. Good. New York and London: Garland, 1998, pp. 380-384.

［4］Fleming, James Rodger. *Meteorology in America, 1800-1870*. Baltimore: Johns Hopkins University Press, 1990.

［5］Good, Gregory A., ed. *The Earth, the Heavens, and the Carnegie Institution of Washington*. Washington, DC: American Geophysical Union, 1994.

［6］Kertz, Walter. "Die Entwicklung der Geophysik zur eigneständigen Wissenschaft." *Mitteilungen der Gauss Gesellschaft, E.V. Göttingen* no. 16（1979）: 41-54.

［7］Le Grand, H.E. *Drifting Continents and Shifting Theories*. New York: Cambridge University Press, 1988.

［8］Wood, Robert Muir. *The Dark Side of the Earth*. London: George Allen and Unwin, 1985.

格雷戈里·A. 古德（Gregory A. Good）　撰，曾雪琪　译

另请参阅：国际地球物理年（International Geophysical Year）

地球空洞学说
Theory of Hollow-Earth

地表之下存在一个适合人类居住的世界，这样的故事曾出现在古希腊和一些美洲印第安部落的神话中，但丁（Dante）的《地狱》（*Inferno*）对此也有想象性的描写。由埃德蒙·哈雷（Edmund Halley）、科顿·马瑟（Cotton Mather）和莱昂哈德·欧拉（Leonhard Euler）提出的假说设想了一个更确切的空心地球，以此来解释地球磁极的变化。天文学家哈雷推测，地球可能是由一层外壳组成的，其内部有许多层空心球，每一层都在旋转且互相独立。

关于地球空心说，美国人约翰·克莱夫斯·辛姆斯（John Cleves Symmes，1780—1829）上尉提出的理论最为"臭名昭著"，他否认了前人在这一问题上的全部认识。1818 年他从军队退役后，印发传单宣称地球是空心的，在两极处有巨大的

缺口。他还宣称以自己的生命来支持这一理论，并邀请全世界的人帮助他探索地球内部。毋庸置疑，这一声明成为众人的笑柄。就连业余的宇宙学家也都纷纷在报纸上驳斥辛姆斯，而"辛姆斯空洞"一词也成了蔑视的代名词。一本以笔名署名的小说《辛姆佐尼亚》（*Symzonia*）讽刺道：住在地球内部的人会把大拇指放在鼻尖上，然后摆动手指来相互致意。

令人惊讶的是，当辛姆斯在一个又一个城市演讲时，人们的嘲笑渐渐变成了合理的怀疑。如果不信服他的观点，越来越多的听众会只是默默离开，但也愿意看到这个理论通过探究得到验证。有两件事可以解释公众舆论的这种变化。虽然辛姆斯本人的演说并不引人入胜，但他给人的印象却是十分真诚的。而且随着时间的推移，他收集了广泛的信息来支持他的理论。另一件事是他得到了耶利米·N.雷诺兹（Jeremiah N. Reynolds，1799—1858）的帮助，后者开发了如空心地球模型等可视化的辅助工具，同时也是一位充满魅力的演说者。早在1826年，詹姆斯·麦克布莱德（James McBride）就匿名写了一本书用来支持他。

和哈雷一样，辛姆斯率先提出地表下存在一系列同心球体。然而，当他深入研究了如何通过直径2000英里的北部缺口以及更大直径的南部缺口来照亮内部时，他放弃了内部球体的理论。这些开口的边缘是很平缓的，据他所述，一艘船可以在乘客意识不到的情况下从南部缺口驶入地球内部。由于当时南极地区的地理环境仍然是个谜，因此雷诺兹认为前往南极考察似乎是最好的办法。但另一方面，辛姆斯更喜欢在北方进行陆地探险追踪迁徙的驯鹿群，他认为驯鹿是被地球内部的牧场养肥的，1826年，二人因为这个问题分道扬镳。

在各奔东西后，两人都经历了许多失望之事，尽管他们也都为别人的成就做出了贡献。辛姆斯曾一度相信俄国沙皇会资助他的考察活动。雷诺兹则逐渐放弃了地球空心说，但仍在继续倡导南极探险，他自认为已经获得了联邦政府的赞助，其实并没有。1829年，他和其他人一起驾驶"赛拉弗"号（Seraph）和"安那万"号（Annawa）双桅帆船对南极水域进行了一次环形考察。这次航行在埃德蒙·范宁（Edmund Fanning）船长的指挥下进行，同时也让探险队成员詹姆斯·恩茨（James Eights，1798—1882）成为首位发表南极岛屿相关科学论文的美国人。尽管雷诺兹本人没有从中获益，但他作为宣传人员的不懈努力在一定程度上帮助 1838—1842 年威尔克斯远征获得了联邦的资助。经过雷诺兹的完善，辛姆斯的理论为埃德加·艾伦·坡（Edgar Allan Poe）的小说《A. 戈登·皮姆》（*A. Gordon Pym*）提供了关键素材，而雷诺兹在杂志上发表的一篇关于白鲸的文章《摩卡·迪克》（*Mocha Dick*）则为赫尔曼·梅尔维尔（Herman Melville）的杰作提供了灵感。儒勒·凡尔纳（Jules Verne）的系列丛书《奇幻之旅》（*Voyages Extraordinaires*）中有两篇小说都对辛姆斯大加赞许，尽管他把辛姆斯的名字拼错了。

制药商约翰·尤里·劳埃德（John Uri Lloyd）以写作小说为乐。1895 年他出版的小说《忒狄洛弗阿》（*Etidorhpa*，即反写的 "aphrodite"，阿弗洛狄忒是专司"爱与美"之女神——译者注）大获成功，先后再版 11 次，这本小说将辛姆斯的设想又向前推进了一步。在 1901 年的版本中，劳埃德就像科幻小说家一样把前往地心的旅行装置当作预测未来的工具。虽然劳埃德并没有完全采纳辛姆斯的猜想，但一位名叫赛勒斯·里德·蒂德（Cyrus Reed Teed）的医生从这些猜想中发现了组织宗教团体的基础。蒂德在他的名字里加上了"科雷什"（Koresh，相当于希伯来语中的 "Cyrus"）一词。1896 年，他和几个帮助他在佛罗里达建立科瑞杉团结定居点（Koreshan Unity Settlement）的门徒一起，用他发明的一种叫作"直线仪"的仪器在海湾岸边进行了一次"伟大的实验"。他的测量结果证明："当一艘船看起来似乎沉入地平线以下时，那只是一种视觉错觉；事实上地球是凹陷进去的，我们就生活在地球内部。"他对自己的这一结果是非常满意的。

在 19 世纪上半叶，地球仍有很多区域未被人类探索，使得地球空心论还有一定的可信度。后来当这一理论复兴时，通常是像劳埃德那样将其作为一种文学手法；或者像科雷什那样将其作为一种教条或教派。而直到 1920 年，这一概念才由马歇尔·B. 加德纳（Marshall B. Gardner）以声音宇宙学重新提出，他在其著作的副标题中问道："人们真的找到极点了吗？"乔治·萨顿［George Sarton, *Isis* 34（1942）：p. 30］认为加德纳的书《地球内部之旅》（*A Journey to the Earth's Interior*）"证明了一个令人沮丧的事实，即错误一旦出现，就永远不可能被彻底根除"。

参考文献

[1] Almy, Robert F. "J. N. Reynolds: A Brief Biography with Particular Reference to Poe and Symmes." *The Colophon*, n.s. 2 (1937): 227–245.

[2] Clark, P. "The Symmes Theory of the Earth." *Atlantic Monthly* 31 (1873): 471–480.

[3] Gardner, Marshall B. *A Journey to the Earth's Interior*. Aurora, IL: the author, 1920.

[4] Lloyd, John Uri. *Etidorhpa; or The End of Earth; the Strange History of a Mysterious Being and the Account of a Remarkable Journey*. New York: Dodd, Mead & Company, 1901.

[5] [McBride, James]. *Symmes' Theory of Concentric Spheres*. Cincinnati: Morgan, Lodge and Fisher, 1826.

[6] Miller, William Marion. "The Theory of Concentric Spheres." *Isis* 33 (1941): 507–514.

[7] Mitterling, Philip I. *America in the Antarctic to 1840*. Urbana: University of Illinois Press, 1959.

[8] Peck, John Wells. "Symmes Theory." *Ohio Archaeological and Historical Publications* 18 (1909): 29–42.

[9] Seaborn, Adam [pseud.]. *Symzonia, A Voyage of Discovery*. New York: J. Seymour, 1820.

[10] Symmes, Americus, comp. *The Symmes Theory of Concentric Spheres*. Louisville: Bradley & Gilbert, 1878.

[11] Symmes, Elmore. "John Cleves Symmes, the Theorist." *Southern Bivouac*, n.s. 2 (1887): 555–566, 621–631, 682–693.

[12] Teed [Koresh], Cyrus Reed. *The Cellular Cosmology; or, The Earth a Concave Sphere*. Estero, FL: Guiding Star Publishing House, 1922.

[13] Zirkle, Conway. "The Theory of Concentric Spheres: Edmund Halley, Cotton Mather, & John Cleves Symmes." *Isis* 37 (1947): 155–159.

查尔斯·博威（Charles Boewe）撰，王晓雪 译

另请参阅：威尔克斯远征队（Wilkes Expedition）

6.2　组织与机构

《美国矿物学杂志》

American Mineralogical Journal

　　《美国矿物学杂志》是美国独立出版的第一种科学期刊。1810 年，纽约内外科医师学院的矿物学和药物学教授阿奇博尔德·布鲁斯（Archibald Bruce）出版了第 1 期《美国矿物学杂志》。1814 年推出 4 期，合为 1 卷出版；其内容包括化学分析、在美国发现的矿物成分、采矿和制造过程、实验技术等方面的描述，此外还转载欧洲期刊的论文，刊登美国科学界新闻。矿物学在美国越来越受欢迎；纽约、费城以及纽黑文的科学家们已经设立藏品库，并致力于分类问题。在大学课程中，矿物学也成为地质学和化学的一门辅助学科。该杂志被推崇为爱国举措和功利事业，但布鲁斯在 1811 年失去了教师职位，身体状况不佳，1814 年以后未能继续出版期刊。在几位杰出地质学家和矿物学家的遗赠下，老本杰明·西利曼（Benjamin Silliman Sr.）于 1818 年创办了《美国科学杂志》（*American Journal of Science*），从而取代了布鲁斯的《美国矿物学杂志》。

参考文献

[1] Baatz, Simon. "'Squinting at Silliman': Scientific Periodicals in the Early American Republic, 1810-1833." *Isis* 82（1991）: 223-244.

[2] "Biographical Notice of the Late Archibald Bruce, M.D." *American Journal of Science and Arts* 1（1818）: 299-304.

[3] Greene, John C. "Introduction." *The American Minerological Journal*, edited by Archibald Bruce. 1814. Reprint, New York: Haffner Publishing Co., 1968, pp. vii-xvii.

西蒙·巴茨（Simon Baatz）　撰，陈明坦　译

国家地理学会
National Geographic Society

　　国家地理学会是 20 世纪美国最大的科普组织。1888 年，包括 A. W. 格里利（A. W. Greely）、约翰·卫斯理·鲍威尔和亨利·甘尼特（Henry Gannett）在内的联邦科学家成立了该学会，目的是改善政府各部门之间在地理问题上的沟通，并向华盛顿上流社会和政界有影响力的人士提供信息。1900 年，学会改变了定位，协会主席亚历山大·格雷厄姆·贝尔（Alexander Graham Bell）的女婿吉尔伯特·H. 格罗夫纳（Gilbert H. Grosvenor）将《国家地理杂志》（*National Geographic Magazine*）从一份专业期刊转变为大众教育和娱乐的载体。他将照相复制的新技术在全国营销，以及对学术团体成员传统的吸引要素和对学术进步的支持结合在一起。该杂志的发行量从 1900 年的 2200 份增加到 1920 年的 60 万份，1980 年则达到了 1000 万份。

　　1900—1954 年，《国家地理》在格罗夫纳的编辑下，将博物学、自然灾害和新技术有关的文章与游记、英雄探险报道以及对原始民族的描述融合在一起。其技术先进、精心挑选的照片为美国中产阶级提供了对世界最基本的印象。这本杂志将自然和非西方民族浪漫化，同时也肯定了美国和其他殖民国家的"仁慈"。

　　美国人通过加入该学会来支持探险和一些科学研究。例如，学会对下述研究都做出了贡献：罗伯特·埃德温·皮里（Robert E. Peary）和理查德·伊夫林·伯德（Richard E. Byrd）开展极地探险、考古学家海勒姆·宾厄姆（Hiram Bingham）调查马丘比丘、威廉·毕比（William Beebe）开发深海球形潜水装置以及简·古道尔（Jane Goodall）对黑猩猩行为的早期研究。该杂志还推动了军用航空、航空航天的开拓，以及后来太空探索的方方面面。《地理》杂志上以第一人称发表的文章一般是由学会资助的。

　　格罗夫纳的儿子梅尔维尔（Melville）和他的同事们将这些政策坚持了下来。20 世纪 70 年代，在吉尔伯特·M. 格罗夫纳（Gilbert M. Grosvenor，梅尔维尔之子）的领导下，杂志的观点变得更加现代，学会做出了更系统的努力，将其自身的活动与专业科学团体的活动联系起来。然而，无论是领导力还是世界观方面，该学会都延续了维多利亚时代的大众博物学传统。

　　庆祝国家地理学会历史的活动被批评为保守主义和存在利益的冲突。然而，学者们更为突出的态度是无视它的重要性。作为美国文化中一股无处不在的力量且长期存在于科学政策中，对该学会进行认真的历史研究很有必要。不过它的档案尚未向外部研究人员开放。

参考文献

［1］Abramson, Howard S. *National Geographic*：*Behind America's Lens on the World*. New York：Crown, 1987.

［2］Bryan, C.B.D. *The National Geographic Society*：*100 Years of Adventure and Discovery*. New York：Abrams, 1987.

［3］Grosvenor, Gilbert H. *The National Geographic Society and Its Magazine*：*A History*. Washington, DC：National Geographic Society, 1957.

［4］Pauly, Philip J. "The World and All That Is in It：The National Geographic Society, 1888–1918." *American Quarterly* 31（1979）：517–532.

［5］Rothenberg, Tamar Yosefa. "*National Geographic*'s World：Politics of Popular Geography, 1888–1945（National Geographic）." Ph.D. diss., Rutgers, the State University of New Jersey–New Brunswick, 1998.

菲利普·J. 保利（Philip J. Pauly）　撰，康丽婷　译

美国地质学会
The Geological Society of America

　　美国地质学会是非营利性组织，致力于提高其成员的科学和专业素养，推动加快地球科学新知识的发现，激励有效的和有创造性的地球科学教学，发展创新性的地球科学知识应用，以造福社会，激发公众对关键科学问题的知情意识。该学会由詹姆斯·霍尔（James Hall）、詹姆斯·德怀特·达纳和亚历山大·温切尔（Alexander Winchell）于 1888 年创建，是美国科学促进会的产物，其总部位于科罗拉多州博尔德。

美国地质学会（GSA）是一个会员制学会，由14500名研究员和会员以及学生、教师助理组成。该协会的主要活动是出版科学文献和组织科学会议、科学大会。此外，它还为学生发放研究补助金、匹配就业岗位并提供面试服务，颁发奖章奖项以表彰杰出的科学贡献，协助教师进行地球科学教育，并加强公众对地球科学问题的认识。该学会的当选委员（执行委员会和理事会）负责管理学会事务。

地质学会在北美的6个地区分会都有各自的管理委员会，每个分会都会举办年会。美国地质学会每年在北美的一个城市举行一次年度大会，并在多个会场上发表论文。地质学会为不同的专业领域设立了12个分部，如考古地质学、水文地质学和地球物理学，学会成员可以加入其中任何分部。这些分部通常在学会年会上举行会议，颁发奖项以表彰会员贡献，并编写以会员活动为重点的新闻简报。17个专业的关联学会通常也会在学会年会期间举行年会，并协助制定科学计划，从而确保计划范围的广泛性。

1931年，地质学家小彭罗斯（R. A. F. Penrose Jr., 1886年获哈佛大学博士）向地质学会捐赠了一大笔遗产，这笔资金可以用于支付研究补助金以及出版学会的一些作品。1980年，美国地质学会基金会成立，旨在支持"北美地质学10年"项目——这是一个出版多本著作、整合年度会员捐赠款的综合项目。

所有地质学会会员每个月都会收到"会员简讯"（GSA Today）。自1890年以来，学会连续每月出版技术期刊《美国地质学会通报》。1973年，学会推出了《地质学》月刊，以满足快速刊载篇幅简短的科学专题文章的需要。这三种期刊都刻录在学会每年出版两次的期刊光盘上。学会还联合工程地质学家协会和国际水文地质学家协会分别出版了《环境与工程地质科学》和《应用水文地质学杂志》，两者均为季刊。学会的其他出版物包括几个系列专题、地图和海图系列、会议程序摘要以及"北美地质学10年"系列（里面有书籍、地图和横断面图）。

参考文献

[1] Eckel, Edwin B. *The Geological Society of America：Life History of a Learned Society.* Boulder, CO：Geological Society of America Memoir 155, 1982.

小唐纳德·M. 戴维森（Donald M. Davidson, Jr.）　撰，曾雪琪　译

斯克里普斯海洋研究所

Scripps Institution of Oceanography

斯克里普斯研究所发端于加利福尼亚大学动物学家威廉·里特（William Ritter，1856—1944）1892 年开始的在加州海岸进行的一系列夏季海滨海洋生物调查。1903 年，里特、报业巨头 E. W. 斯克里普斯（E. W. Scripps）和姐姐艾伦·布朗宁·斯克里普斯（Ellen Browning Scripps）以及一群圣迭戈商业和民间领袖成立了圣迭戈海洋生物协会（MBASD），捐资设立了一个永久性的海洋站。建立该海洋站的目的旨在对南加州附近的太平洋水域进行生物和水文调查，并维持一个面向公众的水族馆和博物馆。1907 年，圣迭戈海洋生物协会在拉霍亚（La Jolla）购得土地，并利用斯克里普斯姐弟提供的资金建造了实验室和其他设施。

圣迭戈海洋生物协会成立之初就与加州大学保持着非正式联系，1912 年正式将其资产转让给加州大学。该机构从大学和州获得的资金大致与斯克里普斯每年的捐款相当。此外，它还能收到来自工业界和第一次世界大战期间由联邦政府提供的小额拨款。

1912 年，圣迭戈海洋生物协会更名为加州大学斯克里普斯生物研究所（Scripps Institution for Biological Research of the University of California），1925 年变更为斯克里普斯海洋研究所（Scripps Institution of Oceanography，SIO）。这些名称变化反映了该机构的研究重心由最初的海洋生物学到生物学再到海洋学的转变。尽管斯克里普斯海洋研究所也提供研究生教育，但它主要是一个强调海洋生态研究的科研机构，与美国伍兹霍尔海洋生物学实验室（Marine Biological Laboratory at Woods Hole）重视教学、系统发育学和形态学研究有明显差异。

挪威海洋学家、极地探险家哈拉尔德·乌尔里克·斯维德鲁普（Harald Ulrik Sverdrup，1888—1957）在 1936—1948 年任斯克里普斯海洋研究所的第三任所长期间，使研究所从一个全美著名的海洋所发展为一个享誉国际的海洋学研究机构。"二战"期间，该研究所的科学家受到美国国防研究委员会（National Defense Research Committee，NDRC）和美国海军的资助，进行水下声学、气象学以及美国联邦政府感兴趣的其他重大课题研究。这些研究工作大部分在加州大学战争研究部（University of California Division of War Research，UCDWR）完成，该机构是美国国防研究委员会于 1941 年出资建立的一个圣迭戈实验室。诺曼底登陆和盟军其他两栖登陆预报都是基于哈拉尔德·斯维德鲁普（Harald Sverdrup）和沃尔特·芒克（Walter Munk）在斯克里普斯海洋研究所研发的海浪预报方法。研究所的水下声学研究也帮助了潜艇的侦查和隐蔽。

"二战"后，在罗杰·雷维尔（Roger Revelle，1909—1991）的领导下，斯克里普斯海洋研究所快速发展。在 1951—1964 年任斯克里普斯研究所所长期间，雷维尔说服美国联邦政府增加了对海洋学研究的支持，其中包括由海军提供船只、联邦部门提供研究合同。1946 年，海洋物理实验室（Marine Physical Laboratory，MPL）创立，加州大学战争研究部利用它做进一步研究，但加州大学战争研究部在"二战"结束时关闭，海洋物理实验室于 1948 年并入斯克里普斯海洋研究所。加州及其渔业界在 1948 年为其提供资金资助，对导致加州水域沙丁鱼资源锐减的原因进行全面研究。这项研究被称为"加利福尼亚海洋渔业合作监测项目"（California Cooperative Oceanic Fisheries Investigations，CalCOFI），它极大扩充了有关世界渔业和太平洋的物理海洋学知识。20 世纪 50 年代美国太平洋核试验前后，斯克里普斯海洋研究所的科学家们进行了海洋环境的相关研究，为科学地理解核辐射造成的生物影响做出了重大贡献。

斯克里普斯海洋研究所加入"国际地球物理年"（the International Geophysical Year）联合观测活动促成了查尔斯·基林（Charles Keeling）于 1957 年首次开始对大气中的二氧化碳进行连续测量。命运多舛的"莫霍计划"及后来成功的深海钻探计划亦是由以雷维尔和其他斯克里普斯海洋研究所科学家为代表的地球物理学家们推动的，斯克里普斯海洋研究所还直接负责了 1966—1986 年的深海钻探计划。尽管该所仍以海洋学为研究重心，但在战后几十年间其研究领域已扩大到包括海洋和沿海地质学、生理学、气候研究、地球物理学等方面。雷维尔成功领导加州大学设立分校事宜，1959 年斯克里普斯海洋研究所成为圣迭戈加州大学（University of California, San Diego, UCSD）的一员。20 世纪 90 年代，该所发起一项全球变化研究计划。1992 年，高年级本科生也被纳入斯克里普斯海洋研究所的教学计划。

参考文献

［1］Menard, Henry W. *Anatomy of an Expedition*. New York：McGraw-Hill, 1969.

［2］Raitt, Helen, and Beatrice Moulton. *Scripps Institution of Oceanography：First Fifty Years*. San Diego, CA：Ward Ritchie Press, 1967.

［3］Revelle, Roger. "The Age of Innocence and War in Oceanography." *Oceans* 1(1969)：6-16.

［4］——. "How I became an Oceanographer and Other Sea Stories." *Annual Review of Earth and Planetary Sciences* 15 (1987)：1-23.

［5］Ritter, William. "The Marine Biological Station of San Diego：Its History, Present Conditions, Achievements and Aims." *University of California Publications in Zoology* 9 (9 March 1912)：137-248.

［6］Shor, Elizabeth N. *Scripps Institution of Oceanography：Probing the Oceans 1936 to 1976*. San Diego：Tofua Press, 1978.

黛博拉·C. 戴（Deborah C. Day）　撰，彭繁　译

美国地震学会

Seismological Society of America

美国地震学会由亚历山大·麦卡笛（Alexander McAdie）倡议，1906 年筹建于加利福尼亚旧金山的美国气象局西部分局（United States Weather Bureau）。1910 年美国地震学会正式成立，旨在推动地震学研究、提升公众安全水平、引起相关从业者对抗震建筑的关注，以及教育公众如何尽可能降低地震带来的危害。学会每年从会员（1999 年该会会员共有 2025 名）中选出 4 位理事，4 位理事们再推选出 1 名会长、1 名副会长、1 名秘书和 1 名财务主管，并任命学会双月刊出版物（《美国地震学会通报》和《地震研究通讯》）的编辑人员。学会每年有两次年度会议，一次通常在美国西部举办，另一次则在落基山脉以东。后者由美国地震学会的东部分会进行组织。东部分会是半独立的，拥有自己的官员（主席、副主席、秘书和财务主管）。美国地震学会由一个执行委员会管理，该委员会由学会秘书、会长和另一位

会员（通常是副会长）组成。西部的年度会议通常会联合另一个学会共同举办，比如 1931 年前与美国科学促进会、1933 年开始与美国地质学会联合举办。

美国地震学会第一任会长是地理学教授乔治·戴维森（George Davidson），第一任秘书是地质学教授乔治·劳德巴赫（George D. Louderbach），两人都来自伯克利加州大学。秘书和财务主管的任期通常视个人意愿而定。1910 年到 1929 年，西德尼·汤利（Sidney D. Townley）担任学会秘书兼财务主管；1930 年到 1956 年，佩里·拜利（Perry Byerly）担任学会秘书。

学会在不同时期组织开展了各种项目：学会成立之初，绘制了圣安德列斯断层（San Andreas Fault）沿线的一系列遗迹（monuments）地图；1923 年出版了加利福尼亚断层图；近年来，又推广了国际地震学和地球内部物理学协会（the International Association of Seismology and Physics of the Earth's Interior）开发的计算机程序。

参考文献

［1］Byerly，Perry. "History of the Seismological Society of America." *Bulletin of the Seismological Society of America* 54（1964）：1723–1741.

［2］Minutes of the meetings of the Board of Directors of the Seismological Society of America，published annually in the *Bulletin of the Seismological Society of America*，and （since 1994）in *Seismological Research Letters.*

B. F. 小豪厄尔（B.F . Howell, Jr.） 撰，彭繁 译

美国地球物理联盟

American Geophysical Union（AGU）

美国地球物理联盟（下文简称"联盟"）成立于 1919 年，旨在建立一个研究地球物理的专业组织。1972 年以前，联盟是美国国家科学院国家研究委员会下的一个执行委员会，现在则是一个独立的组织。该组织有意地回避以勘探为目的的地球物理学，其支持者试图将地球物理技术应用于发现石油储藏，而联盟的领导者专注于加强介于物理学、化学和地质学之间的"纯"科学。他们最初参照欧洲的模式。

到 20 世纪 50 年代，联盟已经包括地震学、气象学、海洋学、大地测量学、地磁地电学、火山学、构造物理学和水文学等学科领域；20 世纪 60 年代又增加了空间科学。它的主要创始人是罗伯特·伍德沃德（Robert S. Woodward）和威廉·鲍威（William Bowie）；20 世纪 30 年代和 40 年代，常任秘书一直是约翰·亚当斯·弗莱明（John Adams Fleming），华盛顿卡内基研究院地磁系主任。其他杰出的成员还包括莫里斯·尤因（Maurice Ewing）、哈里·赫斯（Harry H. Hess）、詹姆斯·麦克尔韦恩（James B. Macelwane）和查尔斯·惠顿（Charles Whitten）。联盟的成员从最高不超过 75 人（1922—1928）逐渐上升到 4600 人（1950）、13000人（1980），直到 26000 人（1990）。

地球物理学由广泛的分支领域联合而成，联盟在塑造学科结构方面发挥了重要作用。它的年会（1952 年以后，每半年举行一次）成为重要论坛，讨论地球物理学的研究成果，它的出版物之——《学报》（*Transactions*）成为该领域的主要期刊。[《地球物理研究杂志》（*Journal of Geophysical Research*），以前名为《地磁和大气电学》（*Terrestrial Magnetism and Atmospheric Electricity*），长期作为该联盟的非正式组织] 联盟还赞助地球物理考察，主要是海洋学和大地测量学方面。历史学家注意到联盟的领导者在促使美国参与国际地球物理年（IGY，1957—1958）中发挥了关键作用。当 20 世纪 60 年代空间探索蓬勃发展时，联盟的管理者也成功创建了一个论坛，报告基于火箭和卫星对地球、月球和太阳系的调查结果，使得地球物理学而不是天文学成为这项研究的主要学科阵地。

该联盟对美国地球物理学的发展产生了重大影响，因此我们有必要对其历史进行描述。关于该联盟如何促进学术性地球物理学的发展，如何促进包括国际地球物理年在内的地球物理学研究项目的发展，或如何促进地球物理学新领域的出现，我们仍知之甚少。美国地球物理联盟的早期记录可以在华盛顿特区的美国国家科学院档案馆找到。

参考文献

[1] Fleming, John A. "Origin and Development of the American Geophysical Union."

Transactions of the American Geophysical Union 35（1954），1：1-46.

[2] Gillmor, C. Stewart, ed. *History of Geophysics*. 4 vols. Washington, DC：American Geophysical Union, 1984-1990.

罗纳德·E. 多尔（Ronald E. Doel） 撰，陈明坦 译

另请参阅：地球物理学和大地测量学（Geophysics and Geodesy）

国际地球物理年
International Geophysical Year（IGY）

国际地球物理年是指 1957 年 6 月至 1958 年 12 月世界多国针对地球物理现象开展的合作研究。参与的科学家们研究了日地关系、地磁、气象学、电离层物理学、冰川学、海洋学、高层大气、大地测量学、极光和大气辉光以及宇宙射线等问题。国际地球物理年的领导者以 1882—1883 年和 1932—1933 年的两次国际极地年为范本，这两次国际合作使得极地气象观测和地球物理测量成为可能。美国参与国际地球物理年是由美国国家科学基金会（NSF）资助的，军事机构为其提供后勤支持。国际地球物理年的美国国家委员会由加州大学洛杉矶分校的约瑟夫·卡普兰（Joseph Kaplan）领导，其他参与国际地球物理年的著名美国科学家还包括劳埃德·伯克纳（Lloyd Berkner）、弗雷德·L. 惠普尔（Fred L. Whipple）、阿瑟斯坦·斯皮豪斯（Athelstan Spilhaus）和詹姆斯·范·艾伦（James Van Allen）。

直到最近几年，国际地球物理年一直被视为超越冷战的国际科学组织案例。按照这一观点，国际地球物理年为研究国际合作提供了一个工具。几乎所有研究者都强调了国际地球物理年在促进美国和苏联发展太空科学方面的作用。最近的历史研究集中于以下几个问题：政治潮流如何影响国际地球物理年相关的美国科学家参与项目以及参与的目标；"飞越苏联领空"一事如何影响了德怀特·D. 艾森豪威尔（Dwight D. Eisenhower）总统做出发展美国卫星计划的决定；出于对美国国家安全因素的考虑，国际地球物理年成为美国情报收集的一种手段，用于及时了解苏联科研成果。

国际地球物理年获取的大量数据为 20 世纪 60 年代的地球物理工作提供了研究基础，并增强了现有的大学地球物理系和研究所的实力，帮助发起了一个以科学为

基础、多个组织和条约组成的国际体系。遗憾的是，除了太阳物理学之外，针对国际地球物理年期间的科学成果少有历史研究，也很少有历史著作在知识或制度的背景下分析国际地球物理年。

参考文献

[1] Bulkeley, Rip. *The Sputniks Crisis and Early U.S. Space Policy*. Bloomington：Indiana University Press, 1991.

[2] Greenaway, Frank. *Science International：A History of the International Council of Unions*. New York：Cambridge University Press, 1996.

[3] Hufbauer, Karl. *Exploring the Sun：Solar Science Since Galileo*. Baltimore：Johns Hopkins University Press, 1991.

[4] MacDougall, Walter.... *The Heaven and the Earth：A Political History of the Space Age*. New York：Basic Books, 1985.

[5] Pyne, Stephen J. *The Ice：A Journey to Antarctica*. New York：Ballantine Books, 1986.

[6] Spencer-Jones, Harold. "Inception and Development of the International Geophysical Year." In *Annals of the International Geophysical Year*. Vol. 1, Pt. 3. London：Pergamon Press, 1959, pp. 383-412.

[7] Sullivan, Walter. *Assault on the Unknown：The International Geophysical Year*. New York：McGraw-Hill, 1961.

罗纳德·E. 多尔（Ronald E. Doel）　撰，郭晓雯　译

另请参阅：地球物理学和大地测量学（Geophysics and Geodesy）

6.3　代表人物

地质学家、牧师兼教育家：爱德华·希区柯克

Edward Hitchcock（1793—1864）

希区柯克出生在马萨诸塞州的迪尔菲尔德，曾就读于迪尔菲尔德学院，并在耶鲁大学短暂地学习过神学。1821—1825 年，他在马萨诸塞州康威的一个公理会教堂

担任牧师，后来由于健康状况不佳而放弃了这一职位。1825—1826 年秋冬，他在耶鲁学院跟随老本杰明·西利曼（Benjamin Silliman）学习。1825 年，他与阿默斯特学院展开了长期合作，于 1825—1845 年在该校担任化学和博物学教授，1845—1864 年担任地质学和自然神学教授，并于 1845—1854 年兼任学院院长。他曾主持马萨诸塞州第一次（1830—1833）和第二次（1837—1841）州地质考察，并担任佛蒙特州的州地质学家（1856—1861）。希区柯克的建议影响了纽约博物学考察的方案设计，但他最终婉拒以一名地质学家的身份参与该项目。

希区柯克非常关心不同学科之间的关系，特别是地质学和宗教之间的关系。在他早期的博物学研究中，希区柯克试图平衡自己对这类研究的兴趣与他强烈的宗教情感。在确定了这两个课题能够，而且确实应该由一个人来研究，他在随后的几年中投入了大量精力来协调《圣经》和地质学对地球历史的描述。在这一努力中，他加入了昔日导师西利曼的行列，但与安多弗神学院的圣经学者摩西·斯图亚特公开发生了冲突。在 19 世纪 50 年代及此后的时间里，希区柯克的思想通过他的专著《地质学宗教》（*Religion of Geology*）而广为流传。他的地质学及宗教观点在其《基础地质学》（*Elementary Geology*）中也有所体现。这本书非常受欢迎，短短 20 年里就出版了 31 个版本。

由于希区科克感到自己与同行存在一定的距离感，同时又坚信各州负责勘测的地质学家应该将他们的工作协调起来。于是，在 1840 年美国地质学家协会（Association of American Geologists）成立之时，希区科克提供了重要帮助，并担任了协会首任主席。尽管他在美国地质学共同体的组织中发挥了重要作用，但他认为美国人应该遵从欧洲地质学家的意见，特别是在命名法和地层对比的问题上。

希区柯克在州地质考察中较早关注到了经济地质学，这帮助他与马萨诸塞州议会建立起联系。此后，他得以继续为那些实用性不显著的地质学工作提供财政支持。从 1818 年《美国科学杂志》（*American Journal of Science*）第一卷问世开始，45 年来希区柯克为西利曼的这本杂志提供了源源不断的地质学文稿。在康涅狄格河谷砂岩中发现的化石足迹令希区柯克深感兴趣，但也引发了他与詹姆斯·迪恩（James Deane）在优先发现权和应得荣誉问题上旷日持久的争论。他还对"洪积"或"漂移"现象的理解以及路易·阿加西（Louis Agassiz）冰川理论在美国的应用倾注了心血。

到目前为止未见关于希区柯克的个人传记。阿默斯特学院所藏的爱德华·希区柯克院长文件中收集了西利曼和希区柯克之间的大量往来信件。关于《圣经》和地质学对地球历史的解释，希区柯克研究了两者之间的关系，罗德尼·L. 斯特灵（Rodney L. Stiling）对他在这一问题上的思想发展进行了追溯。

参考文献

[1] Guralnick, Stanley M. "Geology and Religion in America before Darwin: The Case of Edward Hitchcock, Theologian and Geologist（1793-1864）." *Isis* 63（1972）: 529-543. Hitchcock, C.H. "Edward Hitchcock." *American Geologist* 16（1895）: 133-149.

[2] Hitchcock, Edward. *Elementary Geology.* Amherst, MA: J.S. and C. Adams, 1840.

[3] ——. *Religion of Geology and Its Connected Sciences.* Boston: Phillips, Samson, and Company, 1852. New ed., Boston: Phillips, Samson, and Company, 1859.

[4] Hithcock, Edward. *Reminiscences of Amherst College.* Northampton, MA: Bridgeman and Childs, 1863.

[5] Hitchcock, Edward, and Charles H. Hitchcock. *Elementary Geology.* New [31st] ed. New York: Ivison, Phinney, and Company, 1860.

[6] Newell, Julie R. "American Geologists and Their Geology: The Formation of the American Geological Community, 1780-1865." Ph.D. diss., University of Wisconsin-Madison, 1993.

[7] Robinson, Gloria. "Edward Hitchcock." In *Benjamin Silliman and His Circle: Studies on the Influence of Benjamin Silliman on Science in America*, edited by Leonard G. Wilson. New York: Science History Press, 1979, pp. 49-83.

[8] Stiling, Rodney L. "The Diminishing Deluge: Noah's Flood in Nineteenth-Century American Thought." Ph.D. diss., University of Wisconsin-Madison, 1991.

朱莉·R. 纽厄尔（Julie R. Newell） 撰，王晓雪 译

麻省理工学院的创始人：威廉·巴顿·罗杰斯
William Barton Rogers（1804—1882）

罗杰斯是地质学家、自然哲学家、教育家，麻省理工学院的创始人。罗杰斯出生在费城，是四兄弟中的老二，他们四人在科学方面都很有成就。他跟随父亲在私立学校学习，最后进入父亲教书的威廉玛丽学院（College of William and Mary），并于 1821 年毕业。1827 年，他和弟弟亨利·达尔文·罗杰斯去马里兰州的温莎开办了一所私立学校。第二年，威廉在巴尔的摩的马里兰学院（Maryland Institute）开办了一所高中。这两件事都能体现他致力于为年轻人提供实用教育，使他们具备找工作的能力。1828 年父亲骤然离世后，罗杰斯接替他成为威廉玛丽学院的自然哲学和数学教授。1835 年，他接受了弗吉尼亚大学自然哲学和地质学教授的职位。他于 1849 年与艾玛·萨维奇（Emma Savage）结婚。1853 年，他搬到了波士顿，并于 1859 年在那里创立麻省理工学院。

威廉·罗杰斯和亨利·罗杰斯在 1834 年一起研究了弗吉尼亚州的地质，重点研究了该州的第三纪地层。威廉对当时被认为是重要天然肥料的弗吉尼亚泥灰土的分析特别感兴趣。由于这些研究，他在该州声名鹊起，并成功地说服该州考虑对整个州进行地质调查。他被任命为一个委员会的成员，以调查研究这样一项调查的可行性。当这项调查在 1835 年获得批准后，他被任命为该委员会的负责人。与此同时，他的弟弟亨利是新泽西州和宾夕法尼亚州（从 1836 年开始）的州调查所所长。他们合作研究了阿巴拉契亚地区较古老或古生代的岩层。这项研究成果写成一篇论文于 1842 年发表，文章详细阐述了亨利·罗杰斯早先提出的解释山脉隆升的理论。他们的工作还产生了地质构造的数字编号系统，并最终形成了古生代构造的命名法。无论是隆升理论还是分类体系都没能取得多大成功。弗吉尼亚州的调查在 1842 年结束，但是没有足够的资金发表一个全面的最终报告。然而，在 1884 年，罗杰斯的遗孀安排重印了他的年度报告和其他关于弗吉尼亚州地质的论文，以代替最终报告。

威廉在弗吉尼亚大学有着辉煌的职业生涯，确立了自己杰出的、受欢迎的教育家和科学家地位。然而，当亨利·罗杰斯 1845 年居住在波士顿时，威廉萌生了与他合作的想法。自从他们早年参与到马里兰州的学校事业后，兄弟二人就梦想着开办一所注重实用学科的理工学校，为年轻人提供传统大学教育之外的另一种选择。在他们看来，波士顿是开办这样一所学校的好地方。然而，行政部门和学生们的请求使得威廉一直待在弗吉尼亚，直至 1853 年他最终搬到了波士顿。亨利·罗杰斯在 1856 年离开波士顿去苏格兰定居，但威廉继续追逐办学的梦想。1859 年，波士顿开始了一场运动，为这样一所学校及其他机构在新开发的后湾区求得地皮。罗杰斯是这一行动的领导者，1861 年，他的梦想终于因麻省理工学院的成立而实现。他从 1862 年到 1870 年担任第一任校长，并从 1865 年到 1870 年兼任物理学和地质学教授。尽管身体欠佳，但他从 1878 年到 1881 年再次担任校长。再下一年，他在开始惯常的毕业典礼演讲时突然去世。

1861 年，他被任命为马萨诸塞州煤气表和照明气的巡官。这是一个新设立的职位，负责监督和管理州内的煤气表，并全面提高煤气表的计量标准。

罗杰斯一生对所有的科学都保持着浓厚的兴趣，尤其是地质学。他是美国地质学家协会（美国科学促进会的前身）的早期成员，他在维持该组织广泛的领导基础方面发挥了关键作用。罗杰斯一生中参加了许多科学组织，并于 1879 年当选为美国国家科学院院长。波士顿博物学会（Boston Society of Natural History）是他最喜欢的组织之一，1860 年，他在那里参加了一场具有历史意义的关于生物进化的辩论。他坚定地支持这一理论，反驳美国最激烈的进化论反对者之一路易·阿加西（Louis Agassiz）。

他的遗孀艾玛·萨维奇·罗杰斯整理了一份珍贵的两卷本"罗杰斯信件"。这些卷宗和麻省理工学院档案中的罗杰斯信件是有关威廉·罗杰斯及其兄弟的主要信息来源。

参考文献

[1] Gerstner, Patsy A. "Henry Darwin Rogers and William Barton Rogers on the Nomenclature of the American Paleozoic Rocks." In *Two Hundred Years of Geology in America. Proceedings of the New Hampshire Bicentennial Conference on the History of Geology.*

Hanover：For the University of New Hampshire by the University Press of New England, 1979, pp. 175–186.

[2] Kohlstedt, Sally Gregory. *The Formation of the American Scientific Community：The American Association for the Advancement of Science 1848-1860*. Urbana：University of Illinois Press, 1976.

[3] Milici, Robert C., and C.R. Bruce Hobbs Jr. "William Barton Rogers and the First Geological Survey of Virginia 1835–1841." *Earth Sciences History* 6（1987）：3–13.

[4] [Rogers, Emma]. *A Reprint of Annual Reports and Other Papers on the Geology of the Virginias by the Late William Barton Rogers*. New York：D. Appleton, 1884.

[5] Rogers, Emma. *Life and Letters of William Barton Rogers*. 2 vols. Boston and New York：Houghton, Mifflin, 1896.

[6] Ruffner, W.H. "The Brothers Rogers." In *The Scotch-Irish in America. Proceedings and Addresses of the Seventh Congress at Lexington, Va. June 20-23, 1895*. Nashville, 1895, pp. 123–139. Also published in *The Alumni Bulletin* [University of Virignia], 1898, pp. 1–13.

[7] Ruschenberger, W.S.W. "A Sketch of the Life of Robert E. Rogers, M. D., LL.D., with Biographical Notices of his Father and Brothers." *Proceedings of the American Philosophical Society* 23（1885）：104–146.

[8] Smallwood, W.M. "The Agassiz–Rogers Debate on Evolution." *Quarterly Review of Biology* 16（1941）：1–12.

帕西·格斯特纳（Patsy Gerstner） 撰，吴晓斌 译

地质学家、鱼类学家、古生物学家：让·路易·鲁道夫·阿加西
Jean Louis Rodolphe Agassiz（1807—1873）

路易·阿加西出生于瑞士，在欧洲科学界颇有声誉。1846 年后，利用自己的名望，他到美国推动自然研究，组建科学机构。阿加西在马萨诸塞州的坎布里奇去世，生前是哈佛学院的地质学和动物学教授，兼哈佛比较动物学博物馆的馆长。他桃李众多，将其开启的自然研究发扬光大。

路易是罗斯和鲁道夫·阿加西（Rose and Rodolphe Agassiz）的儿子，从瑞士的预科学校毕业后，先后就读于苏黎世大学、埃尔兰根大学、海德堡大学和慕尼黑

大学。这些年（1827—1832），他在一些杰出人物的指导和建议下，接受教育并逐渐成长为一个博物学家。这些人包括 J. B. 斯皮克斯（J. B. Spix）、伊格纳兹·多林格（Ignaz Dollinger）、弗雷德里希·谢林（Frederich Schelling）、洛伦茨·奥肯（Lorenz Oken）、亚历山大·冯·洪堡和乔治·居维叶。阿加西总是自诩"当世首屈一指的博物学家"（Elizabeth C. Agassiz, 1：98），所以终其一生，都在梦想着通过新奇的伟大事业来推动博物学的发展。他从未彻底完成过这样的宏伟蓝图，因为总是会有新的目标给他出难题。

阿加西的第一个学术职位是瑞士纳沙泰尔学院的教授，这得益于冯·洪堡的支持。他在纳沙泰尔的两项成就，实际上是他 40 岁前名声的巅峰。1832—1843 年，阿加西出版了六卷里程碑式的著作，即著名的《鱼类化石研究》，精确分析和描绘了欧洲各地博物馆和收藏室的 1700 多种古老鱼类。这项工作获得欧洲和美洲博物学家的高度赞扬。1837 年，阿加西提出冰期理论，即大陆冰川作用标志着更新世历史上的一个重要阶段。这是一场造物主授意的灾难，留下了我们现在熟悉的冰碛和光秃的岩石。1843 年《冰川研究》的出版，阿加西的声望更上一层楼，让他深得查尔斯·莱伊尔和理查德·欧文等英国博物学家的赞赏。冰川的概念已经有人阐述过，并非阿加西的原创，但他能够指出冰川在欧洲的广泛分布，并白纸黑字地发表这种观点。所以他总被看作"冰川"概念的提出者。

在纳沙泰尔，阿加西配有二十余名助手，一家私人出版社帮助他出版其他作品。这座"科学工厂"让他声名鹊起，但他个人却付出了沉重的代价。他似乎只为科学而活。但事实上的穷困，让 1832 年与他结婚的妻子塞西尔·布劳恩无法忍受，他的孩子们也正嗷嗷待哺，包括长子亚历山大、女儿波琳和艾达。到 1845 年，阿加西因经济上负担过重，被迫关闭了印刷厂，生病的妻子垂头丧气地带着孩子返回德国老家。此时，凭借与莱伊尔和冯·洪堡的友谊，阿加西争取到普鲁士王室的一笔经费，资助他到美国进行为期两年的科研之旅，并让他到波士顿的罗威尔学院（Lowell Institute）担任讲师，以发挥他非凡的普及才能。

阿加西赢得了各阶层美国人的青睐：科学家、仰慕的公众，以及有钱有势的人。这些有影响力的人很快让他能够应邀到哈佛教书。1848 年他的妻子离世。1850 年，他续娶了波士顿豪门的女儿伊丽莎白·卡伯特·卡里（Elizabeth Cabot Cary），余生便成为一个美国人。

阿加西在美国的首要角色是专业科学活动的组织者，他的好大喜功，完美契合了美国人特有的乐观、进取和对自然的浪漫热爱。孩子们的到来令他无比欣喜，也稳固了新开启的充满希望的家庭生活。阿加西坚守欧洲的卓越标准，积极帮助组织成立美国科学促进会、史密森学会，创建美国国家科学院。

在自然科学方面，阿加西再没有达到他在欧洲时期的贡献。事实上，随着公众的日益奉承，他的科学造诣似乎还下降了。他将冰川理论推广到北美洲，开展了一些重要海洋生物的胚胎学研究，并向不计其数的听众演讲地质学和古生物学的最新发现和理论。阿加西享有波士顿精英的支持，并指望他们来推进他的各项事业。其中最引人注目的是创建和资助哈佛比较动物学博物馆、出版四卷本《美国博物学论文集（1857—1862）》，以及 1865—1866 年的巴西和亚马孙探险之旅。这些成功意味着阿加西越发倚靠公众的认可，这种模式有悖于国家科学事业的大潮流。围绕查尔斯·达尔文的《物种起源》，在波士顿举行的一系列辩论中，阿加西为特殊神创论所做的辩护苍白无力，令那些曾将他尊为"博物学巨子"的科学家们越来越失望。阿加西强烈反对物种具有共同的起源以及物种演变的观念，试图回溯到亚里士多德和居维叶的理念论假设来辩护。分类学上存在的每个种类都代表着不变的、永恒的等级，这种不变的"思想范畴"源自造物主。每种生命形式都是分别地、特意地创造出来的，而像阿加西冰川这样的灾难屡次出现，让过去和现在的生物种类有所不同。阿加西在《论文集》第一卷《论分类》（1857）中，将理念论奉为最新科学，令同事和学生对这种陈腐不堪的东西深感恼火。但阿加西从未停止回顾或美化他的一生，那早已成为科学中老生常谈的系列冒险，迎合了大众的科学形象，但对科学活动的认识总是一知半解。不过，他去世之后的几十年里，他的学生很快都宣称忠实于他。他被认为体现了美国对自然的浪漫主义研究，并为其信奉者提供了严谨的研究手段。近年的研究揭示了这位"魔笛手"的言过其实，但没有人能撼动他的地位——阿加西是 19 世纪自然研究的领军人物，也是许多学生、教师和研究者的导师。

参考文献

[1] Agassiz, Elizabeth Cary, *Louis Agassiz*：*His Life and Correspondence*. 2 vols. Boston：Houghton, Mifflflin and Company, 1885.

[2] Agassiz, Louis. *Recherches sur les poissons fossiles*. 6 vols. Neuchâtel：Imprimerie de Petitpierre, 1833–1843.

[3] ——. *Études sur les glaciers*. Neuchâtel：Jent et Gassmann, 1840.

[4] ——. *Introduction to the Study of Natural History*. New York：Tribune Natural Science, 1847.

[5] ——. *Contributions to the Natural History of the United States*. 4 vols. Boston：Little, Brown, 1857–1862.

[6] Dupree, A. Hunter. *Asa Gray*：*American Botanist, Friend of Darwin*. Cambridge, MA：Harvard University Press, 1959; reprint, Baltimore：Johns Hopkins University Press, 1989.

[7] Lurie, Edward. *Louis Agassiz*：*A Life in Science*. Chicago：University of Chicago Press, 1960; reprint, Baltimore：Johns Hopkins University Press, 1985.

[8] ——, ed. *An Essay on Classification*. Cambridge, MA：Harvard University Press, 1962.

[9] Winsor, Mary P. *Reading the Shape of Nature*：*Comparative Zoology at the Agassiz Museum*. Chicago：University of Chicago Press, 1991.

爱德华·卢里（Edward Lurie）　撰，陈明坦　译

另请参阅：哈佛大学（Harvard University）

地质学家：大卫·戴尔·欧文

David Dale Owen（1807—1860）

欧文出生在苏格兰的新拉纳克，1824—1826 年在瑞士霍夫维尔主修博物学，接着在格拉斯哥学习了一年的化学。他于 1827 年 11 月移民到美国，并于 1828 年 1 月抵达目的地——印第安纳州的新哈莫尼镇。虽然其父亲罗伯特于 1824 年在那里建立社会主义乌托邦社区的尝试失败了，但在地质学家威廉·麦克勒（William Maclure）的教育协会的领导下，公社仍致力于社会改革。然而，欧文发现，公社

没有像预期的那样发展，不需要他在这儿当一名化学家。1830 年，他搬到纽约当了一名印刷工，随后去了英国，在伦敦大学学习化学和地质学。1833 年，他回到新哈莫尼镇继续他的化学研究，所使用的很多设备和试剂是他自制的。1833—1834 年，他在新哈莫尼镇发表了一系列受欢迎的科普演讲。对地质学产生兴趣后，他进入俄亥俄医学院（1835—1837）学习解剖学和生理学，以加强他的古生物学研究能力。他于 1837 年毕业，但从未行医。

1837 年，欧文受命领导了印第安纳州的第一次地质调查，从此开启了他的地质学家生涯。随后，他为联邦政府的土地总局调研了威斯康星州、伊利诺伊州和爱荷华州的部分矿区（1839—1840），以及爱荷华州、威斯康星州和明尼苏达州的齐佩瓦族分布的区域（1847—1852）。后来他兼任了肯塔基州（1854—1860）、阿肯色州（1857—1860）和印第安纳州（1859—1860）的州立地质学家。他调研的特点是组织能力强，并且关注兼具经济意义和科学意义的问题。他在报告（也是他的主要出版物）中准确地描述了其研究区域的地层情况和结构，并将他研究的地层情况与欧洲地质学家的结果联系了起来。

欧文是新哈莫尼镇杰出的科学团体的一员，他在那里培养了一代地质勘测员。他的助手们在 7 个州领导着地质调查，并为联邦政府的各个部门工作，包括美国海岸调查局。我们可以将欧文看作一所训练野外地质学家"学校"的"校长"，而他作为"校长"的影响力值得我们考察——特别是考虑到它在一个专门致力于科学和社会改革的社区中的位置。就社会改革这一点，应该指出的是，麦克勒支持女性教育，而欧文的妹妹简·戴尔·欧文·方特勒罗伊（Jane Dale Owen Fauntleroy）也是一位知识渊博的科学家，这对新哈莫尼镇的地质学家们也产生了重要影响。想要了解欧文出版的所有作品以及他手稿的地址，请参阅沃尔特·B. 亨德里克森（Walter B. Hendrickson）所写的传记。

参考文献

[1] Friis, Herman R. "The David Dale Owen Map of Southwestern Wisconsin." *Prologue* 1 (1969): 9–21.

［2］Hendrickson, Walter Brookfield. *David Dale Owen：Pioneer Geologist of the Middle West*. Indiana Historical Collections 27. Indianapolis：Indiana Historical Bureau, 1943.

［3］Nelson, Katherine G. "Environment for Discovery——The Owen Survey of Wisconsin." *Transactions of the Wisconsin Academy* 64（1976）：173-179.

［4］Porter, Charlotte M. *The Eagle's Nest：Natural History and American Ideas, 1812-1842*. Tuscaloosa, AL：University of Alabama Press, 1986.

丹尼尔·戈德斯坦（Daniel Goldstein）　撰，吴紫露　译

现代气象学之父：阿诺德·亨利·盖奥特
Arnold Henry Guyot（1808—1884）

　　盖奥特是地理学家、冰川地质学家、现代气象学之父，他对现代地质学的许多工作都起到了重要的推动作用。盖奥特出生于瑞士，他先在瑞士纳沙泰尔大学接受古典教育，然后在德国柏林大学学习自然科学。他受到了德国自然哲学家和科学家的影响，其中最著名的是亚历山大·冯·洪堡（Alexander von Humboldt）和卡尔·李特尔（Carl Ritter）。李特尔的世界观和历史观给盖奥特留下了深刻印象，促使他成为虔诚的宗教徒。对李特尔和盖奥特来说，世界就是一个由全知全能的神所设计的巨大的有机体，其组成部分相互关联。地球历史也说明了人与自然、国家与人民之间的联系。盖奥特还在德国卡尔斯鲁厄待了很长时间，在那里他遇到了自己的瑞士同胞路易·阿加西（Louis Agassiz），后者激发了盖奥特对科学的好奇心和探索科学奥秘的热情。

　　盖奥特很快就与阿加西成为同事，在纳沙泰尔大学教授地质学和地理学。他与潇洒而才华横溢的阿加西交往密切，以至于最后他们的职业生涯（从早期教育到参与美国事务）几乎完全相同。1837 年，阿加西宣布过去的冰河期覆盖了欧洲大部分地区，从而为现代研究奠定了基础。他敦促盖奥特研究冰川地质学尚待解释的各个方面。在接下来的 10 年里，盖奥特尽心尽力完成这项任务，研究了冰碛、冰川运动、冰川的性质，以及形成冰川带状结构的所谓蓝带。

　　对盖奥特来说不幸的是，除了阿加西在他的一部作品中收录了一段关于蓝带的

内容，其他的基本观察结果从未付梓。由于疾病以及不愿意受到公众关注等原因，尽管盖奥特以口头方式宣布了自己的发现，且受到了阿加西等地质学家的认可，但他的大部分工作实际上并不为人知。盖奥特还向阿加西承诺要联合出版一本著作，但这个诺言从未兑现过。1883 年，他发表了首篇研究冰川的论文。

面对 1848 年欧洲的政治动荡，阿加西恳求盖奥特去新大陆拼一拼前途，盖奥特同意了。在全新的环境里，盖奥特似乎不再像过去一样沉默寡言。阿加西在波士顿大学和哈佛大学站稳脚跟后，安排盖奥特在洛厄尔研究所开设一系列讲座。在众多听众面前用法语演讲时，盖奥特的特殊能力使他能够自如地将科学和宗教巧妙融合在一起，这令保守的听众倍感愉悦。1849 年,《地球与人》的英译本出版并广为流传，这本书采用了基于自然界所有相互关系的生态地理学方法。借此，盖奥特把地理学置于现代基础之上。后来，由于盖奥特在州教育董事会的影响力，他还负责废除了老版地理学教科书及其冗长的地文学名录。盖奥特的书一经出版就广受欢迎，并在随后的几年里多次再版。在许多讲座、文章，以及 1884 年出版的《创造：或现代科学中的圣经宇宙论》一书中，盖奥特的话吸引了那些渴望永远展望未来的美国人，以及那些渴望在科学和宗教之间达成和解的公众人物、科学家。盖奥特认为，如同细菌的发育历程一样，所有的历史进步都是某种形式的发展。统一性、多样性、美、善、实用性和真理都可以在历史中找到，而历史学与地理学的融合也证实了这一点。尽管詹姆斯·德怀特·达纳声称盖奥特在最后这一部著作中突破性地接受了进化论，但盖奥特还是认为人类应该被排除在进化过程之外，并反对人的发展仅仅取决于自然力量。

有了这些信念，就不难理解盖奥特为何会成为一些美国科学家的知己了。这些科学家渴望调和科学与宗教，其中最重要的当属阿萨·格雷（Asa Gray）、昌西·赖特（Chauncy Wright）和达纳这几位。盖奥特极为虔诚的宗教信仰、认为神是第一推动者的坚定信念，以及"达尔文进化论无法机械地解释变化"的观点给达纳留下了深刻印象。每个人都把"设计论证明"视为全能神的典型，并试图将不断变化的事实纳入一个以秩序、稳定和永恒为前提的系统。

　　盖奥特在美国的声名鹊起以及他的个人特质引起了史密森学会秘书约瑟·亨利的注意。1850 年，亨利委托盖奥特利用他掌握的山脉、地形和测量知识调查早期地质特征，并进行相关的气象学观测。这个项目规模不断扩大，直到覆盖美国全境，持续时间长达 25 年以上。盖奥特大部分时间都用在这项工作上，因此这些年里他实际上是史密森学会的首席气象学家。他的第一部著作出版于 1850 年，后来经过修订，于 1859 年出版了第三版，长达 634 页，内含 200 张表格，亨利赞之"为其他研究者减轻了大量工作量的珍奇之作"。此后，盖奥特参与了许多这类项目，在志愿者的帮助以及电报公司、联邦、州政府的支持下，他先后考察了马萨诸塞州、北卡罗来纳州、弗吉尼亚州、大雾山国家公园、阿巴拉契亚山脉、卡兹奇山、加利福尼亚、落基山脉以及海岸山脉。盖奥特首次精确地测出了气压读数；此外，他还研究了风速和气温。在达纳看来，盖奥特的研究成果代表了地球和人类在微观层面上的"和谐统一"。

　　盖奥特获得的广泛声誉引起了普林斯顿大学校长詹姆斯·麦考什（James McCosh）的注意。麦考什是科学的坚定拥护者，也是一位哲学家，他同样致力于让普林斯顿大学在进化论者的无神论主张和基督教徒虔诚的宗教信仰之间保持平衡。1854 年，盖奥特成为普林斯顿大学自然地理学和地质学教授。有位赞助人钦佩盖奥特是基督教哲学家，于是专门为他设了这一职位。

　　盖奥特最重要的工作是在普林斯顿做出的。作为一名教育家，他培养了几代从事古生物学田野调查的学生，其中就有威廉·B. 斯科特（William B. Scott）和亨利·费尔菲尔德·奥斯本（Henry Fairfield Osborn）。他们的成就让麦考什相信类似他们的聪明年轻人不一定会接受进化论，科学研究也没有动摇他们的信仰。奥斯本和斯科特都成了杰出的古生物学家。其中，奥斯本相信哺乳动物化石的进化取决于有计划、有目的的非物质动因。在威廉·利比（William Libbey）的资助下，普林斯顿博物馆成为著名的博物学中心。在盖奥特从阿尔卑斯山收集的 5000 多件私藏岩石标本的基础上，普林斯顿博物馆拥有丰富的古生物学、神学及欧洲相关资料，并在写实绘画背景下将它们简要地展示。脊椎动物化石是后来被称为"E 和 M"博物馆的一大特色，它吸引了许多优秀的研究生。

参考文献

[1] Dana, James Dwight. "Arnold Guyot." *Biographical Memoirs of the National Academy of Sciences* 2（1886）: 309–347.

[2] Guyot, Arnold. *Earth and Man, or Lectures on Comparative Physical Geography.* Translated by Cornelius C. Felton. Boston, 1849.

[3] ——. "On the Topography of the State of New York." *American Journal of Science*, 2d ser., 8（1852）: 272–276.

[4] ——. "On the Applachian Mountain System." *American Journal of Science* 2d ser., 31（1861）, 157–187.

[5] ——. *Cosmogony and the Bible, or the Biblical Account of Creation in the Light of Modern Science.* New York, 1873.

[6] ——. "Observations sur les glaciers." *Bulletin de la Société des sciences naturelles de Neuchâtel* 13（1883）: 151–159.

[7] ——. *Creation, or the Biblical Cosmogony in the Light of Modern Science.* New York, 1884.

[8] Jones, Leonard C. *Arnold Guyot et Princeton.* Neuchâtel, 1925.

[9] Libbey, William, Jr. "The Life and Scientific Work of Arnold Guyot." *Contributions of the E and M Museum of Geology and Archaeology* 2（1884）.

[10] Livingstone, David N. *Darwin's Forgotten Defenders: The Encounter Between Evangelical Theology and Evolutionary Thought.* Grand Rapids, MI: Eerdmans, 1987.

爱德华·卢里（Edward Lurie） 撰，曾雪琪 译

地质学家：亨利·达尔文·罗杰斯
Henry Darwin Rogers（1808—1866）

罗杰斯先后担任了宾夕法尼亚州和新泽西州的第一个州立地质调查所主任。他有 3 个兄弟：威廉·巴顿（William Barton）、詹姆斯·布莱斯（James Blythe）和罗伯特·恩皮（Robert Empie），他们都是科学界的杰出人物。亨利·罗杰斯出生在费城，在父亲指导下学习数学和化学。从 1829 年到 1831 年，他在狄金森学院教授这些课程。1832 年，他去英国继续从事科学研究，在那里，他的注意力转向了地

质学。1833 年，他回到美国，开始研究美国，特别是阿巴拉契亚山脉的地质。他在 1835 年被任命为新泽西州的调查所所长，1836 年被任命为宾夕法尼亚州调查所所长。罗杰斯在 1840 年完成了一份关于新泽西州的调查报告，但宾夕法尼亚州的报告直到 1858 年才完成。这些调查占据了他大段的时光。1840 年美国地质学家协会（Association of American Geologists）成立，罗杰斯在其中发挥了重要作用，并在 1848 年积极参与了协会向美国科学促进会的过渡。他是一位公认的演说家，同时也是宾夕法尼亚州无烟煤矿区的地质顾问。1857 年，他被任命为苏格兰格拉斯哥大学的博物学教授，一直在那里任教至去世。

罗杰斯对阿巴拉契亚山脉的研究，作为美国人首次提出了关于山脉隆升的理论。该理论认为，当熔化的地球内部发生波状运动、折叠并抬升上面的岩层时，山脉就形成了。他的大部分工作都集中在古生代岩石上，即阿巴拉契亚山脉的主要岩石。他和哥哥威廉·巴顿一起工作，巴顿同时还担任着弗吉尼亚州立地质调查所所长，他根据矿物含量区分并确定了几个古生代地层。他是美国第一批尝试这种方法的人之一。同样在其哥哥的协助下，他还为这些构造设计了一种可以表明其年代位置和矿物含量的命名法。

人们对罗杰斯的工作褒贬不一。他关于宾夕法尼亚州地质的最终报告被誉为耐心观察和细致研究的丰碑。然而他的隆升理论被认为是难以接受的，又因为他的分类法基于矿物特征而非同行们更喜欢的化石，所以也为人所质疑。他设计的命名法没有引起多少人的注意。

有关罗杰斯的主要资料来源有麻省理工学院的家书集、艾玛·罗杰斯（Emma Rogers）编辑的《威廉·巴顿·罗杰斯的生活和书信》（*The Life and Letters of William Barton Rogers*），以及帕齐·格斯特纳最近出版的传记。1916 年由 J. W. 格雷戈里（J. W. Gregory）撰写的传记，提供了一些罗杰斯的个人回忆和对他工作的概述。

参考文献

[1] Gerstner, Patsy A. "A Dynamic Theory of Mountain Building: Henry Darwin Rogers,

1842." *Isis* 66（1975）：26-37.

[2]——. "Henry Darwin Rogers and William Barton Rogers on the Nomenclature of the American Paleozoic Rocks." In *Two Hundred Years of Geology in America. Proceedings of the New Hampshire Bicentennial Conference on the History of Geology.* Hanover：For the University of New Hampshire by the University Press of New England, 1979, pp. 175-186.

[3]——. *Henry Darwin Rogers*（*1808-1866*）：*An American Geologist.* Tuscaloosa：University of Alabama Press, 1994.

[4]Gregory, J.W. *Henry Darwin Rogers*, *An Address to the Glasgow University Geological Society*, *20th January*, *1916.* Glasgow：James MacLehose and Son, 1916.

[5]Rogers, Emma, ed. *Life and Letters of William Barton Rogers.* 2 vols. Boston and New York：Houghton, Mifflin, 1896.

帕西·格斯特纳（Patsy Gerstner） 撰，吴晓斌 译

古生物学家兼地质学家：詹姆斯·霍尔
James Hall（1811 — 1898）

霍尔出生在马萨诸塞州的欣厄姆市，早年对科学产生兴趣，于是来到伦斯勒理工学院学习（1832 年获得理学学士学位；1833 年获硕士学位）。之后他继续留在伦斯勒工作，先后担任图书管理员（1832）、化学教授（1835—1841）、矿物学和地质学教授。凭借在伦斯勒与阿莫斯·伊顿（Amos Eaton）和埃比尼泽·埃蒙斯（Ebenezer Emmons）的合作，他于 1836—1837 年在纽约自然历史调查所担任埃蒙斯的助手，并在 1837 年受聘第四区的地质学家。1843 年考察结束后，他继续在州政府任职，担任州古生物学家（1843 — 1898）、州博物馆馆长及董事（1865—1898）、州地质学家（1893—1898）。此外，他还在爱荷华州（1855—1858）和威斯康星州（1857—1860）的调查局中担任州地质学家。他是美国地质学家协会和美国科学促进会的创始会员之一。美国科学促进会于 1848 年由美国地质学家协会演变而来。1856 年，霍尔担任美国科学促进会主席；1889 年，成为美国地质学会（Geological Society of America）首任主席。1863 年美国国家科学院成立时，霍尔

还是创始成员之一。

霍尔对他本人及其作品有着坚定甚至苛刻的自信，这份信心帮助他度过了一些困难时期——州议会有时会拒绝批准下一步的工作，或未能为已经批准的工作提供足够资金。而他撰写的著作，从第四区地质调查报告到八卷本的古生物学著作，都成为北美古生物学界的标准参考书，人们普遍认为他是19世纪美国最杰出的无脊椎古生物学家。他为其他几个州和联邦的地质调查局提供了材料，并在科学期刊上广泛发表。

霍尔在划定北美地层方面倾注了大量精力。他是"纽约体系"的热心支持者。这是一种独特的美国地层命名体系，由参与纽约地质调查的地质学家制定，以纽约当地的岩层为划分类型。尽管霍尔最初是埃蒙斯的学生，后来还成为他的助手，但霍尔还是直言不讳地反对埃蒙斯主张的塔康体系（Taconic System），认为该体系从属于纽约岩层体系及其命名法。

1857年，在卸任美国科学促进会主席的讲话中，霍尔阐述了沉积作用和造山的理论，这一理论因与后来的地质学观点相似而引起广泛关注。当时，就连霍尔也承认自己的理论是不完善的和推测性的，所以这次演说在将近30年的时间里都没有发表。

霍尔经常与昔日的朋友和学生发生激烈争吵。成为霍尔的助手被认为是接受古生物学训练的最佳途径之一，但这份关系往往以助理感到被严重利用而告终。对于那些为他工作的人或共事者的研究成果，他都竭力地据为己有。至于他的个人成果和利益，他则会直言不讳地予以保护。1841—1842年，在查尔斯·莱伊尔首次访问美国期间，霍尔匿名地公开指责莱伊尔有意剽窃美国同行的地质学成果。19世纪50年代，为了试图阻止詹姆斯·T.福斯特（James T. Foster）发行纽约岩层地质图，霍尔不得不站上法庭为自己辩护。

霍尔唯一的个人传记是20世纪初由朋友兼学生约翰·克拉克（John Clarke）编写的，书中描述和收录了他的生平和文章。而基于更新的美国科学史理念，编写一本更为详尽的霍尔传记仍遥遥无期。位于奥尔巴尼的纽约州立图书馆收藏有大量詹姆斯·霍尔的有关文件。

参考文献

[1] Aldrich, Michele Alexis LaClergue. "New York Natural History Survey, 1836-1845." Ph.D. diss., University of Texas at Austin, 1974.

[2] Bruce, Robert V. *The Launching of Modern American Science, 1846-1876*. New York: Knopf, 1987.

[3] Clarke, John M. *James Hall of Albany: Geologist and Paleontologist, 1811-1898*. 1923. Reprint, New York: Arno, 1978.

[4] Dott, Robert H., Jr. "The Geosyncline—First Major Geological Concept 'Made in America.'" In *Two Hundred Years of Geology in America: Proceedings of the New Hampshire Bicentennial Conference on the History of Geology*, edited by Cecil J. Schneer. Hanover, NH: University Press of New England, 1979, pp. 239-264.

[5] Hall, James. *Geology of New York: Part IV, Comprising the Survey of the Fourth Geological District*. Albany, NY: 1843.

[6] ——. *Palaeontology of New York*. 8 vols. Albany, NY: 1847-1894.

[7] ——. "Contributions to the History of the American Continent." *Proceedings of the American Association for the Advancement of Science* 31（1883）: 29-71 [1857 AAAS Presidential Address].

[8] Newell, Julie R. "American Geologists and Their Geology: The Formation of the American Geological Community, 1780-1865." Ph.D. diss., University of Wisconsin Madison, 1993.

朱莉·R. 纽厄尔（Julie R. Newell） 撰，王晓雪　译

地质学家、矿物学家兼动物学家：詹姆斯·德怀特·达纳

James Dwight Dana（1813—1895）

达纳出生于纽约的尤蒂卡，1830 年进入耶鲁学院，在本杰明·西利曼（Benjamin Silliman）的指导下学习自然科学。1833 年毕业后，他继续在西利曼门下学习，尤其是矿物学；达纳的《矿物学体系》（1837）成为美国矿物学方面的权威著作。

1838—1842 年，达纳伴随美国探索考察队进行了环球科学探险之旅，他负责包括矿物学、地质学和动物学。在探险队返回后的 13 年里，他写了三份探险报告（《植虫类》，1846；《地质学》，1849；以及《甲壳纲动物》，1854）。

1844 年，达纳和西利曼成为《美国科学杂志》的共同主编。他是美国地质学家和博物学家协会及其后继组织美国科学促进会的会员，并于 1854—1855 年担任后者的主席。1855 年，他接任耶鲁的博物学西利曼教席。达纳支持成立耶鲁谢菲尔德科学学院，并于 1860 年开放。他后来还支持了 19 世纪 70 年代的"青年耶鲁"运动，帮助耶鲁从一个学院转变为一所大学。

1859 年，达纳的健康状况不佳，从而限制了此后的社会和职业活动，但疾病并没有妨碍他在新英格兰的野外工作和出版工作。1890 年，持续的健康问题使他放弃了大部分教学事务；1894 年，他辞去了耶鲁大学的教授席位。最终，达纳在纽黑文去世。

达纳参加美国探索考察队的经历，为他后来在地质学和动物学方面的大多数工作奠定了基础。探险期间的实地考察，使他拥有比同代任何其他美国科学家都更广泛的地质学知识，激发了他对地球地质历史演变过程的思考。达纳的地质考察报告，既描述了太平洋地区的地貌和地质过程，又提出了地表形成和发展的收缩理论。该理论得出的结论之一是：大陆和海洋的大致形状和位置在地球早期历史上已经固化并永久保持——这种观点一直主导着美国地质学思想，直到 20 世纪人们接受了大陆漂移和板块构造理论。

在澳大利亚期间，达纳读到了达尔文关于珊瑚礁形成的"下沉理论"，但是他对太平洋珊瑚岛更广泛的观察，使他能够发展该理论关于珊瑚礁结构、环绕而成的岸线、珊瑚生长和地理分布的细节。他还论证了长期水流对太平洋岛屿和澳大利亚海岸山脉的谷地有显著的侵蚀作用，这与莱伊尔和达尔文的海水侵蚀理论有所区别。

《地质学手册》（1862）是达纳在地质学上的巅峰之作，成为 19 世纪后期美国最权威的地质学教科书。该书立足北美，概述了地质学知识，尽可能地从北美大陆以及他在探索考察中的亲身观察中列举事例和说明。它的宏观主旨是地球的历史，以及从地质记录中揭示的生命演进。也许达纳对美国科学最大的贡献，是帮助地质学从一门描述性科学转变为一门真正的历史科学。

达纳虔诚地信仰福音派新教，使他认为生命的发展需要多次神灵的创造活动，通过一次次的进步最终产生人类。他相信，每种生命类型的物种都有其独特的生命力，从而确保它们的永恒性，而且每个物种的创造，都是为了满足自然生态中的特定目的。达纳关于物种的核心概念是"头向集中"，即动物的等级越高，身体结构就越向头部集中，而人类的出现代表了头向集中的终极形态。

不足为奇的是，达纳最初从宗教和科学两个方面反对达尔文的《物种起源》（1859）。但对新证据的开放态度，使他在 19 世纪 70 年代接受了有神论的进化论，尽管直到 19 世纪 80 年代末，他才将人类纳入进化历程。和他那个时代的许多科学家一样，他运用新拉马克主义而不是达尔文的自然选择理论来解释物种的演变。

虽然达纳早期的工作侧重于矿物学和动物学的细致描述和分类，但他的学术和科学品味更多倾向于普遍规律和综合性理论，这成为其地质学研究的特点。开阔的视野使他能够把美国和欧洲地质学家的思想融汇，形成许多理论框架，直到 20 世纪早期，美国的地质学研究仍未出其樊篱。

参考文献

[1] Appleman, Daniel E. "James Dwight Dana and Pacific Geology." In *Magnificent Voyagers*: *The U.S. Exploring Expedition, 1838-1842*, edited by Herman J. Viola and Carolyn Margolis. Washington, DC: Smithsonian Institution Press, 1985, pp. 89–117.

[2] Dana, James D. *A System of Mineralogy*; *Descriptive Mineralogy, Comprising the Most Recent Discoveries*. 1837. 5th ed., Aided by George Jarvis Bush. New York: J. Wiley & Son, 1869.

[3] ——. *Zoophytes*. Vol. 6 of *United States Exploring Expedition. During the Years 1838, 1839, 1840, 1841, 1842. Under the Command of Charles Wilkes, U.S.N.* Philadelphia: C. Sherman, 1846.

[4] ——. *Geology*. Vol. 10 of *United States Exploring Expedition. During the Years 1838, 1839, 1840, 1841, 1842. Under the Command of Charles Wilkes, U.S.N.* New York: G. Putnam, 1849.

[5] ——. *Crustacea*. Vol. 13-14 of *United States Exploring Expedition. During the Years 1838,*

1839, *1840*, *1841*, *1842*. *Under the Command of Charles Wilkes*, *U.S.N.* Philadelphia： C. Sherman, 1854.

[6] ——. *Manual of Geology*： *Treating of the Principles of the Science with Special Reference to American Geological History.* 1862. 4th ed. New York： American Book Company, 1895.

[7] ——. *On Coral Reefs and Islands.* 1872. 3rd. ed. New York： Dodd, Mead, and Co., 1890.

[8] ——. *Characteristics of Volcanoes*, *with Contributions of Facts and Principles from the Hawaiian Islands* New York： Dodd, Mead, and Co., 1890.

[9] Dott, R.H., Jr. "The Geosyncline—First Major Geological Concept 'Made in America.'" In *Two Hundred Years of Geology in America*, edited by Cecil Schneer. Hanover, NH： University Press of New England, 1979, pp. 239–264.

[10] ——. "James Dwight Dana's Old Tectonics： Global Contraction under Divine Direction." *American Journal of Science* 297（1997）： 283–311.

[11] Gilman, Daniel C. *The Life of James Dwight Dana*： *Scientific Explorer*, *Mineralogist*, *Geologist*, *Zoologist*, *Professor in Yale University.* New York： Harper & Brothers, 1899.

[12] Natland, James H. "At Vulcan's Shoulder： James Dwight Dana and the Beginnings of Planetary Volcanology." *American Journal of Science* 297（1997）： 312–342.

[13] Newell, Julie R. "James Dwight Dana and the Emergence of Professional Geology in the United States." *American Journal of Science* 297（1997）： 273–282.

[14] Prendergast, Michael L. "James Dwight Dana： The Life and Thought of an American Scientist." Ph.D. diss., University of California, Los Angeles, 1978.

[15] Rodgers, John. "James Dwight Dana and the Taconic Controversy." *American Journal of Science* 297（1997）： 343–358.

[16] Rossiter, Margaret. "A Portrait of James Dwight Dana." In *Benjamin Silliman and His Circle*： *Studies on the Influence of Benjamin Silliman on Science in America*, edited by Leonard G. Wilson. New York： Science History Publications, 1979, pp. 105–127.

[17] Sanford, William F., Jr. "Dana and Darwinism." *Journal of the History of Ideas* 26（1965）： 531–546.

[18] Sherwood, Morgan B. "Genesis, Evolution and Geology in America before Darwin： The Dana–Lewis Controversy, 1856–1857." In *Towards a History of Geology*, edited by Cecil Schneer. Cambridge, MA： MIT Press, 1969, pp. 305–316.

迈克尔·L. 普伦德加斯（Michael L. Prendergast）　撰，陈明坦　译

地质学家：J. 彼得·莱斯利

J. Peter Lesley（1819—1903）

莱斯利出生于费城，1834—1838 年就读宾夕法尼亚大学，并计划在神学院继续学习，但因身体欠佳未能如愿。1839—1842 年，在亚历山大·达拉斯·贝奇（Alexander Dallas Bache）的建议下，莱斯利在宾夕法尼亚州的首次地质调查中成为亨利·达尔文·罗杰斯（Henry Darwin Rogers）的助手。调查结束后，莱斯利重返神学领域。1844 年，莱斯利从普林斯顿神学院毕业，同年成为费城长老会（Philadelphia Presbytery）的一名持证牧师。1846—1848 年，莱斯利是罗杰斯的带薪助手，罗杰斯当时正在努力完成宾夕法尼亚州的调查。但在 1848 年，莱斯利成了马萨诸塞州弥尔顿公正派教堂的牧师。到了 1850 年，莱斯利认为科学和宗教不能和谐共存，于是他再次回到罗杰斯身边帮助他。两年后，莱斯利和罗杰斯产生了激烈的分歧，莱斯利成了一名独立的咨询地质学家，为宾夕法尼亚多家煤炭、钢铁、石油和铁路公司工作。1859 年，莱斯利被任命为宾夕法尼亚大学矿学教授，随后担任理学系主任（1872）和汤恩理学院院长（1875）。莱斯利在 1873 年实现了人生抱负，就任宾夕法尼亚第二地质调查局局长（1873—1887）。他还在美国哲学学会担任多种职务，包括图书管理员（1859—1885）和秘书（1859—1887）。

莱斯利想把他所学习或研究的任何东西都应用起来。无论是作为勘测地质学家还是采矿顾问，他都试图将实践和理论地质学结合起来。他的首部著作《煤炭及其地形手册》（*A Manual of Coal and Its Topography*，1856）和第二本书《钢铁制造商指南》（*The Iron Manufacturer's Guide*，1859）中清晰地体现了这种方法。同样，莱斯利曾担任美国钢铁协会（American Iron Association，1856—1864）的秘书，以及《美国铁路和采矿登记报》（*the United States Railroad and Mining Register*，1869—1873）的编辑。他是最早描绘出阿巴拉契亚煤岩层结构并将其与英国和欧洲的岩层联系起来的地质学家之一。莱斯利还解释了阿巴拉契亚山脉的褶皱和随后的侵蚀。他在方法学上最重要的贡献是引入了等高线来表示地质图上的海拔。

同时代的人因莱斯利在煤炭和阿巴拉契亚山脉结构方面的工作而对他尊崇。莱斯利自认为最大的贡献是第二次宾夕法尼亚州调查的多卷资料和地图，显然，历史学家们并不认同，主要是因为到 19 世纪末，人们的关注点已经转向了密西西比河的西部。近年来的历史学家则强调莱斯利的顾问活动，因为他对工业的发展做出了贡献，更重要的是，顾问代表着科学支持工业的较早期的案例之一。

参考文献

[1] Ames, Mary Lesley. *Life and Letters of Peter and Susan Lesley*. New York：G.P. Putnam's Sons，1909.

[2] Chance, H.M. "A Biographical Notice of J. Peter Lesley." *Proceedings of the American Philosophical Society* 45（1906）：1-14.

[3] Davis, W.M. "J. Peter Lesley." *Biographical Memoirs of the National Academy of Sciences* 8（1915）：152-240.

[4] Geilde, A. "Notice of J.P. Lesley." *Quarterly Journal of the Geological Society of London* 60（1904）：xlix-lv.

[5] Lucier, Paul. "Commercial Interests and Scientific Disinterestedness：Consulting Geologists in Antebellum America." *Isis*（June 1995）：245-267.

[6] Lyman, B.S. "Biographical Sketch of J. Peter Lesley." *Transactions of the American Institute of Mining Engineers* 34（1903）：726-739.

[7] Stevenson, J.J. "Memoir of J. Peter Lesley." *Bulletin of the Geological Society of America* 15（1904）：532-541.

保罗·L. M. 卢西尔（Paul L. M. Lucier）　撰，彭华　译

经济地质学家：约西亚·德怀特·惠特尼
Josiah Dwight Whitney（1819—1896）

加利福尼亚的经济地质学家和首任州立地质学家，出生在马萨诸塞州的北安普顿，是萨拉·威利斯顿（Sarah Williston）和约西亚·德怀特·惠特尼（Josiah Dwight Whitney）八个孩子中的老大。惠特尼是一位银行家，他把儿子送到最好的学校，希望他将来能成为牧师。惠特尼害羞、好学、不爱交际，但家人和好友都十分喜爱他，他于 1836 年考入耶鲁学院，跟随本杰明·西利曼（Benjamin Silliman）

学习化学。1840 年夏天，他在查尔斯·杰克逊（Charles Jackson）的指导下参与了对新罕布什尔州的地质调查。他在杰克逊的敦促下于 1842 年前往欧洲进修地质学和化学。从 1847 年到 1850 年，惠特尼与约翰·W.福斯特（John W. Foster）一起，对密歇根北部迅速发展的铁矿和铜矿区进行了一次联邦调查，之后，他成为一名矿业咨询专家。他在 1854 年写成的《美国金属财富》（*Metallic Wealth of the United States*）是一本重要的统计汇编，也是对矿床科学研究的一大贡献。从 1855 年到 1858 年，惠特尼在爱荷华州、威斯康星州和伊利诺伊州的中西部地区进行了地质调查，1860 年到 1874 年，他领导了加州地质调查局（Geological Survey of California）。1865 年，他在哈佛大学组建了采矿和应用地质学院。也许因为他在加州的工作使他没有太多精力管理这个学院，这个学院在 1875 年因为缺少学生而停办，但是作为斯图吉-胡珀（Sturgis-Hooper）地质学讲席教授，惠特尼余生都在哈佛大学给高年级学生讲课。

惠特尼在中西部的工作推动矿山地质学发展成为一门学科，其建立可以结束不受控制的矿业投机行为。作为加州的州立地质学家，惠特尼指导了该州第一批精确地形图绘制的准备工作，并发表了几卷报告，其中一卷是关于约塞米蒂公园的，他曾担任该公园的专员。他训练的人员和他在加州提出的三角测量地形图绘制方法，为后来联邦西部地质调查的成功做出了贡献。他的助手之一克拉伦斯·金（Clarence King）成为美国地质调查局（United States Geological Survey）的首任局长。

像其他州的地质调查局局长一样，惠特尼意识到如果不为继续研究和出版提供资金，（之前取得的）研究成果可能会有损失，所以他不得不为每年的续约而争取。惠特尼本想把基础科学也包括在内，但不幸的是，他犯了一个错误，他在写出州政府想要的矿床报告之前就提交了一份古生物学报告。在与立法机构打交道时，他总是很傲慢，而且由于他否认加州拥有大量的商业石油，从而冒犯了石油利益集团。出于对任何腐败迹象的痛恨，惠特尼对矿物学家小本杰明·西利曼（Benjamin Silliman Jr.）发起了无情的攻击，因为他被指控用盐腌制石油样品，并在美国国家科学院拒绝其取消西利曼院士身份的请求后退出。惠特尼固执地坚持自己对一些问题的解释，但后来却证明他的解释是错误的，比如惠特尼坚持认为该州没有冰川，并坚持认为著名的卡拉维拉斯头骨（后来被揭露是骗局）是第三纪人存在的真实证据。尽管他生性好斗，或许正因为如此，惠特尼在 1868 年之前每年都能获得资助，此后也断断续续地获得过资助，虽然他抱怨资助远远不够。他在加州的一些作品，包括《内华达山脉的含金砂砾》（*The Auriferous Gravels of the Sierra Nevada*），在哈佛大学比较动物学博物馆的赞助下出版。

罗伯特·布洛克（Robert Block）认为惠特尼的调查工作是洪堡探索科学和后来的专门调查之间的过渡。就像早期的西部探险一样，它是一份全方面的工作，涵盖了动物学、植物学、自然地理学和地质学；而又像后来的调查一样，它也是专业领域科学家的工作，因此被广泛称赞为当时最好的州调查中的一个。

参考文献

[1] Block, Robert Harry. "The Whitney Survey of California, 1860-74: A Study of Environmental Science and Exploration." Ph.D. diss., University of California at Los Angeles, 1982.

[2] Brewer, William H. *Up and Down California in 1860-1864: The Journal of William H. Brewer.* 3d ed. Edited by Francis P. Farquhar. Berkeley and Los Angeles: University of California Press, 1966. Brewster, Edwin Tenney. *Life and Letters of Josiah Dwight Whitney.* Boston: Houghton Mifflin, 1909.

[3] Nash, Gerald D. "Whitney, Josiah Dwight." *Dictionary of Scientific Biography.* Edited by Charles C. Gillispie. New York: Scribners, 1976, 14: 315-316.

[4] White, Gerald T. *Scientists in Conflict: The Beginnings of the Oil Industry in California.* San Marino, CA: Huntington Library, 1968.

[5] Whitney, Josiah Dwight. *The Metallic Wealth of the United States.* Philadelphia: Lippincott, Grambo, 1854.

[6] ——. *Report of Progress and Synopsis of the Field Work, from 1860-1864.* Vol. 1 of *Geology.* Cambridge, MA: John Wilson and Son, 1865.

[7] ——. *The Yosemite Guide-Book.* Cambridge, MA: Harvard University Press, 1869.

[8] ——. *The Auriferous Gravels of the Sierra Nevada of California.* Cambridge, MA: Harvard University Press, 1880.

佩吉·尚普林（Peggy Champlin）　撰，刘晋国　译

地质学家、人类学家：约翰·卫斯理·鲍威尔
John Wesley Powell（1834—1902）

鲍威尔于 1881—1894 年任美国地质调查局（the United States Geological Survey）局长，1879—1902 年任史密森学会美国民族学处（Smithsonian Bureau of American Ethnology）主管。鲍威尔出生在纽约西部，在俄亥俄州、威斯康星州和伊利诺伊州的农场社区长大，是由美国农业和前沿科学培养出的本土科学家。他在 18 岁时成为一名教师，出于对博物学的兴趣他进入大学学习，并积极推动伊利诺伊州学校的科学教学工作。1860 年鲍威尔担任学校校长，在南北战争期间担任联邦军队的炮兵军官。1862 年，他在夏伊洛因伤失去了一只手臂。战后，鲍威尔少校成为伊利诺伊卫斯理学院的地质学教授。1867 年，他被任命为伊利诺伊州立师范学院院长，并成为该州自然历史协会会长。他将他的夏季实地研究扩展到了科罗拉多州的落基山脉区域。

1869 年，鲍威尔对科罗拉多河峡谷进行了一次受全国瞩目的大胆探索，这为他赢得了一笔国会拨款。1870—1879 年，美国落基山脉地区地理和地质调查局在科罗拉多州、犹他州和亚利桑那州的高原和峡谷地区开展工作。地形测绘和物理地质学是此次调查工作的重点，物理地质学方面由格罗夫·K. 吉尔伯特（Grove K. Gilbert）和克拉伦斯·E. 达顿（Clarence E. Dutton）担任助手。1875 年对西部科罗拉多河的探索是鲍威尔在这次调查工作中的个人贡献，他开创性地分析了侵蚀对塑造山地地形的作用。同样值得注意的是鲍威尔对该地区定居条件的关注。1878 年，他关于美国干旱地区土地的这份具有里程碑式意义的报告强调了西部地貌的地理多样性，并呼吁制定以科学为基础的联邦土地新政策。

1879 年，鲍威尔为美国地质调查局的成立提供了关键支持。与此同时，他对人类学越来越感兴趣，寻求并赢得了联邦政府对其研究的支持。当地质调查局成立时，鲍威尔搬到史密森学会担任美国民族学处的第一任主管。该处为收集有关美洲土著民族的各类信息提供赞助。这满足了鲍威尔理解人类文化发展的愿望，他在 1883 年的论文《人类进化》中提到了这一心愿。研究印第安语言是该处的一个主要主题，

其核心目标反映在了 1891 年里程碑式的研究成果《墨西哥北部的美洲印第安语系》（*Indian Linguistic Families of America North of Mexico*）中。

1881 年，鲍威尔成为地质调查局局长，担负起更重的职责。他把早期的调查重点从西部矿产和矿物地质扩展到强调地形测绘和一般地质的全国性调查。1888 年，为迎合国会利益，鲍威尔组织了一次灌溉调查。这项旨在确定西部可灌溉土地和水库地点的工程引发了争议，并于 1890 年被叫停。然而，围绕鲍威尔政策的争议仍在继续，迫使他在 1894 年辞去了局长一职。他继续担任美国民族学处的主管，但在那剩余的 10 年时间里，他不再如从前一般活跃。在生命的后期，鲍威尔花费了自己的大部分精力来撰写关于地质学和地理学的教育论述，并详细介绍了他对人类进化的观点。

鲍威尔科学生活的主要方面——他的地质学和人类学思想以及他对两个科学部门的领导——都得到了历史学家的关注。然而，只有他作为地质调查设计者的这段职业生涯，拥有足够丰富的文献资料来展示一些不同的解释。他的这段职业生涯在 20 世纪 40 年代就开始引起人们的注意，首先是那些对联邦公共土地政策感兴趣的作家。鲍威尔作为勇敢的探险家和土地法改革家的杰出形象源于这一时期，他的峡谷探险和他对开明的土地政策的倡导经常成为关注的焦点。也是从这一时期开始出现了鲍威尔的优秀传记，其中包括一些对史料的讨论。

科学史学家对鲍威尔的行政生涯给予了更多关注，这些关注主要集中在地质调查及此前的工作。鲍威尔在这些作品中获得了普遍好评，这与鲍威尔领导下地质调查的显著发展和鲍威尔作为进步时代土地保护先锋的形象是相符的。而美国地质调查局的百年历史和这一评判标准背道而驰，对于鲍威尔选择一般地质调查而不是经济地质调查的做法它是持批判态度的。

少有作品反映了鲍威尔思想的知识背景，这是令人遗憾的。因为通过对地质调查局和美国民族学处的领导，鲍威尔业已成为 19 世纪美国科学界杰出的人物之一。他的思想影响了地质学和人类学领域的其他研究者。此外，鲍威尔生活和工作在一个科学发生巨变的时期。研究他的思想有助于阐明博物学的衰退、进化论的影响，以及地质学、地理学和人类学在美国社会所采取的发展道路。

参考文献

[1] Chorley, Richard J., Antony J. Dunn, and Robert P. Beckinsale. *History of the Study of Landforms*, *or the Development of Geomorphology.* London: Methuen, 1964.

[2] Darrah, William Culp. *Powell of the Colorado.* Princeton: Princeton University Press, 1951.

[3] Hinsley, Curtis M., Jr. *Savages and Scientists*: *The Smithsonian Institution and the Development of American Anthropology*, *1846-1910.* Washington, DC: Smithsonian Institution Press, 1981.

[4] Lacey, Michael James. "The Mysteries of Earth-Making Dissolve: A Study of Washington's Intellectual Community and the Origins of American Environmentalism in the Late Nineteenth Century," Ph.D. diss., George Washington University, 1979.

[5] Manning, Thomas G. *Government in Science. The U. S. Geological Survey 1867-1894.* Lexington: University of Kentucky Press, 1967.

[6] Powell, John Wesley. *Exploration of the Colorado River of the West and Its Tributaries....* Washington, DC: Government Printing Office, 1875.

[7] ——. *Report on the Lands of the Arid Region of the United States*, *with a More Detailed Account of the Lands of Utah.* 2d ed. Washington, DC: Government Printing Office, 1878.

[8] ——. "Human Evolution." *Transactions of the Anthropoligical Society of Washington* 2 (1883): 176-208.

[9] ——. *Indian Linguistic Families of America North of Mexico.* Washington, DC: Government Printing Office, 1891.

[10] Rabbitt, Mary C. *Minerals*, *Lands*, *and Geology for the Common Defence and General Welfare.* Vol. 2: *1879-1904.* Washington, DC: Government Printing Office, 1980.

[11] Warman, P.C. "Catalogue of the Published Writings of John Wesley Powell." *Proceedings of the Washington Academy of Sciences* 5 (1903): 131-187.

[12] Zernel, John Joseph. "John Wesley Powell: Science and Reform in a Positive Context." Ph.D. diss., Oregon State University, 1983.

约翰·J. 泽纳尔（John J. Zernal） 撰，郭晓雯　译

地质学家兼地理学家：纳撒尼尔·索斯盖特·沙勒
Nathaniel Southgate Shaler（1841—1906）

沙勒出生于美国肯塔基州纽波特（Newport, Kentucky），其父纳撒尼尔·伯格·沙勒（Nathaniel Burger Shaler）是一名军医，其母安·辛德·索斯盖特（Ann Hinde Southgate）是弗吉尼亚州一名成功律师的女儿。沙勒幼时体弱多病，几乎未曾受过正规的学校教育，但他对田野的动植物十分了解，并通过研究他父亲矿物陈列室中的标本对地质学产生了兴趣。十五岁时，他开始跟随一位德国教师学习，为进入哈佛做准备。1859 年，他进入哈佛大学劳伦斯科学学院（Lawrence Scientific School）学习古生物学和地质学，师从路易·阿加西（Louis Agassiz），成为阿加西最得意的学生之一。1862 年沙勒毕业获理学学士学位。

在联邦军队短暂担任上尉之职后，沙勒于 1864 年回到哈佛大学任古生物学讲师，同时在比较动物学博物馆作阿加西的助手。他很快成为哈佛最受欢迎的老师之一；他那些趣味盎然的地质学讲座往往会吸引数百名学生，西奥多·罗斯福就是其中一位，那些学生虽然不打算成为地质学家，但却喜欢跟沙勒到野外对自然进行第一手研究。1872 年，沙勒向阿加西提议为科学教师建立一所长期的暑期学校。安德森自然史学校（Anderson School of Natural History）成立，位于巴扎德湾佩尼凯塞岛（Penikese Island），虽然存在时间不长，但却成为美国其他暑期学校如 1882 年伍兹霍尔（Woods Hole）建立的暑期学校的原型。

除了教学，沙勒还在不同时期担任政府地质学家：1869 年至 70 年代中期，他为美国海岸调查局服务；1873 年至 1880 年，任肯塔基州地质调查局（Kentucky Geological Survey）局长；1884 年至 1900 年，一直担任美国地质调查局（United States Geological Survey, USGS）大西洋海岸分部的负责人。沙勒为美国地质调查局撰写了关于科德角（Cape Cod）、马撒葡萄园岛（Martha's Vineyard）和安角（Cape Ann）的地质学报告；调查了沿海地区煤炭、沼泽矿石和磷酸盐资源；研究了港口的地质状况；并调查了开垦沼泽地的可行性。1891 年起，他担任哈佛大学劳伦斯科学学院院长，直到 1906 年因阑尾切除术后引发肺炎去世。沙勒重振了这所历经衰退的学院，使招生人数大幅增加，并拒绝将其与麻省理工学院合并。

沙勒对地质学和地理学的主要贡献是作为那个时代关于成山作用、冰川、地壳均衡和海平面变化等主流理论的传授者、综合者和普及者。他经常为通俗杂志撰稿，并出版了一些面向普通大众的书籍，包括《美国的自然与人》（*Nature and Man in America*，1891）、《海洋与陆地》（*Sea and Land*，1894）和《人与地球》（*Man and the Earth*，1905）。《人与地球》一书就地球自然资源最终会面临枯竭发出警告。1895年，沙勒作为会长在美国地质学会（Geological Society of America）发表演讲，主题即是他最关注的领域之一——地质学课程的重要性。他认为在地质学课程上讲授有关地球资源的知识固然重要，但是教授地球演化的历史同时强调"人类的出现及其命运"将更好地激发大学生的思维活力（shaler，"Relations of Geologic Science to Education"，p.319）。沃尔夫（J. E. Wolff）曾是沙勒的一名学生，认为沙勒"作为最伟大的地质学教师之一"的身份最值得让人铭记。（Wolff，p.599）

戴维·利文斯通（David N. Livingstone）视沙勒为19世纪伟大的地理学家之一。沙勒经常撰文论述自然环境对人类历史的影响，以及人类活动对土地的影响。和同时代许多人一样，沙勒认为人类进化既通过与环境相互作用，也通过拉马克所提出的获得性遗传过程；盎格鲁－撒克逊人已经达到进化的顶点，但其他种族可以通过教育提高进化水平。与弗雷德里克·杰克逊·特纳（Frederick Jackson Turner）一样，沙勒也意识到不断推进的边疆如何塑造着美国历史。由于沙勒关注气候、地形、地震及土壤等环境因素的影响，利文斯通称他为"历史地理学的奠基者"（Living stone，p. 189）。

参考文献

[1] Livingstone, David N. *Nathaniel Southgate Shaler and the Culture of American Science*. Tuscaloosa: University of Alabama Press, 1987.

[2] Shaler, Nathaniel S. "Relations of Geologic Science to Education." *Bulletin of the Geological Society of America* 7 (1896): 315-326.

[3] ——. *The Autobiography of Nathaniel Southgate Shaler*, *With a Supplementary Memoir By His Wife*. Boston: Houghton Mifflin, 1909.

［4］Wolff, John E. "Memoir of Nathaniel Southgate Shaler." *Geological Society of America Bulletin* 18（1907）: 592-609.

佩吉·尚普林（Peggy Champlin）　撰，彭繁　译

地质学家、作家兼艺术收藏家：克拉伦斯·里弗斯·金
Clarence Rivers King（1842—1901）

金是地质学家、科学管理者、矿业顾问、作家兼艺术收藏家。金的母亲弗洛伦斯（Florence）是一位从事对中国贸易的纽波特商人的遗孀，在她的鼓励下，金早年对博物学和艺术产生了兴趣。他在康涅狄格接受正规教育，于 1862 年以优异成绩获得耶鲁谢菲尔德理学院的化学学士学位。他曾在约西亚·德怀特·惠特尼（Josiah Dwight Whitney）领导的加利福尼亚地质调查局担任地质学家（1863—1866）。在陆军工兵部队，金筹划并领导了由文职人员组成的美国北纬 40° 地质勘探队（1867—1879）。作为内政部的首席地质学家（1879—1881 年），金领导了新成立的美国地质调查局（USGS），监督全国第十次矿产和开采的数据普查（1880），并在公共土地委员会任职。1881 年之后，他作为地质学家顾问和鉴定人，在墨西哥、美国、加拿大和英国为投资者和自身谋利，继续经营怀俄明州的牧场，并在得克萨斯州开办了一家银行。反复发作的疾病，1893 年的经济危机，以及资助两度守寡的母亲和他自己的家庭，使金无力偿还朋友约翰·米尔顿·海（John Milton Hay）的债务，也让他未能再次被任命为美国地质调查局局长。

金在加州的经历，对美国的科学及其管理，乃至对文学都做出重大贡献。1872 年，金在《攀登内华达山脉》（*Mountaineering in Sierra Nevada*）中的故事让一些读者感到意犹未尽，因为他选择了地质学而非文学，但金在那里的早期野外工作激发了他的欲望，去理解地质过程及其产物的本质和原因。金亲自测绘了内华达山脉和大平原之间横贯大陆的铁路线两侧的地形、地质和自然资源。北纬 40° 勘探队的组织、田野方法、科学标准和出版物是 19 世纪 70 年代海登、鲍威尔和惠勒调查西部领土的典范。1872 年，当金及其团队揭发科罗拉多州的美国"金伯利"钻石矿床存

在欺诈行为时，他们几乎偿还了全部的勘测费用。出于投资者和地质学家的感谢，金因诚实赢得了全国赞誉。他在解释物理变化和生物进化方面，也以"灾变论"而闻名。既然确信短期的重大地质事件能导致景观和气候的快速变化（他称为"环境演化"），他认为它们也会造成快速的生物变化，表现为物种的增加（他称为"生命演化"）。在《系统地质学》（1878）一书中，金综合了北纬40°线西段的地层学、古生物学、构造学、地质学以及矿物志。

1878—1879年，金帮助国家科学院和联邦政府组建了美国地质调查局。创始者们希望这个新机构通过帮助采矿业来促进国民经济，并改善其行政服务，但他们未能成立一个独立的机构来开展大地测量、地籍测量和地形测量，也没有改革公共土地的管理。作为美国地质调查局局长，金制定了该局未来的大部分计划。他在招聘和工作中设立了较高的能力和廉洁标准。为了执行国会的命令，金计划在全国范围内开展科学分类，对其矿产资源的分布、性质，以及地质关系进行全面审查，并进行一些其他的各类应用和基础研究。他还打算通过这些调查进一步了解矿床的性质和成因。金自己对美国贵金属的研究出现于1881年至1885年之间。他为美国地质调查局制定目标，在普通地质学领域，完成一张可靠的美国地质图。但金未能筹集足够的资金，加上个人的迫切财务需求、尽力避免道德上的妥协，以及内政部长卡尔·舒尔茨（Carl Schurz）的辞职，都让金更加坚定了本来不打算长期担任局长的决定。1881年之后，金继续在美国和古巴推动自然资源的清查和保护（意为"合理利用"），以及其他政治和社会事业。他还支持并参与了美国地质调查局关于地球年龄及其内部组成和动力学的学术实验研究。

约翰·卫斯理·鲍威尔（John Wesley Powell）是金选择的美国地质调查局局长。鲍威尔推翻了金的政策，使其看起来是失败的，因为他过于强调基础研究而不是应用研究，并且该机构几乎排除了具有经济效益的工作，而支持地形学和普通地质学。在19世纪90年代早期，国会否决了鲍威尔及其选择。议员们通过有选择地削减美国地质调查局的拨款和人员，甚至鲍威尔的薪水，来鼓动鲍威尔辞职。被金1879年聘为初级地质学家的查尔斯·杜利特尔·沃尔科特（Charles Doolittle Walcott）在1894年接替了鲍威尔。作为局长，沃尔科特为该机构制定了回归平衡

（但扩大）的任务导向计划。到了 20 世纪，历史学家和小说家越来越多地把鲍威尔，而不是金，视为美国地质调查局的创始人，因为鲍威尔装扮成了保护运动的被忽视的先知。尽管一些历史学家重新发现了金在 1867—1881 年推动地质学在公共服务中的重要作用，但这种黑白颠倒仍然存在，突出金的"失败"——他对财富的追求和个性怪癖。在 1958 年和 1988 年，瑟曼·威尔金斯（Thurman Wilkins）的传记分析了金的成功和失败，并采取美国"镀金时代"的政治和科学的更为准确的视角。

在亨利·亚当斯（Henry Adams）的《以斯特》（*Esther*，1884）中，金化名为古生物学家乔治·斯特朗（George Strong），后续的四部文学作品中则以他本人的身份出现。华莱士·斯特格纳（Wallace Stegner）的小说《安息的角度》（*Angle of Rest*，1971），有一幕来源于金在美国地质调查局（USGS）中对诚信的关注。戈尔·维达尔（Gore Vidal）的小说《帝国》（*Empire*，1987），以及帕特里夏·奥特乌尔（Patricia O' Toole）在《红桃五》（*Five of Hearts*，1990）中对亚当、哈伊和金的友谊的评价，都强调了他们在 1888 年金的秘密异族通婚中看到的欺骗。在莎拉·康罗伊的《爱情的升华：一部关于克拉弗和亨利·亚当斯的小说》（*Refinements of Love*：*A Novel About Clover and Henry Adams*，1993）中，3 个男人为了保护他们之间的性关系而谋杀了玛丽安·亚当斯，威尔金斯修订和扩展的传记（1988）仍然是对金及其职业生涯最公正和有意义的评价。

金遗留下来的文件散落在各处。收藏最多的是国家档案和文件署第 57 文件组（地质调查局）和 77 组（总工程师办公室），以及加利福尼亚州圣马力诺亨廷顿图书馆詹姆斯·邓肯·黑格文件中克拉伦斯·金的部分。威尔金斯的传记引用了他在分析中使用的所有手稿来源。

参考文献

[1] Aldrich, Michele L. "King, Clarence Rivers." *Dictionary of Scientific Biography*. Edited by Charles C. Gillispie. New York: Scribners, 1973, 7: 370-371.

[2] Bartlett, Richard A. *Great Surveys of the American West*. Norman: University of Oklahoma Press, 1962.

[3] ——. "Clarence King." *The Reader's Encyclopedia of the American West*. Edited by Howard R.

Lamar. New York: Crowell, 1977, p. 622.

[4] Crosby, Harry H. "So Deep a Trail: A Biography of Clarence King." Ph.D. diss., Stanford University, 1953.

[5] Dupree, A. Hunter. *Science in the Federal Government: A History of Policies and Activities to 1940*. Cambridge, MA: Harvard University Press, 1957.

[6] Goetzmann, William H. *Exploration and Empire: The Explorer and the Scientist in the Winning of the American West*. New York: Knopf, 1966.

[7] Hague, James D., ed. *Clarence King Memoirs: The Helmet of Mambrino*. New York: Putnam/Century Association, 1904.

[8] Manning, Thomas G. *Government in Science: The U.S. Geological Survey 1867-1894*. Lexington: University of Kentucky Press, 1967.

[9] Nelson, Clifford M. "Toward a Reliable Geologic Map of the United States, 1803–1893." In *Surveying the Record: North American Scientific Exploration to 1930*, edited by Edward C. Carter II. *Memoirs of the American Philosophical Society* 231 (1999): 54–71.

[10] Nelson, Clifford M., and Mary C. Rabbitt. "The Role of Clarence King in the Advancement of Geology in the Public Service, 1867–1881." In *Frontiers of Geological Exploration of Western North America*, edited by Alan E. Leviton et al. San Francisco: American Association for the Advancement of Science, Pacifific Division, 1982, pp. 19–35.

[11] Rabbit, Mary C. *Minerals, Lands, and Geology for the Common Defense and General Welfare: Volume 1, Before 1879; Volume 2, 1879-1904*. Washington, DC: Government Printing Office, 1979–1980.

[12] Smith, Michael L. *Pacifific Visions: California Scientists and the Environment 1850-1915*. New Haven: Yale University Press, 1987.

[13] Wilkins, Thurman, with the assistance of Caroline L. Hinkley. *Clarence King: A Biography*. 1958. Rev. and enlarged ed. Albuquerque: University of New Mexico Press, 1988.

[14] Wilkins, Thurman. "King, Clarence Rivers." *American National Biography*, edited by John A. Garraty and Mark C. Carnes. New York: Oxford University Press, 1999, 12: 691–693.

克利福德·M. 纳尔逊（Clifford M. Nelson） 撰，彭华 译

另请参阅：美国地质调查局（Geological Survey, United States）

地质学家、古生物学家：查尔斯·杜利特尔·沃尔科特

Charles Doolittle Walcott（1850—1927）

　　沃尔科特是地质学家、古生物学家、自然保护主义者及科学管理者，沃尔科特出生在纽约州尤蒂卡市附近，在大约 10 岁时对化石产生了兴趣。内战期间，他在特伦顿瀑布镇附近的一个农场当过一暑期的帮工，并对中奥陶纪化石和当地的地质情况有了详细了解。18 岁时他结束了正式的学校教育，然后当了一名五金店员。他并不满意，因此搬到了特伦顿瀑布镇的威廉·鲁斯特农场。沃尔科特在农场协助工作，与鲁斯特（Rust）一起研究并收集化石以供商业销售。1873 年，他们把一批化石卖给了路易·阿加西（Louis Agassiz）。后来，鲁斯特与康奈尔大学及纽约州立博物馆进行了大笔交易，沃尔科特则与亚历山大·阿加西（Alexander Agassiz）进行了一笔交易。

　　1873 年，沃尔科特在比较动物学博物馆（Museum of Comparative Zoology）花了一周时间整理他的藏品，这成了他全部大学经历的一部分。路易·阿加西鼓励他研究三叶虫，尤其是三叶虫的附属肢体。1875 年，沃尔科特发表了他的第一篇科学论文，而且于 1876 年年初在鲁斯特农场的材料中发现了三叶虫的腿。

　　1876 年年底，纽约的州立古生物学家詹姆斯·霍尔（James Hall）聘用沃尔科特为特别助理，这是沃尔科特的第一个专业职位，他一共干了大约 18 个月，不过沃尔科特在这之后仍留在奥尔巴尼研究、写作和出版。1879 年 7 月，他突然被任命为刚成立的美国地质调查局的临时助理地质学家。

　　沃尔科特的第一次野外作业从犹他州西南部的第三纪粉崖开始，一直到大峡谷（Grand Canyon）的卡纳布溪（Kanab Creek），测量了一个大约两英里厚的地层剖面。在这次调查中，他找到了卡纳布高原的二叠纪－三叠纪界线。他那令人印象深刻的努力为他赢得了一个永久职位。沃尔科特还在 1881 年出版了一本关于三叶虫肢体的基础著作。

　　1880 年，阿诺德·黑格（Arnold Hague）把沃尔科特带到了西部，去了内华达州的尤里卡矿区，沃尔科特在那里研究了所有的古生代地层和动物群。他于 1882 年

回到尤里卡，并于 1887 年发表了他的调查成果。

1882——1883 年的秋冬季，沃尔科特一直在大峡谷，他也是第一个研究寒武纪和前寒武纪岩石的地质学家。他为此测量了一个厚度超过两英里的地层剖面。再加上他 1879 年的研究，从而创下了个人测量剖面的最长纪录。

沃尔科特的下一个任务是调查纽约东部和新英格兰西部的"塔科尼克问题"（Taconic problem）。地质学家从 1842 年起就为塔科尼克山脉裸露的地层是否构成一个古老而独特的地质系统而争论。1887 年时，沃尔科特从化石中收集到令人信服的证据，证明这些地层是被误解的较年轻的岩石，因此他将"塔科尼克"概念抛诸脑后。在 19 世纪 80 年代的差不多同期，斯堪的纳维亚的地质学家注意到他们使用的处在寒武纪的三叶虫区序列与美国人使用的相反。1888 年，沃尔科特认定美国的划分是不正确的。沃尔科特在 1891 年做出了另一项重大发现：找到了当时已知最古老的脊椎动物遗骸，而比之更古老的鱼类在半个多世纪后才被发现。

1894 年，沃尔科特接替约翰·卫斯理·鲍威尔（John Wesley Powell）担任地质调查局的第三任局长。在担任该行政职务的 13 年里，沃尔科特没有放下科学工作，继续研究寒武纪岩石和化石，并将研究范围扩大到更古老的、更神秘的前寒武纪地层。在沃尔科特接任局长时，鲍威尔已经失去了国会的信任，地质调查局也陷入了困境。沃尔科特先把地质调查局的预算恢复到了以前的水平，然后再逐渐增加。地质调查局在他的领导下蓬勃发展，尤其在地形测绘和水文调查方面加大了力度。从 1897 年起的近十年时间里，地质调查局研究绘制了国家森林保护区图。此外，1902 年成立的复垦局（Reclamation Service）也由地质调查局管理：沃尔科特积极地监督着这个具有政治敏感性的项目。沃尔科特为后来的矿业局（Bureau of Mines）奠定了基础，并担任西奥多·罗斯福（Theodore Roosevelt）总统在环境保护问题方面的幕后顾问。

沃尔科特在 1901 年年末华盛顿卡内基研究所的创立过程中发挥了关键作用，指导了该所的整合与章程制定。他在这个新组织的首任干事职位上做了 4 年，更特别的是，他还是执行委员会的关键成员，并在该委员会任职 20 年。沃尔科特不顾董事会和卡内基的反对，建立了以研究火成岩而闻名于世的地球物理实验室。

塞缪尔·皮尔庞特·兰利（Samuel Pierpont Langley）去世后，沃尔科特于1907 年被任命为史密森学会的第四任秘书。就职后的几个月，他还继续指导着地质调查局的工作，仍然能够安排那年夏天在加拿大西部的野外工作。该地区的寒武纪沉积已为人所知，但对其研究甚少。沃尔科特在那里进行了近 20 年的研究，包括测量剖面和收集化石。1907 年之后，他的出版物占据了《史密森杂项收藏》（*Smithsonian Miscellaneous Collections*）的整整 5 卷，其中大部分都是加拿大西部的岩石和化石。

沃尔科特最有名的科学成就是在加拿大西部发现了布尔吉斯页岩动物群，这是世界上最重要的化石产地。沃尔科特在几个季节里收集了大量的标本，并描述了许多奇异的动物，因为这个动物群中包含有许多通常不会被地质记录保存下来的软体生物。这使得沃尔科特得以证明，仅以进化出坚硬部分的生物为基础的化石记录是十分不完整的。同样，他也得以证明像海参类和环节类蠕虫这样的不同群体有比以前猜想的更长的记录。

他担任秘书期间的另一项重要研究是对前寒武纪藻类的系统研究。在这些研究中，沃尔科特找到了古代细菌存在的证据。

1912 年，沃尔科特和 F. C. 科特雷尔（F. C. Cottrell）成立了研究公司，专门为科学研究提供资金。截至 1993 年，该公司资助了 22 名后来成为诺贝尔奖得主的早期研究。

沃尔科特在 1897—1898 年担任史密森学会的代理助理干事，在职期间，他敏锐地注意到兰利使用比空气更重的飞行器进行的实验。他意识到需要在航空领域进行更大规模的研究，并在 1913 年组织了航空咨询委员会。1915 年，在沃尔科特的努力下，国会建立了国家航空咨询委员会（National Advisory Committee for Aeronautics，NACA）。从 1919 年到他去世，沃尔科特一直是委员会的主席。在第一次世界大战期间，他还是飞机生产委员会（Aircraft Production Board）的成员，并起草了第一部民用航空导航法规。

1896 年，沃尔科特当选为美国国家科学院院士。他曾担任财务主管、理事会成员，并在 1907 年至 1917 年担任副主席。他在 1916 年建立国家研究委员会

（National Research Council）的过程中发挥了关键作用。1917 年成为美国国家科学院院长，并在这个职位上干了 6 年。他同时担任国家研究委员会的首位副主席，第一次世界大战期间，他还曾在许多委员会任职。

沃尔科特并没有忘记他作为史密森学会秘书的职责，在查尔斯·弗利尔（Charles Freer）去世之前说服他建造了弗利尔美术馆。在这座"城堡"后面，沃尔科特争取到一座飞机机库，用作飞机博物馆。他还不懈努力，为国家美术馆（National Gallery of Art）建造了一座大楼，以及增加史密森基金会的资金。但后来他的去世实际上使这两项努力都付诸东流。

沃尔科特是一位世界级的科学家。但是在与国会打交道方面，他又是一位老练的政治家，同时也是一位杰出的行政官员。在他担任国家研究委员会第一任副主席期间，他是美国有史以来最接近担任科学部长的人。尽管沃尔科特取得了多方面的成就，但他仍然是一个鲜为人知、研究寥寥无几的人。

参考文献

[1] Darton, N.H. "Memorial of Charles Doolittle Walcott." *Bulletin of the Geological Society of America* 39（1928）：80–116.

[2] Yochelson, E. L. "Charles Doolitte Walcott." *Biographical Memoirs of the National Academy of Sciences* 39（1967）：471–540.

[3] ——. *Charles Doolittle Walcott, Paleontologist*. Kent, OH: Kent State University Press, 1998.

埃利斯·L·约切尔森（Ellis L. Yochelson） 撰，刘晋国 译

地理学家、地质学家兼气象学家：威廉·莫里斯·戴维斯
William Morris Davis（1850—1934）

戴维斯出生于费城，1869 年毕业于哈佛大学矿业学院（理学学士，优等成绩），次年获得采矿工程师学位。他主要师从拉斐尔·彭珀利（Raphael Pumpelly）、约西亚·德怀特·惠特尼（Josiah Dwight Whitney）和纳撒尼尔·索斯盖特·沙勒

（Nathaniel Southgate Shaler）。

毕业后，戴维斯前往阿根廷的科尔多瓦国家天文台工作，后来协助彭柏利（Pumpelly）勘测北太平洋，并协助沙勒组织阿巴拉契亚山脉的夏季野外课程。1876 年，戴维斯成为沙勒的地质学助理，两年后被聘为讲师，负责他自己的自然地理和气象学课程。1885 年，他晋升助理教授，1890 年晋升为自然地理学教授。8 年后，他被聘为斯特基 – 胡珀（Sturgis-Hooper）地质学教授，使他得以从基础教学工作中脱身；他于 1912 年退休。戴维斯是新英格兰气象学会（New England Meteorological Society）的创始成员和首任秘书，也是美国地理学家协会（Association of American Geographer）的创始人，曾三次担任主席。

以其自然地理课程为基础，戴维斯先建立了一门单独的气象学课程，然后利用波士顿地区的机构资源，创建了美国首屈一指的气象学教学和研究计划，服务于气象学的学术培训。1884—1894 年的 10 年，戴维斯在这一领域发表了大约 40 篇论文以及许多补充解说，1894 年汇总成为一部经典教科书《初级气象学》。

从研究宾夕法尼亚和弗吉尼亚的阿巴拉契亚群山中的河流开始，戴维斯围绕侵蚀或"地理"的循环概念，提出了一种景观分析方法。他生动地阐述了这个观念：景观可以按起源和阶段（年轻、成熟、衰老）加以分类，提出了一个理想的演化模型，在这个模型中，对当前景观的科学理解，不仅需要知道其如何起源，也需要了解现有的几何构造。这个演绎模型既提供了一套系统的术语，又确保了科学地解释经验数据，否则便会杂乱无章。戴维斯的方法影响国内外的地理学家和地质学家长达半个世纪。只有在德国和美国中西部，他的循环解释模式最先引起争议，被认为过于简单化和具有误导性。

戴维斯对地理学影响最大的时期是 19 世纪 90 年代和 20 世纪初。他从二元论的角度，将这门学科划分为他所谓的"无机地理学"或"自然地理学"，以及他称之为"本体地理学"的有机（包括人类）的生命和活动。他认为后者只有当自然的"原因"或"控制"能够在他们面前显示出来，才与地理学有关。

19 世纪 90 年代，戴维斯吸引了大量有才能的学生来到哈佛，他们大多数都从他的决定论思想中脱颖而出，成为 20 世纪早期人文地理学的领军人物。在中学层面，"十人委员会"听取建议，采用了戴维斯的自然地理学观念，将"自然地理"作为高中科学的入门课程，尽管不到 10 年，中学课程中的"自然地理"就被"普通科学"取代了。

戴维斯在 1904 年创立了美国地理学家协会。凭借他的权势和专断个性，在协会早期，他对成员资格行使否决权，并在较长一段时期内对该领域的研究内容施加学术控制。但到了 20 世纪 20 年代，随着一种新的方向——人文地理学，尤其是经济地理学，成为该学科的主导方向，他在地理学家中的影响力开始下降。到了 20 世纪 40 年代和 50 年代，随着形态测量分析取代了地貌学中的循环概念，他的演绎性而非定量的"地理周期"方法也退出了主流。现在很少有人读他的书，人们记住戴维斯，主要因为他是一位制度的建立者、有影响的教师，以及在地形研究中使用模型的早期实践者。

关于戴维斯生平的书目只有 500 多条。公共收藏的相关手稿主要在哈佛大学档案馆和哈佛大学霍顿图书馆。他的信件也保存在许多通信对象的档案里。其他的文献仍在其家族手中，曾被乔莱（Chorley）、贝金赛尔（Beckinsale）和邓恩（Dunn）等广泛引用。

参考文献

[1] Beckinsale, Robert P. "The International Influence of William Morris Davis." *Geographical Review* 66（1976）：448-466.

[2] ——. "W. M. Davis and American Geography（1880-1934）." In *The Origins of Academic Geography in the United States*, edited by Brian W. Blouet. Hamden, CT：Archon Books, 1981.

[3] Chorley, Richard J., Robert P. Beckinsale, and Antony J. Dunn. *The Life and Work of William Morris Davis*. Vol. 2 of *The History of the Study of Landforms*. London：Methuen, 1973.

[4] Davis, William Morris. *Elementary Meteorology*. Boston：Ginn, 1894.

[5] Davis, William Morris, and Reginald Aldworth Daly, "Geography and Geology, 1858-1928." In *The Development of Harvard University, 1869-1929*, edited by Samuel Eliot Morison. Cambridge, MA：Harvard University Press, 1930.

[6] Hartshorne, Richard. "William Morris Davis—The Course of Development of His Concept of Geography." In *The Origins of Academic Geography in the United States*, edited by Brian W. Blouet. Hamden, CT: Archon Books, 1981.

[7] Koelsch, William A. "The New England Meteorological Society, 1884–1892: A Study in Professionalization." In *The Origins of Academic Geography in the United States*, edited by Brian W. Blouet. Hamden, CT: Archon Books, 1981.

[8] Tinkler, Keith. *A Short History of Geomorphology*. Totowa, NJ: Barnes and Noble, 1985.

威廉・A. 科尔施（William A. Koelsch） 撰，陈明坦　译

另请参阅：地理学（Geography）

地理学家：马克·杰斐逊
Mark Jefferson（1863—1949）

　　杰斐逊生于马萨诸塞州的梅尔罗斯。他的父亲丹尼尔·杰斐逊（Daniel Jefferson）是一位藏书家，先后就职于威利帕特南出版社（Wiley and Putnam）和利特尔－布朗出版社（Little, Brown & Company），他对杰斐逊在文学上产生了影响。

　　杰斐逊于 1884 年毕业于波士顿大学。1883—1889 年，他在阿根廷生活，最初是在科尔多瓦的国家天文台工作，后于 1887 年到安第斯山脉脚下的一个甘蔗种植园担任副经理和财务主管。1889 年，他回到美国，在马萨诸塞州任教，并于 1892 年参加了哈佛大学的地球科学暑期课程，这激发了他的灵感。1896—1898 年，他回到哈佛大学，师从威廉·莫里斯·戴维斯，并获得了文学学士和硕士学位。

　　1901 年 9 月，杰斐逊开始在伊普斯兰蒂的密歇根州师范学院任教。这将成为一项非凡的事业，为这个小型教学机构带来了"美国地理摇篮"的称号。

　　在接下来的 38 年里，他教授了 60 多门不同的课程，他亲自设计这些课程，展示的幻灯片取自他在野外拍摄的出色照片集。尽管杰斐逊坚持认为，他在课堂上所迸发的任何"优异表现"都完全来源于他在这门学科掌握的知识，而不是任何所谓教学技巧的产物，但作为一名优秀教师，他的声誉迅速传播开来。

　　生活在伊普斯兰蒂的时候，他发表了大量的文章，这些文章被广泛阅读和转载，成为知名的文学作品。《地理学教师用书》（10 版，1906 —1923）、《欧洲之人》

（1924）和《定居阿根廷大草原》（1926）是他最成功的著作，他最著名的文章有：《南美洲人口分布》（1907）、《北美的人居之地》（1908）、《民族文化》（1911）、《北美人类学》（1913）、《文明的轨道》（1928）、《六分世界地图：让大陆更清晰直观》（1930）、《世界城市居民的分布》（1913）和《首都的法则》（1939）。

杰斐逊在哈佛的导师威廉·莫里斯·戴维斯，促成了地理学在美国成为一个专业领域。戴维斯的地理学本质上属于自然地理学范畴。然而，他却劝导那些倾向于研究生命对自然环境反应的学生继续做下去。这项关于有机体反应的研究在当时被看作描述性研究。戴维斯的学生中，杰斐逊、鲍曼（I. Bowman）和亨廷顿（E. Huntington）沿着该方向发展，每个人都做出了自己独特的贡献。比起戴维斯的自然地理学，"人文地理学"研究传播得更广、更迅速。

必须指出的是，杰斐逊还是一个技能娴熟、勇于创新的制图员。他总是自己绘制地图来阐述研究工作，别人也经常向他咨询，如何恰如其分地用图示来表明问题。特别值得一提的是，第一次世界大战结束时，他与巴黎和平谈判的调查团和委员会有过合作。在这里，他担任首席制图员：为美国代表团成员制作地图，有时也为协约国制作地图。

杰斐逊的工作得到了肯定，1916年当选美国地理学家协会主席。1931年，他获得美国地理学会和芝加哥地理学会颁发的金牌。1939年又获得国家地理教师委员会的杰出服务奖，以表彰他"对教育地理学做出的突出贡献"。

参考文献

[1] Martin, Geoffrey J. *Mark Jefferson*: *Geographer*. Ypsilanti: Eastern Michigan University Press, 1968.

杰弗里·J. 马丁（Geoffrey J. Martin） 撰，彭华 译

地理学家：埃尔斯沃思·亨廷顿
Ellsworth Huntington（1876—1947）

出生于伊利诺伊州盖尔斯堡。亨廷顿的一家在他出生的第二年搬到了缅因州的

哥尔罕。之后，亨廷顿在新英格兰度过了余生。

1897 年，他从威斯康星州的贝洛伊特学院（Beloit College）毕业，获文学学士学位，之后在土耳其的哈普特（Harput）当了一段时间的传教士，在此期间，他开始对地理特征进行一些非正式的研究。1901 年他来到哈佛大学，次年获得了硕士学位，在那里他结识了威廉·莫里斯·戴维斯，两人成为终生的朋友。1907 年，他就职于耶鲁大学地质与地理学系，并在此后一直与耶鲁保持着良好联系。

亨廷顿的学术研究是经过精心设计的，尽管他的许多读者难以注意到这一点。他想要研究的是人类文明——对他来说，文明的本质就是人类进步的历史。他不认为文明的发展是偶然的，而认为气候、人类素质和文化是决定人类进步的三重因素。在他看来，气候条件引发人类迁徙，加速了自然选择的过程，从而实现文化的进步或衰退。

在学术生涯早年，他主要针对气候开展研究，并努力寻找后冰期时代气候变化的证据（后来又对其原因进行探索）。他在一生中总是不断研究气候变化和地球气候的相对优势，这些成果集中发表在下列著作中，如《亚洲脉搏》（*The Pulse of Asia*，1907），《巴勒斯坦及其转型》（*Palestine and Its Transformation*，1911），《文明与气候》（*Civilization and Climate*，1915），《世界强国及演变》（*World Power and Evolution*，1919），《文明与气候》修正版（1924）和集大成之作《气候脉动》（*Climatic Pulsations*，1911）[*Geografiska Annaler*（1935），pp. 571-607]。后来他对优生学和文化研究也产生了兴趣，但气候仍是他终生关注的主题。

20 世纪初，亨廷顿开始关注人口素质问题。他担心低能人口数量的迅速增加会对民主产生威胁；他主张对美国移民实施限制，认为应采取措施，改变旧有的北欧裔人口与来自地中海、阿尔卑斯新移民的相对出生率；他与罗兰·迪克森（Roland Dixon）、洛斯罗普·斯托达德（Lothrop Stoddard）和麦迪逊·格兰特（Madison Grant）建立起联系；他在长达 25 年的时间里担当了美国优生学协会（American Eugenics Society）的中坚力量（1934—1938 年任主席）。在《种族的特征》（*The Character of Races*，1924）、《美国缔造者》（*The Builders of America*，与里昂·惠特尼合著，1927）、《明天之子：优生学的目标》（*Tomorrow's Children：The Goal of Eugenics*，1935）、《三个世纪后》（*After Three Centuries*，1935）、《出生季节：它与人类能力的关系》(*Season of Birth*: *Its Relation to Human Abilities*，1938) 等著作中，他都表达了对人类素质的研究兴趣。

亨廷顿认为载入史册的内容即文化。他喜欢阅读史书和历史故事，但他对历史学家没有充分考虑环境和生物遗传的作用表示遗憾。关于思想和发明在人类进步中的作用他有着深刻的思考。他注意到马蹄铁在 9 世纪土耳其的作用，关注 15 世纪英国的玻璃窗以及有文字记录的船舶发展史。亨廷顿赞同文化是人类发展推动力量，他的观点体现在下列文章中:《地球及地球生物的进化》(*The Evolution of the Earth and Its Inhabitants*，Richard S. Lull，1918) 中 "气候与文明演变" 这一章以及 S. 范瓦尔肯堡 (S. Van Valkenburg) 和亨廷顿合著的《欧洲》(*Europe*) 一书中 "文明的进步" 这一章。

亨廷顿在其著作《文明的主力》(*Mainsprings of Civilization*，1945) 和未完成的《历史的脚步》(*The Pace of History*) 中尝试对他一生的工作做出总结。

参考文献

[1] Martin, Geoffrey J. *Ellsworth Huntington*: *His Life and Thought*. Hamden, CT: Archon Books, 1973.

[2] Valkenburg, S. Van. "Ellsworth Huntington." *Geographical Review*, 38 (1948): 153-155.

[3] Visher, S.S. "Ellsworth Huntington." *Annals of the Association of American Geographers*, 38 (1948): 38-50.

杰弗里·J·马丁 (Geoffrey J. Martin) 撰，王晓雪 译

地理学家：艾赛亚·鲍曼

Isaiah Bowman (1878—1950)

鲍曼出生于加拿大安大略省的柏林镇（后来更名为基钦纳），在他 8 周大的时候，他们全家搬到了密歇根州的布朗市。

22 岁时，鲍曼进入伊普斯兰蒂师范学院，开始了一段出色的本科生涯。在那

里，他在一所后来被称为"美国地理苗圃"的机构里师从马克·杰斐逊（Mark Jefferson）。杰斐逊认识到鲍曼的能力并把他送到哈佛大学，在威廉·莫里斯·戴维斯（William Morris Davis）的指导下学习。1905 年，他被授予理学学士学位。他曾在伊普斯兰蒂师范学院任教，并承担了美国地质调查局（United States Geological Survey）的工作。在戴维斯曾经的学生赫伯特·格雷戈里（Herbert E. Gregory）邀请鲍曼加入耶鲁大学的地质—地理系时，鲍曼接受了邀请，并在那里一直工作到 1915 年。在耶鲁大学，鲍曼开设了一些北美最早的区域地理课程，并开始专门研究拉丁美洲的地理。他在 1907 年、1911 年和 1913 年到南美洲进行了三次实地考察，其中包括了 18 个月的野外生活和 2000 英里的长途跋涉。在这 10 年里，他发表了 20 篇文章和 4 本书，并在 1909 年获得了耶鲁大学博士学位。

1915 年夏天，他担任了美国地理学会的理事。他在地理学会工作的 20 年对地理学的发展意义重大。他扩充了图书馆馆藏和地图收藏，优化了学会的出版物《地理评论》（*The Geographical Review*），收藏了"大调查"（第一次世界大战后为和平谈判做准备的一系列活动的委婉说法）的结果。他发起了三个大型研究主题，包括：开始绘制比例尺为 1∶1000000 的西属美洲地图；研究拓荒者定居的主题；鼓励极地研究，特别是路易丝·博伊德（Louise Boyd）、理查德·伯德（Richard E. Byrd）、罗伯特·巴特莱特（Robert A. Bartlett）、林肯·埃尔斯沃思（Lincoln Ellsworth）、道格拉斯·莫森（Douglas Mawson）、弗里乔夫·南森（Fridtjof Nansen）、可努特·罗斯姆森（Knud Rasmussen）、维尔希奥米尔·斯蒂芬森（Vilhjalmur Stefansson）和休伯特·威尔金斯（Hubert Wilkins）的工作。他的研究项目的成果部分发表在该学会的系列研究和特别出版物（Research Series and Special Publications）上。他们的杰出表现引起了国际上的注意。

1935 年 7 月，鲍曼就任约翰斯·霍普金斯大学第五任校长。他筹集资金，创建了地理和海洋学系，出版了数量可观的地理资料，并向许多杰出的机构发表了大量演讲。

100 多所学院和大学曾向他征求关于建立地理系的建议。尽管他每周有 3 天时间在美国国务院担任国务卿科德尔·赫尔（Cordell Hull）的特别顾问，并在国务院的政治和政策委员会任职，还担任了领土委员会的主席，但他依然完成了上述所有工作。他是斯退丁纽斯向伦敦派遣的代表团成员（1944）、世界和平与安全敦巴顿橡树园会议的美国代表团成员（1944），国务卿参加旧金山联合国国际组织会议的顾问（1945）。他还在许多场合为总统富兰克林·罗斯福出谋献策。战后，他试图从大学和政府部门中退休。1948年，他从大学退休，尽管他减少了政府方面的工作，但他直至去世时仍是经济合作署的一名活跃的顾问。

鲍曼是20世纪最多产的美国地理学家之一。他写了12本书，180多篇文章以及大量的书评和笔记，特别是为《地理评论》撰稿。在他的著作中，最著名的可能是《森林地理学》（*Forest Physiography*，1911）、《秘鲁南部的安第斯山脉》（*The Andes of Southern Peru*，1916）、《新世界》（*The New World*，1921）、《先锋边缘》（*The Pioneer Fringe*，1931）和《地理学与社会科学的关系》（*Geography in Relation to the Social Sciences*，1934）。他获得了13个荣誉学位（他还谢绝了不少于15个荣誉学位）、9个荣誉研究员、6枚奖章，并先后担任美国地理学家协会（1931）、国际地理联盟（1931—1934）和美国科学促进会（1943）的主席。

参考文献

［1］Martin, Geoffrey J. *The Life and Thought of Isaiah Bowman*. Hamden, CT: Archon Books, 1980.

［2］Wright, John K., and George F. Carter. "Isaiah Bowman." *Biographical Memoirs of the National Academy of Sciences* 33（1959）：41-42.

［3］Wrigley, Gladys M. "Isaiah Bowman." *The Geographical Review* 41（1951）：7-65.

杰弗里·J. 马丁（Geoffrey J. Martin） 撰，吴紫露 译

地震学家：查尔斯·弗朗西斯·里希特

Charles Francis Richter（1900—1985）

里希特出生于俄亥俄州的汉密尔顿，1920年获得斯坦福大学学士学位，1928年获得加州理工学院物理学博士学位。当他还是一名学生时，就被卡内基研究所招募到帕萨迪纳实验室研究南加州地震。1936年实验室被加州理工学院接管后，他成

了该学院的地震学教授。他的地震学导论课程由于富有趣闻轶事和观测地震学的细节而闻名。1958 年，他编写了一本被广泛使用的教材《基础地震学》（*Elementary Seismology*），其中包括了他课程中的大部分内容。

他最著名的研究是创造了"震级"一词。经过后来的改进，震级已经成为衡量地震大小的标准。他主要的研究领域是南加州的地震活动。他编制了一份详细的纲要，包括该地区所有记录在册的地震发生的地点、震级、时间以及报道的影响。他还与哈里·O. 伍德（Harry O. Wood）、雨果·贝尼奥夫（Hugo Benioff）一起了研究南加州的爆破振动。他与贝诺·古腾堡（Beno Gutenberg）合著了《地球的地震活动》（*Seismicity of the Earth*）一书，1941 年由美国地质学会首次出版，后来由普林斯顿大学出版社出版。

他的大部分研究都发表在与古腾堡合作的论文中，首先是"论地震波"（On Seismic Waves）和"深源地震研究资料"（Materials for the Study of Deep-focus Earthquakes）。他与古腾堡两人在加州理工学院天文台每天例行检查新的地震记录。里希特对先前地震记录的图像拥有卓越的精确记忆力，为识别地震图的重要特征起到了重要作用。

里希特格外喜欢向公众提供准确的地震灾害信息。每次大地震后，他总是耐心地尽量向联系他的新闻记者传授地震学的基础知识，使他们的报道既切实又准确。

里希特在 1959—1960 年担任美国地震学会（Seismological Society of America）主席，并在 1977 年成为学会奖章（Society Medal）的第二位获得者。

参考文献

［1］Gutenberg, B. and C.F. Richter. "On Seismic Waves." *Gerlands Beitrage zur Geophys* 43（1934）：56-133；45（1935）：280-360；47（1936）：73-131；54（1939）：94-136.

［2］——. "Materials for the Study of Deep-focus Earthquakes." *Bulletin of the Seismological Society of America* 26（1936）：341-390；27（1937）：157-183.

［3］——. *Seismicity of the Earth*. 2d ed. Princeton：Princeton University Press, 1954.

［4］Richter, C. F. "An Instrumental Earthquake Magnitude Scale." *Bulletin of the Seismological Society of America* 25（1935）：1-32.

[5] ——. *Elementary Seismology.* San Francisco：Freeman，1958.

B. F. 小豪厄尔（B.F . Howell，Jr.） 撰，吴晓斌 译

海洋地质学家兼科学管理者：亨利·威廉·梅纳德
Henry William Menard（1920—1986）

梅纳德在加州理工学院获得地质学学位（1942 年获学士学位；1947 年获硕士学位），后因去南太平洋的海军服役而中断学业。1949 年，他在哈佛大学获得海洋地质学博士学位，同年加入圣地亚哥海军电子实验室海底研究部。1955 年，梅纳德入职加州大学斯克里普斯海洋研究所（SIO）担任地质学副教授，并且余生一直与 SIO 保持着密切联系。1965—1966 年，他在科学技术总署担任技术顾问，同时担任加州大学海洋资源研究所所长。1968 年梅纳德当选为美国国家科学院院士，1969—1974 年，他在几个审查环境问题的学院委员会任职。1978—1981 年，担任美国地质调查局（United States Geological Survey）局长。

梅纳德的研究重点是太平洋盆地的地形。1955 年，他发现了一种新的地质构造——断裂带，并将这一发现发表。断裂带是与大洋中脊呈近似直角相交的断层，其两侧的海底深度不同。梅纳德在太平洋发现了几个平行的断裂带，在地球上所有其他海洋盆地中也都发现了断裂带。

数量庞大的断裂带表明它们属于全球现象。梅纳德和其他人对这些区域的研究完善了海底扩张假说。越来越多的人接受了海底扩张理论，成为板块构造理论发展的重要一步。该理论指出地球外壳由几个相互依存的板块组成，并包含理解这些板块运动机制的原理。这就是最广为接受的大陆漂移理论。

在众所周知的"板块构造革命"发酵期间，梅纳德出版了《太平洋海洋地质学》（*Marine Geology of the Pacific*，1964）一书，这是当时关于海底构造思想最广泛的论述。

梅纳德与许多科学家分享了数据资料和观点想法，这些科学家对"革命"产生了重大影响，包括哈里·H. 赫斯（Harry H. Hess）、罗伯特·辛克莱·迪茨

（Robert Sclair Dietz）和布鲁斯·查尔斯·希岑（Bruce Charles Heezen）。关于导致"革命"的事件，他的个人论述发表在《真理的海洋》（*Ocean of Truth*，1986）中。梅纳德发表的一篇科学社会学研究论文《科学：成长与变化》（*Science：Growth and Change*，1971）广受科学史家的好评。

参考文献

［1］Flanigan, Carol Lynn. *Guide to the Henry William Menard Papers*. SIO Technical Reference Number 92-27. San Diego：University of California, 1992.

［2］Menard, H. William. "Deformation of the Northeastern Pacifific and the West Coast of North America." *Bulletin of the Geological Society of America* 66（1955）：1149-1198.

［3］——. *Marine Geology of the Pacifific*. New York：McGrawHill, 1964.

［4］——. *Science：Growth and Change*. Cambridge, MA：Harvard University Press, 1971.

［5］——. *Ocean of Truth：A Personal History of Global Tectonics*. Princeton：Princeton University Press, 1986.

林恩·马洛尼（Lynn Maloney）　撰，康丽婷　译

第 7 章

美国医学、生理学与心理学

7.1　研究范畴与主题

印第安人的医学
Native American Medicine

印第安部落的医疗实践包括草药使用、身体操控和仪式活动，目的是让个人恢复到健康状态，这种状态通常被定义为能够感知与自然环境和社会环境的适当且和谐的关系。医学是基于对精神力量的信仰，这种精神力量通过身体状况表现出来。因此，它关注的是力量平衡。那些能控制某些精神力量，或有能力借助这些力量使人恢复健康的人被称为疗愈师。

人们认为疾病是由人类自身或精神力量引起的。人类的巫术或内心的恶意会导致异物进入人体。而人若与灵魂接触，即使是无私或仁慈的灵魂，也会对自身产生影响。

他们的治疗方法遵循一种内在的文化逻辑。通过仪式知识，人类可以保护自己免受与精神力量接触所带来的危险。植物作为环境中有生命、有灵性的生物，具有影响人体变化的力量。"执业医师"通过仪式与精神力量建立起关系，从而纠正影响一个人健康的失衡能量。物理操作则是应用于骨折、关节脱位或胎儿难产之类的情况。

印第安人对植物和身体治疗的运用，为北美早期欧洲定居者的医疗实践提供了很多信息。延龄草是平原印第安人广泛使用的一种助产药，欧洲定居者称之为"美洲黄鳞草"并加以利用。西南部沙漠和大盆地区域的许多部落使用的麻黄被白人称为"印第安茶""墨西哥茶"和"摩门茶"。

随着巴氏杀菌、疫苗接种和麻醉等医学实践的出现，"科学"医学应运而生，土著医学成为普通美国人上当受骗的一项标志，他们会惑于印第安蛇油推销员的神秘感。尽管如此，即使到了 19 世纪末，部分土著医学仍在农村社区的医疗实践中应用。《美国药典》（*United States Pharmacopeia*）也曾收录过美国印第安部落使用的近 200 种植物。

从 16 世纪到 19 世纪，虽然美国农村地区的定居者因为自己的宗教信仰而拒绝接受印第安医学的宗教基础，但在本土草药知识帮助他们缓解病痛的过程中，他们确实找到了慰藉。

参考文献

［1］Moerman, Daniel E. *Medicinal Plants of Native America*. Technical reports, University of Michigan. Museum of Anthropology, no. 19. Research reports in ethnobotany; contribution 2. Ann Arbor：University of Michigan, Museum of Anthropology, c1986.

［2］Vogel, Virgil J. *American Indian Medicine*. 2d ed. Norman：University of Oklahoma Press, 1990.

克拉拉·苏·基德威尔（Clara Sue Kidwell）　撰，康丽婷　译

另请参阅：美国原住民及其与自然界的关系（Native Americans-Relations to Natural World）

非正统医学

Unorthodox Medicine

那些被认为不正确、不合理、不适当，或者不符合社会上占主导地位的医学从业者群体信念或标准的所有医疗保健实践形式，均可被视为非正统医学。

美国出现了多种多样的非正统医学，包括医学教派（19 世纪的顺势疗法、折中主义、水疗和草药医派，20 世纪的整骨疗法和脊椎指压疗法）、民间医疗术（Curanderismo，即帕瓦仪式）、大众健康运动（汤姆森主义、素食主义、体育文化、整体健康）、医学宗教运动（基督教科学派、合一派、五旬节派），以及各类药物和器械的骗术。

从历史上看，学者们通常认为所有形式的非正统医学都是科学的对立面，它们局限在封闭、狭隘、教条的健康和疾病体系内，不愿检验假设，与医学进步和必要的公共卫生改革形成对抗。其主导者通常是诡计多端、善于摆布他人的高手，他们要么深知自己是在欺骗民众，要么就是自欺欺人。无论是哪种情况，结果都是他们的病人 / 受害者拒斥科学的管理，然而只有科学管理才能实现真正的健康有益。

虽然上述观点部分仍在发挥作用，但现代历史学术研究已经摒弃了这种本质上属于正统医学的观点，转向在历史和社会背景下考虑非正统医师的主张：什么构成了医学科学、正统治疗方法的失败、非正统医师的动机以及佐证其成功的数据资料。此外，学者们还单独研究了患者寻求替代护理形式的各种原因，并对这些护理方式做出评估。因此，最近的学术研究总体上更加平衡和客观，大大增加了人们对这一系列现象的了解。

某些形式的非正统医学尽管在一开始时僵化地奉行教条，但它们很快就表现出了观点和实践的内在多样性，经历显著的进化发展。从历史上看，教派和大众健康运动在一开始都是利用已有的科学研究来为自身存在辩护，尽管他们只是有选择地采纳支持其基本前提的作品。然而，重要的新科学研究和发现（如细菌学和免疫学，以及疫苗和血清疗法等新生物工具的发展）带来了知识和实践上的困境，尤其是对教派医生来说，他们不得不在教条和强大的经验数据之间做出选择，而无法从最初的教派信条中找到这些数据的直接依据。随着教派团体在原则和实践方面越来越接近正统医学，维持其独立存在所必需的内在统一性被削弱了，特别是影响正统医学与竞争对手互动的壁垒在降低。另一方面，信仰圣疗术或精神治疗优越性的宗教运动并不依赖于科学研究，可以保持相对稳定，尽管 20 世纪初基督教科学的案例表明，来自外部的政治和法律挑战能够导致教派医学发起运动，以适应实际情况确保自身存活下来。

参考文献

［1］Cayleff, Susan. *"Wash and Be Healed"：The Water-Cure Movement and Women's Health*. Philadephia：Temple University Press, 1987.

［2］Donegan, Jane. *"Hydropathic Highway to Health"：Women and Water-Cure in Antebellum America*. Westport：Greenwood Press, 1986.

［3］Gevitz, Norman. *The D.O.'s：Osteopathic Medicine in America*. Baltimore：Johns Hopkins University Press, 1982.

［4］——, ed. *Other Healers：Unorthodox Medicine in America*. Baltimore：Johns Hopkins University Press, 1988.

［5］Hand, Wayland, ed. *American Folk Medicine：A Symposium*. Berkeley：University of California Press, 1976.

［6］Harrell, David. *All Things Are Possible：The Healing and Charismatic Revivals in Modern America*. Bloomington：Indiana University Press, 1975.

［7］Kaufman, Martin. *Homeopathy in America：The Rise and Fall of a Medical Heresy*. Baltimore：Johns Hopkins University Press, 1971.

［8］Rothstein, William. *American Physicians in the Nineteenth Century：From Sects to Science*. Baltimore：Johns Hopkins University Press, 1972.

［9］Whorton, James. *Crusaders for Fitness：The History of American Health Reformers*. Princeton：Princeton University Press, 1982.

［10］Young, James Harvey. *American Health Quackery*. Princeton：Princeton University Press, 1992.

诺曼·格维茨（Norman Gevitz）　撰，康丽婷　译

天气与医学
Weather and Medicine

18 世纪，希波克拉底医学的复兴普及了大气条件与疾病的爆发和传播有关这一观念。南卡罗来纳州查尔斯顿的约翰·里宁（John Lining）博士保存了整个 17 世纪 40 年代的天气记录，研究天气和季节对他自己身体的影响，试图以此了解流行病的成因。许多其他医生，包括里宁的助手莱昂内尔·查默斯（Lionel Chalmers）、马萨诸塞州的爱德华·霍尔约克（Edward Holyoke）、宾夕法尼亚州的威廉·库里（William Currie）和本杰明·拉什（Benjamin Rush）继续并扩展了这方面的研究。1799年，诺亚·韦伯斯特（Noah Webster）出版了两卷本的评论文章，论述了"瘟疫流行和物理世界的各种其他现象"之间的关系，在他看来，天气条件、彗星、火山爆发、地震和流星都是流行病学因素。

19 世纪，在细菌致病论发展以前，人们认为黄热病是由高温、潮湿、通风不畅和污秽引起的；流行性腮腺炎是因人暴露在严寒天气和暴风雨雪中而引起的。甚至连"铅糖"这种用于治疗慢性腹泻的化合物，其不良影响（它会导致病人瘫痪甚至死亡）也不是归咎于药物本身，而是归咎于人们未经监督就在变化无常的气候条件下使用它。詹姆斯·曼（James Mann）在《1812—1814 年战役中的医学草图》（*Medical Sketches of the Campaigns of 1812，13，14*，1816）第 7 页中引用了外科医生亨利·亨特（Henry Huntt）的观点："总体而言，地理知识、地形（和气候）对内科医生和外科医生来说都极为重要。"这是当时的主流观点。

1814—1882 年，外科医生积极支持美国陆军的医务人员收集气象记录。营区医生受到指示"记录天气日记"和"时常对气象现象和流行病的出现发表评论，因为人们认为这可能对医学科学的发展产生帮助"（*Military Laws*，1814，p.227-228，转引自 Fleming，p.14）。其结果是人们汇编了大量天气和健康数据，数据采集地点从殖民者定居的东海岸延伸到边境，时间则几乎横跨整个 19 世纪。一些报告如塞缪尔·冯霖（Samuel Forry）的《美国的气候及其地方性影响》（*The Climate of the United States and Its Endemic Influences*，1842）等将各种气候和天气条件与军队的医疗记录联系起来。19 世纪 40 年代，詹姆斯·艾斯皮（James Espy）担任"国家气象学家"，军医处处长也支持了他的工作。

19 世纪 50 年代，新奥尔良的首席医生爱德华·巴顿（Edward Barton）谈到，"死亡率和气象之间的联系极为密切，以至于这二者在任何地方都不能彼此独立"（E. H. Barton et al., *Annual Report of the Board of Health of the City of New Orleans for 1849*, p. 3）。他敦促医生和公共卫生官员汇编天气记录和人口动态统计，以避免瘴气的爆发。这些汇编数据可用于制作社区或地区的致命疾病地图，就像收集气象观测资料用来制作天气图一样。

19 世纪 30 年代，出于健康原因去偏远地区旅行成为一种流行的治疗方式，特别是用于缓解结核病。随着减肥温泉疗养中心的发展，以及越来越多的人在阳光明媚、气候干燥的西部地区定居，这种旅行疗法呈蓬勃发展之势。19 世纪末，生物气象学和生物气候学发展成了学术上的二级学科。

20 世纪初，自然地理学家、环境决定论者埃尔斯沃斯·亨廷顿（Ellsworth Huntington）汇编了工厂工人产量的统计数据，并将死亡率与平均温度和湿度关联起来。对于他所认为最有利于健康和生产力的气候作出如下定义：温度 64 华氏度（17.8℃）、相对湿度 80% 最适合体力劳动；温度 40 华氏度（4.4℃）最适合思维活动。

关于气象学和气候学对医学和生物学的影响，大量工作正在进行中。最新的出版物包括《国际生物气象学大会论文集》（*Proceedings of the International Biometeorological Congress*, 1960）和《生物气候学进展》（*Advances in Bioclimatology*, Berlin, 1992）。1992 年"天气与健康研讨班"在加拿大举行。1994 年，美国国家气象局和环境保护局开始发布每日预报，报告暴露于紫外线辐射所带来的潜在健康风险。

参考文献

[1] Austin, Robert B. *Early American Medical Imprints: A Guide to Works Printed in the United States, 1668-1820*. Washington, DC: United States Department of Health, Education and Welfare, Public Health Service, 1961.

[2] Bolton, Conevery A. "The Health of the Country: Body and Environment in the

Making of the American West, 1800-1960." Ph.D. diss., Harvard University, 1998.

[3] Cassedy, James H. "Meteorology and Medicine in Colonial America: Beginnings of the Experimental Approach." *Journal of the History of Medicine and Allied Sciences* 24 (1969): 193-204.

[4] ——. *Medicine and American Growth, 1800-1860.* Madison: University of Wisconsin Press, 1986.

[5] Crosby, Alfred W. *The Columbian Exchange: Biological and Cultural Consequences of 1492.* Westport, CT: Greenwood, 1972.

[6] Duffy, John. *From Humors to Medical Science: A History of American Medicine.* 2d ed. Urbana: University of Illinois Press, 1993.

[7] Fleming, James R. *Meteorology in America, 1800-1870.* Baltimore: Johns Hopkins University Press, 1990.

[8] Glacken, Clarence J. *Traces on the Rhodian Shore: Nature and Culture in Western Thought from Ancient Times to the End of the Eighteenth Century.* Berkeley: University of California Press, 1967.

[9] Hippocrates. *Airs, Waters, Places.*

[10] Hippocrates. *Of the Epidemics.*

[11] Hume, Edgar Erskine. "The Foundation of American Meteorology by the United States Army Medical Department." *Bulletin of the History of Medicine* 8 (1940): 202-238.

[12] King, Lester S. *Transformations in American Medicine: From Benjamin Rush to William Osler.* Baltimore: Johns Hopkins University Press, 1991.

[13] Sargent, Frederick, II. *Hippocratic Heritage: A History of Ideas about Weather and Human Health.* New York: Pergamon, 1982.

詹姆斯·罗杰·弗莱明（James Rodger Fleming） 撰，康丽婷 译

病理学
Pathology

传统上病理学是医学实践的理论基础，因此所有的医生在某种程度上都是病理学家。20 世纪末，美国病理学的特点体现在一些具体的调查、教学和服务活动中，而这些活动的从业者彼此之间没有什么关系。在美国大多数自认为是病理学家的人

并不是研究人员，而是专门从事实验室诊断服务的医生。另一方面，许多其他医学领域的专家开展临床研究，他们的发现也和病理学息息相关，而实验病理学领域则囊括了几乎所有基础生物医学学科的科学家所做的工作，无论他们是否受到过医学训练。

在北美的英语区，病理学追求的实质一直在发生变化。18 世纪，欧洲理论家为取代承袭自古典时代的体液病理学，发展了病理过程基于统一概念的病理学说。就这种推测性的一般病理学而言，第一位值得注意的美国病理学家是本杰明·拉什（Benjamin Rush），他假设所有疾病都与血管壁的张力有关。

到 18 世纪后期，日益实证化的病理解剖学成熟起来，根据存活病患此前的症状可以识别其体内的病变。早在殖民地时代，居住在北美的欧洲人就偶尔会进行尸检——通常是出于司法鉴定的目的。但直到 1800 年前后，尸检才随着医院、医学院和医学期刊的发展逐渐制度化，成为用于增进医学知识的一种手段。

对于 19 世纪 20—40 年代成长起来的美国医生来说，前往伟大的巴黎病理学家的诊所拜访是他们职业培训生涯的巅峰。回国后，这些去过巴黎的几百名男子中，有许多人利用医院的设备开展病理解剖学的研究。其中最重要的人物是费城的威廉·伍德·格哈德（William Wood Gerhard），他在 19 世纪 30 年代的工作成功将斑疹伤寒与伤寒区分开来。美国第一本病理学教科书也出现在这一时期。

1847 年，J. B. S. 杰克逊（J. B. S. Jackson）成为美国哈佛大学病理学系首位教授，在那里他致力于病理标本的收集和展览。截至 19 世纪末，多数医学院都设立了类似的职位，但哈佛是几十年来唯一一所获得捐赠的学校，而其他学校的病理学教师仍要依赖他们医疗实践的收入。与此同时，许多没有正式病理学教职的医生也进行了大量病理学工作，有时还能通过尸检或外科手术中获得的标本建立起个人收藏。19 世纪四五十年代在一些大城市成立的病理学协会，为当地医生提供了展览大体标本与微观标本，以及讨论病理变化的机会。

早在 19 世纪 20 年代，由于医务人员的施压，医院管理委员会免费聘请了病理学家对尸检进行监督、从事标本收集工作，并为医院陈列柜编制目录。其中内战期间军医积累的工作尤为重要，后来的武装部队病理研究所正是基于此建立起来的。

到了 19 世纪 90 年代，病理学及其分支细菌学也在联邦民事部门中获得一席之地，尤其是农业部和海军医院服务部（后来还进入了美国公共卫生局）。市、县和州政府也建立起以病理学和相关学科为基础的实验室。

美国医生对 19 世纪中期欧洲在显微镜和液体病理方面的革新迅速做出了反应。在医学院，学生可选的显微镜学、血液学和尿液分析培训往往是医学教授或病理学教授的助教的职责。一些主要医院要么雇佣显微镜学家和化学家，不然就是对病理学家的职责范围进行扩大。1850—1900 年，对患者样本的分析逐渐取代了样本收集和编目工作的重要性，医院的病理陈列室也被改造成临床检验科。在解剖室、博物馆和实验室工作的医生是自愿从事这项工作的，他们没有报酬，其中最优秀的人旨在推进科学发展并扩展个人疾病知识。还有一些人是机会主义者，他们只是利用这些设备来建立职业人脉。1900 年前后，一些主要的临床医生和病理学家对实验室检测的泛滥表示担忧，因为其中许多检测结果并没有临床或治疗意义。

在 20 世纪的前 20 年里，早期那种无偿积累病理学经验的方法仍然是临床医生在医学学术上取得成功的基本条件。与此同时，医院也开始聘请全职、有偿的病理学家。在医院，病理学发挥着两种不同的作用（尽管通常作用在同一个人身上）：（1）临床病理学，使用化学、血液学和细菌学技术；（2）解剖病理学，包括对尸检和外科标本进行大体以及显微镜检查。早期的医院实验室主要从事常规检测，但工作人员也会在此进行临床研究和实验室实践创新。总的来说，尽管在 20 世纪头几十年里一些临床医生和病理学家都抱有希望，但医院实验室从未成为实验病理学工作的重要场所。第一次世界大战后，拥有诊断实验室服务成为医院认证的一项要求。从那时起，一些医院开始向病人收取化验费费用，化验费成为一项收入来源。

1910 年前后，内科医生理查德·C. 卡伯特（Richard C. Cabot）在马萨诸塞州总医院（Massachusetts General Hospital）发起了"临床－病理学会议"，这是美国在后期的一项创举，旨在保持病理解剖学的传统。在这些每周一次的职后教育会议上（很快蔓延到其他主要医院），病理学家将有效扮演"医生的法官"这一角色，对提交的病例进行讨论，并对最初的临床诊断提出认可或质疑。

当病理学作为一种医疗实践形式在美国逐渐成熟之时，它在欧洲作为一个科学研究领域又转向了动物实验。实验病理学是由威廉·亨利·韦尔奇（William Henry Welch）在他的赞助人和一些同事的帮助下引入美国的。在初次访问德国之后，1878 年，韦尔奇抓住机会在纽约的贝尔维尤医学院开设了一个教学实验室。1886 年，他的创新帮助他在新近成立的约翰斯·霍普金斯大学获得病理学教授职位。韦尔奇以其在医学教育改革中的贡献而闻名，同时他也是一位多产的科学家，发表了关于循环系统疾病、肝硬化、致病性真菌、慢性炎症和肿瘤等多篇论文。

韦尔奇没有招收病理学博士的计划，但前往霍普金斯大学接受韦尔奇培训的医科研究生帮助他把这套方法传播到了全国。韦尔奇的门生中有两位非常突出，一位是哈佛大学病理学教授威廉·T. 考茨曼（William T. Councilman），另一位是洛克菲勒研究所（Rockefeller Institute）的实验室主任西蒙·弗莱克斯纳（Simon Flexner）。然而，韦尔奇并不是美国病理学的唯一贡献者。其他人，诸如在芝加哥，生于丹麦的维也纳人克里斯蒂安·芬格尔（Christian Fenger）也建立了重要的教学和实验项目。

1910 年，美国的医学院已经有了标准的病理学课程，课程之余辅以实验室工作。从某种意义上说，实验病理学是推测性一般病理学传统的继承者，其研究对象是基本疾病过程，如肿瘤或炎症。现代病理学教科书继续将这一多样化的领域作为一门单一的学科，将其呈现为基于病理解剖学的一般病理学和系统（或器官）病理学。

1936 年，随着美国病理学委员会的成立，解剖病理学和临床病理学作为医学专业正式得到承认。1959 年，为法医病理学所设的附属专业委员会成立。临床和外科病理学成为最赚钱的热门领域，对大多数执业的美国医生来说，它们现在已经代表了病理学的全部。近年来，诊断实验室的劳动密度大大降低，而检测需求的增加导致医疗费用整体攀升。由于有更多机会获得高收入，临床病理学家通常已经从医院雇员转向开办个人诊所。

20 世纪上半叶，美国大学和研究实验室在实验病理学方面已经步入世界领先地位，然而在"二战"后的几年时间里，这个国家的医院几乎完全放弃了尸体解剖、每周一次的临床－病理学会议以及病理标本陈列室或博物馆。20 世纪 70 年代，一些病理学家抱怨道，美国的研究者在该领域缺乏身份认同，因为这里的临床病理学包含了一系列极为广泛的技术，这些技术越来越依赖于先进技术设备，并越来越多地被其他临床实践领域的分科医师所使用。与此同时，所谓实验病理学的研究也日益被囊括在其他学科科学家的研究领域之下，如分子生物学、生物化学、生理学、药理学、微生物学、毒理学，又或者是癌症研究。

参考文献

[1] Long, Esmond R. *A History of American Pathology*. Spring-field, IL: Thomas, 1962.

[2] Maulitz, Russell C. "Pathology." *The Education of American Physicians*, edited by Ronald L. Numbers. Berkeley: University of California Press, 1980, pp. 122-142.

[3] ——. "'The Whole Company of Pathology': Pathology as Idea and Work in American Medical Life." In *History of Pathology: Proceedings of the 8th International Symposium on the Comparative History of Medicine—East and West, September 18-24, 1983, Susono-shi, Japan*. Tokyo: Maruzen, 1986, pp. 139-161.

[4] Morman, Edward T. "Clinical Pathology in America, 1865-1915: Philadelphia as a Test Case." *Bulletin of the History of Medicine* 58 (1984): 198-214.

[5] Popper, H., and D.W. King, "The Situation of American Pathology 1975—Education Problems Yesterday, Today and Tomorrow." *Beiträge zur Pathologie* 156 (1975): 85-94.

[6] Wright, James R., Jr. "The Development of the Frozen Section Technique, the Evolution of Surgical Biopsy, and the Origins of Surgical Pathology." *Bulletin of the History of Medicine* 59 (1986): 295-326.

愛德华·T. 莫尔曼（Edward T. Morman） 撰，郭晓雯　译

药理学

Pharmacology

药理学是研究化学物质与生物相互作用的科学。尽管英语中的"药理学"一词至少可以追溯到 17 世纪，但现代实验药理学直到 19 世纪才出现。最初，"药理学"在广义上指对药物所有方面的研究，包括药物的来源、组成、物理和化学性质、生理作用、治疗用途、制备和给药。现在有时仍然使用这个词的古老含义，导致人们

对其科学含义不明就里。19 世纪，"药理学"一词越来越多地专指药物科学中研究生理作用的那部分，这门新科学的实践者称自己为药理学家。

药理学作为一门学科，可以说其智力根源在生理学，而制度根源在本草学，实验药理学作为生理学的一个分支而出现。19 世纪法国实验生理学的先驱，如弗朗索瓦·马让迪（Francois Magendie）和克劳德·伯纳德（Claude Bernard），对定义药理学的研究问题也有所帮助，如药物作用的位置和方式，并且发展、改进了该领域的许多实验技术。然而，药理学成为一门独立的学科是在 19 世纪后半叶的日耳曼大学里。它取代了传统的药物学教学课程，在医学院找到了一席之地。传统药物学课程侧重于对药物的天然来源、成分、制备等的描述。

在将药理学确立为一门独立学科方面，奥斯瓦尔德·施米德伯格（Oswald Schmiedeberg）的贡献可能无人能及。施米德伯格在斯特拉斯堡大学（University of Strassburg）的实验室培养了 150 多名药理学家。在他 1921 年去世的时候，他的学生在国际上已经举办了大约 40 场药理学讲座。约翰·雅各布·艾贝尔（John Jacob Abel，1857—1938）是施米德伯格的学生之一，被认为是"美国药理学之父"。

艾贝尔在密歇根大学获得学士学位，又在约翰斯·霍普金斯大学（Johns Hopkins University）攻读了一年研究生后，于 1884 年前往德国学习生物医学。他花了六年半的时间在德国、奥地利和瑞士的大学学习，这也许是那个时期美国人最长的学徒生涯。他在斯特拉斯堡待了两年，获得了医学博士学位，并在施米德伯格的实验室工作。

1891 年，艾贝尔接受了密歇根大学的药物治疗学教授职位。尽管保留了教授职位的传统头衔，但这一任命代表着美国的第一位现代药理学教授。艾贝尔把德国实验药理学的传统带到了密歇根，这一传统是由施米德伯格和其他人一手建立的。他很快将密歇根大学的传统药物课程替换为现代药理学课程，包括在课上用活体解剖来进行演示。他还推动建立起一间实验室以实现自己的研究兴趣。

当 1893 年约翰斯·霍普金斯大学开办医学院时，阿贝尔被任命为该校的第一位药理学教授，他一直担任此职直至 1933 年退休。约翰斯·霍普金斯大学的艾贝尔实验室是一代药理学家的培养基地，这些药理学家将填补大学、政府机构和工业公司不断增加的职位需求。

到 1910 年，即《弗莱克斯纳医学教育报告》（the Flexner Report on medical education）发表的那一年，美国多数较好的医学院已经将药物医学转向药理学，如西储大学、宾夕法尼亚大学、哥伦比亚大学的内外科医师学院。某些政府机构，如公共卫生局的卫生实验室和农业部的化学局，甚至一些更注重研究的制药公司，如帕克戴维斯公司，在这时都开始雇用药理学家。然而，学术药理学家往往以怀疑的眼光看待这些工业界同行，直到 1941 年才允许他们加入全国性专业学会。

还有其他一些证据能够表明，在 20 世纪前 10 年的末期，美国药理学正朝着专业化的方向发展，这些证据反映在国家学会和专业期刊的设立中。1908 年 12 月 28 日，在艾贝尔的邀请下，18 个人在约翰斯·霍普金斯大学相聚一堂，组成了美国药理学和实验治疗学会。第二年，艾贝尔带头为该领域创办了《药理学和实验治疗学杂志》（*Journal of Pharmacology and Experimental Therapeutics*），直到 1933 年退休，他一直从事这本杂志的编辑工作。

纵观 20 世纪，美国药理学持续扩大着自身的规模和影响。药理学家开始受雇于诸如药学院和兽医学院的学术型医疗科学项目，而不再仅仅是医学院。政府和工业实验室也出现了更多药理学家的身影。该领域的研究生项目的数量从 1930 年前的屈指可数急剧增长到今天的近 200 个。越来越多的药理学家获得了该领域的专业博士学位而不是医学分支学科的博士学位，如毒理学、临床药理学和分子药理学在最近几十年都已崭露头角。

相对来说，美国药理学较少受到科学史家的关注。最近有一本书探讨了美国药理学的学科建设，但还有很多工作有待完成。例如，目前没有该领域任何一位核心人物的完整传记。与其他国家（如英国和法国）药理学的发展进行比较研究，将有助于确定美国药理学的独特之处以及塑造它的环境。对美国药理学与其姊妹学科生物医学（如生理学和生物化学）的关系进行研究也是很有必要的。迄今为止，多数研究的焦点都集中在该学科的机构发展上，对美国药理学实验室实际进行的科学工作的分析相对较少。这门学科较近的历史，特别是与动物权利运动、分子生物学的兴起和日益加强的药物监管等相关的历史，也都非常值得关注。

参考文献

[1] Chen, K.K., ed. *The American Society for Pharmacology and Experimental Therapeutics, Incorporated: The First Sixty Years, 1908-1969*. Bethesda, MD: American Society for Pharmacology and Experimental Therapeutics, 1969.

[2] Cowen, David. "Materia Medica and Pharmacology." In *The Education of American Physicians*, edited by Ronald L. Numbers. Berkeley: University of California Press, 1980, pp. 95-121.

[3] *John Jacob Abel, M.D., Investigator, Teacher, Prophet, 1857-1938: A Collection of Papers by and about the Father of American Pharmacology*. Baltimore: Williams and Wilkins, 1957.

[4] Parascandola, John. *The Development of American Pharmacology: John J. Abel and the Shaping of a Discipline*. Baltimore: Johns Hopkins University Press, 1992.

[5] Parascandola, John, and Elizabeth Keeney. *Sources in the History of American Pharmacology*. Madison, WI: American Institute of the History of Pharmacy, 1983.

[6] Rosenberg, Charles E. "Abel John Jacob." *The Dictionary of Scientific Biography*. Edited by Charles Gilliespie. New York, Scribners, 1970, 1: 9-12.

[7] Swain, Henry H., E.M.K. Geiling, and Alexander Heingartner. "John Jacob Abel at Michigan: The Introduction of Pharmacology into the Medical Curriculum." *University of Michigan Medical Bulletin* 29 (1963): 1-14.

约翰·帕拉斯坎多拉（John Parascandola）　撰，郭晓雯　译

费城百年纪念博览会
Philadelphia Centennial Exhibition

1876 年年初，在费城博览会开幕的几个月前，天文学家西蒙·纽科姆（Simon Newcomb）谴责了美国理论科学的落后。他指出，美国人是卓有成就的"推理者"和发明家，但却不擅理论化。而费城百年纪念博览会在许多方面证实了他的担忧。

举办费城百年纪念博览会目的是庆祝美国独立一百周年，并加强内战后国内的民族主义情绪，其间展出了一系列惊人的技术创新：改进后的新格特林枪（机关枪）、亚历山大·格雷厄姆·贝尔（Alexander Graham Bell）发明的电话、高耸气

派的科利斯蒸汽机，以及女性创造的 75 项发明。由于展品多数集中在迄今为止建造的最大建筑——机器展览厅（Machinery Hall）里，因而给人这样的印象：象征美国之魂的是技术，而不是科学。

纯粹的或是抽象的科学，可能已经被博览会上脉动的变革引擎蒙上了一层阴影，但它并未缺席。博览会的核心理念基于这样一种分类法：它根植于当代科学观念中关于人类进步本质的认识，它坚信假定的种族差异是衡量进步的重要指标。这种分类法在美国政府大楼体现得尤为明显。在那里，史密森学会的人种学家组织了一场关于美洲土著文化的大型展览，而在乔治·阿姆斯特朗·卡斯特（George Armstrong Custer）败选的背景下，这一展览进一步加强了主流观点——美洲土著更接近于"野蛮"，而不是"文明"。

对于美国科学家来说，费城百年纪念博览会可能证实了这样一种看法：在美国，科学已经让位于技术。但对于史密森学会的科学家来说，这次博览会标志着一次重生。展览结束后，史密森学会获得资金建立新博物馆来收藏费城展览会的展品，学会的科学家成员日益致力于向公众宣传"应用科学"。捍卫"纯"科学研究的任务，将留给下一代的科学家。史密森学会的努力成果在 1933 年芝加哥百年进步博览会（Chicago Century of Progress Exposition）上达到了顶峰，博览会在科学大厅举办，而这座建筑最初的名字是"科学圣殿"（The Temple of Science）。

参考文献

[1] Post, Robert, ed. *1876：A Centennial Exhibition*. Washington, DC：Smithsonian Institution Press, 1976.

[2] Warner, Deborah Jean. "Women Inventors at the Centennial." In *Dynamos and Virgins Revisited：Women and Technological Change in History*, edited by Martha Moore Trescott. Metuchen, NJ：Scarecrow Press, 1979, pp. 102-119.

罗伯特·W. 雷德尔（Robert W Rydell）撰，郭晓雯 译

另请参阅：世界博览会（World's Fairs）

抗生素

Antibiotics

　　抗生素即杀菌药物。细菌学是在 19 世纪后期出现的。起源于德国科赫（Koch）
和法国巴斯德（Pasteur）的开创性工作，细菌致病论的发展为医学科学提供了一个
新范式。认定引起某种疾病的某种微生物只不过是第一步。下一步就是开发特定的
药物来杀死导致人类生病的细菌。虽然医学科学家已经开始辨别致病的有机体，但
他们缺乏能够成功治愈它们的疗法。

　　磺胺类药物是很早开发出来的抗菌剂之一。德国科研人员格哈德·多玛克
（Gerhard Domagk）在 20 世纪 30 年代证实了很早的抗链球菌感染药物之一——百
浪多息（prontosil）的效果。虽然磺胺类药物可能在一些人身上产生毒性反应，但
在 20 世纪 30 年代末和 40 年代初，它们在用于预防链球菌和淋球菌感染方面被证
明是非常宝贵的。

　　美国研究人员进一步证明了磺胺类药物的功效。在德国的初步研究之后，美国
和英国的临床医生对磺胺类药物进行了一系列试验，很快取得成功。到 20 世纪 40
年代早期，研究人员已经证明磺胺嘧啶的抗菌谱与磺胺、磺胺吡啶和磺胺噻唑相当，
但副作用相对较少。

　　然而，到第二次世界大战的早期，青霉素使磺胺类药物黯然失色。尽管亚历山
大·弗莱明（Alexander Fleming）已经注意到点青霉（*P. notatum*）对金黄色葡萄
球菌的溶解作用，金黄色葡萄球菌是一种以耐溶解而闻名的生物，但牛津大学的临
床研究人员直到 1940 年才对青霉素进行了全面评估。青霉素极大地扩展了抗菌疗法
的范围。与磺胺相比，青霉素产生的毒性反应要少得多，它还为葡萄球菌感染提供
了有效的治疗，而磺胺类药物已被证明对葡萄球菌感染无效。

　　青霉素的工业生产成为一个主要障碍。在战争初期，这种药物的生产效率非常
低，到 1944 年，随着美国农业部伊利诺伊州皮奥里亚市的科学家和工程师改进了生
产方法和技术，这种药物的生产效率才达到了惊人的水平。

　　战后初期又涌现了多种药品。截至 1960 年，第一批头孢菌素、链霉素，第一批

四环素和氯霉素等都已出现。这些都超越了最初的磺胺类药物和青霉素，扩大了抗生素治疗的有效抗菌范围。然而，要控制那些对现有抗菌药物已产生耐药性的有机体，研发新抗生素仍是至关重要的。

参考文献

[1] Adams, David P. *"The Greatest Good to the Greatest Number"*: *Penicillin Rationing on the American Home Front*, *1940-1945*. New York: Peter Lang, 1991.

[2] Clark, Ronald W. *The Life of Ernst Chain*: *Penicillin and Beyond*. New York: St. Martin's Press, 1986.

[3] Hobby, Gladys L. *Penicillin*: *Meeting the Challenge*. New Haven: Yale University Press, 1985.

[4] MacFarlane, Gwyn. *Alexander Fleming*: *The Man and the Myth*. Cambridge, MA: Harvard University Press, 1984.

[5] Moberg, Carol L., and Zanvil A. Cohn. *Launching the Antibiotic Era*: *Personal Accounts of the Discovery and Use of the First Antibiotics*. New York: Rockefeller University Press, 1990.

[6] Parascandola, John, ed. *The History of Antibiotics*: *A Symposium*. Madison: American Institute of the History of Pharmacy, 1980.

[7] Sheehan, John C. *The Enchanted Ring*: *The Untold Story of Penicillin*. Cambridge, MA: MIT Press, 1982.

[8] Spink, Wesley W. *Infectious Diseases*: *Prevention and Treatment in the Nineteenth and Twentieth Centuries*. Minneapolis: University of Minneapolis Press, 1978.

[9] Swann, John Patrick. "The Search for Penicillin Synthesis during World War II." *British Journal for the History of Science* 16 (July 1983): 154−190.

[10] Williams, Trevor I. *Howard Florey*: *Penicillin and After*. Oxford: Oxford University Press, 1984.

大卫·P. 小亚当斯（David P. Adams, Jr.） 撰，陈明坦 译

青霉素项目

Penicillin Project

第二次世界大战期间的青霉素项目是 20 世纪令人印象深刻的科学和医学成就之一。战争初期，工业化生产的青霉素微乎其微，而到了 1944 年已达到出人意料的大规模生产水平。青霉素项目的特点在于，它是集合了化学工程师、生物化学家和临床研究人员之间的共同努力而实现的成果。

20 世纪 20 年代末到 1940 年，青霉素一直只存在于实验室。尽管亚历山大·弗莱明发现了青霉菌对金黄色葡萄球菌的溶解作用，但研究人员并未充分研究该物质的临床应用。最终，国际事件导致了兴趣转向，人们开始关注青霉素在体内和体外的功效。

霍华德·弗洛里（Howard Florey）和他的牛津研究小组进行了首次青霉素临床试验。到 1941 年夏末，临床研究人员已经证明了青霉素在体内对某些细菌的功效。英国和美国都有许多人立即意识到，这种物质对盟军的战争来说是无价之宝。

青霉素出现了两个相互关联的问题：生产和临床研究。伊利诺伊州皮奥里亚的美国农业部研究站开发了一种有效的发酵方法。在那里，由化学工程师、生物化学家和细菌学家组成的团队完善了批量生产青霉素的方法，以此取代了低效的霉菌表面培养。美国制药商很快也建立了自己的青霉素试验工厂。

临床研究是美国青霉素计划的另一方面。国家研究委员会（The National Research Council）的化学疗剂与其他药物委员会（Committee on Chemotherapeutic and Other Agents）与科学研究发展局的医学研究委员会协调工作，不仅对青霉素的精细临床研究进行监督，还监督了对美国后方患病公民公平配给青霉素的工作。到 1944 年 4 月，随着青霉素供应的增加，以至于向公众分发药品一事转交由青霉素分发办公室（Office of Penicillin Distribution）负责。而化学疗剂与其他药物委员会继续其临床研究直到战争结束。

青霉素项目代表的成就类似于"曼哈顿计划"。这些研究人员得到了联邦政府的大量资助，并配合军方的要求，在短短几年内将弗莱明和弗洛里的实验室发现和初步试验成果转化为大规模生产的药物。青霉素，像原子弹一样，成为第二次世界大战中杰出的科学成就之一。

参考文献

[1] Adams, David P. *The Greatest Good to the Greatest Number：Penicillin Rationing on the American Home Front, 1940-1945*. New York：Peter Lang, 1991.

[2] Hobby, Gladys L. *Penicillin：Meeting the Challenge*. New Haven：Yale University Press, 1985.

[3] Moberg, Carol L., and Zanvil A. Cohn, eds. *Launching the Antibiotic Era：Personal Accounts of the Discovery and Use of the First Antibiotics*. New York：Rockefeller University Press, 1990.

[4] Parascandola, John, ed. *The History of Antibiotics：A Symposium*. Madison, WI：American Institute of the History of Pharmacy, 1980.

[5] Sheehan, John C. *The Enchanted Ring：The Untold Story of Penicillin*. Cambridge, MA：MIT Press, 1982.

[6] Williams. Trevor I. *Howard Florey：Penicillin and After*. Oxford：Oxford University Press, 1984.

大卫·P. 小亚当斯（David P. Adams, Jr.） 撰，刘晓 译

另请参阅：抗生素（Antibiotics）；第二次世界大战与美国科学（World War II and Science）

天花
Smallpox（variola）

一种急性、易传染，且极易通过接触传播传染的病毒性疾病，以皮肤损伤或麻点为特征。临床上有两种类型：毒性较强的重型天花（*Variola major*）和毒性较轻的轻型天花（*Variola minor*）。1980 年，经过长达 10 年（1967—1977）的全球消灭天花运动后，世界卫生组织宣布天花被根除。不过，在美国佐治亚州亚特兰大（Atlanta）和英格兰伯明翰（Birmingham），至少有两个实验室保存有少量病毒用于科学研究。

17 世纪初，天花第一次在英属北美出现，它被从英格兰、西印度群岛和非洲带

到这里。虽然这种病在英格兰是地方性疾病，但在英国的北美大陆殖民地却一直是流行病。这导致人们误认为殖民地居民更易感染天花。在美国独立战争前的一个世纪里，殖民地一些地方的天花只有两个时期是处于非活跃期的，每次不超过 5 年。在侵袭殖民地居民的诸多疾病中，天花引起的恐慌最大。这种病令人厌恶、传染性强、死亡率高，会给幸存者留下永久瘢痕，以及导致失聪或失明。殖民时期，天花对经济影响巨大：它中断商业贸易，导致急需的人力资源质量下降和数量损失。因为美洲原住民缺乏获得性免疫，天花通常给他们毁灭性打击，也削弱了他们对白人入侵的抵抗能力。

18 世纪，控制天花的两种最有效方法是隔离和接种。隔离是较古老的方法，如果能迅速且适当地加以运用，就能大大降低天花失控的可能性。接种是将天花病人伤口处的少量物质注入未患天花者的皮肤内，以诱发获得性免疫。1721 年波士顿天花流行期间，牧师科顿·马瑟（Cotton Mather）和扎布迪尔·博伊斯顿（Zabdiel Boylston）医生把这种方法引进美国，尽快当时反对声很激烈。这是西方世界第一次大规模尝试进行天花预防接种。

因为天花是一种特殊的疾病，预防接种的免疫效果比较容易证明。尽管如此，在殖民结束前的一段时间里，预防接种仍是一个极具争议的做法。反对预防接种的理由主要有两点：首先，接种的时间成本和费用高昂，许多人无力负担。通过地方政府承担穷人接种费用以及医生提供接种服务，这一问题逐步得以解决。第二，受种者具有传染性，可能会传播、延续或加剧天花疫情。由此，接种逐渐实行了严格的防控程序。美国独立战争期间，乔治·华盛顿采取一项政策成功为大陆军人普遍接种人痘。

在 18 世纪 90 年代，英国医生爱德华·詹纳（Edward Jenner）证明牛痘物质也可以诱发人对天花病毒的长期免疫力。因为牛痘接种更加廉价、引起的症状也更温和，而且最为重要的是接种后在人类中没有传染性，所以牛痘接种很快取代了人痘接种。哈佛医学院第一位医学教授本杰明·沃特豪斯（Benjamin Waterhouse）博士是在美国引入和推广牛痘接种的领袖。他的接种工作得到托马斯·杰斐逊总统的大力支持。沃特豪斯因最初试图在新英格兰垄断牛痘疫苗的使用权而受到批评。不过他如此做，一方面是出于贪婪，另一方面是为了防止牛痘接种落入无能或欺诈之辈手中而被人们质疑预防效果。

1830 年后，满足于现状、偶然的意外以及与日俱增的反对声等因素致使美国牛痘接种量下降。19 世纪 70 年代，天花再次成为美国主要流行病之一。当各州试图实施其疫苗接种法或通过新的疫苗接种法案时，又遭到美国反疫苗接种协会（Anti-Vaccination Society of America）为首的反对力量的强烈抗议。这种反对声直到 20 世纪 30 年代才逐渐平息。1962 年，天花在北美绝迹。

参考文献

[1] Blake, John B. "The Inoculation Controversy in Boston, 1721–1722." *The New England Quarterly* 25（1952）：489–506.

[2] ——. *Benjamin Waterhouse and the Introduction of Vaccination：A Reappraisal*. Philadelphia：University of Pennsylvania Press, 1957.

[3] Cohen, I. Bernard, ed. *The Life and Scientific and Medical Career of Benjamin Waterhouse；with Some Account of the Introduction of Vaccination In America*. 2 vols. New York：Arno Press, 1980.

[4] Dixon, C.W. *Smallpox*. London：Churchill, 1962.

[5] Duffy, John. *Epidemics in Colonial America*. Baton Rouge：Louisiana State University Press, 1953.

[6] Hopkins, Donald R. *Princes and Peasants：Smallpox in History*. Chicago：University of Chicago Press, 1983.

[7] Kaufman, Martin. "The American Anti-Vaccinationists and Their Arguments." *Bulletin of the History of Medicine* 41（1967）：463–478.

[8] Stearns, E.W., and A.E. Stearns. *The Effect of Smallpox on the Destiny of the Amerindians*. Boston：Humphries, 1945.

[9] Waterhouse, G.H. "Descendents of Richard Waterhouse of Portsmouth, N.H." 3 vols. 1934. Typescripts in the Library of Congress, Washington, DC and the New England Historic Genealogical Society, Boston, MA.

[10] Winslow, Ola E. *A Destroying Angel：The Conquest of Smallpox in Colonial Boston*. Boston：Houghton Mifflin. 1974.

菲利普·卡什（Philip Cash） 撰，彭繁 译

肺结核
Tuberculosis

肺结核是由于生活和工作条件限制、营养不良以及某种细菌定植而引起的高度传染性疾病；与更加偶发性的疾病相比，它的严重性和持久性使它在美国历史上显得更为重要。罗德岛一处 17 世纪的公墓中有 30% 的遗骸生前可能患有肺结核。截至 1830 年，结核病已经成为美国成年人最大的杀手，并且在至少半个世纪的时间里一直如此。

早期结核病治疗方法的范围很广。本杰明·拉什（Benjamin Rush）提倡骑马呼吸新鲜空气。19 世纪其他的治疗方法包括木馏油、金、鱼肝油和其他混合物。也曾实验过放血和避寒或避免夜间空气。1887 年，患有肺结核的纽约医生爱德华·特鲁多（Edward Trudeau）前往阿迪朗达克山脉"赴死"。令人惊讶的是，凭借新鲜空气和休息，他似乎恢复了。之后他建立了美国第一个结核病疗养院——萨拉纳克湖（Saranac Lake）。

随后的疗养院运动、提高营养、休息以及改变不健康的城市生活条件为肺结核患者带来了希望和乐观。事实上，这场运动代表着一种对前工业时代更广阔空间生活的回归。健康的社会成员认为应该对肺结核患者进行隔离。富裕的病人进入疗养院与著名的、不著名的艺术与文学人物交流，而不太富裕的病人则在简朴的公共设施里寻求慰藉。一些结核病治疗（包括手术治疗，目的是减少胸壁和肺运动）研究是在疗养院内进行的。疗养院的普及在 1910 年达到顶峰，但 1908 年时，某些领导人对疗养院的长期护理方式持有保留意见。在疗养院接受与未接受过治疗的病人在出院后几十年内统计得出的死亡率是一样的。

1882 年，德国细菌学家罗伯特·科赫（Robert Koch）分离出结核分歧杆菌，这一发现对治疗结核病几乎没有直接作用，但对预防却有重大意义。赫尔曼·比格斯（Hermann Biggs）在 1892—1914 年担任纽约市卫生部门的负责人，他认为应该通过政治和社会双重手段控制结核病患者。他主张采取病例发现、家庭消毒、管控病人就业机会、病例登记、强制住院和隔离住院病人的方法控制患者。在 20 世纪初，预防的重点从环境转移到个人。罗得岛普罗维登斯的查尔斯·V.查宾（Charles V. Chapin）放弃了卫生措施并在促进个人卫生和医疗检查方面发挥了重要作用，这是改善健康的关键。

宾夕法尼亚州的医生、肺结核患者劳伦斯·弗里克（Lawrence Flick）在1904年全国结核病研究和预防协会（National Association for the Study and Prevention of tuberculosis）的建立中发挥了重要作用，该协会于1973年发展成为美国肺脏协会（American Lung Association）。这个协会强调医生、慈善家和公众之间的合作，可以说是美国第一次如此大规模的公共卫生运动，而且还成为防治小儿麻痹症和心脏病运动的典范。在20世纪的头几十年里，结核菌素和胸部X光的使用为结核病提供了新的诊断手段；而且胸部X光在两次世界大战期间还被广泛用于新兵的筛选。

1908年，巴斯德研究所生产了牛结核杆菌卡介苗［Bacille Calmette-Guerin（BCG）］。该疫苗在美国的临床实验是在20世纪40年代末在芝加哥大学进行的，随后在1950年得到了联邦政府的批准。但是美国医学协会和其他机构却反对该疫苗的广泛使用并且受到了重视。

20世纪40年代，药物进入了抗结核"武器库"。罗格斯大学的研究员塞尔曼·瓦克斯曼（Selman Waksman）在1944年发现了链霉素，但一些人无法忍受它的副作用。1952年在美国和德国研制的异烟肼使得链霉素所拥有的巨大希望越发接近成功。

人们认为筛查和药物治疗相结合的方式已经终结了结核病的流行。但结核病在1979年"死灰复燃"，部分原因是患者中断了治疗，产生了耐药菌。目前仍然需要保持警惕，特别是对那些免疫系统受损的人。

参考文献

［1］Bates, Barbara. *Bargaining for Life: A Social History of Tuberculosis 1876-1938*. Philadelphia: University of Pennsylvania Press, 1992.

［2］Bonner, Thomas N. *Medicine in Chicago 1850-1950: A Chapter in the Social and Scientific Development of a City*. 2d ed. Urbana/Chicago: University of Illinois Press, 1991.

[3] Caldwell, Mark. *The Last Crusade：The War on Consumption 1862-1954*. New York：Atheneum, 1988.

[4] Dubos, Rene, and Jean Dubos. *The White Plague：Tuberculosis, Man, and Society*. New Brunswick：Rutgers University Press, 1987.

[5] Ellison, David L. *Healing Tuberculosis in the Woods：Medicine and Science at the End of the Nineteenth Century*. Contributions in Medical Studies, no. 41. Westport, CT：Greenwood Press, 1994.

[6] King, Lester S. *Transformations in American Medicine from Benjamin Rush to William Osler*. Baltimore：Johns Hopkins University Press, 1991.

[7] Lowell, Anthony M., Lydia B. Edwards, and Carroll E. Palmer. *Tuberculosis*. American Public Health Association Vital and Health Statistics Monographs. Cambridge, MA：Harvard University Press, 1969.

[8] Ott, Katherine. *Fevered Lives：Tuberculosis in American Culture since 1870*. Cambridge, MA：Harvard University Press, 1996.

[9] Rothman, Sheila M. *Living in the Shadow of Death：Tuberculosis and the Social Experience of Illness in America*. New York：Basic Books, 1994.

[10] Starr, Paul. *The Social Transformation of American Medicine*. New York：Basic Books, 1982.

[11] Teller, Michael. *The Tuberculosis Movement：A Public Health Campaign in the Progressive Era*. New York：Greenwood Press, 1988.

普里西拉·乔丹·艾略特（Priscilla Jordan Elliott）　撰，刘晋国　译

黄热病

Yellow Fever

一种在美国科学和医学史上具有重要意义的疾病，黄热病是关于传染性的辩论的主要焦点之一。它促使联邦政府在细菌学研究和公共卫生上出资，并成立南方国家卫生委员会。也正是这个问题使沃尔特·里德（Walter Reed）和威廉·克劳福德·戈加斯（William Crawford Gorgas）在 19 世纪 20 世纪之交声名鹊起。

在美国，第一次引起科学界广泛关注的黄热病疫情发生在 1793 年的费城。那个时代美国首屈一指的医生本杰明·拉什（Benjamin Rush）利用这种流行病为英雄

式的治疗方式辩护，同时进行卫生改革以防止疾病肆虐。本杰明·拉什是一位狂热的抗传染病专家、抗检疫医生和教师，他将自己的信念传达给了一代医学生。直到19世纪40年代，拉什对病因学教条的控制才开始松动。

虽然在联邦时期黄热病在北方的海港更常见，但到了19世纪中期，黄热病已经成为主要在南方发生的疾病。像新奥尔良和莫比尔这样经常被黄热病侵袭的城市里的医生仍然和拉什观点相同，认为这种疾病是由城市街道上产生的恶臭气体和特殊气象条件共同造成的。但内陆城镇的一些医生发现，首例病例是随着来自受感染地区的船只或人员的到达出现的。这使得黄热病具有可传播性的事实逐渐被接受，另外人们还相信任何被传播的东西都可以通过消毒剂来消除。因此到19世纪80年代，随着越来越多的疾病被证明是由某种病原体引发，"黄热病是由病原体传播的，而且这种病原体可以通过用硫黄、氯化物或热量处理寄生虫或受污染的空气而被杀死"，已经逐渐成为共识。

黄热病造成的经济和社会破坏迫使南方政府寻找解决办法。19世纪70年代，在全国范围内的公共卫生活动浪潮中，南方大多数州都成立了州卫生委员会。那些与黄热病关系最密切的委员会是最积极和资金最充足的。1878年最严重的黄热病疫情也刺激了联邦政府的参与，直接导致了国家卫生委员会的成立。这个机构在19世纪80年代被海洋医院服务处取代，后者将控制黄热病的紧迫性转化为越来越大的公共卫生责任，在1902年更名为美国公共卫生局。美国第一个受联邦资助的细菌学研究是在国家委员会的支持下进行的，并随着公共卫生局的扩大而继续发展。

在美西战争时期，美国军队占领古巴，部队暴露于黄热病的问题变得尖锐。黄热病在古巴流行，这为陆军医生华特·里德（Walter Reed）和詹姆斯·卡罗尔（James Carroll）提供了理想的研究环境。里德和卡罗尔确定这种疾病是由受感染的蚊子传播的，并提出病毒是黄热病的病原体。威廉·克劳福德·戈尔加斯（William Crawford Gorgas）利用这一理论限制了黄热病在古巴的传播，而后保障了正在挖掘巴拿马运河的美国工人的安全。戈尔加斯防治技术的要点在于杀死蚊子，防止它们接触病人以及防止它们接触到水井。

美国最后一次黄热病流行发生在1905年的新奥尔良。在"蚊子理论"的指导下，美国公共卫生局控制了这种疾病，并扩大了联邦公共卫生力量的声誉。

参考文献

［1］Coleman, William. *Yellow Fever in the North：The Methods of Early Epidemiology.* Madison：The University of Wisconsin Press, 1987.

［2］Delaporte, Francois. *The History of Yellow Fever：An Essay on the Birth of Tropical Medicine.* Translated from the French by Arthur Goldhammer. Cambridge, MA：MIT Press, 1991.

［3］Ellis, John H. *Yellow Fever and Public Health in the New South.* Lexington：University Press of Kentucky, 1992.

［4］Humphreys, Margaret. *Yellow Fever and the South.* New Brunswick：Rutgers University Press, 1992.

［5］Pernick, Martin S. "Politics, Parties and Pestilence：Epidemic Yellow Fever in Philadelphia and the Rise of the First Party System." In *Sickness and Health in America：Readings in the History of Medicine and Public Health*, edited by Judith Walzer Leavitt and Ronald L. Numbers. 2d ed. Madison：University of Wisconsin Press, 1985, pp. 356-371.

玛格丽特·汉弗莱斯（Margaret Humphreys）　撰，孙小涪　译

另请参阅：沃尔特·里德（Walter Reed）

小儿麻痹症

Polio

19 世纪 90 年代，小儿麻痹症在西欧和北美暴发疫情，在此之前这一病症非常罕见。流行性小儿麻痹症最初困扰的是农村地区，后来成了城市公共卫生问题。1916 年，在当时规模最大的疫情期间，仅纽约市就有 8900 例病例。医生当时（现在仍然）只能提供对症治疗，直到 20 世纪 50 年代，人们都无法预测或预防这种疾病。

小儿麻痹症是一种"洁净"导致的疾病。1900 年以前，多数人在婴儿时期就感染了这种病毒，但几乎没有出现任何症状，并获得了终身免疫。由于卫生条件的改善

和儿童护理的发展，西方工业化国家的幼儿得以免受自然感染，那些在此后感染的儿童则更有可能出现麻痹，麻痹性脊髓灰质炎病例的数量和年龄都有所增加。因此，来自干净整洁的中产阶级家庭的孩子比来自贫困家庭的孩子更容易罹患麻痹性疾病。

　　脊髓灰质炎病毒在肠道内生长，有时会扩散至神经系统，导致瘫痪。如果呼吸肌肉瘫痪，就可能导致死亡。1905 年，瑞典临床医生伊瓦·威克曼（Ivar Wickman）将有限症状的儿童——如发烧和颈部僵硬——认定为"未遂的"小儿麻痹症病例。1908 年和 1909 年，卡尔·兰德斯坦纳（Karl Landsteiner）、康斯坦丁·莱瓦迪提（Constantin Levaditi）和西蒙·弗莱克斯纳（Simon Flexner）通过实验动物进行实验室研究，发现小儿麻痹症是一种可过滤的病毒。在他们看来，脊髓灰质炎这种亲神经的疾病，若通过飞沫感染不会有太大影响。直到 20 世纪三四十年代，大卫·鲍地安（David Bodian）、多萝西·霍斯特曼（Dorothy Horstmann）、伊莎贝尔·摩尔根（Isabel Morgan）、阿尔伯特·萨宾（Albert Sabin）、约翰·R. 保罗（John R. Paul）和詹姆斯·查斯克（James Trask）指出，脊髓灰质炎通过口腔进入人体，通过血液进入肠道，很少影响神经系统。1948 年，波士顿病毒学家约翰·恩德斯（John Enders）在非神经组织中培育了一种脊髓灰质炎病毒株，为开发安全疫苗指明了方向，并凭此获得了 1954 年的诺贝尔奖。

　　由于小儿麻痹症可怕且不可预测，也没有有效的医治手段，因而它获得的公众关注度远远超过其发病率和死亡率所能引起的关注。在 20 世纪三四十年代，康复成为一个主要的健康问题。小儿麻痹症可能会伤害任何一个儿童的想法是由"国家小儿麻痹症基金会"（National Foundation for Infantile Paralysis）提出的，这一慈善组织成立于 1937 年，它的设立是富兰克林·德拉诺·罗斯福（Franklin Delano Roosevelt）总统个人兴趣的结果，1921 年，罗斯福因小儿麻痹症而双腿瘫痪。该基金会开展了一些精细的筹款活动，其中最著名的活动是"一角钱游行"（March of dime），组织人们向白宫捐一角硬币。基金会还资助了佐治亚州温泉市的一个康复中心，到 20 世纪 40 年代末，它资助了专业培训和病毒学研究，并为医院捐赠病床、拐杖和铁肺。1940 年，澳大利亚护士伊丽莎白·肯尼（Elizabeth Kenny）为美国带来了关于小儿麻痹症的新理论，她主张进行积极的肌肉治疗，而不是更常见的固定和夹板疗法。她与医疗机构的关系一度紧张，但到 20 世纪 40 年代末，她的方法已被大多数小儿麻痹症病房采用。

　　基金会还资助了美国病毒学家乔纳斯·索尔克（Jonas Salk）和阿尔伯特·萨宾的研究工作。20 世纪 50 年代，索尔克已经研制出一种灭病毒脊髓灰质炎疫苗，萨宾则研制出了一种使用减毒病毒的疫苗。1954 年，基金会资助了全国范围内对索尔克疫苗的双盲临床试验，有 180 万儿童参与其中，证明了疫苗的安全有效。1955 年有报道称，加州伯克利的卡特实验室生产的大量疫苗导致一些儿童瘫痪甚至死亡，这严重威胁了公信力，但随着联邦政府对疫苗生产实施更严格的监督管控，卡特事件得到了解决。1961 年，美国政府批准了萨宾的口服疫苗，他曾在墨西哥和苏联进行过试验。与需要多次注射的索尔克疫苗不同，它做成了糖浆或方糖的形式，可以提供更持久的免疫力，但也存在瘫痪的风险。口服疫苗已被美国和大多数其他工业化国家采用，但瑞典、芬兰和荷兰选择继续使用索尔克疫苗。

参考文献

[1] Benison, Saul. *Tom Rivers*：*Reflections on a Life in Medicine and Science*. Cambridge, MA：MIT Press, 1967.

[2] Daniel, Thomas M. and Frederick C. Robbins, eds. *Polio*. Rochester：University of Rochester Press, 1997.

[3] Paul, John R. *A History of Poliomyelitis*. New Haven：Yale University Press, 1971.

[4] Rogers, Naomi. *Dirt and Disease*：*Polio since FDR*. New Brunswick：Rutgers University Press, 1992.

[5] Sass, Edmund J., ed. *Polio's Legacy*：*An Oral History*. Lanham, MD：University Press of America, 1996.

[6] Smith, Jane S. *Patenting the Sun*：*Polio and the Salk Vaccine*. New York：William Morrow, 1990.

内奥米·罗杰斯（Naomi Rogers）　撰，郭晓雯　译

艾滋病（获得性免疫缺陷综合征）
Acquired Immune Deficiency Syndrome，AIDS

艾滋病是一种破坏免疫系统的致命慢性传染病，使人体难以抵御各种机会性感染的攻击。这是一种世界性流行病，截至 1992 年年底，约有 800 万至 1000 万人感染了艾滋病病毒（人体免疫机能丧失病毒）。其中有 100 万到 150 万感染者生活在美国。虽然已经研制出能减缓病情的几种保守疗法，但目前尚无治愈方法或疫苗。绝大多数感染艾滋病病毒的患者会在 10 年内出现症状，并且大多数在发病两年内死亡。

艾滋病最早确诊于 1981 年，患者是纽约和加利福尼亚的一些年轻男同性恋者，最初被称为"GRID"，即"与同性恋有关的免疫缺陷疾病"。随后的流行病学研究表明，艾滋病是一种血原性通过性传播的疾病，确诊病例有血友病患者、静脉注射药物使用者，以及艾滋病患者的孩子和性伴侣。结论很快就清楚了：最初在美国发现的艾滋病和同性恋之间的关联是偶然的历史事件，不符合该疾病的内在特征。因此在 1983 年，其名称改为艾滋病，即获得性免疫缺陷综合征。一年后，法国和美国的研究人员宣布发现了与艾滋病关联的一种逆转录病毒。这种病毒最初被称为"LAV"（淋巴结病相关病毒）和"HTLV-Ⅲ"（人类 T 细胞白血病病毒，Ⅲ型），后来根据国际协议将其命名为艾滋病病毒（HIV，人类免疫缺陷病毒）。

关于病毒发现的争论是现代生物医学上最著名的优先权争论之一。在《艾滋病的历史》一书中，米尔科·格默克（Mirko Grmek）明确将优先权归属于卢克·蒙塔格尼尔（Luc Montagnier）及其巴黎巴斯德研究所的团队。马里兰州贝塞斯达国立卫生研究院的罗伯特·加洛（Robert Gallo）反驳了这一说法，在《寻获病毒》中坚称自己的优先权。这不单纯是科学家之间的争论，而是涉及两国政府的大型国际诉讼。除了科学的声誉问题，该案件还牵扯到专利权的财政收入问题。鉴定艾滋病病毒，就要研发一种查看是否存在该病毒抗体的血液检测。这项已申请专利的血液检测已经成为艾滋病诊断和血液供应筛查中唯一最为广泛使用的方法。根据 1987 年的国际协议，法国和美国同意共享发现权和专利收入；但到 1992 年，由于持续不断的争议，该协议受到质疑。

定义艾滋病是一个持续的过程，佐治亚州亚特兰大市的疾病控制中心和瑞士日内瓦的世界卫生组织也在研究正式的定义。对艾滋病的科学理解变化极快，首次于 1985 年召开的国际艾滋病年度大会，每次都有提议和辩论。流行病学、病毒学、临床医学和社会科学领域每年都发表成千上万篇关于艾滋病的科学论文。免疫学、病毒学和细胞生物学基础研究的先前进展，为艾滋病生物医学知识的迅速积累奠定了基础。艾滋病研究反过来激发了人们对这些领域的兴趣，并吸引了大量资金和科学人才。

几乎在每一个问题上，对艾滋病的科学和医学理解都受到了艾滋病活动家和艾滋病组织的质疑。艾滋病可能是第一种这样的疾病：在定义疾病、影响研究进程、制定卫生政策、组织服务以及建立教育和预防计划等方面，受感染的人群都发挥着重要作用。艾滋病组织意识到社会上对艾滋病患者的歧视，因此特别致力于抵制进行强制检测和隔离的政治要求。在预防领域，基于社区的组织制定了极具创造性的策略，以帮扶病人和应对危机，从"伙伴制"到"安全性行为"以及"针头换新"运动等。

艾滋病最初被定义为一种传染病，一种"同性恋瘟疫"，类似于过去突发的、猛烈的流行病。因此，它颠覆了传染病时代已经安全终结的医学信念。艾滋病似乎带来真正意义的传染病已复活的噩梦：一种像野火般肆虐、完全失控的疾病，夺去成千上万人的生命，然后烧毁殆尽，留下一片废墟。然而，这种传染病流行了十多年，仍然没有要结束的迹象。尽管其传播速度比悲观主义观察家最初预测的慢一些，但艾滋病仍在持续蔓延。随着病毒检测手段和 AZT（叠氮胸苷）等保守疗法的发展，艾滋病已变成常态化的慢性疾病，许多方面同癌症的情形相似。在发达的工业国家，科学家和艾滋病患者现在都将改善卫生服务作为重点，包括尝试和使用恰当的药物治疗。而在许多落后国家，极少有资源用于治疗或预防艾滋病，因此艾滋病的肆虐几乎没有受到控制。

艾滋病继续挑战着我们几乎所有的社会和科学机构。它通过性传播，因而从多个方面强化或削弱了关乎疾病和死亡的性观念和道德观念。它通过静脉注射毒品传播，因而突显了吸毒成瘾这一重大国际问题。它可能会从受感染的孕妇传染给胎儿，因而与堕胎和生殖权利等令人情绪激动的问题纠缠在一起。向艾滋病病毒感染者和艾滋病患者提供卫生服务必需品的难度大、成本高，令一些国家本已压力重重的福利体系雪上加霜。而在另一些国家，病人无法获得平等医疗服务的问题更加明显。最严峻的是，我们未能坦率地解决我们传播艾滋病的方式，拒绝划拨充足的资源以开诚布公地进行艾滋病教育，都不断展示出我们疾病预防政策的不足。

参考文献

［1］Arno, Peter, and Karen L. Felden. *Against the Odds：The Story of AIDS Drug Development, Politics, and Profits*. New York：Harper Collins, 1992.

［2］Bayer, Ronald. *Private Acts, Social Consequences：AIDS and the Politics of Public Health*. New York：Free Press, 1989; reprint, New Brunswick：Rutgers University Press, 1991.

［3］Crimp, Douglas, ed. *AIDS：Cultural Analysis, Cultural Activism*. Cambridge, MA：MIT Press, 1988.

［4］Fee, Elizabeth, and Daniel M. Fox, eds. *AIDS：The Burdens of History*. Berkeley：University of California Press, 1988.

［5］——. *AIDS：The Making of a Chronic Disease*. Berkeley：University of California Press, 1996.

［6］Gallo, Robert C. *Virus Hunting：Cancer, AIDS, and the Human Retrovirus：A Story of Scientific Discovery*. New York：Basic Books, 1991.

［7］Grmek, Mirko D. *History of AIDS：Emergence and Origin of a Modern Pandemic*. Princeton：Princeton University Press, 1990.

［8］Institute of Medicine, National Academy of Sciences. *Mobilizing Against AIDS：The Unfinished Story of a Virus*. Washington, DC：National Academy Press, 1986.

［9］Kirp, David L., and Ronald Bayer, eds. *AIDS in the Industrialized Democracies：Passions, Politics, and Policies*. New Brunswick：Rutgers University Press, 1992.

［10］Mann, Jonathan M., Daniel J.M. Tarantola, and Thomas W. Netter, eds. *AIDS in the World, 1992：A Global Report*. Cambridge, MA：Harvard University Press, 1992.

［11］Shilts, Randy. *And the Band Played On：Politics, People and the AIDS Epidemic*. New York：St. Martin's Press, 1987.

[12] United States Department of Health and Human Services, Public Health Service. *Surgeon General's Report on Acquired Immune Deficiency Syndrome.* Washington, DC: Government Printing Office, 1986.

伊丽莎白·菲（Elizabeth Fee）、南希·克里格（Nancy Krieger）　撰，陈明坦　译

公共卫生
Public Health

所有社会都必须对其人口的集体健康给予一定的关注。在美国，第一个有组织的公共卫生部门出现在 18 世纪末的东部沿海城市，但其发展相对不活跃，直到 19 世纪中期，这些快速发展的城市仍然在遭受霍乱、黄热病、天花和其他传染病的威胁。纽约和其他大城市的卫生改革家呼吁对移民人口的健康和福祉给予更多关注。这些中产阶级改革者的动机，一方面是出于人道主义和宗教方面的考虑，另一方面则是出于自身利益的考虑，他们担心疾病会从穷人的茅屋蔓延到体面阶层的院落中来。

城市里的医生对流行病成因争论不休。一些人认为流行病是输入性的，另一些人则认为流行病是由不卫生的贫民窟中腐烂的有机物质引起的。同样地，一些人认为这些疾病是通过空气传播的，而另一些人认为疾病是通过与病人直接接触而传播的。这些争论对国际贸易与航运、移民以及各项城市保健服务都有明确的影响。负责制定检疫隔离措施和街道清洁支出的市议会，往往会优先考虑经济因素，而不是被争论不休的医学理论所左右。

细菌理论出现之前，无论是流行观点还是医学上的疾病概念都认为，个人行为，或者说实际上是个人美德，在很大程度上决定了一个人健康或生病。贫穷、不道德、肮脏和疾病显然是相关的；财富、虔诚、洁净和健康也是天然相伴相生的。基于这一观点，多数改革者通过公共教育、道德提升和个人卫生来解决公共卫生问题，而很少有人主张财富的再分配。

随着城市人口的持续增长，贫穷和疾病问题变得越来越显著且难以解决，对政治不稳定的担忧增加了公共卫生改革的压力。1872 年成立的美国公共卫生协会

（American Public Health Association）将卫生改革者、大量的医生和进步的公共卫生官员聚集在一起，共同制定相关社会议程。当时采用的最典型的措施包括改善居住条件、清扫街道、清洁水供应、公共卫生间、排污系统，以及对公共市场和食品加工行业的检查监督。女性改革家往往对婴幼儿护理、母亲的家庭卫生教育这样的问题予以特别的关注。

随着 19 世纪八九十年代微生物理论被越来越多的人所接受，公共卫生开始采取一种不同的、更科学的形式，它将科学发现的声望与社会改革的道德要求结合在了一起。在纽约，赫尔曼·比格斯（Hermann Biggs）成功引入白喉抗毒素，引起了全国对实验室研究前景的关注。市政府开始支持细菌实验室，科学机构和工学院开始研究诸如饮用水的纯度和污染等实际问题。市政当局越来越多地雇佣卫生工程师来建造供水和排污系统。城市卫生部门的多数活动都是有组织的，或者至少从科学效率方面来看是合理的。

20 世纪早期，以科学原理为基础的对社会进步的热情超越了微生物理论，并且这种热情蔓延到了职业健康、营养学和妇幼保健领域。形形色色的进步改革者通过废除童工、提倡节制、支持节育、车间监管以及推广公园等方式积极推进公共卫生活动。在南方各州，洛克菲勒卫生委员会发起了一场大规模的抗击钩虫运动，并开始对热带传染病进行严密监视。巴拿马运河的成功建设表明，控制疟疾和黄热病至关重要。美国不断扩大的经济和政治利益使热带疾病和国际卫生问题成为权力中心关注的焦点。

由于对公共卫生新一轮的热情，医学领袖在洛克菲勒基金会的财政支持下开始设计第一批公共卫生专业人员教育学校。他们将接受基础生物科学的训练，包括细菌学和免疫学以及新引入的流行病学和生物统计学。在职业学校中，早期的公共卫生改革动力显然是受现代科学训练的驱动。大众健康教育也同样变得更加科学，而基本的道德主义仍体现在其中，强调身体健康的个人责任。而优生思想只是这种广泛信念的极端形式——即健康和疾病是个人问题，它更多是生物问题而非社会问题。

1935 年，《社会保障法》首次向各州提供了联邦公共卫生资金。也就是说新政标志着政府在卫生方面责任的扩大。此后，联邦资金支持多是面向特定疾病或特殊人群的分类项目。一些评论人士指出，这种财政方式加上各州的相对自主权，往往会导致公共卫生系统的支离破碎。

公共卫生基础设施在第二次世界大战期间得到加强。战争动员引发了人们对传染病问题的关注。在南部，战争地区的疟疾控制项目，即后来的疾病控制中心（Centers for Disease Control，CDC）的前身，被用来消灭军营内及其周围的蚊子。战后，CDC 成为联邦主要的传染病控制中心，后来其管控范围扩大至所有重大健康和疾病问题。与此同时，作为国家生物医学基础研究中心的美国国立卫生研究院（National Institutes of Health）成立。

战后时期的研究议程重点关注了慢性病，尤其是心脏病和癌症。在预防研究中，慢性疾病模型一般侧重于导致疾病产生的饮食和生活方式问题。与此同时，公众在 20 世纪 60 年代对环境和职业危害的关注导致了环境保护局、职业安全和健康管理局的成立。自 1981 年以来，艾滋病已成为公共卫生议程的主要内容，人们也重新注意到公共卫生与社会、政治生活的各个方面是如何交织在一起的。

参考文献

[1] Brandt, Allen. *No Magic Bullet：A Social History of Venereal Disease in the United States since 1880*. New York：Oxford University Press, 1985.

[2] Carson, Rachel. *Silent Spring*. Boston：Houghton Mifflin, 1962.

[3] Cassedy, James H. *American Medicine and Statistical Thinking, 1800-1860*. Cambridge, MA：Harvard University Press, 1984.

[4] Duffy, John. *The Sanitarians：A History of American Public Health*. Urbana：University of Illinois Press, 1990.

[5] Etheridge, Elizabeth. *Sentinel for Health：A History of the Centers for Disease Control*. Berkeley：University of California Press, 1992.

[6] Ettling, John. *The Germ of Laziness：Rockefeller Philanthropy and Public Health in the New South*. Cambridge, MA：Harvard University Press, 1981.

[7] Fee, Elizabeth. *Disease and Discovery：A History of the Johns Hopkins School of Hygiene and Public Health, 1916-1939*. Baltimore：Johns Hopkins University Press, 1987.

[8] Harden, Victoria. *Inventing the NIH：Federal Biomedical Policy, 1887-1937*. Baltimore：Johns Hopkins University Press, 1986.

［9］Rosen, George. *A History of Public Health*. New York: MD Publications, 1958.

［10］Rosenberg, Charles. *The Cholera Years: The United States in 1832, 1849, and 1866*. Chicago: University of Chicago Press, 1962.

［11］Rosenkrantz, Barbara. *Public Health and the State: Changing Views in Massachusetts*. Cambridge, MA: Harvard University Press, 1972.

［12］Rosner, David, and Gerald Markowitz. *Deadly Dust: Silicosis and the Politics of Occupational Disease in Twentieth Century America*. New Jersey: Princeton University Press, 1991.

伊丽莎白·菲（Elizabeth Fee）、南希·克里格（Nancy Krieger） 撰，郭晓雯 译

社会心理学
Social Psychology

社会心理学是在社会或集体互动层面研究人类行为的学科。社会心理学家是美国心理学会（American Psychological Association）中最大的专业团体之一。由于学科自身性质以及从业者众多，社会心理学在其发展过程中一直在争论自己的研究重点。争论多集中于是否应把研究聚焦于个体，以及个人如何受社会环境或群体及成员间互动的影响。

社会心理学起源于 19 世纪法国和德国的社会学家和文化人类学家的著作。早期作品中群体受到更多关注。在法国，加布里埃尔·塔尔德（Gabriel Tarde）和古斯塔夫·勒庞（Gustave LeBon）发展出以模仿和暗示为基本观念的群体行为理论。在德国，威廉·冯特（Wilhelm Wundt）主张研究语言和神话等文化产物，以此作为探究高级心理过程的手段。在美国，这种关注群体的研究路径得到乔治·米德（George Mead）的支持，他的理论认为，个人的存在发展取决于他们彼此相互依存的互动程度。因此，群体及其有组织的活动构成一个有活力的体系。

另一种研究路径一般可追溯到英国联想主义哲学，特别是边沁的功利主义。个人被当作分析的基本单位，个人的思想和行为均由联想和效用法则来解释。弗劳德·奥尔波特（Floyd Allport）是这一观念在美国的主要支持者，他研究知觉与观念的联系及由此造成的社会影响。

上述两种研究路径中，奥尔波特模式在美国心理学中占据了主导地位。尽管群体模式拥有更广泛的文献和理论基础，但它与美国心理学日益明显的行为研究取向不相容。因此，奥尔波特为社会心理学的发展定下基调，而群体研究则主要限于社会学。

根据这种划分，社会心理学的发展可分为三个不同的阶段。第一阶段涵盖第二次世界大战爆发前的一段时间。这一阶段重点在于建立将社会心理学构建为一门实验科学的可信度。热门研究课题包括态度测量量表和民意调查，以及研究观众对个人行为的影响。

第二阶段从第二次世界大战开始到 1970 年。许多社会心理学家通过研究说服性沟通、领导力和群体动力学等问题为战争服务。战后，关于这些问题的研究仍在继续，并取得重要的理论进展和许多实际应用。一些移民美国的德裔心理学家也起着同样重要的作用，最著名的一位是格式塔心理学家库尔特·勒温（Kurt Lewin）。由于勒温在 1947 年英年早逝，他的影响主要体现于他学生们的工作，其中最著名的是利昂·费斯廷格（Leon Festinger）的认知失调理论、哈罗德·凯利（Harold Kelley）与约翰·蒂鲍特（John Thibaut）的社会交换理论和归因理论以及斯坦利·沙赫特（Stanley Schachter）的情绪二因素理论。

第三阶段就是当下，社会心理学家陷入职业上的自我怀疑。他们对"纯理论"和"应用"研究之间的差别、方法论的局限、伦理上的缺陷以及该领域内子学科相互竞争的分化趋势的担忧日益加重，致使许多人认为社会心理学存在一场危机。虽然导致这场危机的诸多问题尚未得到解决，但一个积极的论题已经出现，它能提供一条理论线索将不同的研究领域联系在一起。这一论题便是社会认知。当前关于社会行为的大部分研究都集中于个体如何收集与处理他们周围的社会环境信息。

参考文献

[1] Allport, Floyd H. *Social Psychology*. Boston：Houghton Mif-flflin，1924.

[2] Elms, Allen C. "The Crisis of Confidence in Social Psychology." *American Psychologist* 30（1975）：967-976.

［3］Festinger, Leon. *A Theory of Cognitive Dissonance*. Evanston, IL：Row, Peterson, 1957.

［4］Fiske, Susan T., and Shelley E. Taylor. *Social Cognition*. 2d ed. New York：McGraw-Hill, 1991.

［5］Hilgard, Ernest R. *Psychology in America：A Historical Survey*. San Diego, CA：Harcourt Brace Jovanovich, 1987.

［6］Kelley, Harold H. "Attribution Theory in Social Psychology." In *Nebraska Symposium of Motivation*. Vol. 15. Lincoln：University of Nebraska Press, 1967.

［7］LeBon, Gustave. *The Crowd：A Study of the Popular Mind*. 1895. Reprint, New York：Viking, 1960.

［8］Mead, George H. *Mind, Self, and Society from the Standpoint of a Social Behaviorist*. Chicago：University of Chicago Press, 1934.

［9］Murchison, Carl, ed. *Handbook of Social Psychology*. Worcester, MA：Clark University Press, 1935.

［10］Murphy, Gardner, and Lois B. Murphy. *Experimental Social Psychology*. New York：Harper, 1931.

［11］Schachter, Stanley, and Jerome L. Singer. "Cognitive, Social and Physiological Determinants of Emotional States." *Psychological Review* 69（1962）：379-399.

［12］Steiner, Ivan D. "Social Psychology." In *The First Century of Experimental Psychology*, edited by Eliot Hearst. Hillsdale, NJ：Erlbaum, 1979.

［13］Tarde, Gabriel. *Social Laws：An Outline of Sociology*. Translated by H.C. Warren. New York：Macmillan, 1899.

［14］Thibaut, John W., and Harold H. Kelley. *The Social Psychology of Groups*. New York：Wiley, 1959.

［15］Wundt, Wilhelm. *Völkerpsychologie*. Vols. 1-10. Leipzig, Germany：Engelmann, 1900-1920.

罗德尼·G. 特里普利特（Rodney G. Triplet）　撰，彭繁　译

行为主义

Behaviorism

行为主义指：（1）20 世纪关于心理学的学科地位、主题和方法的哲学；（2）"一战"后在美国兴起的一个有影响力的心理学"学派"；（3）指称心理活动的词语的概念地位的理论，在英国由路德维希·维特根斯坦和吉尔伯特·莱尔（Gilbert Ryle）发展，在美国由哲学家、心理学家如斯金纳（B. F. Skinner）和实证主义传统如古斯塔夫·伯格曼（Gustav Bergmann）、肯尼斯·斯宾塞（Kenneth Spence）发展。

1913 年约翰·华生（John B. Wstson）在《心理学评论》（Psychological Review）上发表的文章常常被认为是引发行为主义革命的行为主义宣言；人们习惯把早期的认识论表述［例如，埃德加·辛格（Edgar A. Singer）］和诸如客观主义［弗拉基米尔·别赫捷列夫（Vladimir Bekhterev）、伊凡·巴甫洛夫（Ivan PAvlov）、爱德华·桑代克（Edward Thorndike）］、概念经济论［恩斯特·马赫（Ernst Mach）］和机制论［雅克·洛布（Jacques Loeb）］等元理论理想的陈述视作为行为主义铺平道路的智识背景。

华生 1913 年文章的议题是：批判人类心理学中的内省法和动物心理学中的类比法；质疑竞争性的心理学"流派"（结构主义和功能主义）；捍卫心理学的定义，即心理学是客观、自然的行为科学，而非意识现象科学。20 世纪 20 年代，华生的行为主义又增加了以下内容：作为基本学习环节的巴甫洛夫条件反射；环境主义；"科学认可"的儿童培养计划；以及对一切与意识有关的说法进行猛烈抨击。

在华生于 1920 年离开约翰斯·霍普金斯大学后，"新行为主义者"沿着不同的路径发展了行为主义。新行为主义有三种主要流派：方法论行为主义［克拉克·赫尔（Clark Hull）、爱德华·托尔曼（Edward C. Tolman）］；激进行为主义［斯金纳（B. F. Skinner）］；新胡利安行为主义［斯宾塞（K. W. Spence）、尼尔·米勒（Neal Miller 等）］。还有从这三个流派中分裂出来的其他影响较小的流派。

行为主义不仅充当各类专业研究的理论化框架，还是一般心理学的学科哲学，在 20 世纪 30 年代初到 60 年代初之间有极大影响力，尤其是在动物的简单学习、条件反射和动机研究者中（少数在人类中进行研究）。这些专业都希望为学习的基本规律奠定基石，从而可以将方法论、推断和理论以及可推广的实验室发现，逐步地、系统地扩展到日益复杂和典型的人类行为，如语言、心理活动和社会行为等。行为主义是雄心勃勃的、还原论的，支持自下而上的经验和理论的扩展策略。

大多数行为主义者认为：（a）行为应该由因果解释来说明，说明某行为所依赖的相关因素，特别是情境因素，斯金纳称之为"功能分析"；（b）在包括人类在内的所有生物体的日常生活中，存在着普遍且重要，但常常无人注意的行为机制，心理学应研究这些机制；（c）包括人类在内的进化相关物种具有共性的行为机制；（d）正确的科学策略是先处理简单的现象，然后逐步转向更复杂的现象；（e）理论的发展应该是保守的，应当倾向于那些可以与公开的、可观察的（行为）现象相联系的概念。

此外，激进的行为主义者坚持认为：（a）正确的科学本体论是唯物主义一元论，这意味着拒绝任何形式的二元论，拒绝一个具有不同于物质有机体的本体论地位的精神领域的存在；（b）行为心理学的进展应减少发展理论的努力，而更多地在行为主义所支持的研究领域（学习和动机）中建立事实基础。

行为主义引发的大部分争论都与行为主义研究策略的充分性有关，尤其是行为主义元理论是否过于受限的问题。目前，最广为认可的历史模型认为：（a）行为主义的分裂在 20 世纪 50 年代加剧，因为它试图将其自下而上的策略扩展到更复杂的、人类典型的、涉及高级的心理（认知）过程的现象，但没有成功；（b）20 世纪 50 年代和 60 年代，实证主义在英美科学哲学的衰落意味着行为主义的元理论基础已经失效；（c）行为主义的限制性风格和策略在 20 世纪 60 年代末和 70 年代初被一种"自上而下"的方法取代，这种方法与行为主义者的指导方针不同，它将人类复杂行为的直接研究合法化；（d）一个称作"认知心理学"、起源于计算机科学、语言学等领域的敌对学派，现在已经取代行为主义成为心理学的核心元理论。据推测，行为主义仅存在于坚持己见的孤立群体中，比如那些追随斯金纳之准则的群体。目前，重要的历史问题是，这幅当代心理学的图景是否完满，以及 20 年前的"假定转变"是否涉及科学史家库恩（T. S. Kuhn）所使用的"范式转换"。

参考文献

［1］Amsel, A. *Behaviorism, Neobehaviorism, and Cognitivism in Learning Theory*. Hillsdale, NJ: Erlbaum, 1989.

［2］Boakes, Robert B. *From Darwin to Behaviourism: Psychology and the Minds of Animals*. Cambridge, U.K.: Cambridge University Press, 1984.

［3］Hilgard, Ernest R. *Psychology in America*. New York: Harcourt Brace Jovanovich, 1988.

［4］Hilgard, Ernest R., and Gordon H Bower. *Theories of Learning.* 5th ed. Englewood Cliffs, NJ: Prentice-Hall, 1980.

［5］Kuhn, Thomas S. *The Structure of Scientific Revolutions.* Rev. ed. Chicago: University of Chicago Press, 1970.

［6］Skinner, B.F. *Science and Human Behavior.* New York: Macmillan, 1953.

［7］——. *About Behaviorism.* New York: Knopf, 1974. Smith, Laurence D. *Behaviorism and Logical Positivism.* Stanford: Stanford University Press, 1986.

［8］Watson, John B. "Psychology as the Behaviorist Views It." *Psychological Review* 20 (1913): 158-177.

［9］——. *Behaviorism.* New York: Norton, 1925.

［10］——. *Psychological Care of Infant and Child.* New York: Norton, 1928.

［11］Zuriff, G.E. *Behaviorism: A Conceptual Reconstruction.* New York: Columbia University Press, 1985.

S. R. 科尔曼（S.R. Coleman）　撰，吴紫露　译

心理智力测验
Psychological and Intelligence Testing

　　一直以来，美国人都会使用（有时是暗含的）心理学技巧来认识和评估人的个性以及其他个人特征，19 世纪早期对头骨轮廓的兴趣反映了人们试图利用相面术这一民间智慧来维护人们喜爱的个性特征。将这种民间智慧系统化的更正式的尝试包括约翰·卡斯帕·拉瓦特（Johann Caspar Lavater）的《面相碎片》（*Physiogomische Fragmente*，1775—1778），它在美国颇受欢迎，还有约翰·艾萨克·霍金斯（John Isaac Hawkins）建造的人相描制仪，于 1802 年在查尔斯·威尔逊·皮尔（Charles Willson Peale）的费城博物馆展出。大约在 1830 年之后，美国人才开始关注颅相学，许多人对颅相学很感兴趣（但几乎没有产生什么价值）。例如约翰·加斯帕尔·斯柏兹姆（Johann Gaspar Spurzheim）关于颅相学哲学含义的讨论，或者是像奥森·斯奎尔·福勒（Orson Squire Fowler）这样的实用颅相学家提供的所谓针对个人和专业问题的个人心理咨询，其依据是他在纽约的办公室或在其他城市旅行期间进行的详细性格解读。

即使在南北战争后颅相学逐渐失去其权威，美国人类学家仍采用颅相学技术来描述不同的人类种族，并很快将这种技术融入更常见的人体测量学中。与此同时，美国人也在寻求其他"科学"技术来评估心理特征，并寄希望于19世纪70年代出现在德国的以实验室为基础的"新心理学"。19世纪90年代，由哥伦比亚大学的詹姆斯·麦基恩·卡特尔（James McKeen Cattell）领导的一批心理学家，将这些兴趣结合在一个旨在自我认知的人体测量心理测试项目中，该项目使用标准的实验室程序，测量短期记忆、反应时间，以及感觉器官在不同条件下的敏感度，以收集人们心理差异的数据。但是卡特尔和他的同事们对这些特征如何帮助人们生活缺乏一个功能性的观点。他们的测试结果对任何人而言都没有意义，到1901年，大多数心理学家放弃了这些程序。

但即使卡特尔的测试失败了，美国人还是比此前更积极地寻求心理专业知识：帮助教育者对来自欧洲南部和东部新移民的数百万儿童进行美国化，帮助大量尚未形成判断力的男孩、女孩享受义务教育法；帮助公司为新兴产业挑选员工；帮助（优生学家）决定哪些人应该被允许进入这个国家。1908年，新泽西州的亨利·H.戈达德（Henry H. Goddard）获知了1905年由阿尔弗雷德·比奈（Alfred Binet）和西奥多·西蒙（Theodore Simon）在法国开发的测试，他旋即看到了这些测试的价值。这些测试要求学龄儿童执行各种与他们年龄相符的任务：例如，要求4岁儿童数硬币，8岁儿童解释相似性，12岁倒着重复5个数字，以及（对长辈）解释故事。在这个方案中，一个孩子的表现水平决定了（测试者称之为）他或她的"心理年龄"，此后不久，测试者开始用一个人的心理年龄除以他或她的实际年龄来计算"智商"。1909年，戈达德修改了这些测试以供美国使用，其他类似的学校很快发现，这些测试在决定校内孩子的合适计划方面非常有用。[戈达德甚至对长期使用的术语做出了精确定义，如"弱智"（idiot，智力年龄小于两岁的成年人）和"低能"（imbecile，智力年龄在3—7岁的成年人），并创造了"笨人"（moron）一词，用来指代智力年龄在8—12岁的成年人。在20世纪20年代初，其他美国人开发了自己的类似测试，大城市的学校系统开始使用这些测试来应对移民儿童的涌入。1916年，路易斯·M.特曼（Lewis M. Terman）和他斯坦福大学的合作者出版了长期标准的第一版"比奈－西蒙智力量表斯坦福修订扩展本"。]

当戈达德和特曼开发他们的智力测试时，其他心理学家［尤其是西北大学的沃尔特·迪尔·斯科特（Walter Dill Scott）］开发了针对特定能力的类似测试（斯科特选取的是推销术），这些测试很快催生了工业心理学这一新的应用专业领域。1917 年，当美国卷入第一次世界大战的漩涡时，心理学家（由美国心理学协会主席、明尼苏达大学的罗伯特·M. 耶基斯领导）被动员起来为战争服务，同时将心理学应用于分析不同国家的人的特征。斯科特领导的工作围绕陆军人员分类委员会（Committee on the Classification of Personnel in the Army）展开，该委员会制定了数十项"职业测试"，以满足军队对受过专门训练的人员的需要。耶基斯领导了一个更通用的项目，其中包含两种智力测试：为懂英语的人设计的陆军"阿尔法"测试；还有为不识字以及只懂另一种其他语言的人设计的军队测试。与大多数早期心理测试不同的是，这些测试要求被试者在大群体中进行，从测试者提供的多项选择中选出自己的答案，并将这些答案写在空白处，然后由心理学家打分。这些"纸笔"程序彻底改变了心理测试。

关于军方是否认为这些测试有用，历史学家仍存在分歧，但这些测试显然达到了心理学家的目标——"让心理学走上了历史舞台"，20 世纪 20 年代群体心理测试迎来繁荣期。大学使用修改后的陆军"阿尔法"测试作为入学考试，中小学校基于能力测试分班，企业向工业心理学家寻求高度专业化的行业测试，而最值得注意的大约是，大学入学考试委员会试图用更客观（也更容易评分）的纸笔学术能力测试（pencil-and-paper Scholastic Aptitude Test）取代原先更容易死记硬背的论文考试。优生学家和其他一些人也引用了军队测试项目的结果，得出的结论是本土出生的美国人比移民得分高，来自北欧和西欧的移民比来自南欧和东欧的移民得分高，以此（成功地）主张了移民限制。然而，到 20 世纪 90 年代末，文化人类学家（由哥伦比亚大学的弗朗茨·博阿斯领导）、统计学家和其他心理学家对环境问题的批评，导致测试者淡化（甚至收回）他们早期对其工作价值的过分夸大。

然而，在 20 世纪 30 年代，心理测试因《智商博士》（*Dr. IQ*）等电台节目而臭名昭著，但学校仍在对其广泛使用。与此同时，文化人类学家对测试"环境"的观点启发了冈纳·迈达尔（Gunnar Myrdahl）极具影响力的研究——《美国的黑人》（*The Negro in America*，1944），该项研究得到了卡内基的赞助。（然而，雷蒙德·卡特尔在 1934 年明确尝试要开发"文化公平"的智力测试。）20 世纪 30 年代，随着临床心理学的发展和弗洛伊德思想的影响，人们对人格特征的兴趣日益增长，心理学家着力开发人格测试，包括多个美国版本的赫尔曼·罗夏（Hermann Rorschach）"墨迹"测验、主题统觉测验（1936 年由哈佛心理诊所的亨利·A. 穆雷开发）以及明尼苏达多向人格测量表（1943 年由明尼苏达大学的斯塔克·哈撒韦和 J. 查恩利·麦金利合作开发）。这些测试（以及它们的修正版）在 20 世纪 40 年代后期被证明效果显著，当时临床心理学的应用已经扩展到帮助满足归国士兵的需求。但更早的时候（1939），大卫·韦克斯勒（David Wechsler）开发了第一版面向成人的贝尔维尤智力量表（即现在的韦克斯勒成人智力量表，修订版，1981）。1938 年，奥斯卡·K. 布罗（Oscar K. Buros）开始为测试者和委托方提供他的第一本《心理测量年鉴》（*Mental Measurements Yearbook*，第 11 版于 1992 年出版）。

　　"二战"后的婴儿潮迫使学校不得不应对更加多样化的人口，这导致了测试的激增，心理学家开始寻求"文化中立"测试。但在 20 世纪 60 年代，"机会均等"的呼声导致激进的教育者攻击所有的测试，他们认为测试必然反映阶级或种族偏见，而历史学家发现种族主义和对社会控制的渴望是所有测试的根源。随着这一时期大学入学竞争的加剧，对测试的批评也越来越多，对 SAT 文化偏见的攻击也越来越普遍。到 70 年代，心理学家对此的回应是强调测试是机会的创造者，它可以揭示隐藏在所有种族身上的个体能力 [例如李 J. 克隆巴赫（Lee J. Cronbach），1970]，同时主张测试还可以反映不同种族的个体在心理上的真实差异，而美国学校不得不去考虑这些差异 [例如理查德 J. 赫恩斯坦（Richard J. Herrnstein），1971；更显著的是阿瑟 R. 詹森（Arthur R. Jensen），1969]。一些指控（指 1969 年 Leon J. Kamin 的指控，他的观点在 1979 年得到 Leslie Hearnshaw 的支持，但是近期受到了挑战）支持了批评者的观点：20 世纪中期，英国心理学家西里尔·伯特（Cyril Burt）显然是根据他所创造的数据来论证智力遗传差异的。但是教育工作者仍然认为测试结果在处理如何对待个体的问题时是有用的，而 20 世纪 90 年代对教育标准和问责制的呼吁，直接导致了对学生了解哪些内容以及他们如何学习的教育评估的日益关注。最近，受过科学史训练的学者呼吁对以往的测试进行冷静分析，他们认为，尽管 20世纪早期的测试显然没有达到 20 世纪晚期的标准，许多早期测试者将自己视为进步的利他主义者，试图为那些在测试中表现最佳的人扩大教育机会。相反，他们的批评者指责这一学科只是精英统治下的愿景，而这些争论至今仍在继续。

参考文献

［1］Fancher, Raymond E. *The Intelligence Men：Makers of the IQ Controversy.* New York：Norton, 1985.

［2］Gould, Stephen Jay. *The Mismeasure of Man.* 1981；2d ed. New York：Norton, 1996.

［3］Hearnshaw, Leslie S. *Cyril Burt, Psychologist.* Ithaca：Cornell University Press, 1979.

［4］Kamin, Leon J. *The Science and Politics of I.Q.* Potomac, MD：Erlbaum, 1974.

［5］Karrier, Clarence J. "Testing for Order and Control in the Corporate Liberal State." *Educational Theory* 22（1972）：154-180.

［6］Sokal, Michael M. "Essay Review：Approaches to the History of Psychological Testing." *History of Education Quarterly* 24（1984）：419-430.

［7］——. "James McKeen Cattell and American Psychology in the 1920s." In *Explorations in the History of Psychology in the United States*, edited by Josef Brozek. Lewisburg, PA：Bucknell University Press, 1984, pp. 273-323.

［8］——, ed. *Psychological Testing and American Society, 1890-1930.* New Brunswick：Rutgers University Press, 1987.

迈克尔·M. 索卡尔（Michael M. Sokal） 撰，郭晓雯 译

7.2 组织与机构

美国医学协会
American Medical Association

美国历史最悠久、规模最大的全国性医生组织。1847 年，在内森·史密斯·戴

维斯（Nathan Smith Davis）的倡导下成立于费城，其明确宗旨是"促进医学的科学与技艺，改善公共卫生"。起初，协会的代表资格几乎对所有医生群体开放，但经过 19 世纪，会员身份限定于某些下属学会，这些学会排除了那些宗派性或者不规范的执业者，如顺势疗法、折中主义或汤姆森式（土著草药）的医生。1900 年协会重组，新协会确立为一个医学学会的联合会，结果大大增强了作为全国性团体的影响力。协会权力归属于专业人士支持的一个代表会议。今天，该协会拥有超过 60 万名医生，即包括了略少于 50% 的合格医生。

该协会在医学教育、医生执照、药品许可证，以及医疗服务补偿金等方面发挥着重要作用。创立协会的首要动机就是试图改革医学教育。起初，课程标准未达标的医学院被排除在协会代表之外。后来，该协会的医学教育委员会制定了评判医学院的标准；该协会还积极完善了实习和住院实习制度。

在其早期历史上，协会鼓励下属协会将宗教和非正规医生排除在外。随着《美国医学学会杂志》（*Journal of the American Medical Society*）的出版（始于 1883 年 7 月 14 日），该协会为医学的科学研究发声。在 20 世纪，协会开始对专利药和秘方药的成分和功效进行科学调查；长期担任杂志主编的莫里斯·菲什拜因（Morris Fishbein）有效地利用这些调查结果，激烈抨击形形色色的医疗骗术。

20 世纪该协会还持续关注医生通过何种途径获取其服务的报酬。大约在第一次世界大战之前，协会中的许多人都支持某种形式的国家医疗保险，但不久之后，协会开始反对任何挑战按服务收费的做法。例如，该协会最初曾反对卫生保健组织和医疗保险的发展。

鉴于该协会在美国医学史上的突出地位，历史学家却对其鲜有问津，颇令人惊讶。协会自身的工作人员开展了一些初步的而且也是非常重要的研究。协会曾积极参与的一些话题，如医学教育，江湖骗术，或医疗实践的管理和补助等，都有人做过宏观的研究，在这些研究中可以找到关于该协会的优秀研究。

参考文献

[1] Burrow, James Gordon. *AMA: Voice of American Medicine*. Baltimore: Johns Hopkins

University Press, 1963.

[2] Campion, Frank D. *The AMA and U.S. Health Policy since 1940*. Chicago：Chicago Review Press, 1984.

[3] Fishbein, Morris. *A History of the American Medical Association, 1847 to 1947*. Philadelphia：Saunders, 1947.

[4] Starr, Paul. *The Social Transformation of American Medicine*. New York：Basic Books, 1982.

[5] Stevens, Rosemary. *American Medicine and the Public Interest*. New Haven：Yale University Press, 1971.

彼得·B. 赫特尔（Peter B. Hirtle） 撰，陈明坦 译

美国公共卫生协会
American Public Health Association（APHA）

美国公共卫生协会是 1872 年由改革人士创建的，他们大多是医生，致力于改善市政和州的公共卫生服务。受到纽约市大都会卫生委员会（成立于 1866 年）成功的启发，他们希望将卫生委员会脱离党派政治的范畴，并使他们的做法更加科学。公共卫生协会的第一部章程将该组织的目标确定为"促进卫生科学，为公共卫生的实际应用而加强组织和措施"。

该组织发展缓慢。1890 年时它只有 500 名会员，但其中包括公共服务领域最有影响力的医生，包括乔治·斯特恩伯格（George Sternberg）和约翰·肖·比林斯（John Shaw Billings）等。公共卫生协会举行年度会议，并于 1879 年开始每年出版一卷《公共卫生论文和报告》（*Public Health Papers and Reports*）。它的大会和出版物主要涉及预防和控制传染病，如霍乱、黄热病和结核病等。

随着细菌致病论在 19 世纪 80 年代获得拥护者，公共卫生协会成为细菌学发展的一支重要力量。第一代留学欧洲的细菌学家几乎只在公共卫生实验室工作，协会成为他们研究工作的一个重要讲坛。在 19 世纪 90 年代早期，公共卫生协会的供水污染委员会抱怨，细菌学家运用不同的实验室方法得出的结果不一致，促使 1895 年在纽约医学学院的会议上讨论方法的标准化问题，这是美国细菌学家的第一次正式集会。在那次会议上任命的一个委员会两年后发表了诊断和取样工作的标准协议。

实验室委员会成立于 1898 年，1899 年成为细菌学和化学分部，在标准化检测和辨认空气、水和牛奶中存在微生物的方法上，继续发挥重要作用。

由于参与公共卫生工作的各种专业的技术复杂程度不断提高，公共卫生协会的组织架构越来越围绕各分部的工作。1908 年，人口统计和公共卫生管理也和细菌学和化学一样，成为常设性分部，随后几年又加入了社会学、卫生工程、食品和药品，以及工业卫生。公共卫生协会致力于充当涉及公共卫生运动的各种职业的统筹团体。1911 年，该协会开始出版面向广大公共卫生工作者的《美国公共卫生协会杂志》（*Journal of the American Public Health Association*），以替代高度技术性的《公共卫生论文和报告》。第一次世界大战前夕，公共卫生协会有 1600 名会员；到 20 世纪 20 年代初，该组织的成员已超过 3000 人。

参考文献

［1］Bernstein, Nancy, ed. *The First One Hundred Years：Essays on the History of the American Public Health Association*. Washington, DC：APHA, 1972.

［2］Gossel, Patricia Peck. "A Need for Standard Methods：The Case of American Bacteriology." In *The Right Tools for the Job*, edited by Adele E. Clarke and Joan H. Fujimura. Princeton：Princeton University Press, 1992, pp. 287-311.

［3］Ravenal, Mazyck, ed. *A Half Century of Public Health*. 1921. Reprint, New York：Arno Press, 1970.

南希·托梅斯（Nancy Tomes） 撰，陈明坦 译

《医学索引》

Index Medicus

《医学索引》是一种将生物医学文献按作者和主题进行索引的月刊。1879 年，该索引由原美国公共卫生部部长办公室图书馆（现为国家医学图书馆）馆长兼外科医生约翰·肖·比林斯创建，作为该图书馆出版的《索引－目录》（*Index-Catalogue*）的补充。1879—1899 年，《医学索引》由商业出版社出版，在短暂中断后，于 1903

年由华盛顿卡内基学会资助重新出版。1927 年,《医学索引》与美国医学协会的一份出版物合并, 成为《医学索引季刊》(*Quarterly Cumulative Index Medicus*)。1960 年,编辑工作重新交由国家医学图书馆负责并继续以《医学索引》这个名字出版。20 世纪 50 年代, 开始尝试以计算机自动生成索引目录, 随着印刷版索引的网络扩展版本 "MEDLINE" 问世, 这种趋势的发展达到了顶峰。

《医学索引》收录的生物医学科学文献范围采取的是最广义的定义。因此, 对于生物学、生物化学及相关领域的历史学家来说, 它可以作为研究 20 世纪当代文献的珍贵指南。

参考文献

[1] Blake, John B., ed. *Centenary of Index Medicus*. Bethesda, MD: National Library of Medicine, 1980.

[2] Miles, Wyndham D. *A History of the National Library of Medicine*. Bethesda, MD: National Library of Medicine, 1982.

[3] Moore, M.H. "Quarterly Cumulative Index Medicus." In *A History of the American Medical Association, 1847-1947*, edited by Morris Fishbein. Philadelphia: Saunders, 1947, pp. 1165–1169.

彼得·B. 赫特尔(Peter B. Hirtle) 撰, 王晓雪 译

美国心理协会

American Psychological Association(APA)

1892 年 7 月 8 日, 在心理学家、克拉克大学校长格兰维尔·斯坦利·霍尔(Granville Stanley Hall)召集的一次会议上, 美国心理协会成立。目前还不清楚与会者, 但已经确认有 31 名来自美国东部的学者, 几乎都是院士。第一次年会于 1892 年 12 月 27—28 日在宾夕法尼亚大学举行, 会议议程包括 12 篇论文, 主要是研究论文。18 位创始人出席, 11 位新会员应邀加入。

心理学突出的特征之一就是发展很快。通过协会最初的百年历史, 可以看到心理学的范围发生了明显的变化。1992 年 8 月 14—18 日在华盛顿特区举行的一百周年大会, 吸引了 17900 名登记者。近 2000 人参与了这个为期 5 天的项目, 不再局

限于宣读论文，而是加入了各种各样的任务，如批准预算、策划选举、监督对心理学实践的立法控制、审查评估学术项目的技巧，并支持服务于公众利益的行动。这些与会者来自世界各地，是从 11.4 万名会员中遴选出来的，他们从事心理学，既有在校学生，也有掌握博士后专业知识的人员。

随着规模的不断扩大，一些新的团体偶尔也应运而生，有的迎合了特定的专业，有的则照顾地理区域。一般而言，这些派生群体要么不能持久，要么是作为协会的补充，而非替代。心理协会多次尽量适应这种多样性。1945 年，它甚至重组为一个由 19 个准独立的兴趣团体构成的联合会，这些团体被称为"分会"。截至 1992 年，共有 47 个分会。这一转变使得心理协会既是学术团体又是专业组织。它减轻了一些抱怨，但并没有全部解决问题。第二次世界大战之后，在各种服务机构，如医院、诊所、监狱、学校、工厂和办公室，心理学家的人数出现了膨胀。结果，从业人员现在主导了过去控制协会的学术研究部门。20 世纪 80 年代，对这种权力转移的不满情绪加剧，通过第二次重组来调整影响力的尝试也以失败告终。作为回应，一些会员在 1988 年成立了美国心理学会（American Psychological Society），这是一个强调科学而非应用的组织。协会行政部门的反应是修改一些议程，开展招募会员的活动，克服财政危机，甚至购置了一幢新的总部大楼——所有这些胜利使得协会置身于现代多元心理学的前沿。

由美国心理协会发起的计划和服务超出了本文的有限篇幅，但一个成功的例子出现在持续促进交流方面。该协会运行着专业期刊，创建新的期刊（总计 24 种），出版书籍，并支持一个系统，对几乎所有的心理学文献作摘要。心理协会的网站（http://www.apa.org）是一个综合性的信息资源。该协会在助力应用和理论的信息方面功不可没。

参考文献

[1] American Psychological Association. *75th Annual Convention Program Washington*，*D.C.* Washington, DC：American Psychological Association，1967.

[2] ——. *Commemorative Program*，*Centennial Convention*，*August 14-18*，*1992*. Washington, DC：American Psychological Association，1992.

[3] Cattell, J.M. *Proceedings of the American Psychological Association*. New York: Macmillan, 1894. (Reprinted in *American Psychologist* 28, no. 4 [April 1973]: 278–292.)

[4] Fernberger, S. "The American Psychological Association, 1892–1943." *Psychological Review* 50 (1943): 33–60.

[5] Fowler, Raymond D. "Report of the Chief Executive Officer: A Year of Building for the Future." *American Psychologist* 47 (1992): 876–883.

[6] ——. "The American Psychological Association: 1985 to 1992." In *The American Psychological Association: A Historical Perspective*, edited by R.B. Evans, V.S. Sexton, and T.C. Cadwallader. Washington, DC: American Psychological Association, 1992, pp. 263–299.

[7] Hilgard, E.R. *Psychology in America: A Historical Survey*. San Diego: Harcourt Brace Jovanovich, 1987.

[8] Ogden, R.M. "Proceedings of the Twenty-fifth Annual Meeting of the American Psychological Association, New York, December 27, 28, 29, 30, 1916." *Psychological Bulletin* 14 (1917): 33–80.

约翰·A. 波普斯通（John A. Popplestone） 撰，陈明坦　译

心理测评公司
The Psychological Corporation

心理测评公司是创立于 1921 年的应用心理学机构。心理测评于 20 世纪早期出现在美国，当时基于达尔文进化论的功能问题，以及詹姆斯·麦基恩·卡特尔（James McKeen Cattell）在 1904 年对应用心理学的倡导，许多美国心理学家在 1910 年之前对广告和人事管理问题进行了研究。第一次世界大战期间，陆军部队发现军队里的人员分类委员会的工作行之有效，到 20 世纪 20 年代早期，相当多的心理学家对"现实世界"问题有了更丰富的经验。

然而，卡特尔在 1921 年组织心理测评公司时，却忽视了这一经验的重要性，而是通过提供公司股票，试图让所有美国心理学家都参与到公司的实际工作中来。他未曾过问这些心理学家将如何应用这门学科，而只是强调公司作为宣传代理、业务咨询和应用心理学服务商的作用。他的想法是由需要心理服务的个人和企业联系心

理学公司，公司再将他们介绍给邻近的股东，股东会为其提供必要的服务，并与公司分享服务费用。但是多数股东没有实际经验，因而很少有企业来寻求帮助，20 世纪 20 年代早期，它的微薄收入几乎全部来自修订后的陆军"阿尔法"测试。1926 年年末，心理学公司进行了重组。卡特尔成为董事会主席，经验丰富的人事心理学家沃尔特·凡·戴克·宾厄姆（Walter Van Dyke Bingham）成为总裁，公司也逐渐雇佣更有经验的职员。开发、出版和发行心理测试的测试部门总是比它的咨询部门更成功。20 世纪 40 年代，它成为美国心理测试的主要发行公司之一。该公司于 1970 年被乔万诺维奇出版社收购。

参考文献

[1] Achilles, Paul S. "The Role of the Psychological Corporation in Applied Psychology." *American Journal of Psychology* 56（1937）：229-247.

[2] ——. "Commemorative Address on the Twentieth Anniversary of the Psychological Corporation and to Honor Its Founder, James McKeen Cattell." *Journal of Applied Psychology* 25（1941）：609-618.

[3] Cattell, James McKeen. "The Conceptions and Methods of Psychology." *Popular Science Monthly* 66（1904）：176-186.

[4] Sokal, Michael M. "The Origins of the Psychological Corporation." *Journal of the History of the Behavioral Sciences* 17（1981）：54-67.

迈克尔·M. 索卡尔（Michael M. Sokal） 撰，郭晓雯 译

7.3 代表人物

生理学家兼医学教育家：小约翰·考尔·道尔顿

John Call Dalton, Jr.（1825—1889）

道尔顿出生于马萨诸塞州的切姆斯福德，他在哈佛大学接受了本科和医学教育（文科学士，1844 年；医学博士，1847 年），并到巴黎跟随克洛德·贝尔纳（Claude

Bernard）学习。深受贝尔纳实验哲学的影响，道尔顿把法国生理学模式引入美国，即重视活体解剖。经过在波士顿、布法罗、伍德斯托克、佛蒙特州的短期任教，道尔顿于 1855 年成为纽约内外科医师学院的生理学教授。在那里，他除了讲课之外，还从事活体解剖，这一创举受到学生们的欢迎。

道尔顿醉心于研究工作，在胃肠道生理学、神经生理学和生殖生理学方面做出多项发现。他是一位多产的作者，不仅发表了许多详述其实验的论文，还出版了几本著作。道尔顿最有影响力的出版物是《生理学教科书》，首版于 1859 年。该书反映了他对当代欧洲生理学的认识，也包括他自己的观察和实验结果。同样受欢迎的还有道尔顿关于生理和卫生的初级教材。该书首版于 1868 年，主要面向高中生和大学生。

道尔顿对美国生理学和实验医学的发展做出的重要贡献之一，是他清晰、持续且有效地回击了反活体解剖运动。1866 年，亨利·伯格第一次抨击动物实验时，道尔顿立即作出了回应。20 年来，他一直是美国科学界对抗反活体解剖主义者的首席发言人。道尔顿宣称："生理学上的每一个重要发现都直接归功于活体动物实验。"他还坚持认为，医学和外科上的许多切实进步都是活体解剖的成果（Dalton, *Vivisection*）。

1883 年，道尔顿辞去了生理学教授的职务。第二年，他担任内外科医师学院的院长。道尔顿和其他寻求提升美国医学教育的人都坚信，课程改革和引入实验室培训，需要空前规模的资金捐助，他从威廉·范德比尔特（William H. Vanderbilt）那里获得了的 50 万美元赠款，用于建设新的临床设施和进行教学和研究的实验室。

韦尔·米切尔（S. Weir Mitchell）认为，道尔顿是美国"第一位职业生理学家"（Mitchell, p. 177），因为他靠讲授和著述该学科而谋生——他没有把这些活动与医学实践混为一谈。与哈佛大学的亨利·鲍迪奇教授（Henry P. Bowditch）和约翰斯·霍普金斯大学的纽威尔·马丁教授（H. Newell Martin）不同，道尔顿并没有创建一个生理学"学派"。然而，他的影响仍然是巨大的。通过他的课堂和出版物，道尔顿使许多医生和其他人相信，实验研究在医学科学的发展中起着至关重要的作用。

参考文献

[1] Dalton, John C. [Jr.] *Vivisection*. New York：Balliere, 1867.

[2] Fye, W. Bruce. "John Call Dalton, Jr., Pioneer Vivisector and America's 'first professional physiologist.'" In W. Bruce Fye, *The Development of American Physiology*：*Scientific.*

[3] *Medicine in the Nineteenth Century*. Baltimore：Johns Hopkins University Press, 1987, pp. 15–53.

[4] Mitchell, S. Weir. "John Call Dalton." *Biographical Memoirs of the National Academy of Sciences* 3（1890）：177–185.

W. 布鲁斯·菲（W. Bruce Fye） 撰，陈明坦 译

生理学家兼医学教育家：亨利·皮克林·鲍迪奇
Henry Pickering Bowditch（1840—1911）

亨利·皮克林·鲍迪奇是波士顿富商乔纳森·鲍迪奇（Jonathan I. Bowditch）之子，1861 年毕业于哈佛大学。在内战中服役后，他进入哈佛医学院，在那里，在多所学校兼课的生理学家查尔斯－爱德华·布朗－西卡德（Charles-Eduoard Brown-Sèquard）点燃了他对实验医学的兴趣。鲍迪奇在 1869 年毕业后出国，跟随巴黎的克劳德·伯纳德（Claude Bernard）和新莱比锡生理研究所（Leipzig Physiological Institute）的卡尔·路德维格（Carl Ludwig）学习。鲍迪奇在路德维希的指导下进行了心脏生理学实验，该实验导致了两项重要发现：肌肉收缩的"阶梯"现象和"全或无定律"。

鲍迪奇在欧洲时，查尔斯·艾略特（Charles Eliot）被选为哈佛校长，哈佛医学院开始了重要的课程改革。艾略特邀请鲍迪奇回哈佛"参加改革医学教育的伟大事业"（引自 Bowditch to Eliot, 21 April 1871, Eliot Papers, Harvard University Archives）。1872 年，这位年轻的生理学家带着研究规范回到波士顿，投身于医学科学事业。他带回了先进的实验设备，并在哈佛启动了高级生理学的研究和研究生教育项目。

尽管鲍迪奇的实验室起初非常简陋——只有两个阁楼间——但他的任命代表了大学支持全职医学科学家的开始，他们的作用是将研究与教学结合起来。鲍迪奇把他的实验室开放给他的同事和对实验医学有着同样热情的优秀学生。以他们的研究为基础的论文开始定期出现在医学和科学文献中。哈佛大学认识到研究和实验教学越来越重要，于是在 1883 年建造了一座宽敞、设备齐全的生理学实验楼。

鲍迪奇的作品反映了他的广泛兴趣，包括对神经生理学、人体测量学和医学教育的研究。自 1883 年起，他担任哈佛医学院院长达 10 年之久。在很大程度上由于鲍迪奇和约翰斯·霍普金斯大学的纳维尔·马丁（H. Newell Martin）的努力，此时的生理学作为一门学科在美国逐渐崛起。鲍迪奇在 1887 年美国生理学会的建立过程中发挥了关键作用，并担任了该学会首任主席。他的生理学系在 19 世纪的最后几年里蓬勃发展。许多雄心勃勃且具有创造性的研究人员曾在此工作，有几个人在其他机构担任了重要职位。

1900 年，鲍迪奇离开了生理系的教学工作。他仍然积极参与学校事务，并在 1901 年帮助学校从皮尔庞特·摩尔根（J. Pierpont Morgan）那里获得了超过 100 万美元的捐赠，用于改善医学院的设施。鲍迪奇生命的最后几年因帕金森症而导致残疾。

作为一名教师、研究者和教育改革家，鲍迪奇是他那一代最有影响力的医学科学家之一。他的职业生涯是将全职教师制度引入美国医学教育的典范。

参考文献

［1］Bowditch, Henry P. *The Life and Writings of Henry Pickering Bowditch.* 2 vols. New York：Arno Press，1980.

［2］Cannon，Walter B. "Henry Pickering Bowditch." *Biographical Memoirs of the National Academy of Sciences* 17（1922）：181-196.

［3］Fye，W. Bruce. "Why a Physiologist? The Case of Henry P. Bowditch." *Bulletin of the History of Medicine* 56（1982）：19-29.

［4］——. *The Development of American Physiology：Scientific Medicine in the Nineteenth Century.*

Baltimore: Johns Hopkins University Press, 1987.

W. 布鲁斯·菲（W. Bruce Fye） 撰，吴紫露 译

心理学家兼哲学家：威廉·詹姆斯

William James（1842—1910）

詹姆斯出生于一个富有的书香门第，在五个子女中排行老大。弟弟亨利成了伟大的小说家；妹妹爱丽丝是一位犀利的社会评论家；他的父亲老亨利·詹姆斯，则是一位作家，反对旧习，支持宗教和政治改革。

亨利·詹姆斯对子女的培育，既带有斯维登堡派（Swedenborgian）所信奉的自然万物蕴含着与人的精神关联，也在令人眼花缭乱的各类学校、教师和世界旅行中不断寻找理想的教诲。在威廉看来，父亲的精神追求体现为学习科学的强烈动机，父亲将其解释为一条探索自然潜藏意义的途径。

起初，威廉拒绝了父亲的指引，而在威廉·莫里斯·亨特（William Morris Hunt）的纽波特画室学习绘画。但到 1861 年秋，威廉进入了哈佛大学劳伦斯理学院。路易·阿加西（Louis Agassiz）在动物学和地质学的教学中融入了超验的唯心论，使得父亲有充分的理由相信，威廉的科学训练将会有精神上的指导，但威廉受到的其他科学教育却让他远离了父亲的思想轨道。

在达尔文的《物种起源》（1859）出版后不到两年的时间，威廉·詹姆斯就开始学习化学，而哈佛科学家争论自然选择在宗教和科学上的价值，令詹姆斯对科学的权威产生了矛盾心理。他的化学老师查尔斯·艾略特（Charles Eliot），于 1869—1909 年间担任哈佛大学校长，在研究生院以科学的权威为基础，实施严格的专业培训。詹姆斯很快和杰弗里斯·怀曼（Jeffries Wyman）一起转向了解剖学和生理学研究，怀曼以试探性的姿态，谨慎地支持达尔文学说。当詹姆斯跟随老奥利弗·温德尔·霍姆斯（Oliver Wendell Holmes Sr.）开始学习医学时，仍一直与怀曼合作，老霍姆斯与老詹姆斯的圈子有着频繁的文字往来，但他以一种出乎意料的超然态度接受了达尔文主义。詹姆斯 1869 年获得医学博士学位，此前他曾跟随阿加西去巴西

做了为期一年的博物学考察，旨在寻找证据推翻达尔文学说，但此行对詹姆斯的科学思维产生了相反的影响。

接受正规教育之后，詹姆斯花了很长时间选择职业。尽管还不到 30 岁，由于对自己的哲学取向感到困惑，詹姆斯在职业问题上的优柔寡断变得更加棘手。当陷入抑郁和病弱时，詹姆斯一直在形而上学俱乐部和朋友一起阅读和讨论达尔文学说等新科学的内涵，这些朋友包括昌西·赖特（Chauncey Wright），查尔斯·桑德斯·皮尔斯（Charles Sanders Peirce）和小奥利弗·温德尔·霍姆斯（Oliver Wendell Holmes Jr.）。从他们那里，詹姆斯大体了解到达尔文科学的概率基础，以及理论和信仰中假说的形成。詹姆斯仍未摆脱父亲对他的期望，特别恼火博物科学中的决定论和反宗教意味。1872 年，他终于摆脱了个人危机，坚信自己可以正确地维护自由意志以及宗教信仰和道德行为的合法性，但并非无视科学，而是以概率性和假说性的方式理解科学。

詹姆斯的思想落定，职业生涯也迈出了第一步。1872 年他成为哈佛大学生理学讲师，1876 年被提升为助理教授，1880 年接着转向哲学，同样担任助理教授，1885年晋升教授，一直到 1907 年退休；1889—1897 年，詹姆斯还担任过心理学教授。

他的学术迁移反映了他的思想进展。1876 年，詹姆斯利用生理设备建立了美国第一个心理实验室。19 世纪 80 年代，詹姆斯在为出版商亨利·霍尔特（Henry Holt）撰写心理学教科书时，提出了有关习惯形成、意识和情感的理论，为他赢得了国际声誉。以论文为章节，詹姆斯汇编成影响深远的两卷本《心理学原理》，不久他又将其缩写为《简明心理学讲义》。

尽管在新兴的心理学领域声名鹊起，但他对实证研究失去了耐心，并醉心于关于人类心灵本质的更加思辨性问题。这些冲动在《宗教体验的多样性》一书中达到顶点，书中他提出了一种"宗教科学"来探讨宗教体验的心理特性。在生命的最后十年，詹姆斯完全转向了哲学，但仍然表现出他年轻时如何学习科学的迹象。他发展了激进经验主义理论，这一理论扩展了传统的经验主义，加入了生理上感觉不到的精神联系。詹姆斯最著名的可能是他的实用主义：通过基于思想效用而不是抽象范畴来定义真理，从而普及了皮尔斯的逻辑理论。此外，詹姆斯还挑战了美国的帝国主义政治，对心理学研究持怀疑态度，并作为哲学、道德和文化问题的演讲者而广受欢迎（他1895年的文章《信仰的意志》最为著名）。在他的所有工作中，詹姆斯提出的理论都是极力按照自己的信念，即正确理解的科学可以相容于宗教、道德和自由意志。

参考文献

［1］Croce, Paul Jerome. *Eclipse of Certainty, 1820-1880*. Vol. 1 of *Science and Religion in the Era of William James*. Chapel Hill: University of North Carolina Press, 1995.

［2］James, William. *The Principles of Psychology*. 2 vols. 1890. Collected edition, Cambridge, MA: Harvard University Press, 1983.

［3］——. *Psychology: Briefer Course*. 1892. Collected edition, Cambridge, MA: Harvard University Press, 1984.

［4］——. *The Varieties of Religious Experience: A Study in Human Nature*. 1902. Collected edition, Cambridge, MA: Harvard University Press, 1985.

［5］——. *Pragmatism: A New Name for Some Old Ways of Thinking*. 1907. Cambridge, MA: Harvard University Press, 1975.

［6］——. *Essays in Radical Empiricism*. 1912. Edited by Frederick H. Burkhardt et al. Cambridge, MA: Harvard University Press, 1976.

［7］——. *The Letters of William James*. Edited by Henry James. 2 vols. Boston: Atlantic Monthly Press, 1920.

［8］——. *The Correspondence of William James*. Edited by Ignask Skrupskelis and Elizabeth M. Berkeley. Charlottesville: University Press of Virginia, 1992.

［9］Myers, Gerald E. *William James: His Life and Thought*. New Haven: Yale University Press, 1986.

［10］Perry, Ralph Barton. *The Thought and Character of William James*. 2 vols. Boston: Little, Brown, and Company, 1935.

［11］Ruf, Frederick J. *The Creation of Chaos: William James and the Stylistic Making of a Disorderly World*. Albany: State University of New York Press, 1991.

［12］Seigfried, Charlene Haddock. *William James's Radical Reconstruction of Philosophy*. Albany: State University of New York Press, 1990.

［13］Simon, Linda. *Genuine Reality: A Life of William James*. New York: Harcourt Brace and Co., 1998.

[14] Taylor, Eugene. *William James on Exceptional Mental States：The 1896 Lowell Lectures*. New York：Charles Scribner's Sons, 1983.

[15] ——. *William James on Consciousness Beyond the Margin*. Princeton：Princeton University Press, 1996.

保罗·杰罗姆·克罗斯（Paul Jerome Croce）　撰，彭华　译

心理学家兼逻辑学家：克莉丝汀·拉德－富兰克林
Christine Ladd-Franklin（1847—1930）

拉德－富兰克林出生于康涅狄格州的温莎，1865 年毕业于马萨诸塞州威尔布拉姆的威尔士高中（Welshing Academy），1869 年毕业于瓦萨学院（Vassar College）。1878—1882 年，她在约翰斯·霍普金斯大学学习数学和逻辑学，完成了博士学位的所有要求。但由于约翰斯·霍普金斯大学当时不愿意授予女性学位，故她没有获得学位，直至 1926 年约翰斯·霍普金斯大学庆祝成立 50 周年时才最终授予了该学位。1882 年，拉德－富兰克林（当时叫拉德）与大学数学老师菲比安·富兰克林（Fabian Franklin）结婚。他们有两个孩子，一儿一女，但儿子出生不久就夭折了。1904—1909 年，拉德－富兰克林任教约翰斯·霍普金斯大学，讲授逻辑学和心理学课程。1909 年全家搬迁到纽约，菲比安·富兰克林在那里找到了一个新职位，1914—1929 年拉德－富兰克林获聘哥伦比亚大学，继续讲授逻辑学和心理学课程。

拉德－富兰克林在约翰斯·霍普金斯大学完成的论文被誉为"对相对较新的符号逻辑领域做出了贡献"（Green and Laduke, p. 121），并于 1883 年在其导师查尔斯·桑德斯·皮尔斯（Charles Sanders Peirce）指导学生的作品集中发表。尽管拉德－富兰克林一生都对逻辑学保持着浓厚的兴趣，但到 1887 年，她还是以视觉为主题开始从事心理学方面的工作，这也是她后来大部分研究和写作的重点。

1892 年，拉德－富兰克林在德国花了一年时间研究色觉，先后在哥廷根的缪勒实验室（G. E. Müller's laboratory）与柏林的赫尔曼·冯·亥姆霍兹实验室（Hermann von Helmholtz's laboratory）进行研究，随后公布了自己的色觉理

论。基于当时两大对立的色觉理论——杨－亥姆霍兹（Young-Helmholtz）和赫林（Hering）的理论，拉德－富兰克林主张它们实际上不仅不矛盾，相反，二者属于视觉产生过程的不同阶段。她认为自己的理论创新贡献是色觉的进化发展，即从非色度（黑与白）到二色度（黄与蓝），再到四色度（黄、蓝、红、绿）的思想。

余生，拉德－富兰克林以主要精力，通过系列讲座、科学会议，以及发表各类作品，宣扬她的色彩理论。1929 年这些活动达到高潮，拉德－富兰克林将其1892—1926 年发表的关于视觉的文章结集再版为《色彩和色彩理论》（*Colour and Colour Theories*）。在拉德－富兰克林有生之年，她的理论获得了国际认可，其重要性直接排在杨－亥姆霍兹和赫林理论之后（Cadwallader and Cadwallader, p. 223）。然而，当前讨论色彩理论历史的教科书中却很少提及她的理论（Green, p. 123）。

哥伦比亚大学珍本和手稿图书馆（The Rare Book and Manuscript Library of Columbia University）收藏了克莉丝汀·拉德－富兰克林和丈夫菲比安·富兰克林的文献。该收藏品内容丰富，但大多未经整理，由 98 个箱子组成，估计包含 7000 多件物品，包括信件、出版物和其他文件。迄今为止，还没有基于这些藏品而出版长篇传记。

参考文献

[1] Cadwallader, Thomas C., and Joyce V. Cadwallader. "Christine Ladd-Franklin（1847-1930）." In *Women in Psychology*: *A Bio-Bibliographic Sourcebook*, edited by Agnes N. O'Connell and Nancy Felipe Russo. New York: Greenwood Press, 1990, pp. 220-229.

[2] Furumoto, Laurel. "Joining Separate Spheres—Christine Ladd-Franklin, Woman-Scientist（1847-1930）." *American Psychologist* 47（1992）: 175-182.

[3] ——. "Christine Ladd-Franklin's Color Theory: Strategy for Claiming Scientific Authority?" *Annals of the New York Academy of Sciences* 727（1994）: 91-100.

[4] Green, Judy. "Christine Ladd-Franklin（1847-1930）." In *Women of Mathematics*: *A Biobibliographic Sourcebook*, edited by Louise S. Grinstein and Paul J. Campbell. New York: Greenwood Press, 1987, pp. 121-128.

[5] Green, Judy, and Jeanne Laduke. "Contributors to American Mathematics: An

Overview and Selection." In *Women of Science*: *Righting the Record*, edited by G. Kass-Simon and Patricia Farnes. Bloomington: Indiana University Press, 1990, pp. 117-146.

[6] Ladd-Franklin, Christine. *Colour and Colour Theories*. New York: Harcourt, Brace, 1929.

劳雷尔・古本（Laurel Furumoto）　撰，彭华　译

医生和微生物学家：沃尔特・里德
Walter Reed（1851—1902）

里德出生于弗吉尼亚州的格洛斯特郡，1869 年在弗吉尼亚大学获得第一个医学学位，1870 年又在贝尔维尤医院获得了第二个。在纽约的几家医院接受过研究生培养后，他曾短暂担任布鲁克林区的卫生监管委员。里德在 1874 年通过了军队的体检，从此终生担任美国的军官。在接下来的 15 年里，他被派驻到多个地方，其中很多都位于西部边陲。1890 年，他申请了进一步医学研究的机会，因此驻扎于巴尔的摩，在约翰斯・霍普金斯大学跟随威廉・韦尔奇（William Welch）学习细菌学。在他生命的最后 12 年里，军队资助了他对一些传染病的研究，包括丹毒、白喉、伤寒和黄热病。从 1893 年起，他成为新陆军医学院的教授和陆军医学博物馆的馆长。

里德是一位聪明的流行病学家，他利用最新的细菌学概念成功地构想并检验了各种理论。1898 年，他与维克多・沃恩（Victor Vaughan）及爱德华・莎士比亚（Edward Shakespeare）一起调查了驻扎在南部海岸部队（参与美西战争）中的伤寒流行情况。尽管当时盛行的学说认为伤寒病菌主要是通过受污染的水传播的，但里德和同事证明了在将细菌从粪便转移到食物的过程中苍蝇更为重要。里德的研究把苍蝇确立为公共卫生工作的一个防控目标。

1900 年，军医处处长乔治・斯特恩伯格（George Sternberg）任命里德领导一个在古巴研究黄热病的委员会（里德委员会）。多年来，包括斯特恩伯格在内的研究人员一直在寻找黄热病病菌。1897 年，一位名叫朱塞佩・萨纳雷利（Giuseppe Sanarelli）的意大利医生宣布他发现了该病菌。里德和同事詹姆斯・卡罗尔（James Carroll）开展黄热病问题研究的第一步，就是探究萨纳雷利声明的正确性。他们认

为萨纳雷利所说的细菌是次要的传染因子，根本不是引起黄热病的原因，但这一论点在他们对蚊媒的研究享誉世界之后才被广泛接受。

里德最为人所知的是他证明了黄热病通过蚊子传播。然而，发现黄热病病媒的优先权顺序却存在一些争议。19世纪中期的作家们曾认为这种疾病是由微小的飞虫引起的，但只有在确定了蚊媒后，这些说法才有了先见之明的光环。更重要的是，古巴的卡洛斯·芬莱（Carlos Finlay）从19世纪80年代初就认为蚊子参与了黄热病的传播。古巴历史学家倾向于授予他荣誉，而其他人则指出，他的蚊子概念被许多关于此疾病的错误论点所掩盖，而且缺乏蚊子作为强制性中间宿主的重要概念。毫无疑问，在过去的5年里，罗纳德·罗斯（Ronald Ross）证明了蚊子传播疟疾的工作，以及亨利·罗斯·卡特（Henry Rose Carter）对黄热病外部潜伏期的描述，对里德委员会的结论产生了重大影响。

里德委员会不仅提出了"蚊媒"的观点，他们还证明了这一点。里德和同事们设计了一项人体实验，以测试蚊子是否携带疾病，或者它是否会因与黄热病患者体液的外部接触而感染。在经过严密筛选的小屋中，志愿兵们被置于各种可能的环境中，只有被蚊子叮咬的人患病。

里德的工作是流行病学研究的里程碑，在几个月内解决了延宕一个世纪的争论。基于蚊媒理论的公共卫生行动带来了对黄热病首次有效的控制。里德的团队还证明了病原体可以通过滤膜，因此是一种病毒。这促进了20世纪30年代一种有效疫苗的生产。

参考文献

[1] Bean, William. *Walter Reed, A Biography*. Charlottesville: University of Virginia Press, 1982.

[2] Delaporte, Francois. *Yellow Fever: An Essay on the Birth of Tropical Medicine*. Translated from the French by Arthur Goldhammer. Cambridge, MA: MIT Press, 1991.

[3] Warner (Humphreys), Margaret. "Hunting the Yellow Fever Germ: The Principle and Practice of Etiological Proof in Late Nineteenth-Century America." *Bulletin of the History of Medicine* 59 (1985): 361-382.

［4］*Yellow Fever*, *A Compilation of Various Publications*, *Results of the Work of Major Walter Reed*, *Medical Corps*, *United States Army*, *and the Yellow Fever Commission*. 61st Cong., 3d ses., S. Doc. 822（Washington, DC, 1911）.

玛格丽特·汉弗莱斯（Margaret Humphreys） 撰，吴晓斌 译

另请参阅：黄热病（Yellow Fever）

实验心理学家、科学编辑兼出版商：詹姆斯·麦基恩·卡特尔
James McKeen Cattell（1860—1944）

卡特尔在拉斐特学院（文科学士，1880）提出了一种科学研究的方法，把孔德对量化的强调与培根欣赏的收集无假设的经验"事实"和科学的有用性相结合。他在整个职业生涯中都采用了产生关于（潜在适用的）心理现象的定量数据的方法，尽管他经常无法解释这些数据。作为约翰斯·霍普金斯大学的研究生（1882—1883），他测量了实验对象读字母和单词的时间，并声称人们会自然地读整个单词，而不只是音节（后来许多阅读老师因此放弃了拼读法，而采用"全词"教学法）。到莱比锡（1883—1886），他在威廉·冯特（Wilhelm Wundt）的指导下成为新实验心理学领域第一个获得德国博士（1886）的美国人。在英国（1886—1888），他在剑桥大学圣约翰学院做研究，认可了弗朗西斯·高尔顿（Francis Galton）所关注的个体间差异，高尔顿正是从中提出了优生学纲领。到19世纪80年代中期，卡特尔比其他任何美国人都更了解新心理学，父亲（长期担任拉斐特学院校长）利用自己的人脉为儿子争取到了宾夕法尼亚大学的教授职位（1889—1891）。

在宾夕法尼亚大学期间，特别是在哥伦比亚大学（他自1891年起在那里任教），卡特尔开发了一个"智力测试"程序，使用标准的实验室程序——测量（包括其他特征）反应时间和感觉的灵敏性——来收集心理差异的定量数据。但他对这些特征如何帮助人们去生活，缺乏实用的观点，他的测试没有产生有用的结果，因而在1901年之前，心理学家便已经放弃了这些实验。后来卡特尔离开了实验室，但是他1904年在圣路易斯博览会上的演讲——"关于心理学的概念和方法"，呼吁心理学的应用——起到了团结他学生那一代人的作用，他们表现出渴望超越教师们的哲学

关切。他后来为美国心理测评公司（Psychological Corporation）所做的项目试图贯彻这些兴趣。

1894 年，他与普林斯顿大学的同事詹姆斯·马克·鲍德温（James Mark Baldwin）创办了《心理学评论》（*The Psychological Review*）。从那时开始，卡特尔拥有、主办并（最终）出版发行了五种主要的科学期刊。尽管他的出版物通常都有专业上的目标——例如，《心理学评论》挑战了 G. 斯坦利·霍尔（G. Stanley Hall）对美国心理学协会的领导地位——但卡特尔似乎总是对期刊的盈利能力最感兴趣。1894 年年末，他接管了衰败的《科学》（*Science*）周刊，并很快使之成为这个国家阅读最广泛的综合科学期刊。1900 年，他接手了另一家失败的杂志——《大众科学月刊》（*The Popular Science Monthly*），并利用他在《科学》杂志的编辑身份吸引杰出的供稿人。（1915 年，他卖掉了杂志的名字，但继续以《科学月刊》（*The Scientific Monthly*）的名义出版。）1903 年，他开始为《美国科学家名人录》（*American Men of Science*，1906 年第一版）收集数据。1904 年，他卖掉了自己在《心理学评论》（*The Psychological Review*）的股份，并帮助其他人创办了《哲学、心理学和科学方法杂志》（即办刊至今的《哲学杂志》）。1907 年，他接管了《美国博物学家》，并计划利用它来推广自己的积极优生学理念。（为了实现这一愿景，他生了 7 个孩子，并在自己的期刊中反对优生绝育和限制移民的做法。）然而，不久之后，他开始遵循哥伦比亚大学的同事托马斯·H. 摩尔根（Thomas H. Morgan）的编辑指导，并且开始在《美国博物学家》上推广孟德尔遗传学。1915 年，他效法《科学》服务科学家而创办了《学校和社会》以服务教育工作者。他在 20 世纪 30 年代创办了这些出版物——并在 40 年代早期创办了《科学》和《美国科学家名人录》——这些出版物很大程度上确立了他在美国科学界的地位。

卡特尔总是刚愎自用，总是希望周围的人顺从他，这些特点经常给他带来麻烦。1883 年，他失去了约翰斯·霍普金斯大学的奖学金，部分原因是他抱怨校长"没有对我保持该有的兴趣"。一位哥伦比亚的同事在 1909 年写道，"卡特尔长期反对任何人做的任何事。"1917 年，一位朋友抱怨说，"卡特尔反对这么多事情，真是太糟糕了。"卡特尔对他人的反对常常表现为对学术自由的捍卫。1913 年，他将一系列《科学》论文合成一卷，名为《大学控制》（*University Control*）。但这些文章通常都赤裸裸地对其他人进行人身攻击，这使他失去了朋友。1913 年，当哥伦比亚大学校长尼古拉斯·默里·巴特勒（Nicholas Murray Butler）试图迫使卡特尔退休时，这些朋友尽管承认他的缺点，但都争相为他辩护。但是他很快又疏远了大多数人。当巴特勒在 1917 年最终解雇了卡特尔，表面的理由是第一次世界大战期间反对美国的征兵政策，卡特尔几乎找不到支持者。他继续编辑自己的期刊，创建科学出版社来出版期刊，担任美国科学促进会（AAAS，《科学》是该协会的官方期刊，尽管它是私有的）执行委员会主席长达 20 年，并且是心理学界的元老。但他仍然与其他人格格不入，在他的领导下，美国科学促进会 30 年代聘任又解雇了 4 名常任秘书（即执行干事）。他在担任 1929 年国际心理学大会主席时对杜克大学心理学家威廉·麦独孤（William McDougall）公开的人身攻击令美国心理学家感到震惊。

过去的描述主要基于卡特尔自己的回忆，强调了他在开发心理测试方面的先驱作用，以及他为争取学术自由而进行的不懈努力（和个人牺牲）。最近的分析通常基于对其手稿的全面研究，试图将他的行为置于他的个性背景下进行考察。

参考文献

［1］Cattell, James McKeen. "The Conceptions and Methods of Psychology." *Popular Science Monthly* 66（1904）：176-186.

［2］——. *University Control*. New York：The Science Press, 1913.

［3］Gruber, Carol S. *Mars and Minerva：World War I and the Uses of Higher Learning in America*. Baton Rouge：Louisiana State University Press, 1976.

［4］Poffenberger, A.T., ed. *James McKeen Cattell：Man of Science*. 2 vols. Lancaster, PA：The Science Press, 1947.

［5］Sokal, Michael M. "The Unpublished Autobiography of James McKeen Cattell." *American Psychologist* 26（1971）：626-635.

［6］——. "James McKeen Cattell and the Failure of Anthropometric Mental Testing, 1890-1901." In *The Problematic Science：Psychology in Nineteenth-Century Thought*, edited by William R. Woodward and Mitchell G. Ash. New York：Praeger, 1982, pp. 322-345.

［7］——. "Life-Span Developmental Psychology and the History of Science." In *Beyond*

History of Science：*Essays in Honor of Robert E. Schofield*, edited by Elizabeth W. Garber. Bethlehem, PA：Lehigh University Press, 1990, pp. 67-80.

[8]——. ed. *An Education in Psychology*：*James McKeen Cattell's Journal and Letters from Germany and England*, *1880-1888*. Cambridge, MA：MIT Press, 1981.

迈克尔·M. 索卡尔（Michael M. Sokal） 撰，吴晓斌 译

另请参阅：《美国科学家名人录》（*American Men of Science*）；心理测评公司（The Psychological Corporation）

生理学家、教育家：约瑟夫·厄尔兰格
Joseph Erlanger（1874—1965）

约瑟夫·厄尔兰格出生于旧金山，1895 年获得加利福尼亚大学学士学位，1899 年获得约翰斯·霍普金斯大学医学博士学位。1899 年至 1900 年，他在约翰斯·霍普金斯大学医院威廉·奥斯勒（William Osler）的手下实习。1900 年至 1906 年，他担任威廉·H. 豪威尔（William H. Howell）的生理学助理。1906 年成为威斯康星大学医学院的生理学教授。1910 年，他被任命为圣路易斯华盛顿大学的生理学教授和系主任。一直担任这一职务到 1946 年退休，此后几年继续在圣路易斯华盛顿大学从事研究。1944 年，"因为……与神经纤维高度机能分化有关的发现"，他和赫伯特·S. 加塞（Herbert S. Gasser）被授予诺贝尔生理学或医学奖。

厄尔兰格对生理学的主要贡献可分为两个不同阶段来论述。1921 年以前，他一直专注于心血管系统的相关问题，改良了血压计，还在血压和心脏电脉冲传导之间的关系方面做出了重要发现。一战期间，他带领团队研究创伤性休克并研发了一种用于治疗创伤性休克的人造血清。和曾经的学生加塞的合作，开启了厄尔兰格研究生涯的第二阶段。两人改装了一台阴极射线示波器以放大和记录神经系统的电传导或动作电位。他们利用这台仪器分析和比较了神经系统不同部位的动作电位，确定了传导的速度与神经纤维的直径成正比。厄尔兰格后来的研究，比如研究神经纤维的刺激和极化就建立在这个关键的电生理学发现的基础上。人们普遍认为他最重要的科学著作是与加塞合作的《神经活动的电信号》（1937）。

在华盛顿大学任职期间，厄尔兰格在"执行教师"委员会的工作为医学院的管

理发挥了重要作用。他还为美国生理学会及其他科学组织做出了重要贡献。

厄尔兰格 1882 年至 1965 年的文件有 15 英尺厚，现保存在华盛顿大学医学院图书馆。

参考文献

［1］Davis, Hallowell. "Joseph Erlanger, 1874-1965." *Biographical Memoirs of the National Academy of Sciences* 41（1970）: 111-139.

［2］Erlanger, Joseph. "Prefatory Chapter: A Physiologist Reminisces." *Annual Review of Physiology* 26（1964）: 1-14.

［3］Frank, Robert G. "The J.H.B. Archive Report: The Joseph Erlanger Collection at Washington University School of Medicine, St. Louis." *Journal of the History of Biology* 12（1979）: 193-201.

［4］Ludmerer, Kenneth M. "Erlanger, Joseph." In *Dictionary of American Biography*, supplement 7, 1961-1965. Edited by John A. Garraty. New York: Scribners, 1981, pp. 225-227.

［5］Monnier, A.M. "Erlanger, Joseph." *Dictionary of Scientific Biography*. Edited by Charles C. Gillispie. New York: Scribners, 1971, 4: 397-399.

保罗·G. 安德森（Paul G. Anderson）　撰，曾雪琪　译

生物化学家兼生理学家：劳伦斯·约瑟夫·亨德森

Lawrence Joseph Henderson（1878—1942）

亨德森出生在马萨诸塞州的林恩，1894—1898 年就读于哈佛大学。出于对生物医学研究的兴趣，他进入了哈佛医学院，并于 1902 年毕业。亨德森在弗朗茨·霍夫迈斯特（Franz Hofmeister）的斯特拉斯堡实验室做了两年博士后研究，霍夫迈斯特是将物理化学应用于生物化学的先驱。亨德森于 1904 年成为哈佛大学的一名教员，随后在化学系和医学院教授生物化学课程。1920 年成为哈佛大学教授，在这里一直工作到 1942 年去世。

在专业化程度日益加强的年代，亨德森仍努力成为一名通才。他的跨学科兴趣涵盖化学、医学、科学史及科学哲学和社会学等不同领域。他对哈佛大学及其师生的影响是广泛而深远的。亨德森主要负责了在哈佛大学设立科学史学科，并招募乔治·萨顿（George Sarton）成为哈佛教员。他在创建一些机构和项目上发挥了重要作用，包括医学院的物理化学系、商学院的疲劳实验室，以及研究人员协会等。

尽管亨德森兴趣广泛，但回顾他的工作，我们能够发现其存在根本上的统一性。在他的整个职业生涯中，他对物理化学、生物学及社会学的系统组织都很感兴趣。他强调要对这些系统采取整体的视角，还要认识到一个系统内各变量之间的相互依赖性。这种方法上的统一性并不是某种预先计划的结果，而是他的方法论和哲学观在其研究过程中不断发展和逐渐明晰的结果。这种整体的、有机的方法并不是亨德森所独有的，而是反映了他那个时代科学和哲学的一个重要趋势。

亨德森对自己早期关于人体酸碱平衡的研究印象深刻，他发现在机体中调节酸碱中性的生理机能是非常有效的。他还推断化学元素及其化合物对许多人体重要机能有着独特价值（控制最低限度、最高限度或异常）。在他看来，现实环境是所有可能的生命环境中最适宜生存的。宇宙和生物的进化似乎是通过一个单一、有序的过程联系在一起的，而物质和能量显然具有某种原始特性，能够在空间和时间上将宇宙组织起来。这些哲学思考促成了《环境的适宜性》（*The Fitness of the Environment*，1913）和《自然的秩序》（*The Order of Nature*，1917）这两本专著的出版。亨德森关于健康和秩序的研究影响了哈佛哲学家约西亚·罗伊斯（Josiah Royce）、R. F. A. 霍恩勒（R. F. A. Hoernlé）和阿尔弗雷德·诺斯·怀特黑德（Alfred North Whitehead）等人。

亨德森的名字可能在科学和医学专业学生之中最为出名，这得益于他在中性调节方面的研究帮助推导出了缓冲溶液数学公式——亨德森－哈塞尔巴尔赫方程。这项研究也最终影响亨德森将血液作为一种物理化学系统进行研究，并在他的经典著作《血液：普通生理学研究》（*Blood：A Study in General Physiology*，1928）中作了系统论述和总结。亨德森研究了血液中变量的相互作用，以及血液与其他身体系统的相互作用，这为生物组织和克劳德·伯纳德（Claude Bernard）所说的内部环境的稳定性提供了一个很好的研究例证。

在研究了生物组织结构和使生命成为可能的复杂无机系统后，亨德森又阅读了意大利工程师、社会学家维尔弗雷多·帕累托（Vilfredo Pareto）的著作，转向社会系统结构的研究。帕累托强调社会系统的平衡，并将这种平衡与有机体的平衡进行比较，这些观点引起了亨德森的共鸣。通过在哈佛大学举办的几次研讨会，亨德森把社会平衡的概念传播给社会学及相关领域的同事和学生。哈佛社会学家乔治·霍曼斯（George Homans）和塔尔科特·帕森斯（Talcott Parsons）都受到了亨德森思想的影响。

也许是由于亨德森参与的科研活动范围过于广泛，因此目前还没有关于他的完整传记。不过生物学、医学、社会科学和哲学领域的历史学家都对他工作的某些方面进行了探讨。亨德森的影响超出了他实际的科学贡献，他的生活和研究工作值得美国科学史学家的进一步研究。

参考文献

[1] Cannon, Walter. "Lawrence Joseph Henderson." *Biographical Memoirs of the National Academy of Sciences* 23（1943）: 31-58.

[2] Henderson, L.J. *The Fitness of the Environment.* New York: Macmillan, 1913.

[3] ——. *The Order of Nature.* Cambridge, MA: Harvard University Press, 1917.

[4] ——. *Blood: A Study in General Physiology.* New Haven: Yale University Press, 1928.

[5] ——. *On the Social System: Selected Writings.* Edited by Bernard Barber. Chicago: University of Chicago Press, 1970.

[6] Heyl, Barbara. "The Harvard 'Pareto Circle.'" *Journal of the History of Behavioral Sciences* 4（1968）: 316-334.

[7] Parascandola, John. "L. J. Henderson and the Theory of Buffer Action." *Medizinhistorisches Journal* 6（1971）: 297-309.

[8] ——. "Organismic and Holistic Concepts in the Thought of L. J. Henderson." *Journal of the History of Biology* 4（1971）: 63-113.

[9] ——. "Henderson, Lawrence Joseph." *Dictionary of Scientific Biography.* Edited by Charles C. Gillispie. New York: Scribner, 1972, 6: 260-262.

[10] ——. "L. J. Henderson and the Mutual Dependence of Variables: From Physical Chemistry to Pareto." In *Science at Harvard University: Historical Perspectives*, edited by

Clark A. Elliot and Margaret W. Rossiter. Bethlehem, PA: Lehigh University Press, 1992, pp. 167-190.

[11] Russett, Cynthia. *The Concept of Equilibrium in American Social Thought*. New Haven: Yale University Press, 1966.

约翰·帕拉斯坎多拉（John Parascandola） 撰，王晓雪 译

德裔美国实验心理学家：沃尔夫冈·科勒

Wolfgang Köhler（1887—1967）

科勒生于爱沙尼亚的雷瓦尔，父母是德国人。科勒在德国长大，先后就读于图宾根大学（1905—1906）、波恩大学（1906—1907）和柏林大学（1907—1909，1909年获博士学位）。当他在美因河畔法兰克福的社会科学学院（1909—1913）当编外讲师时，遇到了马克斯·韦特海默（Max Wertheimer），韦特海默向他和库尔特·科夫卡（Kurt Koffka）介绍了自己的理念和实验结果，三人很快提出了格式塔心理学（也译为完形心理学）。1913年，科勒成了普鲁士科学院类人猿研究中心的主任，该中心位于加那利群岛的特内里费岛。第一次世界大战的爆发使他不得不在岛上停留到1920年，期间他用黑猩猩做实验。同年回到柏林，科勒在哥廷根大学短暂担任教授（1921—1922），后成为柏林大学心理研究所的教授兼主任，并在那里待到1935年。1925—1926年，他第一次访问美国（作为克拉克大学的鲍威尔讲师和访问教授），后来又在芝加哥大学和哈佛大学获得访问职位（作为威廉詹姆斯讲师，1934—1935）。在德国的最后几年，他积极反对纳粹的教育政策，并于1935年移民美国，成为斯沃斯莫尔学院（Swarthmore College）的心理学教授（后来成为哲学和心理学研究教授）。1947年（几乎在成为美国公民后立即）当选为美国国家科学院院士，1958年从斯沃斯莫尔退休。退休后到达特茅斯学院工作，在附近的恩菲尔德去世。

科勒和其他格式塔心理学家挑战了早期强调原子论的"感觉元素"的心理学理论，他们主张，人类在"知觉场"中感知整体、结构或格式塔。在特内里费岛上，科勒提出的观点认为，黑猩猩（和人类）的学习，是通过在"知觉场"中，即"洞

察"其中的物体之间的相互关系。他关于类人猿研究的第一批报告在美国引起了很大的关注，很快就被翻译成英语，再加上美国人普遍对格式塔心理学充满兴趣，使他有了访美的机会。

然而，到 20 世纪 20 年代早期，科勒开始阐述其工作的理论含义，并提出了关于"物理学格式塔"和大脑活动的假说。与此同时，科勒及其同事开始致力于让他们的观点凌驾于所有其他心理学之上，到 20 世纪 20 年代后期，许多美国心理学家开始谴责所谓的"格式塔运动"，尽管他们仍然尊重格式塔心理学家的实验工作，以及这套学问的整体方法。

这种负面反应影响了科勒在美国的职业生涯，科勒从未获得心仪的哈佛大学教授一职，他的许多追随者也认为他当之无愧。早期对科勒进行的历史研究多强调了科勒心理学思想的显著丰富性，因此认为或者至少暗示美国心理学家轻视科勒及其作品。但这种态度很好地说明了他职业生涯中遭人诟病的一些方面，后来历史学家强调了这些方面的重要性，以及和有关性格之间的相互作用。

参考文献

［1］Asch, Solomon E. "Wolfgang Köhler：1887–1967." *American Journal of Psychology* 81（1968）：110–119.

［2］Ash, Mitchell G. "Gestalt Psychology：Origins in Germany and Reception in the United States." In *Points of View in the Modern History of Psychology*, edited by Claude Buxton. San Diego：Academic Press, 1985, pp. 295–344.

［3］——. *Gestalt Psychology in German Culture, 1890-1967：Holism and the Quest for Objectivity.* New York：Cambridge University Press, 1995.

［4］Henle, Mary. "Wolfgang Köhler（1887–1967）." *Yearbook of the American Philosophical Society* 1968：139–145.

［5］——. "One Man Against the Nazis：Wolfgang Köhler." *American Psychologist* 33（1978）：939–944.

［6］——, ed. *The Selected Papers of Wolfgang Köhler.* New York：Liveright, 1971.

［7］Köhler, Wolfgang. *Intelligenzprüfungen an Anthropoiden.* Berlin：Königlich Preussischen Akademie der Wissenschaft, 1917.

[8] ——. *Die physischen Gestalten in Ruhe und im stationaren Zustand： Eine naturphilosophsche Unterschung*. Braunschweig：Vieweg, 1920.

[9] ——. *Intelligenzprüfungen an Menschenaffen*. Berlin：Springer, 1921.

[10] ——. "Zur Psychologie des Schimpansen." *Psychologische Forschung* 1（1921）：2-46.

[11] ——. *The Mentality of Apes*. Translated by Ella Winter. New York：Harcourt Brace, 1925.

[12] ——. "Intelligence of Apes." In *Psychologies of 1925*, edited by Carl Murchison. Worcester：Clark University Press, 1926, pp.145-161.

[13] Mandler, Jean Matter, and George Mandler. "The Diaspora of Experimental Psychology：The Gestaltists and Others." In *The Intellectual Migration：Europe and America, 1930-1960*, edited by Donald Fleming and Bernard Bailyn. Cambridge, MA：Harvard University Press, 1969, pp. 371-419.

[14] Sokal, Michael M. "The Gestalt Psychologists in Behaviorist America." *American Historical Review* 89（1984）：1240-1263.

迈克尔·M. 索卡尔（Michael M. Sokal） 撰，彭华 译

生理学家、教育家：赫伯特·斯宾塞·加塞

Herbert Spencer Gasser（1888—1963）

加塞出生于威斯康星州普拉特维尔市，1910 年获得威斯康星大学麦迪逊分校的学士学位，1911 年获得该校的硕士学位，然后开始接受医学教育。他在巴尔的摩的约翰斯·霍普金斯大学完成了医学研究，1915 获得该校的医学博士学位。1916 年，他加入圣路易斯华盛顿大学生理学系，师从约瑟夫·厄尔兰格（Joseph Erlanger）。两人合作研究创伤性休克，之后都转而研究神经生理学问题。1921 年，加塞同意成为圣路易斯华盛顿大学的教授和药理学主任，条件是他可以继续进行生理学研究。1931 年，他被任命为纽约康奈尔医学院的生理学教授。1935 年，他成为纽约洛克菲勒研究所所长。1944 年，"因为……与神经纤维高度机能分化有关的发现"，他和厄尔兰格被授予诺贝尔生理学或医学奖。加塞于 1953 年退休，但直到生命的最后一刻，他仍活跃在研究领域。

加塞在神经生理学的早期发展中发挥了关键作用。在华盛顿大学，他和物理学

家 H. 西德尼·纽科默（H. Sidney Newcomer）将真空管放大器与弦线检流计相连接来记录神经的电活动或动作电位。后来，加塞和厄尔兰格改装了一台阴极射线示波器，通过它可以详细研究电位，并比较神经系统不同部位的传导情况。他们还根据各种电生理学特性对神经纤维进行了分类，根据传导速度划分出三组（分别为 A、B 和 C），并将传导速度与纤维直径相关联（"A" 纤维最粗、速度最快）。在康奈尔大学，加塞的研究重点是如何区分中枢神经系统和周围神经系统的功能。尽管 20 世纪 30 年代末在洛克菲勒研究所负责烦琐的行政事务，但加塞还是对神经生理学做出了更进一步的贡献，比如通过疼痛和四肢抽搐的实验完善了对动作电位的观察，区分了哺乳动物和其他动物的神经特性等。他聘请了几位杰出的同事，从而使洛克菲勒研究所成为著名的神经生理学研究中心。加塞的研究曾一度因 "二战" 而中断，20 世纪 40 年代末恢复后，他利用电子显微镜研究了神经解剖学中髓鞘等物质的特性。

　　加塞在 1933 年至 1961 年间的文件共 20 立方英尺，现保存于纽约波坎蒂科·希尔斯的洛克菲勒档案中心。他还有一些 1886 年至 1953 年的少量文献，约 0.4 立方英尺，现保存于麦迪逊的威斯康星州历史学会。

参考文献

［1］Brandt, Allan M. "Gasser, Herbert Spencer." *Dictionary of American Biography*. Edited by John A. Garraty. New York：Scribners, 1961–1965, Supplement 7, pp. 279–281.

［2］Chase, Merrill W., and Carlton C. Hunt. "Herbert Spencer Gasser." *Biographical Memoirs of the National Academy of Sciences* 67（1995）：146–177.

［3］Gasser, Herbert S. "Herbert Spencer Gasser, 1888–1963：Scholar, Administrator, Noble Laureate；an Autobiographical Memoir of a Distinguished Career in Medical Science." *Experimental Neurology*, Supplement 1, 1964, pp. 1–36.

［4］Lloyd, David C.P. "Gasser, Herbert Spencer." *Dictionary of Scientific Biography*. Edited by Charles C. Gillispie. New York：Scribners, 1972, 5：290–291.

保罗·G. 安德森（Paul G. Anderson）撰，曾雪琪 译

心理学家兼神经生理学家：卡尔·斯宾塞·拉什利

Karl Spencer Lashley（1890—1958）

他毕生致力于探索学习和记忆的神经基础。1914年，在赫伯特·斯宾塞·詹宁斯（Herbert Spencer Jennings）的指导下，拉什利获得了约翰斯·霍普金斯大学的遗传学博士学位，但那时他已经认定自己的兴趣在于心理学。作为霍普金斯大学的博士后研究员，他与行为主义的创始人约翰·华生（John Broadus Watson）密切合作，但从未认同沃森对精神的否定。相反，他认为心理学的主要任务是解释构成心理功能基础的大脑机制，包括最复杂的抽象思维过程。在霍普金斯大学任职期间，拉什利还与临床心理学家谢博德·艾弗里·弗朗兹（Shepherd Ivory Franz）密切合作。从弗朗兹那里，拉什利学习到皮质切除技术，也和弗朗兹一样反对将心理功能定位于大脑不同区域的学说。

在明尼苏达大学，拉什利获得了第一份教职，继续开展大脑切除研究。他用老鼠做了一系列实验，被誉为一丝不苟的研究者。拉什利训练这些老鼠完成各种任务，比如穿迷宫，移除它们大脑的一部分后测试它们重新学习这些任务的能力。他发现学习效率的降低只与被移除的皮质组织量成正比，而与切除的位置无关。拉什利把这些结果归纳成两个原理，即等位性原理（equipotentiality）和整体活动原理（mass action），它们已经成为拉什利的代名词，这两个原理表明，整个大脑负担其所有功能，不同的大脑区域没有功能定位，只要有临界数量的皮层存在，功能就是正常的。

从1926年到1929年，拉什利在芝加哥青少年研究所获得行为研究基金资助，担任研究心理学家。1929年，拉什利出版了他唯一的著作《大脑机制与智能》（*Brain Mechanisms and Intelligence*），该书描述了他的大脑切除工作。

从1929年到1935年，他担任芝加哥大学的心理学教授，在那里他与神经学家兼心理生物学家贾德森·赫里克（C. Judson Herrick）密切合作。那时，他还开始用老鼠进行视觉实验，测试它们辨别不同图案的能力。他得出结论，就像承担学习功能的皮层一样，视觉皮层对视觉也具有等位性。

　　1935 年，拉什利接受了哈佛大学心理学教授的聘任，他支持格式塔神经学家库尔特·戈尔茨坦（Kurt Goldstein）的工作。1942 年，他还成为佛罗里达州橘园的耶基斯灵长类生物实验室（Yerkes Laboratories of Primate Biology）的主任，直到 1955 年退休。

　　拉什利的整个职业生涯与 20 世纪上半叶美国心理学的三大核心流派相关：行为主义、心理生物学和格式塔学派。然而，他从来不做任何这些运动的狂热追随者，而更愿意论证这些人的理论立场如何与他认定的大脑功能的事实相冲突。他坚信智能最终只可用大脑的生物学来解释，而非类比电话交换机或计算机等机器。心理学家克拉克·赫尔（Clark Hull）试图开发一种能展示真正智能的机器，拉什利对此予以强烈反对。作为一名坚定的遗传主义者，拉什利反对行为主义者强调环境对行为的塑造作用。他对大脑功能的整体性构想使他赞同智能是一种单一的、可测量的因素，这一观点由于智力测试运动的一些支持者，尤其是查尔斯·斯皮尔曼（Charles Spearman），而广为流行。

　　拉什利自称他对科学的贡献完全是负面的，因为他没有自己的理论预设，所做的只是用大量的事实来摧毁别人的理论。最近的历史研究在文化、政治和制度背景下审视拉什利的科学贡献，质疑了他长期以来的自我评价。

参考文献

[1] Beach, Frank A., Donald O. Hebb, Clifford T. Morgan, and Henry W. Nissen, eds. *The Neuropsychology of Lashley*：*Selected Papers of K. S. Lashley*. New York：McGraw Hill, 1960.

[2] Bruce, Darryl. "Lashley's Shift from Bacteriology to Neuropsychology, 1910-1917, and the Influence of Jennings, Watson and Franz." *Journal of the History of the Behavioral Sciences* 22（1986）：27-44.

[3] ——. "Integrations of Lashley." In *Portraits of Pioneers in Psychology*, edited by Gregory A. Kimble, Michael Wertheimer, and Charlotte White. Hillsdale, NJ：L. Erlbaum Associates, 1991, pp. 307-323.

[4] Lashley, Karl S. *Brain Mechanisms and Intelligence*：*Quantitative Study of Injuries to the Brain*. Chicago：University of Chicago Press, 1929.

[5] Weidman, Nadine M. *Constructing Scientific Psychology*：*Karl Lashley's Mind-Brain Debates*. New York：Cambridge University Press, 1999.

纳丁·M. 魏德曼（Nadine M. Weidman） 撰，彭华 译

辅酶 A（CoA）的发现者：弗里茨·李普曼

Fritz Lipmann（1899—1986）

弗里茨·李普曼因发现辅酶 A 而被授予 1953 年诺贝尔生理学或医学奖，辅酶 A 是细胞将食物转化为能量的重要催化剂。李普曼出生于德国柯尼斯堡（现俄罗斯加里宁格勒）。1917—1922 年，他在柯尼斯堡、柏林和慕尼黑大学接受教育，在那里学习医学。1924 年，他在柏林获得了医学博士学位，并参加了一些化学方面的补充课程。1926 年，他成为柏林德皇威廉研究所奥托·迈耶霍夫实验室（Otto Meyerhof's laboratory）的助手，并于 1927 年获得博士学位。1930 年，李普曼成为阿尔伯特·费舍尔实验室的助手，从 1931 年开始，他在洛克菲勒研究所的菲比斯·莱文实验室（Phoebus A. Levene）工作了一年。

1932—1939 年，李普曼在费舍尔新建的哥本哈根实验室工作。在这里他开始了巴斯德效应的研究，巴斯德效应是指在呼吸细胞中抑制浪费的发酵。他对丙酮酸氧化进行了研究，因为在丙酮酸阶段，呼吸作用从发酵分离出来。通过在迈耶霍夫的工作，李普曼已经熟悉了在哺乳动物组织似乎过于复杂时使用细菌系统的做法。当他选择了一株德布氏乳杆菌并用碳酸氢盐缓冲液代替磷酸盐缓冲液时，他发现丙酮酸氧化依赖于无机磷酸盐的存在。他的结论是，电子转移势转化为磷酸盐能量，引起广泛的生物合成反应。

1939 年，康奈尔医学院的文森特·维格诺（Vincent du Vigneaud）邀请李普曼回到美国。获得奖学金之后，李普曼与麻省总医院（Massachusetts General Hospital）建立了联系，在那里他成了"外科医生中的生化学家"，并与哈佛医学院合作。1941 年，他发表了他的经典论文"磷酸键能量的代谢生成和利用"（Metabolic generation and utilization of phosphate bond energy），在文中他提出了 ATP（三

磷酸腺苷）代谢产生的一般功能。他提出，磷酸化的中间体，如乙酰磷酸（磷酸化醋酸酯，AcP）是生物合成活动的前体。

李普曼研究了无细胞的鸽子肝脏制剂中磺胺乙酰化的模型系统。1945 年，他意识到一种热稳定的辅助因子的必要性，被命名为辅酶 A（用于乙酰化），也是由 ATP、乙酸和胆碱合成乙酰胆碱的必要条件。到 1951 年，基团转移的一般模式变得可识别，供体和受体酶通过乙酰辅酶 A 穿梭连接。这是李普曼在 1941 年提出的"基团转移"概念的一个例子，它指导了他后来对 CoA、硫酸盐转移、蛋白质合成和蛋白质激酶的研究。基团转移的概念使他得出结论，在生物合成领域，出现一个罕见的导致简化进步的例子。1957 年，李普曼成为洛克菲勒研究所的生物化学教授。

参考文献

[1] Kleinkauf, Horst, Hans von Döhren, and Lothar Jaenicke, eds. *The Roots of Modern Biochemistry—Fritz Lipmann's Squiggle and Its Consequences*. Berlin：Walter de Gruyter, 1988.

[2] Lipmann, Fritz. "Metabolic Generation and Utilization of Phosphate Bond Energy." In *Advances in Enzymology*, edited by Friedrich F. Nord and Chester H. Werkman. New York：Interscience, 1941, pp. 99–162.

[3] ——. "Biosynthetic Mechanisms [lecture delivered 16 December, 1948]." *Harvey Lectures* 44（1950）：99–123.

[4] ——. "Development of the Acetylation Problem：A Personal Account [Nobel Lecture]." *Science* 120（1954）：855–865; reprinted in *Nobel Lectures Physiology or Medicine*, *1942-1962*. Amsterdam：Elsevier, 1964, pp. 413–438.

[5] ——. "Polypeptide Chain Elongation in Protein Biosynthesis." *Science* 164（1969）：1024–1031.

[6] ——. *Wanderings of a Biochemist*. New York：Wiley, 1971.

[7] ——. "Discovery of the Adenylic Acid System in Animal Tissues." *Trends in Biochemical Sciences* 4（1979）：22–24.

[8] ——. "Analysis of Phosphoprotein and Development in Protein Phosphorylation." *Trends in Biochemical Sciences* 8（1983）：334–336.

[9] ——. "A Long Life in Times of Great Upheaval." *Annual Review of Biochemistry* 35（1984）：

1–33.

[10] Novelli, G. "Personal Recollections on Fritz Lipmann During the Early Years of Coenzyme A Research." *Molecular Biology, Biochemisty and Biophysics* 32（1980）: 415–430.

[11] Richter, Dietmar, and Helmuth Hilz. "Fritz Lipmann at 80." *Trends in Biochemical Sciences* 4（1979）: N123–N124.

托恩·范·赫尔沃特（Ton van Helvoort） 撰，彭华 译

心理学家：伯尔赫斯·弗雷德里克·斯金纳
Burrhus Frederick Skinner（1904—1990）

斯金纳出生于宾夕法尼亚东北部一个铁路小镇，最初叫作萨斯奎汉纳站（Susquehanna Depot）。父亲威廉·斯金纳（William A. Skinner）是伊利铁路公司（Erie Railroad）的一名律师，母亲格蕾丝·伯尔赫斯（Grace Burrhus）是一名家庭主妇，斯金纳是这个家庭的长子。1922 年到 1926 年，他在汉密尔顿学院（Hamilton College）主修英语；1926 年毕业后他在家里待了一年，试图成为一名短篇小说作家，但毫无成果。1928 年，他进入哈佛大学攻读心理学研究生，并于 1931 年获博士学位。他的博士论文是关于老鼠在一种后来被称为"斯金纳箱"（Skinner box）的装置中接受奖励－训练的行为研究。之后，哈佛又提供五年的博士后支持，让他研究所谓的操作性条件反射（operant conditioning）。1936 年，他接受了明尼苏达大学心理学系的一个职位。同年，他与伊利诺伊州弗洛斯莫尔（Flossmoor）的伊冯·布鲁（Yvonne Blue）结婚，他们于 1938 年和 1944 年诞下两女朱莉（Julie）与黛博拉（Deborah）。斯金纳曾在位于明尼阿波利斯市（Minneapolis）的"通用磨坊"（General Mills）参与过一个战时项目，研发导弹制导系统的行为程序，该系统通过训练一只将置于火箭前锥体的鸽子，让其敲啄屏幕从而保持导弹对准目标。训练有素的鸽子使他相信，行为控制可能的应用领域会远远超过心理学家迄今为止的想象。

1945 年至 1948 年，他担任印第安纳大学心理学系主任；一种大众斯金纳心理学也逐渐在印第安纳州传播，并被他的学生和追随者推广到其他地方。1948 年，他

接受哈佛大学的教授职位；退休后，他仍致力于讲座和写作，直至去世。

　　斯金纳被归为"新行为主义者"（neobehaviorists）、行为－实验室研究者和理论家之列［这一群体还包括克拉克·赫尔（Clark Hull）、埃德温·格思里（Edwin Guthrie）、爱德华·托尔曼（Edward Tolman）以及他们最杰出的学生］，他们接续了美国第一代行为主义者［称为"早期行为主义者"（early behaviorists），代表人物如约翰·华生（John B. Watson）］的研究。早期行为主义者依靠反射生理学和巴甫洛夫条件反射作为他们的基本哲学观念，以及作为研究和解释人类与动物行为时使用的类比和概念基础。这也是斯金纳在哈佛大学（1928—1936）进行实验室研究时的学术氛围，他跟随生理学家克罗泽（W. J. Crozier）学习，阅读生理学著作，特别是伊万·巴甫洛夫（Ivan Pavlov）和查尔斯·谢林顿（Charles Sherrington）的著作，使他进入到对自由活动实验动物的反射研究领域。

　　20 世纪 30 年代在哈佛大学时，斯金纳凭借其机械制造才能将普通的桑代克迷箱改进为一种完全自动的装置，实验室老鼠可以在其中自主执行指定活动（例如，按下伸进盒子里的小杠杆），并根据预设的计划（"强化模式"）得到奖励（"强化物"）。操作性条件反射实验没有使用标准的"学习曲线"（learning curve），而是用"累积记录"（cumulative record）反映动物在"斯金纳箱"中的行为，它根据时间绘制累积反应，以便人们了解一些变量如何影响瞬时反应率（斯金纳将其视为反应概率的一个指标）。因此，最终一种与新行为主义主流迥异的"斯金纳心理学"发展出自己独有的实验方法、仪器设备、专业词汇、学术期刊、专业组织（"行为分析协会"）和指导哲学（"激进行为主义"），并且对将斯金纳思想应用于心理治疗（"行为疗法"）和其他旨在管理或改变人类行为的地方（监狱、医院、学校等）抱有浓厚兴趣。应用行为技术的蓬勃发展反映出斯金纳对传统的（在实验室研究中）发现学习规律并创造理论解释这些规律的做法不再抱有幻想；相反，他热衷于寻找控制行为的方法，并将其应用于实验室之外的行为控制难题。

　　斯金纳的天才之处在于他愿意打破心理学常规，大胆地将对老鼠（和鸽子等）的操作性条件反射实验室研究成果通过推测以及行为技术设备扩展到人类日常生活问题上。与赫尔等同时代的新行为主义者相比，斯金纳更加追求公众关注度。《生活》（life）杂志为他在 20 世纪 40 年代训练动物取得的成就作了图片报道。斯金纳还以小说的形式写作《瓦尔登湖第二》（Walden Two，1948），描述了一个虚构的乌托邦社会，这个社会基于复杂巧妙的环境行为工程而建立。1971 年，他在《超越自由与尊严》（Beyond Freedom and Dignity）一书中指出，西方文化通常以牺牲社会利益为代价而不恰当地夸大个人利益。他积极为激进行为主义辩护，认为它是一种关于人性的科学唯物主义哲学，并猛烈抨击那些假设个人是创造性行为主体需要为其自身行为承担因果责任的哲学心理学。斯金纳认为环境是"塑造"个体一生行为和物种进化行为的主要影响因素。他尝试用一些有争议、非传统的方法抚养自己的孩子（黛博拉在"婴儿护理"机构中度过了她的部分婴儿期）；斯金纳还与他的学生开发出多种行为技术，它们可应用于教育（程序化教学）或治疗那些因智力缺陷或严重心理健康问题而被送入收容机构的人（代币疗法），抑或用于人事管理（权变管理）。斯金纳甚至对反对他的人也产生了影响。例如，他的《言语行为》（Verbal Behavior，1957）一书对语言产生作出一种操作性条件反射式的解释，受到非常激烈的批判，但这最终促成"心理语言学"（psycholinguistics）学科于 20 世纪 60 年代兴起。在 1950 年至 1990 年间，斯金纳无疑是最著名、最有影响力的美国心理学家。

参考文献

［1］Bjork, Daniel W. *B. F. Skinner*：*A Life*. New York：BasicBooks, 1993.

［2］Catania, Charles A., and Stevan Harnad, eds. *The Selection of Behavior*：*The Operant Behaviorism of B. F. Skinner*：*Comments and Consequences*. Cambridge, UK：Cambridge University Press, 1988.

［3］Skinner, B.F. *Behavior of Organisms*：*An Experimental Analysis*. New York：Appleton-Century-Crofts, 1938.

［4］——. *Walden Two*. New York：Macmillan, 1948.

［5］——. *Science and Human Behavior*. New York：Macmillan, 1953.

［6］——. *Verbal Behavior*. New York：Appleton-CenturyCrofts, 1957.

［7］——. *Beyond Freedom and Dignity*. New York：Knopf, 1971.

［8］——. *Cumulative Record*. 3d ed.；Englewood Cliffs, NJ：Prentice-Hall, 1972.

[9] ——. *Particulars of My Life*. New York：Knopf，1976.

[10] ——. *Reflections on Behaviorism and Society*. Englewood Cliffs, NJ：Prentice-Hall，1978.

[11] ——. *Shaping of a Behaviorist*. New York：Knopf，1979.

[12] ——. *A Matter of Consequences*. New York：Knopf，1983.

[13] ——. *Upon Further Reflection*. Englewood Cliffs, NJ：Prentice-Hall，1987.

S. R. 科尔曼（S.R. Coleman） 撰，彭繁　译

第 8 章

美国农业、气象与环境保护

8.1　研究范畴与主题

美国原住民的农业

Native American Agriculture

　　美洲原住民至少于公元前 5000 年就开始在美国本土区域耕种。当时，在如今的伊利诺伊州地区已有土著民族种植南瓜。随后的几千年里，美洲大陆的原住民也驯化和种植了向日葵、藜麦和沼草（sumpweed）。到公元 1000 年，许多农耕族群已经发展出重要的农业实践，多种栽培作物补充了他们以狩猎和采集为基础的传统食物。尽管美洲原住民都在驯化他们本地的土产作物，但考古学家一般认为最重要的农作物，即以"三姐妹"著称的玉米、豆类和南瓜，是从中美洲向北传播开来的。

　　在大多数美国原住民的农耕族群中，妇女主要负责耕种。除了西南部的少数例外，妇女掌管着耕地的使用。妇女们还把荒地开垦成农田。通常是沿着河流冲积的平地，因为那里的土地可以相对容易地用石头或骨锄耕耘，而且往往既肥沃又水分充足。此外，务农的妇女还负责根据当地气候特点来驯化和培植作物。美国原住民妇女并不了解遗传学，但她们留意运用经验证据来达到预期的结果。例如，他们改良的玉米植株在北部大平原只需 60 天就能成熟，在中美洲则需要 200 多天。他们培育的玉米，既能适应炎热、干燥的气候，也能适应凉爽、潮湿的气候。妇女们从表现出预期特性的玉米穗中挑选种子，培育出新的玉米品种。尽管 20 世纪的遗传学家证明，用这种方法提高作物产量并不可靠，但美国原住民通过分开种植蓝色、红色或黄色等种子，距离足以防止交叉授粉，从而培育出相对纯系的玉米品种。美洲原住农民也对豆类、南瓜和棉花做出了类似的改良。

美国原住民农民不使用有机物给土地施肥。然而，他们习惯上会焚烧一块地上的灌木丛，不知不觉地向土壤中添加了钾、磷、钙和镁，降低了土壤的酸性，促进了细菌活动，形成氮肥。虽然美国原住民农民的科学农业生产最多处于初级阶段，但他们发展出一套农业体系，能确保他们的食物供应更加稳定，能更好地控制环境和改善自身的营养。在 19 世纪晚期赠地学院的农业试验站系统兴起之前，美国原住民妇女仍然是无与伦比的植物育种家，而白人农场主也将吸纳他们的许多农作物和农业技艺。

参考文献

[1] Castetter, Edward F., and Willis H. Bell. *Pima and Papago Indian Agriculture*. Albuquerque: University of New Mexico Press, 1942.

[2] ——. *Yuman Indian Agriculture*. Albuquerque: University of New Mexico Press, 1951.

[3] Ford, Richard I., ed. *Prehistoric Food Production in North America*. Museum of Anthropology, Anthropological Papers No. 75, University of Michigan, 1985.

[4] Haury, Emil W. *The Hohokam: Desert Farmers and Craftsmen*. Tucson: University of Arizona Press, 1976.

[5] Hurt, R. Douglas. *Indian Agriculture in America: Prehistory to the Present*. Lawrence: University Press of Kansas, 1987.

[6] Smith, Bruce D. "Origins of Agriculture in Eastern North America." *Science* 246 (December 1989): 1566-1571.

[7] Struever, Stuart. *Prehistoric Agriculture*. Garden City, NY: Natural History Press, 1971.

[8] Trigger, Bruce G. *The Huron Farmers of the North*. New York: Holt, Rinehart & Winston, 1969.

[9] Wessel, Thomas R. "Agriculture, Indians, and American History." *Agricultural History* 50 (1976): 9–20.

[10] Will, George F., and George E. Hyde. *Corn Among the Indians of the Upper Missouri*. St. Louis: Wiliam H. Miner, 1917; reprint, Lincoln: University of Nebraska Press, 1964.

[11] Wilson, Gilbert L. *Buffalo Bird Woman's Garden*. Originally published as *Agriculture of the Hidatsa Indians: An Indian Interpretation*. Minneapolis: University of Minnesota Press, 1917; reprint, St. Paul: Minnesota Historical Society Press, 1987.

[12] Yarnell, Richard A. *Aboriginal Relationships between Culture and Plant Life in the Upper Great Lakes Region*. Museum of Anthropology, Anthropological Papers No. 23, University of Michigan, 1964.

R. 道格拉斯·赫特（R. Douglas Hurt） 撰，陈明坦 译

林业

Forestry

从广义上来说，林业就是对森林和林地进行科学管理以持续生产商品并提供服务。1800 年后，人们对通过林地的持续化管理以获得木材和建筑材料愈发感兴趣，林业科学在德国和法国随之出现。在北美，人们认为森林和其他自然资源是取之不尽用之不竭的，因此不会想维持林地可持续发展。然而，19 世纪下半叶，人们开始对林业产生更大兴趣。1864 年，美国外交官、生态学先驱乔治·P. 马什（George P. Marsh）在其颇具启发性的著作《人与自然》中警告说，继续肆意破坏美国的森林和其他自然资源会带来严重后果。1875 年，美国林业协会成立，旨在保护美国现有的森林资源，促进有益树木的繁殖和种植。在美国科学促进会的坚持下，美国国会于 1876 年授权对国外管理森林的成功方法进行研究，研究这些方法能否用于美国森林资源的保护和更新。有关该研究的报告，加上马什和新兴组织的警告，促进了 19 世纪末美国林业实践热潮的兴起。

美国首个重要的林业示范园区出现在 1892 年，当时乔治·范德比尔特（George

Vanderbilt）雇用吉福德·平绍来管理自己位于北卡罗来纳州西部的巨大庄园比特摩尔的林地。平绍先就读于南锡的法国森林公立学校，然后在德国完成了实地研究，是首位在美国本土出生并接受了林业方面专业培训的美国人。1898 年，他被任命为联邦政府的首席林务官，1905 年开始管理国家森林系统，推动林业进一步发展。1900 年，他领导成立了美国林务员协会，该协会后来成为国家林业主要的专业支持性组织。他还号召家人捐款筹建耶鲁大学林学院，这是美国的第一所林业研究生院。在接下来的 40 年里，全国有 30 所大学开设了四年制林业课程。

在 20 世纪前期，美国国家森林系统迅速发展，人们对森林保护的兴趣不断增加，这极大地推动了全国性森林保护运动的开展。"一战"后，完善私有森林的保护和管理制度的需求增加，这些森林约占全美商业森林的四分之三。当时人们对于联邦政府是否需要监管私人土地上的森林经营存在争议。但无论是当时还是后来，反对这类监管的声音始终占上风。从 1924 年开始，随着《克拉克－麦克纳里法案》的通过，政府开始在森林防火方面提供支持，以及向私人森林所有者和州政府提供技术援助但不进行联邦监管。1916 年国家公园管理局的成立和 1964 年国家荒野保护体系的建立加大了对娱乐性质森林的开发利用，并为其提供了更多保护。

20 世纪 30 年代政府实施就业计划以应对大萧条，该计划推动了林业发展。平民保育团计划、土壤保护局和田纳西河谷管理局在森林保护和人工造林方面的项目改善了公共和私人土地上的林业管理。"二战"期间，战争对森林资源的需求使公众进一步认识到林业的经济重要性。于是战后公共森林管理中的多用途和持续高产原则日益得到支持。近年来，环保主义者抱怨这些原则在许多大规模"皆伐"案例中被忽视了。

美国林业非常关注三类敌人：火灾、疾病和昆虫。如今，公共林地配有大量消防设施，私人林地也得到了政府和私人消防机构越来越多的保护。防治树木疾病的重点是清除受感染的树木和防止伤害幼树，而防治昆虫的重点在于保持树干和土壤的健康生长，以及维持生物群的物种平衡。

在美国，小型私人森林的管理相对不完善，生产力也相对低下，因为其所有者往往缺乏动力和必要的经营资本或技术知识。公共和大型商业森林在管理和生产力方面进步最为显著。总的来说，美国林业已经成为将科学应用于自然资源管理的主要代表。

参考文献

[1] Argow, Keith A. "Forestry as a Profession." *Encyclopedia of American Forest and Conservation History.* Edited by Richard C. Davis. New York: Macmillan, 1983.

[2] Clepper, Henry. *Professional Forestry in the United States.* Baltimore: Johns Hopkins University Press, 1971.

[3] Dana, Samuel T. *Forest and Range Policy.* New York: McGraw-Hill, 1956.

[4] Pinkett, Harold T. *Gifford Pinchot, Private and Public Forester.* Urbana: University of Illinois Press, 1970.

哈罗德·T. 平克特（Harold T. Pinkett） 撰，曾雪琪 译

土壤科学

Soil Science

　　美国土壤科学有两个主要分支：绝大多数土壤科学家的土壤研究涉及土壤肥力与农业生产领域；另一些科学家将土壤视为自然体进行科学研究。第一类研究中，19世纪的美国人如埃德蒙德·鲁芬（Edmund Ruffin）找到了解决特殊土壤管理问题的关键，并做出了重大贡献：例如使用石灰中和土壤酸性。19世纪的农业科学家还将尤斯蒂斯·李比希（Justus Liebig）在《有机化学及其在农业和生理学中的应用》（*Organic Chemistry and Its Application to Agriculture and Physiology*）中提出的关于土壤肥力和作物产量的思想引入美国。地质学家和地理学家则将地质学和广大地区土壤的农业潜力联系起来。

　　美国土壤科学的一个主要概念转变，也许是重大革新，是不再将土壤仅视为风化残余物，而是认识到生物和其他因素对土壤形成的影响。密西西比州地质学家尤金·希尔加德（Eugene W. Hilgard）以1860年《密西西比州地质和农业报告》（*Report on the Geology and Agriculture of the State of Mississippi*）为开端，提出动态土

壤的概念，认为土壤是在独特的气候条件下以及当地植物群落作用于风化物质的基础上形成的。

　　虽然希尔加德在土壤科学史上的地位现在已被完全认可，但他的土壤形成思想在当时却影响甚微。19 世纪 70 年代和 80 年代，由瓦西里·多库恰耶夫（Vasilii V. Dokuchaev）领导的俄国土壤学家们认识到，每种土壤都有独特的分层或地带性。因此，每种土壤都是具有独特形态的自然体。第二次世界大战后，美国农业部土壤调查所的负责人柯蒂斯·马伯特（Curtis F. Marbut）翻译了格林卡（K. D. Glinka）1914 年关于俄国土壤科学的论文《土壤的形成、分类和地理分布》（*Die typen der Bodenbildung*），使美国人了解到这些概念。从那时起，基于土壤发生学的自然土壤个体概念影响到美国的土壤分类和土壤调查。汉斯·詹尼（Hans Jenny）的《成土因素》（*Factors of Soil Formation*，1941）为人们通过气候、生物、地形、母质和时间这 5 个成土因素来理解土壤提供了一种非常有用的定量方法。

　　在土壤科学的无数重大发现中，黏土结晶性质的发现尤其值得一提。美国农业部的斯特林·亨德里克斯（Sterling Hendricks）利用 X 射线衍射证明了黏土的结晶性质。随着人们对黏土中化学反应，特别是阳离子交换反应重要性的进一步认识，静态的土壤概念逐渐转变为一种更符合其真实动态性质的观点。这一发现也有助于更好地理解土壤的物理属性。相关科学领域知识的总体进步使人们进一步认识到土壤的生物地球化学性质（biogeochemical nature）的复杂性。

　　从历史上看，土壤科学、土壤制图学和土壤分类学获得的大部分机构资助来源于赠地大学（land-grant universities）和美国农业部，它们旨在服务农业。美国农业部在 1899 年开展了一项土壤调查项目，并制定了土壤分类系统支持此项调查。现行的美国土壤系统分类于 1975 年正式实施，后进行大幅修订使土壤分类定量化。土壤科学家在发展土壤分类学时，许多长期以来悬而未决的概念和思想得到验证，有些则遭到否定。

　　更可量化的土壤分类系统，它的一个潜在优点是可应用于土壤特性的判断。土壤判断除长期应用于作物生产外，土壤科学家于 20 世纪 60 年代开始以土壤保护、环境保护、娱乐、建筑、工程、野生动物保护等目的发展土壤调查判断。土壤判断吸引了其他科学及学科加入，使其成为跨学科的研究领域。

当前土壤科学的发展趋势是从更环保的角度看待土壤所有的生物地球化学性质。虽然土壤科学专门服务于作物生产的观点不正确，但是土壤科学获得的大多机构资助确实与农业生产有关。20 世纪 80 年代末，公众对环境问题的日益关注推动了土壤科学专业的发展，使土壤学在土壤质量主题下包含更广泛的问题。

参考文献

［1］Cline, Marlin G. *Soil Classification in United States*. Ithaca：Department of Agronomy, Cornell University, 1979.

［2］*Factors of Soil Formation：A Fiftieth Anniversary Retrospective*. Special Publication Number 33. Madison, WI：Soil Science Society of America, 1994.

［3］Gardner, David R. *The National Cooperative Soil Survey of the United States*. Historical Note Number 7. Washington, DC：Natural Resources Conservation Service, 1998.

［4］Jenny, Hans. *E. W. Hilgard and the Birth of Modern Soil Science*. Pisa, Italy：Collana Della Rivista Agrochimica, 1961.

［5］Kellogg, Charles E. "We Seek；We Learn." *Soil：The Yearbook of Agriculture 1957*. Washington, DC：Government Printing Office, 1957.

［6］Krupenikov, I.A. *History of Soil Science：From Its Inception to the Present*. Translated from the Russian by A.K. Dhote. New Delhi, India：Amerind Publishing, 1992.

［7］McDonald, Peter, ed. *The Literature of Soil Science*. Ithaca：Cornell University, 1994.

［8］Rossiter, Margaret W. *The Emergence of Agricultural Science：Justus Liebig and the Americans, 1840-1880*. New Haven：Yale University Press, 1975.

［9］Simonson, Roy W. *Historical Aspects of Soil Survey and Classification*. Madison, WI：Soil Science Society of America, 1987.

［10］Smith, Guy D. *The Soil Taxonomy：Rationale for Concepts in Soil Taxonomy*. Washington, DC：Soil Conservation Service, 1986.

［11］*Soil Science Society of America Proceedings, Silver Anniversary Issue* 25（November-December 1961）.

［12］*Soil Taxonomy：Achievements and Challenges*. Madison, WI：Soil Science Society of America, 1984.

[13] *Soil and Water Quality*：*An Agenda for Agriculture*. Washington，DC：National Academy Press，1993.

J. 道格拉斯·赫尔姆斯（J. Douglas Helms）　撰，彭繁　译

另请参阅：农业化学（Agricultural Chemistry）

水文学
Hydrology

水文学是一门研究地表水和地下水的产生、循环和分布及其化学和物理性质的多学科地球科学。水文学研究的核心是水文循环，这一概念描述了水从海洋到大气再到陆地，并最终通过地表和地下路径返回海洋的循环过程。

尽管水文学可追溯至古代东西方文明，但现代科学意义上的水文学研究最早出现于17世纪。其主要先驱有法国人皮埃尔·佩罗特（Pierre Perrault）、埃德姆·马洛特（Edme Mariotte）和英国天文学家埃德蒙·哈雷（Edmund Halley）。18世纪，贝尔纳·福里斯特·德·贝里多尔（Bernard Forest de Belidor）和安东尼·德·谢齐（Antoine de Chézy）继承了这些先驱的观点，特别是谢齐，他得出了用来测量河流坡度和流速之间关系的公式，这一公式被人们沿用至今。

与大多数科学学科相比，水文学是基于实际需要而发展起来的，在美国尤为如此。德威特·克林顿（DeWitt Clinton）在研究伊利运河的失水问题（1817—1820）时激发了公众对水文学的兴趣。1807年成立的美国海岸测量局和1838—1842年的美国探险队（威尔克斯远征队）也为相关研究做出了贡献。美国陆军工程师和地形测量军官对美国河流进行了最初的水文研究。在这些研究中最重要的无疑是1861年完成的关于密西西比河的报告，这份报告长达500多页。该报告由地形测量军官安德鲁·A. 汉弗莱斯（Andrew A. Humphreys）上尉和亨利·L. 艾伯特（Henry L. Abbot）中尉共同完成，他们研究并检验了此前几乎所有的关于河道阻力和河水流量的理论，并总结出了他们自己的流量计算公式。尽管公式还存在一定问题，但这是一项令人印象深刻的研究，在全世界范围内广受赞誉。

与此同时，几位新英格兰工程师进行了流量测量实验，其目的部分是为了找到

分配水资源的方法，为梅里马克河沿岸蓬勃发展的工业提供动力。这几位 19 世纪中期的工程师包括查尔斯·S. 斯道罗（Charles S. Storrow），尤赖亚·博伊登（Uriah Boyden）和詹姆斯·B. 弗朗西斯（James B. Francis）。后两位凭借对早期涡轮技术的贡献而更加广为人知。1857 年，洛林·布洛杰（Lorin Blodget）出版了《美国气候学》（*Climatology of the United States*）一书，书中展示了一系列引人注目的美国降雨图。

内战后，联邦政府仍然在水文研究方面发挥着重要作用。1879 年成立的美国地质调查局（USGS）主要负责收集水文资料，收集地最初集中在干旱的西部地区。1888 年，这项考察以新墨西哥的恩布多为起点，建设了一系列水文站并最终扩展至全国。在格罗夫·卡尔·吉尔伯特（Grove Karl Gilbert）的领导下，水文站对了解泥沙输移做出了重要贡献。1912—1946 年，领导美国地质调查局地下水研究小组的奥斯卡·E. 迈因策尔（Oscar E. Meinzer）和查尔斯·S. 斯利希特（Charles S. Slichter）开创了地下水研究领域。著名水文学家露娜·B. 利奥波德（Luna B. Leopold）和沃尔特·B. 朗本（Walter B. Langbein）成功让美国地质调查局认识到基础水文研究的重要性，并强调要将研究结果用于解决大型水利工程建设中所面临的问题。两人都对洪水水文、河流形态和沉积问题做出了重要贡献。

其他联邦机构也对美国地质调查局的工作进行了补充。创建于 1891 年的气象局保存了全国降水记录。垦务局（The Bureau of Reclamation，即 1902 年成立的美国农垦处）为应对具体的工程问题建设了许多水力实验室，1946 年，其主要水力实验室最终在丹佛联邦中心落成。随着 1929 年密西西比州维克斯堡水道实验站的建成，陆军工程兵团开始了一系列三维模型研究，提升了对河流特性的认知。讽刺的是，军队最初对建设这样一个设施的必要性充满质疑。1930 年，国会授权在国家标准局内建立国家水利实验室，但专业分歧和错误的领导阻碍了实验室的蓬勃发展。田纳西流域管理局在 20 世纪 30 年代也建造了水力实验室。农业部在其农业实验站对土壤湿度进行了分析，尤金·W. 希尔加德（Eugene W. Hilgard）和莱曼·J. 布里格斯（Lyman J. Briggs）是这一研究领域的领军人物。

联邦政府在水文学发展方面的领先地位一直持续到 20 世纪 60 年代中期。此后，各州的水务办公室开始接手一些以前由联邦政府完成的工作。当时，大多数大型联邦水务项目已经完成，环境保护运动打击了开发江河流域的热情，在联邦基金的资助下大学成了大型水文的专业中心。不过，其实在这种转变发生之前，大学教师和政府私人顾问就已经做出了重要贡献。丹尼尔·米德（Daniel Mead）在 1904 年撰写了第一本关于水文学的英文教材。到 1900 年前后，包括伍斯特理工学院、麻省理工学院、爱荷华大学和康奈尔大学等学校在内的许多大学都建立了小型的水利实验室。然而，与后来建立的联邦实验室不同，这些实验室的规模都不足以解决重要的河流和港口问题。

在私人顾问中，罗伯特·E. 霍顿（Robert E. Horton）和汉斯·阿尔伯特·爱因斯坦（Hans Albert Einstein）可能是最有影响力的。霍顿凭借他广泛的贡献而被称为"美国水文学之父"。他提倡用数学和定量方法来研究水文循环，并发展了一种将土壤入渗能力与地表径流的产生联系起来的理论。汉斯运用严格的数学推理对泥沙输移和河流力学的研究做出了重大贡献，这种方法在早期的水文研究中不太常见。大学教授鲍里斯·A. 巴克梅特夫（Boris A. Bakhmeteff）、洛伦兹·G·斯特劳布（Lorenz G. Straub）和西奥多·冯·卡门（Theodore von Kármán）在流体力学方面的工作也对水文学研究产生了影响。

从 20 世纪 50 年代开始，水文工作者开始使用计算机测量复杂的水文系统、检验和总结水文理论。计算机利用大量数据来模拟大型河流系统在长时间内的流量情况，促进了所谓的运行水文学或综合水文学的发展。

在解决水文问题上，人们越来越重视理性分析而不是经验主义，与此同时，水文学者也在不断努力使水文学成为一门独立的地球科学。1922 年发生了一件重要的事，国际水文科学协会作为国际大地测量学和地球物理学联合会的一个分支成立。7 年之后，经过水文地质学家数年来的游说，美国地球物理学会成立了水文学分会，梅恩泽和霍顿分别担任会长和副会长。

尽管水文学研究越来越复杂，但它还没有成为一门完全独立的地球科学，究其原因主要有以下几点：首先，在 20 世纪初，正规大学的水文学教育通常是描述性的，主要关注工程水文学，课程通常在土木工程系开设；其次，为了应对全国各地水利工程的增加，教科书和课程都会强调解决实际问题，往往侧重于具体的工程项目，直到后来才开始强调理性分析；另外，早期的水文学者只关注水量，几乎完全忽略了日益重要的水质问题；最后，水文学家对计算机依赖程度的加强，实际上可能妨碍了研究人员的批判性分析和创造能力，同时导致野外经验和实验经验的重要性被低估。尽管水文学者明显会在未来继续把他们的知识应用于解决具体问题，但随着水文学家发展出了宏观理论来解释大陆和全球的水文过程，水文学很可能会成为一门独立学科得到更多的承认。

参考文献

[1] Biswas, Asit K. *History of Hydrology*. Amsterdam and London: North-Holland Publishing, 1970.

[2] Blodget, Lorin. *Climatology of the United States, and of the Temperate Latitudes of the North American Continent, Embracing a Full Comparison of These with the Climatology of the Temperate Latitudes of Europe and Asia, and Especially in Regard to Agriculture, Sanitary Investigations, and Engineering*. Philadelphia: J.B. Lippincott, 1857.

[3] Humphreys, A.A., and H.L. Abbot. *Report upon the Physics and Hydraulics of the Mississippi River; upon the Protection of the Alluvial Region against Overflow; and upon the Directing of the Topographical and Hydrographical Survey of the Delta of the Mississippi River, with Such Investigations as Might Lead to Determine the Most Practicable Plan for Securing It from Inundation, and the Best Mode of Deepening the Channels at the Mouths of the River*. Professional Papers of the Corps of Topographical Engineers, U.S. Army, No. 4. Philadelphia: J.B. Lippincott, 1861.

[4] Meinzer, Oscar E., ed. *Hydrology*. New York: Dover, 1942.

[5] National Research Council, Water Science and Technology Board. *Opportunities in the Hydrologic Sciences*. Washington, DC: National Academy Press, 1991.

[6] Rouse, Hunter. *Hydraulics in the United States, 1776-1976*. Iowa City: The University of Iowa Institute of Hydraulic Research, 1976.

马丁·罗伊斯（Martin Reuss） 撰，王晓雪　译

生态学

Ecology

　　"生态学"一词 1866 年由恩斯特·海克尔（Ernst Haeckel）首创。但直到 19 世纪末，欧洲或美国都很少使用这一词汇。19 世纪 90 年代，一些美国生物学家特别是植物学家开始使用这个术语来描述一个广泛、有时定义模糊的研究领域，该领域研究生物与其物理和生物环境之间的相互作用。总的来说，这些研究反映了达尔文主义对 19 世纪晚期生物学的影响，也反映了 19 世纪末研究问题和方法的重要转变。这一时期，专业植物学家的研究工作越来越多地从描述和分类转向植物生理学、适应性和地理分布等。这种对过程和功能的强调在欧洲，特别是在德国出现得较早。美国生态学早期的研究风格（如果不总是从实质出发）代表了这一生理学观点在研究自然环境中的有机体方面的延伸。

　　在 20 世纪初期的几十年里，生态学在许多学术机构中发展迅速。相当多的历史性研究对两个大学项目做了重点关注，这两个项目在 20 世纪上半叶对塑造生态学领域的研究格局起到了很大作用。在内布拉斯加大学，查尔斯·贝西（Charles Bessey）及其伙伴组成了一个专门研究植物生态学问题的学派。弗雷德里克·克莱门茨（Frederick Clements）是这个小组的杰出成员，"二战"前他为界定生态学的研究范围做了很多工作。

　　同样有影响力的是芝加哥大学的亨利·钱德勒·考尔斯（Henry Chandler Cowles）。他在 1899 年关于密歇根湖沙丘演替的开创性研究，预示了克莱门茨对这一重要问题的论述。考尔斯在芝加哥的许多学生都延续了他的工作，即在植物群落生态学方面进行详细的实地研究。最近，历史学家也通过维克托·谢尔福德（Victor Shelford）和沃德·克莱德·阿利（Warder Clyde Allee）等动物学家的工作，强调了芝加哥大学作为早期动物生态学发展中心的重要性。在大学研究不断发展的同时，生态学在非学术机构中也得到了蓬勃发展。私人基金会，特别是华盛顿卡内基研究所，在支持生态学研究方面发挥了重要作用。州政府和联邦机构的生态学研究也很重要，但对这方面具体的历史研究还不够多。有几篇文章记录了农业和渔业的实际问题在生态学发展中所发挥的重要作用。诸如谢尔福德（Shelford）、斯蒂芬·福布斯（Stephen Forbes）、雅各布·雷加德（Jacob Reighard）、爱德华·伯奇（Edward Birge）、昌西·朱代（Chancey Juday）和乔治·伊夫林·哈钦森（G. Evelyn Hutchinson）等生态学家做出的一些最具启发性的研究都与湖沼学有关，背后体现的是研究机构的多样性以及理论和实际问题之间复杂的相互作用。

1915年，美国生态学会（ESA）成立，初始会员共有286名。20世纪20年代初，会员增加到约500人，但此后直到"二战"结束，新增会员都相对较少。虽然学会规模相对较小，但组成非常多元化。动物学家和植物学家各占学会创始会员的三分之一，其余会员则由林务员、农业科学家、海洋生物学家、植物生理学家和病理学家、气候学家、地质学家、土壤学家以及寄生虫学家组成。这种多样性一直延续下来并成为专业生态学的重要特征。虽然多样性证实了生态学是一门跨学科的综合科学，但也在一定程度上解释了生态学为何会受到缺乏统一性的诟病。

"二战"后，生态学发生了转变。1950年后，美国生态学会的成员几乎每十年都会翻一番，70年代末会员多达6000人。来自海军研究办公室、原子能委员会和国家科学基金会等机构的联邦研究基金的注入是成员数量增长的基础。环保主义的兴起也可能对专业生态学的发展起到了重要作用，但目前历史学家尚未深入地探讨这种联系。如柯（Kwa）等历史学家认为，环境问题在促成美国参与国际生物计划（International Biological Program）方面发挥了重要作用。该计划是一项有着雄厚资金支持的生态系统研究。内尔金（Nelkin）等人则强调了专业生态学与流行的环境保护论之间的重要区别。虽然这些结论并非相互矛盾，但它们表明生态学与大众环境运动之间的联系值得更多关注。

"二战"后，随着学科发展，生态学日益专业化并出现了相互竞争的分支学科，特别是进化种群生态学和系统生态学相互争夺学界权威地位和资金支持。这些纷争对现代生态学的形成起到了重要作用。

总的来说，"二战"后数学建模论、系统论和控制论的兴起极大地影响了生态学。自我调控的数学模型和思想早在战前就已被使用，但生态学家乔治·伊夫林·哈钦森及其学生等人在20世纪五六十年代为推广这些方法做了很多工作。金斯兰（Kingsland）、哈根（Hagen）、帕拉迪诺（Palladino）等历史学家强调了这一事件对理论生态学发展的积极影响。柯、密特曼（Mitman）、泰勒（Taylor）等历史学家则对生态学系统方法所依据的意识形态提出了更多的批评。

参考文献

[1] Bocking, Stephen. "Stephen Forbes, Jacob Reighard, and the Emergence of Aquatic Ecology in the Great Lakes Region." *Journal of the History of Biology* 23（1990）: 461– 498.

[2] ——. *Ecologists and Environmental Politics: A History of Contemporary Ecology.* New Haven: Yale University Press, 1997.

[3] Burgess, Robert L. "The Ecological Society of America." In *History of American Ecology.* New York: Arno Press, 1977, pp. 1–24.

[4] Croker, Robert A. *Pioneer Ecologist: The Life and Works of Victor Ernest Shelford, 1877- 1968.* Washington: Smithsonian Institution Press, 1991.

[5] Golley, Frank Benjamin. *A History of the Ecosystem Concept in Ecology.* New Haven: Yale University Press, 1993.

[6] Hagen, Joel B. *An Entangled Bank: The Origins of Ecosystem Ecology.* New Brunswick: Rutgers University Press, 1992.

[7] Kingsland, Sharon E. *Modeling Nature: Episodes in the History of Population Ecology.* Chicago: University of Chicago Press, 1985.

[8] Kwa, Chunglin. "Representations of Nature Mediating between Ecology and Science Policy: The Case of the International Biological Programme." *Social Studies of Science* 17 （1987）: 413–442.

[9] McIntosh, Robert P. *The Background of Ecology: Concept and Theory.* Cambridge, U.K.: Cambridge University Press, 1985.

[10] Mitman, Gregg. *The State of Nature: Ecology, Community, and American Social Thought, 1900-1950.* Chicago: University of Chicago Press, 1992.

[11] Nelkin, Dorothy. "Scientists and Professional Responsibility: The Experience of American Ecologists." *Social Studies of Science* 7（1977）: 75–95.

[12] Palladino, Paola. "Ecological Theories, Mathematical Models, and Applied Biology in the 1960s and 1970s." *Journal of the History of Biology* 24（1991）: 223–244.

[13] Taylor, Peter. "Technocratic Optimism, H. T. Odum, and the Partial Transformation

of Ecological Metaphor after World War II." *Journal of the History of Biology* 21（1988）：213-244.

[14] Worster, Donald. *Nature's Economy：A History of Ecological Ideas*. Cambridge, U.K.：Cambridge University Press，1977.

乔尔·B. 哈根（Joel B. Hagen） 撰，刘晓 译

另请参阅：环境和保护问题（Environmental and Conservation Concerns）

气象学与大气科学

Meteorology and Atmospheric Science

早期移民到新大陆的人们发现，那里的气候比旧大陆更恶劣，气象变化也更剧烈。殖民时期许多美国人都会记录天气日志，但大多数人缺少适当的仪器，无法达到欧洲那样的天气测量标准。第一次开展长时间仪器气象观测的是约翰·里宁博士（John Lining），出于对医学问题的关注，他从 1740 年开始在南卡罗来纳州的查尔斯顿进行这项工作。本杰明·富兰克林著名的闪电研究和托马斯·杰斐逊对大面积比较观测的支持也都同样值得我们注意。

19 世纪初，陆军医疗部、国土总局和纽约州的院校都设立了大规模的气候观测项目。这些观测信息的利用方式多种多样：医生用其研究天气和健康之间的关系，农民和定居者需要温度和降雨量统计数据，教育工作者将气象观测引入课堂教学。月球对天气的潜在影响以及开垦、耕作对气候的影响，则是人们普遍感兴趣的话题。

20 多年来，威廉·雷德菲尔德（William Redfield）、詹姆斯·艾斯皮（James Espy）和罗伯特·海耳（Robert Hare）就风暴的性质、成因以及研究风暴的正确方法一直争论不休。雷德菲尔德关注的是环形旋风中的飓风，艾斯皮重点研究上升气流中潜在"热量"的释放，而海耳关注的则是电力在风暴中的作用。19 世纪三四十年代之际出现的"美国风暴之争"，虽然没有导致达成明确的理智决策，但促进了美国哲学学会、富兰克林研究所和史密森学会开展更多观测项目。

1848 年在约瑟夫·亨利（Joseph Henry）指导下启动的史密森气象项目，是美国的一次"大气象运动"，为整个北美大陆的观测者提供了一套统一程序和标准化仪

器。每月提交报告的志愿观察员多达 600 名。电报试验始于 1849 年。此外，史密森学会还与海军部、纽约州和马萨诸塞州、加拿大政府、美国海岸调查局、陆军工程兵部队、专利局和农业部建立了合作观测项目。史密森学会赞助了关于风暴、气候变化和物候学的原始研究；并出版、派发气象报告、地图和译作。詹姆斯·科芬（James Coffin）通过与史密森学会交流而收集的数据，绘制了北半球风图和地球风图。威廉·费雷尔（William Ferrel）则利用这些信息发展了他的大气环流理论。

1870 年，国会在陆军部设立了国家气象局，为商业和农业提供"电报和报告"。美国陆军信号部队的创始人阿尔伯特·J. 迈尔（Albert J. Myer）上校成为其首任主管。服务中心资金充足，每天都会发布关于天气和作物的报告、预测和警告信息。它雇佣了 500 多名受过大学教育的观测员和几位平民科学家，其中包括拉帕姆（Lapham）和克利夫兰·阿贝（Cleveland Abbe）这样的重要人物。耶鲁大学科学家伊莱亚斯·卢米斯（Elias Loomis）对国家天气图开展了大量研究。在威廉·B. 哈森（William B. Hazen）准将（1880—1887 年在任）的领导下，信号办公室建立了科学研究室，出版了一份国际气象学参考文献，并回应了批评者关于军队是否应该支持国家气象局的问题。

美国气象局（United States Weather Bureau）于 1891 年在农业部成立，1940 年迁至商务部。美国气象局早期的创新包括使用风筝和气球观测高层大气，通过电话和双向无线电传输数据，以及定期发布海洋和航空天气预报。弗朗西斯·W. 雷切尔德费尔（Francis W. Reichelderfer，1938—1963）是该局最成功的管理者，他利用气球搭载无线电气象仪，将获取高空数据这一过程标准化，并鼓励使用卑尔根学派的气团和锋面分析技术。雅各布·比尔克内斯（Jacob Bjerknes）和卡尔·G. 罗斯比（Carl G. Rossby）都是卑尔根学派的倡导者，是他们那个时代的主要气象学家。

在"一战"期间，通信兵和气象局合作发布军事预报，研究炮弹的弹道和影响毒气战的天气条件。"二战"期间，陆军和海军培训了大约 8000 名气象官员，气象局建立了一个全球天气报告系统，用于支持军事行动，特别是航空行动。

"二战"后，气象学家拥有了新的工具和仪器。多余的雷达设备和飞机被用于风暴研究，大气核试验产生的放射性尘埃为世界各地提供了高空风型的示踪剂，人们试图使用碘化银和其他播云剂在小范围和大范围内影响天气。在高等研究院，约翰·冯·诺伊曼（John von Neumann）和朱莉·查尼（Jule Charney）用电子计算机分析和预测天气。1960 年，美国设立了首个气象卫星计划"蒂罗斯"（Tiros）。

与同期其他科学的发展相比，气象学作为一门"学科"的发展起步较晚。《美国气象杂志》（*American Meteorological Journal*）出版于 1884—1896 年。美国气象学会成立于 1920 年。最早的气象系设立在麻省理工学院（1929）和宾夕法尼亚州立学院（1935）。1950 年，只有 4 所大学授予了共计 17 人气象学博士学位。1958 年，美国国家科学院气象委员会在当年的一份报告中指出："气象学家中拥有博士学位者的比例是所有主要科学群体中最低的，而没有学位的人被指定为气象学家的比例是所有主要科学群体中最高的。"

新的跨学科问题、方法、技术和仪器是大气科学作为现代分支学科的特征。在天气分析和预测方面的传统项目设立的同时，云物理、大气化学、卫星气象学和气候动力学方面的专业也纷纷成立。国家大气研究中心和许多新的大气科学部门都可追溯至 20 世纪 60 年代。

1965 年，气象局与海岸和大地测量局以及其他机构合并，成为环境科学服务管理局（the Environmental Science Services Administration）。5 年后，在新重组的国家海洋和大气管理局内，国家气象处成立。自 20 世纪 60 年代末以来，美国科学家越来越多地参与到国际项目中，例如全球大气研究计划，以及 80 年代以来参与的"全球变化"研究，平流层臭氧消耗和气候变化等环境问题驱动了这项研究的开展。

参考文献

[1] Bates, Charles C., and John F. Fuller. *America's Weather Warriors*, *1814-1985*. College Station: Texas A&M Press, 1986.

[2] Brush, Steven G., and Helmut E. Landsberg. *The History of Geophysics and Meteorology*: *An Annotated Bibliography*. New York: Garland Publishing, 1985.

[3] Eisenstadt, Peter. "Weather and Weather Forecasting in Colonial America." Ph.D. diss., New York University, 1990.

［4］Fleming, James Rodger. *Guide to Historical Resources in the Atmospheric Sciences*: *Archives*, *Manuscripts*, *and Special Collections in the Washington*, *D.C. Area*. Boulder, CO: National Center for Atmospheric Research, 1989.

［5］——. *Meteorology in America*, *1800-1870*. Baltimore: Johns Hopkins University Press, 1990.

［6］——, ed. *Historical Essays on Meteorology*, *1919-1995*: *The Diamond Anniversary History Volume of the American Meteorological Society*. Boston: American Meteorological Society, 1996.

［7］Nebeker, Frederik. *Calculating the Weather*: *Meteorology in the 20th Century*. San Diego: Academic Press, 1995.

［8］Whitnah, Donald R. *A History of the United States Weather Bureau*. Urbana: University of Illinois Press, 1961.

詹姆斯・罗杰・弗莱明（James Rodger Fleming） 撰，郭晓雯　译

农业化学

Agricultural Chemistry

农业化学是主要研究化合物与土壤、农作物和动物之间关系的科学。

19 世纪早期，农业化学首次成为美国农民和科学家关注的重要问题。到 19 世纪 30 年代末，为了应对收成的下降，加之欧洲出现了农业化学家，像《耕种者》（*Cultivator*）这样的农业期刊开始宣扬将化学原理应用于解决农业问题。1840 年，尤斯特斯・冯・李比希的《有机化学在农业中的应用》出版后，美国人对农业化学和土壤分析的热情迅速高涨。19 世纪中叶，许多其他欧美作者，包括汉弗莱・戴维、让・巴蒂斯特・布森格（Jean-Baptiste Boussingault）、塞缪尔・达纳（Csamuel Dana）、埃德蒙・鲁芬、约翰・皮特金・诺顿和塞缪尔・W.约翰逊等，都推动了对农业化学本质的日益广泛的讨论。尽管科学家经常激烈地争论，哪种化学元素和化合物对植物营养最为关键，但他们应用化学方法解决农业问题的热情，促成了化学肥料产业的繁荣。难以计数的理论提出了种类繁多的化肥，有些有效，但更多毫无效果。为了克服农民对新科学的抵制，农业化学家进行了土壤分析，调查化肥骗局，展现了化学家对农村经济的价值。从 19 世纪 50 年代到 80 年代，这些任职于州政

府和任教于州立大学的农业化学家是美国历史上首批有监管权的科学家。自 19 世纪以来，农业化学家的研究兴趣不再仅限于土壤和肥料，而将注意力转向了食物分析、虫害治理，以及其他应用化学领域。

农业化学史学家一般都关注该分支学科的出现，因为它极好地例证了 19 世纪美国科学史的专业化进程。尽管存在理论之争和利益群体之间的冲突，农业化学家最终还是赢得了普通公众的认可。其他历史学家则审视了某些观念（包括宗教观念）如何让一些美国人信服，在 19 世纪开始学习农业化学。然而，农业化学最新的进展却较少有人关注，主要是由于人们不再认为化学能够对农业问题提供确切的解决方案，而是应该对农业现象作更全面的分析。随着生理学、营养学、细菌学、生物化学、遗传学、真菌学、气象学、矿物学和其他科学的长足进展，农业化学的重要性和独特性逐渐减弱。

一些学者还研究过 20 世纪 30 年代短暂出现的农业化工运动。当时，一些农业化学家声称其科学有望解决社会问题。许多农业化工学家主张，农作物可用作工业原料，利用农田废弃物和新作物可在一定程度上结束农业大萧条，减少美国对进口原材料的依赖。然而，这些农业化工学家的计划并没有得到推广，农业化学的最新进展实际上强化了工业化学产品向农场供应的体制，而不是相反。

总之，农业化学促进了美国研究型科学的兴起，加强了州立大学的建设，加速了资本密集型的大型企业农场的发展，提高了美国农场主的生产力。

参考文献

［1］Borth, Christy. *Pioneers of Plenty: The Story of Chemurgy*. Indianapolis: Bobbs-Merrill, 1939.

［2］Browne, Charles A. *A Source Book of Agricultural Chemistry*. Waltham, MA: Chronica Botanica, 1944.

［3］Marcus, Alan I. "Setting the Standard: Fertilizers, State Chemists, and Early National Commercial Regulation, 1880-1887." *Agricultural History* 61（1987）: 47-73.

［4］Pursell, Carroll W. "The Farm Chemurgic Council and the United States Department of Agriculture." *Isis* 60（1969）: 307-317.

［5］Rosenberg, Charles E. *No Other Gods*：*On Science and American Social Thought*. Baltimore：Johns Hopkins University Press, 1976.

［6］Rossiter, Margaret W. *The Emergence of Agricultural Science*：*Justus von Liebig and the Americans*, *1840-1880*. New Haven：Yale University Press, 1975.

马克·R. 芬利（Mark R. Finlay）　撰，陈明坦　译

另请参阅：土壤科学（Soil Science）

杀虫剂
Pesticides

　　杀虫剂指以一种或多种有毒化合物加上辅助材料制成的化学混合物，目的是杀死"害虫"。数千年来，来自植物的杀虫剂和天然化合物一直被人们少量使用着。19世纪，一位不知名的美国农民将染料"巴黎绿"（Paris green）用于感染了科罗拉多马铃薯甲虫的马铃薯植株。"巴黎绿"中含有砷，可以有效杀死这些害虫。1892年，由美国农业部科学家主导发明生产的复合砷酸铅，成为对付舞毒蛾的有效杀虫剂。直到第一次世界大战后，大量使用的杀虫剂都是"巴黎绿"和砷酸铅。

　　第一次世界大战期间，美国停止进口德国制造的化学品，刺激了本国化学工业的发展。当时的首要任务是制造炸药和战争所需的其他材料，但在1918年，人们发现副产物对二氯苯可有效杀除桃树蛀虫。其他一些研究则开发出砷酸钙和少量的合成有机化学品作为杀虫剂。到1939年，杀虫剂以有限的规模被时常使用于农业，主要应用在水果和蔬菜种植中。

　　大约在第二次世界大战期间的两项发明改变了农药的使用。瑞士发明的DDT杀虫剂使得杀虫剂太过便宜，以至改变了应用昆虫学。2，4-D除草剂（用于杀死杂草）促成杂草科学的诞生，这是一项应用农药控制有害植物的新研究领域。1945年后，农药的大量使用极大地改变了许多行业的面貌，农业尤为显著。

　　杀虫剂是化学这一学科生产出的诸多物质的其中一种。然而，化学以及化学工程的历史研究并没有过多地关注农药模型化、合成和大规模生产过程中的概念和技术发展。杀虫剂对其他学科也影响重大，昆虫学和杂草学的基本原理和研究方向都

受其强烈影响。例如，在 DDT 发明后的 20 多年来，美国昆虫学研究的主要方向完全专注于杀虫剂的使用，先前的研究方向如昆虫生物学、昆虫生物防治被抛弃。20世纪 50 年代后，杀虫剂的有效性和社会接受度方面的问题刺激了应用昆虫学研究这一新方向的发展。

除害虫防治科学外，杀虫剂还有广泛的、间接的影响。诸如农学和林学等应用科学，将其研究方向转向那些假定使用了杀虫剂的项目。生态学则收获了一种新工具和一系列新问题。举例来说，杀虫剂对于捕捉难以抓获的昆虫，或是在改变群落结构的实验中，都是非常有用的。类似地，杀虫剂污染开辟了新的研究领域，即研究化学物质在环境中意想不到的影响、迁移和代谢。对杀虫剂的监管则促进了风险评估科学的发展，风险评估试图量化诸如杀虫剂等因素对健康的危害。

参考文献

［1］Bosso, Christopher J. *Pesticides & Politics*. Pittsburgh：University of Pittsburgh Press，1987.

［2］Brooks, Paul. *The House of Life*，*Rachel Carson at Work*. Greenwich, CT：Fawcett, 1972.

［3］Carson, Rachel. *Silent Spring*. Boston：Houghton Mifflin, 1962.

［4］Debach, Paul, and David Rosen. *Biological Control by Natural Enemies*. 2d ed. Cambridge，U.K.：Cambridge University Press, 1991.

［5］Dunlap, Thomas R. *DDT, Scientists，Citizens，and Public Policy*. Princeton：Princeton University Press, 1981.

［6］Graham, Frank, Jr. *Since Silent Spring*. Greenwich, CT：Fawcett, 1970.

［7］Howard, L.O. *Fighting the Insects，The Story of an Entomologist*. New York：Macmillan，1933.

［8］Perkins, John H. *Insects，Experts，and the Insecticide Crisis*. New York：Plenum, 1982.

［9］Smith, Ray F., Thomas E. Mittler, and Carroll N. Smith, eds. *History of Entomology*. Palo Alto, CA：Annual Reviews, 1973.

［10］Whorton, James. *Before Silent Spring，Pesticides and Public Health in Pre-DDT America*. Princeton：Princeton University Press, 1974.

［11］Wright, Angus. *The Death of Ramón González，The Modern Agricultural Dilemma*. Austin：University of Texas Press, 1990.

[12] Zimdahl, Robert L. *Weed Science*, *A Plea for Thought*. United States Department of Agriculture, Cooperative State Research Service, A Symposium Preprint, 1991.

约翰・H. 珀金斯（John H. Perkins）　撰，郭晓雯　译

环境和保护问题
Environmental and Conservation Concerns

美国社会一直关注自然资源和环境质量的保护，虽然关注程度不同，但一直在持续。与大多数社会关注的问题相比，它们与科学研究和建议的联系更加密切。

18 世纪和 19 世纪初，人们时不时地对自然资源的枯竭表示担忧，而外交家和学者乔治・帕金斯・马什（George Perkins Marsh）在 1864 年出版的《人与自然》一书中首次对环境问题进行了全面而有影响力的论述。他讨论了物种灭绝、森林砍伐对河流和洪水的影响以及其他议题。对这些问题最重要的且有组织的回应是发生在 1890 — 1920 年的进步保护运动。面临资源匮乏和浪费，美国林业局的吉福德・平肖（Gifford Pinchot）等人主张通过专业管理来有效利用资源。保护运动与科学管理商业和政府的主张密切相关，它推动了专业知识在森林、水和其他资源管理中的应用。但是，大约在同一时间，亨利・戴维・梭罗（Henry David Thoreau）、约翰・缪尔（John Muir）等作家提出了一个相反的观点，即强调自然具有内在精神价值，其价值与实际效用无关。这一时期一些生态学家也主张保护自然，特别是要保护那些用于实地研究的区域。人们努力改善城市和工作场所的环境以保障人类的健康和福祉，但这些做法与关于使用或保护自然的倡议大体上背道而驰。从 19 世纪 90 年代开始，艾丽斯・汉密尔顿（Alice Hamilton）是这些担忧声中最突出的早期倡导者。因此，总的来说，到了 20 世纪 20 年代，环境和保护问题已经成了美国社会多方的关注点。

20 世纪 30 年代和 40 年代，进步时代的资源保护观念受到了挑战但未被推翻。人们开垦土地导致草原上干旱和沙尘暴的状况恶化，表明通过控制自然来实现高效率之做法的危险性。这一现象激发了人们的兴趣，特别是激发了弗雷德里克・克莱

门茨和保罗·西尔斯（Paul Sears）等植物生态学家对通过综合资源规划和管理从而实现自然和人类稳定平衡的兴趣。他们的观点源自对生态演替的理解，引发了一个持续的高潮。20 世纪 30 年代和 40 年代，包括控制食肉动物在内的野生动物管理实践也引发了争议，奥尔多·利奥波德（Aldo Leopold）等其他科学家和专业管理人员还对动物种群的行为进行了深入研究。

20 世纪 50 年代，诸如杀虫剂、大坝建设对野生河流的影响等环境问题引起了人们的零星关注，而当时美国的环境管理依然由专业的资源保护主导。但到 20 世纪 60 年代初，经济的繁荣、对非经济价值的更大关注以及生活质量的提高等美国社会的变化导致环境问题更加突出。环境状况由此不仅成为公众关注的问题，还成为了政府的一项责任。科学家们在这方面发挥了重要作用。例如，蕾切尔·卡逊（Rachel Carson）在 1962 年出版的《寂静的春天》中对滥用杀虫剂的危害进行了通俗易懂的论述，而包括尤金·奥杜姆（Eugene Odum）、巴里·康芒纳（Barry Commoner）和保罗·埃尔利希（Paul Ehrlich）等在内的生态学家和作家则解释了生态学观点的政治含义。利奥波德最早出版于 1949 年的《沙乡年鉴》也因对环境价值的先见之明而受到赞赏。同时，有鉴于科学在核电和其他技术发展中的作用，许多人开始认为科学具有潜在的破坏性。因此，科学在环境事务中的地位变得模棱两可，它既被视为环境问题的知识来源，也被看作这些问题的始作俑者。

20 世纪 70 年代以来，对于环境问题的关注已经呈现出几种趋势。人们的关注点不再局限于空气和水污染等较明显的环境恶化问题，还扩大到诸如有毒化学物质这类更持久但不太明显的问题。人们也更加担忧酸雨、平流层臭氧层变薄和全球气候变化等更大范围的环境问题。支撑这些问题的证据往往来自科学研究，这反映出科学家在识别新型环境问题方面发挥的重要作用。环境监管机构也更需要科学知识，因为经验性证据对于评估环境风险和权衡环境保护的成本与收益非常重要。新环境专业的出现、政府和工业界大规模研究活动的发展，以及公益团体对专业知识的利用，都证明了科学证据在环境政治中的重要性。

环境保护问题引起了科学史家们对几个问题的兴趣。其一是公众优先权对科学的影响。虽然科学家受益于环境问题所带来的更多研究资金，但他们在优先考虑科学还是公众的时候也不免进退维谷。一些科学家欢迎公众关注，追求社会声望，另一些科学家则不愿科学的客观性和自主性受到影响，从而退回到实验室。我们需要关注这些观点与特定机构或科学背景之间的联系。环境政治里常见的对抗性语境会提出一些要求，它们所造成的影响也值得我们进一步研究。

其二是科学和社会意识形态中隐含的价值观。人们经常用科学成果证明有关开发或保护自然的特定道德假设是合理的。探讨该问题的一种方法是使用科学和社会中的共有隐喻。例如，管理人类社会的生态科学方法和技术方法有时都含有控制论系统隐喻，它们由专业人员操控或服从于外部控制。研究科学与社会价值关系的另一种方法，不是把科学当作一个整体来考察其社会主导价值，而是根据特定研究或管理机构中所体现的价值观和优先事项来解释科学。

环境科学的学科结构也很有趣。特定的环境保护问题推动了林业、野生动物管理等特定专业学科以及毒理学、环境化学等科学学科的发展。这些学科的结构（它们的核心理念，以及它们与政治优先项之间的界限）代表了公众关注和科学意见之间互动的结果，而这些互动值得历史学家关注。我们如何定义自然界的知识结构，是以公众关注的问题或科学理论，还是以两者之结合来定义？生态学的学科特性则特别令人感兴趣：它被视为一门专门的学科，但也可以从整体的、综合的角度来审视。甚至科学和政治之间的界限也变得模糊了。对许多人来说，"生态学"根本不是一门科学学科，而是一种特定的道德观念或政治运动。

最后，历史学家还对环境保护问题对科学社会作用的影响感兴趣。资源保护是基于专业管理的思想体系建立的，即可以依靠科学的专业知识来确定问题并解决问题。环境问题则以人们自身的价值观和经验为基础，对这种思想体系构成了挑战。环保问题对科学行为和科学组织的影响仍在不断显现。

参考文献

[1] Carson, Rachel. *Silent Spring*. Boston：Houghton Mifffifin，1962.

[2] Hays, Samuel P. *Beauty, Health, and Permanence：Environmental Politics in the United States, 1955-1985*. Cambridge, U.K.：Cambridge University Press，1987.

[3] Jasanoff, Sheila. "Science, Politics, and the Renegotiation of Expertise at EPA."

Osiris, 2d ser., 7（1992）: 195−217.

［4］Lacey, Michael J. *Government and Environmental Politics*: *Essays on Historical Developments Since World War Two.* Washington, DC: Woodrow Wilson Center Press, 1989.

［5］Leopold, Aldo. *A Sand County Almanac.* New York: Oxford University Press, 1949.

［6］Nelkin, Dorothy, ed. *Controversy*: *The Politics of Technical Decisions.* 3d ed. Newbury Park, CA: Sage, 1992.

［7］Shortland, Michael, ed. *Science and Nature*: *Essays in the History of the Environmental Sciences.* Stanford in the Vale, Oxford: British Society for the History of Science, 1993.

［8］Smith, Michael L. *Pacifific Visions*: *California Scientists and the Environment，1850-1915.* New Haven: Yale University Press, 1987.

［9］Worster, Donald. *Nature's Economy*: *A History of Ecological Ideas.* 2d ed. Cambridge, U.K.: Cambridge University Press, 1994.

斯蒂芬·博金（Stephen Bocking） 撰，曾雪琪 译

另请参阅：生态学（Ecology）

8.2 组织与机构

农业学会
Agricultural Societies

尽管"学会"通常指学术或社会团体，而"组织"用于指代对政治或经济活动最感兴趣的团体，但"农业学会"和"农场组织"两个术语经常仍可互换使用。在美国早期历史上，一些临时的农场主团体主要活跃在边境地区，他们抗税、呼吁更强硬地对付印第安人、要求提高他们的农产品价格，并在政府中寻求更大的话语权。这些团体没有任何正式的组织，只在当地的运动，如谢斯叛乱和威士忌叛乱中有所作为。

费城农业促进会是美国第一个致力于科学农业的学会。1785 年，一群乡绅——杰出知识分子和政治人物——在费城组织了该学会。正如同年晚些时候成立的南卡罗来纳促进和改善农业学会一样，会员中有许多是全职农场主。其他城市也组织了

类似的学会。这些学会的成员对农业有所贡献，特别是将科学原理用于提高农业生产。例如，费城学会的约翰·洛雷恩（John Lorain）有意识地试验将硬粒玉米同一种南方马牙种玉米（gourdseed）进行杂交，研制出高产的马齿型玉米。

一些能够吸引邻近农场主的地方农业学会最先成立，以举办农产品展览会。1811 年，由埃尔卡纳·沃森（Elkanah Watsen）在马萨诸塞州匹茨菲尔德组织了巴克夏农业学会，其模式很快被竞相效仿。有些州政府拨款为展览会上的农产品提供补助。但地方农业学会对这些科学研究尚无影响，因为它们那时可能在大学里进行。今天的地方农业学会通常是国家农业机构的分支，本质上主要是社会性和政治性的。

美国农业学会成立于 1851 年，主要是为了促进国家农业部的建立，再次彰显了农业科学研究的重要性。早在 1836 年，美国专利局就着手开展农业活动，主要是分配种子和收集统计数据。许多农业领袖和政治家认为，这些努力虽然有效，但还远远不够。在新的农业学会领导下，加上 1860 年共和党的承诺，国会最终于 1862 年设立农业部。

部长要"将其可得到的所有关于农业的信息，无论是通过书籍、通信、实践经验和科学实验等方式，接收并保存在农业部，（实验的准确记录应保存在他的办公室）……"（12 Statutes at Large 382）由于新部门被分派了这些职责，农业学会可敦促农业部开展特定的研究，并要求国会为这类研究拨款。这些学会还可敦促新成立的州立农业院校专注于研究某地或某州有关的问题。这样，各学会自己便可侧重于经济和政治问题。到 1900 年，农业院校和农业部开展了大量研究项目。

1867 年，奥利佛·哈德逊·凯利（Oliver Hudson Kelley）和 6 位同事组织了一个全国性的农场主秘密学会，即"国家农牧业保护者协会"或"格兰奇"。凯利本希望该组织是互助性和教育性的，但不出几年，由于严重的农业萧条和重大政治腐败，它转向了经济和政治活动。虽然"格兰奇"在组织合作社等方面有所成就，但许多农民认为它过于保守，于是加入了新成立的农场主联盟。该联盟与平民党并肩行动。1896 年大选后随着经济的复苏，平民党和联盟一同衰落。于是，"格兰奇"重获影响力，但通常回避政治和经济问题。1995 年，"格兰奇"是全美第二大农业组织，约有 50 万会员。它重视家庭会员以及社会和教育活动。

1902 年，得克萨斯州波因特市的纽特·格雷沙姆（Newt Gresham）创立了全国农场主联合会，它是农场主联盟的天然继承者，同样强调经济问题。它首先在棉花种植州取得成功。然而，它逐渐转移到西部出产小麦和牲畜的州，从"二战"以来，那里一直是其大本营。全国农场主联合会支持农业院校和农业部在谷物生产和家畜饲养方面的研究。联合会一直强烈主张政府介入农业，包括对剩余农产品的价格补贴、对低收入农场主的援助，特别是要采取行动保护家庭农场。1995 年，它的会员达到 25 万农户。

美国农场局联盟成立于 1920 年，由各地组织的若干农场局或委员会发展而成。这些农场局或委员会支持着农业部新委派的乡村农技员和一些推广项目，以将科学研究的成果向农场主传达。起初，联盟试图运用研究成果，以更高效的农场生产方式来改进农业，但 20 世纪 20 年代的农业大萧条使其转而解决农产品过剩的问题，必要时还采用政府控制。"二战"期间，联盟支持"新政"的农业计划。但战争结束后，它敦促政府采取一些政策，准许根据供需情况进行农业生产。到 20 世纪 90 年代，人们希望联盟通过有限地控制产量来保障基本价格。联盟是最大的农业组织，拥有 250 万农户会员。

农业萧条时期，一些新的或较激进的农业组织经常走向联合。例如，1955 年在爱荷华州成立的全国农场主组织（The National Farmers Organization）就是为了抗议过低的农产品价格。它开展了扣押农产品的行动、在华盛顿的一次游行和其他抗议活动，但对市场几乎没有影响。其他类似的团体也不太成功。

利益攸关的生产者成立了一些组织，专门维护某种商品甚至某种牲畜的利益。他们积极倡导农业院校和农业部的相关研究，其目标涵盖了诸如保持特定牲畜种系的纯度、确保他们的某类农产品在价格保护立法时得到充分照顾。

农业组织诞生于农业萧条时期，其中只有 3 个存活到繁荣时期。然而，随着农业人口的减少，农业组织及其对国家政策的影响也必然每况愈下。

参考文献

[1] Baatz, Simon. *"Venerate the Plough" A History of the Philadelphia Society for Promoting*

Agriculture. Philadelphia：Philadelphia Society for Promoting Agriculture, 1985.

［2］Campbell, Christiana McFadyen. *The Farm Bureau and the New Deal*. Urbana：University of Illinois Press, 1962.

［3］Dyson, Lowell K. *Farmers' Organizations*. Westport, CT：Praeger Press, 1986.

［4］Flamm, Michael W. "The National Farmers Union and the Evolution of Agrarian Liberalism, 1937-1946." *Agricultural History* 68（Summer 1994）：54-80.

［5］Howard, David H. *People, Pride and Progress：125 Years of the Grange in America*. Washington, DC：National Grange, 1992.

［6］Howard, Robert P. *James R. Howard and the Farm Bureau*. Ames：Iowa State University Press, 1983.

［7］McMath, Robert C. *American Populism：A Social History, 1877-1898*. New York：Hill and Wang, 1993.

［8］Nordin, D. Sven. *Rich Harvest：A History of the Grange, 1867-1900*. Jackson：University of Mississippi Press, 1974.

［9］Rasmussen, Wayne D. *Farmers, Cooperatives, and USDA：A History of Agricultural Cooperative Service*. Washington, DC：Department of Agriculture, 1991.

［10］——. *Taking the University to the People：Seventy-five Years of Cooperative Extension*. Ames：Iowa State University Press, 1989.

［11］Schlebecker, John T. "The Great Holding Action：The NFO in September, 1962." *Agricultural History* 39（1965）：204-213.

［12］Schwieder, Dorothy. *75 Years of Service：Cooperative Extension in Iowa*. Ames：Iowa State University Press, 1993.

韦恩·D. 拉斯穆森（Wayne D. Rasmussen）　撰，陈明坦　译

农业试验站

Agricultural Experiment Stations

农业试验站是致力于农场实践和农业科学的研究机构，自 1887 年起得到美国联邦政府的支持。

自 1796 年乔治·华盛顿提议国会成立国家农业委员会以来，政府在农业研究中的角色一直是美国科学史上的重要问题。然而，国会驳回了华盛顿的提议，因此几

十年来农业科学研究一直处于公共领域之外。不过到 19 世纪中期，一些形势变化激发了人们越来越支持州政府资助的永久农业研究机构。其中包括新英格兰和南部各州土壤肥力的急剧下降、欧洲农业化学的出现，以及时有欺诈行为的化肥贸易的兴起。1862 年通过的《莫里尔赠地法案》，让农业院校获得资助，进一步表明联邦政府在农业政策中发挥着越来越大的作用。

19 世纪 70 年代，尤其是在化学家塞缪尔·W.约翰逊和威尔伯·O.阿特沃特的引领下，建立由州政府资助的试验站的呼声更为强烈。两人曾极力支持过较早建立的德国试验站。经过科学家、农学家、政治家和卫斯理大学董事会的广泛协商，美国第一个州立农业试验站于 1875 年在康涅狄格州的米德尔镇建立。不到十年，十几个州建立了类似的农业研究机构。根据 1887 年的《哈奇法案》，美国政府将为每个州拨款 1.5 万美元，以建立一个试验站。随后的法案，包括 1906 年的《亚当斯法案》、1914 年的《史密斯－利弗尔法案》和 1925 年的《珀内尔法案》，保证了试验站的研究将得到充足的资金支持，农业科学的进步能向农场主推广应用。

美国农业试验站几乎对生命科学的每个分支都做出了重要贡献。威斯康星站的斯蒂芬·巴布科克发明了一种测定乳脂的有效方法；同样来自威斯康星站的 E. V. 麦科勒姆（E. V. McCollum）是各类维生素的发现者之一；新泽西站的塞尔曼·瓦克斯曼建立了土壤微生物学原理，并分离了链霉素，这种抗生素可以治疗肺结核；缅因站的雷蒙德·珀尔协助奠定了统计遗传学的基础。试验站还支持了优生学、气候学、昆虫学、人类和动物的营养学、农业技术、作物驯化、农业经济学、农村社会学和农业教育等方面的研究。自 19 世纪后期以来，试验站的研究成果无疑对美国农业生产率的大幅提高做出了贡献。

传统上试验站的历史是由美国农业部和各州试验站的管理者或史学家编写，因此更注重机构史。这类著作通常强调德国试验站和美国类似机构之间的联系，以及研究型科学家在指导试验站取得成功的突出作用。最近，历史学家已经质疑这个假设，即德国试验站和康涅狄格试验站对美国公共资助的农业研究的发展起到模范作用。近年研究也考察了试验站建立时复杂的社会、政治和思想背景。19 世纪后期，关于美国农业研究的场所和进程，出现了两种对立的观念。一方面，许多农学家、政治家和教育家认为，只有更丰富的科学知识才能提高农业产量。与此同时，另一些人则认为农场主可以通过更有效、更合理的管理技术来改善生产。有些人支持建立室内实验室，这样科学家可以主导研究进程，并揭示科学种植的原理；而另一些人则倾向建立模范农场和户外实验田，这样可以测试和验证合理的农场生产活动。尽管看法不同，双方都认为农业试验站是能解决农业问题的有效机构。双方都协助推动了美国的农业研究。

自 20 世纪四五十年代以来，试验站的地位在"大科学"的概念下受到审视。当前，联邦机构、农业公司和研究型大学在决定试验站的发展方向上发挥着强大的作用，而非试验站科学家在农业科学领域争取到的研究资金也越来越多。因此，试验站在生命科学研究中的超然地位已经衰退。而且最近的批评者认为，试验站的研究议题通常以牺牲小农户为代价，而维护企业客户和大型农业公司的利益。农业试验站的发展阐明了美国科学史上的若干问题。农业研究政策向来是政治家、科学家和农学家之间的角力场，试验站的历史展现了决定应用科学发展的那些讨价还价。在19 世纪，关于试验站的争论揭示了双方存在着深刻的分歧，一方是握有权势的学术界人士，倡导科学的方法，另一方则支持传统的农业实践。农业试验站的最近研究趋向，是设法解决农业研究带来的社会、伦理、医学、环境和生物技术的后果，这也反映出美国科学的文化环境正在变化。

未来的研究可能会聚焦在这些学术和文化问题上。这些试验站如何影响从业的（和失地的）农场家庭的日常生活，也值得进一步审视。主要的原始资料都可从美国农业部和各州的试验站获得。

参考文献

［1］Fitzgerald, Deborah. *The Business of Breeding*：*Hybrid Corn in Illinois, 1890-1940*. Ithaca：Cornell University Press, 1990.

［2］Kerr, Norwood. *The Legacy*：*A Centennial History of the State Experiment Stations, 1887-1987*. Columbia：Missouri Agricultural Experiment Station, 1987.

［3］Knoblauch, H.C., et al. *State Agricultural Experiment Stations*：*A History of Research Policy and Procedure*. Washington, DC: United States Department of Agriculture Miscellaneous Publication #904, 1962.

[4] Marcus, Alan I. *Agricultural Science and the Quest for Legitimacy: Farmers, Agricultural Colleges, and Experiment Stations, 1870-1890*. Ames: Iowa State University Press, 1985.

[5] Rosenberg, Charles E. "Science, Technology, and Economic Growth: The Case of the Agricultural Experiment Station Scientist, 1875−1914." *Agricultural History* 44（1971）: 1−20.

[6] Rossiter, Margaret W. *The Emergence of Agricultural Science: Justus von Liebig and the Americans, 1840-1880*. New Haven: Yale University Press, 1975.

[7] True, A.C., and V.A. Clark. *The Agricultural Experiment Stations of the United States*. United States Department of Agriculture, Office of Experiment Stations, Bulletin #80. Washington, DC: Government Printing Office, 1900.

马克·R. 芬利（Mark R. Finlay） 撰，陈明坦 译

国家野生动物联合会

National Wildlife Federation（NWF）

国家野生动物联合会是美国最大的私人环保组织。国家野生动物联合会是普利策奖得主、漫画家杰伊·（丁）·达林（Jay "Ding" Darling）的创意，他曾在富兰克林·罗斯福（Franklin Roosevelt）总统时期短暂担任美国生物调查局（鱼类和野生动物服务局的前身）的负责人。早在 1936 年，达林召集了一次全国野生动物大会，来自地方、州和国家保护组织的 2000 名代表参加了会议。在达林的敦促下，与会代表投票决定成立一个新组织——野生动物总联合会（General Wildlife Federation），并于 1938 年合并为国家野生动物联合会（National Wildlife Federation）。尽管新的联合会吸引了议程各异的分支机构，但长期以来它一直由运动员主导。

这个初出茅庐的组织早年一直受到财务问题的困扰。出售描绘野生动物的邮票最终被证明是一个成功的筹款手段。1938 年，达林为第一套系列邮票绘制了插图，一年后，他从这个几近破产的机构辞职。此后的几年里，该联合会凭借来自美国野

生动物研究所（American Wildlife Institute）的定期贷款保持了偿付能力。到 1961年，当野生动物联合会开始招募与其他环保团体无关的个人成为准会员时，财政前景已经有所改善。一年后,《国家野生动物》（*National Wildlife*）创刊，在此之后出现了一系列广受好评的期刊，最终包括《国际野生动物》（*International Wildlife*）、《游侠里克》（*Ranger Rick*）和《你的大后院》（*Your Big Backyard*）。

自成立以来，野生动物联合会一直是环保和野生动物问题的信息交流中心，也是州和联邦立法的有效说客。在 20 世纪 70 年代，该组织还建立了几个野生动物研究中心，开始在科学会议上赞助会议，并发起了一项定期赠款计划，为野生动物研究提供资金。

在克服了早期的财政困难后，野生动物联合会成长为美国最大、最富有、最具影响力的自然保护组织。到 1992 年，它号称拥有超过 550 万名成员和支持者。然而尽管拥有如此规模和重要性，艾伦（Allen）不加批判的叙述是迄今为止该组织唯一全面的历史。更多信息可以在大部分美国自然保护运动通史中阅览。

参考文献

[1] Allen, Thomas B. *Guardian of the Wild*: *The Story of the National Wildlife Federation*, *1936-1986*. Bloomington: Indiana University Press in Association with the National Wildlife Federation, 1987.

[2] Fox, Stephen. *John Muir and His Legacy*: *The American Conservation Movement*. Boston: Little, Brown, and Co., 1981.

[3] Lendt, David L. *Ding*: *The Life of Jay Norwood Darling*. Ames: Iowa State University Press, 1979.

[4] Trefethen, James B. *An American Crusade for Wildlife*. New York: Winchester Press and the Boone and Crockett Club, 1975.

马克·V. 小巴罗（Mark V. Barrow, Jr.）　撰，康丽婷　译

8.3　代表人物

教育家、气象学家：詹姆斯·波拉德·艾斯比

James Pollard Espy（1785—1860）

　　詹姆斯·艾斯比出生于宾夕法尼亚州华盛顿县，是农场拓荒者约西亚·艾斯比（Josiah Espy）和伊丽莎白·帕特森（Elizabeth Patterson）十个孩子中最小的一个。童年时期艾斯比和家人住在肯塔基州和俄亥俄州。1808 年，艾斯比获得特兰西瓦尼亚大学学士学位。接着他在肯塔基州列克星敦的一所文法学校教书，还担任了马里兰州坎伯兰一所学校的校长。1812 年，他与玛格丽特·波拉德结婚（Margaret Pollard）并冠上了后者的娘家姓氏。这对夫妇没有孩子。艾斯比在俄亥俄州的齐尼亚从事法律工作。1817 年，他搬到费城，教授数学和古典文学。

　　19 世纪 30 年代，艾斯比对气象学产生了兴趣。1834 年至 1837 年，他担任美国哲学学会和富兰克林研究所气象学联合委员会的主席。在宾夕法尼亚州议会的支持下，他在每个县都建立了一个气象观察员系统。他还维持着一个全国性的志愿观察员网络的运作。在此期间，他发明了早期的云室"测云器"。他的冰雹理论在 1836 年获得了美国哲学学会的麦哲伦奖，他的风暴理论则与著名科学家威廉·雷德菲尔德（William Redfield）和罗伯特·黑尔（Robert Hare）的理论相悖。

　　艾斯比认为大气层是台巨大热机。根据他的风暴热理论，从雷暴到冬季风暴的所有大气扰动都是由受热的上升气流、向内冲的气流和潜在"热量"（热）的释放所驱动。他的课程很受欢迎，1841 年他出版的《风暴的哲学》一书在当时受到许多科学家的好评。

　　1842 年，艾斯比搬到华盛顿特区继续自己的风暴研究。他在海军中担任数学教授，在陆军医学部担任"国家气象学家"。期间他发表了几份官方报告，包括向美国陆军卫生局局长提交的第一份气象学报告（1843）和第四份气象报告（1851）。1848 年，他帮助约瑟·亨利（Joseph Henry）在史密森尼学会建立了一个国家气象

项目。他在辛辛那提去世。

许多对艾斯比的回顾性评价都与亚历山大·达拉斯·贝奇（Alexander Dallas Bache）当时的观点一致，即他过于教条、富有对抗性。没有终身职位，以及鼓吹不切实际的人工造雨计划都给他的工作蒙上了一层阴影。尽管后来的研究表明他对飓风中向心风模式的看法是错误的，但他正确地强调了热导对流的重要性、潮湿空气中潜热的释放，以及对流云和中纬度风暴中风的辐合。

艾斯比的基本物理见解被认为是正确的，他的观点被其同时代的人广泛接受。亨利、詹姆斯·科芬（James Coffin）、伊莱亚斯·罗密斯（Elias Loomis）和威廉·费雷尔（William Ferrel）都是"艾斯比热力过程理论"的支持者和完善者。1893 年，哈佛大学地理学家和气象学家威廉·莫里斯·戴维斯（William Morris Davis）写道：艾斯比开创了美国气象学思想的主要流派。

艾斯比在基督教长老会中长大。他关于宗教问题的一系列文章在其辞世后出版。

艾斯比的论文没有被统一收藏，他的简短自传梗概（约写于 1851 年）现藏于美国哲学学会图书馆。

参考文献

[1] Bache, Alexander Dallas. *Annual Report of the Smithsonian Institution for 1859*. Washington, DC: Smithsonian Institution, 1860, pp. 108-111.

[2] *Dial* (Cincinnati), February 1860, pp. 102, iii-vi.

[3] Fleming, James Rodger. *Meteorology in America, 1800-1870*. Baltimore: Johns Hopkins University Press, 1990.

[4] Kutzbach, Gisela. *The Thermal Theory of Cyclones: A History of Meteorological Thought in the Nineteenth Century*. Boston: American Meteorological Society, 1979.

[5] Morehead, Mrs. L.M. *A Few Incidents in the Life of Professor James P. Espy*. Cincinnati: R. Clarke, 1888.

[6] Reingold, Nathan. "Espy, James Pollard." *Dictionary of Scientific Biography*. Edited by Charles C. Gillispie. New York: Scribners, 1972, 4: 410-411.

[7] ——, ed. *Science in Nineteenth-Century America: A Documentary History*. New York: Wang, 1964.

［8］Reingold, Nathan, and Marc Rothenberg, eds. *The Papers of Joseph Henry*. Washington, DC: Smithsonian Institution Press, 1972.

詹姆斯·罗杰·弗莱明（James Rodger Fleming）　撰，曾雪琪　译

营养学家兼农业科学家：威尔伯·奥林·阿特沃特

Wilbur Olin Atwater（1844—1907）

阿特沃特出生于纽约的约翰斯堡，在耶鲁学院谢菲尔德理学院获得了博士学位，师从当时美国一流的农业化学家塞缪尔·W. 约翰逊（Samuel W. Johnson）。接下来的研究生阶段（1869—1871），阿特沃特到德国的各邦学习，1873 年在卫斯理大学（Wesleyan University）获得化学教授职位。他担任这个职位直到去世，同时还兼任康涅狄格州米德尔顿（1875—1877）和斯托尔斯（1887—1901）的农业实验站主任，以及美国农业部（USDA）实验站办公室主任（1888—1891）。

19 世纪 70 年代初，阿特沃特和约翰逊领导了在康涅狄格州建立一个农业实验站的工作。阿特沃特倡导德国实验站的肥料控制举措，对新机构获得农民的支持尤为重要。阿特沃特在农业化学方面的研究包括证明豆类可以吸收从大气中固定的氮。

作为美国农业部实验站办公室的主任，阿特沃特对美国的生命科学研究产生了很大影响。他强调科学标准、合作研究和成果的广泛传播，增强了公共和私营部门对新机构的支持。简而言之，阿特沃特帮助确立了实验站和农业科学家的合法性。

19 世纪 80 年代，阿特沃特着手人类营养的开创性科学研究。在经济学家、社会改革家和政策制定者的协同下，阿特沃特和其他营养学家成功地游说联邦政府资助营养研究。到 19 世纪 90 年代中期，阿特沃特已经建立了一个营养研究帝国，资金主要来自实验站办公室。田野工作者开展膳食调查，记录典型新英格兰家庭购买、消费和浪费的食物，而其他研究人员则测量了数千种美国食品的营养价值。阿特沃特对人体新陈代谢的研究拓展了慕尼黑生理学家卡尔·沃特（Carl Voit）和马克斯·鲁伯纳（Max Rubner）的量热法研究。研究对象被置于呼吸量热计室内长达几天的时间，在此期间，测量所有摄入和排放的热量，结果显示了脂肪、蛋白质和碳

水化合物的能量值。

因此，阿特沃特制定了营养指南表。然而，他的建议却被证明乏善可陈；阿特沃特相信低成本、高热量的饮食是最合算的，便设计了富含蛋白质、脂肪和碳水化合物的食谱。此外，像那个时代的所有营养科学家一样，阿特沃特对维生素和氨基酸的价值一无所知。在他死后不久，随后的研究推翻了他每天摄入大约 3500 卡路里的建议，以及他认为水果和蔬菜是浪费卡路里的观点。

长期以来，农业化学家和营养科学家都将阿特沃特誉为其学科的创始人之一。最近，学者们把注意力转向了阿特沃特在科学的社会和文化史上的重要性。在那个时代，许多美国人接受了社会工程和呼之欲出的进步改革的概念，像阿特沃特这样在公共领域略有身手的科学家是相当有影响力的。阿特沃特参加了有关城市改革、劳工政策、禁酒的辩论，参与讨论联邦政府在科学研究中应扮演何种角色。他与家政经济学家的合作也很重要，为许多女性在科学领域开辟了机会。

历史学家也把注意力集中到那些奠定阿特沃特研究基础的思想上。阿特沃特将不良的饮食习惯定义为一个重要的社会问题，并寻求利用营养科学来提升人道主义。他认为，低收入美国人在食物上花的钱超过了必需，因此他主张，应该教导他们做出更加理性的饮食决定。他假定，通过为公民提供明确的专业指导，营养科学家可以减少劳工和社会动荡的威胁。

阿特沃特的文件存放在卫斯理大学，也可以用缩微胶片查看。尽管有几位历史学家曾使用过这些材料，但迄今为止还没有出版任何学术传记。

参考文献

[1] Aronson, Naomi. "Nutrition as a Social Problem." *Social Problems* 29（1982）：474–487.

[2] Atwater, W.O. "Bibliography." *Wesleyan University Bulletin* 5（1911）：31–40.

[3] Carpenter, Kenneth J. *Protein and Energy：A Study in the Changing Ideas in Nutrition*. Cambridge, U.K.：Cambridge University Press, 1994.

[4] Levenstein, Harvey A. *Revolution at the Table：The Transformation of the American Diet*. New York：Oxford University Press, 1988.

[5] Maynard, Leonard A. "Wilbur O. Atwater—A Biographical Sketch." *Journal of Nutrition*

78（1962）：2-9.

［6］McCollum, Elmer V. *A History of Nutrition*: *The Sequence of Ideas in Nutritional Investigation*. Boston: Houghton Mifflin, 1957.

［7］Pauly, Philip J. "The Struggle for Ignorance about Alcohol: American Physiologists, Wilbur Olin Atwater, and the Woman's Christian Temperance Union." *Bulletin for the History of Medicine* 64（1990）：366-392.

马克·R. 芬利（Mark R. Finlay）　撰，陈明坦　译

植物学家兼农业探险家：大卫·格兰迪森·费尔柴尔德
David Grandison Fairchild（1899—1954）

大卫·费尔柴尔德出生在密歇根州的兰辛，父亲是一位文学教授，祖父格兰迪森·费尔柴尔德是欧柏林学院的创始人之一。1888 年大卫·费尔柴尔德在堪萨斯州州立农学院获得学士学位，他的父亲曾在该校任校长。毕业后他继续在爱荷华农学院和罗格斯大学从事植物学领域的研究生工作，主要研究真菌学和植物病理学。1889 年，他加入位于华盛顿特区的美国农业部植物病理学处。1891 年和 1892 年夏天，费尔柴尔德在纽约的日内瓦农业试验站工作，研究葡萄病害并参与研制波尔多葡萄酒。1893 年，他获得了堪萨斯州州立大学的硕士学位。

1893 年，费尔柴尔德在前往那不勒斯研究所的船上遇到了巴伯·拉斯罗普（Barbour Lathrop），从此就成了一名植物探险家。费尔柴尔德是史密森学会被授予那不勒斯研究所使用权的第一人，他借此研究了一种海洋藻类。1895 年和 1896 年，拉斯罗普资助费尔柴尔德前往爪哇和茂物植物园进行植物学考察。为了准备这次考察，费尔柴尔德在波恩、柏林和布雷斯劳学习了两年的热带植物学、细菌学和真菌学。在波恩时，他发明了费尔柴尔德式瓷质洗衣顶针，用了有 5 年之久。在爪哇，他研究发现白蚁会培育蘑菇。之后，也就是 1896 年和 1897 年，费尔柴尔德和拉斯罗普一同旅行考察。他们在整个热带地区收集活的植物和种子，包括澳大利亚、新西兰、新几内亚、中国、日本、非洲和南美洲。1897 年，费尔柴尔德被美国农业部林业处临时任命，并在 1898 年成为美国农业部新设立的种子和植物引种局局长。从

迈阿密附近的一个小花园开始，他将许多植物引进了美国。

作为美国农业部的特别调查员（1898）和农业探险家（1903），他继续和拉斯罗普一起旅行考察，还为美国农业部引荐了其他植物探险家。他引进的新植物有鳄梨、西兰花、石榴、椰枣、竹子、日本樱花树。更重要的是 1898 年他还从日本引进了大豆。他引进的植物品种还包括秘鲁的紫花苜蓿（1899 年）、苏丹的高粱（1901）、埃及的椰枣（1901）、印度的芒果（1902）以及巴基斯坦的油桃（1902）。这些农业和园艺品种不仅被引进到美国，还在美国各地接受了严格的品质测试。后来费尔柴尔德担任了谷物调研办公室的主任。

1905 年，费尔柴尔德与亚历山大·格拉汉姆·贝尔（Alexander Graham Bell）的女儿玛丽安·贝尔（Marian Bell）结婚；两人携手旅行，夫唱妇随。"一战"后，美国农业部接收了一块荒废的空军训练场，即位于迈阿密的查普曼训练场。费尔柴尔德在此地引进了数百种树种和品种，将 200 英亩的土地改造成美国引种园。在他的指导下，又有 6 个州相继建立了植物引种园。

作为阿利森·V. 阿莫尔（Allison V. Armour）探险科考队的领导者，费尔柴尔德在一艘旧货船上配备了实验室、图书馆和种子干燥机，继续他的探险之旅。1925—1927 年，以及 1930 和 1932 年，费尔柴尔德先后考察了非洲沿海地区、挪威、墨西哥、加那利群岛和巴利阿里群岛。1940 年，他对马鲁古群岛、西里伯斯岛和巴厘岛进行了费尔柴尔德式花园科学考察，但当时正处于"二战"期间，荷属东印度群岛港口关闭了，所以考察被迫中断。

迈阿密郊外的费尔柴尔德热带植物园是以他的名字命名的，1938 年正式建成。它是美国最大的植物园，藏有棕榈树、苏铁、兰花等珍贵品种，还有一个重要的植物学图书馆坐落于此。

参考文献

［1］Fairchild, David G. *Systematic Plant Introduction*. Washington, DC：Government Printing Office，1898.

［2］——. *Exploring for Plants*. New York：Macmillan，1930.

［3］——. *The World Was My Garden*. New York：Scribner's，1938.

［4］———. *Garden Islands of the Great East.* New York：Scribner's, 1944.

［5］"Fairchild, Dr. David (Grandison)." *American Men of Science* (1944)：745.

［6］"Fairchild, David (Grandison)." *Current Biography.* (1953)：190-193.

［7］Huttleson, Donald G. "Eight Famous Plant Explorers." *Plants and Gardens* 8 (1952)：314.

［8］Kay, Elizabeth D. "David Fairchild—A Recollection." *Huntia* 1 (1964)：71-78.

［9］Lawrence, George H.N. "A Bibliography of the Writings of David Fairchild." *Huntia* 1 (1964)：79-102.

［10］Obituary. *New York Times*, 7 August 1954.

南希·G. 斯莱克（Nancy G. Slack） 撰，曾雪琪 译

译者后记

两次世界大战改变了各国的版图，也改变了现代科学的版图。科学突破了思想观念的范畴，在经济、军事和社会领域大显身手。同时，科学活动也不再限于欧美核心区域，而是向广大发展中国家扩散，改变着那里的一切。科学成为许多国家发展战略的重要组成部分，得到政府更多的资助和支持，而国际科学组织也以国别设置代表席位，都彰显了"科学与国家"之间密不可分的关联。

近年来，国别科学史研究日益受到学术界重视，学者们从国家、跨国和全球视角下探讨现代科学，尤其将世界划分为若干区域，不仅论述科学强国，而且关注到撒哈拉以南非洲、东南亚和南美等地的科学状况。中国科学技术出版社推出以国别科技史为主的"科学文化经典译丛"，规模宏大，重点关注美国、德国等科技强国的科技发展之路，但也兼顾了葡萄牙、西班牙等普通人鲜少了解的国家科学史。实际上，我们更应该从这些处于欧洲科学边缘的国家那里，看到不同的现代科学发展之路，从而更好地汲取经验教训。

这部《美国科学史》正是讲述了美国科学从边缘到中心的历程。作为新大陆的殖民地，美国科学界长期从属于欧洲，深受英国、法国和德国的影响。独立之初的美国并无支持科学的计划，只能依靠天时地利，从博物学、地质学和天文学起步。19世纪中期联邦政府开始支持农业和教育发展，陆续设立农业部等一批包含科研机构在内的政府部门，形成了相关学科的优势。第二次工业革命极大地改变了美国面貌，强大的工业界资助或建立了大批研究机构。到 20 世纪初，美国已经成为与欧洲水平相当的科学强国。两次世界大战，美国政府探索形成了大规模资助科学的模式，并确立了科学上的国际领先地位。

纵观美国科学发展史，我们不免与中国的现代科学史相比较。19 世纪以来，中美之间就开始了科学上的交往，至今已经成为规模最大、最重要的跨国科学联系，尤其是改革开放以来，两国开展了卓有成效的科技合作。在中国科学界，众多的留美人才成长为骨干力量，科研政策和管理体制改革借鉴了许多美国的经验。反过来，早期不少美国科学家曾来华搜集研究资料，华人科学家也充实着美国科研队伍，"与中国相关的美国科学"词条也列入本书。在这个意义上，了解美国科学史，无疑是打开中国现代科学史的钥匙。而且，以"西学东渐"为起点，中国和美国接触现代西方科学的历史同样久远，也不乏类似之处，如都是引进知识和人才，开展博物学和地质学调查，政府率先设立农业研究部门等。然而，政治和社会结构、民族来源，以及国际环境的截然不同，导致了几百年发展结果的迥异。我们在借鉴美国经验时，必须全面地考察美国科学发展的历史和现状，才能提炼出一些适合我国的举措。回望历史，美国科学的迅猛发展，得益于一批科学事业的开拓者，善于协调政府与学术界关系的战略科学家，以及众多的科学从业者。而我国在科学自主和人才培养等方面则走过更为曲折的道路，当前提出的"坚持教育优先发展、科技自立自强、人才引领驱动"的战略，可谓恰逢其时。

本书原著采用百科全书的写作体例，以简明扼要的词条形式全方位展现了美国科学的要点。然而，对于中文阅读者而言，这些以 ABC 排序的词条充满了陌生的人物和学科词汇，无法形成直观的全景认识。为此，《美国科学史》中文版根据内容，尝试划分为《综合卷》和《学科卷》，以便于读者梳理和理解美国科学史的脉络和全貌。当然，这种尝试肯定有许多不完善之处。

《综合卷》共 8 章，前 4 章分别是美国科学概况、美国政府的科研与管理机构、综合性科学组织与期刊、大学与科学教育，从历史、体制、组织和机构等角度描绘出美国科学的框架。第 5 章科学与社会、第 6 章科学与工业、第 7 章科学与女性，则分别从社会学科、工业机构以及性别相关的视角，展示科学的更多侧面。

第 8 章美国早期科学人物，分为科学开创者（1800 年前出生）和跨学科代表人物（1800—1850 年出生），包含了早期开创美国科学，以及学科归属不明晰的一些重要人物。

《学科卷》划分为 8 章，分别是数学与天文学、物理学、核能与航空航天、化学与化工、生物学、地理学与地质学、医学 / 生理学与心理学、农业 / 气象与环境保护。不用说，这些章节的设置有篇幅平衡的考虑，学科之间的划分不免有交叉重叠之处，阅读时还需相互参照。各章均包含 3 个部分，一是该学科的研究范畴和主题，包括分支学科、研究对象、研究计划等；二是组织与机构，包括该学科的专业学会、研究机构；三是代表性人物，以主要身份为依据，均按出生时间排序。

本书的翻译历时两年余。2020 年秋，中国科学技术出版社李惠兴兄将此大任委托译者。译者近年开展"科学技术通史"与"中国近现代科技史"的研究生专业课教学，并从事国际科技交流的研究，深知美国科学史在世界科学史上的重要地位，以及对中国现代科学史的参照价值，不揣浅陋，和学生们一起承担了这项翻译工作。刘晓主译，选译了若干词条，并完成校对和审定工作。初稿翻译仍按原书字母为序，其中陈明坦、吴晓斌、曾雪琪、康丽婷分别承担了约 10 万字的工作量，吴紫露、王晓雪、彭华、郭晓雯、刘晋国、彭繁分别承担了约 5 万字的工作量，林书羽和孙小涪也承担了部分词条的翻译，译者均在词条后注明。校对和审定工作也非常艰巨，主要由刘晓完成，殷有薇、孙艺洪等参与初校，由刘晓审核定稿。吴晓斌和康丽婷参与了后期的编辑。大家都以学习的态度，认真负责地完成上述工作，展现出很高的文字水平和协作能力。没有这么多人的付出，主译者恐怕很难按时完成这部大书的翻译。最后需要强调，李惠兴和郭秋霞两位编辑提供了全方位的帮助，并有效督促了工作进度。当然，在规模宏大的《美国科学史》面前，主译者虽花了大量功夫，错漏之处仍不可避免，敬请批评指正。

刘　晓

2022 年 12 月 27 日